사회과학통계의 기본

R 예제와 함께

김수영 저

BASICS OF STATISTICS FOR THE SOCIAL SCIENCES

WITH R EXAMPLES

학지사

머리말

조직에 기여하고 조직을 발전시키는 사람들은 조직에 불만이 있는 사람들이라는 글을 읽은 적이 있다. 사회과학 분야에 이미 여러 통계학 책이 출판되어 있음에도 불구하고 이렇게 사회과학통계라는 이름으로 또 하나의 책을 쓰고 출판하게 된 필자의 마음은 '불만'이었다. 원리와 내용을 이미 다 알고 있는 필자가 이해하기에도 쉽지 않은 표현이 많은 책에 사용되고 있었다. 이해하기 어려울 뿐만 아니라 저자가 이 개념을 정말로 이해하고 썼을까에 대한 의심이 드는 경우도 많았다. 사회과학 기초 통계학 책을 쓰기 위해서 저자가 기초 통계학 수준의 지식만 가지고 있다는 것은 독자들에게 재앙이 될 수도 있다. 100을 아는 사람이 그중 10의 내용을 이해하기 쉽게 정리하여 책으로 쓰는 것과 10을 아는 사람이 10의 내용을 책으로 쓰는 것의 차이가 어떨지 설명할 필요조차 없을 것이다. 더구나 지난 100여 년간 영미권을 중심으로 발전해 온 사회과학통계 용어의 번역에 대한 고민의 흔적도 찾을 수 없는 것이 많았고, 이 때문에 어색한 용어가 더욱 이해를 어렵게 만들기도 하였다. 어느 순간 불만을 넘어서 화가 나기 시작하였고 화를 더 발전적이고 긍정적인 방향으로 이끌어 좋은 책, 좋은 교과서를 쓰고 싶다는 욕심이 생기게 되었다.

좋은 책을 쓰고자 하는 필자에게 '좋은' 책이란 어렵고 중요한 내용을 생략하지 않으면서도 '이해할 수 있는' 또는 '이해 가능한' 책을 의미한다. 쉽고 이해 가능한 통계학 책을 쓰기 위해서는 수식을 사용하지 않고 최대한 말로써 설명하면 될 것이라고 생각할 수 있는데, 이는 사실이 아니다. 통계학의 수식은 통계학을 이해하고자 하는 목표를 달성하는 가장 중요한 도구이다. 적절한 수식을 사용하지 않으면 원리의 이해가 훨씬 더 어려워진다. 그럼에도 불구하고 사회과학 분야의 많은 연구자들이 통계학 책의 수식을 어려워하고 잘 이해하지 못하는 것은 그 수식들을 이해하지 못하게 서술해 놓았기 때문이다. 이는 독자들의 잘못이 아니고 저자들의 잘못이다. 필자는 이 잘못을 반복하지 않기 위해 반드시 이해가 필요한 수식들은 발생 원리부터 의미까지 최대한 자세히 설명하고자 하였다. 그렇다고 하여 모든 수식을 자세히 파헤친 것은 아니다. 이 책은 사회과학통계 서적이지 자연과학통계 분야의 수리적인 서적이 아니기 때문이다. 필요한 경우에 적절히 수식을 사용하되 되도록 그림과 말로써 이해가 가능하도록 서술하기 위해 최선을 다했다. 그리고 이해에 도움을 줄 수 있는 여러 가상의 자료와 실제 자료를 이용하였다. 지금 출판되어 있는 사회과학통계 서적들을 보면, 특히 심리학 분야에서 나온 해외 책들과 번역본들이 이해하기 힘든 심리 변수들을 예제로 많이 사용된 것을 보면서 이 오류에 빠지지 않기 위해 주의하였다. 통계적 원리도 이해하기 어려운데, 이해하기 힘든 예제를 제공하면 독자들이 핵심에 집중할 수 없기 때문이다.

'이해할 수 있는' 통계학 책을 쓰기 위해 최선을 다하면서 동시에 통계 프로그램에 대해서도 고민하였다. 통계학은 현실적인 학문이고 실질적으로 자료를 분석하지 못한다면 아무런 의미도 없는 분야이기 때문이다. 사회과학에서 많이 사용되는 SPSS를 이용하여 예제들을 설명할까 고민하다가 최종적으로는 R을 이용하기로 결정하였다. 역시 이 결정을 하는 데 있어서 가장 큰 화두는 '이해'였다. SPSS는 통계학의 내용을 이해하는 데 도움을 주는 프로그램이 아니라 이미 완전하게 이해한 통계 내용의 예제를 실행하는 프로그램이다. 그에 반해, R은 예제를 실행할 뿐만 아니라 통계 원리의 이해 자체에 도움을 주는 방향으로 활용할 수 있는 프로그램이다. R은 상대적으로 SPSS를 이용하는 것보다 어렵지만 자유도가 높고 분석할 수 있는 통계모형의 종류가 많아 더욱 강력한 프로그램이라고 할 수 있다. 더군다나 R은 프로그램의 소스코드(source code)가 공개되어 있는 오픈소스(open source) 소프트웨어로서 프로그램의 수정과 재배포가 가능하며 영원히 무료로 사용할 수 있다. 최근 5~10년간의 세계적인 흐름을 보면, 특히 사회과학 분야에서 R이 점점 더 사용범위를 늘려 가고 있으며, 필자처럼 양적 방법론을 전공하는 연구자들은 이미 R을 자주 사용하고 있다. SPSS를 잘 다루는 것도 여전히 유효하지만 R이야말로 자연과학, 공학, 의학, 사회과학 전체를 아울러 가장 광범위한 프로그램임에 틀림없다.

이렇듯 중요한 프로그램으로 자리매김했음에도 불구하고 코드를 작성하여 결과를 확인해야 하는 R은 여전히 어려운 프로그램으로 인식되어 있다. 가장 큰 이유는 아마도 이해 가능하도록 서술한 R 관련 서적이 거의 없기 때문일 것이다. 사실 거의 없는 것이 아니라 없다고 단언할 수 있을 정도다. 국내외에 출판된 수십 종의 R 관련 서적을 직접 확인한 결과, 그 많은 R 관련 서적 중에 R 코드를 조금이라도 제대로 설명한 것은 다섯 권을 넘지 않았고, 그나마 초보자를 위해서 하나씩 뜯어 가며 자세히 설명한 것은 찾을 수 없었다. 대다수의 R 서적들이 어떤 목적을 달성하기 위한 코드를 제공하고도 코드의 내용을 설명하지 않고 결과만을 제공하는 형식을 취하고 있었다. 마치 그 모든 책의 저자들이 서로 모여서 합의를 한 것처럼 명령어를 제대로 설명하지 않았다는 사실은 도저히 이해가 되지 않을 정도다. 이와 같은 책들은 여러 면에서 무의미하다. 새롭게 배우려는 사람들에게는 도움을 주지 못하고, 이미 알고 있는 사람들은 그 책들을 읽지 않을 것이기 때문이다. 이 책은 존재하는 그 어떤 R 관련 책하고도 비교할 수 없을 정도로 자세하게 모든 명령어를 설명하였다. R에 관심이 있었는데 시도하지 못하다가 통계학과 함께 배워 보려는 마음이 있는 독자라면 진정한 도움이 될 것이라고 확신한다.

이 책에서 R이 작지 않은 부분을 차지하지만 그렇다고 하여 이 책을 R책이라고 정의할 수는 없다. 필자에게 있어서 이 책을 집필하게 된 주요 목적은 사회과학 분야의 학생과 교수를 포함한 연구자들이 혼자서도 충분히 통계적 원리를 이해하도록 돕는 것이었기 때문이다. 그래서 이 책을 읽는 독자들이 조금이라도 더 사회과학통계를 잘 이해할 수 있도록 공부하는 방법을 간략하게 소개하고자 한다. 되도록 지켜 주었으면 좋겠다. 가장 먼저 책을 처음부터 그 어떤 단락도 빼지 않고 읽어 나가기를 권한다. 이 책은 특별한 분석을 수행하고 싶은 목적이 있을 때 사전처럼 사용할 수 있는 통계 서적이 아니다. 처음부터 끝까지 하나의 흐름 안에서 다양한 주제가 서로 유기적으로 연결되어 있는 책이다. 중간에 막히는 부분이 조금 있더라도 일단 다음 주제로 넘어가서 흐름이 끊기지 않도록 하는 것이 필요하다. 그리고 두 번째로 공부를 나누어서 하지 말고 되도록 몰아서 하기를 권한다. 수학이나 통계학은 꾸준히 열심히 나누어서 공부했을 때 일정한 수준의 경지에 이르는 학문이 아니다. 기회가 될 때마다, 소위 몰아쳐서 벽을 하나 넘어서야 비로소 성장할 수 있는 그런 종류의 학문이다. 이 책을 읽는 독자들은 두 가지를 염두에 두고 누군가의 도움 없이도 혼자서 이해하며 사회과학통계의 기본을 탐구하기 바란다.

마지막으로 이 책을 처음부터 끝까지 읽어 주며 수많은 양질의 코멘트를 해 준 나의 아내 서영숙 교수에게 고마움을 전하고 싶다. 또한 책을 쓰고 있을 때마다 나의 서재에 들어와서 같이 공부하고 재잘대며 힘을 주었던 딸 하윤에게도 고맙다고 말하고 싶다. 가족은 언제나 내 에너지의 원천이며 존재의 이유이기도 하다.

2019년 9월

김수영

차례

Ⅲ 상관과 회귀

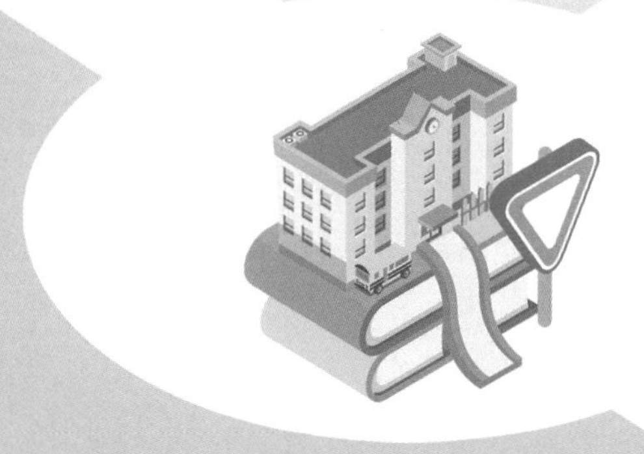

Ⅰ 통계의 기초

제1장 통계학의 개관

학문에서뿐만 아니라 실생활에서도 자주 사용하는 단어인 통계 또는 통계학(Statistics)이란 무엇인가? 단어가 가진 보편성만큼이나 매우 다양한 정의가 존재할 것임을 예측할 수 있다. 먼저 Google에서 제공하는 정의를 보면, 통계학이란 관심 있는 전체 집단의 일부로부터 자료를 수집하여 분석하고 그 결과를 통해서 전체 집단에 대하여 어떤 결론을 내리고자 하는 과학이라고 한다. 잠시 미국 통계학회(American Statistical Association, ASA)의 정의를 빌려 오면, 통계학이란 자료를 이용하여 불확실성을 측정하고, 통제하고, 또한 그것과 소통하려는 과학이다. 위대한 통계학자였던 John Tukey는 매우 싫어했겠지만 웹스터 사전에 따르면, 통계학은 많은 양의 자료를 수집, 분석, 해석하여 보여 주는 수학의 한 갈래라고 정의된다. Tukey가 이와 같은 정의를 싫어할 것이라고 필자가 생각한 이유는 통계학은 수학의 한 갈래가 아니며 단지 수학적인 모형을 사용하는 과학이라고 그가 정의하였기 때문이다. 이와 같은 정의 외에도 여러 페이지를 가득 채울 만큼 통계학에 대한 정의는 다양하다. 모든 정의들이 완벽하게 일치하지는 않지만, 또한 이 모든 것들이 동시에 통계학을 가리키고 있기도 하다.

이러한 통계학을 우리는 왜 배우려는 것일까? 그 해답 역시 여러 가지로 찾을 수 있겠지만, 간단하게 그 이유를 설명해 보고자 한다. 우리 인간들은 우리가 살고 있는 이 세상 속에서 많은 것들에 관심이 있다. 많은 것들 정도가 아니라 사실은 거의 모든 것에 관심이 있다. 그리고 그 관심 있는 것들을 과학적으로 설명하고자 한다. 이때, 즉 무언가를 과학적으로 설명하고자 할 때 통계학이 도움을 준다. 예를 들어, 독일에 여행을 갔더니 독일 사람들이 한국 사람들에 비하여 키가 더 크다는 느낌을 받았다고 가정하자. 그런데 단지 이 느낌만으로 '독일 사람들이 한국 사람들보다 키가 크다'라는 결론을 내리는 것은 과학적이지 않다. 합리적이고 과학적으로 두 나라 사람들의 키의 차이를 분석하고 설명할 수 있는 도구를 통계학이 제공한다. 또 다른 예를 들어, 종합비타민 보충제를 먹으면 먹지 않을 때보다 더 건강해지는가에 대한 답은 여전히 한 가지로 정리되지 않을 만큼 논란이 분분하다. 이러한 논란은 상반되는 통계분석 결과로 인해 더욱 가

중되었으나, 사실 통계학 없이는 그 논란을 끝낼 수도 없다. 이 외에도 통계학이 필요한 이유에 대하여 수없이 다양한 예를 들 수 있다. 우울과 불안은 서로 의미가 있을 만큼 상관이 있는 것일까? 커피는 심장 건강에 도움을 줄까? 부모의 긍정적인 양육태도가 자녀의 자존감 형성에 도움을 줄까? 두 대통령 후보의 지지율 차이 2%는 의미 있는 수치일까 아니면 오차일까? 우리가 살아가는 현실 속에서 자연스럽게 가질 수 있는 많은 질문에 대한 답을 찾는 과정에서 통계학은 빠질 수 없는 학문이다.

지금부터 이와 같은 실질적인 질문들에 대하여 통계학을 어떻게 이용할 수 있을지, 그리고 어떤 이론을 통하여 자료를 요약하고 설명할 수 있을지 배워 나가도록 하자. 물론 이 책 한 권으로 통계학이라는 바다를 모두 항해할 수는 없겠지만, 적어도 이 책을 통하여 기본을 배우고 통계학의 바다를 어떤 식으로 항해해야 할지는 알 수 있으리라고 기대한다. 가장 먼저 이번 장에서는 통계학이라는 학문의 기초가 되는 주요 개념들을 소개하고자 한다.

1.1. 모집단과 표본

통계학을 이해하고자 하는 데 있어서 가장 기본적이고 중요한 개념은 아마도 모집단과 표본일 것이다. 두 가지 개념과 표집 및 일반화의 과정을 이해하기 위해 [그림 1.1]을 살펴보자.

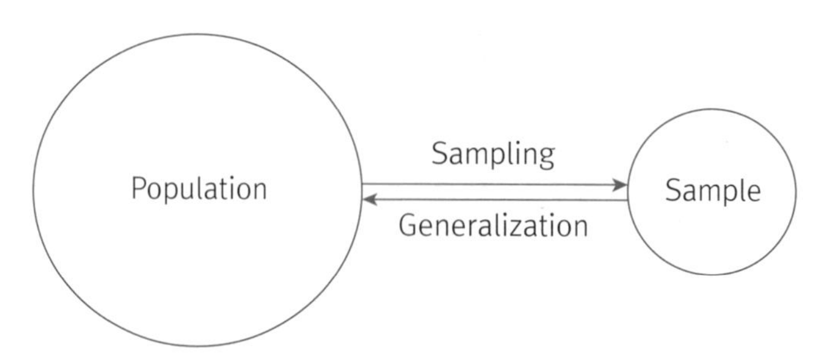

[그림 1.1] 모집단, 표본, 표집, 일반화

전집 또는 모집단(population)은 연구자가 관심을 두고 있는 전체 집단을 가리킨다. 예를 들어, 한국 성인 여성의 정신건강에 관심이 있다고 하면, 한국 성인 여성 전체가 연구자의 모집단이 된다. 통계학에서 모집단은 일반적으로 매우 커서 연구자가 직접 조사할 수 없다고 가정하며, 이러한 의미에서 수학적으로는 모집단의 크기(N)를 무한대(∞)로 가정하기도 한다. 이와 같은 이유로 연구자는 모집단의 일부를 선택하여 그 일부를 대상으로 자료를 수집하고 연구를 진행한다. 이렇게 연구를 위하여 선택된 모집단의 일부분을 표본(sample)이라고 하며, 모집단으로부터 표본을 추출하는 과정을 표집(sampling)이라고 한다. 그리고 일반화(generalization)란 표본을 통해 분석한 결과를 모집단으로 확장하여 서술하는 것이다. 표본을 추출할 때 가장 주의하여야 할 점은 표본이 모집단을 잘 대표(representation)할 수 있도록 표집을 해야 한다는 것이다. 한국 성인 여성의 정신건강에 관심이 있는데, 표집을 여대생으로만 한정하면 그 연구결과를 한국 성인 여성 전체로 일반화하는 데 문제가 생기게 될 것은 자명하다.

표본을 이용해서 통계분석을 하는 데 있어 주의해야 할 점은 표본(sample)과 연구대상(subject)을 잘 구별하고 그에 맞는 용어를 적절하게 사용해야 한다는 것이다. 예를 들어, 한국 성인 여성 500명을 모집단으로부터 선택하였다면, 연구자의 표본크기(sample size)는 500이고, 이는 연구대상자의 수(number of subjects)가 500임을 의미한다. 그리고 $n=500$이라고 표기하는 것이 일반적이다. 사회과학을 포함한 응용과학 분야의 몇몇 연구자들이 표본의 개수 또는 표본 수가 500이라고 논문이나 계획서에 서술하는 경우가 종종 있는데, 이는 혼돈의 여지가 있는 적절하지 못한 표현방식이다. 통계학에서 표본의 수(number of samples)는 표본크기(sample size)와 매우 다른 의미를 지니고 있으며, 뒤에서 다루게 될 표집이론(sampling theory)과 관련 있는 용어이다.

또 한 가지 주의해야 할 점은 어떤 연구든지 연구자는 반드시 모집단을 설정하는 과정을 거쳐야 한다는 것이다. 이는 표집의 과정과 밀접한 관련이 있으며 결과의 일반화와도 관계가 있다. 사회과학통계를 전공하는 사람으로서 여러 분야의 논문을 읽다 보면 연구자들이 관심 있는 집단의 설정을 하지 않는 경우를 자주 목격한다. 예를 들어, 모집단에 대한 그 어떤 설명도 없이 단지 '본 연구는 서울 및 경기 지역의 성인 여성 500명을 대상으로'라는 식으로 연구대상자를 설명하고 넘어가는 경우이다. 이런 식으로 연구의 표본에 대해서만 설명하고 넘어가게 되면, 연구의 결과를 서울, 경기 지역의 성인 여성으로 한정하고자 하는 건지, 한국 성인 여성에 관심이 있는데 편의상 서울 및 경기 지역으로만 표집을 한정한 건지 판단할 수 없게 된다. 따라서 표본을 통해 연구의 결과를 얻게 되었을 때 이 결과를 어떤 모집단에 대하여 일반화하고 서술해야 할지 모호한 상황에 빠지게 된다.

모집단과 표본의 관계에서 연구자가 관심 있는 연구대상자의 특성(예를 들어, 키)을 살펴보고자 할 때, 모집단에 존재하는 수천만 명 또는 표본에 존재하는 적어도 수백 명의 특성(키)을 하나하나 모두 확인한다는 것은 가능하지 않다. 심지어 가능하다고 하여도 효율적이지 않다. 일반적으로 우리는 자료의 속성을 요약치를 이용하여 확인한다. 이때 모집단의 속성을 보여 주는 값을 모수(parameter)라고 하고, 표본의 속성을 보여 주는 값을 통계치(statistic)[1] 또는 추정치(estimate)라고 한다.

통계학에서 모수는 그리스 문자를 이용해서 표기하며, 추정치는 로만(Roman) 알파벳 또는 모수의 윗부분에 ^(hat)을 더하여 표기한다. 책 전체를 통하여 새로운 통계표기(statistical notation)나 문자가 등장할 때마다 괄호 안에 그 이름과 발음을 제공할 것인데, 먼저 통계학에서 자주 만나게 되는 그리스 문자를 [표 1.1]에 소개한다. 먼저 각 그리스 문자의 대문자와 소문자를 제공하고 그 옆에 이름(또는 발음)이 제공된다.

[표 1.1] 그리스 문자

$A\ \alpha$	alpha	$B\ \beta$	beta	$\Gamma\ \gamma$	gamma	$\Delta\ \delta$	delta
$E\ \epsilon$	epsilon	$Z\ \zeta$	zeta	$H\ \eta$	eta	$\Theta\ \theta$	theta
$I\ \iota$	iota	$K\ \kappa$	kappa	$\Lambda\ \lambda$	lambda	$M\ \mu$	mu
$N\ \nu$	nu	$\Xi\ \xi$	xi	$O\ o$	omicron	$\Pi\ \pi$	pi
$P\ \rho$	rho	$\Sigma\ \sigma$	sigma	$T\ \tau$	tau	$Y\ \upsilon$	upsilon
$\Phi\ \phi$	phi	$X\ \chi$	chi	$\Psi\ \psi$	psi	$\Omega\ \omega$	omega

모집단과 표본 및 모수와 통계치의 이해를 위하여 [그림 1.2]에 모집단과 표본의 관계를 다시 보이고, 그 위에 모수와 추정치의 예를 더하였다.

1) 이때의 statistic은 하나의 값을 나타내는 것으로서 통계학의 Statistics와는 구별된다. 즉, 통계치라는 의미의 statistic은 단수형 a statistic, 복수형 statistics의 표현이 가능하다.

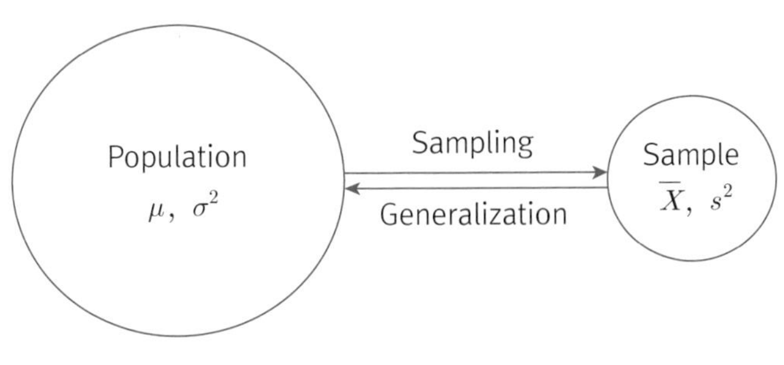

[그림 1.2] 모수와 추정치

[그림 1.2]에 보이는 것처럼 모집단의 평균과 분산은 μ(mu)와 σ^2(sigma squared)로 표기하고, 표본의 평균과 분산은 $\overline{X}$(x bar)와 s^2(s squared)로 표기한다. 표본의 평균과 분산은 모수의 추정치를 의미하는 $\hat{\mu}$(mu hat)과 $\hat{\sigma}^2$(sigma hat squared 또는 sigma squared hat)라고 표기할 수도 있다. 다시 말해, $\hat{\mu} = \overline{X}$, $\hat{\sigma}^2 = s^2$를 의미한다.

모집단과 표본의 맥락에서 한 가지 더 알아 두어야 할 개념은 기술통계(descriptive statistics)와 추리통계 또는 추론통계(inferential statistics)이다. 기술통계란 말 그대로 자료의 상태를 있는 그대로 설명하고 기술하는(describe) 방식의 통계를 의미한다. 일반적으로 모집단 전체의 자료를 모두 수집하고 기술하는 경우는 매우 드물기 때문에 기술통계라고 하면 표본의 자료를 기술하는 것을 의미한다. 표본의 평균과 분산을 구하는 것이야말로 가장 대표적인 기술통계라고 할 수 있다. 또는 표본 자료를 그래프나 표를 이용하여 나타내 주는 것도 기술통계의 부분이다. 예를 들어, 한국 성인 여성의 키에 관심이 있을 때, 모집단으로부터 표본을 1,000명 추출하여 평균을 계산하였더니 162.5가 나왔다든지 1,000명의 키를 이용하여 빈도분포표(frequency distribution table)를 그린다든지 하는 작업이 모두 기술통계이다.

추리통계란 모집단의 모수를 추정(estimation)하고, 이 추정치를 이용하여 모집단의 속성에 대하여 추론하는 방식의 통계를 의미한다. 여기에서 추정이라는 것은 표본의 자료를 이용하여 관심 있는 모수의 가장 그럴듯한 값을 구하는 과정이라고 이해하면 좋다. 앞서 언급하였듯이, 이러한 추정의 과정을 통하여 나온 값을 추정치라고 한다. 예를 들어, '한국 성인 여성 표본 1,000명을 이용하여 키의 평균을 계산하였더니 162.5가 나왔다'까지가 기술통계라면, 이를 이용하여 '한국 성인 여성의 평균 키는 대략 162.5의 값일 것이다'라고 모집단에 대하여 진술하였다면 이를 추리통계 또는 추론통계라고 한다. 즉, 추리통계란 표본을 통하여 모집단을 합리적으로 예측하고 추리하는 통계를 가리킨다. 통계학의 영역에서 기술통계가 빠질 수 없는 중요한 영역이지만, 실질적으로 통계의 어려운 부분은 거의 모두 추리통계의 영역이라고 볼 수 있다.

1.2. 변수와 측정

1.2.1. 변수의 정의와 종류

변수(variable)는 상당히 광범위하고 복잡한 의미로 받아들여질 수도 있지만, 통계학에서의 변수는 꽤 단순하고 명확한 의미를 지니고 있다. 가장 간단한 의미로 변수는 변하는 수(numbers that vary)로 정의된다. 조금 복잡하게는 변수의 값이 무선적으로 또는 확률적으로(randomly)[2] 발생하는 원리를 이용하여 정의되기도 하는데, 사회과학 영역에서 응용 통계학을 하는 대다수의 독자에게는 적절한 방법이 아니다. 간단한 방법으로 변수라는 것이 무엇인가를 보여 주고자 한다. 또한 이 예제 속에서 연구에 사용하는 변수와 연구대상자들이 어떻게 기록될 수 있는지도 살펴본다. 먼저 하나의 표본을 가지고 있고, 그 표본 안에 대한민국 여대생 중에서 100명이 무선적으로 선택되어(randomly selected) 있다고 가정하자. 그리고 우리가 관심 있는 연구대상자의 속성은 키와 성별 및 신발의 개수이다. [표 1.2]에 연구대상자 100명의 키와 성별 및 신발의 개수를 기록한 자료가 제공된다.

[표 1.2] 여대생의 키와 성별 및 신발의 개수($n = 100$)

Subject id	Height(cm)	Gender (0=Male, 1=Female)	Shoes
1	164	1	6
2	159	1	15
3	162	1	9
⋮	⋮	⋮	⋮
100	168	1	7

2) 통계학에서 random이란 단어는 여러 가지 단어로 번역되고 있으며 또한 여러 맥락에서 사용되고 있으나 여기에서는 일단 변수와 관련된 맥락으로 논의를 한정한다. 순수 통계학 영역에서는 random을 확률 또는 확률적이라는 단어로 번역하며, 사회과학통계 영역에서는 무선 또는 무선적이라는 단어로 번역하는 것이 일반적이다. 이 두 단어는 근본적으로 동일한 의미를 지니고 있다. 즉, 어떤 사건(event)의 발생이 확률에 기반하여 일어난다는 것이다. 다시 말해, 어떤 사건이 무조건 일어나거나 무조건 일어나지 않는 것이 아니라 일정한 확률에 기반하여 일어날 수도 일어나지 않을 수도 있다는 것이다.

자료를 Excel 등의 스프레드시트나 SAS, SPSS 등의 통계 프로그램 에디터 또는 텍스트 파일(text file)로 저장할 때, 행(row)은 연구대상자(subjects), 사례(cases), 관찰치(observations), 개인(individuals) 등을 의미하며, 열(column)은 변수를 의미한다. [표 1.2]에서 1, 2, ..., 100은 연구대상(subject)들에게 부여된 id(identity) 값을 의미하며 키(Height)와 성별(Gender) 등은 변수를 의미한다. 이때 키는 연구대상자 간에 다른 값을 가지므로, 즉 변하고 있으므로 정말로 변수가 된다. 그런데 성별의 경우에 위의 표본에는 여대생밖에 없으므로 연구대상자 간에 다른 값을 가질 수 없고 모두가 변하지 않는 값, 즉 1을 가지고 있게 된다. 이렇게 되면 성별은 변수라고 할 수 없으며 상수(constant)가 된다. 정리하면, 변수란 연구대상 모두에게 있어서 적어도 두 개 이상의 다른 값이 존재할 때 변수로서의 자격을 갖게 된다. 변수가 적어도 두 개 이상의 값을 가질 때, 즉 변수일 때 비로소 통계분석을 위해서 사용될 수 있으며 기본적으로 상수는 통계분석에서 큰 의미가 없다.

변수의 자격을 갖추었다고 하여서 모두 같은 유형의 변수가 되는 것은 아니다. 변수가 가진 여러 속성에 따라서 변수는 다양하게 분류되며, 그 유형을 분류하기 위한 체계(typology)는 한 가지 방법이 아니다. 모든 분류체계를 그 원리까지 자세히 설명하는 것은 이 책의 목적을 벗어나므로 사회과학통계를 공부하는 사람으로서 꼭 알아야 할 부분만 소개하도록 한다. 변수의 유형은 연구자가 선택할 수 있는 통계 방법의 종류와도 밀접한 관련이 있기 때문에 자세히는 아니어도 어느 정도의 이해가 요구된다.

연속형 변수와 이산형 변수

자연과학 분야의 통계학 영역에서 가장 중요하게 변수의 형태를 나누는 기준은 연속성(continuity)이며, 이에 따라 연속형 변수(continuous variable)와 이산형 변수(discrete variable)로 나눈다. 연속형 변수는 실선(real line)상에서 정의가 되는 변수로서 특정한 사건의 발생확률이 0이 되는 변수이다. 예를 들어, 어떤 성인 여성의 키가 정확히 165일 확률은 수학적으로 계산하면 0이 된다. 사람의 키는 일정한 영역에서 실수값으로 정의되는데, 실수값이라는 것은 소수점 이하의 자리수가 무한대가 될 수 있음을 의미한다. 즉, 키가 정확히 165라는 것은 165.0000...과 같은 식으로 소수점 이하의 모든 값이 0이 되어야만 발생할 수 있는 것이고, 이는 확률적으로 가능하지 않다. 그러므로 연속형 변수는 특정한 값보다는 일정한 범위로 정의가 된다. 예를 들어, 키가 165라는 것은 164.5와 165.5 사이에서 정의되는 것이라고 볼 수 있는 것이다.

연속형 변수와는 다르게 이산형 변수는 특정한 값을 취할 수 있는 종류의 변수다. [표 1.2]에 나타난 성별 변수와 같은 이분형 변수(binary variable)가 대표적인 이산형 변수다. 남자는 0의 값을 여자는 1의 값을 갖도록 설계된 것이 [표 1.2]의 성별 변수이다. 이산형 변수 안에는 성질이 다른 여러 종류가 있는데, [표 1.2]에서의 신발의 개수(Shoes) 변수는 이산형 변수 중에서도 빈도 변수(count variable)로 불리는 종류로서 물건의 개수나 사건의 발생 빈도를 표현하는 변수 형태이다. 또한 사회과학도들이 매우 잘 알고 있는 리커트(Likert) 척도 역시 대표적인 이산형 변수이다. 일반적으로 리커트 척도는 연구대상자들의 속성(우울 또는 행복도 등)에 대한 질문에서 몇 개의 선택지가 서열적으로 제공되는데, 예를 들어 (1) 매우 그렇지 않다, (2) 그렇지 않다, (3) 보통이다, (4) 그렇다, (5) 매우 그렇다 등으로 선택할 수 있는 변수 형태이다.

질적변수와 양적변수

변수는 또한 수량(quantity)적인 의미를 가지고 있느냐 그렇지 않느냐에 따라 양적변수(quantitative variable)와 질적변수(qualitative variable)로 나뉘기도 한다. 질적변수는 범주형 변수(categorical variable)로 부르기도 하는데, 변수의 값 자체에 크고 작음의 의미가 없으며 단지 분류 또는 구분의 의미만 있을 뿐이다. 대표적으로 성별 변수에서 남자를 0, 여자를 1로 코딩하였을 때, 이는 편의상 남자와 여자를 구분한 것뿐이며 1이 0보다 크다고 하여서 여자가 남자보다 어떤 속성이 더 크다라는 의미는 가지고 있지 않다. 정치적 성향(좌파, 중도, 우파), 국적(한국, 미국, 프랑스, 러시아), 혼인상태(결혼, 미혼, 이혼, 별거, 사별) 등이 질적변수의 예라고 할 수 있다. 그에 반해 양적변수는 수량적으로 측정이 되고 구분이 되는 종류의 변수이다. 예를 들어, 연구대상 1의 키가 164cm이고 연구대상 2의 키가 159cm라면, 연구대상 1은 2보다 5cm 더 큰 키를 지니고 있는 것을 의미한다. 또는 연구대상 2의 신발이 15켤레이고 연구대상 3의 신발이 9켤레라면, 연구대상 2가 3보다 6켤레 더 많은 신발을 소유하고 있음을 나타낸다.

독립변수와 종속변수

변수는 통계모형 안에서의 역할이나 인과관계(causality 또는 causation) 등에 따라 독립변수(independent variable)와 종속변수(dependent variable)로 나눌 수도 있다. 독립변수가 영향을 주는 변수라면, 종속변수는 영향을 받는 변수를 의미한다. 예를 들어, 혈압약 A의 투약 정도가 혈압에 주는 영향을 연구하기 위해 의학 실험을 계획했다면, 약의 투여량이 독립변수가 되고 혈압이 종속변수가 된다. 일반적으로 실험

(experiment) 상황에서는 독립변수가 연구자에 의해 조작(manipulation)될 수 있다고 가정한다. 즉, 연구자의 의도에 따라 어떤 연구대상들에게는 10mg의 약을 투여하고, 또 어떤 연구대상들에게는 30mg의 약을 투여한다. 물론 위약(placebo) 효과를 확인하기 위해 거짓으로 약을 투여하는 것도 가능하다. 독립변수는 좁은 의미로는 이와 같이 연구자가 조작할 수 있는 변수를 가리키는데, 좀 더 넓은 의미로는 혈압에 영향을 줄 수 있는 조작할 수 없는 분류 변수(예, 성별)나 특성 변수(예, 나이) 등도 포함한다. 일반적으로 조작할 수 있는 독립변수를 요인(factor)이라고 부르며, 조작할 수 없는 독립변수를 예측변수(predictor)라고 하기도 하는데 절대적인 분류법은 아니다. 예를 들어, 위 실험에서 독립변수인 약의 투여량을 혈압의 예측변수라고 해도 틀린 말이 아니다.

위 예의 혈압처럼 독립변수에 의해 예측되거나 설명되는[3] 변수를 종속변수라고 한다. 종속변수는 준거변수(criterion variable), 반응변수(response variable), 결과변수(outcome variable) 등 다양한 이름으로 불리기도 한다. 독립변수로서 양적변수(투여량)와 질적변수(성별)가 모두 가능한 것에 비해 종속변수는 기본적으로 양적변수(혈압)인 경우가 대부분이다. 질적변수를 종속변수로 사용하는 것도 가능하기는 한데, 그렇게 되면 통계모형의 수학적인 이론이 바뀌고 해석 등도 복잡해지게 된다. 일반적으로 종속변수는 연구자가 관심을 갖고 있는 가장 중요한 변수라고 할 수 있다. 먼저 종속변수가 결정되면, 이 종속변수에 영향을 주는 다양한 독립변수를 찾아내게 된다. 위의 예처럼, 만약 연구자가 혈압에 관심을 두었다면 이것이 종속변수가 되며, 종속변수 혈압에 영향을 주는 약의 투여량, 나이, 성별 등이 독립변수가 된다.

독립변수와 종속변수의 관계에서 혼입변수(confounding variable)라는 매우 중요한 개념이 등장한다. 혼입변수는 특히 독립변수가 종속변수에 영향을 주는 인과관계에서 이해해야 하는 개념이다. 혼입변수는 종속변수에 영향을 줄 수 있는 잠재적인 변수인데 실험 또는 연구에서 제대로 고려되지 못하고 간과된(overlooked) 변수이다. 이러한 혼입변수는 독립변수 및 종속변수 모두와 높은 상관이 있는 것이 보통이어서 제대로 고려되지 못하면 독립변수와 종속변수의 영향 관계를 혼란 속에 빠뜨린다(confound). 예를 들어, 약의 투여량과 혈압의 관계를 확인하기 위해 100명의 연구대상을 모집하였

3) 예측과 설명은 비슷하면서도 주의 깊게 구분되어야만 하는 용어들이다. 먼저 설명(explanation)은 인과관계를 기반으로 한다. 예를 들어, 부모의 키로 자식의 키를 설명할 수 있으나, 자식의 키로 부모의 키를 설명한다는 것은 말이 되지 않는다. 이에 반해 예측(prediction)은 기본적으로 인과관계를 담보하지 않는다. 즉, 자식의 키로 부모의 키를 예측한다고 하여도 개념적으로 아무런 문제가 없다.

고, 50명의 사람에게는 10mg을 나머지 50명의 사람에게는 30mg을 투여하였다고 가정하자. 실험 시작 전에 혈압을 측정하였고, 일주일 동안 매일 한 번씩 약을 투여한 이후에 다시 혈압을 측정하여 혈압이 얼마나 감소하였는지를 확인하였다. 결과를 보니, 10mg을 투여한 집단의 혈압 감소가 더 컸고 연구자는 10mg이 적정한 투여량이라고 결정을 내리고자 하였다. 그런데 두 집단을 자세히 확인해 보니, 10mg 집단의 대부분(90%)이 여성이었고, 30mg 집단의 대부분(90%)은 남성이었다. 만약 이렇게 되면 10mg 집단의 혈압이 더 많이 감소한 이유가 10mg을 투여했기 때문일까 아니면 여성이기 때문일까? 다시 말해, 이런 상황이 발생하면 혈압의 감소 이유가 연구자가 의도한 약의 투여량(독립변수) 때문인지 성별(혼입변수) 때문인지 결정하기 힘들게 된다. 이렇듯 혼입은 독립변수와 종속변수의 인과관계를 결정하는 데 있어서 매우 주의해야 할 부분이며, 혼입변수가 독립변수와 종속변수의 관계를 혼란에 빠뜨리지 않도록 하는 많은 방법이 존재한다. 이를 혼입변수의 통제(control)라고 한다. 앞으로 이 책의 여러 다양한 맥락에서 통제의 개념이 다시 등장할 것이다.

1.2.2. 측정의 개념과 규칙

통계분석의 핵심 요소라고 할 수 있는 변수는 측정(measurement)의 과정 없이는 존재할 수 없다. 측정이란 사물이나 사건, 사람의 속성(property)에 정해진 규칙에 따라 숫자를 부여(assignment of numbers)하는 과정이다. 예를 들어, [표 1.2]에서처럼 연구자가 키 변수를 갖기 위해서는 먼저 연구대상 100명의 키를 측정해야만 한다. 즉, 연구대상자의 키라는 속성에 164, 159, 162 등의 숫자를 부여해야만 한다. 성별 변수를 위해서도 역시 연구대상자들의 성별이라는 속성에 0 또는 1의[4] 숫자를 부여해야 한다. 이러한 속성을 측정하기 위해서는 속성에 합리적으로 숫자를 부여할 수 있는 측정의 도구가 필요하다. 예를 들어, 키를 측정하고자 하면 길이를 잴 수 있는 자가 필요하고 몸무게를 측정하고자 하면 체중계가 필요하다. 이와 같은 도구를 영어로는 scale이라고 한다. scale은 기본적으로 무언가를 측정하는 도구를 가리키며 국내에서는 척도로 번역하여 사용한다. 특히 심리학의 영역에서 인간의 심리적 속성(우울, 효능감, 행복도 등)을 측정하고자 할 때 검사도구(질문 세트, questionnaire)를 이용하게 되는데 이러한 검사도구를 척도라고 한

4) 두 개의 범주만 존재하는 이분형 변수(binary variable)를 0과 1로 코딩하는 방식을 더미 코딩(dummy coding)이라고 하고 이렇게 만들어진 변수를 더미변수(dummy variable)라고 한다. 이분형 변수를 1과 2로 코딩한다고 하여도 그 가진바 의미가 변하지는 않는다. 다만 이분형 변수가 더미 코딩되어 있을 때 다양한 통계모형에서 적절하게 분석되고 해석될 수 있다.

다. 예를 들어, 우울을 측정하는 우울 척도, 효능감을 측정하는 효능감 척도, 행복의 정도를 측정하는 행복도 척도 등으로 사용한다. 필자는 종종 어려운 한자인 척도(尺度) 대신 scale을 '자'라는 단어로 번역하기도 한다. 키를 재는 자, 몸무게를 재는 자, 우울을 재는 자 등으로 사용하는 것이다. 인간의 신체적 속성이든 심리적 속성이든 측정을 하고자 한다면 측정의 도구, 즉 자(척도)가 필요한 것이다.

측정을 통해 어떤 속성에 숫자가 부여되었을 때, 그 숫자에 절대적인 의미를 부여하는 것은 사실 큰 의미가 없다. 숫자의 해석이나 취급 등은 어떤 자(척도)를 선택하느냐에 따라 달라진다. 예를 들어, 눈금이 cm인 자로 키를 측정했을 때와 inch로 된 자를 이용하여 측정했을 때, 그 값은 상당히 달라진다. [표 1.2]의 첫 번째 연구대상의 키는 164cm인데, 만약 inch로 되어 있는 척도를 사용하게 된다면 대략 65inch 정도가 된다. 똑같은 사람의 키가 다른 숫자로 측정되는 것이다. 사람의 정신적인 속성(예, IQ)도 마찬가지로서 어떤 눈금을 가진 자(척도)를 선택하느냐에 따라 달라진다. 예를 들어, 지금 우리가 사용하는 IQ는 평균이 100이고 단위가 1로서 105, 136, 97 등으로 사용되는데, 만약 평균을 1,000으로 하고 단위를 10으로 하겠다고 약속하면 똑같은 사람들의 지능이 1050, 1360, 970 등 매우 다른 값으로 나타날 수 있다.

논리적으로 생각해 보았을 때, 우리가 어떤 속성을 측정하려고 하느냐에 따라서 측정을 위해 사용하는 자도 달라져야 한다. 예를 들어, 키를 측정하고자 할 때는 양적인 속성을 나타내는 숫자들을 사용한다면, 성별을 측정하고자 할 때는 질적인 속성을 나타내는 숫자들을 사용하는 것이 적절하다. Stevens(1946)는 그의 짧은 논문 「On the Theory of Scales of Measurement」에서 측정하고자 하는 속성의 성격에 따라 네 가지 다른 방식의 척도를 정리하였다. 다른 규칙(different rules)에 따라 숫자를 부여하게 됨으로써 다른 종류의 척도(different kinds of scales)에 다다르게 됨을 밝히고 있다. 이 네 가지는 각각 명명척도(nominal scale), 서열척도(ordinal scale), 등간척도(interval scale), 비율척도(ratio scale)로서 서로 다른 종류의 척도 규칙을 따르고, 적용할 수 있는 통계분석 방법도 다르다. 이러한 구분을 중요하게 여기는 사람들도 있고 중요하지 않게 생각하는 사람들도 있는데 기본적인 개념은 이해해야 하므로 간단하게 소개한다.

명명척도

명명척도(nominal scale)는 구분되는 질적 속성에 숫자를 부여하는 척도이다. 명명척도의 숫자를 부여하는 규칙은 다른 범주에 같은 숫자를 부여하지 않고, 같은 범주에 다른 숫자를 부여하지 않아야 한다는 것이다. 즉, 구분되는 범주에 구분되는 숫자를 부여하는 것이 명명척도의 규칙이다. 명명척도를 사용하는 대표적인 예는 성별로서 남자에는 0, 여자에는 1을 부여할 수 있다. 이렇게 되면 성별의 구분되는 질적 속성(남자, 여자)에 구분되는 숫자(0과 1)를 부여하게 된다. 사람들의 국적에 숫자를 부여한다든지, 축구선수의 등에 번호를 부여한다든지, 사람들에게 주민등록번호를 부여한다든지 하는 것이 모두 명명척도의 규칙을 따른다. 명명척도를 이용하게 되면 부여된 숫자라는 것은 단지 범주의 질적 속성을 가리키는 것뿐이므로, 그 숫자들을 이용한 수학적인 연산은 가능하지 않다. 예를 들어, 명명척도를 이용하여 측정한 성별 변수에서 $0 < 1$이라든지 $0 + 1 = 1$이라든지 하는 수학적인 표현은 모두 다 가능하지 않다. 단순히 생각해 보아도 남자(0)보다 여자(1)가 크다든지, 남자(0)와 여자(1)를 더하면 여자(1)가 된다든지 하는 것은 논리적으로 가당치 않다. 명명척도를 이용하여 변수를 형성한 경우에 가능한 통계치는 빈도, 뒤에서 배울 최빈값(mode), ϕ계수(phi coefficient)로 불리는 교차표의 상관(contingency correlation) 등이다. 명명척도는 단지 범주에 이름을 부여하는 것이기 때문에 이를 척도가 아니라고 보기도 하나, 이는 이 책의 범위를 벗어나는 논쟁이므로 자세한 논의는 생략한다.

서열척도

서열척도(ordinal scale)는 사물이나 사건, 사람의 양적 속성을 하나의 차원(dimension)에서 순위를 매기는 방식의 척도이다. 명명척도가 범주 분류의 특성만 가지고 있는 것에 반하여 서열척도는 범주 분류 특성에 순위를 결정하는 특성을 추가로 가지고 있다. 서열척도의 규칙은 하나의 양적 속성의 서열에 따라 합당한 숫자를 부여해야 한다는 것이다. 예를 들어, 고등학교 한 반에 30명이 있는데 그들의 시험성적(차원)에 따라 서열을 매기고 싶다면 가장 잘하는 사람부터 못하는 사람까지 1부터 30의 숫자를 부여할 수 있다. 1은 반에서 공부를 가장 잘하는 사람, 2는 두 번째로 공부를 잘하는 사람, 30은 반에서 공부를 가장 못하는 사람이 된다. 서열척도의 대표적인 특징은 순위의 정보만 가지고 있을 뿐, 차이에 대한 정보는 가지고 있지 않다는 것이다. 1등은 2등보다 공부를 잘하지만, 얼마나 잘하는지에 대한 것은 알 수가 없으며, 1등과 2등의 차이가 3등과 4등의 차이보다 큰지 또는 작은지도 알 수 없다. 앞에서 행복도를 측정하는 질문에 대한 답으로 예를 들었던 (1) 매우 그렇지 않다, (2) 그렇지 않다, (3) 보통이다, (4) 그렇다, (5) 매우 그렇다 등으로 측정되는 리커트(Likert) 척도는 가장 대표적인 서열척도로서 사회과학 연구에서 매우 많이 사용되고 있다. 서열척도는 여전히 양적변수를 만들어 내기에는 부족하며, 서열척도를 이용하게 되면 변수의 평균 등을 계산하는 일반적인 수학적 연산은 가능하지 않다. 이용할 수 있는 통계치로는 뒤에서 배우게 될 중앙값(median)이나 백분위점수(percentile) 등이 있다. 명명척도를 진정한 척도로 생각하지 않는 사람들은 서열척도를 가장 간단한 형태의 진정한 척도라고 생각하기도 한다.

등간척도

동간척도, 간격척도 등으로도 불리는 등간척도(interval scale)는 비로소 일반적인 의미에서 양적인(quantitative) 변수를 만들어 내는 척도라고 할 수 있다. 등간(等間)이란 점수 간의 간격이 일정하다는 의미로서, 등간척도는 점수들 간의 서열성 뿐만 아니라 점수들 간의 차이에 대해서 동일성을 부여한 척도이다. 가장 대표적인 예는 온도인데, 10°C와 20°C의 차이가 30°C와 40°C의 차이와 같다고 보는 것이 등간척도이다. 등간척도의 특징은 영점(zero point)이 편의상 정해진 임의의 영(arbitrary zero)이라는 것이다. 예를 들어, 섭씨 0도(0°C)란 1기압 하에서 얼음이 녹는 온도를 임의로 정한 것이지 온도라는 개념이 완전히 사라진다거나 하는 것은 아니다. 즉, 온도가 0도라는 것은 온도가 없다는 것이 아니라 어느 특정한 조건을 만족하는 온도라는 것이다. 이는 섭씨(Celsius)와 화씨(Fahrenheit)의 관계를 생각해 보면 더욱 확실해지는데, $Fahrenheit = 32 + \frac{9}{5}Celsius$에 의해 섭씨 0도는 화씨 32도로 변환될 수 있고, 화씨 0도는 대략 섭씨 −18도로 변환될 수 있다. 다시 말해, 섭씨나 화씨의 0도라는 것은 어떤 절대적인 의미의 온도가 아니라 임의의 점(arbitrary point)인 것이다. 등간척도를 이용하여 만든 변수들을 사용하면 대부분의 통계치를 계산할 수 있는데, 앞으로 배우게 될 평균(mean), 표준편차(standard deviation), 상관계수(correlation coefficient) 등이 있다. 등간척도를 이용한 경우에 주의해야 할 부분은 절대영점(absolute zero point)의 개념이 없으므로 비율적인 해석에 제한을 받는다는 것이다. 예를 들어, 40°C가 20°C보다 두 배 더 덥다 또는 뜨겁다라는 개념은 성립하지 않는다.

비율척도

비율척도(ratio scale)는 등간척도가 가지고 있는 모든 특성을 지니고 있으며 여기에 추가로 절대영점이 존재한다는 특성이 있어 등간척도와 구분된다. 섭씨 0도나 화씨 0도처럼 임의의 영점(arbitrary zero)이 아닌 절대영점(absolute zero)이 존재한다. 절대영점이란 영의 의미가 측정하려고 하는 사물이나 사람의 속성이 아예 없다는 것을 가리킨다. 예를 들어, 사과의 개수는 비율척도를 이용하여 측정할 수 있는데 사과가

0개라는 것은 사과가 정말로 존재하지 않는다는 것을 의미한다. 비율척도는 기본적으로 앞에서 설명한 명명척도, 서열척도, 등간척도의 특성을 모두 포함하고, 거기에 더하여 비율척도만의 특징이 있다. 다시 말해, 사과 1개와 2개는 서로 다른 의미 또는 범주(명명 특성)를 의미하고, 사과가 5개인 것은 3개보다 더 많다는 것을 의미하고(서열 특성), 사과 1개와 3개의 차이는 5개와 7개의 차이와 같다는 것을 의미하고(등간 특성), 사과 2개는 사과 1개에 비해 두 배라는 것을 의미한다(비율 특성). 영점이 진정으로 0을 의미하게 되면 비율적인 속성의 해석이 가능해진다. 100m 달리기에 20초가 걸린 사람은 10초가 걸린 사람에 비해서 정확히 두 배의 시간이 더 걸린 것이며, 쌀 30kg은 쌀 10kg의 세 배를 의미한다. 비율척도를 이용하여 만들어진 변수들을 사용하게 되면 모든 통계적인 측정치들을 적용할 수 있게 된다.

지금까지 설명한 척도들은 변수를 측정하여 생성해 내는 다양한 종류의 규칙들을 정교하게 설명하고 있지만, 이와 같은 방식이 절대적인 것은 아니며 여러 가지 비판도 받고 있음을 알 필요가 있다. 특히 주로 인간의 정신 과정을 연구하는 심리학, 교육학, 사회학 등의 행동과학(behavioral science) 영역에서 그 모호성을 지적받아 왔다. 예를 들어, 100점 만점의 수학시험을 시행했을 때 50점과 60점의 차이가 90점과 100점의 차이와 같다고 보는 것이 등간척도인데, 이것은 수학 점수의 차이라는 관점에서는 의심의 여지가 있을 수 없다. 하지만 알다시피 수학점수 50점에서 60점이 되는 것에 비해 90점에서 100점이 되는 것은 훨씬 시간이 많이 걸리고 어려운 것이 일반적이다. 즉, 수학능력의 차이라는 관점에서 보면 90점과 100점의 차이가 50점과 60점의 차이보다 더 클 수도 있는 것이다. 이는 비율척도에서도 마찬가지인데, 100m 달리기에서 10초와 11초의 차이를 15초와 16초의 차이에 비교하면 그 차이는 1초로서 동일하다고 가정되지만, 사실 달리기 능력이라는 측면에서 보면 매우 부적절한 비교라고 볼 수 있다. 행동과학 분야에서 이와 같은 조금은 철학적인 논쟁은 이 책의 범위를 벗어나므로, 위의 예제들에서는 등간격을 가정하는 것으로 충분하다고 판단된다. 다만 연구자들은 어떤 속성에 대하여 어떤 측정규칙을 적용한 척도를 사용할 것인지 심사숙고해야 한다.

마지막으로 연속성에 따른 연속형 변수와 이산형 변수의 분류, 수량적 의미에 따른 질적변수와 양적변수의 분류, 측정규칙에 따른 명명척도, 서열척도, 등간척도, 비율척도 등을 상호 간에 위계구조를 만들거나 직접적인 비교를 하는 것은 적절한 일이 아님을 말하고 싶다. 예를 들어, 양적변수에는 연속형 변수와 이산형 변수가 있다는 표현이나, 명명척도와 서열척도는 질적변수를 만들어 내고, 등간척도와 비율척도는 양적변수를 만들어 낸다는 표현 등이 부분적으로 맞을 수 있으나 또한 부분적으로는 틀릴 수 있다. 이산형 변수는 질적변수와 양적변수의 일부를 모두 포함하고 있으며, 서열척도는 질적변수를 만들어 낸다고 할 수 있지만, 동시에 서열척도를 이용해 측정한 변수로 양적인 분석도 실시한다. 또한 명명척도는 범주형 변수와 종종 비교되지만, 서열척도 역시 범주형 변수를 만들어 낸다. 이를 순위범주형(ordered categorical) 변수라고 한다. 다양한 학문 분야에서 조금은 다른 목적을 가지고 발전해 온 변수의 유형화를 단순화시켜 서로 직접적으로 비교하는 것은 주의해야 할 일이다.

1.3. 무선표집과 무선할당

연구의 타당도(validity)와 연계하여 매우 기본적이면서도 중요한 무선표집(random sampling)과 무선할당(random assignment)의 개념을 소개한다. 타당도란 기본적으로 수행한 연구가 연구자의 의도대로 잘 되었는지의 정도를 가리킨다. 타당도를 단번에 확인할 수 있는 하나의 방법은 없으며 연구자들은 다양한 방법을 통하여 자신의 연구가 타당성을 확보했는지의 여부를 밝히고자 한다. 여러 사회과학 분야에 걸쳐 타당도의 전체적인 틀은 어느 정도 잡혀 있지만, 연구의 다양한 목적만큼이나 다른 타당도의 유형체계가 존재한다. 여기서는 먼저 외적타당도(external validity)와 내적타당도(internal validity)의 개념을 소개하고, 이와 연결하여 무선표집과 무선할당을 설명한다.

외부타당도라고도 불리는 외적타당도란 표본을 바탕으로 하여 수행한 연구를 모집단으로 일반화할 수 있는지의 정도를 의미한다. 만약 표본이 모집단을 잘 대표한다면 표본의 평균이나 표준편차를 가지고 모집단의 평균이나 표준편차를 추론하는 것이 타당할 것이며, 이런 경우 연구가 외적타당도를 가지고 있다고 표현한다. 즉, 표본이 모집단을 잘 대표한다면 연구는 외적타당도를 확보하게 된다. 그렇다면 문제는 어떻게 모집단을 대표하는 표본을 수집할 것인가이다. 가장 완전하면서도 단순해 보이는(단순한 것이 아니라 말 그대로 단순해 보이는) 방법은 무선표집을 하는 것이다.

모집단에서 표본을 추출할 때 모집단을 구성하는 모든 연구대상의 추출 확률이 동일하다면 그것이 무선표집이 된다. 다시 말해, 만약 모집단에 연구대상 100만 명(매우 큰 숫자를 의미)이 존재한다면 각각의 연구대상이 표본으로 추출될 확률이 100만분의 1이 되어야 한다는 것이다. 연구대상 100만 명의 이름표를 엄청나게 큰 항아리에 넣고 무작위로 하나씩 추출을 하면 무선표집의 조건을 만족할 수 있다. 이 과정을 들여다보면, 무선표집을 위해서는 기본적으로 모집단의 리스트를 확보해야 한다는 것을 알 수 있다. 모집단의 리스트만 확보되면, 컴퓨터로 난수(random number)를 발생시켜 모집단의 일부를 무선적으로 뽑아낼 수 있다. 하지만 실제로 현실 속에서 무선표집을 실행한다는 것은 거의 불가능에 가깝다. 연구자의 모집단 자체가 크지 않은 경우에는 가능할 수도 있겠지만, 일반적으로 한국의 대학생, 성인 남녀, 65세 이상의 노인, 맞벌이 부부 등으로 정의되는 모집단의 리스트를 확보한다는 것이 가능하지 않기 때문이다. 현실 속에서는 최대한 무선표집에 가까운 결과를 얻고자 하는 다양한 표집방법이 존재한다.

내적타당도란 연구자가 의도한 독립변수가 연구자의 종속변수에 진정으로 영향을 주었는가의 정도를 의미한다. 만약 연구자가 조작한(또는 선택한) 독립변수가 연구자가 관심 있는 종속변수에 정말로 영향을 주고, 다른 혼입변수들은 모두 잘 통제되었다면 연구가 내적타당도를 가지고 있다고 표현한다. 즉, 독립변수와 종속변수의 인과관계가 담보된다면 내적타당도를 확보하게 된다. 그렇다면 이와 같은 내적타당도는 어떤 과정을 통하여 확보할 수 있을까? 이를 위해 앞에서 제공했던 혈압약 투여량의 예제를 다시 살펴보자. 이 연구에서 연구자가 확인하고 싶은 것은 독립변수인 약의 투여량 차이(10mg vs. 30mg)가 종속변수인 혈압에 영향을 줄 수 있는가이다. 만약 그렇다고 결론을 낼 수 있다면, 약의 투여량과 혈압 사이에 인과관계를 갖게 되고 연구는 내적타당도를 확보하게 된다. 그런데 예제에서는 혼입변수인 성별이 잘 통제되지 못했음을 기억할 것이다. 즉, 100명의 연구대상 중 여성의 대부분은 10mg 집단에 할당되고, 남성의 대부분은 30mg 집단에 할당되었다. 이렇게 되면 나중에 두 집단 간에 혈압의 차이가 발생했을 때, 이것이 약의 투여량 차이 때문인지 성별 차이 때문인지 결정하기가 어렵게 된다.

인과적인 결론 해석에서 문제가 없으려면, 10mg 집단과 30mg 집단이 약의 투여량(독립변수)을 빼고는 나머지 모든 측면에서 서로 비슷한 또는 비교가능한(comparable) 상태여야 한다. 예를 들어, 각 집단에서 남녀의 비율도 적절하고, 나이도 비슷하고, 운동량도 비슷하고, 건강상태도 비슷하고 등등 혈압에 영향을 줄 수 있는 모든 변수의 분포가 집단 간에 비슷해야 한다. 이렇게 되면 나중에 두 집단 간 혈압의 차이가 발생했을 때, 그 이유는 성별도 아니고, 나이도 아니고, 운동량도 아니고, 건강상태도 아니고, 약의 투여량 때문이었다라고 결론 내릴 수 있게 된다. 즉, 약을 투여하는 실험을 시작하기 이전에 10mg 집단과 30mg 집단의 특성을 매우 비슷하게 만들어 놓아야 한다. 이러한 목적을 달성하는 가장 좋은 방법은 무선할당이라고 할 수 있다. 무선할당은 무선표집에 비하여 훨씬 쉽게 실현될 수 있다. 예를 들어, 혈압약 투여량의 예제에서 모집단으로부터 추출한 100명의 연구대상이 있을 때, 먼저 100명 중에서 한 명을 무선적으로(randomly) 선택하여 10mg 집단에 넣는다. 다음으로 남아 있는 99명 중에서 다시 한 명을 무선적으로 선택하여 30mg 집단에 넣는다. 계속해서 이런 식으로 100명이 다 소진될 때까지 반복하여 최종적으로 두 집단에 각각 50명이 할당되면 무선할당의 과정이 끝이 난다. 이렇게 무선할당을 완료하면 두 집단의 모든 특성(성비, 나이, 운동량, 건강상태 등)은 확률적으로 서로 간에 비슷하게 된다.

외적타당도와 내적타당도는 실험이든 조사연구든 모든 종류의 연구에서 반드시 만족되어야만 하는 기본적인 타당도라고 볼 수 있다. 외적타당도가 확보되었다고 해서 내적타당도가 확보되는 것도 아니고, 반대의 경우도 마찬가지이므로, 연구자는 두 종류의 타당도가 모두 확보될 수 있도록 주의 깊게 연구를 진행하여야 한다.

1.4. 책의 개요와 방향

이 책을 통하여 독자들에게 전달하고자 하는 부분은 크게 두 가지다. 첫 번째는 사회과학통계의 기본에 대한 이해이다. 최근 사회과학 연구방법론의 발전 속도는 필자와 같이 평생 통계학과 방법론을 공부한 사람에게도 머리가 어지러울 정도이다. 내용(contents) 영역과 방법론(methods) 영역의 많은 연구자들이 끊임없이 새로운 방법론을 찾아내고, 그 방법론들을 본인의 연구에 적용한다. 그럼에도 불구하고 놀라울 정도로 많은 연구자들이 통계학에 대한 기본 이해가 부족하다. 기본이 튼튼하면 발전된 방법들도 빠른 시간 안에 이해할 수 있으며, 기본 자체로도 여러 연구 영역에서 큰 힘이 된다. 이 책은 통계를 이용하고자 하는 연구자들에게 기본이 되는 실력을 배양하고자 한다.

이 책에서 다루는 내용은 여타의 사회과학통계 학습서들과 크게 다르지 않다. 먼저 제1장에서 제7장에 걸쳐 자료를 정리하는 방법, 도표와 그림, 자료의 중심과 퍼짐의 정도, 표준점수와 정규분포, 표집이론 등의 통계학 기초 내용을 제공한다. 이와 같은 기초 내용을 바탕으로 제8장에서 제17장에 걸쳐 모집단의 평균과 관련된 검정과 이론을 제공한다. 하나의 평균 또는 독립적이거나 종속적인 둘 이상의 평균에 대한 연구자의 가설을 검정할 수 있는 z검정, t검정, F검정의 내용을 설명하고 이와 관련된 다양한 개념들을 학습할 수 있도록 돕는다. 마지막으로 제18장에서 제21장에 걸쳐 변수 간의 상관과 관련된 개념 및 이론을 제공한다. 범주형 변수의 상관, 연속형 변수의 상관, 두 변수 관계의 모형화 등에 대한 내용을 소개한다.

사회과학 영역에서 통계를 사용하는 이유는 수집된 자료를 분석하여 실질적으로 연구에 도움을 받고자 하는 것이다. 이러한 목적에서 이론적인 내용을 학습하는 것도 중요하지만 어떻게 실제적으로 통계 프로그램을 이용하여 자료를 분석할 수 있는지도 매우 중요하다. 이 책을 통하여 독자들에게 전달하고자 하는 두 번째는 R 프로그램의 사용법이다. 제2장에서는 R이 어떤 프로그램인지, 어떻게 프로그램을 컴퓨터에 설치할 수 있는지, 어떻게 변수를 입력하는지, 자료의 체계는 무엇인지 등에 대하여 기본적인 소개를 하고, 나머지 장들에서는 각 통계분석방법에 맞는 쉽고 자세한 설명을 제공한다. 주로 R에 기본적으로 포함되어 있는 기초적인 명령어를 중심으로 논의를 제공하지만, 때에 따라 아주 간단한 함수 작성법에 대한 내용이나 추가적인 add-on 프로그램인 R의 패키지(package)도 소개하고자 한다.

위에서 설명한 두 가지 큰 목적 외에 책 전체를 통하여 독자들에게 제공하고 싶은 것이 하나 더 있다. 통계학 이론의 영어 표현을 되도록 많이 제공하는 것이다. 안타깝지만 사회과학통계 및 연구방법론을 포함한 전 세계 학문의 언어는 우리말이 아니다. 세계의 많은 학자들이 영어를 이용해서 서로의 연구결과를 공유하고 학문을 발전시키고 있다. 발전된 학문의 결과를 이해하고 새로운 정보를 습득하기 위해서는 영어로 쓰인 논문을 읽을 수밖에 없다. 이런 측면에서 되도록 괄호 안에 용어의 영문 표현을 전달하고자 노력할 것이며, 표와 그림 및 수식 등도 영문 표현과 표기법을 이용해서 제공하고자 한다.

마지막으로 무언가를 공부하고자 하는 사람의 자세에 대해 필자가 좋아하는 글 하나를 소개하고자 한다. Mark Twain이 했다고 알려져 있는 말로서 아래와 같다.

> It ain't what you don't know that gets you into trouble.
> It's what you know for sure that just ain't so.

사람들이 곤경에 빠지는 이유는 무언가를 모르기 때문이 아니며, 무언가를 확실히 안다고 착각할 때이다. Mark Twain이 실제로 어떤 맥락에서 이 말을 했는지는 모르겠으나, 필자는 무언가를 공부하는 사람들의 자세라는 맥락으로 이해한다. 통계학을 공부할 때는 항상 제대로 끝까지 이해하기 위해 노력해야 한다. 중요한 주제 하나를 어설프게 이해하고 넘어가면 다음 주제를 이해하기 위해서는 들여야 할 시간의 몇 배를 투자하고도 오히려 실패할 수 있기 때문이다. 필자도 제대로 지키지 못할 때가 많아서 항상 마음에 담아 두는 말이기도 하다.

제2장 R 프로그램 소개

통계학 분야에서 가장 광범위하게 활용되는 프로그램 중 하나인 R을 소개하기에 앞서 이 책에서 R을 소개하는 목적을 다시 한번 밝히는 것이 필요할 듯하다. 아이러니하게 또는 너무 당연하게 들릴지도 모르겠지만, 이 책은 소위 R 프로그래밍 책이 아니다. 이 책은 사회과학통계를 하는 사람들을 위한 통계학 책이다. 이 책에서 R을 소개하는 이유는 R을 이용한 다양한 통계학 실습을 통하여 통계 개념들을 더 명확히 이해하기 위한 것이다. 필자가 지난 20여 년간 사용해 온 많은 통계 관련 프로그램 중에서도 R은 기초적인 통계 개념과 연결하여 습득할 때 더욱 이해를 돕는 장점이 있다. 또한 이 책에서 R을 소개하는 목적은 연구자들이 미래에 사용하게 될지도 모를 R의 다양하고 강력한 기능들을 위해 기초를 준비하기 위한 것이라고 볼 수도 있다. 그러므로 프로그래밍 언어(programming language)로서의 파워풀한 R의 기능이나 함수의 구현 방법 등을 자세하게 설명할 의도가 없다. 주로 통계 프로그램으로서의 R의 기능과 사용법을 사회과학통계와 연결하여 소개하고자 한다. 이번 장에서는 R 언어의 탄생, R 프로그램의 장점, 배워야 하는 이유 등에 대한 간단한 소개와 함께 곧바로 어떻게 프로그램을 설치하고, 활용하는지에 대한 내용으로 들어갈 것이다.

2.1. R 언어

R은 수학적인 계산과 통계모형을 실행할 수 있는 프로그래밍 언어로서 1990년대 초 뉴질랜드의 Ross Ihaka와 Robert Gentleman에 의하여 탄생[5]하였으며, 현재는 많은 교수와 학자들이 참여해 있는 R Development Core Team에 의해 주로 발전해 오고 있다. R은 1970년대에 탄생한 S 언어(S language)의 상용화 버전이었던 S-plus의 무료 버전이기도 하면서 더 완성된 형태이기도 하다. R은 무료 프로그램이면서 동시

5) 많은 사람이 R 프로그램의 R이 프로그램 개발자인 Ross와 Robert의 R에서 유래했다고 생각한다.

에 프로그래밍 소스(source)가 모든 사람에게 공개되어 있어서 누구라도 이 프로그램을 확장시키는 데 참여할 수 있는 오픈소스 소프트웨어이다. 무료라는 사실과 소스가 오픈되어 있다는 사실은 논쟁의 여지 없이 R의 최대 강점이다. SAS, SPSS 등의 통계 패키지들은 매년 엄청난 돈을 내고 재계약을 해야 하는 것에 비해 R은 끊임없이 새로운 버전이 업그레이드 됨에도 불구하고 완전히 무료라는 사실은 학교와 연구자들 입장에서 매우 매력적이라고 할 수 있다. 또한 프로그래밍 소스가 오픈되어 있기 때문에 프로그래머 수십 명 또는 기껏해야 수백 명에 의해 만들어지고 업데이트되는 일반적인 통계 프로그램에 비해 더욱 다양하고 강력한 기능을 탑재할 수 있는 가능성이 있다. 일종의 집단지성이 프로그램을 통해서 완성되어 가고 있다고 볼 수도 있을 것이다.

R은 탄생 이래로 특히 자연과학 분야 통계학자들에 의하여 많이 사용되고 발전되었으며 필자도 1990년대에 통계학과에서 R을 처음 접하고 사용법을 익혔다. S-plus를 먼저 접하고 R을 익힌 필자에게는 그 사용법이 너무 비슷하고 프로그래밍 방법도 거의 일치해서 R이 단지 S-plus의 아류처럼 느껴지기도 했었다. 하지만 최근에는 S-plus를 사용하는 사람을 본 적이 별로 없고 그 프로그램의 이름을 아는 사람도 많지 않은 것을 보면서 R이 거의 완전히 독립적인 소프트웨어로서 자리를 잡았다는 것을 느낄 수 있다. 최근 몇 년간 세계 학문의 중심인 미국에서 사회과학통계 프로그램 이용을 살펴보면 놀라울 정도로 R에 큰 관심을 보이고 있는 것을 발견할 수 있다. 물론 아직까지는 SPSS도 상당히 많이 쓰이고 있지만, 필자처럼 방법론을 연구하는 학자 중에는 R을 사용하지 않는 사람을 찾기가 힘들 정도다. R을 통해서 방법론 과목 수업을 하고, R을 통해서 논문을 출판하고, R을 통해서 새로운 통계모형을 실행할 수 있는 방법을 제공한다. 여러 가지 이유로 R이 통계 프로그램의 중심이 되고 있는 상황에서 사회과학통계를 공부하며 기초적인 R의 사용법을 익히는 것은 충분히 의미 있는 일이 될 것이다.

2.2. R의 설치

R을 사용하기 위해서는 먼저 R을 컴퓨터에 설치해야 한다. 기본적으로 R 프로그램만 설치하면 R을 사용하는 데 아무런 문제가 없으나, RStudio라는 프로그램을 같이 설치하면 더욱 편리하게 R을 사용할 수 있다. RStudio는 R 코드를 만들고 실행하는 오픈소스 통합 환경이라고 볼 수 있다. RStudio를 설치하고 나면 사실 R 프로그램을 실

행시킬 일은 거의 없다. RStudio는 R 프로그램을 엔진으로 하여 돌아가는 프로그램으로서 RStudio만 실행시켜서 R과 관련된 모든 작업을 편리하게 할 수 있다. 하지만 그렇다고 하여 R 프로그램의 설치 없이 RStudio만 설치한다고 하여 R을 이용할 수 있는 것은 아니다.

먼저 R 프로그램을 다운로드 받기 위해서는 Google에서 “R”로 검색하는 방법이 가장 간단하다. 검색 리스트의 가장 위에 있는 The R Project for Statistical Computing (https://www.r-project.org/)을 클릭하여 들어가면 [그림 2.1]처럼 R의 홈페이지를 볼 수 있다.

[그림 2.1] R Project 홈페이지 화면의 일부

페이지의 왼쪽에 메뉴들이 있는데, 도움말이 있는 Help 링크도 있고, 사용방법이 pdf 파일로 정리되어 있는 Manuals 링크도 있고, 질문하고 답한 내용이 정리되어 있는 FAQs 링크 등도 있다. 이 중에서 가장 위 Download 메뉴의 바로 아래 있는 CRAN(The Comprehensive R Archive Network)을 클릭하여 들어간다. 이곳에는 R 프로그램을 다운로드 받을 수 있는 CRAN Mirror 링크들, 즉 전 세계에 퍼져 있는 R의 서버 링크가 소개되어 있다. 어느 서버를 들어가도 상관이 없으나 되도록 본인이 살고 있는 지역적인 위치와 가까운 곳(아마도 Korea)에 있는 링크를 클릭해서 다운받는 것이 안정적인 다운로드를 보장해 줄 수 있다. 하지만 사실 어떤 링크를 클릭해서 들어가든 겉으로 보기에는 동일한 화면을 만나게 된다. 사용자의 운영체제에 따라 Linux 버전, Mac 버전, Windows 버전을 다운로드 받을 수 있다. 필자는 윈도우즈를 이용하고 있으므로 Download R for Windows를 클릭하여 들어갔다. 독자들은 본인의 운영체제에 맞는 링크를 이용하여 적절한 버전의 R을 선택하면 된다. 이렇게 클릭하여 들어가서 base 또는 install R for the first time을 클릭하면 비로소 R 프로그램을 다운

로드 받을 수 있는 링크가 [그림 2.2]와 같이 나타난다.

CRAN
Mirrors
What's new?
Task Views
Search

About R
R Homepage
The R Journal

Software
R Sources

R-3.5.1 for Windows (32/64 bit)

Download R 3.5.1 for Windows (62 megabytes, 32/64 bit)
Installation and other instructions
New features in this version

If you want to double-check that the package you have downloaded matches the package distributed by CRAN, you can compare the md5sum of the .exe to the fingerprint on the master server. You will need a version of md5sum for windows: both graphical and command line versions are available.

Frequently asked questions

- Does R run under my version of Windows?
- How do I update packages in my previous version of R?
- Should I run 32-bit or 64-bit R?

[그림 2.2] R을 다운로드하기 위한 최종 화면

Download R 3.5.1 for Windows를 클릭하여 2018년 현재 R의 최신 버전을 임의의 폴더에 저장한다. 저장한 파일을 더블클릭하여 R의 설치를 시작하면, 그저 몇 번의 Next를 클릭함으로써 설치를 완료할 수 있다. 다만 중간에 나타나는 선택화면에서 32비트 버전과 64비트 버전이 모두 체크되어 있는데, 굳이 두 개의 버전을 동시에 설치하려는 것이 아니라면 둘 중에 하나만 선택하면 될 것이다. R을 설치하고 나면 R 프로그램을 사용하는 데는 문제가 없으나, 편의성을 위하여 RStudio를 설치할 것을 강력히 권한다. RStudio 역시 Google에서 검색하고 리스트의 가장 첫 번째 페이지를 클릭하여 들어가면 된다.

RStudio

RStudio makes R easier to use. It includes a code editor, debugging & visualization tools.

Learn More

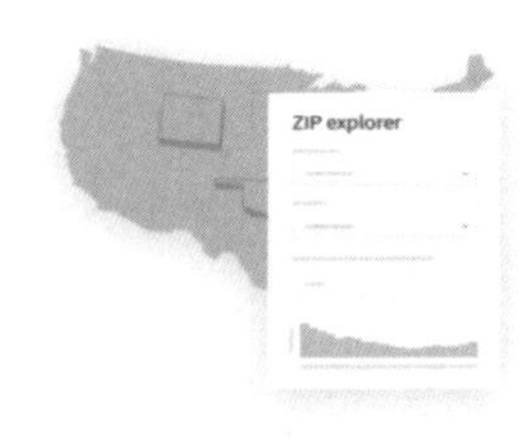

Shiny

Shiny helps you make interactive web applications for visualizing data. Bring R data analysis to life.

Learn More

R Packages

Our developers create popular packages to expand the features of R. Includes ggplot2, dplyr, R Markdown & more.

Learn More

[그림 2.3] RStudio 홈페이지

[그림 2.3]에서 RStudio의 Download를 클릭하면 다양한 버전의 RStudio를 다운

로드할 수 있는 화면이 뜨는데, 가장 기본적이고 무료로 보급되는 RStudio Desktop을 선택한다. Download를 클릭하면 다양한 운영체제에 맞는 RStudio 다운로드 링크가 나타나고, 적절한 버전을 다운로드 받으면 된다. R을 설치했을 때처럼 파일을 임의의 폴더에 저장하고 실행시키면 일반적인 설치화면이 지나가면서 RStudio의 설치가 완료된다. 설치가 완료되고 RStudio를 실행하면 [그림 2.4]처럼 프로그램이 나타난다. 참고로 RStudio가 설치되어 있다면, 설치된 R 프로그램을 따로 실행할 일은 거의 없다.

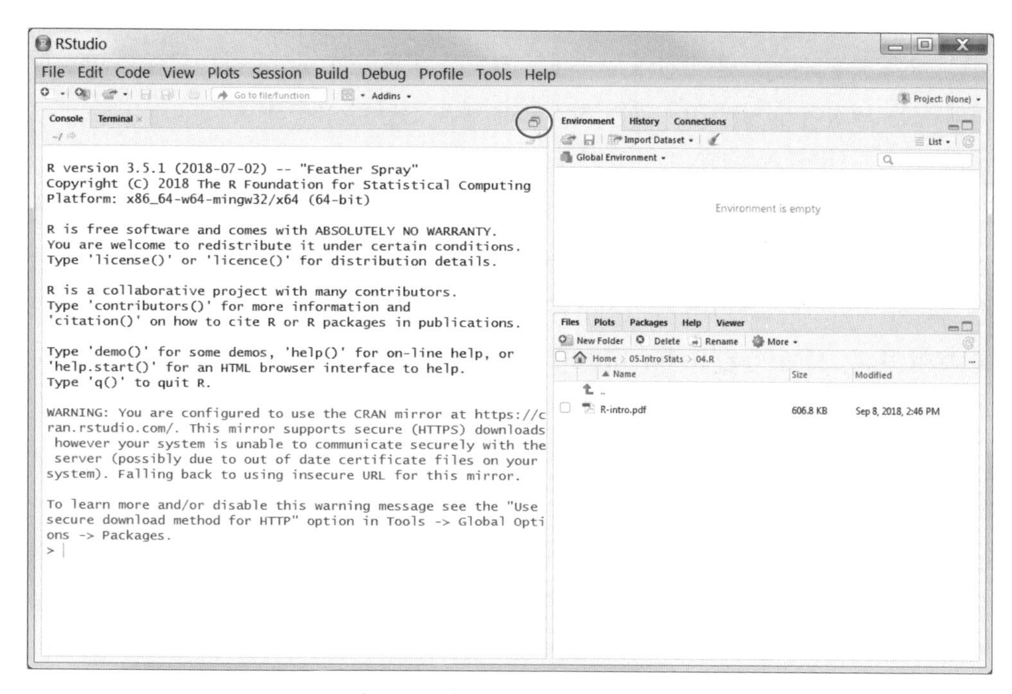

[그림 2.4] RStudio 실행 화면

[그림 2.4]의 RStudio 실행 화면을 보면 크게 세 개의 영역으로 나뉘어져 있다. 이렇게 프로그램 윈도우의 나누어진 영역을 영어로는 보통 pane(유리 한 판을 의미)이라고 하는데 이 책에서는 편의상 판이라고 부르기로 한다. RStudio의 왼쪽 큰 판은 콘솔판(console pane)이며 여기서 R 코드를 직접 입력하고 실행시킬 수 있다. 명령어는 〉 표시 이후에 입력하고 Enter를 누르면 실행된다. RStudio 없이 R만 설치하고 실행했을 때 우리가 볼 수 있는 화면과 거의 일치하며 기능도 동일하다. 예를 들어, 1+2를 실행하고 싶으면 콘솔판에서 〉 표시 오른쪽에 1+2를 타이핑하고 Enter를 누르면 된다.

```
> 1+2
[1] 3
```

입력한 명령어의 다음 줄에 결과 3이 출력된다. 명령어 입력과 출력된 결과의 해석에 대한 자세한 내용은 뒤에서 다루게 될 것이다.

오른쪽 위에 있는 판은 환경판(environment pane)으로서 환경, 히스토리, 연결 탭이 있는데, 사용자가 만들었던 R 객체(object)[6]나 실행했던 R 코드를 추적하고 보존한다. R을 사용하다 보면 이전에 입력했던 코드를 변형하여 재사용하는 경우가 흔한데 이때 모든 명령어가 저장되어 있는 히스토리 탭은 상당히 유용하다.

오른쪽 아래에 있는 파일판(files pane)은 파일, 플롯, 패키지, 도움, 뷰어 탭이 있는 판이다. 파일 탭은 사용자가 만든 파일들을 보여 주고, 플롯 탭은 사용자가 만든 그림들을 보관하고 있으며, 패키지 탭은 사용자가 R 설치 과정에서 다운로드한 패키지 리스트를 보여 주고, 도움 탭은 R이나 RStudio와 관련된 정보와 명령어들의 링크를 제공하며, 뷰어 탭은 html 파일을 볼 수 있도록 해 준다.

지금까지 설명한 세 개의 기본적인 판 외에 RStudio에는 유용한 판이 하나 더 있다. [그림 2.4]에서 콘솔판의 오른쪽 맨 위에 표시된 작은 아이콘을 클릭하면 [그림 2.5]처럼 왼쪽 위에 스크립트판(script pane)이 새롭게 열린다. 일반적으로 대다수의 R 사용자들은 RStudio의 스크립트판에 R 코드를 작성하고 키보드에서 Ctrl+Enter를 누름으로써 코드를 실행한다. 사실 R 프로그램을 직접 이용할 때도 스크립트 윈도우를 따로 열어서 R 코드를 작성하고 Ctrl+R을 누름으로써 코드를 실행할 수 있다. RStudio의 콘솔판이나 R 프로그램의 실행 윈도우에 직접 명령어를 입력하고 결과를 확인하는 것은 코드가 복잡하지 않을 때에는 별문제가 없으나, 코드가 조금 복잡하거나 내용을 수정해 나가면서 코드를 입력하려고 하는 경우에는 매우 불편하다.

---

6) R 언어는 객체지향언어(object-oriented language)라는 표현을 쓰는데, R에서는 상당히 다양한 형태의 객체가 정의된다. 변수도 객체가 되고, 함수도 객체가 되며, 실행의 결과도 객체에 저장하였다가 꺼내어 쓸 수 있다. 사실 R의 거의 모든 것은 객체의 형태로 기능하고 저장될 수 있다.

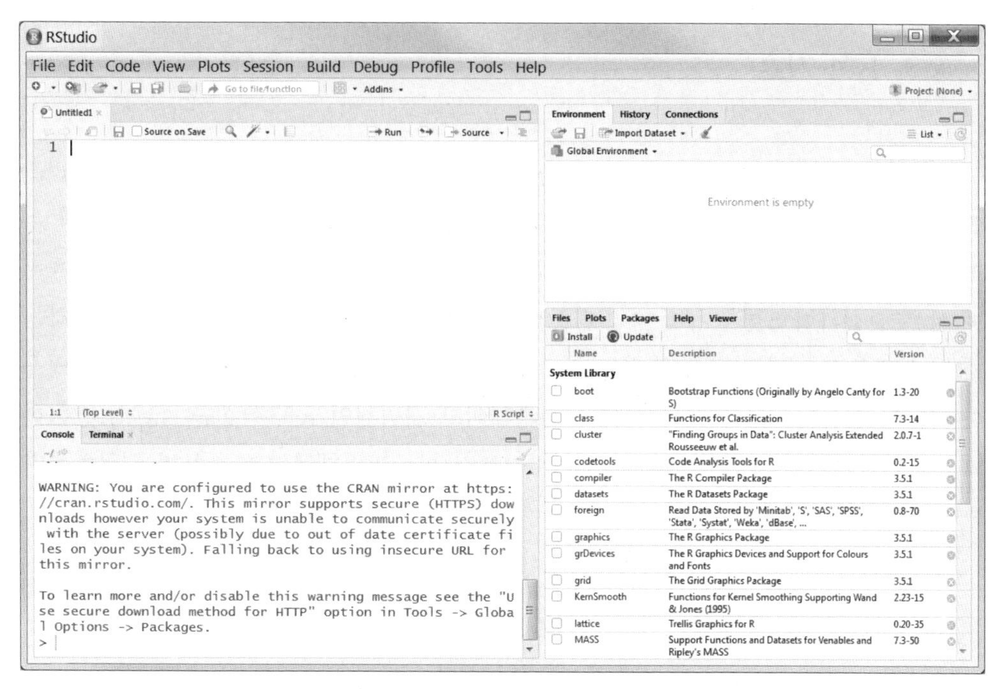

[그림 2.5] 스크립트판이 추가된 RStudio 화면

많은 R 사용자들은 작업공간(workspace)이란 개념을 이용하여 작업했던 모든 내용을 파일로 저장한다. 작업공간이란 사용자가 일하고 있는 환경이라고 말할 수 있으며, 지정한 폴더[7]에 확장자 .R 파일로 저장된다. 작업공간을 저장하기 위해서는 RStudio의 맨 위에 있는 File 메뉴에서 Save As를 클릭하고 원하는 작업공간 저장 폴더를 설정할 수 있으며 이름도 지정할 수 있다. 마지막으로 필자가 줄 수 있는 하나의 팁은 RStudio의 폰트 크기를 바꾸는 것이다. 최근의 모니터들은 해상도가 매우 높아서 디폴트(default, 컴퓨터의 기본 설정)로 설정된 폰트를 사용하면 글자 크기가 매우 작을 수도 있다. Tools 메뉴에서 Global Options로 들어가 Appearance를 선택하면 Zoom과 Editor Font Size 옵션을 통해 RStudio의 전체 레이아웃 및 폰트 크기를 바꿀 수 있다.

7) 디폴트(default) 작업공간 폴더는 일반적으로 Documents 폴더이며 콘솔판이나 스크립트판에서 getwd() 명령어를 실행하면 확인할 수 있다. R 명령어를 통해 작업공간 폴더를 바꾸고 싶으면 setwd() 함수의 괄호 안에 폴더의 경로를 지정하면 된다. RStudio 이용자들은 이 방법보다는 File 메뉴를 이용하는 것이 일반적이다.

2.3. R의 기초

R과 RStudio를 설치하고 작업공간을 저장했다면 아주 가볍게 워밍업을 해 보려고 한다. 여러 번 강조하지만 이 책은 사회과학통계를 공부하기 원하는 사람들을 위한 것이고, R은 다만 통계적 개념의 이해를 돕는 목적으로 거들고 있을 뿐이다. 하지만 동시에 많은 사회과학도들을 무료이면서도 강력한 통계 프로그램인 R의 세계로 인도하는 첫 번째 관문의 역할을 했으면 하는 바람이 있다. 그런 이유로 이 책이 R 프로그래밍을 다루는 것이 아님에도 불구하고 매우 기본적이고 개념적인 R의 핵심을 소개하고자 한다. 그리고 R을 시작하기 전에 독자들은 기본적으로 R이 대문자와 소문자를 구분한다는 것을 기억하기 바란다.

2.3.1. 변수의 생성과 기본 함수의 사용

변수를 생성하는 간단한 자료 입력과 기본적인 통계함수의 실행을 보여 주고자 한다. 먼저 변수 x에 숫자 1, 2, 3, 4를 할당하려고 하면 스크립트판에 아래와 같이 입력한다.

```
x <- c(1, 2, 3, 4)
```

스크립트판은 단지 에디터일 뿐이므로 여기에서 Enter를 입력한다고 하여 명령어가 실행되는 것이 아니고 다만 줄이 바뀔 뿐이다. 입력한 코드를 실행하기 위해서는 실행하고자 하는 명령문 줄의 아무 위치에나 커서를 놓고 Ctrl+Enter를 누른다. 이렇게 하면 아래와 같이 콘솔판에서 위의 명령어가 실행되고 결과가 출력된다.

```
> x <- c(1, 2, 3, 4)
```

콘솔판은 실제로 R 코드가 입력되고 실행되는 영역이므로 스크립트판과는 구별되도록 맨 앞에 〉 표시가 있음을 알 수 있다. R에서 〈- 표시는 오른쪽의 내용을 왼쪽에 할당한다는 의미를 지닌다. 명령어에서 c() 함수는 concatenate을 의미하는데, 괄호 안의 숫자나 문자 등을 모두 사슬같이 연결시켜서 하나로 만드는 역할을 한다. 즉, 위의 명령어를 해석하면 숫자 1, 2, 3, 4를 하나로 합쳐서 변수 x에 저장하라는 의미이다. 이런 의미상 이유로 혹자들은 c를 combine으로 읽기도 한다. 스크립트판에서 아래와 같이 x를 입력하고 Ctrl+Enter를 누르면 변수 x가 어떤 정보를 지니고 있는지 보여준다.

```
x
```

위 명령어의 실행 결과로서 콘솔판에 아래와 같이 x의 값이 나타난다.

```
> x
[1] 1 2 3 4
```

위에서 [1]은 결과의 첫 번째 라인이 첫 번째 값(여기서는 1)부터 시작한다는 것을 의미한다. x는 벡터이고 단지 네 개의 요소(component)[8)]만 지니고 있으므로 라인이 하나밖에 없고, 따라서 결과에서 또 다른 브라켓(bracket)은 관찰할 수 없다. 브라켓 안의 숫자에 대해서는 다른 예제에서 더 다룰 기회가 있을 것이다.

위의 예제와 같이 객체 x를 형성하게 되면 환경판의 환경 탭에도 그 결과가 저장된다. [그림 2.6]의 환경 탭을 보면 저장된 객체를 확인할 수 있다.

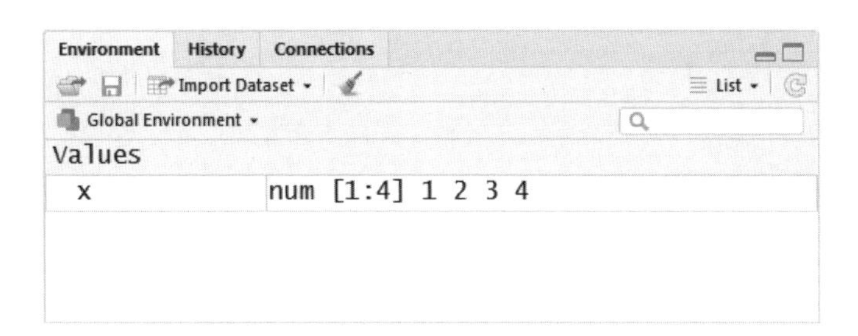

[그림 2.6] 객체 x가 저장되어 있는 환경 탭

지금은 위의 그림처럼 단 한 개의 객체가 있지만 사용하다 보면 수많은 객체가 계속해서 쌓여 객체들끼리 상당히 헷갈릴 때가 있다. 예를 들어, 하나의 객체를 x라는 이름으로 저장했는데, 시간이 지나서 또 다른 객체를 x로 다시 저장한다든가 하는 일이 발생할 수도 있다. 이런 경우에 작업공간(workspace)을 통째로 비워서(clear) 초기화시

8) 일반적으로 벡터 또는 행렬의 요소를 element 또는 component라고 한다.

키고 싶을 때가 있다. 이때는 [그림 2.6]에서 브러시 모양 부분을 클릭하거나 콘솔판에서 rm(list=ls())를 실행시키면 된다. 며칠에 걸쳐 오랜 시간을 작업하다 보면 생각보다 이 명령어를 사용할 일이 자주 있다.

객체뿐만 아니라 연구자가 실행했던 명령어는 환경판의 히스토리 탭에 [그림 2.7]처럼 저장되어 언제라도 다시 확인할 수 있다.

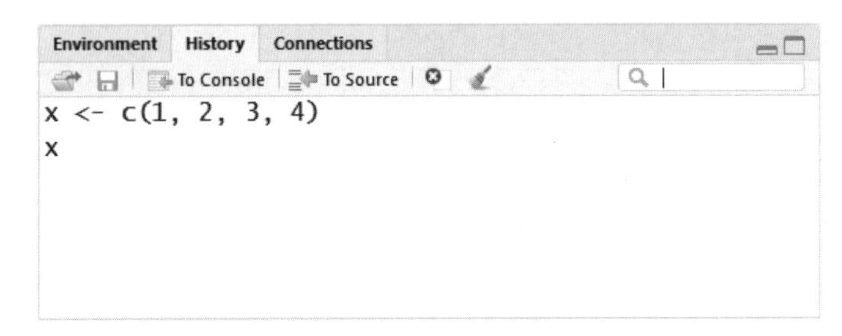

[그림 2.7] 명령어가 저장되어 있는 히스토리 탭

이제 저장된 변수 x를 이용하여 평균, 분산, 표준편차 등을 계산해 보려고 한다. 평균, 분산, 표준편차는 이후의 장들에서 그 개념을 자세히 설명할 예정이며, 여기서는 단지 간단한 통계치들을 R의 함수를 이용하여 구하는 방법을 보여주고자 한다. 평균(mean)을 구하기 위하여 스크립트 판에서 아래와 같이 입력하고 실행한다.

```
mean(x)
```

변수 x의 계산된 평균이 아래의 콘솔판에 나타난다.

```
> mean(x)
[1] 2.5
```

변수 x의 분산(variance)과 표준편차(standard deviation)를 계산하기 위해서는 아래와 같이 스크립트판에 입력하고 실행한다. 한꺼번에 두 줄의 명령문을 실행하고 싶으면 스크립트판에서 두 줄을 블록으로 설정하고 Ctrl+Enter를 누르면 되고, 각각 실행하고 싶으면 실행하고자 하는 명령문 줄에 커서를 놓고 Ctrl+Enter를 누르면 된다.

```
var(x)
sd(x)
```

콘솔판의 결과는 아래와 같다.

```
> var(x)
[1] 1.666667
> sd(x)
[1] 1.290994
```

변수 x의 분산은 1.667이며, 표준편차는 1.291임을 확인할 수 있다. 지금까지 보인 간단한 작업들은 사실 스크립트판을 이용하는 것이 필요 없을 만큼 매우 간단한 명령어들이다. 콘솔판에 직접 입력하고 Enter를 눌러서 실행하는 것이 스크립트판을 이용하는 것보다 더 빠를 수 있다. 앞에서도 밝혔듯이 스크립트판의 진정한 효용성은 연속적으로 이어지는 긴 명령어를 사용해야 할 때 나타난다.

사용자가 계획했던 분석이 모두 끝나게 되면 Ctrl+Q를 눌러 세션을 종료할 수 있다. 이전의 저장 상태에서 새롭게 추가된 부분이 있으면 바뀐 부분을 저장하겠느냐고 물어본다. 그리고 다음번에 RStudio를 재실행하면 이전에 작업하던 그 환경에서 그대로 다시 시작할 수 있다.

R 예제를 독자들에게 제공하면서 계속해서 스크립트판과 콘솔판을 중복해서 보여 주는 것은 효율적이지 않으므로, 앞으로는 스크립트판을 보여 주어야 할 특별한 이유가 없다면 콘솔판의 결과만을 보여 주려고 한다. 콘솔판에는 입력된 명령어와 결과물이 모두 나타나므로 내용을 이해하는데는 아무런 지장이 없을 것이다. 책에서는 계속해서 콘솔판만 보이겠지만 독자들은 항상 스트립트판에 명령문을 입력하고 Ctrl+Enter를 눌러 실행하는 것을 잊지 말아야 한다.

2.3.2. R 구조

R 프로그램을 사용하는 데 있어서 연구자가 다루게 될 R의 자료 구조(structure)를 이해하는 것은 필수적이다. 모든 R 구조(R structures)를 다룰 수는 없고, 필자가 중

요하다고 판단한 것들을 간단하게 소개한다. 그리고 이 책을 위해서 쓰지 않는 번역어를 만들어 내는 것은 무의미할 수 있어, 아래에서 영어 표현 그대로를 사용하기도 하였으니 독자들의 이해를 바란다. 실제로 국내에서도 R을 사용할 때 많은 영어 단어들을 번역하지 않는 경우가 흔하다.

Vector

벡터(vector)는 R의 가장 기본적인 구조임과 동시에 통계에서도 매우 중요한 개념이다. 일반적으로 말해서 가장 간단한 벡터의 수학적인 정의는 1차원적인 숫자의 배열이다. 벡터는 통계적으로 보면 하나의 변수를 의미한다고 말할 수 있다. 벡터를 생성하는 방법은 앞서 변수를 생성했을 때처럼 함수 c()를 사용하고, 괄호 안에 아래와 같이 벡터의 요소들을 배열하면 된다.

```
> x <- c(1, 2, 3, 4)
> x
[1] 1 2 3 4
```

R에서는 숫자뿐만 아니라 문자 벡터(character vector 또는 string vector)도 종종 사용한다. 요소로 사용하고자 하는 문자 또는 문자열(string)은 따옴표 안에 넣는다. 아래의 예는 Male과 Female을 요소로 갖는 벡터 gender의 생성 과정을 보여준다.

```
> gender <- c("Male", "Female")
> gender
[1] "Male"   "Female"
```

벡터의 특정한 요소를 출력하고자 하면 아래처럼 변수와 브라켓을 조합하고 브라켓 안에 몇 번째 요소인지를 밝히면 된다.

```
> x[3]
[1] 3
> gender[2]
[1] "Female"
```

x[3]은 벡터 x의 세 번째 요소를 출력하는 명령어이며, gender[2]는 벡터 gender의 두 번째 요소를 출력하는 명령어이다. 벡터를 형성할 때 한 가지 주의할 점은 R에서 하나의 벡터는 한 가지 형태의 요소만 허용한다는 것이다. 하나의 벡터 안에 숫자와 문자를 동시에 조합하는 것은 허락되지 않는다.

```
> x <- c(1, 2, 3, "Female")
> x[1] + x[2]
Error in x[1] + x[2] : non-numeric argument to binary operator
> x
[1] "1"      "2"      "3"      "Female"
```

예를 들어, 위와 같이 숫자와 문자를 같이 조합하여 벡터 x를 만들고, 벡터 x의 첫 번째 요소와 두 번째 요소의 합을 구하려고 하면 숫자가 아니므로 가능하지 않다는 오류 메시지를 받게 된다. 벡터 x의 결과를 출력하면 그 이유를 알 수 있는데, 숫자를 포함하여 모든 요소가 하나의 형태, 즉 문자열로 인식(요소들이 따옴표 안에 있음)되어 있는 것을 알 수 있다.

Matrix

행렬(matrix)은 자료들의 2차원적인 배열이라고 할 수 있다. 연구자들이 자료를 스프레드시트 프로그램인 Excel 등에 입력했을 때 갖게 되는 행과 열의 자료 구조가 R의 행렬 구조와 매우 비슷하다. 다만, 벡터와 마찬가지로 하나의 행렬 안에서는 한 가지 형태(숫자 또는 문자)의 요소들만 허용되므로 주의해야 한다. R에는 행렬을 생성하는 여러 방법이 있는데, matrix() 함수를 사용하는 방법을 보이고자 한다.

```
> numbers <- c(1, 2, 3, 4, 5, 6, 7, 8, 9, 10, 11, 12)
> numbers
 [1]  1  2  3  4  5  6  7  8  9 10 11 12
```

위를 보면, 먼저 벡터 numbers가 1부터 12까지 12개의 요소에 의하여 생성이 되었다. numbers를 출력하면 벡터임을 확인할 수 있다. 다음으로는 matrix() 함수를 이용하여 벡터 numbers를 행렬로 변환한다.

```
> matrix_ex1 <- matrix(numbers, nrow=4)
> matrix_ex1
     [,1] [,2] [,3]
[1,]    1    5    9
[2,]    2    6   10
[3,]    3    7   11
[4,]    4    8   12
```

위의 예에서 행렬 matrix_ex1을 만들기 위한 matrix() 함수는 두 개의 아규먼트(argument)[9]로 이루어져 있는데, 첫 번째는 벡터의 이름인 numbers이고, 두 번째는 행렬의 행의 개수를 지정해 주는 nrow이다. 이렇게 되면 12개의 요소로 이루어진 numbers 벡터가 4행 3열의 행렬[10]로 변환된다. 이때 행렬의 요소는 1열부터 1, 2, 3, 4가 세로로 채워지고, 다음 2열 5, 6, 7, 8, 그다음 3열 9, 10, 11, 12가 채워지는 방식이다. 행렬이 출력된 부분의 왼쪽에는 1행, 2행, 3행, 4행을 의미하는 [1,], [2,], [3,], [4,]가 보이고, 위쪽에는 1열, 2열, 3열을 의미하는 [,1], [,2], [,3]이 보인다.

만약 벡터가 행렬로 변환될 때, 요소들이 1열부터 3열까지 세로로 채워지는 방식이 아닌 1행부터 4행까지 가로로 채워지는 방식으로 바꾸고 싶으면 matrix() 함수에 하나의 아규먼트를 추가할 수 있다. byrow 아규먼트는 논리값(logical value)을 취하는데 TRUE 또는 FALSE를 취할 수 있다. TRUE로 지정하면 행을 차례로 채워 나가는 방식으로 벡터를 변환한다.

```
> matrix_ex2 <- matrix(numbers, nrow=4, byrow=TRUE)
> matrix_ex2
     [,1] [,2] [,3]
[1,]    1    2    3
[2,]    4    5    6
[3,]    7    8    9
[4,]   10   11   12
```

---

9) 수학 또는 컴퓨터 프로그래밍 영역에서 argument란 일반적으로 함수의 괄호 안에 들어가는 인자들로서 함수가 제대로 실행될 수 있도록 설정해야 하는 값들을 의미한다. 인수, 인자, 전달인자, 변수 등으로 번역되기도 하는데, 이 책에서는 argument를 번역하지 않고 그 발음 그대로 아규먼트로 사용하고자 한다.

10) 4행 3열의 행렬은 4×3 행렬(영어로는 four-by-three matrix)로 표기한다.

byrow=TRUE를 추가한 matrix() 함수를 이용하여 생성된 행렬 matrix_ex2를 살펴보면 1행부터 1, 2, 3이 채워지고, 다음으로 2행 4, 5, 6이 채워지며, 차례대로 3행과 4행도 동일한 방식으로 채워지는 것을 확인할 수 있다.

Factor

R에서 요인(factor)은 개념적으로 범주형 변수(categorical variable)를 의미한다. 요인은 정수(integer)로 이루어진 벡터로서 정의되는데 각 정수는 상응하는 문자값(character value)과 연결되어 있다. 예를 들어, 결혼 상태(marital status)를 말해주는 요인이 하나 있다고 하면, 그 요인은 정수 1, 2, 3, 4로 이루어져 있고, 각각의 정수는 1=married, 2=single, 3=divorced, 4=widowed처럼 문자값으로 연결되어 있는 것이다. 이와 같은 경우에 결혼 상태 요인은 네 개의 수준(levels)으로 이루어져 있다고 하고, 이 수준은 바로 married, single, divorced, widowed 문자값을 의미한다. 이러한 요인의 수준은 요인의 값들을 출력하는 데 이용된다. 다시 말해, R에서 요인을 출력하면 그 문자값들을 보여 준다. 먼저 R을 이용해 정수 1, 2, 3, 4로 이루어진 요인을 만들어 내면 아래와 같다.

```
> marital <- c(2,3,2,1,2,3,4,2,3)
> fmarital <- factor(marital)
> fmarital
[1] 2 3 2 1 2 3 4 2 3
Levels: 1 2 3 4

> levels(fmarital)
[1] "1" "2" "3" "4"
```

가장 먼저 marital 벡터에 아홉 개의 정수를 할당하였다. 다음으로 factor() 함수를 이용하여 아홉 개의 정수들을 하나의 요인 fmarital로 만들었다. fmarital을 출력해보면 아홉 개의 정수들이 출력되고, 바로 그 밑의 Levels: 부분에 fmarital 요인이 가진 네 개의 수준인 1, 2, 3, 4가 출력된다. 이 네 개의 숫자는 범주형 변수의 범주를 대표하는 것들로서 양적인 숫자를 의미하는 것이 아니다. 이를 더 명확하게 하기 위하여 fmarital 요인의 수준을 출력하는 levels() 함수를 이용해 보았다. 출력된 네 개의 값이 모두 양적인 의미가 없고, 따옴표 안에 들어가 있는 질적인 문자값임을 알 수 있다. fmarital 요인의 각 수준에 아래와 같은 명령문을 통해 실제 해당하는 문자값을 할당할 수 있다.

```
> levels(fmarital) <- c("married", "single", "divorced", "widowed")
> fmarital
[1] single   divorced single   married  single   divorced widowed  single
divorced
Levels: married single divorced widowed
```

위의 첫 줄은 fmarital 요인의 수준인 1, 2, 3, 4에 차례대로 married, single, divorced, widowed를 할당한 것이다. 이제 요인 fmarital을 출력해 보면, 각 정수에 해당하는 실제 수준이 출력되고 Levels: 부분에서도 이 네 개의 실제 수준이 출력된 것을 확인할 수 있다. 요인을 만들어 내고 수준을 할당하는 방법은 위에 설명한 것 말고도 여러 가지가 있는데 더 이상 소개하지는 않는다. 지금 시점에서 요인을 만들어 내는 방법이 중요한 것이 아니라 요인의 개념을 이해하는 것이 중요하기 때문이다.

List

리스트(list)는 숫자와 문자가 동시에 포함될 수 있는 객체(objects)의 결합체라고 정의할 수 있다. 예를 들어, 요인을 정의할 때 사용했던 아홉 명의 결혼상태 정보에 이 사람들의 나이를 더한다고 가정해 보자.

```
> age <- c(23,35,32,41,46,51,25,68,35)
> info <- list(marital.status=fmarital, current.age=age)

> info
$`marital.status`
[1] single   divorced single   married  single   divorced widowed  single
divorced
Levels: married single divorced widowed

$current.age
[1] 23 35 32 41 46 51 25 68 35
```

먼저 age 벡터에 아홉 명의 나이를 입력한다. 다음으로 list() 함수를 이용하여 info라는 리스트를 만드는데, 앞에서 정의한 벡터나 요인 등을 아규먼트(위에서는 marital.status와 current.age)로 이용해 새롭게 정의할 수 있다. 예를 들어, fmarital은 info 리스트 안에서 marital.status로 이름을 바꾸고 age는 current.age로 이름을 바꾼다. 결과적으로 info 리스트를 출력해 보면 리스트에 속해 있는 두 개의 객체가 모두 출력된다. 리스트에는 문자와 숫자 객체가 동시에 저장될 수 있는데, 위의 경우에 marital.status는 문자이고 current.age는 숫자인 것을 확인할 수 있다.

리스트를 만들 때, 이 새로운 이름들은 리스트라는 R 구조의 요소(component)로서 이용할 수 있게 된다. 예를 들어, 아래와 같이 info$marital.status를 출력하면 info 리스트의 marital.status 요소를 출력하고, info$current.age를 출력하면 info 리스트의 current.age 요소를 출력한다. $ 표시는 R 구조의 일부를 불러낼 때 사용한다.

```
> info$marital.status
[1] single    divorced single    married  single    divorced widowed  single
divorced
Levels: married single divorced widowed

> info$current.age
[1] 23 35 32 41 46 51 25 68 35
```

Data Frame

데이터 프레임(data frame)은 행렬과 매우 비슷한데, 리스트처럼 다른 형태의 자료를 동시에 가질 수 있다는 장점이 있다. 즉, 행렬이 숫자 또는 문자만 가질 수 있는 데 반해 데이터 프레임은 숫자와 문자를 동시에 가질 수 있다. 데이터 프레임은 우리가 통계학에서 일반적으로 생각하는 자료구조와 가장 가까운 R 구조라고 할 수 있다. 데이터 프레임은 data.frame() 함수를 이용해서 생성하는데, 벡터들의 열(columns)로 구성된다. 아래는 세 개의 벡터를 종합하여 하나의 데이터 프레임을 만드는 방법이다.

```
> height <- c(164, 159, 175, 158, 179, 167, 166, 171, 168, 159)
> gender <- c("Female", "Female", "Male", "Female", "Male", "Female",
"Female", "Male", "Male", "Female")
> shoes <- c(6, 7, 10, 11, 6, 8, 9, 6, 10, 9)

> frame_ex <- data.frame(height, gender, shoes)
> frame_ex
  height gender shoes
1    164 Female     6
```

```
2     159 Female     7
3     175   Male    10
4     158 Female    11
5     179   Male     6
6     167 Female     8
7     166 Female     9
8     171   Male     6
9     168   Male    10
10    159 Female     9
```

위의 예는 c() 함수를 이용하여 height, gender, shoes 벡터를 형성한 다음 data.frame() 함수를 이용하여 세 개의 벡터를 하나의 데이터 프레임 frame_ex로 묶은 것이다. frame_ex 안에는 숫자로 이루어진 벡터(변수) height 및 shoes와 문자로 이루어진 벡터(변수) gender가 동시에 존재한다. 형성된 데이터 프레임의 일부를 출력하고 싶을 때는 아래에 보이는 것처럼 브라켓을 이용할 수 있다.

```
> frame_ex[7,2]
[1] Female
Levels: Female Male

> frame_ex[,1]
 [1] 164 159 175 158 179 167 166 171 168 159

> frame_ex[3,]
  height gender shoes
3    175   Male    10
```

frame_ex[7,2]는 frame_ex 데이터 프레임의 일곱 번째 행, 두 번째 열의 값이 무엇인지를 출력한다. frame_ex[,1]은 frame_ex의 첫 번째 열을 모두 출력하고, frame_ex[3,]은 frame_ex의 세 번째 행을 모두 출력한다. 만들어진 데이터 프레임은 edit() 함수를 이용하면 편집할 수 있다.

```
> frame_ex_mod <- edit(frame_ex)
```

데이터 프레임 frame_ex를 편집하여 수정된 데이터 프레임 frame_ex_mod로 저장하고자 하면 위와 같이 명령문을 입력한다. 명령문을 실행하면 [그림 2.8]처럼 마치 스

프레드시트 프로그램 같은 Data Editor 화면이 열린다.

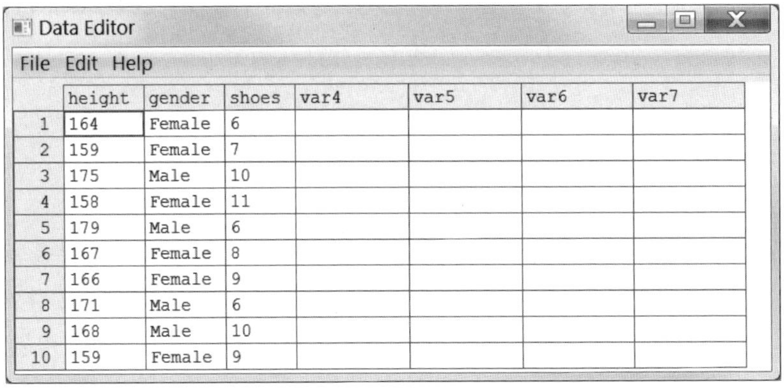

Data Editor

File Edit Help

	height	gender	shoes	var4	var5	var6	var7
1	164	Female	6				
2	159	Female	7				
3	175	Male	10				
4	158	Female	11				
5	179	Male	6				
6	167	Female	8				
7	166	Female	9				
8	171	Male	6				
9	168	Male	10				
10	159	Female	9				

[그림 2.8] data frame의 편집 화면

자료를 수정하고자 하면 원하는 셀을 더블클릭하여 들어가서 내용을 바꾸면 된다. 필자는 두 번째 사람의 신발 개수를 7개에서 49개로 바꾸었다. 원하는 내용을 바꾸었으면 윈도우를 닫고 나오면 된다. 이렇게 되면 수정된 자료는 frame_ex_mod라는 새로운 데이터 프레임에 저장이 되며 그 결과물은 아래와 같다.

```
> frame_ex_mod
   height gender shoes
1     164 Female     6
2     159 Female    49
3     175   Male    10
4     158 Female    11
5     179   Male     6
6     167 Female     8
7     166 Female     9
8     171   Male     6
9     168   Male    10
10    159 Female     9
```

데이터 프레임에서 자료를 추출하는 방법을 익혀 두면 앞으로 자료를 다루는 데 많은 도움이 되므로 간략히 설명하고자 한다. 데이터 프레임 frame_ex에서 성별에 따라 키의 평균과 표준편차를 구하여 작은 요약테이블을 만드는 것이 최종 목표다. 먼저 아래와 같이 남녀별로 height 벡터를 따로 추출한다.

```
> female <- frame_ex$height[frame_ex$gender=="Female"]
> female
[1] 164 159 158 167 166 159

> male <- frame_ex$height[frame_ex$gender=="Male"]
> male
[1] 175 179 171 168
```

위의 첫 번째 명령어 줄에서 $ 표시는 앞서 설명한 대로 R 구조의 일부를 불러낼 때 사용한다. 그러므로 female 〈- frame_ex$height는 frame_ex 데이터 프레임 중에서 height 벡터를 추출하여 female이라는 새로운 벡터를 만든다는 의미가 된다. 이때 오른쪽의 브라켓 안에 논리연산자 == 표시를 이용해서 어떤 조건을 만족하는 경우에만 frame_ex$height를 실행하라고 한정 지을 수 있다. 그러므로 frame_ex$gender== "Female"은 frame_ex 데이터 프레임의 gender 벡터값이 Female인 경우라는 의미가 된다. 모두 정리하면, gender가 Female인 경우의 height 값들을 모두 모아서 female이라는 새로운 벡터를 만들라는 명령어가 된다. 즉, female의 결과물은 여자들의 키를 모아 놓은 벡터가 된다. 마찬가지로 male의 결과물은 남자들의 키를 모아 놓은 벡터이다.

다음으로는 위에서 생성된 female과 male 벡터의 표본크기와 평균 및 표준편차를 계산하여 각각의 벡터(frame_ex_size, frame_ex_average, frame_ex_standard)에 저장하는 명령어이다.

```
> frame_ex_size <- c(length(female), length(male))
> frame_ex_size
[1] 6 4
```

length() 함수는 상황에 따라 다른 결과를 보여 주는데, 데이터 프레임에서 변수의 개수를 계산하거나 변수에서 사례의 개수를 계산하기도 한다. length(female)과 length(male)은 female 벡터와 male 벡터에서 요소의 개수를 계산하는 명령어다. 결과적으로 남녀 키 자료의 표본크기를 계산하게 된다. 각각 6과 4임을 볼 수 있다.

```
> frame_ex_average <- c(mean(female), mean(male))
> frame_ex_average
```

```
[1] 162.1667 173.2500

> frame_ex_standard <- c(sd(female), sd(male))
> frame_ex_standard
[1] 3.970726 4.787136
```

mean(female)과 mean(male)은 두 벡터의 평균을 계산하며, sd(female)과 sd(male)은 두 벡터의 표준편차를 계산한다. 각 명령문의 아래에 계산되어 나온 숫자를 확인할 수 있다. 이제 새롭게 만들어진 세 개의 벡터(frame_ex_size, frame_ex_average, frame_ex_standard)를 data.frame() 함수를 이용하여 하나로 합치고, 만들어진 데이터 프레임을 출력한다.

```
> frame_ex_gender <- c("Female", "Male")

> summary_height <- data.frame(Gender=frame_ex_gender,
+                              n=frame_ex_size, Mean=frame_ex_average,
+                              SD=frame_ex_standard)

> summary_height
  Gender n     Mean       SD
1 Female 6 162.1667 3.970726
2   Male 4 173.2500 4.787136
```

마지막 세 줄에 우리가 처음 계획했던 통계치의 요약테이블이 있음을 확인할 수 있다. 요약테이블의 첫 번째 Gender 열을 만들기 위해 맨 위에서 Female과 Male 문자를 지닌 frame_ex_gender 벡터를 임의로 만들었다. 다음으로는 데이터 프레임 summary_height를 data.frame() 함수를 이용하여 만들었으며, 네 개의 아규먼트 Gender, n, Mean, SD에 상응하는 벡터를 할당하였다. 이때 왼쪽에 보이는 + 표시는 줄이 바뀌어도 함수가 끝나지 않고 계속된다는 것을 의미한다.

2.3.3. R 패키지

R 프로그램을 풍성하게 하고 강력하게 하는 패키지(package)는 일반 R 사용자들에 의해 개발된 일종의 추가(add-on) 프로그램이라고 할 수 있다. R 프로그램에는 기본적인 함수와 여러 가지 기능이 들어가 있기는 하지만, 연구자들이 사용하고자 하는 모든 종류의 함수와 기능을 담고 있지는 않다. 이때 R 사용자들은 패키지를 통하여 추가

적인 기능을 시현하고자 한다. 패키지 안에는 그 패키지를 개발한 사람이 만들고 사용했던 함수와 자료세트 등이 들어있다. R 사용자들의 커뮤니티는 매우 활성화되어 있고, 지금 현재 서버에 업로드된 패키지의 개수가 1만 개를 넘는다. 그중에서 유용한 패키지를 검색 및 설치하고 사용하는 방법들을 이 책에서 계속 배우게 될 것이다.

기본적으로 R 패키지는 서버로부터 다운로드 받고 설치를 한 다음 R 프로그램으로 로딩(loading)해야 사용할 수 있다. 기본 R 프로그램에 패키지를 설치하면 그만이지 로딩한다는 것은 무엇인가? R 프로그램은 기본적으로 In-Memory 기술을 이용하기 때문에 어떤 자료나 함수 등을 사용하고자 하면 그것을 컴퓨터 메모리로 먼저 불러들여야 한다. 이러한 과정은 library() 함수를 이용하는데, 설치된 패키지를 R로 로딩하는 것을 attach라고 하고, 이를 다시 언로딩(unloading)하는 것을 detach라고 한다. R 프로그램을 설치하면, 기본적으로 수십 개의 유용한 패키지가 이미 설치되어 있으므로 이것들을 이용하고자 하면 다운로드 및 설치의 과정 없이 로딩만 하면 된다. 만약 R에 기본적으로 설치되어 있는 패키지가 아니라면 CRAN의 서버에서 필요한 패키지를 다운로드하여 라이브러리(library)[11]에 설치하고 나서 사용할 수 있다. R 패키지 역시 R 프로그램보다는 RStudio를 사용하여 설치하는 것이 더 편리하므로 이 책에서는 RStudio를 이용하여 패키지의 다운로드와 설치 및 사용 등을 설명한다.

먼저 R 프로그램에 이미 설치되어 있는 패키지를 로딩하여 사용하는 방법을 간단히 보인다. [그림 2.9]처럼 RStudio의 오른쪽 아래에 있는 파일판에서 패키지(Packages) 탭을 클릭하면 R에 기본적으로 탑재되어 있는 패키지 목록을 확인할 수 있다. 필자의 R 버전에는 대략 30개 정도의 기본 패키지가 라이브러리에 설치되어 있다.

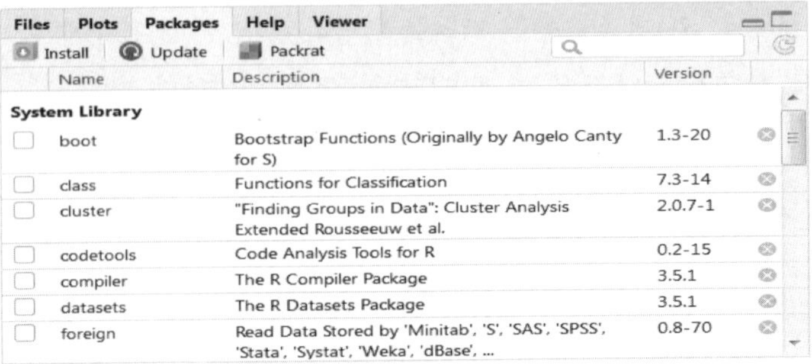

Files Plots Packages Help Viewer
Install Update Packrat

	Name	Description	Version
System Library			
	boot	Bootstrap Functions (Originally by Angelo Canty for S)	1.3-20
	class	Functions for Classification	7.3-14
	cluster	"Finding Groups in Data": Cluster Analysis Extended Rousseeuw et al.	2.0.7-1
	codetools	Code Analysis Tools for R	0.2-15
	compiler	The R Compiler Package	3.5.1
	datasets	The R Datasets Package	3.5.1
	foreign	Read Data Stored by 'Minitab', 'S', 'SAS', 'SPSS', 'Stata', 'Systat', 'Weka', 'dBase', ...	0.8-70

[그림 2.9] RStudio의 패키지 탭 화면

11) R 패키지들이 설치되어 있는 디렉토리 또는 폴더를 라이브러리(library)라고 한다.

이미 설치되어 있는 패키지를 사용하고자 하면 앞서 말한 대로 패키지 이름을 아규먼트로 하는 library() 함수를 이용해서 R로 로딩하는 과정이 필요하다. 예를 들어, MASS 패키지(Venebles & Ripley, 2002)를 불러들이고자 하면 스크립트판이나 콘솔판에서 library(MASS)를 실행하면 된다. RStudio를 이용한다면 [그림 2.10]처럼 파일판에서 패키지 탭으로 들어간 다음 패키지 이름의 왼쪽에 있는 네모칸을 클릭하여 체크하면 된다.

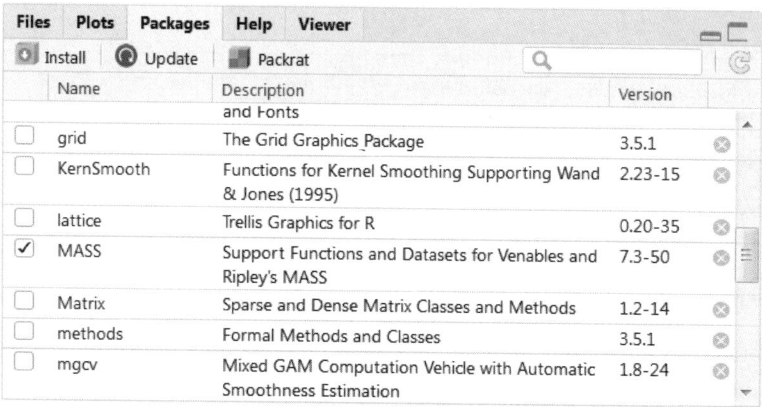

Files Plots Packages Help Viewer
Install Update Packrat

	Name	Description	Version
		and Fonts	
☐	grid	The Grid Graphics Package	3.5.1
☐	KernSmooth	Functions for Kernel Smoothing Supporting Wand & Jones (1995)	2.23-15
☐	lattice	Trellis Graphics for R	0.20-35
☑	MASS	Support Functions and Datasets for Venables and Ripley's MASS	7.3-50
☐	Matrix	Sparse and Dense Matrix Classes and Methods	1.2-14
☐	methods	Formal Methods and Classes	3.5.1
☐	mgcv	Mixed GAM Computation Vehicle with Automatic Smoothness Estimation	1.8-24

[그림 2.10] RStudio의 Packages 탭에서 패키지 로딩 방법

클릭 한 번으로 설치되어 있는 패키지가 로딩이 되면, 콘솔판에 아래와 같이 패키지가 R의 메모리로 로딩되었다는 메시지가 보인다.

```
> library("MASS", lib.loc="C:/Program Files/R/R-3.5.1/library")

Attaching package: 'MASS'

The following object is masked _by_ '.GlobalEnv':

    shoes
```

library() 함수의 첫 번째 아규먼트는 보이는 것처럼 패키지의 이름이고, 그 오른쪽에 보이는 아규먼트는 MASS 패키지가 설치되어 있는 라이브러리 폴더의 위치(lib.loc, 즉 library location)가 나타난다. 이 라이브러리 위치는 디폴트이므로 반드시 설정해 주어야 하는 것은 아니다. 참고로 The following object is masked _by_ '.GlobalEnv':

shoes라는 메시지가 나타나는데, 이는 MASS 패키지 안에 있는 shoes라는 객체가 필자가 이미 만들어 놓은 shoes라는 객체와 이름이 겹친다는 것에 대한 메시지이다. 그 결과 현재 연구자의 R 환경에는 먼저 만들어 놓은 필자의 shoes 변수가 계속 남게 된다.

패키지를 불러들여 사용한 이후에 만약 더 이상 이용하지 않으려는 목적으로 R의 메모리에서 언로딩하려고 하면, detach() 함수를 사용하거나 패키지 탭에서 네모칸 안의 체크를 제거하면 된다. 아래와 같은 메시지가 콘솔판에 뜨면서 실행이 완료된다.

```
> detach("package:MASS", unload=TRUE)
```

다음으로 R 프로그램에 기본적으로 설치되어 있지 않은 패키지를 다운로드하고 설치하여 사용하는 방법을 설명한다. 역시 파일판의 패키지 탭을 이용하면 매우 간단하게 해결할 수 있다. 패키지 탭의 상단에 있는 install을 클릭하면 패키지를 검색하고 설치할 수 있는 화면이 나타난다. 예를 들어, UsingR 패키지(Verzani, 2018)를 설치하고 싶다면, [그림 2.11]처럼 UsingR을 중간 부분에 입력한다.

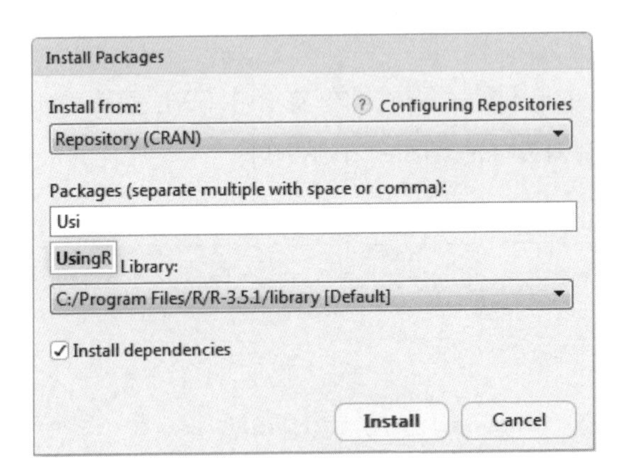

[그림 2.11] 패키지 설치 화면

Usi까지 타이핑하면 바로 밑부분에 자동완성 기능으로 UsingR이 뜨는 것을 알 수 있다. UsingR을 끝까지 타이핑하거나 자동완성 기능의 UsingR 부분을 클릭하고, 아래의 Install 버튼을 누르면 설치를 시작한다. 설치를 시작하면 윈도우즈 화면에 설치 과정이 나타나는데 작은 패키지는 수초 내에 끝나기도 하고 큰 패키지는 수십 초 이상이 걸리기도 한다.

```
> install.packages("UsingR")
trying URL 'http://cran.rstudio.com/bin/windows/contrib/3.5 /UsingR_2.0-6.zip'
Content type 'application/zip' length 2125603 bytes (2.0 MB)
downloaded 2.0 MB

package 'UsingR' successfully unpacked and MD5 sums checked

The downloaded binary packages are in
        C:\Users\Kim\AppData\Local\Temp\RtmpkP68L2\downloaded_packages
```

위에 보이는 것처럼 패키지 설치가 시작되어 완료되는 순간까지의 정보가 콘솔판에 나타난다. 이렇게 되면 파일판의 패키지 탭에 UsingR 패키지가 새롭게 나타나게 되고, R로 로딩하기를 원한다면 역시 네모칸에 체크를 해 주면 된다. 체크를 하는 순간 R로 패키지를 불러들이는데, 아래를 보면 MASS 패키지에 비해 조금 더 긴 로딩과정을 볼 수가 있다.

```
> library("UsingR", lib.loc="C:/Program Files/R/R-3.5.1/library")
Loading required package: MASS

Attaching package: 'MASS'

The following object is masked _by_ '.GlobalEnv':

    shoes

Loading required package: HistData
Loading required package: Hmisc
Loading required package: lattice
Loading required package: survival
Loading required package: Formula
Loading required package: ggplot2

Attaching package: 'Hmisc'

The following objects are masked from 'package:base':

    format.pval, units

Attaching package: 'UsingR'

The following object is masked from 'package:survival':

    cancer
```

이렇게 긴 과정으로 로딩이 이루어지는 주된 이유는 UsingR 패키지가 제대로 작동하기 위해서 다른 패키지를 사용해야 하기 때문이다. 위에서 보면 UsingR 패키지를 제대로 사용하기 위해서는 MASS, HistData, Hmisc, lattice 등 여러 다른 패키지의 로딩이 요구된다는 것을 알 수 있다. 하나의 패키지가 다른 패키지의 함수를 불러들여 사용할 수 있는 것은 R의 큰 장점 중 하나이다. 새로운 패키지를 만들 때마다 모든 함수를 처음부터 코딩해야 할 필요가 없기 때문이다.

2.3.4. 외부자료 불러들이기

앞에서 자료를 담고 있는 벡터를 만들고, 그 벡터들을 이용해서 데이터 프레임을 만드는 과정을 보여 주었다. 하지만 실제로 사회과학 분야의 연구자들이 그와 같은 식으로 데이터 프레임을 만들고 분석을 진행하는 경우는 상당히 드물 것이다. 일반적으로는 실험이나 서베이를 통해 획득한 자료를 Excel 등의 스프레드시트 프로그램이나 SPSS 등의 통계 프로그램 또는 텍스트 파일(txt, csv 등) 형태로 저장할 가능성이 매우 높다. Excel이나 SPSS 등의 프로그램에서 자료를 읽어 들이기 위해서는 추가적인 패키지를 설치해야 하므로, 먼저 텍스트 형태로 된 자료를 데이터 프레임으로 읽어 들이는 과정을 보인다. [그림 2.12]를 보면, 키와 몸무게 등의 자료가 텍스트 형태로 저장되어 있으며 파일 이름은 data_text.txt이다. 이 파일은 탭(tab)으로 경계가 정해진 텍스트 파일의 한 형태이다. 예를 들어, height와 weight 사이, weight와 gender 사이가 탭으로 나뉘어 있고, 164, 53, Female, 6의 사이사이도 모두 탭으로 경계가 나뉘어 있는 상태이다.

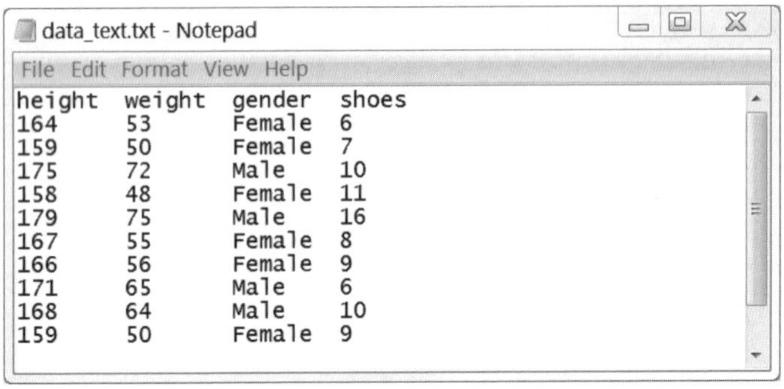

data_text.txt - Notepad

File Edit Format View Help

```
height	weight	gender	shoes
164	53	Female	6
159	50	Female	7
175	72	Male	10
158	48	Female	11
179	75	Male	16
167	55	Female	8
166	56	Female	9
171	65	Male	6
168	64	Male	10
159	50	Female	9
```

[그림 2.12] data_text.txt 자료

텍스트든 다른 형태든 간에 외부자료를 읽어 들이는 가장 쉬운 방법은 [그림 2.13]처럼 RStudio의 환경판에 있는 Import Dataset 기능을 이용하는 것이다. 기능을 클릭하면 읽어 들이고자 하는 파일의 형태를 선택하게 되어 있다. From Text (base)를 선택하면 된다.

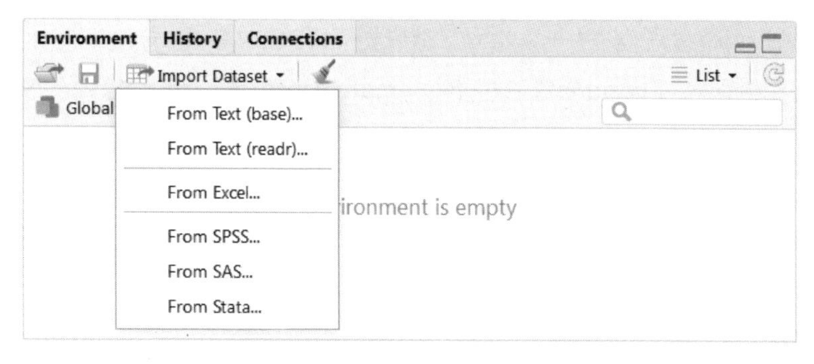

[그림 2.13] 환경판의 Import Dataset

From Text (base)를 선택하면 읽어 들이기 위한 파일을 선택할 수 있는 윈도우가 열린다. 원하는 폴더를 찾아가서 원하는 파일을 선택하면 [그림 2.14]와 같은 Import Dataset 윈도우가 열린다.

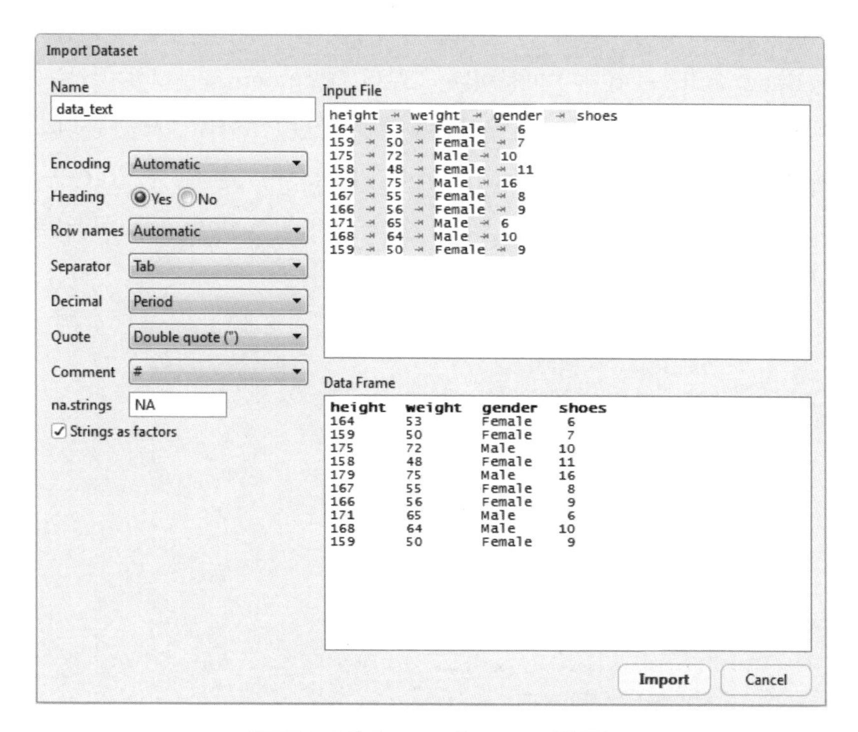

[그림 2.14] Import Dataset 윈도우

Import Dataset에서 연구자가 굳이 바꿀 부분은 거의 없다. 위의 예에서는 불러들인 파일의 이름(data_text)이 자동으로 데이터 프레임의 이름이 되도록 하였는데, 만약 이름을 바꾸고 싶으면 [그림 2.14]의 맨 위에서 Name을 바꾸면 된다. 왼쪽의 맨 아래 Strings as factors라는 부분이 체크가 되어 있는데, 벡터(변수)의 값으로 문자열이 있는 경우, 이를 범주형 변수로 취급하겠다는 것을 의미한다. 즉, gender 변수는 범주형 변수로 취급되고 gender의 수준은 Female과 Male이 된다. 앞에서 설명했듯이 factor는 R 구조의 한 종류로서 명명척도 변수 또는 범주형 변수를 의미한다고 보면 된다. [그림 2.14]의 화면에서 Import 버튼을 클릭하면 콘솔판에 아래와 같이 실행된 명령어가 나타난다.

```
> data_text <- read.delim("~/05.Intro Stats/04.R/01.ch2/data_text.txt")
> View(data_text)
```

첫 번째 줄은 data_text.txt 파일을 read.delim() 함수를 이용하여 데이터 프레임 data_text로 읽어 들이는 명령문이다. read.delim()은 탭으로 경계가 만들어진 텍스트 파일을 불러들이는 함수로서 읽어 들이고자 하는 텍스트 파일의 경로가 아규먼트가 된다. 파일의 경로에서 앞부분이 ~ 표시로 되어 있는데, 이는 생략된 부분이 작업공간 디폴트인 Documents 폴더이기 때문이다. C부터 Documents 폴더까지 가는 모든 경로를 밝혀도 되지만, 위의 예처럼 ~로 표시하여도 된다. 또한 R에서는 폴더의 위계를 나누는 표시가 일반적인 \(back slash)이 아니라 /(slash)임을 알 수 있다. 두 번째 줄에 있는 View(data_text)는 [그림 2.15]처럼 스크립트판에 data_text로 명명된 탭을 하나 더 만들고 읽어 들인 자료를 정리하여 보여 준다.

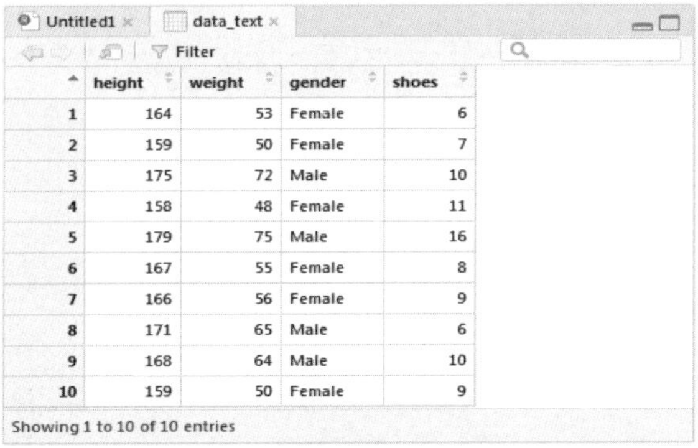

Untitled1 × | data_text ×

Filter

	height	weight	gender	shoes
1	164	53	Female	6
2	159	50	Female	7
3	175	72	Male	10
4	158	48	Female	11
5	179	75	Male	16
6	167	55	Female	8
7	166	56	Female	9
8	171	65	Male	6
9	168	64	Male	10
10	159	50	Female	9

Showing 1 to 10 of 10 entries

[그림 2.15] View() 함수를 통해 출력된 자료

콘솔판에 출력된 data_text도 같은 자료임을 아래에서 확인할 수 있다.

```
> data_text
   height weight gender shoes
1     164     53 Female     6
2     159     50 Female     7
3     175     72   Male    10
4     158     48 Female    11
5     179     75   Male    16
6     167     55 Female     8
7     166     56 Female     9
8     171     65   Male     6
9     168     64   Male    10
10    159     50 Female     9
```

외부자료를 읽어 들여 data_text라는 데이터 프레임을 형성하였으므로 이제부터는 이를 이용하여 통계분석을 실시하면 된다.

다음으로는 Excel 파일을 R로 불러들이는 방법이다. [그림 2.16]을 보면, 앞의 예제와 동일한 내용을 지닌 자료가 Excel 파일(확장자 xlsx)에 저장되어 있다.

	A	B	C	D	E	F	G	H
1	height	weight	gender	shoes				
2	164	53	Female	6				
3	159	50	Female	7				
4	175	72	Male	10				
5	158	48	Female	11				
6	179	75	Male	16				
7	167	55	Female	8				
8	166	56	Female	9				
9	171	65	Male	6				
10	168	64	Male	10				
11	159	50	Female	9				

data_excel

[그림 2.16] data_excel.xlsx 자료

[그림 2.13]처럼 환경판에 있는 Import Dataset을 클릭하여 From Excel을 선택하면 마찬가지로 외부파일을 선택할 수 있는 윈도우가 열린다. 원하는 폴더를 찾아가서 원하는 파일을 선택하면 [그림 2.17]과 같은 Import Excel Data 윈도우가 열린다.

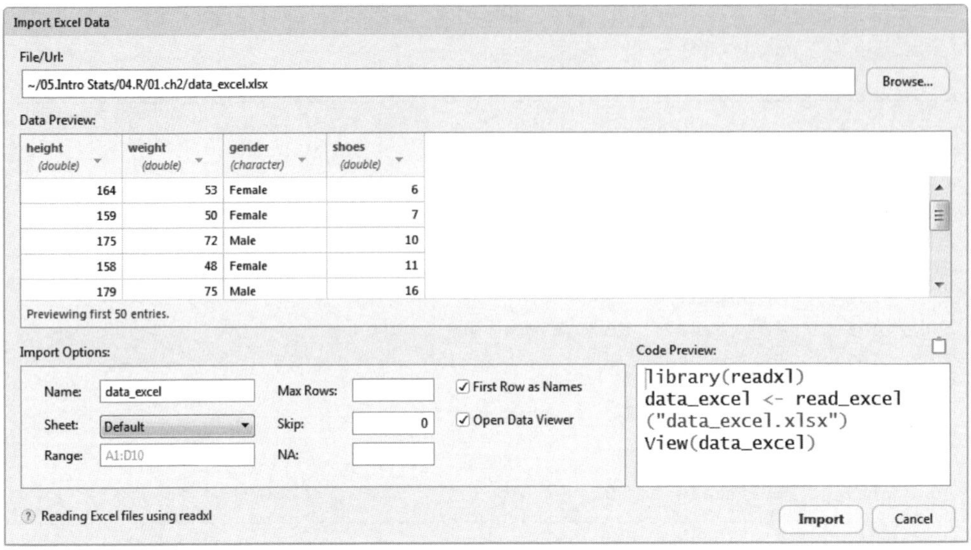

[그림 2.17] Import Excel Data 윈도우

오른쪽 윗부분에서 Browse를 클릭하여 경로와 함께 외부파일을 선택하고, 왼쪽 아래에서 Name을 통하여 데이터 프레임의 이름을 정할 수 있다. Import 버튼을 클릭하면 콘솔판에 아래와 같이 실행화면이 출력된다.

```
> library(readxl)
> data_excel <- read_excel("data_excel.xlsx")
> View(data_excel)
```

첫 번째 줄은 Excel 파일을 불러들이기 위한 패키지인 readxl(Wickham & Bryan, 2018)을 R로 로딩하는 명령어이다. Excel 파일을 읽어 들이기 위해서는 readxl 패키지가 필요한데, 만약 설치되어 있지 않다면 저절로 설치가 진행된다. 두 번째 줄은 read_excel() 함수를 이용하여 외부파일을 불러들여 data_excel 데이터 프레임으로 저장하는 명령어이고, 마지막 줄의 View(data_excel)은 R로 읽어 들인 data_excel 데이터 프레임의 내용을 확인하는 명령어이다. [그림 2.15]와 동일한 화면이 나타나므로 결과는 생략한다. 불러들여 저장한 데이터 프레임 data_excel을 확인하기 위하여 아래와 같이 콘솔판에 출력하였다.

```
> data_excel
# A tibble: 10 x 4
   height weight gender shoes
    <dbl>  <dbl> <chr>  <dbl>
 1    164     53 Female     6
 2    159     50 Female     7
 3    175     72 Male      10
 4    158     48 Female    11
 5    179     75 Male      16
 6    167     55 Female     8
 7    166     56 Female     9
 8    171     65 Male       6
 9    168     64 Male      10
10    159     50 Female     9
```

먼저 가장 위에서 tibble이란 것을 볼 수 있는데, tibble이란 새로운 형태의 데이터 프레임[12]이라고 할 수 있다. 일반적으로는 tibble() 함수를 이용하거나 as_tibble() 함수를 이용해 tibble 데이터 프레임을 만들 수 있는데, data.frame() 함수를 이용하여 만든 데이터 프레임보다 여러 가지 측면에서 더 단순하고 이용하기 쉽다. readxl 패키지는 기본적으로 data.frame() 함수로 만들어지는 데이터 프레임이 아닌 tibble을 만들어 낸다. 그리고 오른쪽 10 x 4(ten by four) 부분은 tibble이 10행 4열로 이루어져 있다는 것을 의미한다. 바로 다음 줄에 네 변수의 이름이 나타나고, 그 아래에 각 변수(벡터)의 형식이 나타난다. dbl은 double을 가리키며 컴퓨터에서 실수를 표현하는 부동소수점 방식의 벡터를 의미하는데, 그냥 쉽게 실수(real number)라고 생각하면 큰 오류가 생기지 않는다. chr은 character 벡터를 가리키며 문자열 벡터를 의미한다.

쉼표(comma)로 자료가 구분되는 텍스트 파일인 csv 형식이나 SPSS의 sav 방식의 자료 등도 쉽게 R로 불러들일 수 있는데, 앞에서 설명한 방법과 거의 동일하다. 실질적으로 csv 형식을 이용하는 사회과학도가 그렇게 많지 않고, SPSS의 자료파일이 있다면 SPSS를 이용할 가능성이 많으므로 텍스트 파일과 Excel 파일을 읽어 들이는 방법만 그림과 함께 설명하였다. 지금까지 설명한 것으로 R의 기초를 모두 이해했다고 볼 수는 없을 것이다. 하지만 이 정도만 이해하여도 앞으로 다루게 될 많은 내용을 실행하는 데 큰 문제는 없을 것이다. 이후에는 각 주제마다 필요한 부분을 적절하게 설명할 것이다.

---

12) tibble이란 단어 자체가 데이터 프레임에 상응하는 말로 쓰인다. 그러니까 tibble 데이터 프레임이라고 할 필요도 없이, 그냥 tibble이라고 쓰인다.

제3장 표와 그래프

연구자가 관심 있는 자료를 수집하여 Excel 등에 저장하였을 때, 단순히 숫자들을 훑어봄으로써 자료의 패턴이나 중심 또는 퍼짐의 정도를 알아내는 것은 결코 쉬운 일이 아니다. 앞에서 설명했듯이 기술통계(descriptive statistics)란 이러한 자료를 조직화하여 간명하게 설명해 주는 방식의 통계를 일컫는다. 숫자(통계치)를 통하여 자료를 요약하는 방법도 있고 그림이나 표 등을 통해서 요약할 수도 있는데, 이번 장에서는 후자를 이용한 방법을 설명한다.

3.1. 빈도분포

자료를 요약하여 제공하는 수많은 방법 중에서 가장 기본적인 방법 중 하나는 빈도분포 또는 도수분포(frequency distribution)이다. 빈도분포는 개별점수(individual scores)들이 측정된 척도(measurement scale)상에서 어떻게 분포되어 있는지를 보여 준다. 빈도분포를 형성하기 위해서는 나뉜 범주들과 그 범주들에 상응하는 개별점수의 빈도가 필요하다. 다양한 방법으로 빈도분포를 보여 줄 수가 있는데, 이 책에서는 가장 기본적으로 알아야 할 부분을 다룬다. 먼저 질적변수의 자료를 조직화하고 요약하는 방법을 설명하고, 다음으로 양적변수의 자료를 다룬다. 편의상 질적 자료와 양적 자료로 나누었으나 이 유형화는 그리 간단하지 않다. 어떤 면에서는 이산형 자료와 연속형 자료로 나누어 설명하는 것이 통계적인 속성에 더 잘 들어맞을 수도 있다. 제1장에서도 언급했듯이 이 문제에 대한 깊은 토론은 이 책의 목적에 맞지 않으므로 생략한다.

3.1.1. 질적변수의 자료

명명척도(또는 서열척도)를 통하여 측정된 변수의 자료를 이용하여 빈도분포표(frequency distribution table)를 만드는 방법을 먼저 보인다. 또는 취할 수 있는 값의 종류가 많지 않은 이산형 변수의 자료를 빈도분포표로 만드는 방법이라고 할 수도 있다. 예제로 사용할 자료는 필자가 임의로 만들기보다는 이미 MASS 패키지에 공개되어 있는 데이터 프레임 Cars93을 사용하기로 한다. Cars93에 대한 정보를 얻기 위해서는 패키지 탭으로 들어가서 MASS를 찾아 클릭하면 된다. MASS 패키지에 포함되어 있는 함수와 자료 등이 abc 순서로 보이는데 Cars93을 클릭하면 데이터세트에 대한 간단한 설명이 제공된다. Cars93은 1993년 미국에서 팔린 93종류의 자동차(93 models)에서 획득된 자료로서 차의 제조사, 모델, 가격, 엔진크기 등에 대한 다양한 정보가 포함되어 있다.

자료를 사용하기 위해서는 먼저 패키지 탭에서 MASS 옆의 네모칸을 클릭하여 R로 로딩한다. 제대로 불러들였는지 확인하기 위해 아래처럼 edit() 함수를 실행해 보면 [그림 3.1]과 같은 Data Editor 화면이 새롭게 열린다.

```
> edit(Cars93)
```

Data Editor

File Edit Help

	Model	Type	Min.Price	Price	Max.Price	MPG.city	MPG.highway	AirBags	DriveTrain
1	Integra	Small	12.9	15.9	18.8	25	31	None	Front
2	Legend	Midsize	29.2	33.9	38.7	18	25	Driver & Passenger	Front
3	90	Compact	25.9	29.1	32.3	20	26	Driver only	Front
4	100	Midsize	30.8	37.7	44.6	19	26	Driver & Passenger	Front
5	535i	Midsize	23.7	30	36.2	22	30	Driver only	Rear
6	Century	Midsize	14.2	15.7	17.3	22	31	Driver only	Front
7	LeSabre	Large	19.9	20.8	21.7	19	28	Driver only	Front
8	Roadmaster	Large	22.6	23.7	24.9	16	25	Driver only	Rear
9	Riviera	Midsize	26.3	26.3	26.3	19	27	Driver only	Front
10	DeVille	Large	33	34.7	36.3	16	25	Driver only	Front
11	Seville	Midsize	37.5	40.1	42.7	16	25	Driver & Passenger	Front
12	Cavalier	Compact	8.5	13.4	18.3	25	36	None	Front
13	Corsica	Compact	11.4	11.4	11.4	25	34	Driver only	Front

[그림 3.1] Cars93 데이터 프레임

Cars93 자료는 93×27 데이터 프레임으로서 93개의 자동차 종류와 27개의 변수에 대한 정보를 포함하고 있다. Cars93 데이터 프레임에 있는 모든 변수의 요약 통계치를 확인하고 싶으면 summary() 함수를 이용할 수 있다. 단순히 summary(Cars93)이라고 입력하고 실행하면 된다. 하지만 이럴 경우 27개 모든 변수에 대한 결과가 상당히 길게 나열되므로 아래처럼 변수들 중에서 subset() 함수를 이용하여 몇 개만 선택적으로 요약치를 확인하였다.

```
> summary(subset(Cars93, select = c(MPG.city, Price, DriveTrain)))
    MPG.city          Price         DriveTrain
 Min.   :15.00   Min.   : 7.40   4WD  :10
 1st Qu.:18.00   1st Qu.:12.20   Front:67
 Median :21.00   Median :17.70   Rear :16
 Mean   :22.37   Mean   :19.51
 3rd Qu.:25.00   3rd Qu.:23.30
 Max.   :46.00   Max.   :61.90
```

위의 subset() 함수에서 아규먼트는 원자료의 이름과 선택하고자 하는 변수를 결정하는 select이다. 실행 결과 각 변수의 분포와 관련된 수치들이 나타나는데 이들에 대한 내용은 뒤에서 자세히 다룬다. summary() 함수는 이와 같은 단순한 요약치 외에도 통계분석의 결과를 정리할 때 매우 유용하게 쓰일 수 있다. summary() 함수의 결과값은 어떤 객체를 요약하느냐에 따라 상당히 다양한 형태로 제공되는데, 앞으로 필요할 때마다 적절하게 summary() 함수를 사용할 것이다.

이제 Cars93 데이터 프레임의 중간쯤에 나타나는 DriveTrain 변수를 이용하여 빈도분포표를 만들려고 한다. 구동열로 번역되는 자동차의 drivetrain은 일반적으로 전륜구동(Front), 후륜구동(Rear), 사륜구동(4WD)으로 구분이 된다. 즉, 93종류의 판매된 차가 구동열별로 각 몇 종류인지를 파악하는 표를 만들고자 한다. 93종류 자동차의 drivetrain 정보를 확인하기 위해 다음과 같이 실행한다.

```
> DriveTrain <- Cars93$DriveTrain
> DriveTrain
 [1] Front Front Front Front Rear  Front Front Rear  Front Front
[11] Front Front Front Rear  Front Front 4WD   Rear  Rear  Front
[21] Front Front Front Front Front 4WD   Front 4WD   Front Front
[31] Front Front Front Rear  Front 4WD   Front Rear  Front Front
[41] Front Front Front Front Front Front Front Rear  Front Rear
[51] Front Rear  Front Front Front 4WD   Rear  Rear  Rear  Front
[61] Rear  Front Front Front Front Front Front Front Front Front
[71] Front 4WD   Front Front Rear  Front Front Front Front 4WD
[81] 4WD   4WD   Front Front Front Front 4WD   Front Front Front
[91] Front Rear  Front
Levels: 4WD Front Rear
```

Cars93 데이터 프레임의 DriveTrain 벡터를 선택하여 DriveTrain 변수로 지정하는 과정이 첫 줄에 제공된다. 이 과정 없이 Cars93$DriveTrain을 계속해서 써도 되지만, 편의성을 위해 더 간단한 이름(여기서는 DriveTrain)을 새롭게 지정하기로 한다. 또한 attach() 함수를 이용하여 Cars93 데이터 프레임의 변수들을 간단히 불러들여 사용할 수 있다. attach() 함수는 상황에 따라 조금 다른 목적으로 사용되는데, 만약 데이터 프레임을 아규먼트로 사용하면 데이터 프레임 안의 변수들을 직접적으로 접근하여 사용할 수 있는 기능을 부여하는 명령어이다. 아래와 같이 명령어를 입력한다.

```
> attach(Cars93)
> DriveTrain
 [1] Front Front Front Front Rear  Front Front Rear  Front Front
[11] Front Front Front Rear  Front Front 4WD   Rear  Rear  Front
[21] Front Front Front Front Front 4WD   Front 4WD   Front Front
[31] Front Front Front Rear  Front 4WD   Front Rear  Front Front
[41] Front Front Front Front Front Front Front Rear  Front Rear
[51] Front Rear  Front Front Front 4WD   Rear  Rear  Rear  Front
[61] Rear  Front Front Front Front Front Front Front Front Front
[71] Front 4WD   Front Front Rear  Front Front Front Front 4WD
[81] 4WD   4WD   Front Front Front Front 4WD   Front Front Front
[91] Front Rear  Front
Levels: 4WD Front Rear
```

attach() 함수는 데이터 프레임의 변수들을 $ 표시 없이 직접적으로 접근하고 이용할 수 있어 편리하기는 하지만 주의해야 할 점이 있다. 여러 개의 데이터 프레임을 attach() 함수로 접근시켜 놓으면 동일한 변수명을 가진 변수 간에 혼란이 생길 수 있다는 점이다. 이런 이유로 많은 R 유저들이 attach() 함수를 사용하지 않고 $ 표시를 사용하는 경향이 있다. 필자의 경우에도 attach() 함수를 항상 조심스럽게 사용하며 $ 표시 없이 변수를 사용하고 싶으면 앞에서 보여 준 것처럼 하나씩 따로 이름을 설정하여 분석을 진행한다. 어쨌든 기본적으로 어떤 방식을 사용해도 상관이 없으며 여러 분석의 상황마다 각 방법의 장단점이 있다.

결과 창을 보면 모든 자동차의 DriveTrain 정보가 나열되어 있다. 첫 줄은 [1]로 시작하는데 이는 첫 줄의 첫 번째 값인 Front가 93개의 값 중에서 첫 번째 값이라는 것을 의미한다. 두 번째 줄에 있는 [11]은 두 번째 줄의 첫 번째 값인 Front가 93개의 값 중에서 11번째 값인 것을 의미한다. 나머지도 모두 마찬가지로 해석할 수 있다. 가장 마지막 줄에 DriveTrain 변수가 총 몇 개의 수준(levels)으로 이루어져 있고 그 수준들이 각각 무엇인지 보인다. 총 세 개의 수준에 각각 4WD, Front, Rear임을 확인할 수 있다. DriveTrain의 전체를 보면 관찰값의 개수가 93개밖에 되지 않음에도 불구하고 전체 정보를 한눈에 알아보기가 쉽지 않다는 것을 알 수 있다. 이때 빈도분포표가 필요하다.

빈도분포표는 각 수준별로 몇 종류의 차가 있는지의 정보를 보여주는 표이다. 상당히 여러 가지 방법과 패키지가 존재하고 각 방법마다 조금씩은 다른 형식의 결과를 보여주기도 하지만, 가장 쉬운 방법은 분할표(contingency table)를 만들어 내는 table() 함수를 이용하는 것이다.

```
> table(DriveTrain)
DriveTrain
  4WD Front  Rear
   10    67    16
```

93종류의 판매된 자동차 중에서 사륜구동이 10종류, 전륜구동이 67종류, 후륜구동이 16종류라는 정보를 얻게 된다. 위의 결과를 이용해서 표를 작성하면 [표 3.1]과 같다.

[표 3.1] 구동열의 빈도분포표

DriveTrain	Frequency
Front	67
Rear	16
4WD	10

위와 같이 표를 작성함으로써 구동열에 대한 정보를 충분히 쉽게 파악할 수 있지만, 많은 연구자가 그래프를 더 선호하기도 한다. 이때 사용할 수 있는 그래프의 종류 중 하나가 막대그래프(bar graph)이다. 막대그래프는 가로축에 범주, 세로축에 빈도를 표시하는 종류의 그림이다. 역시 그래프를 보여 주는 상당히 많은 패키지가 존재한다. 1만여 개의 패키지 중에서 사용 빈도가 3위 안에 들어가는 ggplot2 패키지(Wickham, 2016)[13]를 설치하면 화려한 색감과 여러 방식의 막대그래프를 보여 주기도 하지만, 가

13) 만약 이 책을 읽고 있는 독자가 R의 전반적인 기능 중에서도 특히 자료의 시각화와 화려한 그래픽에 관심이 있다면 지금 당장 ggplot2 패키지를 설치하고 이용하기를 권한다.

장 간단한 방법은 기본으로 포함되어 있는 barplot() 함수를 이용하는 것이다. 아래와 같이 명령어를 입력하고 실행하면 막대그래프 그림을 파일판의 플롯 탭에서 확인할 수 있다.

```
> barplot(table(DriveTrain))
```

플롯 탭의 Export를 클릭하면 그림을 이미지나 pdf 파일로 저장할 수도 있고, 클립보드로 복사하였다가 워드 프로세서 프로그램으로 붙이기를 할 수도 있다. Copy to Clipboard를 클릭하면, Copy Plot to Clipboard 윈도우가 열리는데, 화면의 윗부분에서 그림의 크기나 비율을 변경한 다음 오른쪽 아래 Copy Plot을 클릭한다. 이렇게 되면 컴퓨터 메모리의 클립보드에 그림이 잠시 저장된다. 한글 등의 워드 프로세서에서 붙이기(Ctrl+V)를 실행하면 [그림 3.2]와 같은 그림을 볼 수 있다.

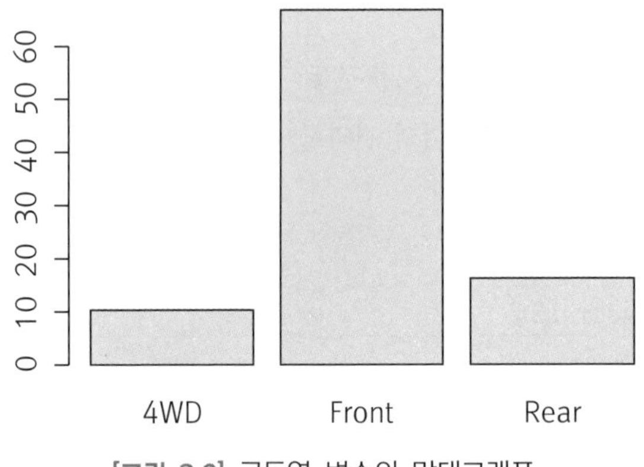

[그림 3.2] 구동열 변수의 막대그래프

이 정도로 변수가 가진 정보를 충분히 표현한다고 볼 수도 있지만, 그림이 전체적으로 조금 허술해 보인다. Front의 빈도가 60이 넘는데, y축(y axis)이 60까지밖에 없고, x축(x axis)은 선이 없고, x축과 y축 모두 이름이 없고, 그림의 제목도 없으며, 막대는 너무 두꺼운 느낌도 드는 등 개선의 여지가 있어 보인다. 대부분의 그림을 보여 주는 함수들은 그림의 포맷을 수정하기 위한 많은 아규먼트를 가지고 있는데, 여기서 barplot() 함수의 몇 가지 아규먼트를 소개한다.

```
> barplot(table(DriveTrain), ylim=c(0, 80), xlab="DriveTrain",
+         ylab="Frequency", axis.lty="solid", space=1,
+         main="Drivetrain of 93 cars sold in 1993")
```

먼저 ylim(y limit)은 y축의 한계를 설정하는 것으로서 최저 0, 최고 80으로 재설정하였다. xlab(x label)은 x축의 이름을 가리키는데 DriveTrain으로 설정하였고, ylab(y label)을 이용하여 y축의 이름을 Frequency로 설정하였다. axis.lty(axis line type)는 x축 선의 종류를 설정할 수 있는데, 위에서는 solid로 설정하였다. dotted(점선)나 dashed(대시선) 등 여러 가지 선의 종류가 존재한다. 그리고 space는 막대 사이의 간격인데, 디폴트 값인 0.2로 하면 막대들이 두껍고 서로 너무 가까운 것으로 판단되어 1로 바꾸었다. 마지막으로 main 아규먼트를 이용하여 그래프의 제목을 설정하였다. 두 번째와 세 번째 줄의 맨 앞에 있는 + 표시는 하나의 함수가 콘솔판에서 실행되면서 끝나지 않고 계속 이어지고 있다는 의미이다. 즉, 두 번째 줄과 세 번째 줄도 barplot() 함수의 아규먼트가 계속 이어지면서 마지막 줄의 괄호가 나올 때까지 명령어가 계속된다는 것이다. 실제로 스크립트 판에서 명령어를 작성할 때는 + 표시를 할 이유가 없다. 명령문의 결과는 [그림 3.3]과 같다.

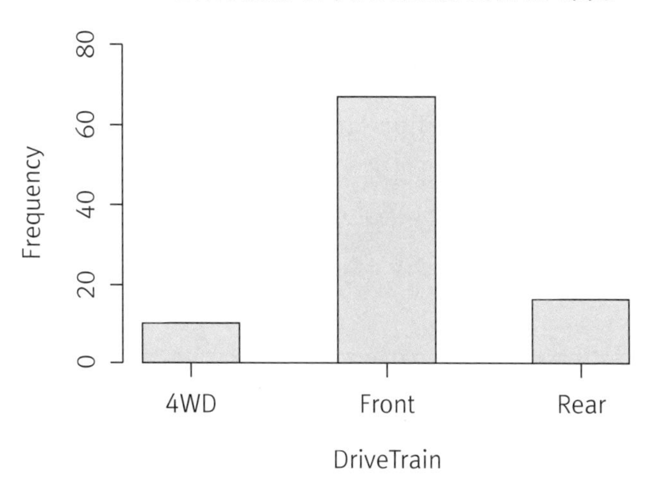

[그림 3.3] 구동열 변수의 수정된 막대그래프

필자의 눈에는 [그림 3.3]이 조금 더 나아 보이는데 독자들은 어떻게 생각할지 모르겠다. barplot() 함수뿐만 아니라 다른 모든 그래프나 그림 함수들이 다양한 아규먼트를 이용하여 그림의 포맷을 조정할 수 있다. 만약 barplot() 함수의 아규먼트를 모두 보고 싶다면, help(barplot)을 실행하면 된다. 이를 실행하면 파일판의 도움 탭에 barplot() 함수에 대한 모든 정보가 나타난다. Google에서 'barplot in r'로 검색하여도 똑같은 도움말을 볼 수 있다.

바로 앞의 예에서 질적변수인 구동열을 이용하여 빈도분포표를 만들고 막대그래프를 그리는 방법을 보였다. 하지만 막대그래프가 반드시 질적변수에 대해서만 해당하는 것은 아닐 수 있다. Cars93 자료에 있는 변수 중에는 엔진 실린더(엔진의 기통)의 개수를 보여 주는 Cylinders 변수가 있는데, 이 변수는 양적인 속성과 질적인 속성이 결합되어 있는 특성이 있는 변수이다. 각 차의 종류가 가진 실린더의 개수라는 측면에서는 양적변수이나, 4기통 엔진, 6기통 엔진, 8기통 엔진 등 엔진이라는 측면에서 보면 단지 엔진의 종류를 나누는 질적변수라고 볼 수도 있다. 이런 경우는 양적인 값을 이용해서도 막대그래프를 그리는 것이 문제가 되지 않는다.

3.1.2. 양적변수의 자료

질적변수의 빈도분포표에 이어 등간척도 또는 비율척도 등을 통하여 측정된 변수 중 연속성을 가진 자료를 이용하여 빈도분포표를 만드는 방법을 보인다. 변수의 종류가 다르므로 적용하는 철학이 달라 약간 다를 수 있지만, 근본적으로는 그 순서나 형태는 질적변수와 크게 차이가 없다. 예제로는 Cars93 데이터 프레임의 MPG.city 변수를 이용한다. MPG.city(Miles per Gallon city)는 시내주행연비(city mileage)로서 시내에서 운전할 때 연료 1갤런당 몇 마일의 거리를 갈 수 있는지를 표시한 것이다. 자동차의 제조사는 판매 시에 각 차량의 공인된 시내주행연비를 제공하는데, 그 수치들로 이루어진 변수이다. 93종류 자동차의 시내주행연비를 확인하기 위해 다음과 같이 실행한다.

```
> MPG.city <- Cars93$MPG.city
> MPG.city
 [1] 25 18 20 19 22 22 19 16 19 16 16 25 25 19 21 18 15 17 17 20 23
[22] 20 29 23 22 17 21 18 29 20 31 23 22 22 24 15 21 18 46 30 24 42
[43] 24 29 22 26 20 17 18 18 17 18 29 28 26 18 17 20 19 23 19 29 18
[64] 29 24 17 21 24 23 18 19 23 31 23 19 19 19 20 28 33 25 23 39 32
[85] 25 22 18 25 17 21 18 21 20
```

시내주행연비를 MPG.city 변수로 지정하고 내용을 출력하였다. 대다수의 값들이 20 안팎에 있는 것은 같은데 전체적으로 자료의 패턴을 알아채기는 쉽지 않다. table() 함수를 이용하여 각 빈도를 확인한다.

```
> table(MPG.city)
MPG.city
15 16 17 18 19 20 21 22 23 24 25 26 28 29 30 31 32 33 39 42 46
 2  3  8 12 10  8  6  7  8  5  6  2  2  6  1  2  1  1  1  1  1
```

위의 결과를 표로 작성하면 [표 3.2]와 같다. 양적변수의 빈도분포표를 작성할 때는 가장 작은 값을 아래부터 시작해서 위로 갈수록 값이 증가하도록 배열하는 것이 일반적이다.

[표 3.2] 시내주행연비의 빈도분포표

MPG.city(miles per gallon)	Frequency
46	1
42	1
39	1
33	1
32	1
31	2
30	1
29	6
28	2
26	2
25	6
24	5
23	8
22	7
21	6
20	8
19	10
18	12
17	8
16	3
15	2

93종류의 판매된 자동차 중에서 대다수의 차들이 15～30 정도의 MPG를 보이며, 그 중에서도 17～25 사이에 많은 차들이 속해 있다는 것을 알 수 있다. 이와 같은 양적 자료, 특히 연속형 자료의 경우에 히스토그램(histogram)을 이용하여 그래프로 표시하는 것이 일반적이다. 자료 세트에 나타나는 제조사의 마일리지는 정수의 형태이지만, 연료 1갤런당 갈 수 있는 거리는 근본적으로 연속형 변수를 의미한다. 자료세트에 나타난 값들은 아마도 소수점 자리에서 반올림한 값들임을 독자들도 예측할 수 있을 것이다. 히스토그램의 원리는 막대그래프와는 조금 다르며, hist(MPG.city)를 실행하면 기본적인 그림을 얻을 수 있다. 하지만 조금 더 정교한 그림을 원한다면 hist() 함수의 다양한 아규먼트를 지정하여 아래처럼 실행하면 된다.

```
> hist(MPG.city, breaks=seq(15, 49, l=8), ylim=c(0,50),
+      xlab="Miles per Gallon City", ylab="Frequency",
+      main="Miles per gallon of 93 models sold in 1993")
```

아규먼트가 barplot() 함수와 거의 다르지 않은데, 히스토그램에서 사각형의 개수를 결정하는 옵션인 breaks가 추가되어 있다. breaks 아규먼트는 여러 의미가 될 수 있는데, 보통 히스토그램의 사각형 또는 셀(cell)의 개수(더욱 정확히 말하면, 그래프상에 셀을 위해 준비된 공간의 개수[14])를 의미한다. 예를 들어, breaks=10이라고 서술하면 사각형의 개수가 10개가 되는 것이다. 하지만 이 명령어의 문제점은 사용자가 10개의 셀을 지정했다고 해서 정확히 10개의 사각형이 나타나지는 않는다는 것이다. 사용자가 지정한 숫자를 고려하면서, 동시에 pretty breakpoints라는 R의 내부적인 알고리즘에 의해서 개수가 적당히 결정된다. 그러므로 정확한 간격과 개수를 지정하고자 하면 위처럼 breaks=seq(15, 49, l=8)로 설정해야 한다. 이는 시작점이 15, 끝점이 49, 셀의 개수는 7(= 8 − 1)이란 의미가 된다. 이렇게 하면 15～19, 20～24, 25～29, 30～34, 35～39, 40～44, 45～49, 총 7개의 셀이 5를 간격으로 설정된다. 결과는 [그림 3.4]와 같다.

14) 셀의 개수와 셀을 위해 준비된 공간의 개수는 같을 수도 있고 다를 수도 있다. [그림 3.4]에서는 이 둘의 개수가 7개로 같은데 반해, [그림 3.5]에서는 셀의 개수가 7개이고 셀을 위해 준비된 공간의 개수는 9개이다.

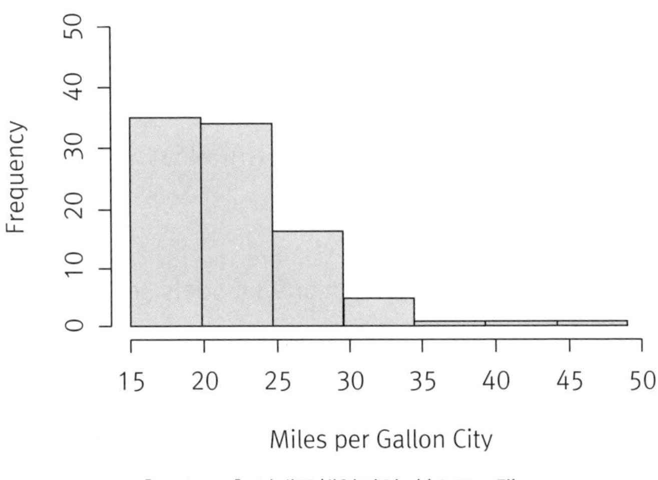

[그림 3.4] 시내주행연비의 히스토그램

위의 히스토그램을 보면 막대그래프와 거의 같은 정보를 가지고 있지만, x축이 다르다는 것을 알 수 있다. 막대그래프의 x축이 질적인 변수의 범주였다면, 히스토그램의 x축은 양적인 변수의 값들이다. 특히 한 구간이 15~19, 20~24, 25~29 등의 범위로 설정되어 있다. 한 가지 차이가 더 있는데 사각형 간에 공간(space)이 없다는 것이다. 질적변수의 구분된 범주는 범주 간에 공간이 있는 막대그래프를 이용하지만, 양적변수, 특히 연속형 변수는 하나의 실선에서 연속되는 값들을 임의로 나눈 것뿐이므로 중간에 공간이 없는 히스토그램을 이용한다.

빈도분포를 그림으로 만드는 또 다른 방법은 빈도다각형(frequency polygon)을 이용하는 것이다. 빈도다각형은 히스토그램의 각 셀에서 빈도를 나타내는 중간점을 모두 선으로 이은 그래프다. 히스토그램 위에 겹쳐서 그리기도 하고, 따로 그리기도 한다. 히스토그램 위에 빈도다각형을 그리는 가장 쉬운 방법은 UsingR 패키지의 simple.freqpoly() 함수를 이용하는 것이다. 앞에서 외부 패키지를 다운로드 받아 설치하는 실습을 하였다면 UsingR 패키지가 이미 설치되어 있을 것이다. 패키지 이름 옆 네모칸을 체크함으로써 R로 로딩하고 아래의 명령어를 입력 실행한다.

```
> simple.freqpoly(MPG.city, breaks=seq(10, 54, l=10), ylim=c(0,50),
+               xlab="Miles per Gallon City", ylab="Frequency",
+               main="Miles per gallon of 93 models sold in 1993")
```

simple.freqpoly() 함수의 장점은 hist() 함수의 아규먼트를 그대로 사용한다는 것이다. 한 가지 다른 부분은 breaks 아규먼트의 seq 안의 값이 약간 달라져 있다는 것이다. 이는 빈도다각형을 그리기 위한 일종의 팁인데, 시작점과 끝점을 한 셀에 해당하는 값(여기서는 5)씩 늘리고, 사각형(cell)을 위해 준비된 공간의 총 개수를 9개(10 − 1)로 늘린 것이다. 이렇게 하면 빈도다각형의 양쪽 끝점이 자연스럽게 x축에 다가가서 붙게 된다. 결과는 [그림 3.5]에 제공된다.

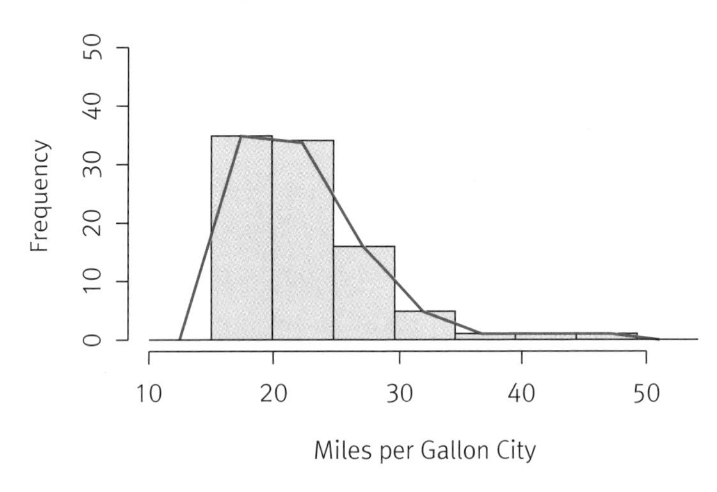

[그림 3.5] 히스토그램 위의 빈도다각형

양적 자료를 요약하는 많은 종류의 그래프가 더 있는데, 마지막으로 줄기잎그림(stem-and-leaf plot)을 소개한다. 줄기잎그림은 사례의 개수가 많지 않을 때 자료를 가장 작은 값부터 가장 큰 값까지 차례대로 요약하는 그림이다. 먼저 R을 통해서 줄기잎그림을 출력하고, 그 결과를 이용해 설명하고자 한다. 줄기잎그림은 stem() 함수를 이용하여 아래와 같이 출력할 수 있다.

```
> stem(MPG.city)

  The decimal point is 1 digit(s) to the right of the |

  1 | 5566677777777888888888888889999999999
  2 | 00000000111111222222223333333344444
  2 | 5555556688999999
  3 | 01123
  3 | 9
  4 | 2
  4 | 6
```

위에 출력된 줄기잎그림에서 | 표시의 왼쪽은 줄기(stem)를 의미하며 시내주행연비 자료의 10의 자리가 나타나고, 오른쪽은 잎(leaf)으로서 시내주행연비 자료의 1의 자리가 나타난다. 예를 들어, 줄기잎그림의 첫 번째 줄은 시내주행연비 자료의 가장 작은 값부터 시작하는데, 15, 15, 16, 16, 16, 17, 17, 17, ..., 19, 19를 가리킨다. 다음 줄은 20이 총 여덟 개 있고, 21이 여섯 개, 22가 일곱 개, 23이 여덟 개, 24가 다섯 개 있음을 보여 준다. 이런 식으로 맨 마지막 세 줄을 보면, 시내주행연비 자료 중에서 가장 큰 값은 39, 42, 46임을 알 수 있다.

3.2. 묶음 빈도분포와 백분위

3.2.1. 묶음 빈도분포표

묶음 빈도분포(grouped frequency distribution)의 개념은 사실 바로 앞의 히스토그램에서 이미 경험하였다. 시내주행연비의 빈도분포를 확인하기 위해 [표 3.2]처럼 각 마일리지 값마다의 빈도값을 표로 나타낼 수도 있지만, 조금 더 효율적으로 보여 주기 위하여 빈도값을 몇 개씩 묶을 수 있다. [표 3.3]은 앞의 예에서 나눈 대로 15부터 시작하여 49까지 간격이 5가 되도록 조직한 묶음 빈도분포표이다.

[표 3.3] 시내주행연비의 상대빈도분포표

MPG.city	Frequency	Percentage(%)
45-49	1	1
40-44	1	1
35-39	1	1
30-34	5	5
25-29	16	17
20-24	34	37
15-19	35	38

첫 번째 열에는 시내주행연비(MPG.city) 점수(scores)의 구간이 보이는데 이를 급간(class interval)이라고 한다. 그리고 각 급간의 가장 높은 점수와 가장 낮은 점수는 각각 점수상한(upper score limit)과 점수하한(lower score limit)이라고 한다. 예를

들어, 35-39 급간에서 35는 점수하한, 39는 점수상한이 된다. 이를 합하여 점수한계(score limits)라고 하기도 하며, 표에서 첫 번째 열의 MPG.city 자리에 점수한계라고 쓰기도 한다. 이는 뒤에서 제공될 [표 3.4]에서 확인할 수 있다.

두 번째 열에는 각 급간의 빈도(frequency)가 나타나고 마지막 열에는 각 빈도의 백분율(percentage)이 보인다. 빈도는 절대적인 정보만 제공하기 때문에 많은 경우에 상대적인 정보를 제공하는 백분율을 더하기도 한다. 이렇게 상대빈도인 백분율이 더해진 표를 상대빈도분포표(relative frequency distribution table)라고 부른다. 그리고 [표 3.3]의 백분율에서 36.6, 1.1 등 소수점 이하의 값들은 보이지 않았는데, 되도록 백분율이 가진바 의미와 목적을 따르려고 했기 때문이다. percentage 또는 percent의 cent는 라틴어 centum에서 온 것으로서 100을 의미하고, per는 each를 의미한다. 즉, percentage란 전체를 100으로 나누었을 때의 한 조각을 말한다고 볼 수 있다. 그런 의미에서 전체를 1,000 또는 10,000으로 나눔으로써 발생할 수 있는 백분율의 소수점 자리는 상대빈도분포표에서 이용하지 않기도 한다. 물론 소수점을 이용하여 상대빈도를 나타내도 전혀 문제가 되지는 않는다.

빈도분포표를 제작하는 데 있어서 주의할 점들을 제공한 많은 책이 있으나 필자가 보기에는 그다지 중요한 것은 없는 것 같다. 아마도 한 가지 가장 중요한 것이라면 점수를 배열할 때 낮은 점수가 아래로 높은 점수가 위로 가도록 해야 한다는 정도일 것이다. 이것은 통계를 사용하는 거의 모든 사람들 사이의 약속이므로 반드시 지켜지는 것이 옳다. 그리고 사실 [그림 3.4]의 히스토그램은 [표 3.3]을 염두에 두고서 그린 것이다. 하지만 일반적으로 히스토그램을 그릴 때 미리 간격과 셀의 개수를 명확하게 결정하지는 않는다. 히스토그램의 목적이란 것이 대략적인 자료의 분포를 파악하는 것이기 때문이다. 그런 이유로 히스토그램을 그리기 이전에 표를 미리 보이지 않았다.

3.2.2. 백분위와 백분위점수

누적 빈도분포표

이제 빈도분포표를 더욱 확장하여 정확한계(real limits 또는 exact limits), 누적백분율(cumulative percentage), 백분위(percentile rank)와 백분위점수(percentile 또는 percentile score) 등의 개념에 대해서 살펴보려고 한다. [표 3.4]는 [표 3.3]에서 백분율을 제거하고 정확한계와 누적빈도(cumulative frequency) 및 누적백분율

(cumulative percentage)을 추가한 것이다.

[표 3.4] 시내주행연비의 누적 빈도분포표[15)]

Score limits	Real limits	Frequency	Cumulative frequency	Cumulative percentage
45-49	44.5-49.5	1	93	100
40-44	39.5-44.5	1	92	99
35-39	34.5-39.5	1	91	98
30-34	29.5-34.5	5	90	97
25-29	24.5-29.5	16	85	91
20-24	19.5-24.5	34	69	74
15-19	14.5-19.5	35	35	38

점수한계(score limits)란 앞에서 설명한 대로 실제로 획득한 자료에 나타나는 점수들을 여러 급간으로 나누었을 때 각 급간의 점수하한과 점수상한으로 이루어져 있다. 일반적인 연구에서는 시내주행연비의 점수한계만으로도 대부분의 목적을 충족시킬 수 있으며 표의 내용을 이해하는데도 문제가 없을 것이다. 하지만 마일리지라는 개념이 가지고 있는 수적인 원리를 생각한다면 점수한계가 적당하지 않을 수 있다. 마일리지는 근본적으로 실수의 영역에서 정의되는 값인데 편리함을 위해서 정수로 반올림하여 사용하고 있는 변수이다. 점수한계의 일곱 개 급간을 살펴보면 마일리지가 15-49 사이에 있다고 보이는데, 조금 더 자세히 살펴보면 반올림 때문에 19-20 사이, 24-25 사이, 29-30 사이 등이 빠져 있는 것을 알 수 있다. 그러니까 반올림을 고려하면, 점수한계 30에서 34로 이루어진 급간은 실제로는 29.5에서 34.5 사이의 값들이 모여 있는 것이다.[16)] 이때 29.5를 정확하한(lower real limit), 34.5를 정확상한(upper real limit)이라고 한다. 이 둘을 합쳐 정확한계라고 하는데, 정확한계를 이용하면 점수가 실수의 범위로 확장되어 자료가 가지고 있는 범위를 빈틈없이 모두 표현할 수 있게 된다.

15) [표 3.4]에서는 누적 빈도분포표의 작성을 위해 [표 3.3]에 제공된 묶음 빈도분포표를 이용하였지만, 실제로는 [표 3.2]에 제공된 빈도분포표를 이용해서 만드는 경우도 매우 빈번하다. 그렇게 되면 누적 빈도분포표가 상당히 길고 자세하며 더 많은 정보를 제공하게 될 것이 분명하다.

16) 더욱더 정확히 말하면, 29.5에서 34.4999... 사이의 값이라고 할 수도 있다. 하지만 수학적으로 $34.4\dot{9} = 34.5$이므로 29.5에서 34.5 사이의 값들이라고 하였다.

백분위와 백분위점수

특정한 값 이하에 해당하는 관찰치들의 백분율을 확인하는 것이 유용한 경우가 많이 있다. 예를 들어, 키 180cm 이하의 사람들은 얼마나 되는지, 또는 대학입학시험에서 290점 이하를 획득한 사람들은 얼마나 되는지 등에 대해 궁금할 수 있다. 시내주행연비 자료에서는 갤런당 29마일(점수상한) 이하의 차들은 전체 중에 얼마나 되는가라는 질문을 가질 수 있다. 29마일 이하는 15에서 29마일에 해당하는 모든 차의 종류를 가리키므로 35 + 34 + 16을 계산하여 85종류라는 것을 알 수 있다. 이와 같이 묶음 빈도분포표에서 가장 아래 급간부터 임의의 점수상한에 해당하는 값까지의 빈도를 누적빈도(cumulative frequency)라고 한다. 전체 93종류의 차 중에서 85종류이므로 백분율로는 91%가 되며, 이를 누적백분율이라고 한다. 즉, 누적백분율이란 임의의 점수상한 이하에 놓인 관찰치 또는 사례들의 백분율이라고 볼 수 있다. 바로 앞의 예제에서는 세 번째 급간의 점수상한인 29마일 이하의 누적백분율이 91%가 되었음을 확인하였다.

사실 조금 더 엄격하게 이야기하면 누적백분율은 점수상한이 아닌 정확상한과 연결하여 개념을 정의한다. 정확상한 29.5 이하의 누적백분율이 91%라고 하여야 더욱 정확한 표현이 되는 것이다. 이와 같은 누적백분율 및 정확상한은 백분위(percentile rank) 및 백분위점수(percentile)와 밀접한 관련이 있다. 백분위는 어떤 점수 이하에 속하는 관찰치들의 백분율을 가리키고, 백분위점수는 어떤 백분위에 해당하는 사례의 실제 점수의 정확상한을 가리킨다. 묶음 빈도분포표상에서는 누적백분율이 백분위가 되고, 정확상한이 백분위점수가 된다. 예를 들어, 29.5마일 이하에 놓이는 사례들이 91%라면, 이 점수(정확상한 29.5)의 백분위는 91이 된다. 그리고 반대로 백분위 91에 해당하는 백분위점수는 29.5 마일이 된다. 백분위점수는 P를 이용하여 표기하기도 하는데, P_{91}은 백분위 91에 해당하는 백분위점수인 29.5를 가리킨다. 즉, $P_{91} = 29.5$와 같이 표기할 수 있다.[17)]

지금까지 누적백분율(cumulative percentage)과 백분위(percentile rank)를 같은 개념으로 놓고 설명하였다. 사실 이렇게 백분위의 개념을 이해하는 것으로 충분하며 대다수의 책도 이런 정도로 설명하고 있지만, 정확한 설명이 아닐 수도 있다. 많은 학자가 누적백분율과는 다르게 백분위를 정의하기도 한다. 누적백분율이 임의의 점수 이하

---

17) 백분위와 백분위점수에 대한 논의를 모두 누적 빈도분포표를 대상으로 하여 진행하였는데, 앞서 말한 대로 빈도분포표를 대상으로 하여 진행하는 것도 매우 빈번하다.

에 놓인 사례들의 백분율이라고 한다면, 백분위는 임의의 점수 미만에 놓인 사례들의 백분율이라고 정의하는 것이다. 이렇게 되면 둘 사이에 큰 차이가 생기게 된다. 누적백분율로는 100%라는 개념이 성립할 수 있지만, 백분위로는 100이라는 개념이 성립할 수 없는 것이다. 백분위가 100이라는 것은 임의의 점수 밑에, 즉 그 점수를 포함하지 않고 100%의 사례들이 존재해야 한다. 점수 하나를 빼고 100%가 된다는 것은 당연히 가능하지 않다. 그 점수를 포함해야 100%가 되기 때문이다. 당연히 P_{100}이라는 개념도 성립하지 않는다. 예를 들어, 백분위점수 P_{100}을 구하고자 하면 어떤 점수 미만에 자료의 100%가 놓였다고 가정하고 그 점수를 찾아야 한다. 그런데 다시 말하지만, 그 점수를 제외하고서는 100%가 될 수 없다.

앞의 논의를 정리하면, 백분위를 누적백분율과 같은 개념이라고 보는 학자들도 있지만, 그 수학적 정의에서 미세한 차이를 가정하는 방식을 채택하는 또 다른 많은 학자들도 있다. 이 미세한 차이가 대부분의 경우에서 실제적인 차이를 만들어 내지 않지만, P_{100}이라는 개념에서는 차이가 존재할 수 있다는 것 정도는 기억할 만한 가치가 있다. 그리고 백분위의 정의가 어떻게 다른 방식으로 이루어지느냐는 것보다는 전체적인 의미를 기억하는 것이 더 중요하다. 백분위는 누적백분율, 백분위점수는 누적백분율에 상응하는 점수라는 정도로 기억을 한다 해도, 사실 이를 이용하는 데 거의 아무런 지장이 없을 것이다. 필자의 경험에 따르면, 학자마다, 그리고 프로그램마다 백분위점수를 계산하는 알고리즘이 조금씩 달라 세밀한 차이를 이해하는 것이 그다지 큰 실질적인 도움을 주지는 못한다.

백분위(percentile rank)와 백분위점수(percentile)는 여러 영역에서 매우 많이 사용되는데, 번역과정에서 약간의 혼동성이 있으므로 단어의 사용에 주의해야 한다. 우리말로는 백분위보다 백분위점수가 더 긴데, 영어로는 percentile rank가 percentile보다 더 길어서 가져오는 혼동성이 아닐까 생각해 본다. 잊어서는 안 될 것이 percentile은 점수를 가리킨다는 것이다. 예를 들어, [표 3.4]에서 91st percentile이라고 하면 누적백분율 91%에 해당하는 정확상한을 가리키는 것으로서 29.5가 되며, percentile rank of a 29.5라고 했을 때 정확상한 29.5에 해당하는 누적백분율인 91이 된다. 실제 논문이나 책에서 percentile을 백분위로 번역하여 사용하는 경우를 종종 보는데, 가진 의미를 생각하면 이는 그다지 적절하지 않은 것으로 보인다. 단어의 혼동성 때문에 영어권의 여러 학자들이 percentile을 percentile score라고 확실하게 써 주는 경우도 있다. 이렇게 되면 백분위는 percentile rank, 백분위점수는 percentile score로 조금 더 선명한 구분이 가능하다. 그리고 percentile(또는 percentile score)은 국내에서 백분위점수와 더불어 백분위수라고 번역하기도 한다.

백분위와 백분위점수는 교육학에서 개인의 상대적인 수행도(performance)나 심리학에서 개인의 상대적인 심리적 특성의 정도를 보고하거나 이해하기 위하여 자주 사용된다. 예를 들어, 미국의 검사회사 ETS(Educational Testing Service)의 GRE(Graduate Record Examination)나 TOEFL(Test of English as a Foreign Language) 등은 시험의 실제 점수에는 거의 아무런 의미를 두지 않고, 개인의 상대적인 수행도를 백분위 및 백분위에 해당하는 임의의 변환된 점수로 제공한다. 만약 어떤 학생의 GRE Verbal 점수 백분위가 99라면 그 학생의 점수보다 아래에 99%의 점수가 있다는 것이므로 시험의 상대적인 수행도가 최상위임을 가리키고[18], 우울 점수의 백분위가 13이라면 우울 정도가 거의 없는 사람이라고 해석할 수 있다. 주의해야할 것은 백분위가 점수를 측정한 집단에 근거하고 있으므로 그 값을 절대적인 의미로 해석해서는 안 된다는 것이다. 우울이 심각하여 병원을 찾은 사람들의 집단에서 어떤 한 사람의 우울 수준 백분위가 13이라면 상대적으로는 덜 심각할지 몰라도 절대적으로는 매우 심각한 상태에 있을 수도 있는 것이다.

백분위점수 또는 백분위수(percentile)도 많이 쓰이지만 사분위점수 또는 사분위수(quartile)도 상당히 많이 쓰인다. quar 역시 라틴어 quattuor에서 파생되어 온 단어로서 4를 의미한다. 즉, 사분위[19]란 전체를 네 등분 했을 때 한 조각을 의미하게 되므로 사분위수란 각 사분위에 해당하는 점수가 된다. 백분위수가 P를 이용하여 표기하는 반면에 사분위수는 Q를 이용하여 표기하는데, $Q_1(=P_{25}$, 제1사분위수), $Q_2(=P_{50}$, 제2사분위수), $Q_3(=P_{75}$, 제3사분위수)를 의미한다. 앞서 설명한 이유로 Q_4는 존재하지 않는다고 보는 것이 일반적이나 학자마다 다를 수 있다.

마지막으로 R을 이용해서 백분위수와 사분위수를 구하는 방법을 소개한다. R에는 총

18) 필자가 아는 한 ETS는 시험 점수의 백분위에서 100이라는 값을 존재하지 않는 것으로 가정한다. 그러므로 99가 최상위를 의미하게 된다.

19) 우리말로는 백분위에 해당하는 사분위라는 단어를 쉽게 만들어 낼 수 있지만, 영어로는 percentile rank에 상응하는 quartile rank라는 표현은 쓰지 않는다. 사실 누군가가 어디에서 이 단어를 쓰고 있는지는 모르겠으나, 적어도 필자는 본 적이 없다.

아홉 가지의 백분위점수 계산 알고리즘이 있는데, 이를 모두 설명하는 것은 이 책의 목적을 벗어나므로 디폴트 세팅을 이용하여 간단하게 구하는 명령어를 소개하는 정도로 논의를 마무리하고자 한다. 먼저 사분위수를 구하기 위해서는 아래와 같이 quantile()[20] 함수를 직접 이용하면 된다. quantile() 함수는 디폴트로 백분위를 0부터 100까지 25씩 증가하면서 그에 해당하는 백분위점수를 출력한다. 즉, 사분위점수를 출력하게 되는 것이다.

```
> quantile(MPG.city)
  0%  25%  50%  75% 100%
  15   18   21   25   46
```

R에서 quantile(MPG.city)로 입력하고 실행하면, 위와 같이 다섯 개의 값을 출력해준다. 각각 최소값, Q_1, Q_2, Q_3, 최대값을 보여 준다. quantile() 함수 외에 앞에서 소개했던 summary() 함수를 이용하면 아래와 같은 결과를 얻게 된다.

```
> summary(MPG.city)
  Min. 1st Qu.  Median    Mean 3rd Qu.    Max.
 15.00   18.00   21.00   22.37   25.00   46.00
```

다음으로는 같은 quantile() 함수를 이용해서 백분위점수를 구하는 예제를 보인다. 원하는 백분위를 함수 안의 c 아규먼트를 이용하여 설정하면 그에 상응하는 백분위점수를 출력한다. type 아규먼트를 더하여 어떤 알고리즘을 이용하여 백분위점수를 구할 것인지 정할 수도 있는데, 관심 있는 독자들은 콘솔판에서 help(quantile) 또는 ?quantile을 실행하여 도움말을 확인하기 바란다.

```
> quantile(MPG.city, c(.38, .74, .91, .97, .98, .99, 1))
  38%   74%   91%   97%   98%   99%  100%
19.96 24.08 29.00 34.44 39.48 42.32 46.00
```

20) 일반적으로 quantile은 quartile보다 더 상위의 용어다. 즉, quartile이나 percentile 등이 특수한 형태의 quantile인 것이다.

첫 번째 줄에서 quantile 함수의 c 아규먼트에 [표 3.4]의 누적백분율을 백분위로 가정하여 입력하였다. 각 백분위에 해당하는 백분위점수가 R의 디폴트 알고리즘(type 7 방법)에 따라 출력된다. [표 3.4]의 정확상한 값과 동일하지는 않지만 큰 차이는 없는 것을 확인할 수 있다. 약간의 차이가 발생한 이유는 필자가 누적 빈도분포표를 이용한 데 반해, R은 빈도분포표를 이용했기 때문인 것으로 보인다.

선형내삽법

백분위 74에 해당하는 백분위점수는 24.5, 백분위 91에 해당하는 백분위점수는 29.5 등임을 [표 3.4]를 통해 확인할 수 있다. 그렇다면 백분위 80에 해당하는 백분위점수(80th percentile)는 표를 통해 구할 수 없는 것일까? 이를 해결하기 위해 먼저 아주 간단한 예를 살펴보도록 한다. 어떤 남성이 35살에 80kg이었는데 40살에 90kg이었다고 가정했을 때, 37살에는 어느 정도의 몸무게였을까? 사실 이 질문에 대한 정확한 답은 알 방법이 없다. 35살에 80kg, 37살에 100kg, 40살에 90kg이 되었을 수도 있고, 35살에 80kg, 37살에 70kg, 40살에 90kg이 되었을 수도 있다. 하지만 만약 이 남성이 35살부터 40살까지 꾸준히 선형적으로(linearly) 몸무게가 증가하였다고 가정하면, 합리적으로 몸무게를 예측할 수 있는 방법이 있다. 이를 선형내삽법(linear interpolation)이라고 한다. 37살의 몸무게를 예측하기 위한 도식이 [그림 3.6]에 제공된다.

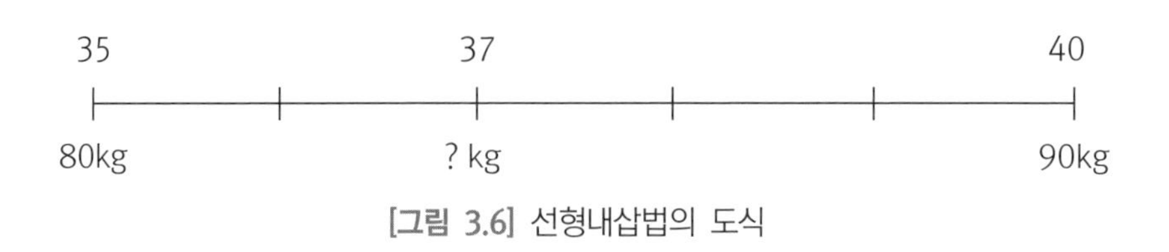

[그림 3.6] 선형내삽법의 도식

내삽법을 실행할 수 있는 어렵지 않은 수식이 있기는 하나, 그 수식을 굳이 꺼내고 싶지 않다. 내삽법은 개념적으로 이해하는 것이 훨씬 간편하다. 그림을 보면 알 수 있듯이 35세부터 40세까지는 다섯 살을 더 추가하게 되는데 37세는 그중에서 두 살을 추가한 것이다. 즉, 전체 증가한 나이를 100%라고 하면 40%가 진행된 것이다. 만약 몸무게가 매년 선형적으로 증가하였다면 80kg에서 90kg으로 증가한 총 10kg 중에서 40%가 증가했다고 보면 논리적일 것이다. 즉, 35세부터 37세까지 10kg×40% = 4kg 증가했다고 유추하는 것이다. 결과적으로 37세에는 84kg 정도였을 것이다. 이처럼 두 값 사이 중간에 있는 임의의 값을 논리적으로 추론하는 방법을 내삽법(interpolation)이라고 한다.

이와 같은 방법으로 [표 3.4]에서 백분위 80에 해당하는 백분위점수를 찾아보자. 즉, $P_{74} = 24.5$이고 $P_{91} = 29.5$라면, P_{80}은 무엇인지 선형내삽법을 통하여 계산해 내도록 한다. 계산을 위한 도식이 [그림 3.7]에 제공된다.

[그림 3.7] 백분위점수를 찾기 위한 선형내삽법의 도식

백분위 74에서 91까지는 총 17단계가 되는데, 74에서 80까지는 여섯 단계가 증가한다. $6/17 = 0.353$이므로 전체 100%(17단계) 중에 35.3%(6단계)가 증가한 것이다. 백분위점수는 24.5에서 29.5로 5만큼 증가했다. 전체 증가한 5 중에서 35.3%가 증가하는 것이니까 $5 \times 0.353 = 1.765$가 된다. 그러므로 최종적으로 $P_{80} = 24.5 + 1.765 = 26.265$가 된다. 아래처럼 R의 approx() 함수를 이용하면 매우 쉽게 백분위 80에 해당하는 백분위점수 값을 찾을 수 있다.

```
> x <- c(74, 91)
> y <- c(24.5, 29.5)
> approx(x, y, xout=80)
$`x`
[1] 80

$y
[1] 26.26471
```

첫 번째 줄에서는 벡터 x에 백분위의 작은 값(74)과 큰 값(91)을 입력하고, 두 번째 줄에서는 벡터 y에 백분위점수의 작은 값(24.5)과 큰 값(29.5)을 입력한다. approx() 함수의 첫 번째와 두 번째 아규먼트로 벡터 x와 y를 입력하고, 세 번째 아규먼트인 xout에 구하고자 하는 백분위 80을 입력하면 아래에서 y 결과값으로 나온 26.26471이 바로 원하는 백분위 80에 해당하는 백분위점수 값이다. 소수점 네 번째 자리에서 반올림하면 손으로 계산한 26.265와 일치하는 것을 알 수 있다.

지금까지 두 값 사이에 있는 어떤 값을 예측하는 선형내삽법을 배웠는데, 두 값의 밖에 있는 어떤 값도 예측할 수 있을까? 예를 들어, [그림 3.8]처럼 35살에 70kg이었고,

37살에 90kg이었다면 40살에는 몇 kg일지 예측해 보자.

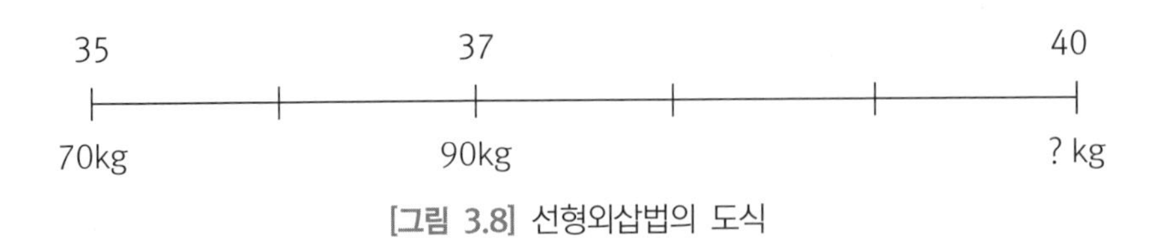

[그림 3.8] 선형외삽법의 도식

40살의 몸무게는 간단한 계산조차도 필요 없이 1년에 10kg이 증가하는 것으로 가정하면 120kg이 쉽게 예상된다. 이렇게 두 값의 밖에 있는 어떤 값이 선형적으로 변화할 것이라고 가정하고 이를 예측하는 것을 선형외삽법(linear extrapolation)이라고 하는데, 이는 실질적으로도 학문적으로도 상당히 위험하다. 35살에서 37살까지 20kg이 증가하였다고 하여서 계속해서 매년 10kg씩 증가하여 40살에는 120kg이 되고, 45살에는 170kg이 될 것인가? 70kg의 사람이 90kg이 되는 것은 현실 속에서도 얼마든지 일어날 수 있는 일인 반면에, 이 사람이 170kg까지 증가한다는 것은 매우 드문 일일 것이다. 또 다른 예를 들어, 어떤 학생이 고등학교 1학년 때 전교 100등이고 3학년 때 1등이라고 가정한다면, 2학년 때 전교 50등 정도였을 거라는 예측은 할 수 있다. 그런데 어떤 학생이 고등학교 1학년 때 전교 100등이고 2학년 때 50등이라고 가정한다면, 3학년 때는 전교 1등이 될까? 아마도 전교 100등에서 50등이 되는 과정보다 50등에서 1등이 되는 과정은 수십, 수백 배는 더 어려운 일일 것이다. 이와 같은 예처럼 학문적으로 선형내삽법은 어느 정도 용인이 되지만, 선형외삽법에 대해서는 많은 학자가 그 위험을 경고하고 있으므로 사용에 유의해야 한다.

3.3. 분포의 모양

앞에서 자료의 점수가 분포되어 있는 모습을 표와 그래프로 표현하는 여러 가지 방법에 대하여 간단하게 설명하였다. 이러한 분포를 설명할 수 있는 특성들은 크게 세 가지로 나누어 살펴볼 수 있다. 먼저 자료의 중심(center of data)이 어디인지, 즉 자료가 어떤 값들을 중심으로 모이는지를 이용하여 분포(distribution)를 설명할 수 있는데, 이를 중심경향성(central tendency)이라고 한다. 다음으로 자료의 퍼짐의 정도(dispersion of data)가 얼마나 되는지, 즉 자료가 서로 모여 있는지 아니면 흩어져 있는지의 정도를 이용하여 역시 분포를 설명할 수 있는데, 이를 분산도(variability)라고 한다. 마지막으로 분포의 모양(shape)이 어떻게 되어 있는지를 통해서 분포를 설명할 수 있다. 첫 번째와 두 번째는 다음 장들에서 다룰 예정이고, 이번 장의 마지막에서는 분포의 모양에 대하여 반드시 알아야 할 기본적인 부분을 다루려고 한다.

분포의 모양은 크게 두 가지의 측면에서 바라보는 것이 일반적이다. 첫째는 분포의 좌우 비대칭의 정도를 표현하는 왜도(skewness)이고, 둘째는 분포의 뾰족한 정도를 표현하는 첨도(kurtosis)다. 왜도는 분포가 자료의 중심에 대하여 서로 대칭적이지 않은 정도(degree of asymmetry), 즉 치우친 정도 등을 나타내는데, [그림 3.9]를 보면 중심에 실선으로 된 좌우대칭 분포와 비교하여 왼쪽에 대시(dash)로 이루어진 분포를 정적편포(positively skewed), 오른쪽에 점(dot)으로 이루어진 분포를 부적편포(negatively skewed)라고 한다. 정적편포는 오른쪽으로 편포된(skewed to the right), 부적편포는 왼쪽으로 편포된(skewed to the left) 등의 방식으로 표현하기도 한다.

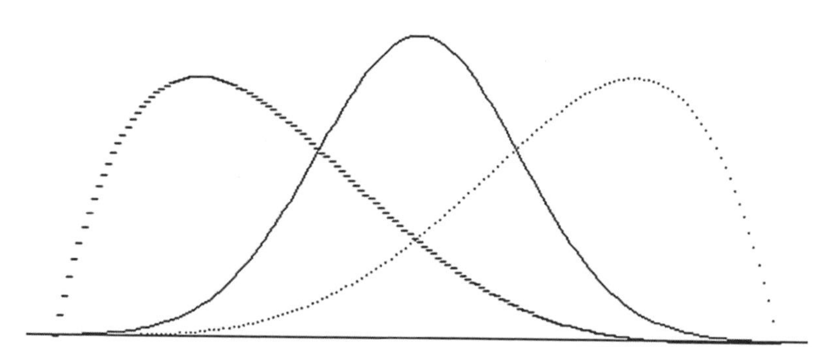

[그림 3.9] 정규분포(line), 정적편포된 분포(dash), 부적편포된 분포(dot)

좌우 편포를 설명하기 위해 편포되지 않은 분포의 예로서 중심부에 정규분포(normal distribution)를 소개하였는데, 이 정규분포는 뒤에서 자세히 다룰 내용이다. 이번 장에서는 단지 자료의 중심을 기준으로 좌우가 대칭이고 퍼짐의 정도가 매우 일반적인 자연적인 분포라고 이해하면 충분할 것이다.

첨도(kurtosis)는 자료의 뾰족한 정도(degree of peakedness)로 정의되는데, 일반적으로 정규분포보다 더욱 뾰족하면 급첨(leptokurtic), 정규분포보다 평평하면 평첨 또는 평성(platykurtic)이라고 한다. 그리고 정규분포와 비슷한 정도로 뾰족함을 갖고 있을 때는 중첨(mesokurtic)이라고 한다. [그림 3.10]을 보면, 실선(line)으로 나타나는 정규분포와 비교하여, 대시(dash)로 나타나는 급첨분포와 점(dot)으로 나타나는 평첨분포가 있다.

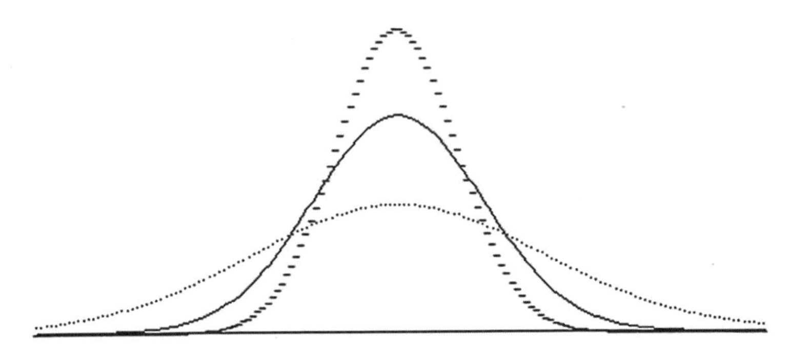

[그림 3.10] 정규분포(line), 정적첨도의 분포(dash), 부적첨도의 분포(dot)

왜도와 첨도는 그림으로 확인할 수 있을 뿐 아니라 Pearson이 개발한 통계치를 이용해서 추정할 수도 있는데, 이와 관련된 부분은 뒤에서 다시 다룰 예정이다. 이번 장에서는 분포의 모양이 다양하게 결정될 수 있다는 사실을 아는 것으로 충분하다.

제4장 자료의 중심

앞 장에서 도표나 그래프를 이용하여 자료를 요약하는 몇 가지 기초적인 방법을 설명하였다. 예를 들어, 자동차 93종류의 구동열이나 시내주행연비 자료가 어떻게 분포되어 있는지를 보여 주는 방법으로 막대그래프, 빈도분포표, 히스토그램, 줄기잎그림 등을 이용하였다. 이와 같이 그림이나 도표를 이용하는 방법도 물론 장점이 있지만, 통계의 간명성(parsimony)을 위하여 하나 또는 여러 개의 숫자를 이용하여 자료를 요약할 수 있다. 아마도 많은 연구자들이 자료가 어떤 값을 중심으로 모이는지(중심경향성, central tendency) 궁금할 것이다. 이번 장에서는 자료의 중심(center of data)을 나타내는 중심경향 측정치(central tendency measures)를 다루고자 한다. 자료를 요약하기 위해 가장 많이 사용하는 중심경향 측정치(measure)는 바로 평균이다. 평균은 자료의 중심을 나타내는 값으로서 매우 유용하지만, 자료의 중심을 나타내 주는 측정치가 평균만 있는 것은 아니다. 이번 장에서는 자료의 중심을 나타내는 세 가지 주요한 통계치의 정의와 장단점을 논의하고 R을 통해서 어떻게 그 값들을 얻을 수 있는지 보인다.

4.1. 평균

수학적으로 평균의 종류는 산술평균(arithmetic mean), 기하평균(geometric mean), 조화평균(harmonic mean)이 존재하나, 우리 책에서는 산술평균만을 다룬다. 사람들이 일반적으로 평균이라고 할 때 그것은 바로 산술평균을 가리킨다. 그리고 필자가 평균이란 단어를 모두 mean으로 표시한 것을 볼 수 있다. 일상적으로 대부분의 사람들은 평균이라는 단어로서 average를 이용하나 통계학에서는 주로 mean이라는 단어를 사용하므로 기억해야 한다. 자료의 중심을 측정하기 위해 가장 많이 사용하는 평균은 모든 점수를 더한 값을 사례의 수로 나누어 준 것이다. 모집단에서의 평균과 표본에서의 평균은 다른 표기법을 사용하는데, 먼저 모집단에서 변수 X의 평균은 μ(mu) 또는 μ_X(mu x)를 이용하며 [식 4.1]과 같이 정의한다.

$$\mu = \mu_X = \frac{\sum X_i}{N}$$ [식 4.1]

위의 식에서 $\sum X_i$(summation x i)는 모든 점수의 합을 의미하며, N은 모집단의 크기를 가리킨다. 표본의 평균은 변수 X의 위에 bar를 더하여 $\overline{X}$(x bar)로 표기하며 [식 4.2]와 같이 정의한다.

$$\overline{X} = \frac{\sum X_i}{n}$$ [식 4.2]

위에서 n은 표본의 크기를 가리킨다. 표본평균 $\overline{X}$는 모평균 μ의 치우치지 않은 추정치로서 불편추정량 또는 불편향 추정량(unbiased estimator)이라고 부른다.[21] 모집단의 평균이든 표본의 평균이든 수학적으로는 전혀 다르지 않으며 오직 표기법에서만 차이가 존재한다. 평균을 표기하는 방법으로서 많은 논문에서 모집단이나 표본에 관계없이 단순히 M을 이용하기도 한다. 평균은 여러 집중경향 통계치 중에서 수학적으로 가장 이해하기 쉽고 다루기도 편리해서 많은 통계학자와 연구자들에 의해 이용된다. 예를 들어, 차량 네 종류의 시내주행연비가 18, 23, 35, 22라고 하면 아래처럼 연비의 표본평균을 구할 수 있다.

$$\overline{X} = \frac{18+23+35+22}{4} = \frac{98}{4} = 24.5$$

R을 이용하여 표본평균을 구하는 방법도 매우 간단하다. 자동차 93종류의 시내주행연비 MPG.city의 평균을 구하고자 하면 mean() 함수를 아래와 같이 사용한다.

```
> mean(MPG.city)
[1] 22.36559
```

자동차 93종류의 시내주행연비 평균은 22.366임을 확인할 수 있다. mean() 함수는 변수의 이름 외에도 두 개의 아규먼트가 더 있는데, 그중에서 매우 많이 사용하는 na.rm 아규먼트에 대하여 추가로 설명하고자 한다. na.rm은 결측치(missing value)가 있을 때 이를 처리하는 방법을 지정하는 아규먼트다. 실제 자료를 이용하여 평균을 추정할 때 결측치가 하나도 없는 완전자료(complete data)인 경우가 오히려 드물기 때

21) 이 부분은 뒤에서 표집이론을 다룰 때 자세히 설명한다.

문에 잘 기억하고 있어야 한다. R에서는 변수에 결측치가 존재할 때 NA를 이용하여 값을 코딩한다. 예를 들어, 벡터 또는 변수 m이 여섯 개의 요소로 이루어져 있고, 그중 마지막 값이 결측이라고 가정하면 R에서는 다음과 같이 m을 정의한다.

```
> m <- c(1, 2, 3, 4, 5, NA)
> m
[1]  1  2  3  4  5 NA
```

벡터 m의 여섯 번째 요소를 NA로 표기한 것을 볼 수 있다. NA는 R에서 결측치를 표기하는 방법으로서 not available을 가리킨다. 자료 내에 결측치가 있을 때 mean() 함수를 그대로 사용하면 다음과 같은 오류 메시지를 받게 된다.

```
> mean(m)
[1] NA
```

이때는 na.rm=TRUE 아규먼트를 추가할 수 있다. na.rm은 논리값을 취하는 아규먼트로서 TRUE 또는 FALSE로 설정할 수 있다.

```
> mean(m, na.rm=TRUE)
[1] 3
```

na.rm은 NA로 코딩된 결측치를 제거(remove)하는 아규먼트로서 디폴트는 FALSE이다. 즉, mean(m)이라고 하면, 기본적으로 mean(m, na.rm=FALSE)를 실행하는 것이다. 이렇게 되면 결측치를 제거하지 않고 평균값을 추정하라는 명령어가 되고, 결측치가 있는 자료는 오류 메시지를 출력하게 된다. FALSE 부분을 TRUE로 바꾸어 주면 결측치를 제거하고 평균을 추정하게 된다. 즉, 1, 2, 3, 4, 5를 더하고 이를 5로 나누어 준 값을 출력한다. NA 값과 na.rm 아규먼트는 평균뿐만 아니라 다양한 통계치를 계산하는 상황에서 쓰이므로 반드시 기억해 두는 것이 좋다.

4.2. 중앙값

자료의 중심을 측정하는 또 다른 통계치인 중앙값(median)은 자료의 점수들을 가장 작은 값부터 가장 큰 값까지 나열했을 때 중간에 위치하는 값을 가리킨다. 앞 장에서 다룬 백분위와 백분위점수의 개념으로 설명하면, 중앙값이란 백분위 50에 해당되는 점수(50th percentile)를 의미하며 P_{50} 또는 Me 등으로 표기한다. 예를 들어, 임의의 변수가 아래의 값을 취한다고 가정하자.

1, 3, 6, 9, 10

위의 자료에서 중앙값은 6이 된다. 만약 점수의 개수가 홀수가 아닌 짝수라면 가장 중간에 있는 두 점수의 평균으로 중앙값을 추정한다. 예를 들어, 임의의 변수가 아래의 값을 가진다고 가정하자.

1, 3, 6, 9, 10, 13

이런 경우, 중앙값은 $\frac{6+9}{2}=7.5$가 된다. 중앙값은 수식을 이용해서도 정의할 수 있는데, 개념의 이해에도 그다지 도움이 되지 않고 거의 사용하지도 않기 때문에 생략한다.

중앙값의 장점은 평균에 비해 극단적인 값들에 의한 영향을 덜 받는다는 것이다. 이를 설명하기 위해 상당히 흥미로운 예를 하나 보이고자 한다. 미국 Washington주에 있는 인구 3,000명 정도의 작은 도시인 Medina의 시장이 그 도시 주민의 소득(income)과 재산(wealth) 정도를 조사하기로 결정하였다고 가정하자. 여러 조사원들이 많은 사람을 만나 본 이후에 시장에게 보고하기 시작하였다. 한 달에 5,000~10,000달러의 소득을 올리는 사람이 대부분이며, 재산 정도는 부동산과 금융자산을 모두 합하여 대략 50만 ~100만 달러라고 하였다. 그런데 나중에 모든 조사를 끝낸 후에 통계 결과를 보니 월소득의 평균은 50,000달러 정도였고 재산의 평균은 3천만 달러였다. 이는 믿기 힘들 정도로 엄청난 값이다. 도시에 사는 평균적인 사람들이 우리나라 화폐의 가치로 한 달에 5천만 원씩 벌고 재산이 300억에 달했던 것이다. 이유를 알아보니 얼마 전에 Bill Gates가 이 도시로 이사 온 사실을 확인할 수 있었다. 독자들도 알다시피 Microsoft를 창업한 Bill Gates는 부의 정도로 세계에서 수위를 다투는 억만장자이다.

[식 4.2]를 보면 알 수 있듯이 평균을 이용하게 되면 극단적으로 큰 Bill Gates의 값이 분자에 있는 합산 값을 매우 크게 늘리는 것에 반해, 분모에 있는 표본크기는 다른 보통 사람들과 마찬가지로 단지 1만 늘리게 되므로 자료의 중심을 크게 왜곡시킬 수 있다. 반면 중앙값은 3,000명의 인구 중에서 1,500번째로 잘 사는 사람의 소득과 재산 정도를 보여 주는 통계치이므로, 억만장자 한두 명이 도시로 이사를 온다고 하여도 단지 1,501번째로 잘 사는 사람의 소득과 재산 정도를 보여 주게 된다. 예상컨대 1,500번째로 잘 사는 사람과 1,501번째로 잘 사는 사람의 소득과 재산 정도는 거의 차이가 없을 것이다.

R을 이용하여 중앙값을 구하는 방법 역시 매우 간단하다. 자동차 93종류의 시내주행연비 MPG.city의 중앙값을 구하고자 하면 median() 함수를 이용할 수 있다.

```
> median(MPG.city)
[1] 21
```

자동차 93종류의 시내주행연비 중앙값은 21인 것으로 나타났다. 93종류 자동차의 시내주행연비 점수를 가장 작은 값부터 가장 큰 값의 순서로 나열했을 때, 47번째의 값은 21인 것이다. 이는 앞에서 보인 줄기잎그림의 결과물을 이용하여 비교해 보면 확인이 가능하다.

4.3. 최빈값

최빈값(mode)은 자료의 분포에서 가장 자주 나타나는 값을 가리키며 Mo로 표기하기도 한다. 예를 들어, 임의의 변수가 아래의 값을 취한다고 가정하자.

1, 3, 4, 4, 6, 8, 9

위의 자료에서 최빈값은 4가 된다. 다른 모든 값이 한 번씩 나타났는데 4는 두 번 나타났기 때문이다. 또한 임의의 다른 변수가 아래의 값을 취한다고 가정하자.

1, 3, 4, 4, 6, 8, 8, 9

위의 자료에서 최빈값은 4와 8 두 개가 된다. 최빈값이 하나일 때의 분포를 일반적으로 단봉분포(unimodal distribution)라고 하며, 두 개일 때는 이봉분포(bimodal distribution)라고 한다. 최빈값이 세 개일 때는 삼봉분포(trimodal distribution)라고 하는데, 경우에 따라 세 개 이상의 분포를 모두 포함하여 다봉분포(multimodal distribution)라고 한다.

R을 이용하여 최빈값을 구하기 이전에 히스토그램을 이용하여 MPG.city의 분포를 다시 한번 살펴보기로 한다. 이번에는 묶음 없이 각 MPG.city의 값에 따른 빈도를 확인하기 위하여 아래와 같이 hist() 함수의 아규먼트를 조정하였다.

```
> hist(MPG.city, breaks=seq(15, 49, l=36), ylim=c(0,15),
+       xlab="Miles per Gallon City", ylab="Frequency",
+       main="Miles per gallon of 93 models sold in 1993")
```

breaks 아규먼트에서 l=36으로 설정하여 사각형을 위해 준비된 공간의 개수를 35개로 하게 되면 [그림 4.1]과 같은 히스토그램이 출력된다. 즉, 15에 해당하는 빈도부터 시작하여 49에 해당하는 빈도까지 모두 그림에 나타나게 된다. MPG.city의 값은 15부터 46까지 있으므로 breaks=seq(15, 46, l=33)으로 하여도 되지만, 그렇게 되면 x축의 그림이 약간 흐트러지게 되어 위와 같이 설정하였다.

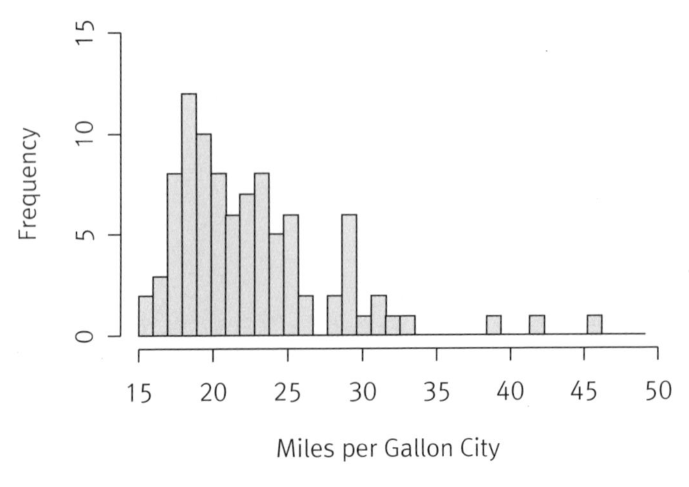

[그림 4.1] 시내주행연비의 묶음 없는 히스토그램

위의 그림을 보면, 연비가 15인 경우의 빈도가 2부터 시작해서 46인 경우는 1까지 모든 개별적인 빈도가 나타나고 있다. 그림으로부터 MPG.city의 최빈값이 18이 될 것이며, 그때의 빈도는 12임을 예측할 수 있다. 실제로 그런지 R의 함수를 이용하여 확인하고자 한다. 하지만 R에는 평균과 중앙값을 구하기 위한 함수만 기본적으로 내장되어 있을 뿐, 최빈값을 위한 함수가 제공되지 않는다. 최빈값을 구하기 위한 짧은 함수를 만들 수도 있겠지만, 이미 존재하는 modeest 패키지(Poncet, 2012)의 mfv() 함수를 이용하여 최빈값을 구하는 방법을 이용한다. RStudio에서 install packages 옵션을 이용하여 modeest 패키지를 검색하여 설치하고, 설치된 리스트에서 해당 패키지의 왼쪽 네모칸에 체크하여 R로 로딩한다. 다음으로 아래와 같이 mfv() 함수를 이용하면 최빈값 결과가 출력된다. 참고로 mfv는 most frequent value를 의미한다.

```
> mfv(MPG.city)
[1] 18
```

4.4. 중심경향 측정치의 비교

세 개의 중심경향 측정치는 각각 다른 정의를 가지고 있고, 이에 따라 분포 안에서 다른 위치를 보여 주게 되는 것이 일반적이다. 예를 들어, 앞에서 소개했던 소득의 분포를 고려해 보면, [그림 4.2]와 같이 오른쪽으로(정적으로) 편포된 형태를 보일 것이다. [그림 4.2]는 마치 빈도다각형처럼 수많은 히스토그램 셀의 윗면을 부드럽게 이어서 보여 주는 것으로 이해하면 좋다. 앞으로 분포를 설명할 때 히스트그램 대신 아래와 같은 부드러운 곡선 그림을 이용할 것이다.

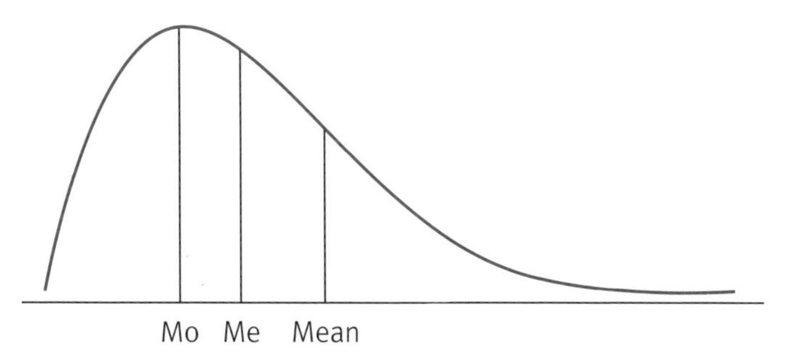

[그림 4.2] 정적 편포된 분포에서 최빈값, 중앙값, 평균의 위치

최빈값(Mo)의 위치는 빈도가 가장 높은 곳을 가리키므로 [그림 4.2]에서 쉽게 찾을 수 있다. 중앙값(Me)의 위치는 P_{50}에 해당하는 위치를 가리키므로 [그림 4.2]의 분포에서 중앙값을 중심으로 좌우의 면적이 같은 곳임을 예측할 수 있다. 마지막으로 평균은 극단치에 의해 가장 큰 영향을 받으므로 최빈값이나 중앙값에 비해 더 오른쪽에 위치하게 된다. 위에서는 정적으로 편포된 분포의 예를 보였는데, 만약 분포가 부적으로 편포된 형태를 보인다면, 최빈값, 중앙값, 평균의 순서가 반대로 놓이게 된다.

임의의 자료 분포 안에서 세 중심경향 측정치가 항상 다른 위치에 놓이게 되는 것은 아니다. 만약 분포가 [그림 4.3]처럼 좌우대칭이면서 일봉(unimodal) 형태를 보인다면 모든 중심경향 측정치가 동일한 위치에 놓이게 된다.

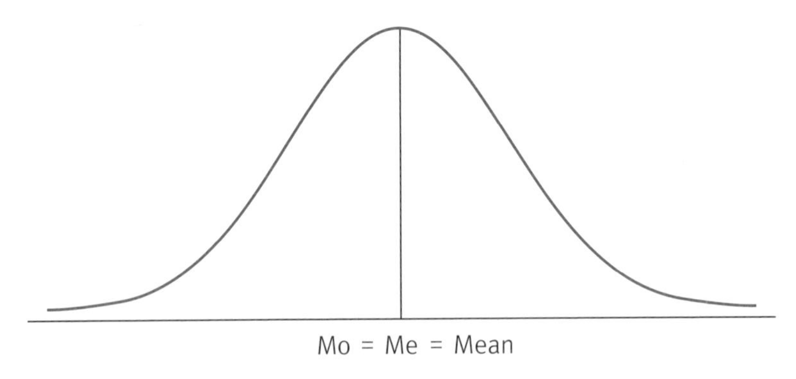

[그림 4.3] 좌우대칭 분포에서 최빈값, 중앙값, 평균의 위치

세 개의 중심경향 측정치는 이를 적용할 수 있는 변수의 종류도 다르다. 셋 중에서 가장 빈번하게 사용되는 평균은 원칙적으로 등간척도나 비율척도를 이용하여 측정한 변수에만 적용할 수 있다. 사회과학에서 많은 연구자들이 리커트 척도 등으로 측정한 변수에 적용하기도 하나 그것은 어디까지나 관습적인 것이고 원칙적으로는 어긋난다. 이는 평균을 계산하기 위한 덧셈이 점수의 등간성을 전제로 하기 때문이다. 이와 달리 중앙값은 서열척도를 이용하여 측정한 변수에도 적용할 수 있다. 중앙값은 변수의 모든 값을 순위에 맞게 재배열하고 가장 중간에 있는 값을 찾는 것이므로 서열성만 확보되면 사용할 수 있다. 물론 등간척도나 비율척도를 이용하여 측정한 변수에 적용하는 것도 아무런 문제가 없다. 마지막으로 최빈값은 명명척도를 이용하여 측정한 변수에도 아무런 무리 없이 사용할 수 있다. 즉, 성별, 인종, 결혼 상태 등의 질적변수에도 적용할 수 있다. 참고로 변수의 값이 문자열일 때, modeest 패키지의 mfv() 함수는 사용할 수 없

다. 다시 말해, 변수의 값이 Female, Male 등으로 코딩되어 있을 때는 mfv() 함수를 사용할 수 없으며, 이를 사용하기 위해서는 0=Female, 1=Male처럼 각 범주를 숫자로 코딩해야 한다.

지금까지 소개한 세 가지의 중심경향 측정치는 각각의 장점과 단점이 있는데, 이 중에서 가장 많이 사용하는 건 역시 평균이다. 평균이 극단적인 값에 의해서 영향을 받고 등간성을 지닌 척도를 이용하여 측정한 변수에만 적용될 수 있다는 등의 약점을 가지고 있음에도 불구하고, 평균만이 가지는 매우 큰 장점이 있다. 그것은 바로 평균이 대수적으로(algebraically) 다루기에 매우 용이하다는 것이다. 중앙값이나 최빈값은 하나의 간단한 식으로 사용할 수가 없는 것에 비해, 평균은 [식 4.1]이나 [식 4.2]처럼 매우 쉬운 식으로 표현하고 계산할 수 있다. 또한 앞으로 배우게 될 표집이론(sampling theory)에서도 평균의 유용성은 매우 돋보이는 등 이런저런 이유들로 인해 우리가 배우는 통계학에서 평균만큼 많이 사용하는 중심경향 측정치는 없다. 참고로 평균만큼은 아니어도 중앙값 또한 종종 사용되는데, 특히 비모수 통계학(nonparametric statistics)[22] 분야의 추리통계에서 많이 사용되고 있다.

4.5. 평균의 특징

중심경향 측정치로 가장 빈번하게 이용되는 평균의 수리적인 특징에 대하여 간단하게 소개한다. 수리적으로 증명을 하려는 것이 아니라 예제를 통하여 독자들이 그 특성을 파악할 수 있도록 돕는 것이 목적이다. 이와 같은 특성들은 이후에 더 높은 수준의 통계 개념을 이해하거나 실제 자료를 분석할 때 많은 도움을 줄 것이다. 가장 먼저 각 점수에서 평균을 빼 준 값들을 모두 더하면 0이 된다. 예를 들어, [표 4.1]의 왼쪽 열처럼 변수 X의 값이 있다고 가정하자.

22) 비모수 통계학은 기본적으로 분포(distribution)에 대한 가정을 하지 않는 통계 기법을 가리킨다. 이 책의 뒤에서 사용하게 될 여러 통계적 기법에서 자료의 분포에 대한 일정한 가정을 하게 되는데, 그와 같은 통계학을 모수 통계학(parametric statistics)이라고 하고, 그렇지 않은 통계학을 비모수 통계학이라고 한다.

[표 4.1] 변수의 값에서 평균을 빼 주는 경우

X	$X-\overline{X}$
1	−2
2	−1
3	0
4	1
5	2

변수 X의 평균 $\overline{X}$는 3임을 쉽게 계산할 수 있으며, X의 각 값에서 평균 3을 빼면 [표 4.1]의 오른쪽 열처럼 되는 것도 쉽게 계산할 수 있다. 이처럼 각 값에서 평균을 뺀 $X-\overline{X}$를 편차(deviation 또는 deviation about the mean)라고 하는데, 이러한 편차의 합 $\sum(X-\overline{X})$는 항상 0이 된다. 이에 대해서는 다음 장에서 더욱 자세히 다룰 것이다.

두 번째는 변수 X의 모든 값에 상수를 더하여 새롭게 만들어진 변수 Y의 평균은 $\overline{X}$에 상수를 더한 값이 된다. [표 4.2]의 왼쪽 열에 변수 X의 값이 있고 오른쪽 열에는 변수 X의 모든 값에 상수 2를 더한 새로운 변수 Y가 제공된다.

[표 4.2] 변수의 값에 상수 2를 더하는 경우

X	$Y=X+2$
1	3
2	4
3	5
4	6
5	7

변수 Y의 평균 $\overline{Y}$는 5임을 쉽게 계산할 수 있다. 이 값은 변수 X의 평균 $\overline{X}$에 2를 더한 값이다. 다시 말해, $Y=X+2$일 때, $\overline{Y}=\overline{X}+2$가 성립한다. 이와 같은 관계는 상수가 양수든 음수든 상관없이 성립한다.

세 번째는 변수 X의 모든 값에 상수를 곱하여 새롭게 만들어진 변수 Y의 평균은 $\overline{X}$에 상수를 곱한 값이 된다. [표 4.3]의 왼쪽 열에 변수 X의 값이 있고 오른쪽 열에는 변수 X의 모든 값에 상수 3을 곱한 새로운 변수 Y가 제공된다.

[표 4.3] 변수의 값에 상수 3을 곱하는 경우

X	$Y=3X$
1	3
2	6
3	9
4	12
5	15

변수 Y의 평균 $\overline{Y}$는 9임을 쉽게 계산할 수 있다. 이 값은 변수 X의 평균 $\overline{X}$에 3을 곱한 값이다. 다시 말해, $Y=3X$일 때, $\overline{Y}=3\overline{X}$가 성립한다. 이와 같은 관계는 역시 상수가 양수든 음수든 상관없이 성립한다.

제5장 자료의 퍼짐

자료의 분포를 요약하여 표현하는 데 있어서 자료의 중심도 중요하지만 자료의 퍼짐(dispersion of data) 역시 매우 중요하다. 자료의 퍼짐의 정도, 즉 분산도 또는 변동성(variability)은 중심경향(central tendency)과 더불어 분포가 가지고 있는 또 하나의 측면을 설명해 준다. 예를 들어, 한 연구자가 우리나라와 미국 성인 남자의 키를 비교하고 있다고 가정하자. 매우 큰 표본을 추출하여 평균을 추정해 보았더니, 한국 남자와 미국 남자가 모두 175cm임을 발견하였다. 그렇다면 한국 남자의 키 분포와 미국 남자의 키 분포는 같은 것일까? 연구자가 수집한 자료를 이용하여 두 나라의 키 분포를 그려 보았더니 [그림 5.1]과 같았다.

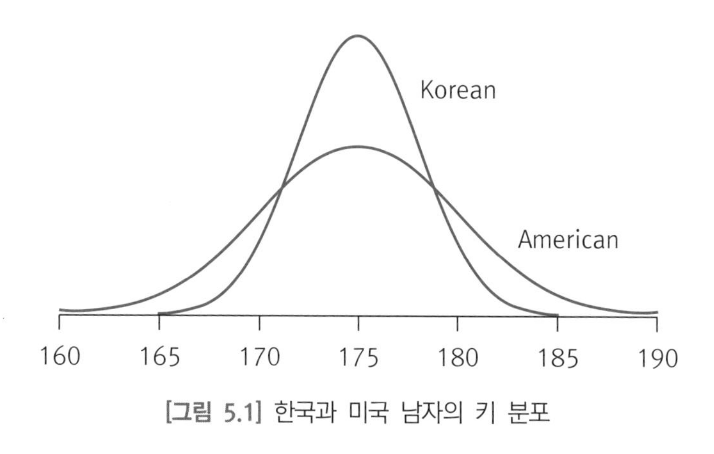

[그림 5.1] 한국과 미국 남자의 키 분포

두 분포의 중심이 모두 175 정도로 동일함에도 불구하고, 두 분포는 서로 일치하지 않는다. 그림에서 보이듯이 미국 남자의 키 분포가 더 퍼져 있음을 확인할 수 있다. 다시 말해, 전체적인 키는 175 정도로 비슷하지만, 미국 남자들 중에 키가 상당히 작은 사람들과 큰 사람들이 우리나라에 비해 더 많이 존재하는 것을 알 수 있다. 아마도 다인종 국가이다 보니 다양한 배경을 지닌 사람들이 모여서 발생한 일일 것이다. 이 예제를 통해 자료의 중심이 어디인지만으로는 분포가 지닌 특성을 온전히 설명하기가 쉽지 않으며, 자료의 퍼짐 정도를 추가적으로 설명하는 것이 필요할 수 있음을 깨달았을 것이다. 자료가 얼마나 퍼져 있는지의 정도를 나타내 주는 여러 측정치를 지금부터 하나하나 살펴본다.

5.1. 범위

자료의 퍼짐의 정도를 나타낼 수 있는 가장 간단한 측정치는 범위(range)이다. 범위는 [식 5.1]처럼 최대값(maximum)과 최소값(minimum)의 차이로 정의된다.

$$\text{range} = \text{maximum} - \text{minimum} \qquad [식\ 5.1]$$

예를 들어, 변수 X가 아래의 값을 취한다고 가정하자.

3, 4, 5, 6, 7, 8, 9

범위는 $9-3=6$으로 계산된다. 즉, 자료의 범위는 6이다. R을 포함한 여러 통계프로그램들은 범위를 요구하면 위의 방식으로 계산된 값이 아닌 최소값과 최대값을 제공해 주는데, 이 두 값은 자료의 오류를 확인하는 데 큰 도움을 준다. 예를 들어, 만약 성인 남자의 키에 관심이 있는데 범위의 두 값이 45와 192라면 연구자가 자료를 입력하는 데 있어서 큰 실수를 했음을 바로 자각할 수 있게 된다.

이렇듯 범위는 이해하기 쉽고 계산하기도 쉬운 장점을 가지고 있지만, 동시에 단점도 가지고 있다. 가장 큰 단점은 극단치에 의해 쉽게 영향받을 수 있다는 것이다. 변수 Y가 아래의 값을 취한다고 가정하자.

3, 4, 5, 6, 7, 8, 25

위의 자료에서 대다수의 값들이 10 이하로 이루어져 있음에도 불구하고 가장 큰 값인 25 때문에 범위는 $25-3=22$로 계산된다. 즉, 변수 X와 Y는 대다수의 값이 서로 비슷한 퍼짐의 정도를 가지고 있음에도 불구하고 단 하나의 값 때문에 6과 22라는 매우 다른 범위 측정치를 갖게 되는 것이다. R을 이용해서 범위를 추정할 때에는 아래와 같이 range() 함수를 이용한다.

```
> range(MPG.city)
[1] 15 46
```

range() 함수를 이용하게 되면 범위를 직접적으로 추정하지 않고 최소값과 최대값을 출력해 준다. 앞서 말했듯이 이를 이용하여 자료에 존재하는 오류의 한 측면을 확인할 수 있는 장점이 있다. 하지만 이 두 개의 숫자가 범위의 측정치는 아니며 범위를 위해서는 $46-15=31$을 직접 계산해야 한다. 그러므로 범위 측정치를 위해서는 아래와 같이 최대값 함수 max()와 최소값 함수 min()의 차이를 이용하는 것이 더욱 적절하다.

```
> max(MPG.city)
[1] 46
> min(MPG.city)
[1] 15
> max(MPG.city) - min(MPG.city)
[1] 31
```

최대값 함수 max()와 최소값 함수 min()을 이용하여 범위를 추정하였지만, 실제 자료를 분석하는 상황에서 범위를 이용하여 자료의 퍼짐을 측정하는 경우는 매우 드물다. 이는 앞서 말한 대로 극단치의 영향을 너무 손쉽게 받는 측정치이기 때문이다. 그래서 여러 학자들은 범위를 조금 수정하여 극단치의 영향을 받지 않는 사분범위(interquartile range, IQR)를 정의하였다. 사분범위는 전체 점수를 네 덩어리로 나누어 놓고, 중간 50%의 범위를 계산하는 방법이다. 제3장에서 소개했듯이, 전체 점수를 네 개의 덩어리로 나누게 되면 최소값, Q_1(lower quartile), Q_2(median), Q_3(upper quartile), 최대값이 생기는데, 사분범위는 [식 5.2]와 같이 정의된다.

$$IQR = Q_3 - Q_1 = P_{75} - P_{25} \quad \text{[식 5.2]}$$

R을 이용하여 사분범위를 추정하고자 하면, 앞에서 배웠던 quantile() 함수를 이용하면 된다.

```
> quantile(MPG.city)
  0%  25%  50%  75% 100%
  15   18   21   25   46
```

위의 값들로부터 사분범위는 25 − 18 = 7로 쉽게 계산된다. R은 사분범위를 직접적으로 추정할 수 있는 함수도 기본적으로 제공하는데, 아래처럼 IQR() 함수를 이용하는 것이다.

```
> IQR(MPG.city)
[1] 7
```

참고로 [식 5.3]처럼 IQR을 2로 나눈 값을 준사분범위(semi-interquartile range, SIQR)라고도 하는데, 몇몇 특수한 영역에서 사용되며 일반적인 기술통계에서 사용하는 경우는 드물다.

$$SIQR = \frac{Q_3 - Q_1}{2} \quad \text{[식 5.3]}$$

IQR을 배운 이 시점에서 새로운 종류의 그림인 상자그림(boxplot)을 소개하고자 한다. boxplot은 사실 번역하지 않고 박스플롯으로 쓰이는 경우가 훨씬 많은데, 자료의 분포를 설명하는 매우 유용한 그림 중 하나이다. 이 그림을 제대로 이해하려면 IQR을 알아야 하기 때문에 제3장에서는 설명하지 않았다. 먼저 R의 boxplot() 함수를 통해서 박스플롯을 출력하고, 그 그림을 이용하여 설명한다.

```
> boxplot(MPG.city, frame=FALSE, main="Boxplot of MPG.city")
```

위는 MPG.city의 박스플롯을 출력하기 위한 boxplot() 함수 명령어이다. frame 아규먼트는 그림의 경계선을 지정하는 명령어인데 FALSE로 설정하면 경계선을 없애게 되고, main 아규먼트는 그림의 제목을 삽입하기 위해서 추가하였다. 결과물은 [그림 5.2]와 같다.

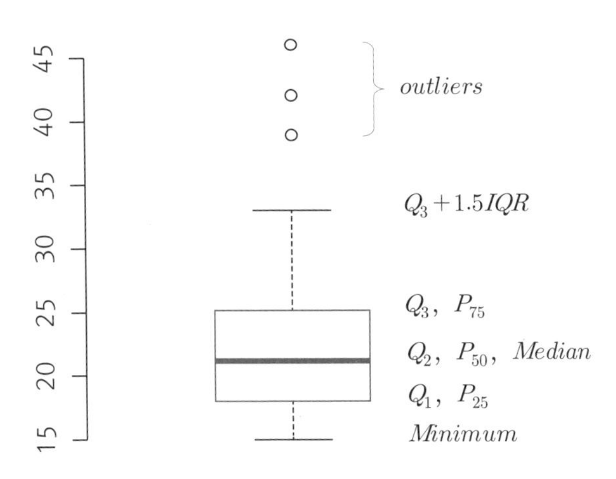

[그림 5.2] 시내주행연비의 박스플롯

[그림 5.2]는 박스플롯과 그 박스플롯을 해석하기 위한 정보를 제공하고 있다. 중간에 시내주행연비의 박스플롯이 있고, 왼쪽에 연비의 축이 나타난다. 박스플롯의 해석은 그림과 축을 서로 대응해 가며 해야 한다. 박스플롯의 오른쪽에는 박스플롯의 각 부분이 의미하는 바를 제공하고 있는데, 이 부분은 박스플롯에는 속하지 않으며 독자의 이해를 위해 제공한 것이다. 박스플롯의 아래쪽에 사각형으로 보이는 부분을 상자(box)라고 하고, 상자의 아래와 위에 점선과 함께 늘어져 나온 부분을 수염(whisker)이라고 한다. 상자의 중간 부분에 두꺼운 선으로 표시된 부분은 중앙값(Q_2)을 의미하며 대략 21 정도인 것을 축으로부터 확인할 수 있다. 박스의 아래 면은 첫 번째 사분위수(first quartile, Q_1)를 의미하며 대략 18 정도인 것을 알 수 있고, 박스의 윗면은 세 번째 사분위수(third quartile, Q_3)를 의미하며 대략 25 정도인 것을 확인할 수 있다.

박스의 아래쪽 수염의 끝부분과 위쪽 수염의 끝부분은 각각 최소값과 최대값을 나타내는데, 극단치 또는 이상값(outlier)이 있게 되면 그렇지 않은 경우도 있다. 박스플롯에서는 Q_1에서 아래쪽으로 $1.5IQR$ 또는 Q_3에서 위쪽으로 $1.5IQR$ 만큼의 범위를 벗어나는 값들을 극단치로 취급한다. 즉, 박스플롯에서는 $Q_1-1.5IQR$에서 $Q_3+1.5IQR$의 범위를 벗어나게 되면 극단치가 되는 것이다. 만약 최소값이나 최대값이 이 범위 이내에 있게 되면 수염의 끝은 최소값 또는 최대값이 되고, 만약 이 범위 밖에 있게 되면 수염의 끝은 $Q_1-1.5IQR$ 또는 $Q_3+1.5IQR$이 된다. [그림 5.2]의 경우에 최소값과 $Q_1-1.5IQR$을 비교했을 때, 최소값이 $Q_1-1.5IQR$보다 더 작지 않았으므로 수염이 최소값까지만 늘어져 있다. 이에 반해 최대값과 $Q_3 + 1.5IQR$을 비교했을 때는 최대값이 $Q_3 + 1.5IQR$보다 더 커서 $Q_3 + 1.5IQR$이 수염의 끝이 되고 $Q_3 + 1.5IQR$보다 더 큰 값들은 점(극단치)으로 표시된다.

박스플롯은 [그림 5.2]처럼 한 집단의 분포를 보여 주기 위해 사용될 때도 좋은 정보를 제공하지만, 여러 집단의 분포를 비교할 때 더욱 유용하다. 예를 들어, 앞에서 소개했던 질적변수인 구동열(DriveTrain)과 양적변수인 시내주행연비(MPG.city)를 결합하여 구동열 집단 간 시내주행연비의 분포를 하나의 그림 안에서 비교할 수 있다. 아래의 R 명령어는 구동열의 차이에 따른 시내주행연비의 분포를 박스플롯을 이용하여 확인하는 것이다. 다시 말해, 사륜구동(4WD), 전륜구동(Front), 후륜구동(Rear) 집단 간에 시내주행연비의 분포를 비교하는 R 명령어다.

```
> boxplot(MPG.city~DriveTrain,
+         main="Boxplot of MPG.city by Drivetrain groups")
```

boxplot() 함수의 첫 번째 아규먼트에서 ~ 표시의 왼쪽에 양적변수(MPG.city) 오른쪽에 질적변수(DriveTrain)를 표기하면 질적변수의 범주별로 양적변수의 분포를 박스플롯으로 보여 준다. 결과는 [그림 5.3]과 같다.

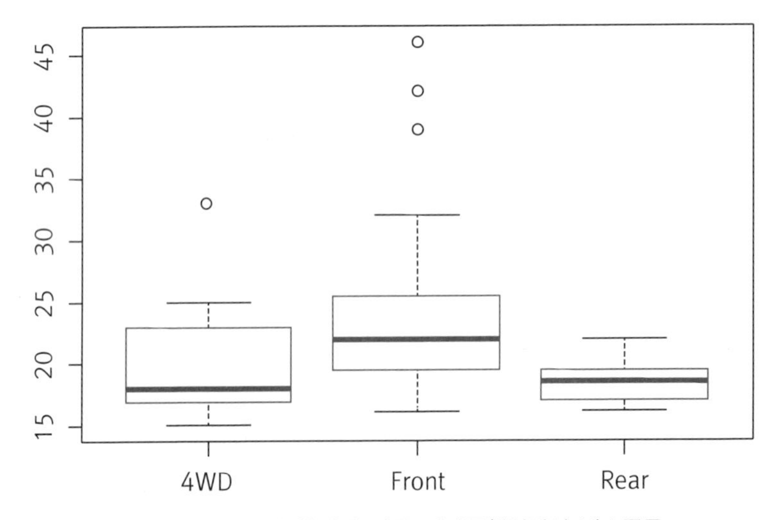

[그림 5.3] 구동열 차이에 따른 시내주행연비의 박스플롯

그림을 보면, 집단 간 분포의 비교 시에 박스플롯이 직관적으로 상당히 유용한 정보를 제공하는 것을 알 수 있다. 그림으로부터 전륜구동 차들의 시내주행연비가 전반적으로 가장 높고, 사륜구동이 그다음이며, 후륜구동의 연비가 가장 좋지 않은 것을 대략적으로 확인할 수 있다. 또한 전륜구동 차들의 시내주행연비는 상당히 퍼져 있는 것에 반해 후륜구동 차들의 연비는 중앙값 주변에 몰려 있음도 알 수 있다.

5.2. 분산과 표준편차

통계학에서 가장 많이 사용하는 분산도의 측정치는 아마도 분산(variance)과 표준편차(standard deviation)일 것이다. 특히 사회과학 영역에서는 단위(metric 또는 unit)의 동일성 때문에 표준편차를 즐겨 사용한다. 이 두 가지를 이해하기 위해서는 먼저 앞 장에서도 잠시 소개했던 편차(deviation)의 개념을 이해해야 한다. 예를 들어, 변수 X가 다음과 같이 다섯 개의 값을 취한다고 가정하자.

1, 2, 3, 4, 5

편차는 [식 5.4]처럼 각 값에서 평균을 뺌으로써 정의된다.

$$X-\overline{X} \text{ or } X_i-\overline{X} \qquad \text{[식 5.4]}$$

X의 평균은 3($\overline{X}=3$)이므로 계산된 편차는 아래와 같다.

−2, −1, 0, 1, 2

R을 이용해서 편차를 구하는 것은 아래처럼 하면 된다. 공간의 절약을 위해 c() 함수를 이용한 자료의 입력 과정은 생략한다.

```
> x-mean(x)
[1] -2 -1  0  1  2
```

편차는 이 자체로 매우 훌륭하게 자료의 퍼짐의 정도를 설명한다. 편차가 양수든 음수든 간에 전체적으로 크다는 것은 자료가 많이 퍼져 있다는 것을 의미하며, 작다는 것은 자료가 중심 근처에 모여 있다는 것을 의미한다. 편차를 이용하는 방식은 위의 예와 같이 오직 다섯 개의 점수만 존재하는 경우라면 상당히 유용할 수도 있다. 하지만 일반적으로 하나의 변수가 취하는 값은 이보다 훨씬 더 많다. 적게는 수십 개, 많게는 수백, 수천 개가 넘을 것이다. 통계의 간명성을 고려했을 때, 자료의 퍼짐의 정도를 단 하나의 통계치로 요약하는 것이 효율적이다. 위의 편차들을 하나의 값으로 요약하는 가장 쉬운 방법은 모든 편차의 합(sum of deviations)인 $\sum(X_i - \overline{X})$를 구하는 것이다. 위의 자료에서 편차들의 합을 구하면 0이 된다. R을 이용하여 편차의 합을 구하고자 하면 sum() 함수를 이용할 수 있다.

```
> sum(x-mean(x))
[1] 0
```

사실 앞 장에서 보았듯이, 모든 변수에서 편차들의 합은 언제나 0이 된다. 그러므로 편차의 합을 구해서 자료의 퍼짐의 정도를 설명하는 것은 가능하지 않은 방법이다. 이 문제를 해결하는 한 가지 방법은 편차에 절대값을 취하는 것이다. 이를 절대편차(absolute deviation)라고 하며, [식 5.5]와 같이 표기한다.

$$\left| X_i - \overline{X} \right| \quad \textbf{[식 5.5]}$$

절대편차는 거리의 개념으로 이해할 수도 있다. [식 5.5]는 임의의 X값인 X_i가 평균 $\overline{X}$로부터 떨어져 있는 거리(distance)를 가리키고 있다. 변수 X의 절대편차들을 구해 보면 아래와 같다.

2, 1, 0, 1, 2

R에서 편차의 절대값을 구할 때는 abs() 함수를 다음과 같이 이용할 수 있다.

```
> abs(x-mean(x))
[1] 2 1 0 1 2
```

절대편차들을 구한 이후에 이들의 합(sum of absolute deviations)을 계산하면 $\sum\left| X_i - \overline{X} \right| = 6$이 된다. 이는 상당히 유용한 측정치다. 예를 들어, 변수 Y가 아래의

값을 취한다고 가정하자.

1, 3, 5, 7, 9

변수 Y의 값들은 명백하게 변수 X의 값들에 비해 더 퍼져 있고, 절대편차의 합을 계산해 보면 12가 되어 상대적으로 더 큰 값을 갖게 된다. 즉, 자료가 더 퍼져 있을수록 더 큰 값이 나타나는 것이다. 하지만 절대편차의 합도 여전히 문제점을 가지고 있다. 변수 Z가 아래의 값들을 취한다고 가정하자.

1, 2, 3, 4, 5, 1, 2, 3, 4, 5

변수 X와 비교해 보면, 점수의 개수가 10개로 늘었으나 퍼짐의 정도는 차이가 없다는 것을 알 수 있다. 그런데 절대편차의 합을 계산하면 $\sum|Z_i-\overline{Z}|=12$가 된다. 변수 X와 변수 Z의 자료가 동일한 정도로 퍼져 있음에도 불구하고, 절대편차의 합을 퍼짐의 측정치로 이용하게 되면 다른 값을 갖게 되는 문제가 있다. 이를 해결하는 합리적인 방법은 절대편차의 합이 아닌 평균을 구하는 것이다. 이를 절대평균편차(mean absolute deviation)라고 하며 임의의 변수 X의 절대평균편차는 [식 5.6]으로 정의된다.

$$\frac{\sum|X_i-\overline{X}|}{n}$$ [식 5.6]

위의 식에서 n은 점수의 개수이다. 이 식을 이용하면 X의 절대평균편차는 1.2가 되고, Z의 절대평균편차도 1.2가 된다. 바로 앞에서 배운 R의 함수인 sum(), abs() 등을 이용해서 구해 보면 아래와 같다.

```
> sum(abs(x-mean(x)))/length(x)
[1] 1.2

> sum(abs(z-mean(z)))/length(z)
[1] 1.2
```

위의 식에서 length() 함수는 변수에서 사례의 개수를 계산한다. 그러므로 length(x)는 5가 되고, length(z)는 10이 된다. R의 결과를 보면, 동일한 정도로 퍼져 있는 두 자료세트가 동일한 퍼짐 측정치를 갖게 되는 것을 확인할 수 있다. 또한 Y의 절대평균편차를 구하면 2.4가 되어 더 많이 퍼져 있는 자료는 더 큰 절대평균편차 값을 갖게 된다.

이와 같은 장점 외에도 절대평균편차는 해석상의 장점이 있다. 절대편차라는 것이 임의의 X_i가 자료의 평균 $\overline{X}$로부터 떨어져 있는 거리를 의미하므로, 이들의 평균인 절대평균편차는 임의의 X_i가 평균적으로(on average) $\overline{X}$로부터 떨어져 있는 거리를 의미한다. 변수 X를 보면, 1(X_1)은 평균($\overline{X}$)으로부터 2만큼, 2(X_2)는 평균($\overline{X}$)으로부터 1만큼, 3(X_3)은 평균($\overline{X}$)으로부터 0만큼, 4(X_4)는 평균($\overline{X}$)으로부터 1만큼, 5(X_5)는 평균($\overline{X}$)으로부터 2만큼 떨어져 있다. 그리고 임의의 X_i는 $\overline{X}$로부터 1.2만큼 떨어져 있다. 변수 X의 그 어떤 값도 $\overline{X}$로부터 정확히 1.2만큼 떨어져 있지는 않지만, 평균적으로 그렇다는 것이다.

임의의 자료 한 개가 자료의 중심으로부터 떨어져 있는 거리인 절대평균편차의 해석상 장점으로 인해 여전히 많은 책이 이 개념을 소개하고 실제로 사용하는 이도 있다. 하지만, 이 역시 퍼짐의 측정치로 사용하기에는 약점을 지니고 있다. 절대평균편차의 큰 약점은 바로 절대값을 사용한다는 것이다. 수학이나 통계학의 영역에서 절대값은 반드시 필요한 개념이지만, 동시에 상당히 귀찮고 지루한(tedious) 계산과정을 동반한다. 수식의 계산에 절대값이 있으면 절대값의 크기가 0보다 같거나 큰 경우 및 작은 경우로 나누어서 풀어야 하는 것을 모두 알 것이다. 이런 이유로 수리통계학을 하는 학자들은 절대값을 좋아하지 않는다. 그래서 [식 5.6]의 절대평균편차 대신 생각해 낸 개념이 절대값을 취하지 않고 제곱(square)을 이용하는 방법이다. 제곱 역시 절대값처럼 임의의 값에서 음의 부호를 제거하기 때문에 같은 목적으로 사용될 수 있다. 이렇게 만들어진 통계치를 분산(variance)[23]이라고 한다. 분산은 모집단과 표본에서 각기 다른 식과 표기법을 사용하므로 먼저 [식 5.7]에 모집단의 분산 σ^2(sigma squared)를 소개한다.

$$\sigma^2 = \sigma_X^2 = \frac{\sum(X_i - \mu)^2}{N} \qquad \text{[식 5.7]}$$

위의 식을 [식 5.6]과 비교해 보면, 절대값 함수가 제곱 함수로 바뀌어 있는 것을 확인할 수 있다. 즉, 위의 식은 편차의 제곱의 합(sum of squared deviations 또는 sum of squares, SS)을 모집단의 크기로 나누어 준 것이다. 변수 X의 값들을 잠시 모집단의 값들이라고 가정하면 다음과 같이 계산할 수 있다.

23) variance를 변량이라고 번역하고 뒤에서 배울 분산분석(analysis of variance)을 변량분석이라고 하는 경우가 종종 있는데, 이는 잘못된 표현이다. 변량은 다변량 분석(multivariate analysis)에서 자주 사용되는 variate을 번역하여 사용하는 단어이며 그 정의가 분산과는 다르다.

$$\sigma^2 = \frac{(-2)^2 + (-1)^2 + 0^2 + 1^2 + 2^2}{5} = \frac{10}{5} = 2$$

R을 이용하여 모집단의 분산을 구하는 방법은 다음과 같다.

```
> sum((x-mean(x))^2)/length(x)
[1] 2
```

제곱은 R에서 ^2를 이용하여 표기한다. 그렇다면 이제 절대평균편차에서 사용했던 것처럼 분산에서도 임의의 X_i가 평균 μ로부터 평균적으로 2만큼 떨어져 있다고 할 수 있을까? 결론부터 말하면 그럴 수 없다. 이유는 분산을 구하기 위해서 원자료가 가지고 있던 단위를 제곱하였기 때문이다. 원자료의 단위가 cm(centimeter)라면 분산의 단위는 cm^2(squared centimeter)가 되고, 원자료의 단위가 kg(kilogram)이라면 분산의 단위는 kg^2(squared kilogram)이 된다. 이러한 문제가 수리통계학을 하는 사람들에게는 별문제가 아닐 수 있어도, 응용통계(applied statistics)를 하는 사회과학자들에게는 큰 문제일 수 있다. 이런 이유로 사회과학에서는 [식 5.8]처럼 분산에 제곱근(square root)을 취한 표준편차 σ를 사용하는 것이 일반적이다.

$$\sigma = \sigma_X = \sqrt{\frac{\sum(X_i - \mu)^2}{N}} \qquad \text{[식 5.8]}$$

모집단의 표준편차 $\sigma = \sqrt{2} = 1.414$로 쉽게 계산되며 표준편차는 원자료와 동일한 단위를 지니고 있다. 모집단의 분산 σ^2에 제곱근을 취하는 모집단의 표준편차는 R의 제곱근 함수인 sqrt() 함수를 이용해서 다음과 같이 구할 수 있다.

```
> sqrt(sum((x-mean(x))^2)/length(x))
[1] 1.414214
```

이렇게 구한 표준편차 1.414는 어떻게 해석할 수 있을까? 편차에 제곱을 취하고 다시 전체 식에 제곱근을 취한 형태이기 때문에 사실 간단한 해석은 가능하지 않다. 수리적인 해석을 해야 하는 것이다. 하지만 그럼에도 불구하고 많은 사람들은 표준편차의 해석에 절대평균편차의 해석을 빌려 온다. 즉, 임의의 X_i 값이 평균 μ로부터 1.414만큼 떨어져 있다고 하는 해석을 관습적으로 용인해 주는 것이다.

지금까지 설명한 분산과 표준편차는 모집단을 대상으로 했을 때를 가정한다. 모집단의 분산과 표준편차를 계산하는 것은 교과서 안의 세상에서나 존재하는 것이지 현실 세상 속에서는 거의 불가능한 일이다. 앞의 R 예제에서 간단한 함수를 사용하지 못하고 식 전체를 코딩하여 분산과 표준편차를 구한 것은 R 프로그램에 모집단의 분산과 표준편차를 계산하는 함수가 존재하지 않기 때문이다.

만약 연구자가 모집단의 분산을 자주 계산해야 한다면 R을 이용해서 연구자만의 함수(function)를 정의할 수 있다. 다른 사람들이 만들어 놓은 함수들을 잘 이용하는 것도 R의 사용에 있어서 매우 중요하지만, 자신만의 함수를 정의하고 사용할 수 있다는 것은 SPSS 등의 프로그램이 갖지 못한 장점이다. 이쯤에서 모집단의 분산을 계산하는 함수를 만드는 방법을 소개하고자 한다. pop.var() 함수를 만든다고 가정하면 아래와 같이 할 수 있다.

```
> pop.var <- function(x){sum((x-mean(x))^2)/length(x)}
> pop.var(x)
[1] 2
```

위의 명령문에 따르면 함수의 이름은 pop.var이고, function(x)를 통하여 이 함수는 x라는 객체(여기서는 변수)를 아규먼트로서 이용한다고 정의하였다. 다음으로 함수의 계산식을 중괄호 { } 안에 써 주면 함수가 완성된다. pop.var(x)를 실행해 본 결과, 변수 X가 1, 2, 3, 4, 5를 취하고 이를 모집단이라고 가정할 때 모집단의 분산은 2로 계산됨을 확인할 수 있다.

모집단의 분산에 비해 훨씬 더 많이 사용하는 표본의 분산 s^2(s squared)는 [식 5.9]와 같이 정의된다.

$$s^2 = s_X^2 = \frac{\sum(X_i - \overline{X})^2}{n-1} = \frac{SS}{n-1} \quad \text{[식 5.9]}$$

모집단의 분산은 편차의 제곱합을 모집단의 전체 크기로 나누어 주었지만, 표본의 분산은 편차의 제곱합(SS)을 표본의 크기에서 1을 빼 준 값($n-1$)으로 나누어 준다. n이 아닌 $n-1$로 나누어 주는 것은 지극히 기술적인 이유이며, 이렇게 했을 때만 s^2가 σ^2의 불편향 추정량이 되기 때문이다.[24] $n-1$은 표본크기에서 1을 뺀 값으로 이해할 수도 있지만, 자유도(degrees of freedom)란 개념으로 이해할 수도 있다. 자유도란 통계치의 계산을 위해 사용된 모든 값 중에서 자유롭게 변화하는 것이 허락된 값의 개수이다. 자유도에 대한 약간의 설명이 더 필요할 듯싶다.

주어진 표본의 평균 $\overline{X}$에서 표본의 분산(특히 분자부분)을 추정하기 위해 만약 다섯 개의 값이 사용된다면 몇 개의 값이 자유롭게 결정될 수 있을까? 처음 네 개의 값은 그 어떤 값이라도 될 수 있지만, 평균이 주어져 있기 때문에 마지막 다섯 번째 값은 주어진 평균에 맞추어 조정되어야 한다. 예를 들어, 주어진 표본평균 $\overline{X}=3$에서 분산의 추정을 위해 사용되는 다섯 개의 값 중 앞의 네 개가 1, 3, 5, 2라면 다섯 번째 값은 반드시 4가 되어야 한다. 분산의 계산을 위해 사용되는 $\overline{X}$가 이미 3으로 정해져 있기 때문이다. 만약 앞의 네 개가 3, 3, 4, 2라면 다섯 번째 값은 반드시 3이 되어야 $\overline{X}=3$이 된다. 그러므로 표본의 분산을 추정하기 위한 자유도는 n이 될 수 없으며 $n-1$이 되어야 한다.

자유도에 대하여 간단하게 소개했는데, 사회과학통계를 하는 연구자들이 이 개념을 반드시 이해할 필요도 없을뿐더러 더 이상의 자세한 설명은 이 책의 목적에 맞지 않으므로 생략한다. 자유도는 앞으로도 계속해서 등장하게 되는 개념이며 특히 뒷장의 분산분석 부분에서 약간 더 세분화 되어 나타나게 될 것이다. 자유도를 염두에 두고 변수 X의 값들을 표본의 값들이라고 가정하면 분산은 아래와 같이 계산된다.

$$s^2 = \frac{(-2)^2+(-1)^2+0^2+1^2+2^2}{5-1} = \frac{10}{4} = 2.5$$

표본의 표준편차는 표본의 분산에 제곱근을 씌워 구하므로 [식 5.10]과 같다.

$$s = s_X = \sqrt{\frac{\sum(X_i-\overline{X})^2}{n-1}} = \sqrt{\frac{SS}{n-1}} \qquad \text{[식 5.10]}$$

그러므로 표본의 표준편차 $s=\sqrt{2.5}=1.581$이 된다. R을 이용하여 표본의 분산과

---

24) 불편향성(unbiasedness)을 이해하기 위해서는 표집이론(sampling theory)과 기대값(expected value)의 개념을 알아야 하므로 뒤에서 설명한다.

표준편차를 구하고자 하면 간단하게 var() 함수와 sd() 함수를 이용하면 된다.

```
> var(x)
[1] 2.5

> sd(x)
[1] 1.581139
```

분산을 해석하는 경우는 매우 드문 일이며 표준편차는 앞에서와 마찬가지로 해석한다. 즉, 임의의 자료 하나가 평균으로부터 평균적으로 1.581 정도 떨어져 있다고 할 수 있다.

분산과 표준편차를 모두 다 설명한 지금 시점에서 한 가지 유의할 점을 짚고 넘어가고자 한다. 분산과 표준편차는 자료 전체의 변동성을 보여 주는 지표가 아니라 임의의 자료 하나의 변동성을 보여 주는 지표라는 점을 기억해야 한다. 절대평균편차, 분산, 표준편차의 식에서 보았듯이 이들은 자료가 가진 전체 변동성을 N 또는 $n-1$로 나누어 준다. 다시 말해, 분자 부분에 자료의 전체 변동성이 있다면, 그것을 점수의 개수(또는 점수의 개수에서 1을 뺀 값)로 나누어 주어 자료 하나당 평균적인 변동성이 얼마인지를 계산하는 것이다. 이는 표준편차와 절대평균편차의 해석을 보면 더욱 명확해진다.

5.3. 표준편차의 특징

앞 장에서 중심경향의 중요한 측정치인 평균의 특징을 여러 가지로 살펴보았듯이 이번 장에서는 사회과학에서 가장 중요한 변동성의 측정치라고 할 수 있는 표준편차의 특징을 살펴본다. 마찬가지로 수리적인 증명이 목적이 아니라 예제를 통하여 독자들이 표준편차의 특성을 파악할 수 있도록 돕고자 한다. 이 특성들은 나중에 독자들이 자료 분석을 위해 본격적으로 이용하게 될 회귀분석이나 구조방정식 모형(structural equation modeling) 등의 이해에 큰 도움을 줄 수 있을 것으로 기대한다.

첫 번째는 변수 X의 모든 값에 상수를 더하여 새롭게 만들어진 변수 Y의 표준편차는 X의 표준편차와 동일하다는 것이다. [표 5.1]의 첫 번째 열에 변수 X의 값이 있고, 세 번째 열에는 변수 X의 모든 값에 상수 2를 더한 새로운 변수 Y가 제공된다.

[표 5.1] 변수의 값에 상수 2를 더하는 경우

X	$X-\overline{X}$	$Y=X+2$	$Y-\overline{Y}$
1	−2	3	−2
2	−1	4	−1
3	0	5	0
4	1	6	1
5	2	7	2

변수 X의 평균 $\overline{X}$는 3이며, 변수 Y의 평균 $\overline{Y}$는 5이다. 그리고 각 변수의 편차 $X-\overline{X}$ 및 $Y-\overline{Y}$는 [표 5.1]의 두 번째와 네 번째 열처럼 계산된다. X와 Y의 편차가 완전히 동일하므로 편차의 제곱합과 자유도를 이용해서 계산되는 표준편차 역시 같을 수밖에 없다. X와 Y의 표준편차는 앞에서 계산했듯이 모두 1.581이다. 그리고 이와 같은 관계는 상수가 양수든 음수든 상관없이 성립한다.

두 번째는 변수 X의 모든 값에 상수를 곱하여 새롭게 만들어진 변수 Y의 표준편차는 X의 표준편차에 그 상수의 절대값을 곱한 값이 된다. [표 5.2]의 첫 번째 열에 변수 X의 값이 있고, 세 번째 열에는 변수 X의 모든 값에 상수 3을 곱한 새로운 변수 Y가 제공된다. 그리고 두 번째와 네 번째 열에는 각 변수의 편차가 제공된다.

[표 5.2] 변수의 값에 상수 3을 곱하는 경우

X	$X-\overline{X}$	$Y=3X$	$Y-\overline{Y}$
1	−2	3	−6
2	−1	6	−3
3	0	9	0
4	1	12	3
5	2	15	6

바로 앞의 예제에서 알 수 있듯이 X의 표준편차는 1.581이다. Y의 표준편차를 계산하면 다음과 같다.

$$\sqrt{\frac{(-6)^2+(-3)^2+0^2+3^2+6^2}{5-1}}=4.743$$

그리고 $4.743=1.581\times3$이다. 즉, Y의 표준편차는 X의 표준편차에 상수 3을 곱한 값이다. 그리고 상수가 음수일 때는 단지 X의 표준편차에 상수를 곱하는 것이 아니라 결과물에서 음의 부호를 제거해야 한다. 분산과 표준편차는 절대로 음수 값을 가질 수 없기 때문이다. 그러므로 만약 변수 X에 -3을 곱하여 변수 Y를 생성했다면 Y의 표준편차는 X의 표준편차에 -3이 아닌 3을 곱한 값이 된다. 참고로 Y의 분산은 X의 분산에 상수의 제곱을 곱한 값이다. 즉, [식 5.11]이 성립한다.

$$Var(aX)=a^2\,Var(X) \qquad \text{[식 5.11]}$$

위의 식에서 $Var(X)$는 X의 분산을 가리키며, a는 임의의 상수이다.

제6장 표준점수와 정규분포

앞 장들에서 살펴보았듯이, 점수들이 어떤 형태의 분포를 형성하는지 그리고 그 분포 속에서 어떤 점수의 상대적인 위치는 어디인지 등을 파악하는 것은 통계학에서 매우 중요하다. 이런 맥락에서 백분위나 백분위점수도 많이 사용되지만, 이번 장에서는 점수의 상대적인 위치를 나타내고, 또한 다양한 상황에서 비교의 목적으로 사용될 수 있는 표준점수(standard scores)에 대하여 다룬다. 그리고 점수들이 형성할 수 있는 매우 많은 종류의 분포 중 통계학에서 가장 중요하게 취급되는 정규분포(normal distribution)도 자세히 소개한다.

6.1. 표준점수

6.1.1. 표준점수의 정의와 사용

한 대학에 심리통계를 가르치고 있는 두 명의 교수가 있다고 가정하자. 학생 A는 김 교수의 수업에서 80점을 받았고, 학생 B는 이 교수의 수업에서 69점을 받았다. 두 학생 중에 과연 누가 더 잘한 걸까? 이 책을 읽고 있는 독자라면 80점이 반드시 더 우월한 점수는 아니라는 것을 알고 있으리라 믿는다. 세심한 독자들은 각 수업에서 시험의 난이도는 어땠는지, 만점은 얼마였는지, 수업을 수강하는 학생들의 수준은 비슷한지 등 여러 가지를 합리적으로 고려할 것이다. 두 수업을 수강하는 학생들의 수준이 비슷하다는 가정하에 두 학생이 받은 점수의 상대적인 위치를 파악할 수 있다면 두 학생 중 누가 더 잘한 건지 결정할 수 있다. 다양한 목적과 상황에서 점수를 비교하려는 목적이 있을 때, 또는 점수의 상대적인 위치를 파악하고자 할 때 z점수(z score)라고도 불리는 표준점수(standard score)는 매우 유용하다. 표준점수 z는 원점수(raw score) x를 [식 6.1]처럼 변환(transformation)하여 정의한다.[25] 표준점수는 모수를 이용하여 정의

25) 참고로 통계학에서 변수는 대문자로 표기하며, 변수의 값들은 소문자로 표기한다. 다시 말해, 변수는

할 수도 있고 통계치를 이용하여 정의할 수도 있는데, 여기서는 모수를 이용한 정의를 보인다. 또한 점수의 개념으로 x와 z를 이용하기도 하고, 변수의 개념으로 X와 Z를 이용하기도 한다.

$$z = \frac{x-\mu}{\sigma} \text{ or } Z = \frac{X-\mu}{\sigma}$$ [식 6.1]

위의 식에서 μ는 점수 x들의 평균(또는 변수 X의 평균)이며 σ는 점수 x들의 표준편차(또는 변수 X의 표준편차)를 의미한다. 또한 z점수의 분자는 편차이고 분모는 표준편차임을 알 수 있다. 이렇게 원점수를 표준점수로 변환하는 작업을 표준화(standardization)라고 한다. 표준화를 수행하는 [식 6.1]을 풀어서 해석하는 경우는 드물지만, 굳이 하려고 하면 다음과 같이 정의할 수 있다. 표준점수는 임의의 점수가 평균으로부터 표준편차 단위로 떨어져 있는 정도를 의미한다. 다시 말해, z점수는 임의의 점수가 평균으로부터 정적(positive)이든 부적(negative)이든 얼마나 떨어져 있는지의 정도를 나타내는데, 그 떨어져 있는 단위가 원자료의 단위(위의 예제에서는 점수[point])가 아니라 바로 표준편차 단위라는 것이다. 예를 들어, 김 교수의 수업을 수강하는 어떤 학생의 심리통계 z점수가 1.5라는 것은 그 학생이 평균보다 1.5표준편차만큼 높은 점수를 획득했다는 것을 의미한다. 또한 이 교수의 수업을 수강하는 어떤 학생의 심리통계 z점수가 −1.0이라는 것은 그 학생의 점수가 평균보다 1표준편차만큼 아래에 해당한다는 것을 의미한다.

z점수를 이용하면 앞서 소개했던 학생 A와 B의 점수 비교도 가능하다. 먼저 학생 A가 속한 수업에서 심리통계 시험의 평균이 70점이고 표준편차가 5점이라고 가정하자. 이 학생의 z점수를 구하기 위하여 먼저 분자에 있는 편차를 계산해 보면, $80-70=10$점으로서 이 학생의 점수가 평균보다 높다는 것을 알 수 있다. 하지만 이것만으로는 평균보다 얼마나 높은지를 알기가 쉽지 않다. 만약 점수가 70점 근처에 모두 몰려 있다면 80점은 상대적으로 매우 높은 점수이고, 점수가 40~100점 사이에 퍼져 있다면 80점은 그렇게 높지 않은 점수일 수도 있다. 이때 퍼짐의 정도를 측정하는 통계치인 표준편차가 유용하다. 학생 A의 점수는 평균보다 10점이 높은데 표준편차는 5점이므로, 80이라는 점수는 평균 70점보다 2표준편차($2\times5=10$)만큼 높은 것을 알 수 있다. 이 값을 계산해 주는 식이 바로 [식 6.1]이다. 다시 말해, 학생 A의 원점수 80점은 표준점수

X로 표기하고 변수가 취하는 값들은 x로 표기하는 것이다. 하지만 이와 같은 방식이 절대적이지는 않으며 그다지 큰 구분을 두지 않는 학자들도 많다.

2로 변환되고($z = \frac{80-70}{5} = 2$), 이것은 80점이 평균보다 2표준편차만큼 더 높은 점수라는 것을 의미한다.

다음으로 학생 B가 속한 수업에서 심리통계 시험의 평균이 60점이고 표준편차가 3점이라고 가정하자. 이 학생의 편차를 계산해 보면, $69-60=9$로서 역시 평균보다는 높은 점수라는 걸 알 수 있다. 하지만 여전히 이것만으로는 이 학생의 점수가 평균보다 얼마나 더 높은 것인지 알 수가 없다. 자료의 퍼짐의 정도가 작다면 69점은 상대적으로 매우 높은 점수일 수 있고, 자료의 퍼짐의 정도가 크다면 그다지 높지 않은 점수일 수도 있다. 표준편차는 3이므로, 표준점수 $z = \frac{69-60}{3} = 3$으로 계산된다. 즉, 학생 B의 점수는 평균보다 3표준편차(9점)만큼 높은 점수인 것이다.

종합해 보면, 학생 A의 점수인 80점은 평균 70점보다 10점이 더 높고, 이것은 표준편차의 단위로 평균보다 2표준편차만큼 높다. 학생 B의 점수인 69점은 60점보다 9점이 더 높고, 이것은 표준편차의 단위로 평균보다 3표준편차만큼 높다. 두 수업에서 실시한 시험의 점수는 평균과 표준편차가 상이하므로 직접적으로 비교될 수 없는 반면, 각 수업의 시험에서 상대적인 위치를 말해 주는 z점수는 비교 가능하다. 평균보다 3표준편차 위의 점수를 획득한 학생 B가 평균보다 2표준편차 위의 점수를 획득한 학생 A보다 더 잘했다고 결론 내릴 수 있다. 물론 이러한 비교를 위해서는 두 수업을 수강하는 학생들의 수준이 비슷하다는 가정이 필요하다.

위의 예에서는 두 수업을 수강하는 학생 A와 B의 심리통계 시험점수를 z점수로 비교하였는데, 이와는 조금 다른 상황에서도 비교를 위해 z점수를 이용할 수 있다. 예를 들어, 한 학생이 평균이 90점이고 표준편차가 4인 경제학 시험에서 98점을 획득하였고, 평균이 70점이고 표준편차가 1인 교육학 수업에서 73점을 획득하였다면, 어느 시험에서 더 잘 보았다고 할 수 있을까? 두 학생이 아니라 한 학생이 되었다는 것만 제외하면 앞에서 보인 예제와 완전히 동일한 문제임을 알 수 있다. z점수는 이와 같은 비교뿐만 아니라 더욱 단순하게 한 집단 내에서 상대적인 위치를 파악하는 데 상당히 유용하게 쓰일 수 있다. 예를 들어, 정신과에 내원한 어떤 환자의 우울검사 점수가 56점이었다면 이것이 어떤 상태를 의미하는지 파악하기 쉽지 않다. 하지만 여태까지 병원에 내원했던 모든 환자의 점수 분포를 고려했을 때, 우울 56점이 $z=3$으로 변환이 된다면 평균보다

3표준편차만큼 위의 점수이고, 이는 상당히 심각한 정도라고 할 수 있다.

사실 3표준편차 위의 점수가 얼마나 높은지 정확히 결정하기 위해서는 점수들이 어떤 분포를 따르느냐에 대한 정보가 필요하다. 그래서 표준점수는 이번 장의 뒤에서 다루게 될 정규분포와 결합하면 더욱더 유용하게 이용될 수 있다. 독자들의 이해를 위해 미리 잠깐만 밝히면, 자연 상태에서 수집된 대부분의 심리학적인 또는 생물학적인 변수들은 평균으로부터 ±3표준편차 사이에 99% 이상의 점수들이 위치하고 있다. 즉, 표준점수 ±3점 사이에 대다수의 값들이 존재하게 된다. 이런 이유로 내원한 환자 우울 점수의 표준점수가 3이라면 우울이 가장 심각한 상위 1% 이내(사실은 대략 0.1% 정도)라고 결정하게 된다.

R을 이용하면 편리하게 표준점수를 계산할 수 있다. 시내주행연비 MPG.city의 표준점수를 계산하기 위해서는 scale() 함수를 이용할 수도 있고 표준점수의 식을 이용할 수도 있다. 표준점수를 직접 계산하는 방식을 아래에 보인다. 먼저 앞 장에서도 보여 주었던 MPG.city 변수의 값을 비교 목적으로 다시 출력한다.

```
> MPG.city
 [1] 25 18 20 19 22 22 19 16 19 16 16 25 25 19 21 18 15 17 17 20 23
[22] 20 29 23 22 17 21 18 29 20 31 23 22 22 24 15 21 18 46 30 24 42
[43] 24 29 22 26 20 17 18 18 17 18 29 28 26 18 17 20 19 23 19 29 18
[64] 29 24 17 21 24 23 18 19 23 31 23 19 19 19 20 28 33 25 23 39 32
[85] 25 22 18 25 17 21 18 21 20
```

위 표본 자료의 평균은 22.366이고, 표준편차는 5.620인데, 이를 이용하여 표준화를 실시하면 위의 원점수들은 아래의 표준점수로 변환된다. 표준점수는 모집단 평균과 표준편차를 이용하여 구하면 좋겠지만, 현실에서 그 값들을 알기는 쉽지 않으므로 표본의 평균과 표준편차를 이용해서 구할 수 있다.

```
> options(digits=2)
> Z_MPG <- (MPG.city-mean(MPG.city))/sd(MPG.city)
> Z_MPG
 [1]  0.469 -0.777 -0.421 -0.599 -0.065 -0.065 -0.599 -1.133 -0.599
[10] -1.133 -1.133  0.469  0.469 -0.599 -0.243 -0.777 -1.311 -0.955
[19] -0.955 -0.421  0.113 -0.421  1.181  0.113 -0.065 -0.955 -0.243
```

```
[28] -0.777  1.181 -0.421  1.536  0.113 -0.065 -0.065  0.291 -1.311
[37] -0.243 -0.777  4.206  1.358  0.291  3.494  0.291  1.181 -0.065
[46]  0.647 -0.421 -0.955 -0.777 -0.777 -0.955 -0.777  1.181  1.003
[55]  0.647 -0.777 -0.955 -0.421 -0.599  0.113 -0.599  1.181 -0.777
[64]  1.181  0.291 -0.955 -0.243  0.291  0.113 -0.777 -0.599  0.113
[73]  1.536  0.113 -0.599 -0.599 -0.599 -0.421  1.003  1.892  0.469
[82]  0.113  2.960  1.714  0.469 -0.065 -0.777  0.469 -0.955 -0.243
[91] -0.777 -0.243 -0.421
```

결과의 가장 위에 보이는 options() 함수는 전반적으로 R이 어떤 계산을 하거나 결과를 보여 주는 방식을 수정한다. 아규먼트 digits는 유효숫자(significant digits 또는 significant figures)[26]의 개수를 통제하는 명령어인데, 한번 실행해 놓으면 이후의 모든 결과 출력에 영향을 미친다. 디폴트는 digits=7인데, 이렇게 한다고 하여 전체 자리의 개수가 정확히 일곱 개가 되는 것은 아니며, 많은 숫자를 동시에 같은 개수의 유효숫자로 통일하는 것도 쉽지 않으므로 R은 유효숫자의 알고리즘에 따라 적정한 개수의 자리수를 보여 주게 된다. 두 번째 줄에는 MPG.city 변수의 값에서 평균을 빼고 표준편차로 나누어 Z_MPG 변수를 새롭게 정의하는 명령어다. 93개 연비값의 표준점수 결과는 그 아래에 있다. 예를 들어, 첫 번째 차 종류의 MPG.city 원점수인 25는 z점수로는 0.469에 해당하는데, 이는 평균보다 약간 더 높은 값을 의미한다. 또한 여덟 번째 차 종류의 MPG.city 값인 16은 z점수 −1.133으로 변환되는데, 이는 평균보다 꽤 낮은 값을 의미한다. 약간 높다라든지 꽤 낮다라든지 하는 표현은 필자의 경험에 의한 표현인데, 이를 조금 더 정확히 해석하기 위해서는 앞서 말한 대로 MPG.city의 값들이 어떤 분포를 따르는지에 대한 정보 또는 가정이 있어야 한다. 이는 뒤에서 정규분포와 함께 더 자세히 다룰 것이다.

위처럼 표준점수의 식을 직접 이용해서 비교적 쉽게 계산할 수 있지만, 더욱 간단한 scale() 함수를 이용하고자 하면 아래와 같이 scale(MPG.city) 명령어를 실행하면 된다.

---

26) 유효숫자란 수의 정확도에 영향을 주는 숫자들을 의미하는데, 근사값을 구할 때 반올림 등에 의해 처리되지 않는 수의 핵심적인 부분을 의미한다. 유효숫자의 개념을 정의하는 수식이 존재하는데 우리 책의 목적에 맞지 않으므로 소개하지 않는다.

```
> options(digits=5)
> Z_MPG_scale <- scale(MPG.city)
> Z_MPG_scale
          [,1]
 [1,]  0.468772
 [2,] -0.776822
 [3,] -0.420938
 ...
[92,] -0.242996
[93,] -0.420938
attr(,"scaled:center")
[1] 22.366
attr(,"scaled:scale")
[1] 5.6198
```

맨 윗줄에서 먼저 유효숫자의 개수를 5개로 수정하였다. scale() 함수를 이용하여 MPG.city의 표준점수를 계산하고, 이를 Z_MPG_scale로 저장한 다음 출력하였다. 표준점수 값들이 하나의 열로 매우 길게 출력되어 중간 부분은 생략하였으며, 맨 아래에는 표준점수 계산을 위해 사용된 MPG.city의 평균과 표준편차가 제공된다. 참고로 이 평균과 표준편차는 유효숫자 5의 설정을 충실히 따르고 있다.

6.1.2. 표준점수의 특징

원점수 x를 표준점수 z로 변환했을 때 평균, 표준편차, 분포의 모양 등이 어떻게 변할지 살핌으로써 표준점수 변환을 더 잘 이해할 필요가 있다. 원점수 x를 표준점수 z로 변환한다는 것은 원변수 X를 표준화변수 Z로 변환하다는 것을 의미하는데, 통계학에서 변수의 변환(transformation of variables)은 여러 맥락에서 상당히 중요한 개념이다. 예를 들어, 변수 X가 다음과 같은 값을 취한다고 가정하자. 또한 편의상 아래의 값들이 모집단의 값이라고 가정한다.

$$2,\ 3,\ 4,\ 4,\ 5,\ 7,\ 7,\ 8$$

$\sum X = 40$이고 $N = 8$이므로 변수 X의 평균 $\mu_X = 5$가 된다. 편차의 제곱합 $SS_X = \sum(X-\mu_X)^2 = 32$이므로 분산 $\sigma_X^2 = \frac{\sum(X-\mu_X)^2}{N} = \frac{32}{8} = 4$, 표준편차 $\sigma_X = 2$가 된다. 분포의 모양은 [그림 6.1]과 같다.

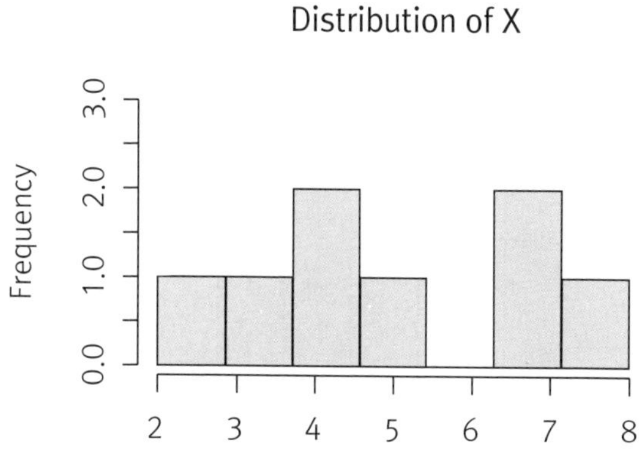

[그림 6.1] 원변수 X의 분포

변수 X가 취하는 여덟 개의 값을 [식 6.1]을 이용하여 표준점수로 변환하면 변수 Z가 취하는 값은 아래와 같다.

$$-1.5,\ -1.0,\ -0.5,\ -0.5,\ 0,\ 1.0,\ 1.0,\ 1.5$$

$\sum Z = 0$이고 $N = 8$이므로 변수 Z의 평균 $\mu_Z = 0$이 된다. 이는 제4장에서 다룬 평균의 특징을 생각하면 매우 당연한 것이다. 표준점수 변환에서 분자 부분은 X의 편차 $(X - \mu_X)$가 되므로 편차의 합과 평균은 언제나 0이고, 또한 편차를 상수(표준편차)로 나누어 준 z점수의 합과 평균 역시 언제나 0이다. 즉, 그 어떤 원점수를 표준점수로 변환하여도 표준점수의 평균은 0이 된다.

다음으로 편차의 제곱합 $SS_Z = \sum(Z - \mu_Z)^2 = \sum(Z - 0)^2 = \sum Z^2 = 8$이므로 분산 $\sigma_Z^2 = \frac{\sum(Z - \mu_Z)^2}{N} = \frac{8}{8} = 1$, 표준편차 $\sigma_Z = 1$이 된다. 이 부분도 제5장에서 다룬 표준편차의 특징을 생각하면 역시 매우 당연하다. 변수 X의 표준편차는 2이므로, X에서 상수를 뺀 값으로 정의되는 편차 $X - \mu_X$의 표준편차도 2가 된다. $X - \mu_X$에 상수 $\frac{1}{\sigma_X}$을 곱해준 것이 $\frac{X - \mu_X}{\sigma_X}$이므로 $\frac{X - \mu_X}{\sigma_X}$의 표준편차는 $X - \mu_X$의 표준편차에 상수 $\frac{1}{\sigma_X}$을 곱해준 값이 된다. $X - \mu_X$의 표준편차인 2에 $\frac{1}{2}$을 곱해 준 것이 $\frac{X - \mu_X}{\sigma_X}$의 표준편차가 된다. 즉, 표준점수 z의 표준편차는 언제나 1이 된다. 다시 말해, 원점수를 표준점수로 변환하면 표준점수의 분산과 표준편차는 원점수의 분산 및 표준편차와 상관없이 1이 된다. 마지막으로 표준점수 분포의 모양은 [그림 6.2]와 같다.

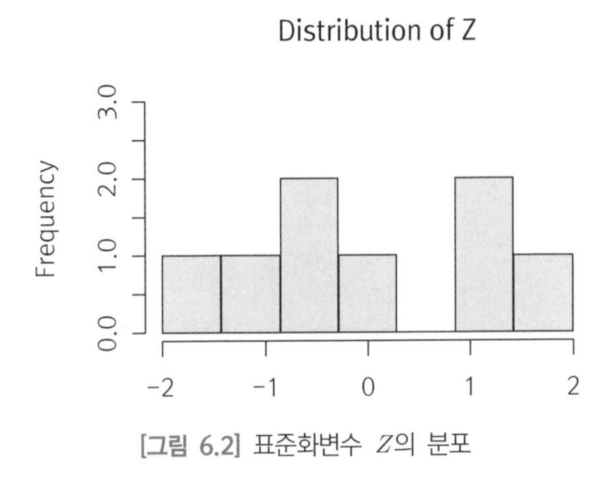

[그림 6.2] 표준화변수 Z의 분포

[그림 6.2]의 Z분포를 [그림 6.1]의 X분포와 비교해 보면, 수평축의 값들이 재척도화(rescaled)되어 있다는 것만 제외하고 모양이 정확히 일치하는 것을 알 수 있다. 즉, 원점수를 표준점수로 변환하면 원점수의 척도를 1표준편차 척도로 변환시킨다는 것만 다를 뿐 분포의 모양은 전혀 변하지 않는다.

6.1.3. 척도의 변환

원점수 x를 표준점수 z로 변환했을 때 얻게 되는 장점과 z점수의 특징을 앞에서 확인하였다. 하지만 현실 속에서 상대적인 위치를 파악하기 위해 z점수를 사용하는 경우는 드물다. 실제로는 z점수를 또 다른 척도를 가진 점수로 재변환하여 그 점수를 사용하게 된다. 가장 대표적인 예가 지적 능력의 상대적인 위치를 알려 주는 지능지수(intelligent quotient, IQ)이다. 만약 우리나라의 교육부 산하기관이 고등학교 1학년 모집단 50만 명을 대상으로 지능지수를 측정하려고 하면, 이를 측정하기 위한 지능검사를 제작하고 모집단을 상대로 그 검사를 실시하게 된다. 이렇게 획득된 검사점수들, 즉 원점수들로 이루어진 변수를 X라 하고 X의 평균은 μ_X, X의 표준편차는 σ_X라고 가정하자.

어느 고등학교 1학년 학생이 시험에서 215점을 받았고 이 학생은 자신의 지능지수가 어느 정도인지 궁금해하고 있다. 지능의 상대적인 위치인 지능지수를 알려고 하면 X의 평균과 표준편차에 대한 정보, 즉 시험 점수의 분포에 대한 정보가 필요하다. X의 평균 $\mu_X = 200$점이고, 표준편차 $\sigma_X = 30$점이라고 가정하면, 이 학생은 평균보다 조금 나은 지능지수를 가지고 있다고 예상할 수 있다. 이를 조금 더 체계적으로 확인하는 방법은 바로 앞에서 배운 표준점수를 이용하는 것이다. 이 학생의 원점수 215점에 해당하는 $z=\frac{215-200}{30}=0.5$가 되고, 이는 이 학생의 상대적인 위치가 평균보다 0.5표준편차 만큼 위에 있다는 것을 의미한다. 이런 식으로 50만 명의 z점수를 모두 구하게 되면 유용하게 각 학생의 지능지수를 비교할 수 있고 다른 사람들에게 설명할 수도 있다. 예를 들어, 어떤 학생의 IQ 시험 점수가 220점이면 z점수는 0.667이므로 평균보다 약간 높은 수준의 지능을 가지고 있다고 판단한다. 또 다른 학생의 IQ 시험 점수가 140점이라면 z점수는 −2.0으로서 평균보다 꽤 떨어지는 지능을 가지고 있다고 해석한다.

통계학을 배운 사람들끼리 z점수의 계산 및 해석은 아무런 문제가 없고 상당히 편리하다. 그런데 일반 사람들은 0.667, −2.0 등의 지능지수를 어떻게 받아들일까? 한 사람의 지적 능력을 소수점 단위로 말해야 하는 것도 불편할뿐더러 음의 부호가 있는 지적 능력을 사용하는 것도 상당히 거슬릴 수 있다. 통계학자들에게는 그저 평균보다 낮음을 의미하는 z점수의 마이너스 부호가 일반 사람들에게는 부적인 지적 능력(negative intelligence)이라는 받아들이기 힘든 개념이 될 수도 있다. 우리가 지금 공감대를 가지고 실제로 사용하는 IQ는 z점수를 한 번 더 변환하여 만들어 낸다. 이와 같이 z점수를 한 번 더 변환하여 만들어진 점수를 표준화점수(standardized scores)[27]라고 하며, 표준화점수 $x_{transform}$은 [식 6.2]를 이용하여 획득한다.

$$x_{transform}=\mu_{transform}+\sigma_{transform}\times z \quad \text{[식 6.2]}$$

위의 식에서 $\mu_{transform}$과 $\sigma_{transform}$은 각각 새롭게 만들어질 표준화점수 $x_{transform}$의 평균과 표준편차를 의미한다. 다시 말해, $\mu_{transform}$과 $\sigma_{transform}$은 연구자가 z점수를 변환하여 실제로 사용하게 될 표준화점수의 평균과 표준편차로서 임의의 상수로 결정할 수 있다. 그리고 사실 x에 대하여 풀어져 있는 [식 6.2]는 z에 대하여 풀어져 있는 [식 6.1]을 변형하여 만들어낸 것이다. 즉, [식 6.2]는 [식 6.3]과 동일한 식이다.

$$z=\frac{x_{transform}-\mu_{transform}}{\sigma_{transform}} \quad \text{[식 6.3]}$$

표준화점수의 가장 대표적인 예는 지능지수이다. 지금 일반적으로 사용되고 있는 IQ

27) 표준점수(standard scores)와 표준화점수(standardized scores)가 상당히 혼동되게 사용되기도 하는데, 사회과학통계의 큰 영역인 검사 및 측정 분야에서 표준점수는 z점수, 표준화점수는 z점수를 재변환한 점수를 가리키는 것이 일반적이다.

는 [식 6.4]처럼 평균은 100, 표준편차는 15(어떤 검사에서는 16)를 임의로 결정한 표준화점수이다.

$$IQ = 100 + 15z \qquad \text{[식 6.4]}$$

위의 식을 이용하면 앞의 예에 있는 두 학생의 IQ 점수를 구할 수 있다. IQ 시험에서 215점을 받은 학생의 경우에 z점수는 0.667이고 $IQ = 100 + 15 \times 0.667 = 110$이 되며, 140점을 받은 학생의 경우에 z점수는 −2.0이고 $IQ = 100 + 15 \times (-2.0) = 70$이 된다. 알다시피 110은 평균 100보다 조금 높은 정도의 지능지수며, 70은 평균보다 꽤 낮은 지능지수이다. 두 학생의 지능지수에 대한 이런 해석은 우리가 익히 알고 있는 상식과 크게 다르지 않다는 것을 알 수 있다. IQ 외에도 우리가 자주 사용하는 유명한 표준화 점수로는 t점수(또는 T점수)가 있다. t점수는 평균이 50이고 표준편차가 10인 점수를 가리키며 [식 6.5]처럼 z점수를 변환하여 만들어 낸다.

$$t = 50 + 10z \qquad \text{[식 6.5]}$$

t점수는 일반적으로 교육영역이나 심리영역에서 많이 사용되는데, 학창시절 적성검사를 한 번이라도 치러 보았고 그 결과표를 유심히 들여다보았다면 경험한 적이 있을 것이다. 적성검사의 결과표에는 보통 어휘력 55점, 수리력 63점, 기억력 44점 등이 막대그래프와 함께 제공되는 것이 일반적이다. t점수는 기본적으로 50점이 평균을 의미하며 50점이 넘으면 평균보다 높다는 것을 의미하고 낮으면 그 반대이다. t점수의 사용에서 한 가지 주의할 점은 t점수가 높다고 하여 반드시 좋다는 의미는 아니라는 것이다. 만약 t점수가 공격성 또는 우울을 나타내고 있다면 당연히 높은 점수일수록 공격성 또는 우울이 높다는 것을 의미하므로 좋은 의미가 아니다.

우리에게 적성검사 자료는 없으므로 R을 이용하여 앞에서 사용했던 시내주행연비의 z점수를 t점수로 변환하는 예를 아래에서 보인다.

```
> options(digits=2)
> T_MPG <- 50+10*Z_MPG
> T_MPG
 [1] 55 42 46 44 49 49 44 39 44 39 39 55 55 44 48 42 37 40 40 46 51
[22] 46 62 51 49 40 48 42 62 46 65 51 49 49 53 37 48 42 92 64 53 85
```

```
[43] 53 62 49 56 46 40 42 42 40 42 62 60 56 42 40 46 44 51 44 62 42
[64] 62 53 40 48 53 51 42 44 51 65 51 44 44 44 46 60 69 55 51 80 67
[85] 55 49 42 55 40 48 42 48 46
```

먼저 options() 함수를 이용하여 유효숫자의 개수를 2로 설정하여 보통 정수로 표현되는 t점수가 소수점 자리를 갖지 않도록 조정하였다. 다음으로 z점수인 Z_MPG를 변환하여 t점수인 T_MPG로 만들고 이를 출력하였다. 첫 번째 차 종류의 MPG.city 원점수는 25인데 t점수로는 55로 변환되었고, 이로부터 첫 번째 차 종류가 평균보다 조금 높은 연비를 지니고 있음을 알아챌 수 있다. t점수의 표준편차는 10으로 설계되어 있으므로 t점수 55는 평균보다 0.5표준편차만큼 높은 수준의 시내주행연비를 가리킨다.

6.2. 정규분포

6.2.1. 정규분포

통계학에서 사용되는 모든 종류의 분포 중에서 가장 중심이 되는 정규분포를 개념적으로 소개하고 수리적으로도 정의한다. 정규분포 함수를 이용하는 데 있어서 핵심적인 밀도와 확률에 대해서도 최대한 그림과 예를 이용하여 설명한다. 마지막으로 정규분포가 가지는 특징에 대하여 정리한다.

정규분포의 소개

변수의 특성은 어떤지, 자료는 어떻게 분포되어 있는지 등에 따라 매우 많은 종류의 분포가 정의될 수 있다. 그중에서도 가장 많이 사용하고 또한 중요한 분포라면 모든 통계학자가 정규분포(normal distribution)를 지목할 것이다. 정규분포를 개략적으로 설명하자면, 평균 주위에 많은 점수가 있고 평균에서 멀어질수록 점수가 드문 형태를 띠는 좌우대칭의 연속형(continuous) 분포라고 할 수 있다. 예를 들어, [그림 6.3]에 한국 성인 남자들 10,000명의 몸무게 히스토그램이 제공되어 있다.

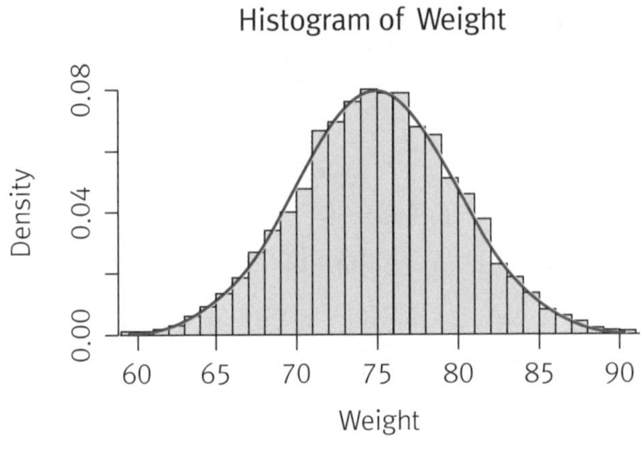

[그림 6.3] 몸무게의 분포

그림을 보면 평균으로 보이는 75kg 주위에 높은 빈도가 나타나고, 평균에서 멀어질수록 빈도가 줄어드는 것을 관찰할 수 있다. 그리고 평균 75에 대하여 좌우대칭인 것도 볼 수 있다. 그림 상에 종 모양(bell shape)으로 나타나는 곡선은 평균이 75이고 표준편차가 5인 정규분포의 이론적인(수학적인) 곡선인데 몸무게 자료와 매우 흡사한 것을 알 수 있다. 실제 몸무게의 자료 분포가 이론적인 정규분포를 완전하게 따른다고 할 수는 없지만 상당한 근사(approximation)라는 것을 알 수 있다.

생물학적 변수인 몸무게뿐만 아니라 대부분의 심리학적 변수들도 정규분포를 따르는 것으로 알려져 있다. [그림 6.4]는 성인 1,000명의 우울검사 점수를 히스토그램으로 나타낸 것이다.

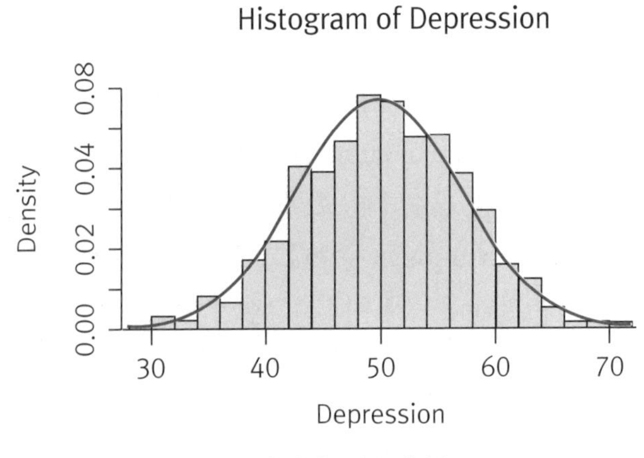

[그림 6.4] 우울 점수의 분포

마찬가지로 [그림 6.4]에서 종 모양의 곡선은 평균이 50이고 표준편차가 7인 정규분포의 함수인데 완벽하지는 않아도 우울검사의 자료와 꽤 잘 들어맞는 것을 볼 수 있다. 우울검사 점수도 정규분포를 따른다고 말할 수 있는 것이다. 정규분포는 이처럼 자연 상태에서 생물학적 변수, 심리학적 변수 등 상당히 많은 종류의 변수가 따르고 있는 분포의 형태를 수학적으로 정의한 것이다.

[그림 6.3]과 [그림 6.4]를 유심히 보면, 앞 장에서 히스토그램을 소개했을 때와는 조금 다른 y축을 볼 수 있다. 독자들도 모두 알다시피, 히스토그램의 수직축은 급간(class interval)의 빈도(frequency)를 나타내는 것이 일반적인데, 여기서는 밀도(density)를 나타내고 있다. 더욱 정확히 말하면 상대빈도의 밀도(relative frequency density)를 의미한다. 상대빈도라는 것은 기본적으로 확률(probability)이므로 수직축이 확률의 밀도(probability density)를 나타내고 있는 것이다.[28] [그림 6.5]와 [식 6.6]에서 소개하는 정규분포 함수는 바로 이 확률의 밀도를 계산하는 함수이다. 밀도는 확률과 연결되어 있기는 하지만 서로 구분되는 개념이며, 먼저 정규분포의 함수를 소개하고 뒤에서 다시 설명한다.

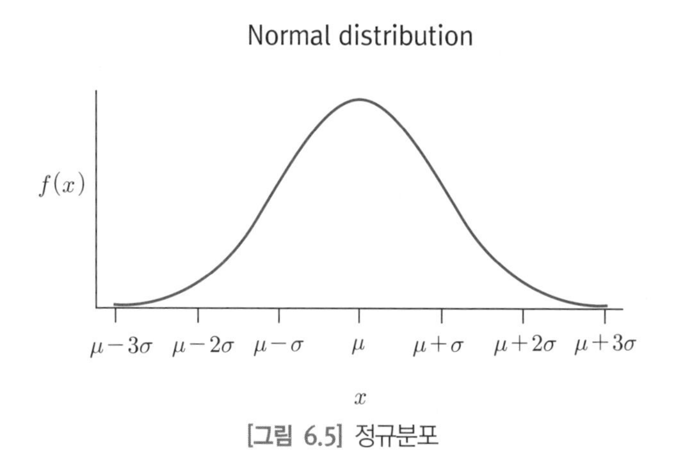

[그림 6.5] 정규분포

[그림 6.5]에 종 모양으로 제공된 평균이 μ이고 분산이 σ^2인 정규분포는 [식 6.6]과 같이 정의된다. 이 식을 정규분포의 확률밀도함수(probability density function)라고 한다.

---

28) R을 이용하여 수직축이 확률밀도인 히스토그램을 그리고 싶다면 hist() 함수의 prob 아규먼트를 이용하여 prob=TRUE를 추가하면 된다.

$$f(x) = \frac{1}{\sqrt{2\pi\sigma^2}} e^{-\frac{(x-\mu)^2}{2\sigma^2}} \quad \text{[식 6.6]}$$

[그림 6.5]와 [식 6.6]에서 x는 연속형 변수이며 이론적으로 모든 실수값을 취할 수 있다. 함수 $f(x)$는 정규분포의 밀도(density)를 가리키고 등호의 오른쪽에 있는 식은 임의의 x값에 대한 확률밀도를 계산해 준다. 또한 식에서 π는 원주율 상수 3.14를 가리키고, e는 지수함수(exponential function) e^x의 e를 의미하며 상수로서 대략 2.72를 가리킨다. 그리고 μ와 σ^2는 정규분포의 평균과 분산을 의미한다.

정규분포의 밀도와 확률

앞서도 말했듯이 밀도는 확률과 구분되는 개념으로서 $f(x)$는 임의의 값 x가 일어날 확률이 아닌 x의 상대적인 확률(relative probability) 개념이라고 이해할 수 있다. 즉, $f(x)$가 크다는 것은 나머지 값들에 비해 임의의 x가 발생할 상대적인 확률이 더 높다는 것이다. 쉽게 말해, $f(x)$가 크면 x가 상대적으로 더 발생할 것 같은(relatively more probable) 것이고, $f(x)$가 작으면 x가 상대적으로 덜 발생할 것 같은(relatively less probable) 것이다. $f(x)$는 확률이 아닌 상대적인 확률을 의미하므로 1보다 큰 값을 갖는 것도 불가능하지 않다. 정규분포상에서 임의의 x_1에 대한 밀도 $f(x_1)$ 또는 임의의 x_2에 대한 밀도 $f(x_2)$ 등은 [그림 6.6]처럼 표현된다. 즉, 임의의 x에 대하여 밀도의 값이 존재한다.

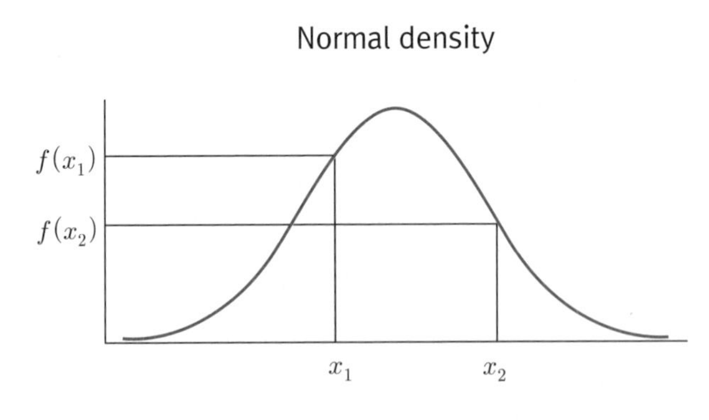

[그림 6.6] 정규분포의 밀도

확률(probability)은 밀도에 비해 우리에게 더 친숙한 개념이다. 기본적으로 사건(event) E가 일어날 확률 p는 [식 6.7]처럼 사건 E가 일어나는 경우의 수를 모든 가능한 경우의 수로 나누어주면 계산할 수 있다.

$$p = \frac{\text{number of outcomes of the event}}{\text{total number of possible outcomes}}$$ [식 6.7]

예를 들어, 주사위에서 3이 나올 확률은 3이 나오는 경우의 수 1을 모든 사건이 일어나는 경우의 수 6으로 나누어 주면 계산된다. 그리고 이러한 확률의 정의에 의해 정규분포에서 임의의 x가 일어날 확률이라는 것은 계산이 무의미하며 당연히 0이 된다. 왜냐하면 연속형 변수인 X는 이론적으로 모든 실수값을 취할 수 있으므로 확률의 계산에서 분모가 무한대가 되기 때문이다. 이러한 확률의 특성은 임의의 x에 대하여 값이 존재하는 밀도와는 구별된다. 정규분포의 확률은 [그림 6.7]처럼 확률밀도함수의 아래쪽 면적(area)으로 정의된다.

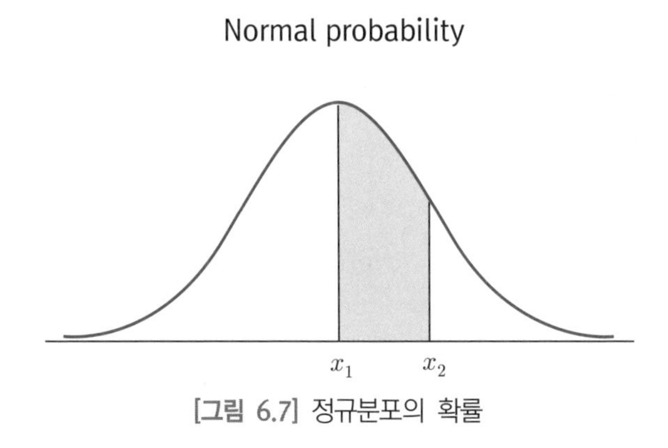

[그림 6.7] 정규분포의 확률

함수의 곡선과 x축이 만나는 면적은 적분(integration)을 통해서 구할 수 있다. 즉, 그림에 연한 파란색 부분으로 나타나는 정규분포의 확률은 함수 $f(x)$를 x_1과 x_2 사이에서 x에 대하여 정적분(definite integration)한 값으로서 $\int_{x_1}^{x_2} f(x)dx$로 표기된다. 정규분포의 확률밀도함수 $f(x)$를 적분하는 것은 생각보다 쉬운 일이 아니며 실제로 확률 계산을 위하여 직접 적분을 실시하는 연구자도 드물다. 일반적으로 정규분포의 확률을 계산해 놓은 표를 이용할 수 있으며, 특히 최근처럼 컴퓨터가 발전한 시대에는 R이나 Excel 등의 프로그램을 이용할 수 있다. 참고로 정규분포 곡선의 아래 전체 영역을 모두 적분한 값은 1이 된다. 모든 가능한 경우의 수가 일어날 확률은 1이기 때문이다.

궁금해할지 모를 독자들을 위해 정규분포의 면적이 확률이 되는 이유를 다음과 같이 간단히 설명해 본다. [그림 6.3]과 [그림 6.4]에서 보여 주었듯이 정규분포 곡선은 히스토그램의 이론적인 근사(theoretical approximation)이다. 즉, 정규분포 곡선은 수없이 많은 크고 작은 히스토그램의 셀이 합쳐지고 그 끝이 부드럽게 이어진 것이라고 보면 된다. [그림 6.3]과 [그림 6.4]에서 보았듯이, 히스토그램의 셀은 상대빈도(또는 빈도)를 의미하므로 이는 확률을 가리킨다. 수많은 히스토그램 셀들의 일부가 결국은 [그림 6.7]에서 연한 파란색으로 표현되는 면적이므로 면적이 곧 확률이 된다.

정규분포의 특징

정규분포를 이해하고 사용하는 데 있어서 몇 가지 정보를 더 제공한다. 먼저 변수 X가 평균이 μ이고 분산이 σ^2인 정규분포를 따른다고 할 때, $X \sim N(\mu, \sigma^2)$라는 표기법을 사용한다. 그리고 평균과 분산은 정규분포의 형태를 정의하는 분포의 모수라고 하며, 정규분포는 평균과 분산에 의하여 완전하게 정의된다. 이는 어떤 변수가 정규분포를 따른다는 것을 알고, 그 분포의 평균과 분산을 알고 있다면 그 분포를 완전하게 표현할 수 있다는 것을 의미한다. [그림 6.8]은 다양한 평균과 분산에 따라 정규분포가 어떻게 변화하는지를 보여 주는 예제이다.

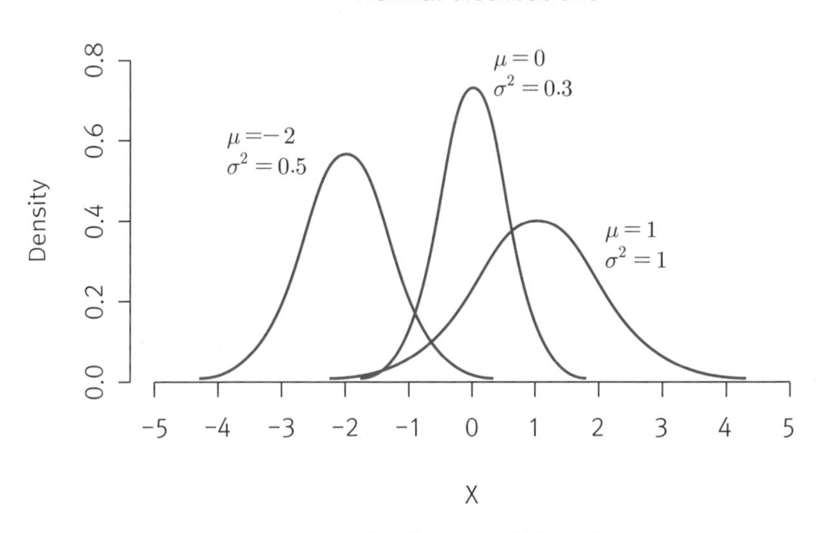

[그림 6.8] 평균과 분산에 따른 다양한 정규분포

그림으로부터 평균 μ가 분포의 중심, 즉 분포의 위치(location)를 결정하고, 분산(또는 표준편차) σ^2(또는 σ)가 퍼짐의 정도를 결정하는 것을 알아챌 수 있다.

평균과 분산의 특정한 값에 상관없이 모든 정규분포들은 주목할 만한 특성을 가지고 있다. 앞에서 정규분포를 설명하며 여기저기 조금씩 언급하였지만 여기서 전체적으로 정리한다. 첫째, 정규분포는 연속형(continuous) 분포이다. 이는 변수 X가 실수값을 취하며, 각 x값에 대하여 $f(x)$값을 구할 수 있다는 의미이다. 둘째, 정규분포는 무한(unbounded) 분포이다. 이는 변수 X가 취할 수 있는 값에 제한이 없다는 것을 의미한다. 이론적으로 변수 X는 그 어떤 x값이라도 취할 수 있고, 그에 해당하는 $f(x)$값이 아무리 작은 값이라도 존재한다는 것이다. 이것은 정규분포 곡선의 왼쪽 꼬리와 오른쪽 꼬리가 이론적으로는 수평축에 닿지 않고 영원히 갈 수 있다는 것을 의미한다. 이런 이유로 정규분포 곡선을 그릴 때 편의상 좌우의 일정한 지점에서 끊어 주게 된다. 셋째, 정규분포는 봉이 하나(unimodal)이고, 평균에 대하여 좌우대칭이다. 넷째, 정규분포는 평균과 분산에 의하여 완전하게 정의된다. 마지막으로 모든 정규분포는(다시 말해, 평균과 분산의 값에 상관없이) 확률과 표준편차 단위 사이에 일정한 관계를 가지고 있는데 [그림 6.9]에 그 관계가 제공된다.

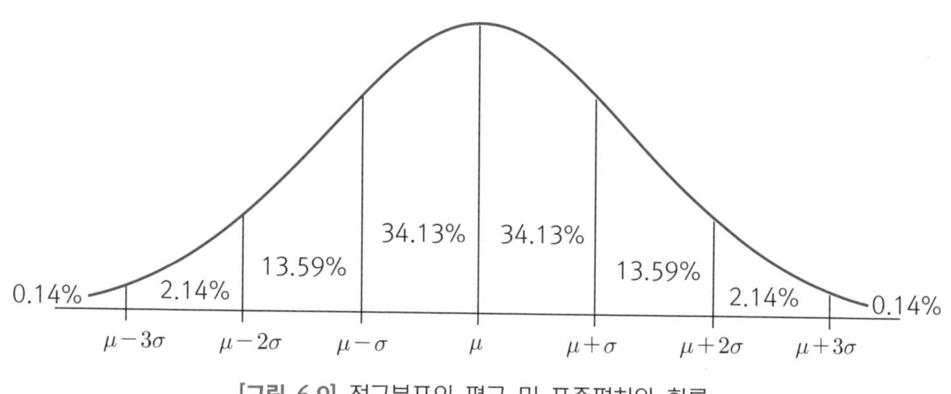

[그림 6.9] 정규분포의 평균 및 표준편차와 확률

위의 그림은 정규분포의 모수인 평균과 분산이 정규분포의 확률과 갖고 있는 관계를 대략적으로 보여 주고 있다. 먼저 앞에서도 밝혔듯이, 모든 경우의 수의 확률은 1이므로 정규분포 전 구간의 확률은 당연히 100%가 된다. 그리고 정규분포는 평균에 대하여 좌우대칭이므로 평균을 중심으로 왼쪽에 50%, 오른쪽에 50%의 점수들이 위치한다. 또한 평균 μ를 중심으로 ± 1표준편차 사이(즉, $\mu \pm \sigma$)에 전체 점수의 68.26%가 위치하고, ± 2표준편차 사이(즉, $\mu \pm 2\sigma$)에는 전체 점수의 95.44%가 위치하며, ± 3표준편차 사이(즉, $\mu \pm 3\sigma$)에는 전체 점수의 99.72%가 위치한다. 이렇게 되면 $\mu \pm 3\sigma$를 벗어나는 지역에는 오직 0.28%라는 극히 적은 수의 점수들만 위치하게 된다.

위와 같은 확률과 평균 및 표준편차의 관계는 그 어떤 평균과 표준편차를 갖는 정규분포에도 적용할 수 있다. 예를 들어, 우리나라 성인 남자의 키가 정규분포를 따르고, 평균은 175, 표준편차는 3이라면, 172~178 사이에 약 68%의 남자들이 속하며, 169~181 사이에 약 95%의 남자들이 속하고, 166~184 사이에는 거의 모든 남자들(99% 이상)이 속하게 된다. 만약 이러한 키 분포가 사실이라면, 우리가 TV 드라마에서 흔히 보는 키 185의 남자 배우는 약 1,000명 중에 한 명(0.1%) 정도로 매우 키가 큰 극단치이고 현실 속에서 눈에 잘 안 띄는 것이 당연하다. 앞에서 배운 IQ도 적용해 보자. IQ는 평균이 100이고 표준편차는 15가 되도록 변환한 표준화점수이다. 만약 어떤 고등학생의 IQ가 130라면 평균인 100보다 2표준편차가 높은 점수이므로 이 학생보다 낮은 IQ를 가진 학생이 거의 98%이고 더 높은 IQ를 가진 학생은 약 2%밖에 되지 않는다. 즉, 상당히 높은 지능지수를 보유한 학생임을 알 수 있다.

6.2.2. 표준정규분포

[그림 6.8]에서 보여 주었듯이 평균과 분산의 크기에 따라 무수히 많은 정규분포가 존재한다. 이렇게 무수히 많은 정규분포 중에서 가장 간단하면서도 유용한 정규분포가 하나 존재하는데, [그림 6.10]에 제공되는 평균이 0이고 분산이 1인 정규분포다.

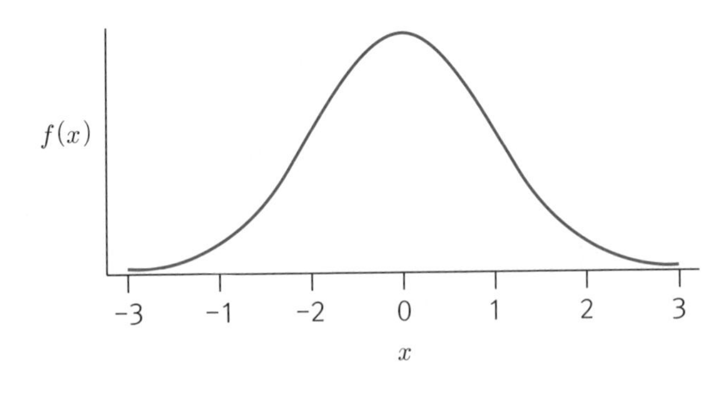

[그림 6.10] 표준정규분포

이와 같은 분포를 표준정규분포(standard normal distribution)라고 하며 확률밀도함수는 [식 6.8]과 같이 정의된다.

$$f(x) = \frac{1}{\sqrt{2\pi}} e^{-\frac{x^2}{2}} \quad \text{[식 6.8]}$$

위에서 소개된 표준정규분포를 [그림 6.5] 및 [식 6.6]의 정규분포와 비교해 보면, μ의 자리에 0, σ의 자리에 1이 들어간 것임을 알 수 있다. 즉, 표준정규분포란 일반적인 정규분포 중 $\mu = 0$이고, $\sigma^2 = 1$인 특수한 경우인 것이다. 변수 X가 표준정규분포를 따른다고 할 때, $X \sim N(0, 1^2)$ 또는 $X \sim N(0, 1)$로 표기한다.

표준정규분포는 표준(standard)이라는 단어에서 눈치챌 수 있듯이 표준점수(standard scores)와 밀접한 관련이 있다. 표준점수 z는 원점수 x를 표준화하여 구하게 되는데, 표준정규분포 역시 정규분포를 표준화하여 구한다. 다시 말해, 평균이 μ_X이고 표준편차가 σ_X인 정규분포를 따르는 변수 X를 표준화하여 생성한 변수 Z는 표준정규분포를 따르게 된다. 이는 [식 6.9]와 같이 간단하게 정리할 수 있다.

$$X \sim N(\mu_X, \sigma_X^2) \ \rightarrow \ Z = \frac{X - \mu_X}{\sigma_X} \sim N(0, 1) \quad \text{[식 6.9]}$$

[식 6.9]는 앞에서 다뤘던 표준점수의 특징을 떠올려 보면 당연한 결과다. 먼저 어떤 변수를 표준화했을 때 분포의 모양이 바뀌지 않으므로 X의 분포가 정규분포라면 Z의 분포 역시 정규분포가 된다. 그리고 그 어떤 변수라도 표준화를 하게 되면 평균이 0이 되고 표준편차가 1이 되듯이, 표준화한 변수 Z 역시 평균은 0이 되고 표준편차는 1이 된다. 정리하면, 변수 X가 정규분포를 따를 때, 표준화변수 Z는 평균이 0이고 분산이 1인 표준정규분포를 따르게 된다. 이런 이유로 많은 학자와 연구자들이 표준정규분포를 z분포(또는 Z분포)라고 부르고, 식을 표현할 때는 x와 $f(x)$ 대신에 z와 $f(z)$를 사용하며 $Z \sim N(0, 1)$로 표기하기도 한다.

표준정규분포 역시 정규분포이므로 정규분포가 갖는 특성을 그대로 다 가지고 있다. 표준정규분포는 연속형이며, 무한분포이고, 봉이 하나이며, 좌우대칭이고, 평균과 분산에 의하여 완전하게 정의된다. 또한 확률과 평균 및 표준편차 단위 사이의 관계도 [그림 6.11]처럼 성립한다.

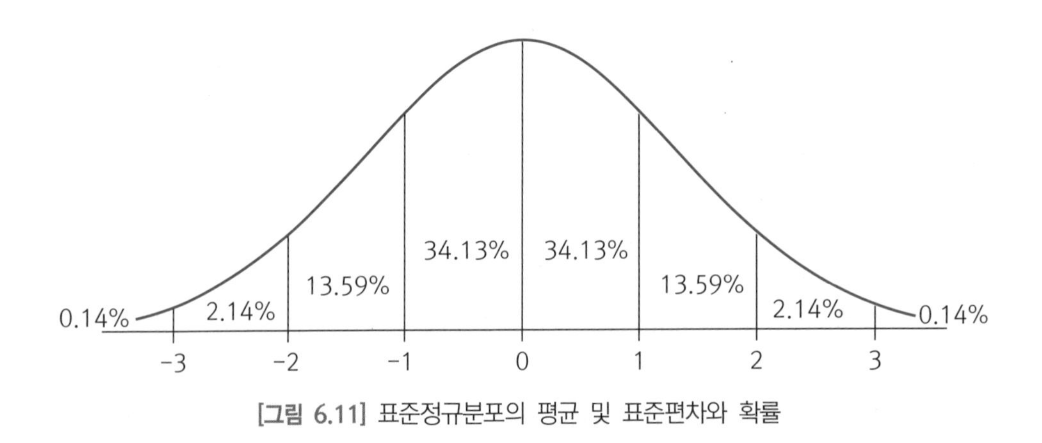

[그림 6.11] 표준정규분포의 평균 및 표준편차와 확률

표준정규분포에서는 평균 0을 중심으로 ±1 사이에 전체 점수의 68.26%가 위치하고, ±2 사이에는 전체 점수의 95.44%가 위치하며, ±3 사이에는 전체 점수의 99.72%가 위치하게 된다. ±3 사이를 벗어나는 점수는 전체의 0.28%에 불과하다. 표준정규분포는 통계학의 많은 분야에서 사용되는데 대표적인 것이 정규분포의 확률 계산과 통계적 검정이다. 정규분포의 확률 계산은 바로 아래에서 자세히 다룰 것이고, 표준정규분포가 통계적 검정에 사용되는 방식은 추리통계의 가장 기본적인 내용이며 뒷장에서 다루게 된다.

마지막으로 표준점수(z점수)와 표준정규분포(z분포)를 모두 이해한 상태에서 독자들이 주의해야 할 부분이 하나 있다. 표준점수와 표준정규분포가 반드시 연결되어 있는 것은 아니란 것이다. 많은 연구자가 표준점수를 해석하면서 자연스럽게 표준점수가 정규분포를 따르고 있다는 가정을 한다. 예를 들어, 어떤 고등학생이 교내에서 실시된 영어 시험에서 93점을 획득하였고, 이 점수를 z점수로 환산하면 2점이었다고 가정하자. [그림 6.11]을 보면 $z=2$는 상위 2.28%에 해당하는 점수이므로 이 학생의 상대적인 위치가 상위 2.28%에 해당한다고 해석한다. 하지만 이는 옳지 않다. 원점수를 표준화하여 표준점수를 만들었다고 하여 그 표준점수가 반드시 정규분포를 따르는 것은 아니다. 표준점수는 원점수가 정규분포를 따르지 않아도 얼마든지 계산하고 사용할 수 있다. 그리고 표준점수는 원점수의 분포를 변화시키지 못하므로 원점수가 편포되어 있으면 표준점수도 편포된다. 그러므로 $z=2$가 평균보다 상당히 높은 점수라는 정도의 해석은 일반적으로 가능하지만, 상위 2.28%에 해당한다는 해석은 원점수의 분포가 정규분포라는 가정이 추가로 필요하다. 실제로 사회과학의 많은 변수가 정규분포의 근사 형태를 만족하고 있으며 이러한 경우에 표준점수의 사용이 더 빛을 발하게 된다.

6.3. 정규분포의 확률

사회과학 분야의 연구자들은 여러 다양한 상황에서 확률과 관련한 질문이 생길 수 있다. 예를 들어, 우리나라 성인 남자 중 몸무게가 80kg을 넘는 사람들은 얼마나 많은지, IQ 100~120 사이에는 몇 퍼센트의 사람이 있는지 등이다. 만약 몸무게, IQ 등이 정규분포를 따른다고 가정하면 이 확률의 계산이 가능하다. 또한 반대로 우울검사에서 상위 1%에 해당하는, 즉 심각한 우울 상태를 가리키는 점수는 몇 점 이상인지 등도 궁금할 수 있다. 이 경우에도 만약 우울 점수가 정규분포를 따른다고 가정하면 이 점수의 계산이 가능하다. 먼저 전통적인 방식으로 표준정규분포표(부록 A)를 이용한 확률과 점수의 계산을 설명하고, R을 이용한 방식을 다음으로 소개한다. R을 이용하는 방법이 편리하고 쉽지만, 과거 컴퓨터가 없던 시대의 전통적인 방식의 확률 계산도 통계의 기본을 이해하는 측면에서 중요하다.

6.3.1. 점수를 통한 확률 계산

예를 들어, 한 연구자가 IQ 100~115 사이에 해당하는 확률을 구하고자 한다. 앞서 소개했듯이 IQ는 평균 100 및 표준편차 15로 설계되어 있는 표준화점수이다. IQ 100~115 사이는 $\mu \sim (\mu+\sigma)$ 사이이므로 [그림 6.9]를 이용하면 34.13%의 사람들이 속한다는 것을 알 수 있다. 만약 IQ 85~130 사이에 해당하는 확률을 구하고자 하면, $(\mu-\sigma) \sim (\mu+2\sigma)$ 사이이고, 34.13%, 34.13%, 13.59%를 더하여 81.85%라는 것을 역시 알 수 있다. 이는 앞선 연구자들이 미리 확률을 계산해 놓았기에 우리가 그 결과를 이용하는 것이다. 그런데 IQ 100~120 사이에 해당하는 확률을 구하고자 하면 [그림 6.9]를 이용할 수가 없다. $120(=\mu+1.33\sigma)$에 해당하는 확률 계산이 되어 있지 않기 때문이다. 이런 경우 다음의 식처럼 정규분포의 확률밀도함수를 적분하여 구할 수 있다.

$$\Pr(100 \le IQ \le 120) = \int_{100}^{120} \frac{1}{\sqrt{2\pi(15^2)}} e^{-\frac{(x-100)^2}{2(15^2)}} = 0.4088$$ [29]

---

29) 확률 표기에서 $\Pr(100 \le IQ \le 120)$은 $\Pr(100 < IQ < 120)$으로 써도 상관이 없다. 정규분포는 연속형이므로 한 점수에서의 확률이 0이기 때문이다. 그리고 한 가지 더, 사실 이 확률은 조금 더 복잡해질 수도 있다. IQ 점수가 개념적으로 반올림된 정수이기 때문이다. 이런 경우에 $\Pr(99.5 \le IQ < 120.5)$가 더 옳을 수 있으며 이를 연속성 수정(continuity correction)이라고 한다.

IQ 100～120 사이에는 약 41%의 사람들이 속하는 것을 알 수 있다. 그런데 다시 말하지만, 정규분포 밀도함수의 적분은 쉽지 않다. 이 책을 읽고 있는 대다수의 사회과학 분야 독자들은 아마 평생 본 적도 없을 것이다. 학자들이 많이 사용하는 정규분포 밀도함수의 적분 방식을 적용하면, 제일 먼저 변수의 치환을 해야 하고, 식 전체를 제곱하여 이중 적분(double integral)도 해야 하고, 극좌표(polar coordinate)를 이용한 변수 치환도 해야 하는 등 상당히 까다롭고 지루한 절차를 거쳐야 한다.

만약 누군가가 [그림 6.9]처럼, 하지만 훨씬 더 세밀하게 IQ의 확률을 모두 계산해 놓았다면 이 문제를 보다 쉽게 해결할 수 있을 것이다. 다시 말해, [그림 6.9]는 1표준편차(σ) 단위로 전체 정규분포를 쪼개서 확률을 계산해 놓은 것인데, 누군가가 IQ를 1점 단위로 쪼개서 모든 부분 확률을 계산해 놓았다면 IQ 100～120 사이의 확률을 구할 수 있다. IQ 100～120 사이뿐만 아니라 IQ 140 이상, IQ 90～100 사이의 확률도 모두 어렵지 않게 구할 것이다. 하지만 그런 복잡한 계산을 모두 해 놓은 사람이 있을 리 없다. 이유는 그러한 확률들을 모두 구하여 표로 만들어 놓아도 그 표는 오직 IQ를 연구하려는 사람들에게만 필요가 있을 뿐 다른 종류의 연구를 하는 사람들에게는 무의미하기 때문이다. 예를 들어, 누군가가 우리나라 성인 남자 중 몸무게 70～80kg 사이에 속하는 비율을 알고 싶다면 몸무게 정규분포에 맞는 또 다른 확률의 세트가 있어야 할 것이다. 이런 식이라면 각 분야의 연구자마다 모두 다 다른 정규분포 확률세트가 있어야 하는데 이는 쉬운 일이 아니다. 이 문제를 해결할 수 있는 것이 표준정규분포다.

우리는 모든 정규분포가 [그림 6.9]의 규칙을 따르는 것을 알고 있다. 즉, 확률과 평균 및 표준편차 사이에 존재하는 규칙은 평균과 표준편차 값에 상관없이 언제나 성립한다. 또한 우리는 임의의 정규분포를 따르는 변수 X는 표준화 작업을 통하여 표준정규분포를 따르는 변수 Z로 변환할 수 있다는 것도 알고 있다. 그렇다면 각각의 정규분포에 맞는 다수의 확률세트를 만들 것 없이 표준정규분포의 확률세트 하나만을 가지고도 모든 확률 계산을 할 수가 있다. 다시 말해, [그림 6.11]에는 표준정규분포를 1 단위로 쪼개서 확률을 계산해 놓았는데, 이를 0.1 또는 0.01 단위로 표준정규분포의 주요 영역(예를 들어, −3에서 3)에 걸쳐 세밀하게 확률을 계산해 놓은 표를 만들어 사용하는 것이다. [그림 6.12]에 제공된 IQ 100～120 사이의 확률을 구하는 예를 통해 이와 같은 방법을 이해하도록 한다.

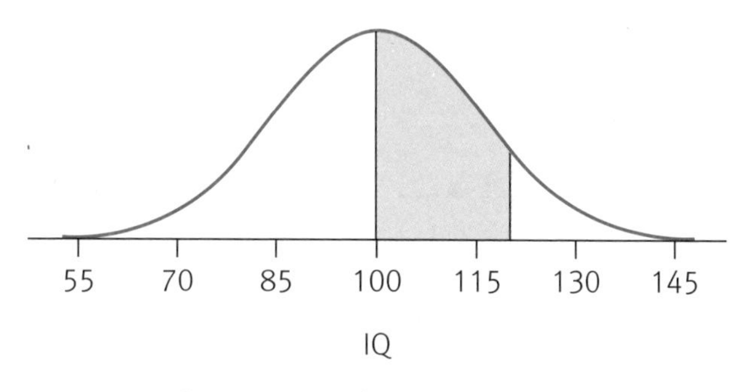

[그림 6.12] $\Pr(100 \leq IQ \leq 120)$

IQ 100은 표준화를 통해서 표준점수로 만들면 $z_1 = \dfrac{100-100}{15} = 0$이고, IQ 120은 표준점수로 만들면 $z_2 = \dfrac{120-100}{15} \approx 1.33$[30]이 된다. 이렇게 되면, [그림 6.12]에 보이는 IQ 100~120 사이의 확률 $\Pr(100 \leq IQ \leq 120)$은 [그림 6.13]에 보이는 표준점수 0~1.33 사이의 확률 $\Pr(0 \leq Z \leq 1.33)$으로 변환할 수 있다.

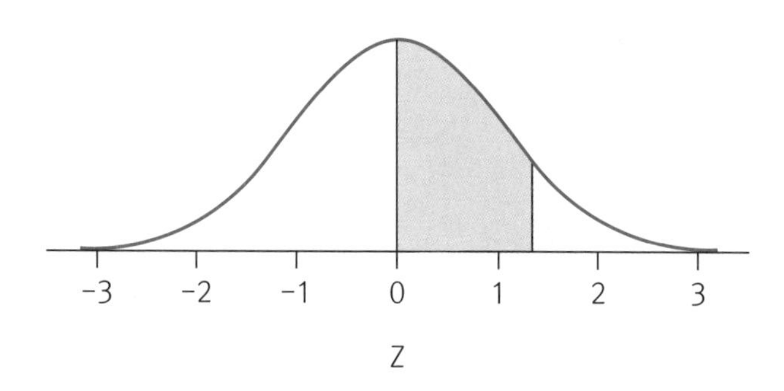

[그림 6.13] $\Pr(0 \leq Z \leq 1.33)$

부록 A에는 표준정규분포의 누적확률과 이에 해당하는 z값이 제공되어 있다. 표에서 $\Pr(0 \leq Z \leq 1.33)$은 찾을 수 없지만, 음의 무한대에서 일정한 z점수까지의 누적확률이 제공된다. $\Pr(0 \leq Z \leq 1.33)$을 구하고자 하면 [그림 6.14] 왼쪽에 제공되는 $z = 1.33$까지의 누적확률에서 오른쪽에 제공되는 $z = 0$까지의 누적확률을 빼 주면 된다.

---

30) $\approx$ 기호는 수학에서 근사적으로 동일하다(is approximately equal to)는 의미를 가지고 있다. 예를 들어, $\pi \approx 3.141592$와 같은 식으로 이용할 수 있다. 또한 $\approx$ 기호는 $\simeq$ 또는 ≒ 등으로 바꾸어 써도 의미상 큰 차이는 없다.

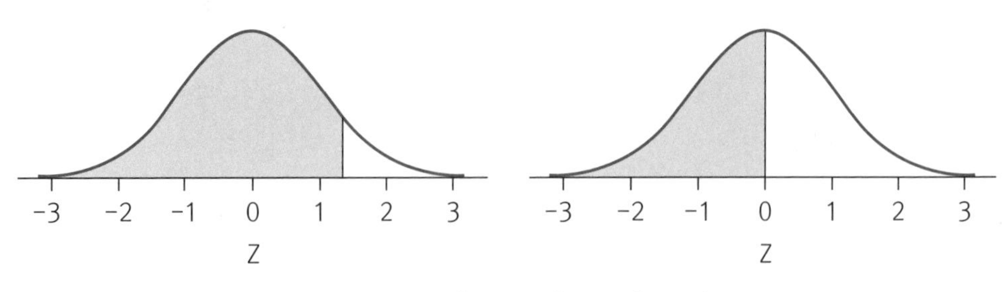

[그림 6.14] $\Pr(Z \leq 1.33)$과 $\Pr(Z \leq 0)$

그러므로 $\Pr(0 \leq Z \leq 1.33)$은 아래와 같이 계산할 수 있다.

$$\Pr(0 \leq Z \leq 1.33) = \Pr(Z \leq 1.33) - \Pr(Z \leq 0) = 0.9082 - 0.5 = 0.4082$$

R은 정규분포의 누적확률 계산을 위해 pnorm() 함수를 이용할 수 있다. 예를 들어, $\Pr(0 \leq Z \leq 1.33)$은 아래와 같이 계산할 수 있다.

```
> pnorm(1.33, 0, 1)
[1] 0.9082409

> pnorm(0, 0, 1)
[1] 0.5

> pnorm(1.33, 0, 1) - pnorm(0, 0, 1)
[1] 0.4082409
```

위의 예제에서 pnorm() 함수의 아규먼트는 세 개인데, 첫 번째는 누적확률을 구하고자 하는 정규분포의 점수이고, 두 번째와 세 번째는 확률 계산을 위해 참조한 정규분포의 평균과 표준편차다. 그러므로 pnorm(1.33, 0, 1) 명령어는 $\Pr(Z \leq 1.33)$을 계산하고, pnorm(0, 0, 1)은 $\Pr(Z \leq 0)$을 계산한다. 참고로 pnorm(1.33, 0, 1) 대신에 pnorm(1.33, mean=0, sd=1)로 아규먼트의 이름을 확실히 표현해 주어도 같은 결과를 얻는다. 최종적으로 마지막 줄을 확인하면 IQ 100~120 사이의 확률이 대략 41%라는 것을 알 수 있다.

위의 예제는 표준정규분포를 이용한 확률의 계산인데, 컴퓨터 프로그램인 R을 이용해서 확률을 구하고자 할 때 굳이 연구자가 변환과정을 진행할 필요가 없다. IQ 점수를 직접적으로 이용해서 $\Pr(100 \leq IQ \leq 120)$을 구하는 아래의 방식이 더 편리하고 정확하다.

```
> pnorm(120, 100, 15) - pnorm(100, 100, 15)
[1] 0.4087888
```

표준정규분포를 이용하여 구한 결과와 IQ 정규분포를 이용하여 구한 결과가 조금 다른데, 이는 120을 표준점수로 변환하는 과정에서 약간의 오차가 있기 때문이다. IQ 120은 표준점수로 변환하면 1.33으로 딱 떨어지지 않고, 1.333...으로서 3이 반복되는 무한소수이다. 그리고 앞의 각주에서 잠시 언급했듯이 정수값으로 반올림되는 IQ의 특성을 고려하면 연속성 수정을 사용한 아래의 계산방식이 더 정확할 수도 있다.

```
> pnorm(120.5, 100, 15) - pnorm(99.5, 100, 15)
[1] 0.4274307
```

위의 예제를 통해 표준정규분포표를 이용하는 전통적인 방법과 컴퓨터 프로그램인 R을 이용하는 방법을 모두 이해하였으리라 믿지만 하나의 예를 더 들고자 한다. 계속해서 IQ 분포를 이용하여 이번에는 [그림 6.15]에 보이는 IQ 80～112 사이의 확률을 구하는 예를 보인다.

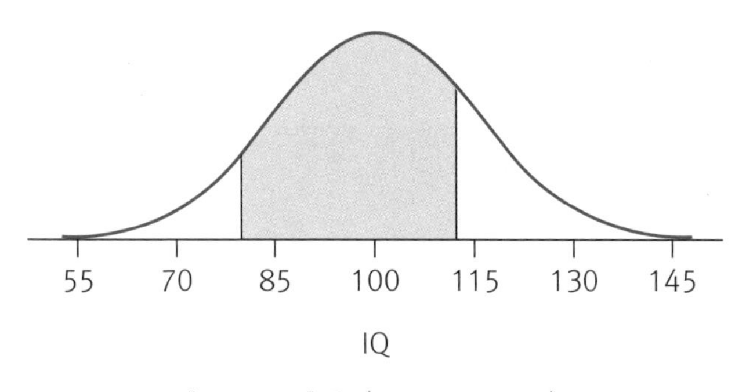

[그림 6.15] $\Pr(80 \le IQ \le 112)$

$\Pr(80 \le IQ \le 112)$는 표준점수 변환을 통해 $\Pr(-1.33 \le Z \le 0.8)$이 된다. 부록 A의 표준정규분포표에는 z가 음수인 경우가 제공되어 있지 않다. 그 이유는 정규분포가 좌우대칭의 분포이기 때문이다. $\Pr(-1.33 \le Z \le 0.8)$은 평균을 중심으로 나누어 계산하면 [그림 6.16]의 두 확률을 더한 값이 된다.

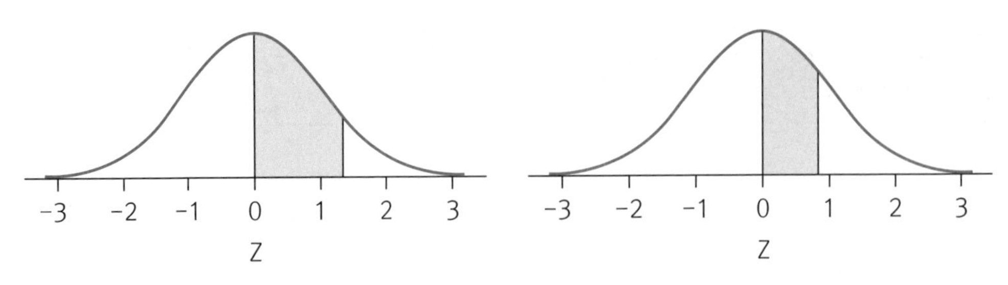

[그림 6.16] $\Pr(0 \le Z \le 1.33)$과 $\Pr(0 \le Z \le 0.8)$

위의 그림을 염두에 두고 부록 A를 이용하여 $\Pr(-1.33 \le Z \le 0.8)$의 확률을 계산하면 아래와 같다.

$$\begin{aligned}
&\Pr(-1.33 \le Z \le 0.8) \\
&= \Pr(0 \le Z \le 1.33) + \Pr(0 \le Z \le 0.8) \\
&= [\Pr(Z \le 1.33) - \Pr(Z \le 0)] + [\Pr(Z \le 0.8) - \Pr(Z \le 0)] \\
&= [0.9082 - 0.5] + [0.7881 - 0.5] \\
&= 0.4082 + 0.2881 = 0.6963
\end{aligned}$$

IQ 80~112 사이에 속할 확률은 대략 70%임을 확인할 수 있다. R을 이용해서 위 확률을 구하는 방법은 전통적인 방법보다 훨씬 더 간단하다. 부록 A는 지면을 절약하기 위해 z가 음수인 경우를 보여 주지 않았지만, 프로그램을 이용할 때는 얼마든지 음수를 사용할 수 있기 때문이다. 표준정규분포를 이용한 경우와 IQ 분포를 이용한 경우를 아래에 모두 보인다.

```
> pnorm(0.8, 0, 1) - pnorm(-1.33, 0, 1)
[1] 0.6963855

> pnorm(112, 100, 15) - pnorm(80, 100, 15)
[1] 0.6969334
```

역시 -1.33 때문에 결과에 미세한 차이가 나타나고 있지만, 거의 의미 없는 오차 수준의 차이라고 할 수 있다.

6.3.2. 확률을 통한 점수 계산

앞에서 점수가 주어진 경우에 확률을 계산하는 방법을 두 예제를 통하여 설명하였다. 반대로 확률이 주어지고 점수를 계산해야 하는 상황도 생길 수 있다. 예를 들어, [그림

6.17]과 같이 상위 10%에 해당하는 IQ 점수가 궁금할 수 있다.

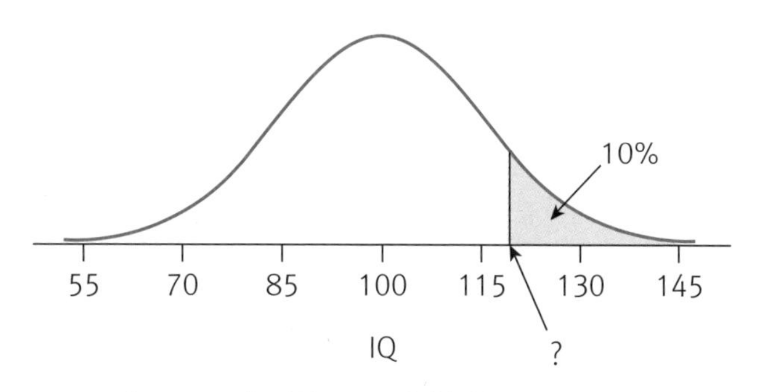

[그림 6.17] 상위 10%에 해당하는 IQ 점수

상위 10%라는 것은 누적확률 90%를 의미한다. 누적확률 90%에 해당하는 IQ 점수를 구하고자 하면, 먼저 누적확률 90%에 해당하는 z점수를 표준정규분포표에서 찾은 다음 $z = \frac{IQ-100}{15}$ 또는 $IQ = 100 + 15z$를 이용하여 IQ 점수를 찾아내면 된다. 그런데 표준정규분포표의 누적확률이 모든 가능한 z값과 그에 상응하는 누적확률을 보여 주고 있지 못하기 때문에 0.9000을 찾을 수가 없다. 대신에 [그림 6.18]처럼 $z = 1.28$일 때 누적확률 0.8997 및 $z = 1.29$일 때 누적확률 0.9015 두 개의 값을 찾을 수 있을 뿐이다.

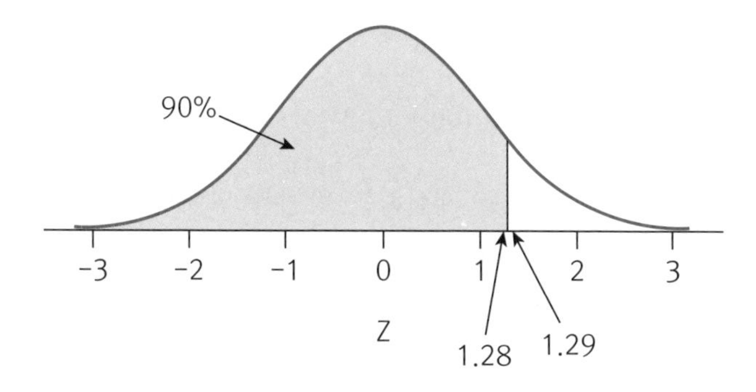

[그림 6.18] 누적확률 90%에 해당하는 두 개의 z점수

이때 [그림 6.19]처럼 앞에서 배운 선형내삽법을 이용할 수 있다.

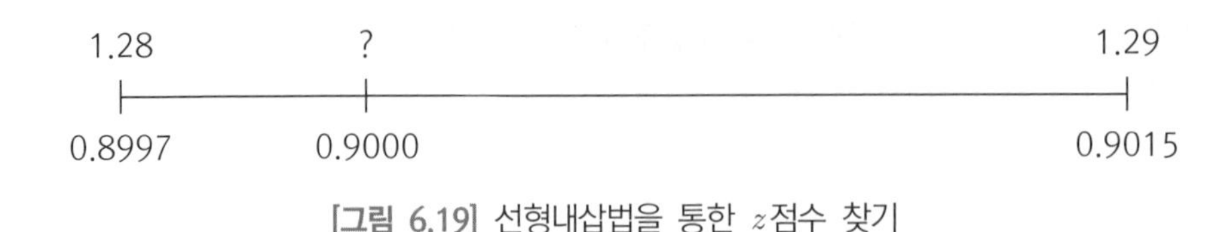

[그림 6.19] 선형내삽법을 통한 z점수 찾기

선형내삽법을 통해서 누적확률 0.9000에 해당하는 z점수를 구해 보면 1.2817이 나온다. 물론 이 값이 누적확률 0.9000에 해당하는 정확한 z점수를 의미하지는 않으며, 다만 합리적인 예측값을 의미한다. 이 값을 $IQ = 100 + 15z$의 z에 대입하여 IQ를 구할 수 있다.

실제 많은 상황에서 이렇게 선형내삽법까지 해서 z점수를 구해야 하는 건 아니다. 통계학은 수학이 아니다. 우리가 알고 싶은 건 상위 10%에 해당하는 대략적인 IQ의 점수이다. 그러므로 일반적인 상황에서 $z = 1.28$과 $z = 1.29$ 중 하나의 값을 임의로 정하는 것으로 충분하다. 0.9015에 비해 0.8997이 90%에 더 가까우므로 $z = 1.28$을 누적확률 90%에 해당하는 값으로 결정한다. 두 값 중에서 하나를 결정할 때 연구자가 가진 목적과 질문에 따라 조금 더 세심해야 할 때도 있다. 만약 연구자가 대략 상위 10%가 아니라 엄격하게 상위 10% 안쪽을 의미했다면 $z = 1.28$보다는 $z = 1.29$를 선택해야 한다. $z = 1.28$은 상위 10%의 바깥쪽에 위치하기 때문이다. 어쨌든 필자는 그렇게까지 엄격한 10%를 의미하지 않았으므로 $z = 1.28$을 IQ의 표준화 공식에 대입하여 아래와 같이 IQ 점수를 구했다. 이를 통해 상위 10%에 해당하는 IQ 점수는 대략 119임을 알 수 있다.

$$IQ = 100 + 15 \times 1.28 = 100 + 19.2 = 119.2$$

R을 이용하여 확률로부터 점수를 계산하는 방법은 위에서 보인 전통적인 방법보다 훨씬 더 쉽다. 점수로부터 확률을 계산하는 pnorm() 함수가 있다면, 반대로 확률로부터 점수를 계산하는 qnorm() 함수가 있기 때문이다. 아래에 제공되는 명령어는 누적확률 90%에 해당하는 z점수와 IQ 점수를 구하는 것이다.

```
> qnorm(0.90, 0, 1)
[1] 1.281552

> qnorm(0.90, 100, 15)
[1] 119.2233
```

위의 예제에서 qnorm() 함수의 아규먼트는 세 개인데, 첫 번째는 구하고자 하는 z점수 또는 IQ 점수에 해당하는 누적확률이고, 두 번째와 세 번째는 확률 계산을 위해 참조한 정규분포의 평균과 표준편차다. 그러므로 qnorm(0.90, 0, 1)은 평균이 0이고 표준편차가 1인 정규분포에서 누적확률 90%에 해당하는 z점수를 구하는 명령어다. 또한 qnorm(0.90, 100, 15)는 평균이 100이고 표준편차가 15인 정규분포에서 누적확률 90%에 해당하는 IQ 점수를 구하는 명령어다.

확률로부터 점수를 계산하는 작업은 실제 다양한 상황에서 매우 유용하다. 예를 들어, 어떤 병원이 내원하는 우울증 환자에 대해 위험군과 비위험군을 나누어 위험군에 대해 특별한 상담치료를 진행한다고 가정하자. 이 병원은 지난 몇 년 동안 내원한 많은 환자들에 대해 실시한 우울검사 자료를 가지고 있고, 이 검사의 평균은 65점, 표준편차는 7점인 것으로 분석되었다. 경험적으로 판단해 보건대, 내원한 환자 10명 중에서 3명 정도는 특별한 치료가 요구될 만큼 우울의 정도가 심각하였다. qnorm() 함수를 이용해서 해당하는 우울검사 점수를 구해 보면 아래와 같다.

```
> qnorm(0.70, 65, 7)
[1] 68.6708
```

다시 말해, 우울증 상위 30%에 해당하는 우울검사의 점수는 약 69점이었다. 이러한 결과를 가지고 병원은 우울검사 점수 69점 이상을 위험군으로 설정하고, 이후 내원한 환자들에 대해 우울검사를 실시하여 점수가 69점 이상인 경우에 대한 특별한 상담치료를 진행할 수 있다.

또 다른 예로 학생들의 지능지수를 연구하는 사람이 극단적인 IQ를 가진 학생들을 특별하게 관리하고자 한다고 가정하자. IQ가 매우 높은 학생들에게는 영재교육을 제공하고, 매우 낮은 학생들에게는 특수교육을 제공하려고 한다. 연구자는 '극단적'의 정의로서 5%를 임의로 설정하였다. 즉, IQ의 평균을 중심으로 평균에서 가까운 95%를 평범한 지능지수를 가진 학생들로 간주하고, 나머지 5%의 상·하위에 속하는 학생들을 극단적 지능지수를 가진 학생들로 간주한다. 즉, [그림 6.20]처럼 상위 2.5%와 하위 2.5%에 속하는 학생들의 IQ 경계값은 무엇인지를 찾아내야 한다.

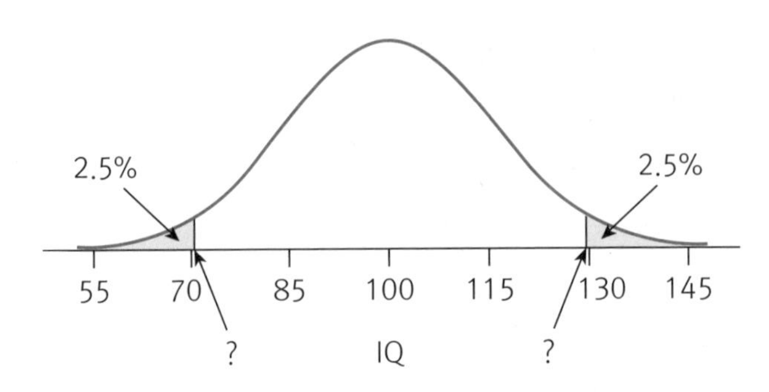

[그림 6.20] 상 · 하위 각 2.5%에 해당하는 IQ 점수

IQ 점수의 경계값을 찾기 위해 먼저 표준정규분포표를 이용하여 [그림 6.21]에 보이는 두 개의 경계값을 찾아낸다.

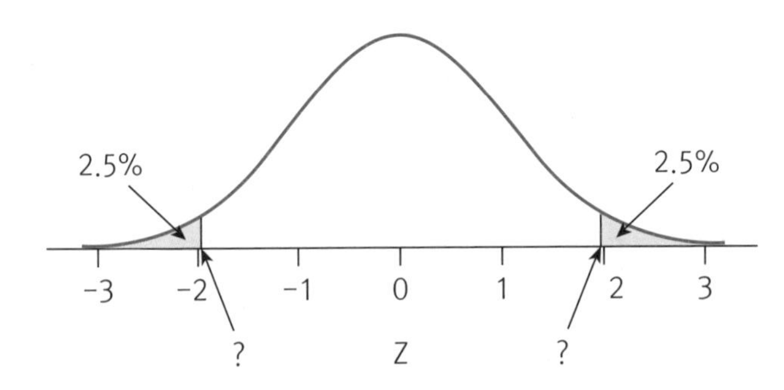

[그림 6.21] 상 · 하위 각 2.5%에 해당하는 z점수

[그림 6.21]에서 상 · 하위 각 2.5%에 해당하는 z점수는 1.96과 -1.96이다. 각 z점수에 해당하는 IQ 점수를 구하면 다음과 같다.

$$IQ_{z=1.96} = 100 + 15 \times 1.96 = 129.4$$
$$IQ_{z=-1.96} = 100 + 15 \times (-1.96) = 70.6$$

대략 상위 2.5%에 해당하는 IQ는 129이고, 하위 2.5%에 해당하는 IQ는 71임을 알 수 있다. 연구자는 IQ 129 이상의 학생들에게는 계획했던 영재교육을 제공하고, IQ 71 이하의 학생들에게는 특수교육을 제공하면 된다.

R의 qnorm() 함수를 이용하게 되면 이번에도 역시 매우 손쉽게 두 개의 IQ 경계값을 찾을 수 있다.

```
> qnorm(0.025, 100, 15)
[1] 70.60054

> qnorm(0.975, 100, 15)
[1] 129.3995
```

누적확률 2.5%와 97.5%에 해당하는 IQ 분포의 점수값을 제공하는 qnorm() 함수의 결과로 70.6과 129.4가 제공되었다. 이는 표준정규분포표를 이용하여 구한 값과 일치한다.

6.4. 왜도와 첨도

사회과학 연구를 비롯한 많은 통계학의 영역에서 자료의 정규성(normality), 즉 자료의 분포가 정규분포를 따르느냐를 중요하게 여긴다. 자료의 정규성을 확인하는 방법은 여러 가지가 있는데, 통계적 검정(statistical test)[31)]을 이용하기도 하고, 그래프를 통하여 확인하기도 하며, 왜도와 첨도를 사용하기도 한다. 제3장에서 분포의 모양에 대해 설명할 때 왜도와 첨도의 개념에 대해서 간략하게 그림과 함께 소개하였다. 왜도는 자료의 치우침의 정도를 말해 주는 개념인데 치우치지 않은 분포인 정규분포에 비교하여 설명하였고, 첨도는 자료의 뾰족함의 정도를 말해 주는 개념인데 역시 적당히 뾰족한 정규분포에 비교하여 설명하였다. 즉, 왜도와 첨도라는 개념은 근본적으로 정규분포와 밀접한 관련이 있다고 볼 수 있다. 왜도와 첨도를 조금 더 자세히 들여다보도록 하자.

6.4.1. 왜도

자료의 치우침의 정도를 나타내려는 많은 시도가 있어 왔으나 지금 현재 대부분의 사람들은 Pearson이 적률생성함수(moment generating function)의 3차 적률(3rd moment)을 이용하여 개발한 왜도를 사용한다. 이를 왜도계수(coefficient of skewness)

31) test를 검증이라고 번역하여 사용하기도 한다. 하지만 검증이라 하면 verification을 의미하는 것이 일반적이므로 적절한 번역은 아니라고 하겠다. 한국통계학회에서는 test에 대한 번역으로서 검정을 사용한다.

또는 왜도지수(index of skewness)라고 하고 표본에 적용하면 [식 6.10]과 같다.

$$\text{skewness} = \frac{\frac{1}{n}\sum_{i=1}^{n}(x_i - \overline{x})^3}{\left(\frac{1}{n-1}\sum_{i=1}^{n}(x_i - \overline{x})^2\right)^{\frac{3}{2}}} \quad \text{[식 6.10]}$$

만약 이 지수가 0에 가까우면 대칭적인 분포를 나타내고, 음수이면 부적편포, 양수이면 정적편포를 가리킨다. 결국 왜도는 0보다 크거나 작다면, 즉 왜도의 절대값이 커지면 정규분포의 가정 중에 하나인 대칭성을 위반하게 되는 구조이다.

R에는 왜도를 쉽게 계산할 수 있는 기본 함수가 없기 때문에 앞에서 보였던 것처럼 함수를 새로 만들든지, 아니면 왜도 함수를 제공하는 패키지를 설치해야 한다. 여러 패키지가 있지만 EnvStats 패키지(Millard, 2013)를 검색하여 설치하고, 패키지 탭에서 EnvStats의 왼쪽 네모칸에 체크하여 R로 로딩하였다. EnvStats 패키지의 skewness() 함수를 이용하여 시내주행연비 MPG.city의 왜도를 아래와 같이 추정하였다.

```
> skewness(MPG.city)
[1] 1.70443
```

MPG.city의 왜도 값이 1.704이므로 자료가 정적으로 편포(positively skewed)되어 있음을 알 수 있다. 경험적으로 판단해 보면, 1.704 정도의 값은 심각한 편포라고 할 수 없으며 정적으로 약간 편포된 정도라고 볼 수 있다. 참고로 변수 X가 평균이 100이고 표준편차가 15인 정규분포를 따른다고 가정하고 가상의 자료를 100만 개 생성해 낸 다음 왜도를 추정하였다. 또한 결과 비교를 위해 표준정규분포를 따르는 가상의 자료를 100만 개 생성해 낸 다음 왜도를 추정하였다.

```
> x <- rnorm(1000000, 100, 15)
> skewness(x)
[1] -0.002098203

> x <- rnorm(1000000, 0, 1)
> skewness(x)
[1] 0.0007232273
```

위에서 rnorm() 함수는 특정한 평균과 표준편차를 가진 정규분포를 따르는 모집단에서 무선적으로 값을 표집하는 함수이다. 그러므로 rnorm(1000000, 100, 15)는 평균이 100이고 표준편차가 15인 정규분포 모집단에서 100만 개의 값을 무선적으로 표집하는 명령어가 된다. 이렇게 표집된 정규분포 값들의 왜도 추정치는 거의 0이 된다. 또한 표준정규분포를 따르는 모집단에서 100만 개의 값을 무선 표집하여 왜도를 계산해도 역시 거의 0이 된다. 즉, 어떤 변수의 값들이 정규분포를 따른다면 그 변수의 왜도 추정치가 0이 될 것임을 예측할 수 있다. 정확하게 0이 나오지 않은 이유는 100만 개의 값이 어떤 조건을 만족하는 분포에서 무선적으로 표집한 것이므로 완벽하게 정규분포를 따르지는 않기 때문에 발생한 것이다. 이는 표집변동(sampling variation) 또는 표집오차(sampling error)라고 볼 수 있다.

6.4.2. 첨도

첨도의 정도 역시 수치로 나타내는 여러 방법이 존재하는데, 주로 Pearson이 적률생성함수의 4차 적률(4th moment)을 이용하여 개발한 것을 사용한다. 이를 첨도계수(coefficient of kurtosis) 또는 첨도지수(index of kurtosis)라고 하고 표본에 적용하면 [식 6.11]과 같다.

$$\text{kurtosis} = \frac{\frac{1}{n}\sum_{i=1}^{n}(x_i - \overline{x})^4}{\left(\frac{1}{n-1}\sum_{i=1}^{n}(x_i - \overline{x})^2\right)^2} \qquad \text{[식 6.11]}$$

[식 6.11]을 이용하여 정규분포의 첨도를 계산하면 3이 나오는데, 편의상 정규분포의 첨도를 0으로 맞춰 주기 위하여 위의 식에서 3을 뺀 값을 첨도의 지수(excess kurtosis)로 사용하는 것이 더욱 일반적이다. R이나 SPSS를 포함하여 우리가 사용하는 대부분의 통계 프로그램들이 [식 6.11]보다는 [식 6.12]를 사용한다.[32]

---

32) 한 가지 주의할 점은 R의 유명한 패키지 중 하나인 moments 패키지(Komsta & Novomestky, 2015)는 kurtosis() 함수가 excess kurtosis를 계산하지 않고 3을 빼지 않은 kurtosis를 계산하므로 주의해야 한다.

$$\text{excess kurtosis}=\frac{\frac{1}{n}\sum_{i=1}^{n}(x_i-\overline{x})^4}{\left(\frac{1}{n-1}\sum_{i=1}^{n}(x_i-\overline{x})^2\right)^2}-3 \qquad \text{[식 6.12]}$$

Pearson의 첨도지수는 실질적으로 분포의 뾰족함을 측정하지 않고 분포의 꼬리의 두꺼운 정도를 측정한다는 비판도 있으나, 우리 책의 범위를 벗어나는 논쟁이므로 이 부분에 대해 더 다루지는 않는다. 이제 EnvStats 패키지의 kurtosis() 함수를 이용하여 시내주행연비 MPG.city의 첨도를 추정해 보면 아래와 같다.

```
> kurtosis(MPG.city)
[1] 4.004306
```

위의 결과로부터 MPG.city의 분포가 정규분포보다 더 뾰족한 것을 알 수 있다. 경험적으로 보면 4.004 정도의 첨도 값은 정규분포에 비해 심각하게 뾰족하다고 할 수 있는 정도는 아니다. 참고로 변수 X가 평균이 100이고 표준편차가 15인 정규분포를 따른다고 가정하고 가상의 자료를 100만 개 생성해 낸 다음 첨도를 추정하였다. 또한 결과 비교를 위해 표준정규분포를 따르는 가상의 자료를 100만 개 생성해 낸 다음 첨도를 추정하였다.

```
> x <- rnorm(1000000, 100, 15)
> kurtosis(x)
[1] -0.005344396

> x <- rnorm(1000000, 0, 1)
> kurtosis(x)
[1] 0.002186198
```

평균이 100이고 표준편차가 15인 정규분포 모집단에서 표집된 100만 개의 값도, 평균이 0이고 표준편차가 1인 표준정규분포 모집단에서 표집된 100만 개의 값도 모두 첨도 값은 0에 가까웠다. 즉, 어떤 변수의 값들이 정규분포를 따른다면 그 변수의 첨도 추정치가 0이 될 것임을 예측할 수 있다.

제7장 표집이론

맨 앞 장에서 모집단과 표본 및 표집의 개념을 간단히 소개하였다. 연구자가 관심을 가지고 있는 모집단은 일반적으로 매우 커서 모두 조사할 수 없고, 따라서 모집단을 대표하는 표본을 무선적으로 추출하여 표본을 대상으로 연구를 진행하게 된다. 그리고 이러한 표본의 분석 결과를 모집단에 대하여 일반화하는 것이 추리통계 또는 추론통계의 전체적인 과정이다. 추리통계의 핵심 요소인 통계적 가설검정(statistical hypothesis test)을 제대로 이해하기 위해서는 이 관계를 보다 면밀하게 들여다보아야 한다. 이번 장에서는 통계적 가설검정의 기저에 있는 표집이론(sampling theory)에 대하여 설명한다. 특히 표집분포(sampling distribution)는 통계적 가설검정을 이해하기 위한 필수 관문이므로 주의 깊게 보아야 한다.

7.1. 표집분포의 이해

지금까지 우리가 다루어 왔던 모집단 또는 표본의 분포는 점수의 분포(distribution of scores)를 의미한다. 하지만 모든 분포가 점수의 분포를 의미하는 것은 아니다. 점수가 아닌 통계치 또는 추정치의 분포인 표집분포도 존재한다. 각 분포의 특징에 대하여 잘 이해하는 것이 필요하다.

7.1.1. 모집단의 분포

사회과학 또는 행동과학(behavioral science)의 영역에서 모집단이란 연구자가 연구의 대상으로 삼는 집단이며 결과를 도출하고자 하는 대상이다. 우리나라 성인 남성의 키에 관심이 있다면 모집단은 성인 남자가 되며, 5~15세 사이 자폐 아동(children with autism)의 읽기 능력에 관심이 있다면 5~15세 사이 자폐 아동이 모집단이 된다. 이렇게 연구대상을 모집단으로 간주하기도 하지만, 관심 있는 변수의 점수들을 모집단으로 보는 경우도 상당히 일반적이다. 예를 들어, 첫 번째 예에서는 우리나라 성인 남자의 키 점수들이 모집단이 되고, 두 번째 예에서는 5~15세 사이 자폐 아동들의 읽기능력 검사 점수가 모집단이 되는 것이다. 이러한 모집단 점수들의 분포를 모집단의 분포(distribution of a population)라고 한다.

모집단의 분포를 확인하기 위해서는 모집단의 전체 점수가 필요한데, 현실적으로 모집단의 모든 점수를 파악하는 것은 불가능에 가깝다. 드물게 교육 영역에서 고등학교 3학년 전체 학생의 적성검사나 수학능력시험 점수 등을 획득하는 경우가 있는데, 이는 정부 또는 정부출연 산하기관이 관여함으로써 가능해진 것이다. 심리학이나 다른 사회과학 영역의 연구에서 개별 연구자가 모집단의 모든 점수를 확보한 경우를 적어도 필자는 아직까지 보지 못했다. 다시 말해, 일반적인 경우에서 모집단의 점수를 확보하는 것은 가능하지 않다는 것이다. 모집단의 점수를 확보할 수 없으므로 모집단의 정확한 분포를 파악하는 것도 가능하지 않다. 그러므로 모집단의 분포는 경험이나 이론에 의해 이러이러할 것이라고 추측하거나 가정하게 된다. 예를 들어, 우리나라 성인 남자 2,000만 명의 키가 대략 평균 175이고 표준편차 3인 정규분포를 따른다고 가정하면 [그림 7.1]과 같은 모양이 되고, 우리나라 도시근로자 1,000만 명의 월소득이 대략 평균 400만 원(중앙값 300만 원)이고 표준편차 150만 원인 정적으로 편포된 분포를 따른다고 가정하면 [그림 7.2]와 같은 모양이 될 것이다.

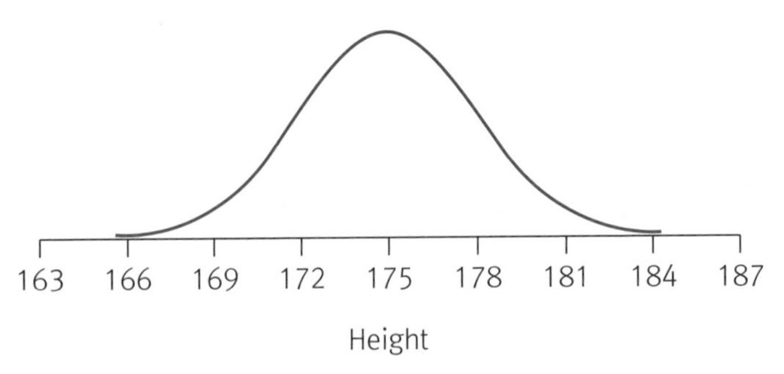

[그림 7.1] 성인 남자 모집단의 키 분포(단위: cm)

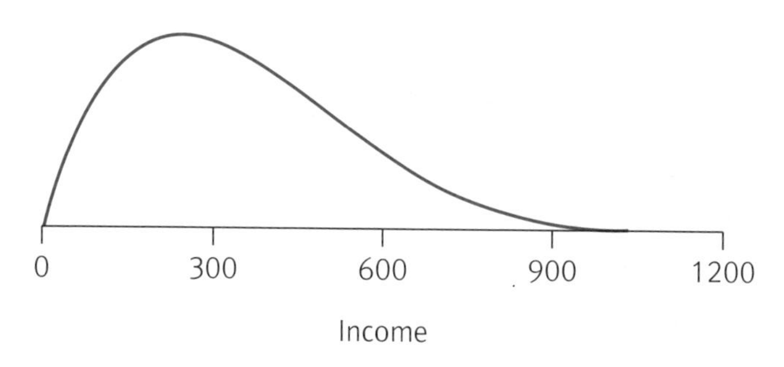

[그림 7.2] 도시근로자 모집단의 월소득 분포(단위: 만 원)

[그림 7.1]과 [그림 7.2]에서 모집단의 분포를 알고 있다는 가정하에 모집단 분포의 예를 제공하였으나, 현실에서 모집단의 분포나 모수를 알고 있는 경우는 극히 드물다. 연구자는 모집단에 관심이 있음에도 불구하고 실제로 엄청난 크기의 모집단을 통째로 연구할 수는 없으며 모수를 파악할 수 있는 기회도 없다고 볼 수 있다.

7.1.2. 표본의 분포

이러한 이유로 연구자들은 모집단으로부터 표본을 추출하여 자료를 분석한다. 첫 장에서 설명한 대로 표본은 모집단의 일부로서 모집단을 잘 대표하고 있어야 한다. 그래야만 표본의 분석 결과를 이용하여 모집단에 대하여 추론할 수 있다. [그림 7.3]은 우리나라 성인 남자를 무선적으로(randomly) 1,000명 추출하여 키를 측정한 표본의 히스토그램이다. 이와 같이 모집단의 일부, 즉 표본에 있는 점수들의 분포를 표본의 분포(distribution of a sample)라고 한다.

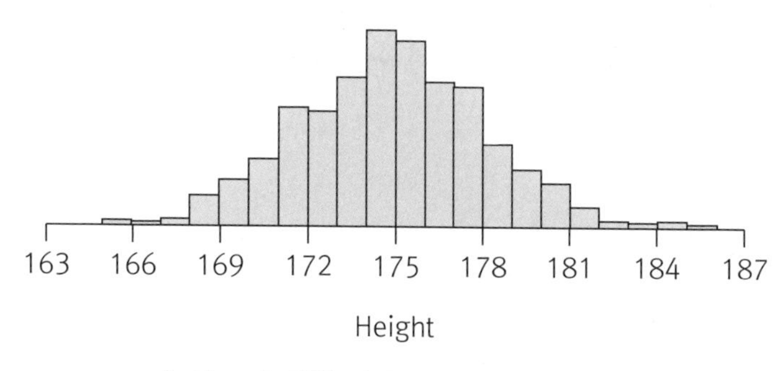

[그림 7.3] 성인 남자 1,000명의 키 분포

위의 히스토그램을 보면, 전체 점수의 개수가 1,000밖에 안 되어 [그림 7.1]의 모집단 분포처럼 부드러운 곡선으로 표현되지는 않지만, 전반적으로 모집단의 분포를 잘 대표하고 있는 것으로 보인다. 다시 말해, 표본을 잘 추출하면, 표본의 분포는 모집단의 분포와 대체로 비슷한 형태, 비슷한 평균, 비슷한 표준편차를 가지게 된다. 더불어, 표본의 크기를 키워 나가면 표본의 분포는 모집단의 분포에 점점 더 가까워진다. 표본의 크기를 계속 키워 나가 결과적으로 만약 표본의 크기가 모집단의 크기와 같아지면 표본의 분포는 모집단의 분포와 동일하게 된다. 하지만 모집단의 크기와 동일한 표본의 크기를 획득하는 일은 없을 것이다. 한정된 자원을 가진 연구자로서 모집단을 대표하는 적정한 크기의 표본을 결정하고 수집하는 것이 필요하다. [그림 7.4]는 우리나라 도시근로자 1,000명을 무선적으로 추출하여 월소득을 측정한 표본의 히스토그램이다.

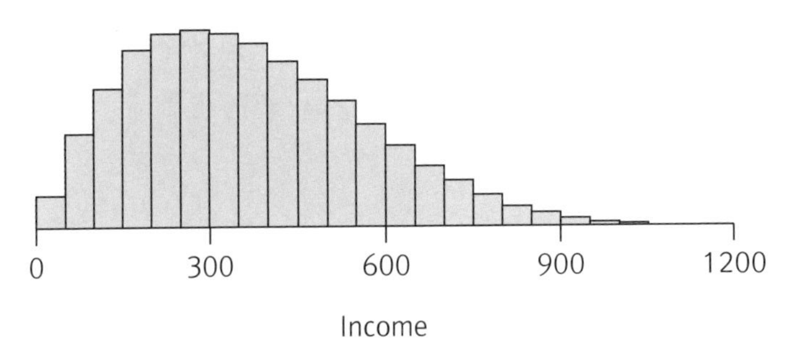

[그림 7.4] 도시근로자 1,000명의 월소득 분포

위의 히스토그램 역시 완벽하게 모집단을 대표하고 있지는 않으나 전반적으로 상당히 잘 대표하고 있는 것으로 보인다. 다시 말해, 정적으로 편포된 모집단에 대해 정적으로 편포된 표본의 분포를 확인할 수 있다. 또한 평균과 표준편차 역시 모집단의 분포와 큰 차이가 없는 것도 볼 수 있다. 이 역시 표본크기를 계속해서 키워 나가면 모집단을 점점 더 잘 대표할 수 있겠으나, 한정된 자원을 가진 연구자는 적정한 표본크기를 결정해야 한다.

7.1.3. 표집분포

지금까지 위에서 설명한 분포들은 모집단이든 표본이든 모두 키의 분포 및 월소득의 분포이다. 즉, 실제 점수들의 분포이다. 통계적 검정을 위해 핵심적으로 이용하게 될 표집분포(sampling distribution)는 점수의 분포가 아닌 통계치(statistic) 또는 추정치(estimate)의 분포를 가리킨다. 예를 들면, $\overline{X}$의 분포 또는 s^2의 분포 등이 바로 표집분포이다. 언뜻 생각하기에 연구자가 가진 표본에 기반하고 있는 $\overline{X}$의 분포 또는 s^2의 분포라는 것이 가능할까 싶다. 분포를 형성한다는 것은 상당히 많은 값이 필요한 것인데, $\overline{X}$ 및 s^2는 하나의 표본에서 하나의 값만 계산이 된다. 그러므로 일반적으로 통계학에서 이야기하는 표집분포는 이렇게 진짜 표본에서 계산된 진짜 통계치들의 분포가 아니다. 표집분포는 통계치의 실제분포(empirical distribution)가 아닌 표집이론을 통하여 만들어진 가상의 이론적인 분포(theoretical distribution)이다.[33]

[그림 7.5]에 모집단으로부터 $n = 500$인 가상의 반복적인 표집과정을 통해 추정치 $\hat{\theta}$(theta hat)의 표집분포를 이론적으로 만들어 내는 과정이 제공된다. 이 표집과정에서 표본의 크기는 일정하게 유지되어야 한다.

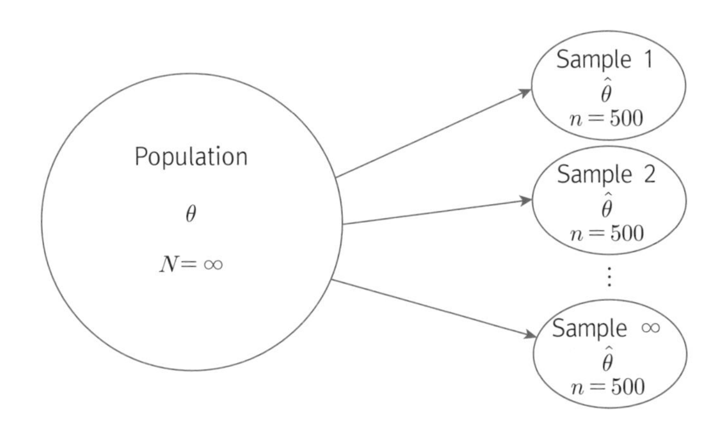

[그림 7.5] $n = 500$인 가상의 반복적인 표집과정

임의의 모수는 θ(theta)[34]이고, 모집단의 크기는 매우 크다는 의미로 무한대(∞)라고 가정한다. 모집단으로부터 가상으로(상상으로) $n = 500$인 표본 1(Sample 1)을 표집하여 모수의 추정치 $\hat{\theta}$을 구하고, 또 가상으로 $n = 500$인 표본 2(Sample 2)를 표집하여 모수의 추정치 $\hat{\theta}$을 구하고, 이런 식으로 무한 반복하여 $n = 500$인 표본 무한개를 표집하여 모수의 추정치 $\hat{\theta}$을 구한다. 이렇게 하면 연구자에게는 무한개의 표본과 무한개의

33) 부스트래핑(bootstrapping) 표집 기법을 이용하여 통계치의 경험적인 분포(empirical distribution), 즉 실제 통계치에 기반한 표집분포를 만들어 내는 방법도 있으나 이 책의 범위를 벗어나므로 자세한 설명은 생략한다.

34) 통계학에서 특정한 모수가 아닌 임의의 모수를 가리킬 때 θ를 사용한다. θ는 평균이 될 수도 있고, 중앙값이 될 수도 있으며, 분산이 될 수도 있고, 표준편차가 될 수도 있다.

$\hat{\theta}$이 존재한다. 상상 속에서 표집을 진행하였으므로 각각의 $\hat{\theta}$이 무엇인지는 모르지만, 수학적인 이론에 의하여 $\hat{\theta}$들이 무슨 분포를 따르는지는 결정할 수 있다. $\hat{\theta}$들이 무슨 분포를 따르는지는 $\hat{\theta}$이 어떤 통계치인지에 달려 있다. 만약 $\hat{\theta}$이 $\overline{X}$라면 $\hat{\theta}$들의 분포는 정규분포이며, $\hat{\theta}$이 s^2라면 $\hat{\theta}$들의 분포는 약간의 변환을 통하여 χ^2(chi square)분포가 된다.[35)]

표집분포를 완전히 이해하기 위해서는 위에 설명한 표집과정에서 발생하는 오차에 대한 이해가 필요하다. 예를 들어, 연구자가 관심 있어 하는 모수 $\theta = 10$이라고 가정하자. 가상의 표본 1부터 표본 ∞까지 모든 추정치 $\hat{\theta}$이 전부 다 10일까? 아마도 어떤 $\hat{\theta}$은 9.8, 또 어떤 $\hat{\theta}$은 10.1, 또 다른 $\hat{\theta}$은 10 등으로 매우 다양한 값을 가지게 될 것이다. 이렇게 다른 $\hat{\theta}$들이 발생하는 이유는 너무 당연하게도 모든 표본이 동일한 점수들을 포함하고 있지 않으며, 또 표본들이 모집단을 완전하게 대표할 수는 없기 때문이다. 이렇게 표본이 모집단을 완전하게 대표할 수 없음으로써 발생하는 모집단과 표본의 차이를 표집의 과정에서 발생하였으므로 표집오차(sampling error)라고 한다. 한 번이든, 두 번이든, 무한 번이든 표집의 과정이 있는 곳에는 언제나 표집오차가 발생한다. 표집오차가 있으므로 표집분포가 변동성, 즉 분산도를 갖게 된다. 이 추정치($\hat{\theta}$)들의 분산도를 측정하기 위해 분산을 추정할 수 있고 표준편차도 추정할 수도 있다. 특히 추정치 $\hat{\theta}$들의 표준편차를 표준오차(standard error)라고 하며, 표준오차는 표집오차의 정도를 반영한다. 만약 표본이 모집단으로부터 충분히 무선적으로 잘 표집되지 않았다면 $\hat{\theta}$들은 크고 작은 매우 다양한 값이 나오게 되고 표준오차는 상당히 큰 값이 될 것이다. 또는 극단적으로 만약 표집오차가 전혀 없어서 모든 표본이 완전하게 모집단을 대표한다면 위의 예제에서 모든 $\hat{\theta}$이 10이 될 것이고 결과적으로 $\hat{\theta}$들의 표준편차, 즉 표준오차는 0이 될 것이다.

7.2. 표본평균의 표집분포

위에서 설명했듯이 표집분포의 종류는 통계치 또는 추정치가 무엇이냐에 따라 결정되므로 상당히 여러 종류가 존재한다. 그중에서 표본평균 $\overline{X}$의 표집분포는 가장 기본적

35) χ^2분포는 제18장에서 자세히 다룬다.

인 통계적 검정(z검정)을 이해하는 데 있어서 필수불가결한 개념이므로 매우 자세히 그 이론과 특성을 이해해야 한다. 표본평균 $\overline{X}$는 알다시피 모집단평균 μ의 추정치이다. [그림 7.6]에 μ의 추정치 $\overline{X}$의 이론적인 표집분포를 구하기 위한 도식이 제공된다.

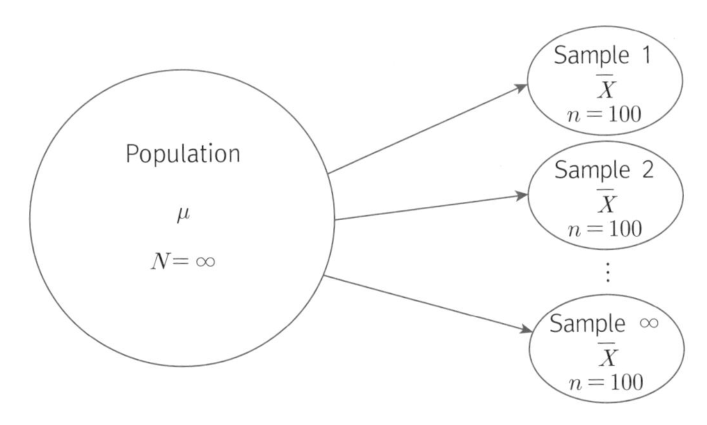

[그림 7.6] $n=100$인 표본의 반복적인 표집과정

앞서 설명한 대로 가상으로 표집한 표본들에 기반한 무한한 $\overline{X}$의 개별적인 값들은 알 수가 없다. 하지만 이론적으로(수학적으로) $\overline{X}$들이 이루는 표집분포의 세 가지 특성은 통계학자들에 의하여 밝혀져 있다. 첫째, 모든 가능한 표본평균 $\overline{X}$들의 모평균 $\mu_{\overline{X}}$ (mu x bar)는 모집단의 평균 μ(또는 μ_X)와 동일하다. 이를 수식으로 표현하면 [식 7.1]과 같다.

$$\mu_{\overline{X}} = \mu \quad \text{[식 7.1]}$$

위의 식은 [그림 7.6]의 표집이론상에서 가상의 표집을 통해 추정된 모든 $\overline{X}$들의 평균이 μ라는 것을 의미한다. 표집이론상에서 모든 $\overline{X}$들의 평균을 $\overline{X}$의 기대값(expected value of $\overline{X}$)이라고 하고 $E(\overline{X})$(e x bar)로 표기하는데, 이것이 μ라는 의미이고 이는 [식 7.2]와 같이 표현하기도 한다.

$$E(\overline{X}) = \mu \quad \text{[식 7.2]}$$

이렇게 모든 $\overline{X}$들의 평균이 μ라는 것은 $\overline{X}$가 μ를 과대추정(overestimate)하지도 과소추정(underestimate)하지도 않는다는 의미이고, 이때 $\overline{X}$는 μ의 불편향 추정량 또는 불편추정량(unbiased estimator)[36]이라고 부른다.

$\overline{X}$의 첫 번째 특성은 사실 직관적으로도 이해 가능하다. 만약 한 번의 표집을 했다면 한 개의 $\overline{X}$의 평균은 바로 그 $\overline{X}$이고, 이 값은 μ에 가까울 수도 그렇지 않을 수도 있다. 만약 표집의 횟수를 10번으로 늘린다면 10개의 $\overline{X}$들은 μ보다 큰 것도 작은 것도 있을 수 있겠지만, 10개의 $\overline{X}$들의 평균은 아무래도 μ에 더 다가갈 것이다. 만약 표집의 횟수를 10,000번으로 늘린다면 개별적인 $\overline{X}$들은 μ와 다를 수도 있겠지만, 10,000개의 $\overline{X}$들의 평균은 이전보다 훨씬 더 μ에 가까워졌을 것이다. 표집이론은 기본적으로 무한개의 표본에 기반하고 있으므로 $E(\overline{X})$는 확실히 μ와 같게 된다.

둘째, 표본평균 $\overline{X}$의 분산도는 표본크기가 커짐에 따라 작아진다. 바로 앞에서 표집분포를 소개할 때 설명했듯이, 표본크기가 커지면 표본이 모집단을 더 잘 대표하므로 자연스럽게 표집오차가 줄어들게 된다. 표집오차가 줄어든다는 것은 표집오차의 정도를 수량화한 표준오차의 값도 작아지게 된다는 것을 의미한다. 이 관계를 더욱 세밀하게 표현하면, [식 7.3]처럼 표본평균 $\overline{X}$들의 모분산 $\sigma^2_{\overline{X}}$(sigma x bar squared 또는 sigma squared x bar)는 모집단의 분산 σ^2를 표본크기 n으로 나눈 값과 같다.

$$\sigma^2_{\overline{X}} = \frac{\sigma^2}{n} \quad \text{[식 7.3]}$$

이는 결국 [식 7.4]처럼 $\overline{X}$의 표준오차 $\sigma_{\overline{X}}$(sigma x bar)가 모집단의 표준오차 σ를 $\sqrt{n}$으로 나누어 준 것과 동일하다는 의미이다.

$$\sigma_{\overline{X}} = \frac{\sigma}{\sqrt{n}} \quad \text{[식 7.4]}$$

위의 두 식은 기본적으로 동일한 것으로서 표본평균 분포의 분산도가 모집단의 분산도와 표본크기 두 가지에 달려 있다는 것을 의미한다. 그리고 표본평균의 분산도는 원점수의 분산도에 비해서 언제나 더 작다는 것도 기억해야 한다. 오직 $n=1$일 때를 제외하면 $\sigma_{\overline{X}}$는 언제나 σ보다 작음을 [식 7.4]를 통해 알 수 있고, 사실 그 어떤 사회과학 연구에서도 표본크기가 1인 경우는 상상하기 힘들다. 이렇게 표본크기가 커짐에 따라

36) 통계학에서 추정량(estimator)과 추정치(estimate)는 같은 개념이면서도 다른 정의를 갖는다. 추정량은 표집분포에서의 변수이고, 추정치는 특정한 하나의 값이다. 예를 들어, 우리나라 성인 남성의 평균 몸무게 μ의 추정량은 표본평균 $\overline{X}$이고, 추정치는 75kg이다. 많은 책들이 의도적이든 실수든 이 차이를 잘 구분하지 않으며, 이 책에서도 이 둘 사이의 구분을 심각하게 두지 않는다.

표본평균 $\overline{X}$의 분산도가 작아질 때, $\overline{X}$는 μ의 일치추정량(consistent estimator)이라고 불린다. 일치추정량이란 표본크기가 증가함에 따라 모수의 더 정확한(precise) 추정치가 되어 간다는 것을 의미한다. 다시 말해, 표본크기가 증가함에 따라 $\overline{X}$는 μ의 더욱더 정확한 추정치가 된다.

마지막으로 셋째, 표본크기가 충분히 크다면(large enough) 표본평균 $\overline{X}$는 원점수 X의 분포와 관계없이 이론적으로 정규분포를 따른다. 다시 말해, 원점수의 분포가 편포되어 있거나 봉이 두 개여도 이런 것에 상관없이 표본평균은 정규분포를 따른다는 것이다. 이때 표본의 크기가 충분히 커야 하는데, 학자마다 $n=25$, $n=30$, $n=50$ 등 서로 일치되지 않는 크기를 제안한다. 사실 정확히 얼마만큼 커야 하는지는 말하기는 매우 어려우며, 통계학에서 그런 경우에 쓰는 표현이 '충분히 큰(large enough)'이다. 만약 원점수가 정규분포를 따른다면 표본크기가 매우 작아도 표본평균은 정규분포를 따르며, 원점수가 정규분포와 거리가 있는 형태의 분포를 보인다면 표본크기가 상당히 커야 표본평균이 정규분포를 따른다. [그림 7.7]은 모집단의 키 점수가 [그림 7.1]처럼 정규분포를 따를 때 표본크기에 따른 표집분포의 대략적인 변화이다.

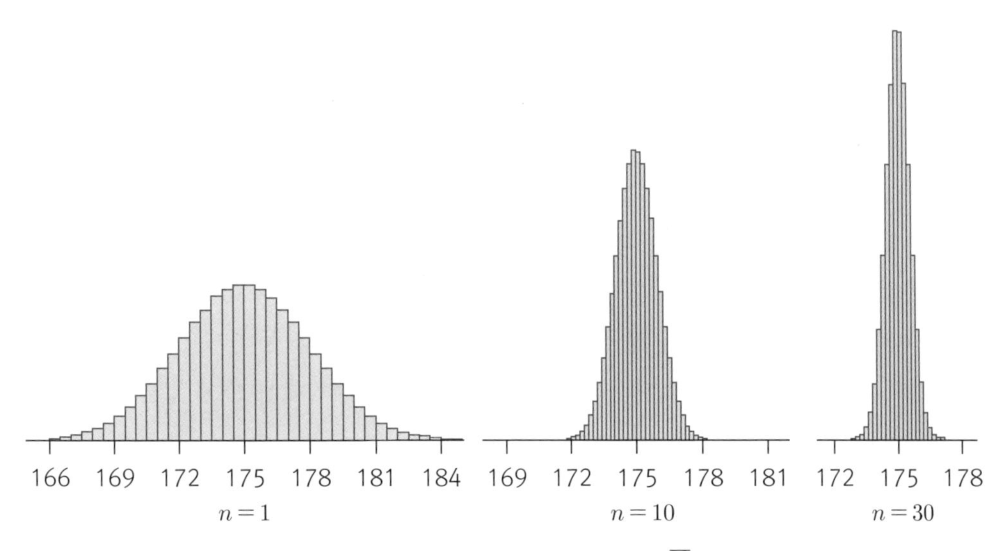

[그림 7.7] 모집단이 정규분포일 때 표본크기에 따른 $\overline{X}$ 표집분포의 변화

위의 그림은 R을 이용하여 100만 번의 표집을 실제로 실시하여 히스토그램을 그린 것이다. 표집이론에서 수학적으로 표집의 횟수는 무한대이지만, 실제로 그와 같은 표집을 할 수는 없으므로 위의 그림을 그리기 위해 100만 번의 표집을 하였다. 그림에서 파

악할 수 있듯이 모집단이 정규분포를 따르는 경우에는 표본크기가 매우 작을 때도, 즉 $n=1$일 때도 표집분포는 정규분포이고, 표본의 크기가 커져도 여전히 정규분포임을 알 수 있다. 표본의 크기가 커짐에 따라 달라지는 것은 표집분포의 분산도가 계속해서 줄고 있다는 것이다. 이는 $\overline{X}$ 표집분포의 두 번째 특성이다. [그림 7.8]은 모집단의 월 소득 점수가 [그림 7.2]처럼 정규분포를 따르지 않을 때 표본크기에 따른 표집분포의 변화이다.

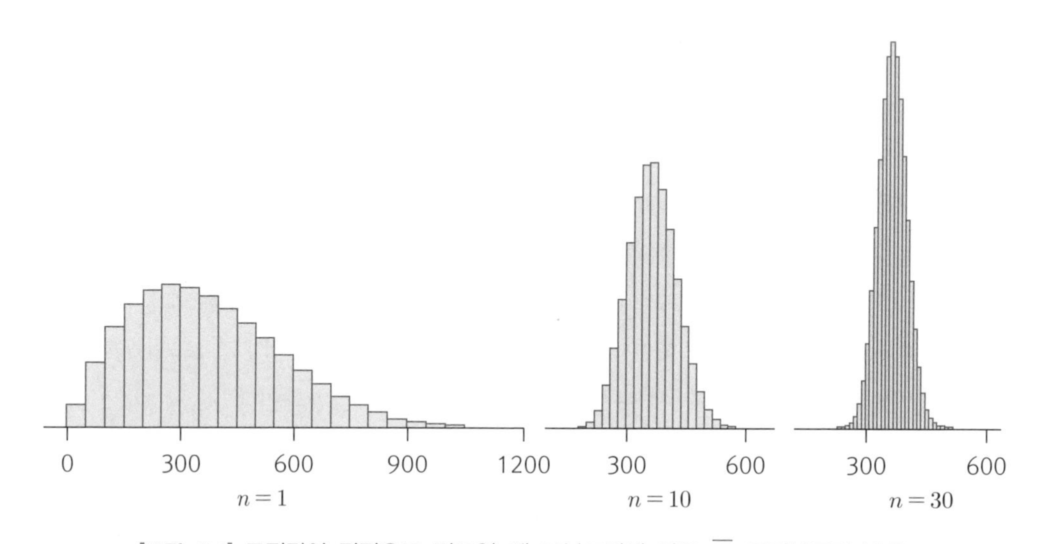

[그림 7.8] 모집단이 정적으로 편포일 때 표본크기에 따른 $\overline{X}$ 표집분포의 변화

위의 그림을 보면 $n=1$일 때 표집분포의 형태가 정적편포된 모집단의 분포와 거의 다르지 않다. $n=10$일 때는 표본평균의 표집분포가 정규분포에 상당히 근접해 있기는 하나 아직은 약간 정적으로 편포되어 있음을 확인할 수 있다. $n=30$이 되면 중심에 대해 거의 좌우대칭의 형태로서 정규분포라고 충분히 할 수 있을 듯하다. 또한 앞서와 마찬가지로 표본크기가 커짐에 따라 표집분포의 분산도가 계속해서 줄고 있는 것도 확인할 수 있다.

모집단의 변수가 평균이 μ이고 표준편차가 σ인 어떤 분포(정규분포일 필요는 없다)를 따르고 있다고 가정할 때, 충분한 표본크기에 기반한 표본평균 $\overline{X}$의 표집분포의 첫 번째, 두 번째, 세 번째 특성을 모두 종합하면, [그림 7.9] 및 [그림 7.10]과 같이 설명할 수 있다.

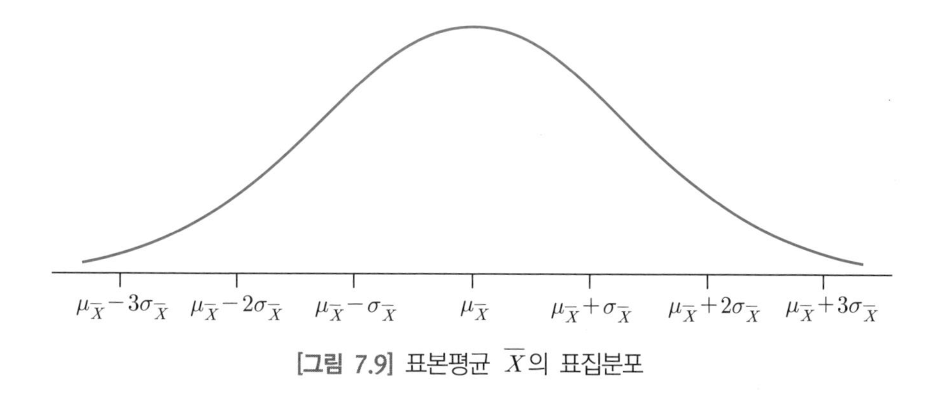

[그림 7.9] 표본평균 $\overline{X}$의 표집분포

[그림 7.9]는 표본평균 $\overline{X}$의 표집분포가 정규분포를 따르고 정규분포의 평균은 $\mu_{\overline{X}}$이며 표준편차(표준오차)는 $\sigma_{\overline{X}}$임을 의미한다. 이를 통계학적 기호를 이용해 표기하면 $\overline{X} \sim N(\mu_{\overline{X}}, \sigma^2_{\overline{X}})$와 같다.

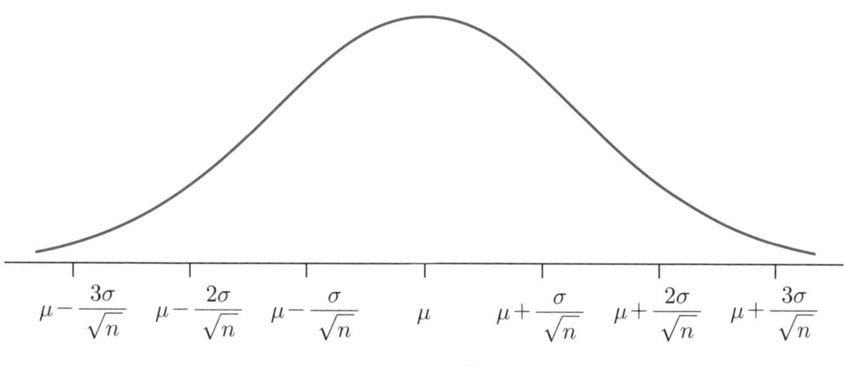

[그림 7.10] 표본평균 $\overline{X}$의 표집분포

[그림 7.10]은 표집이론에 따라서 [그림 7.9]를 풀어 그린 것이다. [그림 7.10]은 표본평균 $\overline{X}$의 표집분포가 정규분포를 따르고 결국 정규분포의 평균은 μ이며 표준오차는 $\frac{\sigma}{\sqrt{n}}$임을 의미한다. 이를 통계학적 기호를 이용해 표기하면 $\overline{X} \sim N\left(\mu, \frac{\sigma^2}{n}\right)$와 같다.

7.3. 표집분포의 확률

앞 장에서는 원점수든 변환점수든 점수들이 정규분포를 따른다고 가정하고 다양한 상황에서 확률 계산 및 점수 계산을 하였다. 이번 장에서는 추정치 $\overline{X}$가 정규분포를 따를 때의 확률을 설명한다. 마찬가지로 먼저 표본평균 $\overline{X}$를 통해 확률을 계산하는 방법을 설명하고, 다음으로 확률에 해당하는 $\overline{X}$를 찾는 방법을 보인다. 표집분포를 이용한 확률의 계산은 통계적 검정과 직접적으로 연결되어 있는 개념이다.

7.3.1. 표본평균을 통한 확률 계산

앞에서 사용했던 IQ 예제를 다시 이용해 보자. 알다시피 표준화점수 IQ는 평균이 100이고 표준편차가 15인 정규분포를 따른다고 가정한다. 편의상 IQ를 변수 X라고 표기하면 $X \sim N(100, 15^2)$이다. 먼저 표집분포를 이용한 확률 계산 이전에 표집분포의 형태를 결정하자. 만약 $n=25$로 무한의 가상 표집을 진행하면 $\overline{X}$들은 정규분포를 따르고, $\overline{X}$들의 모평균 $\mu_{\overline{X}}$는 IQ 점수의 평균인 100이 되며, $\overline{X}$들의 표준오차 $\sigma_{\overline{X}}$는 IQ의 표준편차 15를 $\sqrt{25}$로 나누어준 값인 3이 된다. 분포의 표기법을 이용하면 $\overline{X} \sim N(100, 3^2)$이고 분포의 모양은 [그림 7.11]과 같다.

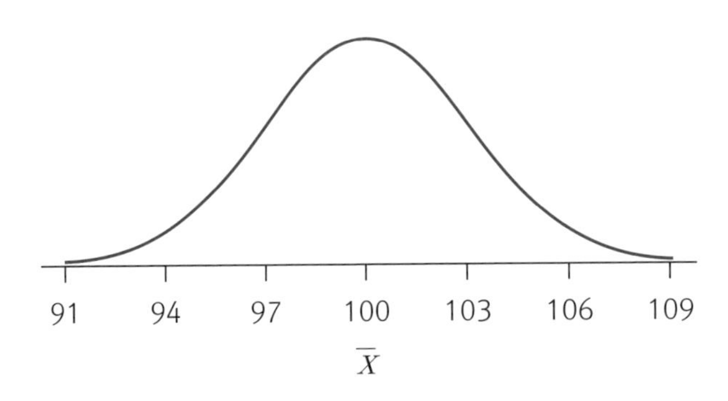

[그림 7.11] $n=25$일 때 IQ 표본평균의 분포

위 그림의 모양을 보면 IQ의 표본평균인 $\overline{X}$의 분포가 IQ의 원점수들인 X의 분포와 별로 다르지 않은 것처럼 보인다. 하지만 자세히 수평축의 척도를 살펴보면 표준편차가 3으로서 IQ 분포와는 상당히 다른 것을 알 수 있다. X의 모분포(population distribution)와 $\overline{X}$의 표집분포(sampling distribution)를 대비하기 위해 하나의 그림에 두 분포를 그려 보면 [그림 7.12]와 같다. 아래 그림에서 상당히 뾰족한 정규분포가 [그림 7.11]의 표집분포이며, 상대적으로 매우 평평한 정규분포가 IQ 점수의 분포이다.

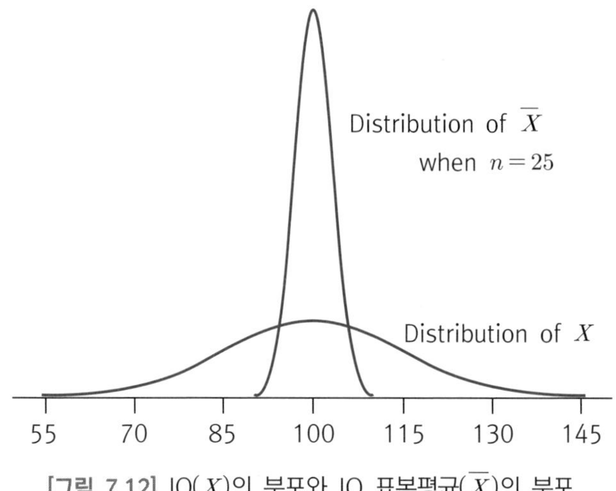

[그림 7.12] IQ(X)의 분포와 IQ 표본평균($\overline{X}$)의 분포

이제 위와 같은 조건에서, 즉 평균이 100이고 표준편차가 15인 IQ 분포가 주어지고 $n = 25$인 가상의 표본을 무한으로 추출한다고 가정했을 때, [그림 7.13]에 보이는 것처럼 IQ 표본평균이 105 이상일 확률을 구하려고 한다.

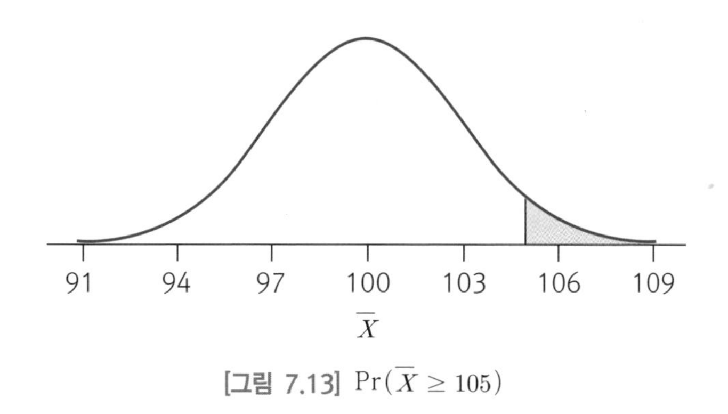

[그림 7.13] $\Pr(\overline{X} \geq 105)$

표본평균의 표집분포를 올바르게 확보한 다음부터는 앞 장에서의 확률 계산과 다를 것이 전혀 없다. IQ 105는 표준점수로 만들면 아래와 같다. $\overline{X}$에 해당하는 z점수를 계산한 것이므로 앞 장과 구별하기 위해 z대신 $z_{\overline{X}}$를 사용하였다. z를 사용한다고 하여도 표기상으로 전혀 문제없다.

$$z_{\overline{X}} = \frac{\overline{X} - \mu_{\overline{X}}}{\sigma_{\overline{X}}} = \frac{\overline{X} - \mu}{\frac{\sigma}{\sqrt{n}}} = \frac{105 - 100}{\frac{15}{\sqrt{25}}} = 1.67$$

이제 [그림 7.13]에 보이는 IQ 표본평균이 105 이상일 확률 $\Pr(\overline{X} \geq 105)$는 [그림 7.14]에 보이는 표준점수 z가 1.67 이상일 확률 $\Pr(Z \geq 1.67)$로 변환 가능하다.

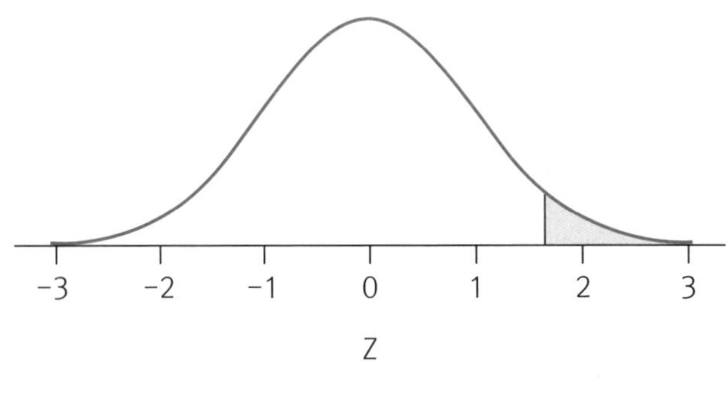

[그림 7.14] $\Pr(Z \geq 1.67)$

부록에 있는 표준정규분포표에는 표준점수 z가 1.67 이상일 확률이 직접적으로 제공되지 않으므로 $\Pr(Z \geq 1.67) = 1 - \Pr(Z \leq 1.67) = 1 - 0.9525 = 0.0475$로 계산해야 한다. 즉, $n = 25$일 때 IQ 표본평균이 105 이상일 확률은 4.75%가 된다.

확률 계산은 R을 이용하면 언제나처럼 매우 쉽다. $n = 25$일 때, IQ 표본평균의 표준오차는 3이므로 아래와 같이 확률을 찾아낼 수 있다.

```
> 1 - pnorm(105, 100, 3)
[1] 0.04779035
```

pnorm() 함수는 앞에서 여러 번 예를 보였으므로 자세한 설명은 생략한다. IQ 표본평균이 105 이상일 확률은 대략 4.78%로서 표준정규분포표를 이용한 결과와 거의 차이가 없는 것을 확인할 수 있다.

7.3.2. 확률을 통한 표본평균 계산

앞 장에서 극단적인 IQ를 가진 학생들의 예제를 기억할 것이다. 이번 장에서는 IQ 점수가 아닌 극단적인 IQ 표본평균에 해당하는 값은 얼마인지 계산하고자 한다. 역시 마찬가지로 [그림 7.15]에 보이는 것처럼 상·하위 각 2.5%에 속하는 표본평균들을 극단적인 표본평균으로 간주한다.

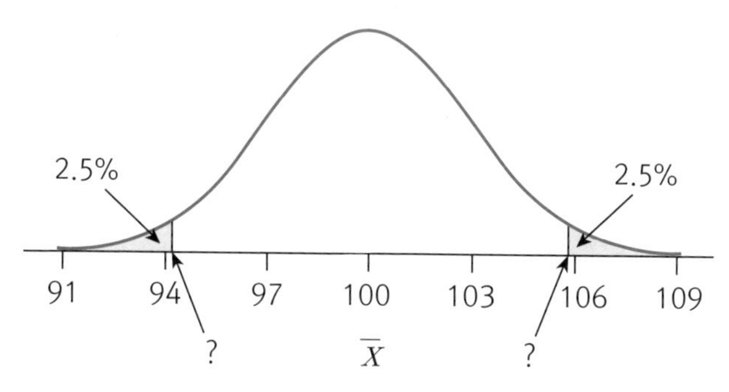

[그림 7.15] 상·하위 각 2.5%에 해당하는 IQ 표본평균

IQ 표본평균의 표집분포에서 상·하위 각 2.5%에 해당하는 값을 곧바로 찾아낼 수는 없으므로 표준정규분포표를 이용하여 두 개의 경계값을 찾아내야 한다. [그림 6.21]에서 확인했듯이 상·하위 각 2.5%에 해당하는 z점수는 1.96과 −1.96이다. 각각에 해당하는 IQ 표본평균 값을 구하면 다음과 같다.

$$\overline{X}_{z=1.96} = 100 + 3 \times 1.96 = 105.88$$
$$\overline{X}_{z=-1.96} = 100 + 3 \times (-1.96) = 94.12$$

상위 2.5%에 해당하는 IQ 표본평균의 값은 105.88이고 하위 2.5%에 해당하는 IQ 표본평균의 값은 94.12이다. 지금 우리는 IQ가 아닌 IQ의 표본평균을 다루고 있으므로 반올림 등은 필요 없다. R의 qnorm() 함수를 이용하여 구해 보면 아래와 같다.

```
> qnorm(0.025, 100, 3)
[1] 94.12011

> qnorm(0.975, 100, 3)
[1] 105.8799
```

누적확률 2.5%와 97.5%에 해당하는 IQ 표본평균 값을 제공하는 qnorm() 함수의 결과로 94.12와 105.88이 제공되었다. 이는 표준정규분포표를 이용하여 구한 값과 일치한다.

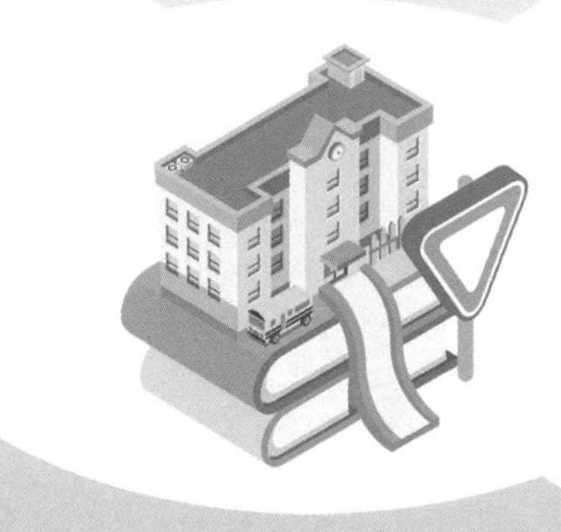

Ⅱ 평균의 검정

제8장 단일표본 z검정

앞 장에서 배운 표집이론을 기반으로 하여 이번 장에서는 추리통계의 핵심이라 할 수 있는 통계적 가설검정(statistical hypothesis testing)을 소개한다. 검정은 목적이 무엇인지, 사용하는 통계 방법과 표집분포가 무엇인지 등에 따라 많은 종류가 존재하는데, 이 책에서는 그중에서도 모집단의 평균을 검정하는 방법을 먼저 다룬다. 모집단 평균의 검정 역시 다양한 상황에서 여러 종류가 존재하는데, 이번 장에서는 z분포(표준정규분포)를 이용하는 단일표본 z검정을 통해 가설검정의 기본을 이해하고자 한다. 단일표본 z검정은 모든 종류의 검정 중에서 가장 단순하며 $\overline{X}$의 표집이론과 직접적으로 연관되어 있어서 많은 책의 저자들이 검정의 원리를 이해하기 위한 목적으로 소개한다. 단일표본 z검정은 모평균 μ에 대한 검정으로서 μ가 특정한 값인지 아니면 다른 값인지를 결정하는 통계적 검정방법이다. 예를 들어, 우리나라 성인 IQ의 평균이 100이라고 하는데 그것이 정말인지 아닌지 표본을 추출하여 검정할 수 있으며, 또한 20년 전 태어난 아기들의 몸무게가 평균 3.4kg이었다고 하는데 지금의 아이들도 평균적으로 그 몸무게로 태어나고 있는지 아닌지 등을 검정할 수도 있다. 위의 예제들과는 조금 다르게 처치(treatment)가 사용되는 연구 등에서도 단일표본 z검정은 이용될 수 있는데 아래에서 설명하는 검정이 바로 그 예다.

8.1. 통계적 가설검정의 이해

단일표본 z검정(one sample z test)이 사용될 수 있는 현실적인 연구가설을 설정하고 이를 이용하여 통계적 검정이 무엇인지, 검정의 절차는 어떻게 되는지 등을 설명한다. 예를 들어, 초등학교 5, 6학년 자폐 아동들의 읽기 능력에 관심이 있다고 가정하자. 지난 오랜 기간 동안 선배 연구자들이 수많은 자폐 아동들의 읽기 능력을 연구해 왔고, 100점 만점의 표준화된 읽기능력 검사에서 이 아동들의 평균이 30점임을 발견했다. 다시 말해, 초등학교 5, 6학년 자폐 아동들의 읽기능력 검사 점수의 모평균 μ는 30이라고 알려져 있다. 연구자는 이 자폐 아동들의 읽기능력을 향상하고자 계획하였고 전문가들과 상의하여 4주짜리 읽기 프로그램(reading program)을 개발하였다. 매일 하루에 1시간씩 읽기능력과 연관되어 있는 여러 가지 학습을 하는 프로그램이다. 이러한 프로그램을 행동과학에서는 처치(treatment)라고 한다. 자폐 아동 50명을 모집하여 4주 동안 프로그램을 실시하고 마지막 날 표준화된 읽기능력 검사를 실시하여 50명의 점수를 획득하였다. 읽기능력 검사의 점수를 변수 X라고 할 때 $\overline{X}=35$점이었다. 이와 같은 결과를 봤을 때 우리가 개발한 읽기 프로그램은 효과(effect)가 있다고 할 수 있을까? 이 질문에 과학적으로 답변하기 위한 목적으로 우리는 단일표본 z검정을 실시한다.[37]

단일표본 z검정을 사용하는 연구의 과정은 통계학을 조금이라도 공부했던 사람들이라면 모두 잘 알고 있다고 착각하는 경향이 있어 [그림 8.1]의 도식을 통해 조금 더 자세히 설명하고자 한다. 먼저 단일표본 z검정은 이름으로부터 하나의 표본이 있음을 짐작할 수 있다. 그런 이유로 연구자들은 이에 상응하는 하나의 모집단과 하나의 μ가 있을 것이라고 생각한다. 하지만 그렇지 않은 경우가 훨씬 더 흔하다. 특히 처치가 있는 연구가 그러한데, 이를 설명하기 위해 [그림 8.1]에 자폐 아동의 읽기능력 연구를 위한 도식을 제공한다.

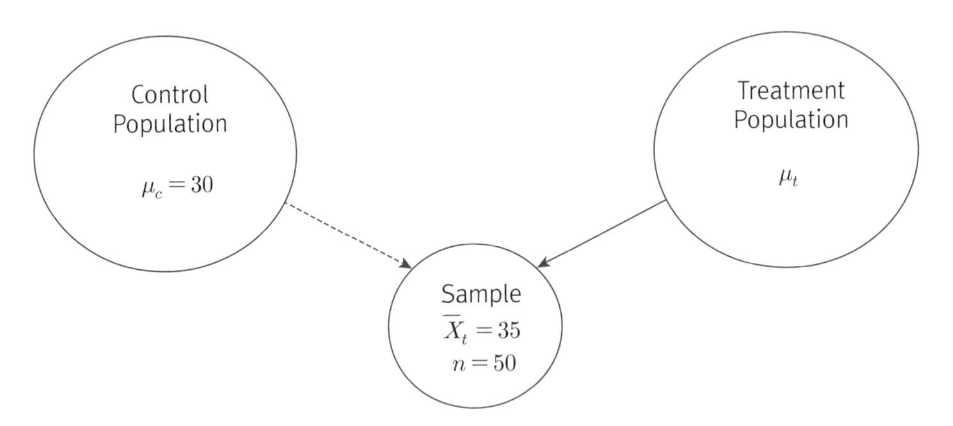

[그림 8.1] 처치가 있는 단일표본 z검정의 표집과 대표성

위의 그림에서 통제모집단(control population)은 처치를 받지 않은, 즉 프로그램을 받지 않은 모든 초등학교 5, 6학년 자폐 아동들의 집단을 가리킨다. 통제모집단의 읽기

37) 이와 같은 상황에서 반드시 단일표본 z검정만 사용할 수 있는 것은 아니며, 뒷장에서 소개하게 될 단일표본 t검정도 가능하다.

능력 시험점수의 모평균 μ_c는 앞서 밝힌 바와 같이 30점이다. 이 모집단에서 $n = 50$인 무선표본(random sample)을 추출하여 4주간 처치(읽기 프로그램)를 실시하고 표본의 평균을 계산한다.

이런 방식으로 연구를 진행하면 과연 이 표본은 통제모집단을 대표하는 것일까? 결론부터 이야기하면, 이 표본은 통제모집단으로부터 표집되었지만 더 이상 통제모집단을 대표하지 않는다. 통제모집단은 처치를 받지 않은 집단인데 반해 표본은 처치를 받은 집단이기 때문이다. 이 표본은 처치를 받는 순간 가상의 처치모집단(treatment population)을 대표하게 된다. 처치모집단은 실제로 존재하는 자폐 아동들의 집단이 아니라 자폐 아동들이 연구의 처치를 받았다면 속하게 될 가상의 모집단이다. [그림 8.1]에서 표본이 통제모집단으로부터 나왔지만 처치모집단을 대표한다는 사실을 구분하기 위해 표집은 점선의 화살표를 이용하였고 대표성은 실선의 화살표를 이용하였다.

단일표본 z검정에서 표본이 하나이므로 모집단도 하나라는 생각은 위에서 확인했듯이 항상 그런 것은 아니며, 두 개의 모집단과 하나의 표본이 존재할 수 있다. 이런 이유로 위와 같은 검정에 이름을 붙일 때 단일모집단 z검정 또는 단일집단 z검정과 같은 표현을 쓰지 않고 단일표본 z검정이라는 표현을 쓰는 것이다. 그리고 우리가 이 연구에서 관심 있는 모평균은 μ_c가 아니다. μ_c는 이미 알고 있는 상수이며 우리는 알고 있는 상수에 관심이 없기 때문이다. 이 연구에서 관심 있는 모평균은 가상의 처치모집단 시험점수의 평균 μ_t이고, 이 값을 모르기 때문에 $\overline{X}_t$(x bar t 또는 x t bar)를 이용하여 추정한다.

다시 연구의 질문으로 돌아가서, 우리가 개발한 읽기 프로그램은 효과가 있을까? 참고로 통계학에서 효과라는 것은 정적(positive) 효과도 효과이고 부적(negative) 효과도 효과이다.[38] 그러므로 연구의 질문을 달리 표현하면, μ_t가 μ_c와 다른 값일까라고 할 수 있다. μ_t와 μ_c가 다르다면 좋은 효과든 나쁜 효과든 처치는 효과가 있는 것이고, 같은 값이라면 처치는 효과가 없는 것이다. 알다시피 우리는 μ_c가 무엇인지는 알고 있

38) 우리가 자폐 아동들의 읽기능력을 향상시킬 목적으로 프로그램을 개발했으므로 정적효과만 효과이고 부적효과는 효과가 아니라고 할 수도 있다. 하지만 프로그램의 효과에 대해 논할 때는 방향성을 결정하지 않는 것이 더 일반적이다. 그 이유는 프로그램이 좋은 효과를 낼지 나쁜 효과를 낼지에 대한 확신이 강하지 않기 때문이다.

으나 μ_t는 알지 못하므로 둘을 직접적으로 비교할 수가 없다. 하지만 μ_t는 모르는 대신 μ_t의 불편향 추정치인 $\overline{X}_t$는 알고 있다. 만약 $\overline{X}_t$가 μ_c와 매우 비슷하다면 확률적으로 μ_t와 μ_c가 같을 것이라고 추론할 수 있고, $\overline{X}_t$가 μ_c와 매우 다르다면 확률적으로 μ_t와 μ_c도 다를 것이라고 추론할 수 있다. 얼마나 비슷해야 비슷한 것이고 얼마나 달라야 다른 것인지를 결정하는 합리적이고 과학적인 방법이 바로 통계적 가설검정이다.

통계적 가설검정의 실제적인 과정에 들어가기 전에 검정의 논리적 전개(logic of statistical test)와 가설(hypothesis)에 대하여 소개한다. 많은 경우에 어떤 사건이 진실인지를 보이는 것보다는 그것이 거짓임을 보이는 것이 더 쉬울 수 있다. 예를 들어, 한 연구자가 '모든 여성이 곱슬머리는 아니다'라는 가설을 증명하고 싶다고 가정하자. 이 가설은 어떻게 증명을 시작해야 할지 조금은 난감하다. 이때 연구자는 이 가설의 반대(여집합, complementary set)인 '모든 여성은 곱슬머리다'라는 가설을 세우고 먼저 이 가설이 옳다고 가정한다. 그다음에 이 가설에 반대되는 증거를 모은다. 쉽게 말해, 곱슬머리가 아닌 여성을 찾는 것이다. 만약 연구자가 '모든 여성은 곱슬머리다'라는 가설에 반하는(against) 충분한 증거를 수집하게 되면 비로소 이 가설을 기각(reject)한다. '모든 여성은 곱슬머리다'라는 가설을 기각하게 되므로 남는 것은 연구자가 증명하고 싶었던 '모든 여성이 곱슬머리는 아니다'라는 결론에 도달하게 되는 것이다. 반대로 충분한 증거를 찾지 못한다면 '모든 여성은 곱슬머리다'라는 가설을 기각하지 못하게 되므로 연구자가 증명하기를 원했던 가설에 도달하지 못하게 된다.

통계적 가설검정에서는 연구자가 증명하고 싶었던 가설 '모든 여성이 곱슬머리는 아니다'를 대립가설(alternative hypothesis) 또는 연구가설(research hypothesis) 또는 연구자의 가설(researchers' hypothesis)이라고 한다. 그리고 연구자가 증명하기를 원했던 가설의 반대 가설인 '모든 여성은 곱슬머리다'는 귀무가설 또는 영가설(null hypothesis)이라고 한다. 검정의 과정에서 영가설은 H_0(h null)이라고 표기하고 대립가설은 H_1(h alternative)라고 표기한다. 그리고 위의 곱슬머리 예에서 보았듯이 검정의 논리적 전개에서 연구자는 가장 먼저 연구자가 증명하고자 하는 가설의 반대를 옳다고 가정한다. 즉, 영가설이 옳다고 가정한다. 이는 모든 통계적 검정의 가장 중요한 가정(assumption)으로서 이 부분이 없으면 통계적인 검정 과정을 진행할 수 없다.

8.2. 가설검정의 단계

통계적 가설검정은 여러 단계에 걸쳐서 절차적으로 수행하는 것이 일반적인데, 이 책에서는 단일표본 z검정을 총 4단계로 나누어 차례대로 설명하고자 한다. 가설을 설정하고, 유의수준을 통해 의사결정규칙(decision rule)을 정하고, 검정통계량(test statistic)을 계산하고, 통계적 결정과 해석을 하는 4단계를 말한다. 이 중 2~4단계는 따로 떼어서 설명한다는 것이 무의미할 정도로 매우 밀접하게 연관되어 있다. 특히 2단계와 3단계는 통계적 계산 과정의 핵심이며, 이 둘은 순서를 바꾸어도 별 상관이 없다. 사실 검정이란 것이 네 개의 단계로 딱 부러지듯 나누어지는 것이 아니고 모든 단계가 논리적으로 자연스럽게 흘러가는 것인데 편의상 나누어 설명하는 것뿐이다. 그리고 검정의 4단계는 단일표본 z검정의 원리에 맞춰 설명하지만, 전반적인 논리는 대다수의 검정에 적용될 수 있는 것이다. 그러므로 이번 장에서 주의 깊게 보아야 할 것은 단일표본 z검정 자체라기보다는 이를 통해 소개하는 검정의 원리이다.

단일표본 z검정을 설명하기에 앞서 z검정을 실시하기 위해 만족되어야 하는 몇 가지 가정(assumptions)을 먼저 소개한다. 가정들 중에는 크게 신경을 쓰지 않아도 되는 것이 있는 반면에 만족되지 않으면 절대로 z검정을 실행할 수 없는 가정도 있다. 가장 첫 번째 가정은 표본의 사례들이 서로 독립적(independent)이어야 한다는 것으로서 하나의 사례를 표집하는 것이 다른 사례를 표집할 확률에 영향을 주지 말아야 한다는 의미다. 이는 달리 말해, 모집단으로부터 사례가 추출될 때 모든 사례의 표집 확률이 동일해야 한다는 것을 가리킨다. 이를 만족하면 연구자의 표본을 단순무선표본(simple random sample)이라고 부르고, 이 표본은 모집단에 대해 대표성(representativeness)을 가지게 된다. 둘째, 원칙적으로 종속변수(연구자가 관심 있어 하는 변수, 위의 읽기 능력 예에서는 읽기점수)는 등간척도 또는 비율척도로 수집된 변수여야 한다. 하지만 대다수의 사회과학 영역에서 실제로는 서열척도인 리커트 척도를 이용하여 수집한 변수에 대해서도 z검정을 실시한다. 셋째는 정규분포 가정인데 두 가지 의미를 지니고 있으므로 잘 구별해야 한다. 우선은 모집단이 정규분포를 따라야 한다는 것인데, 이것은 과거의 많은 연구에 의하여 그다지 중요한 가정이 아니라는 것이 드러났다. 더욱 중요한 것은 표본평균의 분포가 정규분포를 따라야 한다는 것이다. 이를 만족하기 위해서는 표집이론에서 살펴보았듯이 모집단의 분포가 중요한 것이 아니라 표본크기가 중요하다. 충분히 큰 표본크기(예를 들어, $n > 30$)를 확보해야만 z검정을 실시할 수 있는 것이다. 마지막으로 모집단의 표준편차 σ를 알고 있어야 한다. 모평균 μ에 대한 검정을 실시하기 위해서는 표본평균 $\overline{X}$의 분포를 파악하는 것이 절대적인데, $\overline{X}$의 표준오차인 $\frac{\sigma}{\sqrt{n}}$를 결정하기 위해서 σ는 반드시 필요한 정보다.

이제 앞에서 소개한 읽기능력 연구가 위의 가정들을 전반적으로 잘 만족한다는 전제하에 통계적 가설검정의 단계를 진행하고자 한다. 한 가지 더, 가장 마지막 가정인 모집단의 표준편차 $\sigma_c = 15$라고 가정한다. 그리고 특별한 언급이 없는 한 통제모집단의 표준편차 σ_c는 처치모집단의 표준편차 σ_t와 같다고 가정한다.

8.2.1. 가설의 설정

자폐 아동의 읽기능력 예제에서는 처치모집단의 모평균이 통제모집단의 모평균인 30과 같다는 $\mu_t = 30$(또는 $\mu_t = \mu_c$)이 영가설이 되고, 이에 반대되는 $\mu_t \neq 30$($\mu_t \neq \mu_c$)이 대립가설이 되며 [식 8.1]과 같이 표기한다.

$$H_0 : \mu_t = 30 \quad \text{vs.} \quad H_1 : \mu_t \neq 30 \qquad \text{[식 8.1]}$$

영가설과 대립가설은 통계적인 표기가 아닌 말로 서술하기도 한다. 다시 말해, 'H_0: 읽기 프로그램은 효과가 없다 vs. H_1: 읽기 프로그램은 효과가 있다'로 서술하는 것이다. 이 가설에서 효과(effect)의 정의는 처치집단의 모평균 μ_t가 30과 다르다는 것을 의미한다. 이와 같이 효과의 방향성이 없는 가설, 즉 정적효과도 효과이고 부적효과도 효과라는 가설을 설정한 검정을 양방검정(two-tailed test 또는 nondirectional test)이라고 한다. 만약 연구자가 매우 강한 이론에 기초하여 자신이 개발한 읽기 프로그램이 자폐 아동들의 읽기능력을 향상시킨다는 확신을 가지고 있다면 [식 8.2]처럼 효과의 방향을 결정한 가설을 이용하여 검정을 진행하게 된다.

$$H_0 : \mu_t \leq 30 \quad \text{vs.} \quad H_1 : \mu_t > 30 \qquad \text{[식 8.2]}$$

연구자의 가설인 H_1에서 처치모집단의 평균인 μ_t가 30보다 크다고 설정되어 있는 것을 볼 수 있다. 대립가설의 여집합으로 정의되는 영가설은 당연히 μ_t가 30보다 작거나 같다가 된다. 이 가설에서 효과의 정의는 처치집단의 모평균 μ_t가 30보다 크다는 것을 의미한다. 이와 같이 효과의 방향성이 있는 가설을 설정한 검정을 일방검정(one-tailed test 또는 directional test)이라고 한다. 그리고 우리 예제에는 잘 맞지 않겠지만 읽기 프로그램이 읽기능력을 떨어뜨린다는 연구가설을 설정했다면 [식 8.3]처럼 방향을 결정하는 것도 가능하다.

$$H_0 : \mu_t \geq 30 \quad \text{vs.} \quad H_1 : \mu_t < 30 \qquad \text{[식 8.3]}$$

[식 8.2]와 [식 8.3]은 모두 일방검정의 예인데, [식 8.2]는 검정과정에서 정규분포의 오른쪽 꼬리를 이용하게 되어 위꼬리 검정(upper tail test)이라고 하며, [식 8.3]은 검정과정에서 정규분포의 왼쪽 꼬리를 이용하게 되어 아래꼬리 검정(lower tail test)이라고 한다. 양방검정은 바로 뒤에서 보이겠지만 정규분포의 양쪽 꼬리를 모두 이용한다.

위 세 형태 중에서 어떤 종류의 검정을 하든지 간에 읽기능력 연구에서 통계적 가설검정은 일단 무조건 영가설이 옳다는 가정에서 시작하게 된다. 예를 들어, 양방검정을 하게 된다면 '읽기 프로그램은 읽기능력을 바꾸지 못한다'는 영가설이 옳다는 가정에서 시작되며, [식 8.2]의 일방검정을 하게 된다면 '읽기 프로그램은 읽기능력을 바꾸지 못하거나 낮춘다'는 영가설이 옳다는 가정에서 시작한다. 그리고 위에 설정된 모든 가설을 보면 가설이란, H_0이든 H_1든 상관없이, 모집단의 특성에 대한 것임을 알 수 있다. 통계적 검정은 표본을 추출하여 통계치를 계산하는 방식으로 전개되지만, 우리가 관심 있는 것은 모집단이라는 것을 의미한다.

8.2.2. 통계적 의사결정

앞의 1단계에서 [식 8.1]과 같이 효과의 방향성이 없는 영가설과 대립가설을 설정하였다고 가정하자. 또한 모든 통계적 검정에서처럼 영가설($\mu_t = 30$)이 옳다는 가정도 하였다. 이제는 앞서 설명한 대로 영가설에 반하는, 즉 연구자의 가설을 지지할 수 있는 증거를 수집해야 한다. 이는 통계적 검정 과정에서 표본을 추출하고, 처치를 실시하고, 시험점수를 확보하는 것을 의미한다. 우리는 지금 μ_t가 30인지 아닌지를 확인하려고 하는데 모수 μ_t는 알 수가 없는 것이므로 표본을 이용하여 μ_t의 추정치인 $\overline{X}_t$를 계산한다. 즉, $\overline{X}_t$는 μ_t를 대표하고 있다. 논리적으로 추측해 봤을 때 $\overline{X}_t$가 30과 매우 비슷한 값이라면 $\mu_t = 30$일 가능성도 높을 것이고, 결과적으로 영가설을 기각하는 데 실패하게 된다. 만약 $\overline{X}_t$가 30으로부터 매우 떨어져 있는 값이라면 $\mu_t = 30$일 가능성도 떨어지게 될 것이고, 결과적으로 영가설을 기각하게 된다.

그런데 여기서 매우 비슷한 값 또는 떨어져 있는 값이라는 기준이 상당히 모호하다. 예를 들어, 읽기능력 검사는 100점 만점의 시험이므로 $\overline{X}_t = 31$이라면 $\overline{X}_t$가 30과 매우 비슷한 값이라고 할 수 있을 듯하다. 그런데 $\overline{X}_t = 32$라면 여전히 30과 매우 비슷한 값이라고 할 수 있을까? 우리 예제의 표본처럼 $\overline{X}_t = 35$라면 또 어떨까? 연구자가 대략적으로 또는 직관적으로 결정하는 것이 아니라 무언가 더 합리적이고 과학적인 의미의 비슷한 값 또는 떨어져 있는 값에 대한 정의가 필요하다.

이를 결정하기 위해 앞 장에서 배운 표집이론을 이용한다. 먼저 영가설이 옳다는 가정, 즉 $\mu_t = 30$이라는 가정하에서 $\overline{X}_t$의 이론적인 표집분포를 구한다. 예제에서 $n = 50$이었으므로 충분히 큰 값이라고 판단이 되고, 모집단(처치모집단)의 분포와 상관없이 $\overline{X}_t$는 정규분포를 따른다고 할 수 있다. 표집이론에 의해 $\overline{X}_t$의 모평균 $\mu_{\overline{X}_t}$는 μ_t하고 같으므로 $\mu_{\overline{X}_t} = 30$이며, $\overline{X}_t$의 표준오차 $\sigma_{\overline{X}_t}$는 모집단의 표준편차를 $\sqrt{n}$으로 나누어 준 값이므로 $\sigma_{\overline{X}_t} = \frac{\sigma_t}{\sqrt{n}} = \frac{15}{\sqrt{50}} = 2.121$이 된다. [그림 8.2]는 이 조건들을 만족하는 $\overline{X}_t$들의 이론적인 표집분포이며, 연구자의 실제 관찰된 $\overline{X}_t$(observed $\overline{X}$)인 35도 그림에 표시되어 있다.

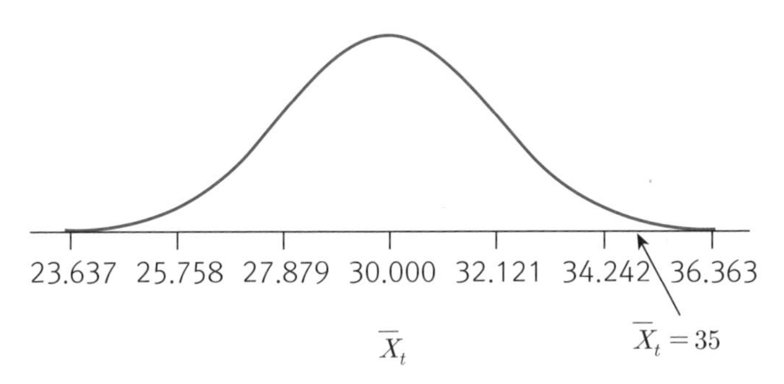

[그림 8.2] $\overline{X}_t$의 이론적인 표집분포와 실제 관찰된 $\overline{X}_t$

위의 그림은 영가설이 옳다는 가정($\mu_t = 30$)하에서 무수히 많은 가상의 $\overline{X}_t$들이 따르는 정규분포이다. $\mu_t = 30$이므로 당연하게도 30 근처의 이론적인 $\overline{X}_t$들은 상대적으로 발생할 확률이 높고, 30으로부터 멀리 떨어질수록 $\overline{X}_t$들의 상대적 발생확률은 낮아진다. 이 사실을 이용하여 연구자의 실제 관찰된 $\overline{X}_t$가 30과 비슷한 값인지 떨어져 있는 값인지를 결정한다. 만약 $\overline{X}_t$들의 상대적 발생확률이 높은 곳에 연구자의 실제

$\overline{X}_t$가 위치한다면 연구자의 $\overline{X}_t$가 30과 비슷한 값이라고 결정한다. 반대로 만약 $\overline{X}_t$들의 상대적 발생확률이 낮은 곳에 연구자의 $\overline{X}_t$가 위치한다면 연구자의 $\overline{X}_t$가 30으로부터 떨어져 있는 값이라고 결정하는 식이다. 이론적인 $\overline{X}_t$들의 상대적 발생확률이 낮다는 것은 30보다 매우 크거나 매우 작다는 것, 즉 극단적(extreme) 또는 일어날 것 같지 않은(unlikely) $\overline{X}_t$를 의미한다. 그러므로 연구자의 실제 $\overline{X}_t$가 영가설이 옳다는 가정하에서 매우 극단적인 값이라면, 연구자의 $\overline{X}_t$가 30과 충분히 떨어져 있는 값이라고 판단하고 영가설($\mu_t = 30$)을 기각하게 된다. 이것이 가장 기초적인 통계적 가설검정인 단일표본 z검정의 아이디어다.

그렇다면 얼마나 극단적이어야 극단적이라고 말할까? 다시 말해, 얼마나 일어날 것 같지 않아야 일어날 것 같지 않다고 결론 내릴까? 사회과학 연구에서는 상·하위 5% 정도의 $\overline{X}_t$들을 극단적인 $\overline{X}_t$라고 본다. [그림 8.3]에는 $\overline{X}_t$의 이론적인 표집분포상에서 일어날 것 같지 않은 극단적인 영역이 표시되어 있다.

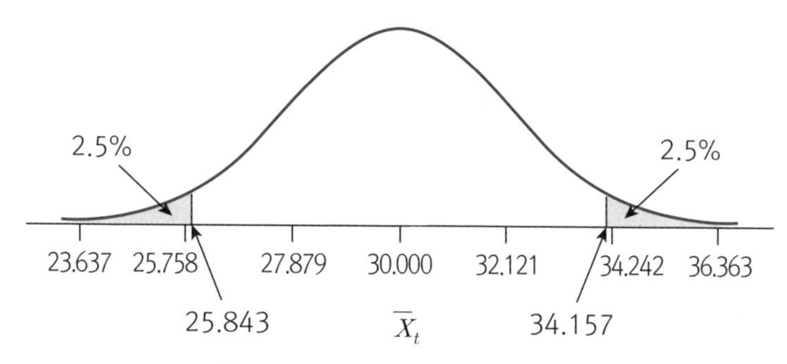

[그림 8.3] $\overline{X}_t$의 이론적인 표집분포에서 극단적인 영역

위의 그림에서 일어날 것 같지 않은 극단적인 상·하위 각 2.5%의 영역이 표시되어 있고, 극단적인 영역이 시작하는 $\overline{X}_t$의 두 값인 25.843과 34.157이 나타난다. 이 값은 아래처럼 R의 qnorm() 함수를 이용하여 구한 값이다.

```
> qnorm(0.025, 30, 2.121)
[1] 25.84292

> qnorm(0.975, 30, 2.121)
[1] 34.15708
```

만약 연구자의 실제 $\overline{X}_t$가 25.843보다 작거나 34.157보다 크다면 그 값은 영가설이 옳다는 가정하에서 일어나기 힘든 극단적인 값임을 의미하고 원래 옳다고 가정했던 영가설($\mu_t = 30$)을 기각하게 된다. 실제로 자폐 아동의 읽기능력 예제에서 $\overline{X}_t = 35$이므로 34.157보다 더 크다. 이는 $\overline{X}_t = 35$가 $\mu_t = 30$이라는 가정하에서 매우 일어나기 힘든 극단적인 평균추정치라는 뜻이므로 $\mu_t = 30$이라는 영가설을 기각하고 프로그램이 효과가 있다는 결론을 내린다. 그리고 이렇게 영가설을 기각하는 결정을 내리게 되면 검정의 결과가 통계적으로 유의하다(statistically significant)라는 표현을 쓴다. 이는 통계적 가설검정에서 μ_t가 통계적으로 유의하게 30이 아니다(μ_t is statistically significantly different from 30)라는 것을 줄여서 서술한 것으로 볼 수 있다.

내용은 위와 크게 다르지 않지만, 이번에는 조금 다른 관점으로 통계적 가설검정을 이야기해 보자. [그림 8.3]에 보이는 모든 이론적인 $\overline{X}_t$는 영가설이 옳다는 가정하에서 일어날 수 있다. 예를 들어, $\overline{X}_t = 37$의 값이 일어날 상대적인 확률이 낮기는 하지만 아예 일어나지 않는 것은 아니다. 그런데 이 전체 $\overline{X}_t$의 영역을 두 부분으로 쪼개는 것이 통계적 가설검정이다. 중심인 30에서 시작해서 좌우 어느 지점까지는 표집오차 때문에 자연스럽게 발생할 수 있는 $\overline{X}_t$의 무선오차(random error)라고 판단하고, $\mu_t = 30$이라는 가정이 여전히 유효하다고 생각한다. 만약 그 두 지점을 벗어나서 더 작거나 더 크게 되면 이는 단순히 무선오차로 봐줄 수 없는 체계적(systematically)인 차이라고 판단하고, μ_t는 통계적으로 30이 아니라고 결정하는 것이다. 이와 같은 설명의 방식은 뒤에서 소개할 통계적 결정의 오류와 연관되어 있으므로 다시 자세히 들여다볼 기회가 있을 것이다.

지금까지 통계적 가설검정의 대체적인 원리를 설명하였다. 위 설명의 과정에서 필자가 정의하지는 않았지만 중요한 용어들이 있어 정리하고자 한다. 예제에서 극단적인 수준을 결정하는 5%를 유의수준(significance level)이라고 하고 α(alpha)로 표기한다. 즉, 유의수준은 영가설이 옳다는 가정하에서 관찰된 $\overline{X}_t$(표본의 요약치)가 얼마나 드물게 일어나야 영가설을 기각할 정도인지를 결정하는 확률이다. 유의수준은 원칙적으로 연구자가 임의로 결정할 수 있다고 하는데, 실제로는 연구자가 속한 학문 분야에서 관습적으로 결정한다. 사회과학에서는 주로 0.05를 사용하며, 종종 0.01이나 0.001을 사용하기도 한다. [그림 8.3]에서 상·하위 2.5%씩 표시되어 있는 영역은 영가설을 기각하는 영역이므로 기각역(critical region 또는 rejection region)이라고 하며, 기각역이 시작하는 두 개의 숫자인 25.843과 34.157은 기각값 또는 임계값(critical values)이라고 한다. 반면에 [그림 8.3]에서 중간의 95% 부분은 영가설을 기각하지 않고 채택하는(accept H_0) 영역이므로 채택역(acceptance region)이라고 하기도 하는데, 많은 통계학자들이 영가설을 '채택'한다는 표현이 철학적으로 옳지 않다고 믿는다. 영가설은 이에 반하는 충분한 증거를 수집하여 기각하거나, 충분한 증거를 수집하지 못하여 기각에 실패하거나 하는 둘 중 하나의 결론이 있을 뿐이라고 생각한다. 그리고 연구자가 가진 관찰된 $\overline{X}_t$를 검정통계량(test statistic)이라고 하는데, 검정통계량은 실제 표본의 요약치이며 기각값과 비교하여 영가설을 기각할 것인지 기각하지 않을 것인지의 통계적 결정을 내리는 데 사용한다. 또한 검정통계량과 기각값을 이용하여 영가설의 기각 여부를 결정하는 원칙을 의사결정의 규칙(decision rule)이라고 하는데, 위에서는 '만약 $\overline{X}_t < 25.843$ 또는 $\overline{X}_t > 34.157$이라면 H_0을 기각한다'라는 서술문이 그 규칙이 된다. 마지막으로 영가설을 기각한다는 결정 또는 영가설 기각에 실패한다는 결정을 통계적 결정(statistical decision)이라고 한다.

독자들이 지금까지 설명한 검정의 원리를 잘 이해했는지 궁금하다. 통계적 가설검정의 원리를 읽고서 한 번에 모두 이해했다면 필자의 경험으로 보건대, 통계적 능력에서 상위 1~2% 안에 속하는 극단치라고 말할 수 있고 본인의 전공을 연구방법론이나 계량심리학 등으로 결정할 것을 권한다. 그런데 지금까지 많은 시간을 들여 설명하고 이해하려 했던 검정이 z검정이 아니라는 것을 알면 독자들이 실망할지도 모르겠다. 이번 장의 시작에서 z검정은 z분포, 즉 표준정규분포를 이용하는 검정의 방법이라고 하였는데, 위의 설명에서는 $\overline{X}$의 분포(정규분포)를 이용했으므로 이것은 z검정이 아니며 아마도 $\overline{X}$검정이라고 해야 할 것 같다. 사실 통계적 가설검정에 $\overline{X}$검정이라는 것은 존재하지 않는다. 바로 앞에서 필자가 소개한 검정의 방식은 통계적 가설검정의 원리를 독자들이 잘 이해할 수 있도록 나름대로 설명한 것이다. 지금부터 앞에서 설명한 $\overline{X}$검정을 아주 간단하게 z검정으로 변환할 것이다. 이러한 변환은 그 어떤 검정의 원리도 바꾸지 못하며, 다만 표준화 작업을 진행하는 것으로 이해하면 된다.

[그림 8.3]을 보면 $\overline{X}_t$의 분포를 통해서 상 · 하위 각 2.5%에 해당하는 기각값을 찾아냈음을 볼 수 있다. 기각값은 R의 qnorm() 함수를 이용하여 찾았다. R의 역사는 20여 년 정도이고, 통계검정을 수행하는 연구자들이 개인용 컴퓨터를 이용한 기간도 기껏해야

40여 년 정도밖에 되지 않는다. 단일표본 z검정은 그 훨씬 이전부터 있어 왔고 당시의 연구자들은 컴퓨터를 사용하지 않았다. 대신 부록에 있는 표준정규분포표를 이용하였다. [그림 8.4]에는 $\overline{X}_t$의 정규분포를 표준화하여 표준정규분포로 변환한 그림이 제공된다.

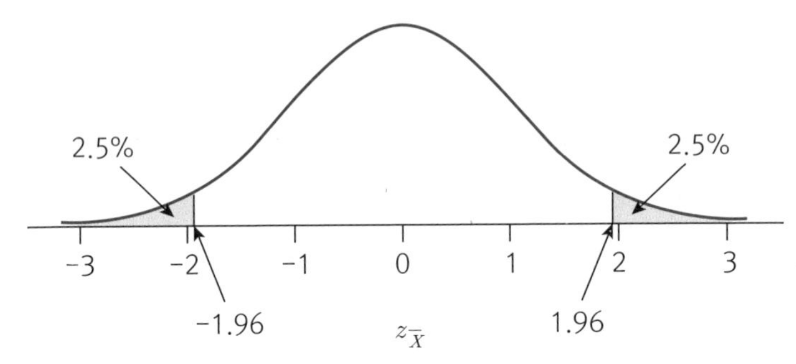

[그림 8.4] 표준정규분포에서 극단적인 영역

위의 그림은 $\overline{X}_t$가 따르는 정규분포를 표준화한 표준정규분포상에서 일어날 것 같지 않은 극단적인 영역을 설정하고 그에 맞는 기각값을 찾은 모습이다. 제6장과 제7장의 예제에서도 살펴보았듯이 상·하위 각 2.5%에 해당하는 z값은 ± 1.96이다. 표준정규분포에서의 기각값 ± 1.96은 $\overline{X}_t$의 표집분포에서의 기각값 25.843 및 34.157과 다음의 관계가 성립한다.

$$\frac{25.843-\mu_{\overline{X}}}{\sigma_{\overline{X}}}=\frac{25.843-30}{2.121}=-1.96 \;\rightarrow\; 25.843=\mu_{\overline{X}}-1.96\,\sigma_{\overline{X}}$$

$$\frac{34.157-\mu_{\overline{X}}}{\sigma_{\overline{X}}}=\frac{34.157-30}{2.121}=1.96 \;\rightarrow\; 34.157=\mu_{\overline{X}}+1.96\,\sigma_{\overline{X}}$$

표집이론에 따라 위의 식에서 $\mu_{\overline{X}}$는 30이고, $\sigma_{\overline{X}}$는 2.121이다. 이는 표준정규분포에서의 기각값이 ± 1.96인 것처럼 $\overline{X}_t$의 표집분포에서의 기각값은 $\mu_{\overline{X}} \pm 1.96\,\sigma_{\overline{X}}$임을 가리킨다.

표집분포를 표준화함으로써 새롭게 기각역과 기각값 $z=\pm 1.96$을 찾았는데, 검정통계량 $\overline{X}_t$를 그대로 쓸 수는 없다. $\overline{X}_t$의 표집분포에서 구한 기각값은 검정통계량 $\overline{X}_t$와 비교했듯이, z분포에서 구한 기각값은 검정통계량 z와 비교하는 것이 타당하다. z검정을 위한 검정통계량 $z_{\overline{X}}$(또는 z)는 $\overline{X}$를 표준화하여 [식 8.4]와 같이 계산되며 이 검정통계량은 표준정규분포를 따른다.

$$z_{\overline{X}} = \frac{\overline{X} - \mu_{\overline{X}}}{\sigma_{\overline{X}}} = \frac{\overline{X} - \mu}{\frac{\sigma}{\sqrt{n}}} \sim N(0, 1^2) \qquad \text{[식 8.4]}$$

위의 식에서는 식 표기의 복잡함을 없애기 위해 지금까지 사용했던 $\overline{X}_t$에서 아래 첨자 t를 모두 제거하였다. 검정의 원리를 설명하는 과정에서 $\overline{X}$가 처치집단의 모평균인 μ_t의 추정치라는 것을 확실히 하기 위해 $\overline{X}$에 아래 첨자로 t를 계속 붙여 왔었는데, 사실 연구의 도식에서 $\overline{X}$는 단 하나밖에 없으므로 아래 첨자에 큰 의미는 없다. 검정통계량 $z_{\overline{X}}$ 역시 그냥 z로 써도 아무 문제가 없다. $\overline{X}$를 표준화했다는 것을 강조하기 위하여 아래 첨자로 $\overline{X}$를 사용한 것뿐이다. 또한 검정통계량은 관찰된 자료에 기반한 것이므로 z_{obs}(z observed)라고 표기하기도 한다. 어쨌든 [식 8.4]의 ~ 표시 왼쪽에 있는 $z_{\overline{X}}$ 검정통계량은 검정의 원리에서 사용했던 $\overline{X}_t$를 표준화한 것으로서 아래와 같이 계산된다.

$$z_{\overline{X}} = \frac{\overline{X} - \mu}{\frac{\sigma}{\sqrt{n}}} = \frac{35 - 30}{\frac{15}{\sqrt{50}}} = \frac{5}{2.121} = 2.357$$

검정통계량과 기각값이 바뀌었으므로 의사결정의 규칙은 '만약 검정통계량 $z_{\overline{X}} < -1.96$ 또는 $z_{\overline{X}} > 1.96$이라면 H_0을 기각한다'가 된다. 최종적으로 검정통계량 2.357은 기각값 1.96보다 크므로 읽기 프로그램이 효과가 없다는 영가설을 기각하고 프로그램이 효과가 있다고 결론 내린다. 그리고 $z_{\overline{X}}$검정통계량과 $z_{\overline{X}}$의 표집분포를 이용한 통계적 가설검정의 결론은 $\overline{X}$검정통계량과 $\overline{X}$의 표집분포를 이용해서 내렸던 결정과 언제나 완전하게 일치한다.

$\overline{X}$를 이용하든 $z_{\overline{X}}$를 이용하든 한 가지 주의할 점은 결과의 해석이다. 위에서 실시한 양방검정에서 영가설은 $\mu_t = 30$을 의미하고, 이를 기각했다는 것은 $\mu_t \neq 30$을 의미한다. 다시 말해, $\overline{X} = 35$임에도 불구하고 $\mu_t > 30$이라는 해석을 해서는 안 된다는 것이다. 정리하면, 영가설을 기각했다는 통계적 결정(statistical decision)에서 우리는 읽기 프로그램이 자폐 아동의 읽기 능력을 향상시켰다라고 해석하지 않고, 단지 처치를 받은 집단의 읽기능력이 처치를 받지 않은 집단의 읽기능력과 같지 않다($\mu_t \neq 30$)로만

해석해야 한다. 이것이 통계적 가설검정의 철학이고 원칙이다. 다만 현실 속에서는 많은 연구자가 읽기 프로그램이 자폐 아동의 읽기 능력을 향상시켰다고 서술하는 것을 용인하는 경향이 있다.

8.3. 단일표본 z검정의 예

앞에서는 독자들이 검정의 원리를 이해할 수 있도록 자세하게 설명하다보니 꽤 긴 검정의 과정을 보여 주었지만 실제로 z검정의 과정이 그렇게 길지는 않다. 아래에 두 개의 z검정 예를 더 보이고자 하는데, 하나는 읽기능력 예제를 이용한 일방검정이고 다른 하나는 새로운 자료를 이용하는 양방검정이다. 먼저 자폐 아동의 읽기능력 연구에서 읽기 프로그램이 시험점수를 향상시킨다는 강력한 이론이 있다고 가정하고 아래처럼 방향이 있는 가설을 설정하였다.

$$H_0 : \mu_t \leq 30 \quad \text{vs.} \quad H_1 : \mu_t > 30$$

모집단의 표준편차 σ_t를 알고 있으므로 단일표본 z검정이 적당하다. 대립가설에 따르면 오직 μ_t가 30보다 클 때만 영가설을 기각할 수 있다. 그러므로 위꼬리 검정을 실시해야 하고, 유의수준 5%하에서 [그림 8.5]와 같이 표준정규분포의 오른쪽에 기각역을 설정할 수 있다.

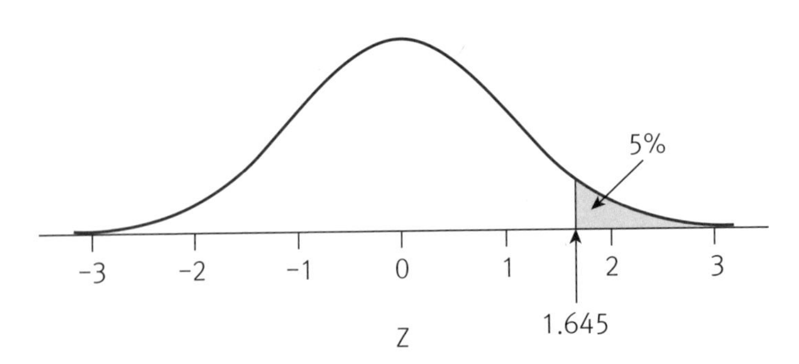

[그림 8.5] 위꼬리 검정의 기각역과 기각값

부록의 표준정규분포표를 보면 정확히 누적확률 95%에 해당하는 z점수는 찾을 수가 없다. 누적확률 0.9495에 해당하는 $z = 1.64$와 누적확률 0.9505에 해당하는 $z = 1.65$

를 찾을 수 있을 뿐이다. 선형내삽법을 이용하면 누적확률 0.9500에 해당하는 $z = 1.645$임을 확인할 수 있다. 사실 선형내삽법을 이용하지 않아도 표준정규분포에서 상위 5%에 해당하는 z점수가 1.645라는 것은 잘 알려져 있다. 어쨌든 위의 그림에서 의사결정 규칙은 '만약 $z > 1.645$라면 H_0을 기각한다'가 된다. z검정통계량은 아래와 같다.

$$z = \frac{\overline{X} - \mu}{\frac{\sigma}{\sqrt{n}}} = \frac{35 - 30}{\frac{15}{\sqrt{50}}} = \frac{5}{2.121} = 2.357$$

$z_{\overline{X}}$에서 큰 의미가 없는 아래 첨자를 제거하였다. z검정통계량은 2.357이고 이 값은 양방검정일 때의 검정통계량과 완전히 일치한다. 이것은 매우 당연한 일이다. 검정통계량이라는 것은 표본의 요약치인데, 양방검정이 일방검정이 되었다고 해서 표본이 변하지는 않았기 때문이다. 최종적으로 $z = 2.357 > 1.645$이므로 영가설을 기각하고 읽기 프로그램이 읽기능력을 향상시켰다고 결론 내린다. 이 경우에 영가설은 $\mu_t \leq 30$이므로 이를 기각하는 경우에는 단지 처치집단의 읽기능력이 통제집단의 읽기능력과 같지 않다로만 해석해서는 안 되며, 처치가 읽기능력을 향상시켰다는 의미의 결론이 서술되어야만 한다.

결론적으로 자폐 아동의 읽기능력에 관한 일방검정의 결과가 양방검정의 결과와 다르지 않다. 물론 결과의 해석에서 차이가 있기는 하나 두 검정 모두 읽기 프로그램이 효과가 있다는 결론에 도달했다. 많은 경우에 이 두 가지 검정은 통계적 유의성 측면에서 비슷한 결과를 도출하게 되지만, 그렇지 않은 경우도 얼마든지 생길 수 있다. 예를 들어, 처치를 받은 표본의 읽기 시험점수 평균 $\overline{X} = 34$라고 가정하고 일방검정과 양방검정을 실시해 보자. 다른 모든 것은 변하지 않고 오로지 z검정통계량만 아래와 같이 1.886으로 변하게 된다.

$$z = \frac{\overline{X} - \mu}{\frac{\sigma}{\sqrt{n}}} = \frac{34 - 30}{\frac{15}{\sqrt{50}}} = \frac{4}{2.121} = 1.886$$

일방검정의 의사결정 규칙은 '만약 $z > 1.645$라면 H_0을 기각한다'이므로 여전히 영가설을 기각하고 읽기 프로그램이 효과가 있다는 결론에 도달한다. 하지만 양방검정의 의사결정 규칙은 '만약 $z < -1.96$ 또는 $z > 1.96$이라면 H_0을 기각한다'이므로 영가설을 기각하는 데 실패하고 읽기 프로그램이 효과가 없다는 결론에 도달한다. 모든 조건이 동일한데 가설을 다르게 설정함으로써 다른 통계적 결과를 얻게 되는 것이다. 이처럼 여러 다양한 상황에서 일방검정이 양방검정보다 더 잘 영가설을 기각하는 경향이 있다. 이는 방향만 옳다면, 즉 $\overline{X}$가 μ_c보다 클 때는 위꼬리 검정을 실시하고 $\overline{X}$가 μ_c보다 작을 때는 아래꼬리 검정을 실시하면 그와 같은 경향을 가지게 된다. 이런 이유로 어떤 연구자는 양방검정이 통계적으로 유의한 결과를 보여주지 않으면 일방검정을 실시하고자 하는 유혹을 느낄 수 있다. 하지만 이는 옳은 방식의 통계적 검정이 아니다. 통계적 검정에서 연구자는 자료를 수집하기 이전에 이론과 경험에 기초한 가설을 미리 결정한다. 그리고 앞에서도 언급했지만, 대부분의 사회과학 영역에서 일방검정보다는 양방검정을 실시하는 것이 더 옹호된다.

다음으로 양방검정의 또 다른 예를 하나 더 제공하여 단일표본 z검정의 이해를 돕고자 한다. 한 산부인과 의사가 임산부의 비타민 섭취와 아기가 태어날 때의 몸무게에 관심이 있다고 가정하자. 비타민은 산부인과 의사가 많은 시간을 투자하여 연구한 특별한 조합으로 이루어져 있다. 지난 수십 년 동안의 자료를 살펴보면 태어날 때 아기의 몸무게는 평균 3.4kg이고 표준편차는 0.5kg이다. 연구자는 임산부 100명을 무선적으로 표집하여 임신한 기간 동안 이 특별한 비타민을 섭취하도록 하였고 나중에 태어난 100명의 아기 몸무게를 측정하였다. 그 결과 몸무게의 평균은 3.29kg이었다. 특별하게 조제된 이 비타민은 아기의 몸무게에 영향을 준 것일까? 먼저 조제된 비타민을 섭취하지 않은 임산부들로부터 태어난 다수의 아기들이 통제모집단을 형성한다. 그리고 표본에는 특별한 비타민을 섭취한 임산부로부터 태어난 아기 100명이 있고, 이 표본은 비타민을 섭취한 임산부로부터 태어날 가상의 처치모집단을 대표한다. 먼저 가상의 처치모집단 평균을 μ_t라고 가정하고 기호와 문장을 이용하여 가설을 설정하면 아래와 같다.

$$H_0 : \mu_t = 3.4 \quad \text{vs.} \quad H_1 : \mu_t \neq 3.4$$

위에서 H_0은 임산부에게 처치된 특별한 비타민은 아기의 몸무게에 영향을 주지 못한다는 것이며, H_1는 반대로 비타민이 아기의 몸무게에 영향을 준다는 것이다. 다음으로는 z검정에서 사용할 기각값과 의사결정의 규칙을 정한다. 유의수준 5%에서 표준정규분포를 이용한 양방검정의 기각값은 $z = \pm 1.96$이다. 그러므로 의사결정의 규칙은 '만약 검정통계량 $z < -1.96$ 또는 $z > 1.96$이라면 H_0을 기각한다'가 된다. 이제 주어진 자료를 이용하여 z검정통계량을 구하면 아래와 같다.

$$z = \frac{\overline{X} - \mu}{\frac{\sigma}{\sqrt{n}}} = \frac{3.29 - 3.4}{\frac{0.5}{\sqrt{100}}} = \frac{-0.11}{0.05} = -2.2$$

단일표본 z검정을 위한 검정통계량이 −2.2이므로 통계적 결정은 다음과 같다. 검정통계량 $z = -2.2 < -1.96$이므로 임산부에게 처치된 특별한 비타민이 아기의 몸무게에 영향을 주지 못한다는 영가설을 기각한다. 즉, 특별한 비타민은 아기의 몸무게를 바꾸었다고 결론 내린다. 앞에서도 언급하였듯이 이때 비타민이 아기의 몸무게를 줄였다는 결론은 원칙적으로 옳지 않다. 다만 실제로 많은 경우에 이와 같이 결론을 서술하는 것이 용인되기도 한다.

위의 검정에서는 사회과학 분야에서 가장 자주 사용되는 유의수준 5%를 이용하였는데, 유의수준 1%를 적용하면 어떻게 될까? 유의수준 1%하에서 양방검정의 일어날 것 같지 않은 극단적인 영역과 그 영역이 시작하는 두 개의 값이 [그림 8.6]에 제공된다.

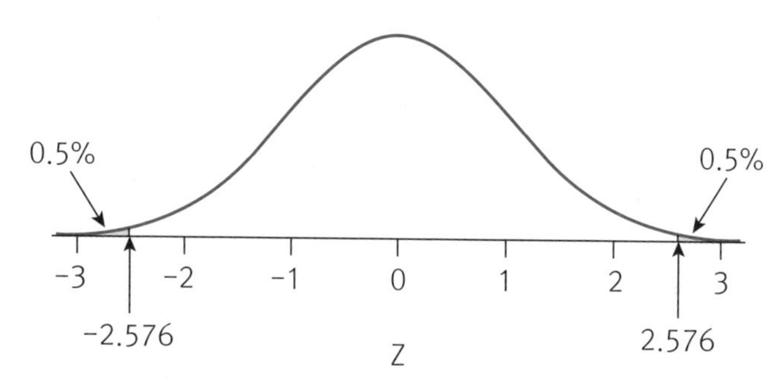

[그림 8.6] 유의수준 1%에서 양방검정의 기각역과 기각값

부록 A의 표준정규분포표상에서 누적확률 0.995에 해당하는 z값은 존재하지 않고, 누적확률 0.9949에 해당하는 $z = 2.57$과 누적확률 0.9951에 해당하는 $z = 2.58$을 찾을 수 있다. 선형내삽법을 이용하면 누적확률 0.9950에 해당하는 $z = 2.575$인데, 실제로 R의 qnorm() 함수를 이용해서 구해 보면 아래와 같다.

```
> qnorm(0.995, 0, 1)
[1] 2.575829
```

소수 넷째 자리에서 반올림하면 2.576이다. 그러므로 유의수준 1%에서 양방검정의 두 기각값은 ± 2.576이 된다. 그러므로 의사결정의 규칙은 '만약 $z < -2.576$ 또는 $z > 2.576$이라면 H_0을 기각한다'가 된다. z검정통계량은 앞에서 구한 것처럼 −2.2이므로 영가설을 기각하는 데 실패하게 된다. 정리하면, 동일한 검정에서 유의수준 5%일 때는 영가설을 기각하고 1%로 바꾸면 영가설을 기각하는 데 실패하게 된다. 이는 매우 자연스런 현상으로서 유의수준이 작으면 작을수록 극단적인 영역의 설정이 작아지게 되므로 영가설을 기각할 확률도 줄어들게 된다.

이제 마지막으로 R을 이용해서 z검정의 예를 보이고 싶지만, R의 기본 함수에는 z검정이 포함되어 있지 않다. 사실 필자의 한정된 경험으로는 단일표본 z검정을 포함한 통계 프로그램을 본 적이 없다. syntax를 이용하여 직접 코딩을 한다면 SPSS나 SAS 등을 이용해서 z검정을 실행할 수 있는 방법이 없는 것도 아니지만 디폴트(default) 메뉴나 함수로 포함된 경우는 경험한 적이 없다. R을 이용하면 z검정을 제공하는 패키지를 찾을 수 있다. 하지만 그 방법을 보여 주지는 않으려고 한다. 왜냐하면 실제 연구에서 z검정을 사용할 확률은 로또 1등에 당첨될 확률만큼이나 낮기 때문이다. 가장 큰 이유는 아마도 모집단의 표준편차 σ를 알아야 하는데 이를 알기가 쉽지 않기 때문일 것이다. 매우 특별한 상황을 제외하고는 개별 연구자가 모수 μ나 σ를 안다는 것은 가능하지 않다.

그리고 평균차이 검정으로서 단일표본 z검정 외에 독립표본 z검정(independent samples z test)도 존재하는데 이 검정도 자세히 소개하지는 않으려 한다. 독립표본 z검정은 두 모집단의 평균, 예를 들어 μ_c와 μ_t를 둘 다 알지 못할 때 사용하는 검정방법이다. 그런데 이 방법 역시 σ_c와 σ_t 모두를 알아야만 실행할 수 있다. 그러므로 실제 연구에서 사용할 확률은 거의 0에 가깝다. 단일표본 z검정의 경우에는 검정의 원리를 설명하기 위한 필요성이 있지만, 독립표본 z검정은 그런 필요로 사용되기에도 그다지 적절치 않아 뒷장에서 간략히 소개하기로 한다.

이 외에 평균차이 검정이 아닌 z검정도 존재한다. 통계학에서 일반적으로 z검정이라고 하면 필자가 앞에서 설명한 z검정이지만, 사실 z검정이란 표집분포로서 표준정규분포(z분포)를 이용하는 모든 검정을 일컫는다. 실제로 두 모집단에서의 관심 있는 사건의 비율의 차이를 검정하기 위해 z검정을 이용하기도 하고, 뒤에서 배울 상관계수(correlation coefficient)의 통계적 유의성 검정에도 z검정을 이용한다. 비율차이 검정을 위한 z검정은 이 책에서 소개하지 않으려 하며, 상관계수의 z검정은 뒤에서 다룰 것이다.

제9장 검정의 주요 개념

앞 장에서 단일표본 z검정을 통해 검정의 원리를 설명하였는데, 이와 관련하여 반드시 알아두어야 하는 주요한 개념들을 소개하고자 한다. 먼저 통계 프로그램 등을 이용할 때 많이 사용하는 p값(p-value)을 통해 검정을 실시하는 방법을 설명한다. 다음으로는 통계적 의사결정 과정에서 어쩔 수 없이 범할지도 모르는 오류에 대해서 소개한다. 이 오류와 관련하여 앞에서 소개한 유의수준에 대해서도 더 깊이 고민해 볼 것이며, 표본크기와 밀접한 관련이 있는 통계적 검정력의 개념도 다룬다. 더불어 통계적 검정의 약점을 보완해 줄 수 있는 효과크기에 대해서 설명하고, 마지막으로 구간추정이라고도 불리는 신뢰구간의 추정방법을 소개한다.

9.1. p-value

앞 장의 단일표본 z검정에서 통계적 의사결정을 하는 방법으로서 검정통계량을 기각값에 비교하는 방식을 이용하였다. z검정통계량을 계산하고 이를 비교할 기각값을 표준정규분포표에서 찾은 다음, 만약 검정통계량이 기각값보다 더 극단적이라면 영가설을 기각한다는 규칙이었다. 이 방식의 원리를 그대로 이용하되 의사결정 과정에서 더 편리함을 주는 방법이 있다. 특히 모든 통계 프로그램들이 이를 이용하는데 p값을 계산하여 유의수준 α에 비교하는 방법이다. p는 SPSS 프로그램과 몇몇 사람들이 유의확률(significance probability)이라고 번역하기도 하는데 사실 이는 번역이라기보다는 조어(造語)에 가깝다. 왜냐하면 필자의 경험으로 significance probability라는 영어 표현 자체가 없기 때문이다. significance probability라고 하면 아마도 해외의 학자들은 이를 significance level, 즉 유의수준으로 받아들일 공산이 크다. 유의수준이 확률이기 때문이다. 오히려 적정한 맥락에서 p는 그저 probability라고 표현하는 경우가 훨씬 더 많다. 그러므로 이 책에서는 p를 우리의 언어로 표현하지 않고 단지 p 또는 p값이라고 표기한다.

p는 가진바 의미가 그렇게 복잡하지 않은데 이를 하나의 문장 또는 어구로 정의하는 것은 생각보다 간단하지 않다. 사실 정의를 읽어도 그게 무엇인지 한 번에 알아차리기도 쉽지 않다. 굳이 정의하고자 한다면, p는 영가설이 옳다는 가정하에 검정통계량이 이론적으로 따르는 표집분포상에서 표본에 기반한 검정통계량보다 더 극단적일 확률이라고 할 수 있다. 이제 예제를 통해서 직접 p값을 계산하고 이를 유의수준 α와 비교함으로써 p의 계산법과 쓰임을 설명하고자 한다. 앞 장에서 사용했던 자폐 아동의 읽기능력 예제 중 양방검정을 이용하여 p값을 구하는 도식이 [그림 9.1]에 제공되어 있다. 그림에는 설명의 편의상 표준정규분포의 오른쪽 꼬리만 확대되어 보이며, 기각값 1.96과 이에 상응하는 연한 파란색 기각역 및 z검정통계량 2.357과 이에 상응하는 진한 파란색 영역이 나타나고 있다. 참고로 독자들도 알다시피 분포의 왼쪽 꼬리에도 이와 동일한 그림이 대칭적으로 그려질 것이다.

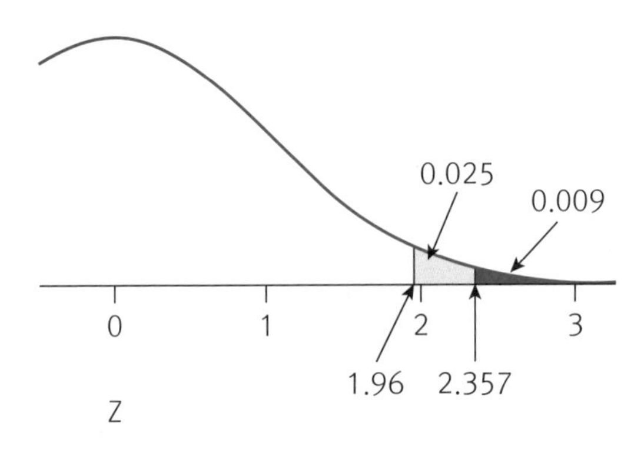

[그림 9.1] 양방검정에서 p의 결정

위의 그림에서 연한 파란색 영역 0.025는 사회과학 영역에서 관습적으로 사용하는 유의수준 5%를 양방검정이므로 2로 나누어 표시한 것이며, 진한 파란색 영역 0.009는 연구자의 z검정통계량 2.357보다 더 극단적인 영역의 확률을 R의 pnorm() 함수를 이용하여 아래와 같이 구한 것이다.

```
> 1 - pnorm(2.357, 0, 1)
[1] 0.009211623

> pnorm(2.357, 0, 1, lower.tail=FALSE)
[1] 0.009211623
```

위의 명령어에서 pnorm(2.357, 0, 1)은 표준정규분포에서 $z = 2.357$까지의 누적확률로서 $\Pr(Z \le 2.357)$을 의미하므로, 1 - pnorm(2.357, 0, 1)은 $\Pr(Z > 2.357)$을 가리킨다. 아래 명령어는 조금 다른 방식으로 동일한 결과를 얻는 방법이다. lower.tail 아규먼트는 논리값으로서 TRUE 또는 FALSE를 취하는데, TRUE로 지정하면 왼쪽에서부터의 누적확률을 계산하고 FALSE로 지정하면 오른쪽에서부터의 누적확률을 계산한다. 함수의 디폴트는 TRUE이다.

앞에서 배운 통계적 의사결정의 규칙은 검정통계량 z가 기각값 1.96보다 크면 영가설을 기각한다는 것이었다. 그림을 통해서 보면, 이는 진한 파란색 영역인 $\Pr(Z > 2.357)$이 연한 파란색 영역인 $\Pr(Z > 1.96)$보다 작으면 영가설을 기각한다는 의사결정 규칙과 완전히 일치한다. 양방검정에서 $\Pr(Z > 1.96) = \alpha/2$이므로 만약 진한 파란색 영역이 $\alpha/2$보다 작으면 영가설을 기각하게 되는 것이다. 만약 진한 파란색 영역을 p라고 잠시 가정한다면, 영역(확률)을 이용한 새로운 통계적 의사결정 규칙은 '만약 $p < \alpha/2$라면 영가설을 기각한다'가 된다. 실제 숫자를 대입해 보면, $0.009 < 0.025$이므로 영가설을 기각하는 결정을 하게 된다. 검정통계량과 기각값을 이용한 의사결정과 일치하는 결과를 얻게 되는 것이다.

그런데 위와 같은 p의 정의를 갖게 되면, 양방검정에서의 통계적 의사결정 규칙을 위해 매번 유의수준 α를 2로 나누어야 하는 불편함이 존재한다. 그런 이유로 학자들은 진한 파란색 영역에 2를 곱한 $2 \times \Pr(Z > z)$를 p라고 정의하고, 이렇게 구해진 p를 α에 직접 비교한다. 이렇게 되면 통계적 의사결정 규칙은 '만약 $p < \alpha$라면 영가설을 기각한다'가 된다. 숫자를 대입해 계산해 보면 아래와 같다.

$$p = 2 \times \Pr(Z > 2.357) = 2 \times 0.009 = 0.018 \ < \ 0.05 = \alpha$$

결과적으로 $p < \alpha$이므로 영가설을 기각한다는 결정을 한다. 진한 파란색 영역을 $\alpha/2$에 비교하든지 또는 진한 파란색 영역에 2를 곱한 것을 α에 비교하든지 수학적으로 완벽하게 일치하는 결과를 갖게 될 것은 자명하다. 그리고 만약 z가 음수라면(예를 들어, $z = -2.357$) p는 아래와 같이 계산된다.

$$p = 2 \times \Pr(Z < -2.357) = 2 \times 0.009 = 0.018$$

p를 사용하게 됨으로써 가장 편리해지는 것은 통계 프로그램을 이용하여 검정을 실

시할 때이다. 우리가 사용하는 대부분의(아마도 모든) 통계 프로그램은 특정한 유의수준 α에 해당하는 기각값을 제공하는 방식을 사용하지 않는다. 여러 이유가 있겠지만, 하나의 이유는 연구자가 사용할 유의수준을 통계 프로그램이 알아서 예측하고 그에 해당하는 기각값을 줄 수는 없기 때문이다. 그러므로 모든 통계 프로그램은 검정의 결과에서 p값을 제공한다. 연구자는 프로그램이 제공한 p값의 크기를 자신이 설정한 또는 자신이 속한 분야에서 관습적으로 사용하는 유의수준 α의 크기에 직접적으로 비교하여 손쉽게 통계적 의사결정을 내릴 수 있다.

지금까지 정의하고 설명한 p는 양방검정에서 사용되는 p이고, 일방검정에서는 조금 다른 방식으로 결정된다. 앞 장에서 사용했던 자폐 아동의 읽기능력 예제 중 일방검정을 이용하여 p값을 구하는 도식이 [그림 9.2]에 제공되어 있다. 참고로 일방검정에서는 그림의 왼쪽 꼬리에 오른쪽과 동일한 그림이 그려지지 않는다. 위꼬리 검정이기 때문이다.

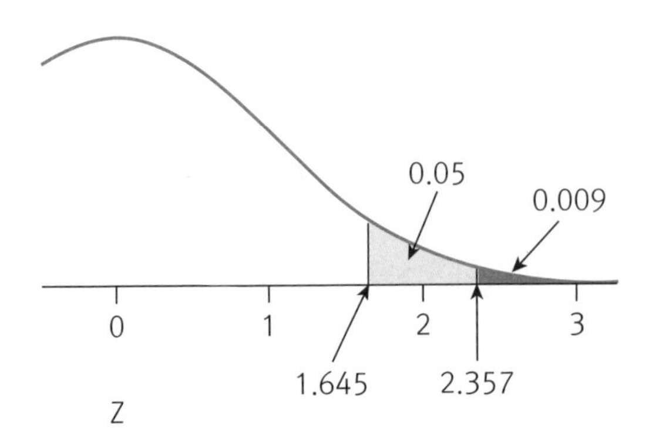

[그림 9.2] 일방검정에서 p의 결정

위의 그림을 보면 연한 파란색 영역 $\Pr(Z > 1.645)$가 0.05인 것을 볼 수 있다. 일방검정 중 위꼬리 검정은 정규분포의 오른쪽 꼬리 부분에 모든 유의수준을 할당하기 때문이다. 위의 그림에서 진한 파란색 영역이 연한 파란색 영역보다 작을 때 영가설을 기각하게 되는 것은 양방검정과 다르지 않은데, 연한 파란색 영역이 $\alpha/2$가 아니라 이미 α인 것을 확인할 수 있다. 그러므로 p를 α에 비교하기 위한 목적으로 진한 파란색 영역에 2를 곱할 이유가 전혀 없다. 일방검정(특히 위꼬리 검정)에서 p는 $\Pr(Z > z)$가 되며, 검정을 위한 계산은 아래와 같다.

$$p = \Pr(Z > 2.357) = 0.009 \; < \; 0.05 = \alpha$$

즉, 위의 예제에서도 $p < \alpha$이므로 일방검정의 영가설인 $\mu_t \le 30$을 기각하게 된다. 만약 일방검정 중 아래꼬리 검정을 하게 된다면 p는 $\Pr(Z < z)$로 정의되고, 역시 이것이 α보다 작으면 영가설 $\mu_t \ge 30$을 기각한다.

9.2. 의사결정의 오류

앞 장에서 검정통계량과 기각값을 이용한 통계적 의사결정의 과정을 설명하였고, 이번 장의 앞부분에서는 p와 α를 이용하는 검정을 설명하였다. 검정을 실시하게 되면 연구자는 어떤 경우든 둘 중 하나의 결론에 도달하게 된다. 하나는 영가설을 기각하는 것이고, 또 하나는 영가설 기각에 실패하는 것이다. 연구자가 둘 중 하나의 결론에 도달하였고 검정의 과정에서 그 어떤 실수도 하지 않았다고 하더라도 연구자는 언제나 그 결론이 잘못되었을 확률을 가지고 있다. 이는 영가설이 사실인지 거짓인지 알 수 없는 상태에서(다시 말해, 모집단의 상태를 모르면서) 표본에 기반하여 모집단에 대한 통계적 결정을 내리기 때문이다. 통계적 검정 과정에서 우리가 저지를 수 있는 오류에 대하여 인지하고 있어야 하는데, 크게 두 가지를 [표 9.1]을 통해 소개한다.

[표 9.1] 진리와 통계적 의사결정

		Truth	
		H_0 true	H_0 false
Statistical	Fail to reject H_0	$1-\alpha$	β(Type II error)
Decision	Reject H_0	α(Type I error)	$1-\beta$(Power)

위의 표를 보면, 검정의 과정에서 진리(truth, the state of nature)는 결국 H_0이 사실이든지 H_0이 거짓이든지 둘 중에 하나다. 연구자는 진리를 알고 싶어 하지만 진리는 모집단에 대한 것이므로 이를 알 수가 없다. 다만 표본을 수집하여 통계적 검정을 실시하게 되고 그 어떤 통계적 결정(statistical decision)을 내리게 된다. 통계적 결정도 결국 H_0 기각에 실패하든지 H_0 기각에 성공하든지 둘 중 하나다. 이 과정에서 연구자는 제1종오류(Type I error)와 제2종오류(Type II error) 두 가지 중 하나의 오류를 범할 수 있는 확률이 있다. 제1종오류는 H_0이 사실인데 이를 기각하게 될 확률로 정의

하며 α를 이용해서 표기한다. 앞에서 배운 유의수준 α와 수학적으로 같은 개념이다. 동일한 개념을 바라보는 다른 관점에 따라 다른 이름으로 불리는 것이다. 제2종오류는 H_0이 거짓인데 이를 기각하는 데 실패하게 될 확률로 정의하며 β(beta)를 이용해서 표기한다. 이와 같이 제1종오류와 제2종오류는 확률의 개념으로 정의하는 것이 매우 일반적이지만, 행위의 측면에서 이를 정의할 수도 있다. 다시 말해, 만약 H_0이 사실인데 이를 기각하게 되면 제1종오류를 범한 것이고, 만약 H_0이 거짓인데 이를 기각하는 데 실패하게 되면 제2종오류를 범한 것이 된다.

연구자가 범할 수 있는 두 가지 오류에 대하여 정의하였는데, [표 9.1]에 있는 두 가지의 옳은 결정에 대한 정의도 필요하다. 먼저 통계적 검정력(statistical power)은 H_0이 거짓일 때 H_0을 기각할 확률로 정의하며 이는 옳은 결정을 할 확률이고 $1-\beta$를 이용하여 표기한다. 그리고 H_0이 사실일 때 H_0의 기각에 실패하게 될 확률은 $1-\alpha$로 표기하며 역시 옳은 결정을 할 확률이고 특별한 이름은 없다. 두 가지의 옳은 결정을 할 확률 중 검정력 $1-\beta$는 연구자에게 있어서 상당히 중요한 의미를 지니며 뒤에서 자세히 설명할 것이다.

9.2.1. 유의수준과 제1종오류

유의수준이란 영가설이 옳다는 가정하에서 검정통계량이 얼마나 극단적이어야 그것을 극단적이라고 결론 내리고 영가설을 기각하게 될 것인가의 정도를 나타내는 개념이라고 설명하였다. 자폐 아동 읽기능력 예제에서는 사회과학에서 주로 사용하는 유의수준 5%를 이용하여 [그림 8.3]처럼 극단적인 영역을 정의하였다. 이 그림을 약간 변형하여 [그림 9.3]에 제공하였는데, 이를 통해 유의수준과 제1종오류에 대하여 설명하고자 한다. 표준정규분포를 이용해서도 설명할 수 있으나 $\overline{X}_t$분포를 이용하는 것이 더욱 직관적으로 이해할 수 있어 이를 사용한다. 그림은 영가설 $\mu_t = 30$이 옳다는 가정하에 그린 이론적인 $\overline{X}_t$의 분포이고, 유의수준 5%가 양방검정에 맞도록 정규분포의 오른쪽 꼬리와 왼쪽 꼬리에 각각 2.5%씩 할당되어 있다. 또한 영가설이 옳다는 가정하에서 일어날 것 같지 않은 극단적인 영역인 기각역에 해당하는 두 개의 기각값 25.843과 34.157이 표시되어 있다.

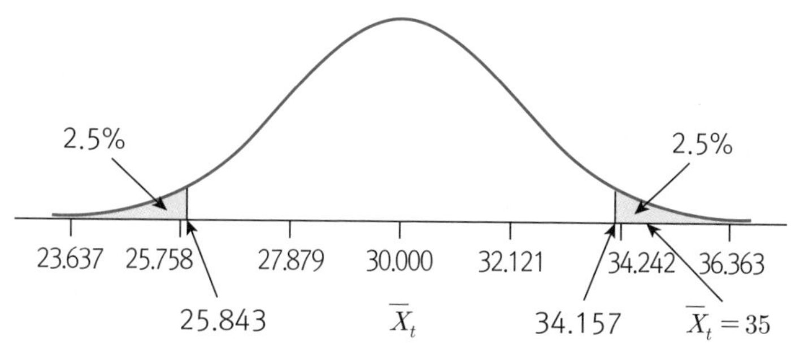

[그림 9.3] 유의수준 5%에서 $\overline{X}_t$의 극단적인 영역

위의 그림을 통해서 알 수 있듯이, 만약 $\overline{X}_t < 25.843$ 또는 $\overline{X}_t > 34.157$이라면 H_0을 기각하게 된다. 예를 들어, $\overline{X}_t = 35$처럼 표본의 결과가 나오게 되면 영가설 $\mu_t = 30$을 기각하고 대립가설 $\mu_t \neq 30$이라는 결론을 내리는 것이다. 그런데 이 통계적 결정이란 것은 절대적인 것이 아니며 단지 확률에 기반하고 있을 뿐이라는 것을 잊어선 안 된다. $\mu_t = 30$이 진실이라고 해서 $\overline{X}_t = 35$가 절대적으로 나올 수 없다는 것인가? 아니다. 다만 $\overline{X}_t = 35$의 상대적 발생확률이 매우 낮다는 것을 의미할 뿐이다. 그림을 보면 $\overline{X}_t = 35$일 때 표준정규분포 함수의 높이 값이 존재하고 있는 것을 알 수 있는데, 이는 영가설 $\mu_t = 30$이 옳다는 가정에서 $\overline{X}_t = 35$가 나타날 상대적인 확률이 0이 아님을 의미한다. 그러므로 $\mu_t = 30$이 진실인 상황에서 만약 $\overline{X}_t = 35$가 나오게 되면 영가설을 기각하게 되고 제1종오류를 범하게 된다. 반대로 $\mu_t = 30$이 진실이 아닌 상황에서 만약 $\overline{X}_t = 35$가 나오게 되면 영가설을 기각하게 되고 제1종오류를 범하지 않게 된다.

우리는 모집단을 통째로 조사하지 않는 한은 진리를 알 수 없으므로 영가설을 기각하는 통계적 결정을 했을 때 제1종오류를 범했을 수도 있고 그렇지 않았을 수도 있다. 이와 같은 통계적 결정을 하는 데 있어서 유의수준이란 것은 우리가 범할 수 있는 제1종오류 확률의 한계를 지어 놓은 것으로 이해할 수 있다. 다시 말해, 유의수준 5%에서 검정을 한다는 것은 검정 과정에서 제1종오류를 범할 수도 있고 범하지 않을 수도 있는데 만약 범했을 경우에 최대 5% 이내의 확률로 범하게 되는 것이다.

[표 9.1]에서 진리와 통계적 결정 사이에 발생할 수 있는 네 가지 확률 α, $1-\alpha$, β, $1-\beta$ 중에서 제1종오류 α와 검정력 $1-\beta$는 특히 중요하게 취급된다. 먼저 α가 중요하게 생각되는 이유에 대하여 고민해 보기로 한다. 예를 들어, 누군가와 동전을 던지는

내기를 한다고 가정하자. 내기를 하는 당사자 간에 동전을 이용한다는 것은 양쪽 모두에게 동전의 앞이나 뒤가 나올 확률이 모두 0.5라는 믿음이 있기 때문일 것이다. 실제로 지난 수천 년간 인간이 동전을 만들어 낸 이래로 그렇게 믿어 왔을 것이다. 그런데 어느 날 한 연구자가 이러한 사실에 의심을 품게 되었다. 아무래도 500원짜리 동전을 많이 던져 보니 경험적으로 한쪽 면이 더 많이 나오는 것을 느끼게 되었던 것이다. 그래서 [식 9.1]과 같은 가설을 세우고 이를 검정하고자 하였다.

$$H_0 : p = 0.5 \quad \text{vs.} \quad H_1 : p \neq 0.5 \qquad \text{[식 9.1]}$$

위에서 p는 동전의 앞면이 나올 확률을 의미한다. 연구자는 영가설을 기각하기 위한 증거를 수집하기 위해 동전을 열 번 던지는 실험을 하였다. 그 결과 앞면이 아홉 번 나왔고, 유의수준 5%에서 통계적 검정을 실시한 결과 영가설을 기각하게 되었다.[39] 그런데 지금 연구자는 지난 수천 년간의 믿음, 즉 동전의 앞뒷면이 나올 확률은 같다는 가설을 단지 동전 열 번을 던져서 나온 결과를 통해 기각하였다.

일반적으로 통계적 검정에서 영가설은 우리가 지금까지 믿어 온 것일 가능성이 높고, 대립가설은 연구자가 이론이나 경험에 기반하여 새롭게 주장하는 것일 수 있다. 우리가 오랫동안 어떤 사실을 믿어 왔다는 것은 충분히 그것을 믿을 만한 이유가 있다고도 볼 수 있다. 그런데 연구자가 단지 몇 번의 실험 등을 통하여 옳을 수도 있는 영가설을 기각하는 것은 상당히 위험한 결정일 수 있다. 그런 의미에서 많은 학자들은 영가설을 실수로 기각할 수 있는 확률이라고 할 수 있는 유의수준 또는 제1종오류를 충분히 잘 통제하기를 원한다. 유의수준을 높이면 영가설을 기각하고 연구자의 가설을 증명할 수 있는 확률이 늘어나지만 동시에 제1종오류를 범할 확률도 점점 늘어 간다. 이러한 이유로 사회과학을 포함한 대부분의 학문 영역에서 경험적인 연구를 하는 연구자들은 0.05 또는 0.01 등의 충분히 작은 유의수준을 설정하여 제1종오류의 위험을 통제한다.

9.2.2. 제2종오류와 검정력

제2종오류와 검정력은 하나가 커지면 다른 하나는 줄어드는 밀접한 관계를 지니고 있다. 두 개념을 먼저 정확히 이해하고, 특히 통계학에서 매우 중요하게 취급하는 통계

---

39) 이와 같은 상황에서 실시할 수 있는 검정은 이항분포(binomial distribution)를 표집분포로서 이용하는 것으로서 이항검정(binomial test)이라고 부르는데 이 책에서는 다루지 않는다.

적 검정력에 대하여 자세히 논의한다.

제2종오류

검정력 $1-\beta$를 이해하기 위해 먼저 제2종오류 β를 특정하고 이해하는 과정을 거치도록 하자. 제2종오류는 영가설이 사실이 아닐 때 영가설 기각에 실패할 확률을 의미한다. 지금까지 설명한 검정의 과정에서 영가설이 사실이 아닐 때라는 가정을 한 적이 없다. 검정의 원리에 따라 첫 단계에서 무조건 영가설이 옳다는 가정을 하였다. 자폐 아동의 읽기능력 예제에서 양방검정을 실시한다고 했을 때 영가설은 $\mu_t = 30$이었고, 영가설이 옳다는 가정하에서 $\overline{X}$는 평균이 30이고 분산이 $\frac{\sigma^2}{n}$인 정규분포를 따른다. $\overline{X}$의 표준화 작업을 거치면 z검정통계량은 평균이 0이고 분산이 1인 표준정규분포를 따르며, 이 사실을 통해 유의수준을 분포 위에 설정하고 z검정을 수행한다. 즉, 영가설이 옳다는 가정하의 표집분포를 구하고 그 표집분포 위에서 모든 과정을 진행하는 것이다.

그런데 제2종오류는 영가설이 사실이 아니라는 가정을 한다. 영가설이 사실이 아니라는 것은 $\mu_t \neq 30$이라는 것을 의미하고, 정규분포를 따르는 $\overline{X}$의 평균도 30이 아니라는 것을 의미한다. 당연히 $\overline{X}$를 표준화한 z검정통계량의 평균도 0이 아니게 된다. 제2종오류를 계산하기 위해서는 영가설이 사실이 아닐 때 $\overline{X}$ 또는 이를 표준화한 z검정통계량이 따르는 표집분포를 먼저 찾아내야 한다. 영가설 $\mu_t = 30$이 사실이 아니라는 것은 μ_t가 31일 수도 있고, 36일 수도 있으며, 27일 가능성도 있다는 것을 의미한다. 즉, μ_t가 30을 제외한 그 어떤 값이라도 될 수 있다는 것을 의미한다. 이는 z검정통계량의 평균이 0이 아닌 그 어떤 값일 수도 있다는 것을 가리킨다. 즉, z검정통계량이 따르는 분포의 평균이 1일 수도, 3일 수도, −4일 수도 있다는 것이다. [그림 9.4]는 제2종오류 β를 설명하기 위해 영가설이 사실이 아닐 때 z검정통계량이 평균 3이고 분산 1인 정규분포를 따른다고 가정하고, 영가설이 사실일 때의 분포 오른쪽에 표현한 것이다.

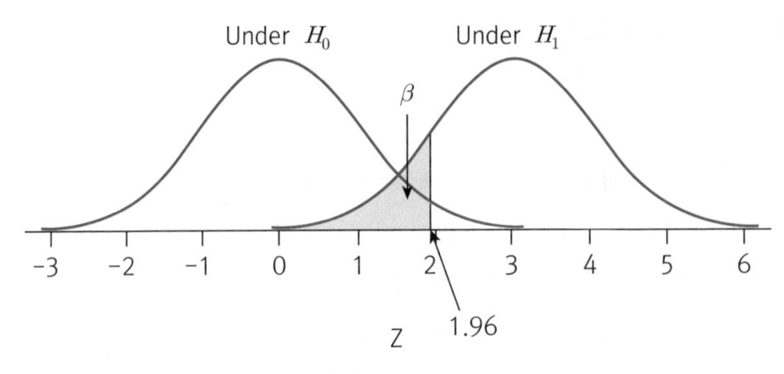

[그림 9.4] 제2종오류 β

위의 그림에서 Under H_0 밑에 있는 분포는 영가설이 옳다는 가정하에 z검정통계량이 따르는 표집분포이고, Under H_1 밑에 있는 분포는 영가설이 옳지 않다는 가정하에, 즉 대립가설이 옳다는 가정하에 z검정통계량이 따르는 임의의 표집분포이다. 그림에는 양방검정의 오른쪽 꼬리 기각값인 1.96도 표시되어 있다. 위의 그림에서 β로 표시된 연한 파란색 영역이 제2종오류의 확률을 가리킨다. 이유는 아래에 자세히 설명한다.

제2종오류의 정의에 의해 β를 계산하기 위해서는 먼저 영가설이 사실이 아니라는 가정을 해야 하는데, 이는 대립가설이 사실이라는 것을 의미한다. 그러므로 확률을 계산하기 위해 Under H_0 밑에 있는 분포를 이용해서는 안 되고 Under H_1 밑에 있는 분포를 이용해야 한다. 그리고 또 정의에 의하여 제2종오류는 영가설을 기각하지 않을 확률이다. [그림 9.4]에서 영가설은 검정통계량 z가 1.96보다 큰 경우에 기각을 하게 된다. 그러므로 검정통계량 z가 1.96보다 작은 경우에는 기각하지 않게 된다. 둘로 쪼개었던 제2종오류의 정의를 종합해 보면, Under H_1 밑에 있는 분포에서 검정통계량 z가 1.96보다 작을 확률이 바로 제2종오류 β가 되는 것이다.

그런데 앞서 말한 대로 $\mu_t \neq 30$이라는 것은 μ_t가 30보다 클 수도 있지만 작을 수도 있다는 것을 의미한다. 만약 μ_t가 30보다 작은 상황이라면 [그림 9.5]처럼 H_1가 옳다는 가정하에서의 z표집분포가 H_0이 옳다는 가정하에서의 z표집분포보다 왼쪽에 위치하게 될 것이다.

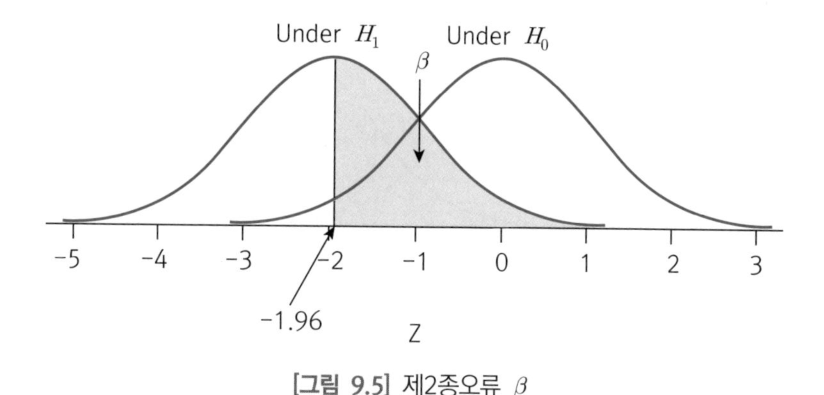

[그림 9.5] 제2종오류 β

위에서는 영가설이 사실이 아닐 때 z검정통계량이 평균 −2이고 분산 1인 정규분포를 따른다고 가정하였다. 위와 같은 상황에서 제2종오류 β는 Under H_1 밑에 있는 분포에서 검정통계량 z가 −1.96보다 클 확률로 정의된다.

β를 실제로 계산하기 위해서는 대립가설이 옳다는 가정하에서 z검정통계량이 따르는 표집분포가 어디에 위치하는지를 알아내야 하는데 몇 가지 추가적인 정보와 가정이 필요하다. 현실 속에서 β를 계산하는 일은 매우 드물고 더군다나 손으로 직접 계산하는 경우는 거의 없기 때문에 실제 계산의 예는 보이지 않는다. 지금까지 설명한 개념적인 이해만으로 충분할 것이라고 믿는다.

검정력

제2종오류가 영가설이 사실이 아니라는 가정하에서 영가설을 기각하는 데 실패할 확률이라면, 검정력(power)은 영가설이 사실이 아닐 때 영가설을 기각할 확률을 의미한다. 검정력은 단순히 영가설을 기각할 확률의 의미로 많이 통용되는데, 엄격하게 말하면 영가설이 사실이 아닐 때, 즉 연구자의 가설이 사실일 때라는 조건이 반드시 있어야 한다. 먼저 검정력의 개념을 그림을 통해서 이해하도록 하자. 앞에서 제2종오류의 개념을 이해했다면 검정력을 이해하는 것은 아무런 문제도 없을 것이다. [그림 9.6]에 정의에 따라 유의수준 5%에서 검정력 $1-\beta$를 표시하였다.

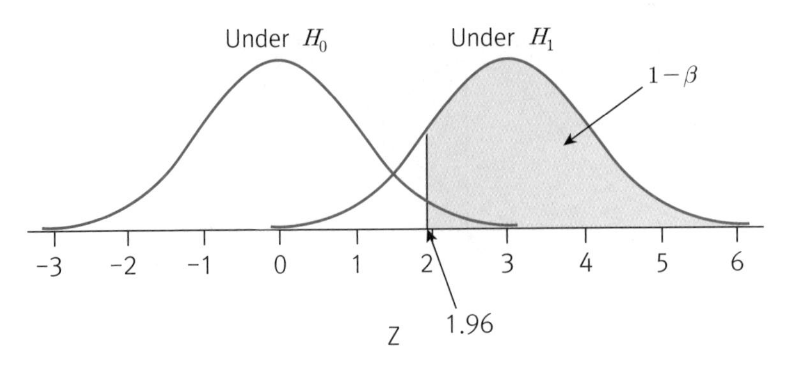

[그림 9.6] 통계적 검정력 $1-\beta$

위에서는 영가설이 사실이 아닐 때 z검정통계량이 평균 3이고 분산 1인 정규분포를 따른다고 가정하였다. 위와 같은 상황에서 검정력 $1-\beta$는 Under H_1 밑에 있는 분포에서 검정통계량 z가 1.96보다 클 확률로 정의된다.

앞의 예에서와 마찬가지로 만약 H_1가 옳다는 가정하에서의 z표집분포가 H_0이 옳다는 가정하에서의 z표집분포보다 왼쪽에 위치하게 된다면 검정력 $1-\beta$는 [그림 9.7]과 같이 정의할 수 있다.

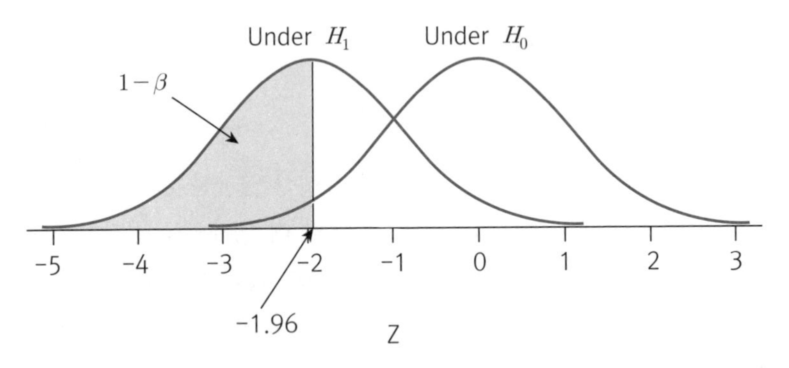

[그림 9.7] 통계적 검정력 $1-\beta$

위에서는 영가설이 사실이 아닐 때 z검정통계량이 평균 −2이고 분산 1인 정규분포를 따른다고 가정하였다. 위와 같은 상황에서 검정력 $1-\beta$는 Under H_1 밑에 있는 분포에서 검정통계량 z가 −1.96보다 작을 확률로 정의된다.

제2종오류와 검정력은 영가설이 사실이 아니라는 가정에서 연구자가 도달하게 되는 두 개의 결과 확률이라고 할 수 있다. 즉, 영가설의 기각에 실패할 확률과 영가설의 기각에 성공할 확률이다. 검정력은 특히 연구자 본인에게 있어서 매우 중요하다고 볼 수 있다. 연구자가 계획한 처치가 정말 효과가 있을 때 그것이 효과가 있다고 결론 내릴 수 있는 확률이 검정력이기 때문이다. 연구자는 되도록 충분한 검정력을 확보해야 하는데, 문제는 이것이 제2종오류를 통제함으로써 가능한 것이 아니라는 것이다. 제2종오류는 제1종오류와 다르게 연구자가 미리 선택하여 정할 수 있는 것이 아니기 때문이다. 따라서 연구의 검정력을 높일 수 있는 여러 가지 요인들을 조정함으로써 원하는 수준의 검정력을 달성하는 것이 일반적이다. 사회과학 연구에서 연구자가 달성하고자 하는 검정력은 최소 80% 정도라고 알려져 있으며 연구자에 따라 95% 정도까지 확보하려고 하는 경우도 있다.

그렇다면 이제 검정력에 영향을 줄 수 있는 요인들을 살펴보고 이 요인들에 따라 검정력이 어떻게 변화하는지 살펴본다. 검정력의 크기에 영향을 줄 수 있는 주요한 네 개의 요인은 효과크기(effect size), 유의수준, 검정의 방향성(양방검정 vs. 일방검정), 표본크기이다. 가장 먼저 효과크기는 말 그대로 연구자가 시행한 처치효과의 크기인데 효과크기가 클수록 검정력은 증가한다. 효과크기는 뒤에서 정확하고 자세하게 설명할 예정인데, 일단 여기서는 검정력에 영향을 주는 요인으로서의 효과크기를 대략적으로 정의하여 사용한다. 예를 들어, 자폐 아동 읽기능력의 예제에서 효과크기는 개념적으로 μ_t와 μ_c의 절대적인 차이로 볼 수 있다.[40] μ_t는 H_1가 사실일 때 $\overline{X}_t$의 평균이고, μ_c는 H_0이 사실일 때 $\overline{X}_t$의 평균이다. 즉, 위의 예에서 효과크기는 대립가설이 사실일 때 표집분포의 평균과 영가설이 사실일 때 표집분포의 평균의 차이로 볼 수 있다. 이는 표준정규분포를 이용해서 설명하면 영가설이 옳다는 가정하에서의 분포의 평균과 영가설이 옳지 않다는 가정하에서의 분포의 평균의 차이라고 말할 수 있다. [그림 9.8]은 효과크기가 작을 때와 클 때의 검정력의 차이를 보여 준다. 검정력에 영향을 미치는 나머지 요인들인 유의수준은 5%, 검정의 방향성은 양방검정, 표본크기는 100으로 모두 일정하다는 가정을 하였다.

40) 효과크기의 더욱 정확한 정의를 위해서는 μ_t와 μ_c의 절대적인 차이뿐만 아니라 모집단의 퍼짐의 정도 역시 고려해야 하는데 지금 시점에서는 적절치 않다. 효과크기는 뒤에서 더욱 정확하게 정의될 것이다.

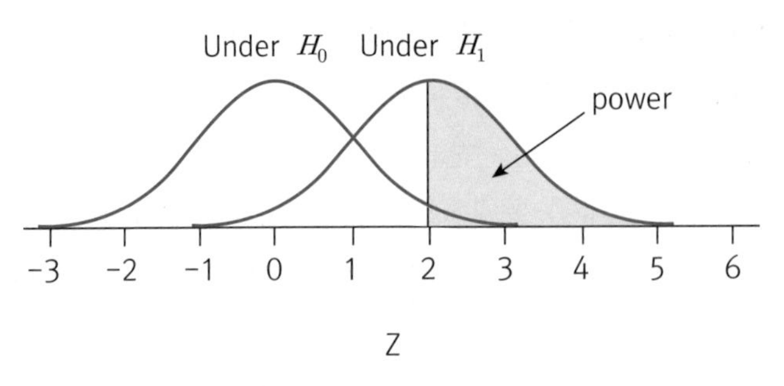

(b) Large effect size

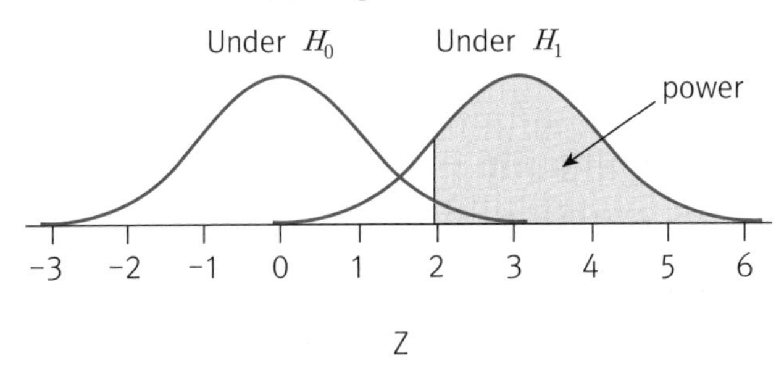

[그림 9.8] 효과크기 차이에 따른 검정력의 차이

위의 그림에서 (a)는 중간 정도의 효과크기(z검정통계량의 관점에서 평균차이 2)를 가진 경우의 검정력을 보여 주고 있고, (b)는 큰 효과크기(z검정통계량의 관점에서 평균차이 3)를 가진 경우의 검정력을 보여 주고 있다. 검정력에 영향을 주는 다른 모든 조건이 동일하다면 더 큰 효과크기를 가질 때 검정력의 크기가 더 큰 것을 선명하게 알 수 있다. 그렇다면 통계적 검정력을 높이기 위한 방법으로서 효과크기를 늘릴 수 있을까? 결론부터 이야기하면 효과크기는 연구자가 늘릴 수 있는 것이 아니다. 효과크기란 연구자가 개발한 처치가 지닌 본원적인 효과의 크기일 뿐이다. 다시 말해, 어떤 값인지 모르는 모수(parameter)로서 존재하는 것이다. 그러므로 효과크기가 검정력과 밀접한 관련이 있다고 치더라도 효과크기를 움직여 검정력을 높이는 것은 가능하지 않다.

두 번째로 유의수준 α의 크기에 따른 검정력의 차이를 확인하고자 한다. 유의수준은 사회과학 분야의 경험 과학자들이 가장 많이 사용하는 5%와 1%를 사용하여 검정력의 차이를 비교한다. [그림 9.9]는 유의수준이 작을 때($\alpha = 0.01$)와 유의수준이 클 때($\alpha = 0.05$)의 검정력 차이를 보여 준다. 검정력에 영향을 미치는 나머지 요인들인 효과크기, 검정의 방향성, 표본크기는 모두 일정하다는 가정을 하였다.

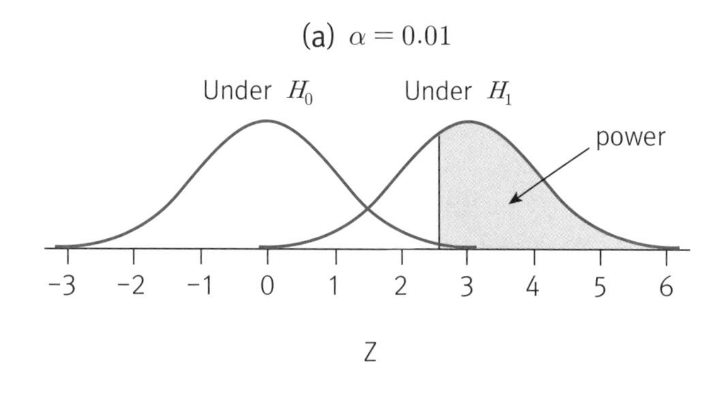

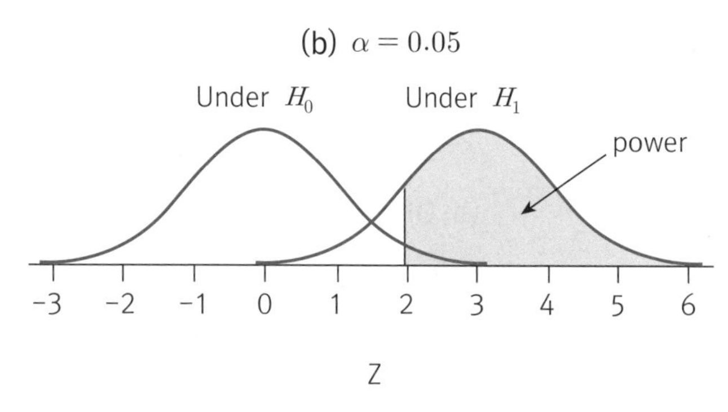

[그림 9.9] 유의수준 차이에 따른 검정력의 차이

위 그림의 (a)에서는 유의수준이 1%이고 기각값은 2.576이 되며 Under H_1 밑에 있는 분포에서 2.576보다 클 확률이 검정력이 된다. (b)에서는 유의수준이 5%이고 기각값은 1.96이며 Under H_1 밑에 있는 분포에서 1.96보다 클 확률이 검정력이 된다. 그림에서 확인할 수 있듯이 유의수준이 커지면 검정력도 증가한다. 그렇다면 통계적 검정력을 높이기 위한 방법으로서 유의수준을 늘릴 수 있을까? 결론부터 이야기하면 할 수 있다. 연구자의 선택으로 0.01 대신 0.05 또는 0.1을 사용하면 검정력은 증가하게 된다. 그런데 왜 우리가 유의수준을 임의로 선택할 수 있다고 하면서도 결국은 관습적으로 0.05를 사용하는지 고민해 보아야 한다. 유의수준을 키우면 검정력도 증가하지만 동시에 제1종오류의 확률도 같이 증가하게 된다. 제1종오류는 앞에서도 설명했듯이 경험과학에서 상당히 위험하다고 간주하는 오류이며 일정한 수준에서 통제하기를 원한다. 그러므로 유의수준이 검정력과 밀접한 관련이 있다고 하더라도 유의수준을 키워 검정력을 높이는 것은 적절하지 않다.

세 번째로 검정의 방향성에 따른 검정력의 차이를 확인한다. [그림 9.10]은 양방검정을 수행했을 때의 검정력과 일방검정을 수행했을 때의 검정력 차이를 보여 준다. 역시 검정력에 영향을 미치는 나머지 요인들인 효과크기, 유의수준, 표본크기는 모두 일정하다는 가정을 하였다.

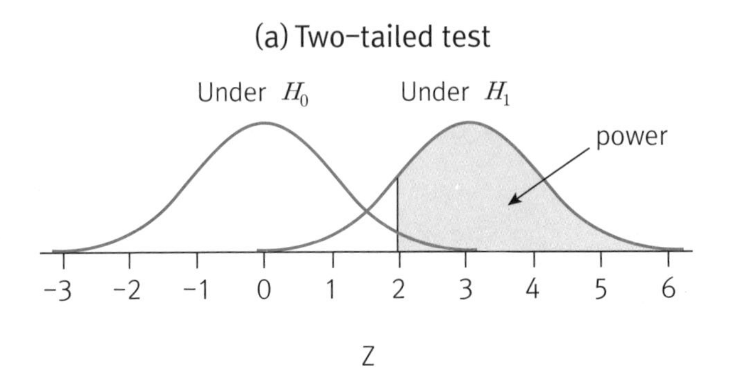

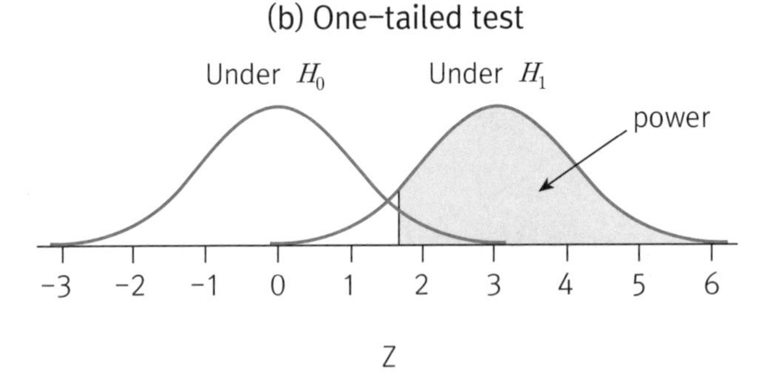

[그림 9.10] 검정의 방향성 차이에 따른 검정력의 차이

위 그림에서 (a)는 양방검정을 실시할 때의 검정력을 보여 주는데, 유의수준 5%의 양방검정에서 오른쪽 기각값은 1.96이고 검정력은 Under H_1 밑에 있는 분포에서 1.96보다 더 큰 영역으로 표시된다. (b)는 일방검정에서의 검정력을 보여 주는데, 유의수준 5%의 일방검정에서 오른쪽 기값값은 1.645이고 검정력은 Under H_1 밑에 있는 분포에서 1.645보다 더 큰 영역으로 표시된다. 둘을 비교해 보면 알겠지만, 일방검정을 수행하게 되면 다른 조건이 동일하다는 가정에서 양방검정보다 더 큰 검정력을 확보하게 된다. 그렇다면 통계적 검정력을 높이기 위한 방법으로서 일방검정을 실시할 수 있을까? 결론부터 이야기하면 할 수 있다. 하지만 앞에서 이미 논의했듯이 사회과학 영역에서 우리는 양방검정을 선호하며 일방검정을 실시하고자 하면 이를 해야만 하는 충분한 이론적인 배경과 연구자의 확신이 필요하다.

마지막으로 표본크기에 따른 검정력의 차이를 확인한다. [그림 9.11]은 표본크기

100일 때의 검정력과 표본크기 300일 때의 검정력의 차이를 보여 준다. 앞에서처럼 검정력에 영향을 미치는 나머지 요인들은 모두 일정하다는 가정을 하였다.

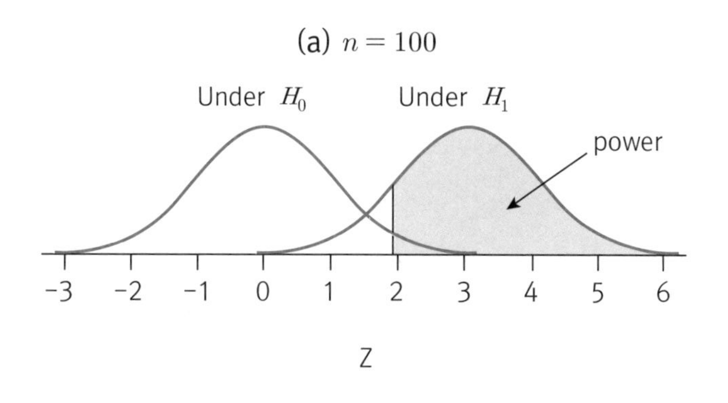

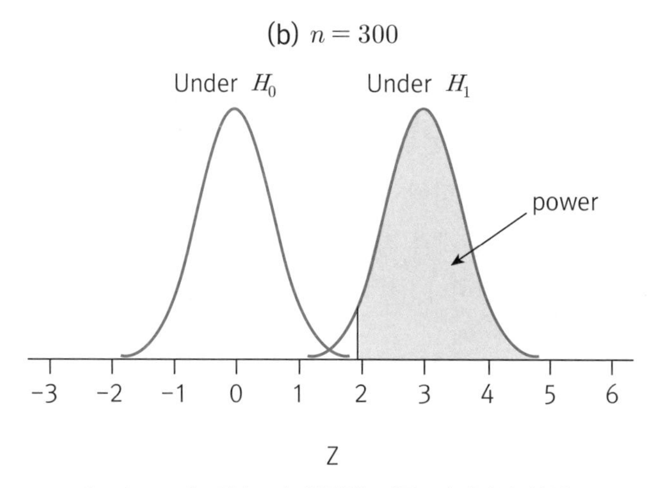

[그림 9.11] 표본크기 차이에 따른 검정력의 차이

앞 장의 표집이론에서 표본크기 n이 증가하면 표집분포의 표준오차는 감소하게 된다는 것을 배웠다. 즉, 위 그림의 (a)에 비하여 표본크기를 (b)처럼 증가시키면 표집분포의 퍼짐의 정도는 줄어들게 되고 분포는 더 뾰족하게 된다. 검정력에 영향을 주는 나머지 모든 요인들은 변화가 없으므로 Under H_1 밑에 있는 분포에서 1.96보다 더 클 확률이 검정력이 된다. (a)와 (b)를 비교하면 알 수 있듯이 표본크기가 커지면 연한 파란색 영역의 확률, 즉 검정력이 더 증가하는 것을 확인할 수 있다. 그렇다면 통계적 검정력을 높이기 위한 방법으로서 표본크기를 늘리는 방법을 사용할 수 있을까? 지금까지 설명한 검정력을 증가시킬 수 있는 모든 방법 중에서 표본크기를 늘리는 방법이 가장 적절한 방법이라고 할 수 있다. 효과크기는 연구자가 통제할 수 있는 것이 아니며, 유의

수준은 5%를 사용하고, 특별한 이유가 없는 한 양방검정을 실시하는 것은 표준관행이다. 그렇다면 검정력을 증가시키기 위해 연구자가 선택할 수 있는 최선은 표본크기를 적절하게 늘리는 것이라고 할 수 있다.

9.3. 효과크기

처치에 정말로 효과가 존재할 때, 충분히 큰 표본크기를 이용하여(즉, 충분한 검정력을 가지고) 그 효과가 있음을 밝혀내면 우리는 통계적으로 유의한 결과를 얻었다고 말한다. 그런데 통계적으로 유의한(statistically significant) 결과를 얻었다는 것이 실용적으로도 유의한(practically significant) 결과를 얻었다는 것을 의미하지는 못한다. 예를 들어, 앞의 자폐 아동 읽기능력의 예에서 다른 조건은 모두 동일하고 $\overline{X}_t = 31$이었다고 가정하자. 검정하고자 하는 값인 30점보다 겨우 1점이 높은 값이다. 아마도 많은 사람들이 100점 만점의 시험에서 1점은 실질적으로 그렇게 큰 차이라고 생각하지 않을 것이다. 그리고 어쩌면 통계적 검정 이전에 읽기 프로그램이 효과가 없다는 생각을 이미 떠올렸을지도 모를 일이다. 실제로 검정을 실시해 보면 z검정통계량은 아래와 같이 계산된다.

$$z = \frac{\overline{X} - \mu}{\frac{\sigma}{\sqrt{n}}} = \frac{31 - 30}{\frac{15}{\sqrt{50}}} = \frac{1}{2.121} = 0.471$$

$-1.96 < z = 0.471 < 1.96$이므로 연구자의 검정통계량은 표집분포(z분포)상에서 극단적인 값이라고 할 수 없고 $\mu_t = 30$이라는 영가설을 기각하는 데 실패할 것이다. 결국 통계적 검정의 결과와 우리가 미리 생각했던 효과에 대한 생각이 다르지 않음을 확인할 수 있다. 그런데 만약 $\overline{X}_t = 31$이었음에도 표본크기가 50이 아니라 1,000이었다면 통계적 검정 결과가 어떻게 되었을까? 아래에 $n = 1,000$에 해당하는 새로운 z검정통계량이 제공된다.

$$z = \frac{\overline{X} - \mu}{\frac{\sigma}{\sqrt{n}}} = \frac{31 - 30}{\frac{15}{\sqrt{1000}}} = \frac{1}{0.474} = 2.108$$

$z = 2.108 > 1.96$이므로 연구자의 검정통계량은 z분포 상에서 극단적인 값으로 여겨지고 $\mu_t = 30$이라는 영가설을 기각하게 된다. 검정통계량의 분자인 평균차이는 여전히 1인데 표본크기가 증가하였기 때문에 표준오차는 매우 작아지고(0.474) 통계적 검정 결과는 유의하게 나온 것이다.

이러한 통계적 유의성으로 인해서 100점 만점의 시험에서 1점이 실질적으로 의미 있는 점수라고 말할 수 있을까? 통계학 및 심리학계의 저명한 학자인 Cohen은 그의 저서와 논문에서 그렇지 않다고 설파하였다. 실질적으로 매우 작은 평균의 차이조차도 큰 표본하에서는 통계적으로 유의한 검정 결과를 줄 수 있다는 것은 통계적 가설검정의 여러 약점 중 하나라고 할 수 있다. 그리하여 Cohen(1988)[41]은 효과크기(effect size)를 이용하여 실용적인 효과의 크기를 측정할 것을 제안하였다. 일반론적으로 효과크기는 영가설이 거짓인 정도라고 정의하곤 하는데, 이렇게 간단하게 정의할 수 있는 내용은 아니다. 효과크기는 어떤 통계모형을 사용하는지 및 어떤 검정방법을 사용하는지 등에 따라 매우 다양한 형태로 존재하며, 단일표본 z검정에서 효과크기의 모수 δ(delta)는 [식 9.2]와 같이 정의된다.

$$\delta = \frac{\mu_t - \mu_c}{\sigma} \qquad \text{[식 9.2]}$$

위에서 μ_t는 처치모집단의 모평균, μ_c는 통제모집단의 모평균, σ는 모집단의 표준편차를 가리킨다. 단일표본 z검정의 맥락에서 μ_c와 σ는 알고 있으나 μ_t는 알 수 없으므로 위의 값은 모집단의 모수로서만 정의된다. 효과크기 δ는 표본을 이용해서 [식 9.3]과 같이 추정되며 추정된 효과크기는 Cohen's d라고 부른다.

$$d = \frac{\overline{X}_t - \mu_c}{\sigma} \qquad \text{[식 9.3]}$$

위에서 정의한 d는 처치모집단과 통제모집단 평균차이의 강도와 방향에 대한 추정치이다. d의 절대값이 크면 처치의 효과가 크다는 것을 의미하고, d의 부호가 플러스면 처치의 효과가 정적(positive), 마이너스면 처치의 효과가 부적(negative)이라는 것을 의미한다.[42] 그리고 효과크기 d는 사실 z검정통계량에서 표본크기 부분만 사라진 것

41) Cohen(1988)의 책이 최초로 효과크기를 제안했다는 의미로 이것을 인용한 것이 아니라 검정력과 효과크기 분야에서 전 세계적으로 가장 유명한 책이기 때문에 인용하였다.

42) 효과크기를 논할 때 마이너스 부호를 없애 양수로만 표기하는 경우가 대부분이라고 할 수 있다.

이라는 걸 알 수 있다. 통계적 가설검정의 과정에서 표본크기가 너무 클 때 대부분의 검정 결과가 통계적으로 유의하므로 표본크기 부분을 제거함으로써 약점을 없앤 것이다.

Cohen(1988)은 d의 절대값 크기에 따라 [식 9.4]와 같이 효과크기를 작은(small) 효과크기, 중간(medium 또는 moderate) 효과크기, 큰(large) 효과크기로 나누는 가이드라인을 제공하였다.

$$\begin{aligned} d &= 0.20 : small\ effect\ size \\ d &= 0.50 : medium\ effect\ size \\ d &\geq 0.80 : large\ effect\ size \end{aligned} \qquad \text{[식 9.4]}$$

위에서 $d = 0.20$이라는 것은 d가 정확히 0.20이라는 의미가 아니라 대략 0.20 정도의 크기라는 것을 의미한다. 나머지 0.50과 0.80도 마찬가지다. [식 9.4]의 효과크기는 말 그대로 가이드라인일 뿐이므로 절대적인 것은 아니며 각 학문 분야마다 다른 가이드라인이 있을 수 있다. 다만 효과크기에 대한 학문 분야의 특별한 공감대가 있는 것이 아니라면 위의 값을 사용하는 것이 일반적이다. 그리고 여러 학문 분야에서 통계적 검정의 결과뿐만 아니라 효과크기를 같이 제공해 주기를 권한다.

마지막으로 자폐 아동 읽기능력의 예를 이용하여 효과크기를 추정해 보도록 한다. Cohen's d는 아래와 같이 계산된다.

$$d = \frac{\overline{X}_t - \mu_c}{\sigma} = \frac{35 - 30}{15} = 0.333$$

효과크기 0.333은 작은 효과크기에 가깝다고 할 수 있으며, 작은 효과크기와 중간 효과크기의 가운데 정도라고 할 수도 있다. 이럴 때 작은 효과크기라고 서술할 것인지 또는 중간 효과크기라고 서술할 것인지에 대한 결정은 온전히 연구자의 몫이다.

9.4. 신뢰구간

자폐 아동의 읽기능력 예제에서 우리가 궁금한 것은 처치모집단의 평균 μ_t였고 이를 추정하기 위해 $\overline{X}_t$를 이용하였다. $n = 50$인 표본에 기반한 $\overline{X}_t = 35$였는데, 이와 같이 하나의 값으로 모수를 추정하는 것을 점추정(point estimation)이라고 하고 $\overline{X}_t$는 점추정치(point estimate)라고 한다. 점추정치는 모수를 하나의 특정한 값으로 나타냄으로써 매우 정밀하다(precise)는 장점이 있으나 이 점추정치의 정확성에 대해서는 그다지 확신할 수 없다(less confident). 예를 들어, $\overline{X}_t = 35$라는 정보를 근거로 $\mu_t = 35$라는 사실에 내기를 해야 한다면 독자는 얼마나 많은 돈을 걸 수 있겠는가? 필자라면 아마도 이런 내기는 절대 하지 않을 것이다. $\overline{X}_t = 35$일 때, μ_t는 33일 수도 있고, 36.5일 수도 있고, 35.2일 수도 있는 등 $\mu_t = 35$라는 확신이 매우 낮기 때문이다.

처치모집단의 평균 μ_t를 추정하는 방법으로서 점추정이 아닌 구간추정(interval estimation 또는 range estimation) 방법이 있다. 예를 들어, 주어진 정보 $\overline{X}_t = 35$를 바탕으로 μ_t를 33~37 또는 30~43 등의 구간으로 추정하는 것이다. 이러한 구간추정치(interval estimate)는 점추정치에 비해 정밀성은 떨어지지만(less precise), 우리에게 더 많은 정보를 주어 더 높은 확신(more confident)을 제공한다는 장점이 있다. 이때의 확신이란 μ_t의 구간추정치가 실제로 μ_t를 포함하고 있을 거라는 확신을 가리킨다. 얼마나 확신하는지의 정도, 즉 확신의 수준(confidence level)은 당연히 구간의 폭이 더 넓을수록 강해진다. 예를 들어, μ_t를 34~36으로 추정하는 것에 비해 32~38로 추정하는 것이 구간추정치가 μ_t를 포함하고 있다는 확신을 더 높여 준다. 그렇다고 해서 확신의 수준을 높이기 위해 구간의 너비를 마냥 키워 나가는 것은 구간추정치의 유용성 측면에서 아무런 의미가 없게 된다. 극단적으로 말해서 구간추정치가 0~100이라면 μ_t를 포함하고 있다는 확신은 100%가 되어 버리지만, 이와 같은 극단적인 구간추정치를 어디에 쓰겠는가? 그러므로 어떤 측면에서 우리가 원하는 것은 되도록 정밀한 구간추정치로 높은 수준의 확신을 달성하는 것이라고도 할 수 있다. 이 부분에 대해서는 뒤에서 다시 한번 논의할 기회를 가질 것이다.

9.4.1. 양방 신뢰구간

모평균 μ의 구간추정 방법으로서 가장 많이 사용하는 것은 아마도 신뢰구간(confidence interval, CI)일 것인데, 확신의 수준에 따라 90% 신뢰구간, 95% 신뢰구간, 99% 신뢰구간을 주로 사용한다.[43] 퍼센티지가 커질수록 확신도 높아지며 구간의 폭도 넓어진

43) 통계학에서 신뢰라는 단어는 영어의 reliable이라는 단어와 밀접하게 관련이 있다. 그래서 reliable은 신뢰로운, reliability는 신뢰도라고 번역하여 사용하고 있다. 그런데 confidence interval도 신뢰구간

다. 신뢰구간은 검정의 원리 및 표집분포와 밀접한 관련이 있다. 예를 들어, 90% 신뢰구간은 10%의 유의수준과 연관이 있고, 95% 신뢰구간은 5%의 유의수준과 연관이 있으며, 99% 신뢰구간은 1%의 유의수준과 관련이 있다. 그러한 이유로 신뢰구간은 $100(1-\alpha)\%$ 신뢰구간이라는 표현을 쓰기도 한다. 만약 $\alpha = 0.05$라면 이에 상응하는 신뢰구간은 $100(1-0.05)\%$ 신뢰구간, 즉 95% 신뢰구간이 된다.

지금부터 양방검정의 맥락에서 95% 신뢰구간(two-sided confidence interval)을 형성하는 원리를 설명하고자 한다. 신뢰구간을 이끌어 내는 방법은 확률을 사용하는 수식을 이용해서 할 수도 있고 그림을 이용해서도 할 수 있는데, 사회과학 분야 독자들의 이해를 위해 그림과 약간의 식을 이용하는 방법을 소개한다. [그림 9.12]에는 임의의 표본평균 $\overline{X}$의 표집분포와 유의수준 5%를 가정했을 때의 극단적인 영역이 표시되어 있다.

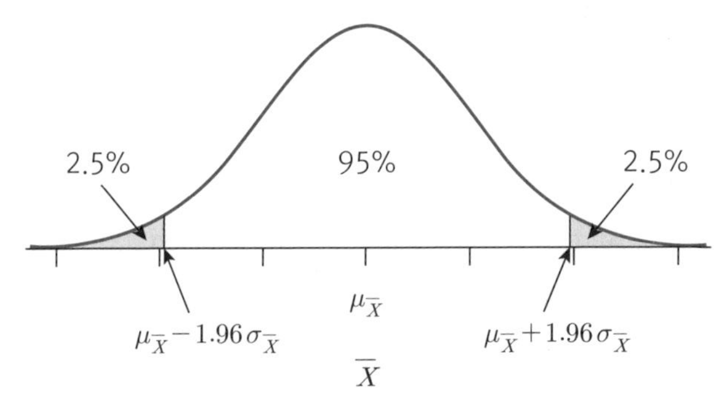

[그림 9.12] $\overline{X}$ 표집분포에서 유의수준 5%에 따른 극단적인 영역

위의 그림에서 5%의 극단적인 영역(기각역)은 $\overline{X}$ 표집분포의 양쪽 꼬리에 각 2.5%씩 표시되어 있고, 극단적인 영역이 시작하는 두 개의 기각값은 $\mu_{\overline{X}} \pm 1.96\sigma_{\overline{X}}$임을 확인할 수 있다. 즉, $\mu_{\overline{X}} + 1.96\sigma_{\overline{X}}$보다 큰 영역에 전체 $\overline{X}$의 2.5%가 위치하고 있고, $\mu_{\overline{X}} - 1.96\sigma_{\overline{X}}$보다 작은 영역에 전체 $\overline{X}$의 2.5%가 위치하고 있다. 이 말인즉슨 $\mu_{\overline{X}} - 1.96\sigma_{\overline{X}}$와 $\mu_{\overline{X}} + 1.96\sigma_{\overline{X}}$ 사이에는 전체 $\overline{X}$의 95%가 있다는 것을 의미한다. 이 95%의 극단적이지 않은 영역(채택역)을 수식으로 표현하면 [식 9.5]와 같다.

으로 번역이 되어 지금까지도 많은 연구자들을 헷갈리게 만든다. 둘은 개념적으로 아무런 상관이 없다. 지금 필자에게 confidence interval을 번역할 기회가 주어진다면 두 번 고민하지 않고 확신구간이라고 했을 것이다. 신뢰구간에 비해 확신구간이 훨씬 더 잘 들어맞는다.

$$\mu_{\overline{X}} - 1.96\,\sigma_{\overline{X}} \le \overline{X} \le \mu_{\overline{X}} + 1.96\,\sigma_{\overline{X}} \qquad \text{[식 9.5]}$$

$\overline{X}$의 표집이론에서 설명했듯이 $\mu_{\overline{X}} = \mu$이고, $\sigma_{\overline{X}} = \frac{\sigma}{\sqrt{n}}$이므로 위의 식은 아래와 같이 고쳐 쓸 수 있다.

$$\mu - 1.96\frac{\sigma}{\sqrt{n}} \le \overline{X} \le \mu + 1.96\frac{\sigma}{\sqrt{n}} \qquad \text{[식 9.6]}$$

위의 식들은 표집분포상에서 모든 $\overline{X}$ 중 95%의 $\overline{X}$가 속하는 범위를 가리킨다. 검정의 측면에서 설명하면 [식 9.5]와 [식 9.6]은 유의수준 5%에서 영가설을 기각하지 않는 $\overline{X}$의 범위이다. [식 9.6]은 $\overline{X}$의 범위를 말해 주는 $\overline{X}$에 대한 식인데, 이를 μ에 대한 식으로 변환할 수 있다. 변환의 과정은 [식 9.6]의 왼쪽 부등호 부분과 오른쪽 부등호 부분을 쪼개어 아래와 같이 실행한다.

$$\mu - 1.96\frac{\sigma}{\sqrt{n}} \le \overline{X} \;\rightarrow\; \mu \le \overline{X} + 1.96\frac{\sigma}{\sqrt{n}}$$

$$\overline{X} \le \mu + 1.96\frac{\sigma}{\sqrt{n}} \;\rightarrow\; \overline{X} - 1.96\frac{\sigma}{\sqrt{n}} \le \mu$$

위의 변환과정에서 오른쪽 두 결과를 종합하면 [식 9.7]과 같이 모수 μ에 대한 구간을 얻을 수 있다.

$$\overline{X} - 1.96\frac{\sigma}{\sqrt{n}} \le \mu \le \overline{X} + 1.96\frac{\sigma}{\sqrt{n}} \qquad \text{[식 9.7]}$$

위의 식을 μ의 95% 신뢰구간이라고 한다. 자폐 아동 읽기능력 예제에서 95% 신뢰구간을 추정하면 아래와 같다.

$$35 - 1.96\frac{15}{\sqrt{50}} \le \mu \le 35 + 1.96\frac{15}{\sqrt{50}}$$

$$30.842 \le \mu \le 39.158$$

위로부터 μ의 95% 신뢰구간은 30.842~39.158이 된다는 것을 알 수 있다. 이때 작은 값인 30.842를 하한(lower bound 또는 lower limit)이라고 하고, 큰 값인 39.158을 상한(upper bound 또는 upper limit)이라고 한다. 하한과 상한을 합쳐서 신뢰한계(confidence limits)라고 하기도 한다. 그리고 신뢰구간은 ~ 표시가 아닌 브라켓을 이용하여 [식 9.8]처럼 표기하는 것이 일반적이다.

$$95\%\ confidence\ interval\ of\ \mu = [30.842,\ 39.158]$$ **[식 9.8]**

위와 같이 μ의 95% 신뢰구간 추정치를 구했는데, 과연 95% 신뢰구간 추정치에서 95%는 정확히 어디서 온 개념일까? 이때 많은 학자들이 경고하는 것이 'μ의 95% 신뢰구간이 μ를 포함할 확률이 95%이다'라고 해석하는 것이다. 이는 우리가 배우는 신뢰구간의 탄생원리에 비추어 봤을 때 옳지 않은 해석이다. 우리가 배우는 신뢰구간은 통계학 분야에서 소위 빈도주의자(frequentist)라고 불리는 학자들의 이론에 기반한 것이다. 빈도주의 이론에서는 위의 해석 방법이 옳지 않다.[44] 빈도주의 이론에서 모수 μ는 비록 우리가 모르는 값이지만 상수로서 존재하는 값이라고 가정한다. 그러므로 하나의 추정된 95% 신뢰구간이 주어지면 μ를 포함하거나 포함하지 않거나 오직 두 가지 가능성만 존재할 뿐이다. 결국 95% 신뢰구간 추정치가 모수 μ를 포함할 확률은 1 아니면 0이 된다.

95% 신뢰구간에서 95%를 이해하기 위해서는 표집이론을 꺼내야 한다. [그림 9.13]은 모집단으로부터 무한대의 표집을 통해 μ의 95% 신뢰구간을 추정하는 이론적인 과정을 표현한 것이다. 이는 앞에서 배운 $\overline{X}$의 표집이론과 거의 동일하다.

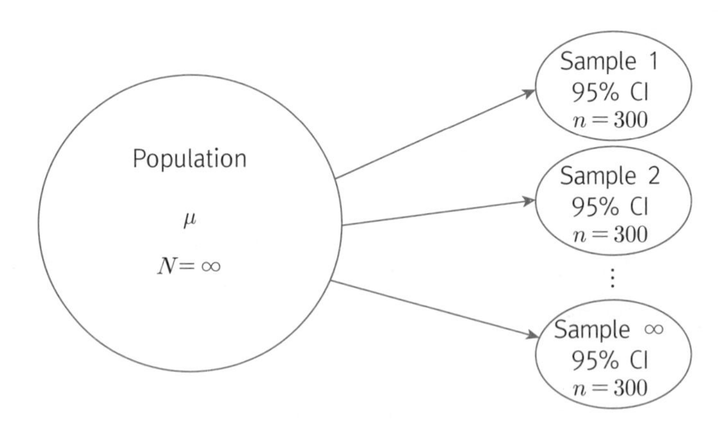

[그림 9.13] μ의 95% 신뢰구간을 추정하는 가상의 표집과정

위의 그림에서 가상으로 하나의 표본을 추출하여 μ의 95% 신뢰구간을 추정한다. 첫 번째 표본을 통해 구한 95% 신뢰구간은 μ를 포함할 수도 있고 포함하지 않을 수도 있

44) 확률의 개념에 있어서 빈도주의자와는 상당히 다른 입장을 취하는 베이지안(Bayesian) 학자들이 개발한 방법을 이용한다면 위와 같은 해석이 가능해진다.

다. 다음에 또 하나의 표본을 추출하여 μ의 95% 신뢰구간을 추정한다. 이 신뢰구간 역시 μ를 포함할 수도 있고 포함하지 않을 수도 있다. 이런 식으로 무한대의 표본을 추출하고 무한대의 95% 신뢰구간을 추정하였을 때, 이 중 95%의 신뢰구간(예를 들어, 10,000번의 표집을 했다면 9,500개의 신뢰구간)이 μ를 포함하고 있을 것이라는 게 95% 신뢰구간에서 95%가 의미하는 바다.

위에서 95% 신뢰구간의 의미를 살펴보았는데, 이는 표집이론을 통한 무한대의 가상 신뢰구간을 이용한 개념이다. 여전히 주어진 하나의 신뢰구간을 해석하는 문제는 남아 있다. 자폐 아동 읽기능력 예제에서 $\mu(\mu_t)$의 95% 신뢰구간인 [30.842, 39.158]은 어떻게 해석할 것인가? 일반적으로 다음과 같은 방식을 이용한다. 'μ의 95% 신뢰구간인 [30.842, 39.158]이 진정한 μ를 포함할 것이라고 95% 확신한다'고 말하는 것이다.

신뢰구간의 형성과정과 개념을 이해했다면 μ의 신뢰구간이 μ에 대한 검정과 아주 밀접한 관련이 있다는 이전의 진술을 이해했을 것이다. 이런 이유로 신뢰구간을 추정하면 이를 이용하여 검정을 실행할 수도 있다. [식 9.5]와 [식 9.6]에서 보듯이 신뢰구간을 형성하기 위한 첫 번째 단계는 영가설을 기각하지 않는 $\overline{X}$의 범위를 식으로 표현하는 것이다. 이런 이유로 $H_0: \mu_t = 30$ vs. $H_1: \mu_t \neq 30$과 같은 양방검정일 때 우리는 [식 9.8]의 신뢰구간이 검정하고자 하는 값(testing value, 여기서는 30)을 포함하지 않을 때 영가설을 기각한다. 즉, [30.842, 39.158]이 30을 포함하지 않으므로 $\mu_t = 30$이라는 영가설을 기각한다. 95% 신뢰구간을 이용한 검정은 유의수준 5%에서 검정을 실시하는 것과 동일한 결과를 낳는다.

지금까지 [식 9.7]의 95% 신뢰구간을 형성하는 방법과 원리 및 검정방법 등을 설명하였다. [식 9.7]을 보면 95%라는 개념과 관련이 있는 것은 유의수준 5%하에서 z검정의 두 기각값인 ± 1.96이라는 것을 알 수 있다. 나머지 값들은 그저 주어진 조건과 표본에서 계산할 수 있는 것들이다. 그러므로 90% 신뢰구간과 99% 신뢰구간은 각각 [식 9.9] 및 [식 9.10]과 같이 형성할 수 있다.

$$\overline{X} - 1.645\frac{\sigma}{\sqrt{n}} \leq \mu \leq \overline{X} + 1.645\frac{\sigma}{\sqrt{n}} \qquad \text{[식 9.9]}$$

$$\overline{X} - 2.576\frac{\sigma}{\sqrt{n}} \leq \mu \leq \overline{X} + 2.576\frac{\sigma}{\sqrt{n}} \qquad \text{[식 9.10]}$$

위의 식에서 ± 1.645는 유의수준이 10%일 때 양방검정의 기각값이고 [식 9.9]는 μ의 90% 신뢰구간을 가리킨다. 또한 ± 2.576은 유의수준이 1%일 때 양방검정의 기각값이고 [식 9.10]은 μ의 99% 신뢰구간을 가리킨다. 90% 및 99% 신뢰구간은 95% 신뢰구간만큼 자주 쓰이지는 않지만, 통계학 전반에서 드물지 않게 사용하고 있다. 다양한 수준의 신뢰구간인 [식 9.7], [식 9.9], [식 9.10]으로부터 알 수 있는 것은 신뢰구간의 중심은 $\overline{X}$이고, 신뢰구간의 너비는 z기각값(z critical value)과 표준오차 $\frac{\sigma}{\sqrt{n}}$가 결정한다는 것이다.

9.4.2. 일방 신뢰구간

[식 9.7], [식 9.9], [식 9.10]의 모든 신뢰구간은 양방검정을 전제로 하여 형성하였는데, 일방검정 맥락에서도 신뢰구간(one-sided confidence interval)을 형성할 수 있다. 다양한 응용통계 영역(심리학, 교육학, 경영학, 간호학, 사회복지학 등)에서 일방검정 자체가 자주 쓰이지는 않기 때문에 마찬가지로 일방검정 맥락의 신뢰구간을 자주 접할 수 있는 것도 아니다. 독자들은 아래의 내용을 단지 가볍게 참조하는 것만으로 충분할 것이다.

[그림 9.14]에는 임의의 표본평균 $\overline{X}$의 표집분포와 일방검정 중 위꼬리 검정(예를 들어, $H_0 : \mu_t \leq 30$ vs. $H_1 : \mu_t > 30$)에서 유의수준 5%를 가정했을 때 극단적인 영역이 표시되어 있다.

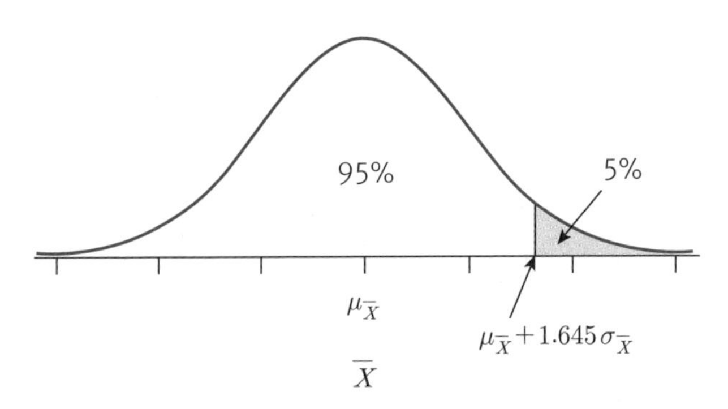

[그림 9.14] 유의수준 5%에서 위꼬리 검정의 기각역

위의 그림에서 5%의 극단적인 영역은 $\overline{X}$ 표집분포의 위쪽 꼬리에 5%가 표시되어

있고, 극단적인 영역이 시작하는 기각값은 $\mu_{\overline{X}} + 1.645\,\sigma_{\overline{X}}$임을 확인할 수 있다. 즉, $\mu_{\overline{X}} + 1.645\,\sigma_{\overline{X}}$보다 작은 영역에 전체 $\overline{X}$의 95%가 위치하고 있다. 표집이론에 따라 $\mu_{\overline{X}} = \mu$ 및 $\sigma_{\overline{X}} = \dfrac{\sigma}{\sqrt{n}}$를 적용하여 이 사실을 수식으로 표현하면 [식 9.11]과 같다.

$$\overline{X} \le \mu + 1.645\frac{\sigma}{\sqrt{n}} \qquad \text{[식 9.11]}$$

양방검정에서와 마찬가지로 위의 식은 영가설이 옳다는 가정의 표집분포상에서 모든 $\overline{X}$ 중 95%의 $\overline{X}$가 속하는 범위를 가리킨다. 검정의 측면에서 설명하면 [식 9.11]은 유의수준 5%에서 영가설을 기각하지 않는 $\overline{X}$의 범위이다. $\overline{X}$에 대한 식을 μ에 대한 식으로 변환하면 [식 9.12]와 같다.

$$\overline{X} - 1.645\frac{\sigma}{\sqrt{n}} \le \mu \qquad \text{[식 9.12]}$$

위의 식은 위꼬리 검정의 맥락에서 μ의 95% 신뢰구간이 된다. 자폐 아동 읽기능력 예제에서 95% 신뢰구간을 구하면 아래와 같다.

$$35 - 1.645\frac{15}{\sqrt{50}} \le \mu$$

$$31.510 \le \mu$$

위처럼 위꼬리 검정(upper tail test)의 맥락에서 신뢰구간은 하한만 존재하며 브라켓을 이용해서 표기하면 [31.510, ∞]가 된다. 이와 같은 신뢰구간은 상한이 열려 있고(즉, 상한이 무한대이고) 하한만 존재하기 때문에 하한 신뢰구간(lower bound confidence interval)이라고도 한다. 이 신뢰구간을 이용하여 $H_0 : \mu_t \le 30$ vs. $H_1 : \mu_t > 30$ 가설을 검정할 수 있다. 신뢰구간을 이용하는 검정의 원칙에 의하여 신뢰구간이 검정하고자 하는 값(여기서는 30)을 포함하지 않을 때 영가설을 기각한다. 95% 신뢰구간 [31.510, ∞]이 30을 포함하지 않으므로 유의수준 5%에서 $\mu_t \le 30$이라는 영가설을 기각한다. 이는 앞에서 검정통계량과 기각값을 이용했던 검정의 결과와 일치한다.

위꼬리 검정의 맥락에서 신뢰구간이 [식 9.12]와 같이 정의되듯이 아래꼬리 검정(lower tail test)의 맥락에서 신뢰구간은 [식 9.13]과 같이 정의된다. 이 신뢰구간은 하한이 열려 있고, 상한만 존재하기 때문에 상한 신뢰구간(upper bound confidence interval)이라고 한다.[45)]

$$\mu \leq \overline{X} + 1.645 \frac{\sigma}{\sqrt{n}} \qquad \text{[식 9.13]}$$

9.4.3. 신뢰구간의 특성

신뢰구간의 기본 개념과 형성 방법 및 검정에서의 사용에 대해서 다루었다. 이 정도로 사실 신뢰구간을 이해하고 사용하는 데 큰 문제는 없지만 주요한 특성에 대하여 간략하게 언급하고자 한다. 사실 신뢰구간에 대한 수많은 이슈들을 모두 정리하여 다루려고 하면 하나의 장을 통째로 할애해야 할 만큼 방대하다. 통계학에서 신뢰구간이 가지고 있는 중요성, 담겨 있는 수학적인 이론, 사용에 관련된 철학적인 문제들, 신뢰구간이 가진 한계 등에 대해 모두 서술하고자 하면 감당할 수 없을 만큼 상당한 양이 될 수 있다. 여기서는 신뢰구간의 너비와 확신의 수준 및 표본크기와의 관계를 좀 더 구체적으로 들여다보는 정도로 넘어가고자 한다.

앞에서 여러 번 언급했듯이, 신뢰구간의 너비는 확신의 수준(confidence level)과 밀접한 관련이 있다. 평균 μ를 포함하고 있다는 확신을 높이고자 하면 신뢰구간이 넓어야만 한다. 90% 신뢰구간보다는 95% 신뢰구간, 그리고 95% 신뢰구간보다는 99% 신뢰구간이 더 높은 확신을 가지고 있다. 확신의 수준을 높이려면 신뢰구간의 z값을 ± 1.645에서 ± 1.96으로, 그리고 ± 1.96에서 ± 2.576으로 키워야만 한다. 하지만 그렇게 되면 구간추정치인 신뢰구간의 정밀성(precision)은 계속해서 떨어지게 된다. 그렇다고 정밀성을 높이기 위해 확신의 수준을 줄이면 자연스레 μ를 포함하고 있다는 확신이 줄어들게 된다. μ에 대한 높은 정밀성과 μ를 포함하고 있다는 높은 수준의 확신은 동시에 달성하기가 쉽지 않다.

그런데 신뢰구간 식들에서 확신의 크기, 즉 신뢰구간의 너비에 직접적인 영향을 주는 것은 z값뿐만 아니라 표준오차($\sigma_{\overline{X}}$)도 있다는 것을 알 수 있다. 표준오차가 작아지면 추정치는 더욱 정확해진다는 것을 의미하고, 더 좁은 구간으로 모수에 대한 똑같은 수준의 확신(예를 들어, 95%)을 확보할 수 있다. 그리고 이 표준오차는 두 가지로 이루어

45) Upper tail test에 연결된 신뢰구간이 lower bound confidence interval로 불리고, lower tail test에 연결된 신뢰구간이 upper bound confidence interval로 불리므로 주의해야 한다.

져 있다. 하나는 모집단의 표준편차인 σ이고, 또 하나는 표본의 크기에 제곱근을 씌운 $\sqrt{n}$이다. 기본적으로 모집단의 표준편차는 우리가 통제할 수 있는 것이 아니며 모집단이 태생적으로 가지고 있는 특성이다. 그에 반해 표본의 크기는 통제할 수 있으며 표본의 크기를 키우면 표집오차를 측정하는 표준오차가 줄어들게 되고 결국 더 좁은 신뢰구간으로 똑같은 수준의 확신을 유지할 수 있게 된다. 예를 들어, 앞의 양방 신뢰구간의 예에서 표본크기가 50이었던 것을 100으로 증가시킨다고 가정하면 아래와 같이 95% 신뢰구간이 추정된다.

$$35-1.96\frac{15}{\sqrt{100}} \le \mu \le 35+1.96\frac{15}{\sqrt{100}}$$

$$32.060 \le \mu \le 37.940$$

위의 결과를 보면, $n=100$일 때 μ의 95% 신뢰구간은 [32.060, 37.940]이 된다. 이는 $n=50$일 때 μ의 95% 신뢰구간인 [30.842, 39.158]보다 더 좁으나(더 정밀하나) 확신의 수준은 95%로 동일하다. 결론적으로 표본의 크기가 증가하면, 표집의 오차는 줄어들고, 이에 따라 표준오차도 작아지며, 신뢰구간의 너비는 좁아지게 된다. 즉, 더 좁아진 신뢰구간으로 똑같은 수준의 확신을 유지하게 되므로 추정된 신뢰구간의 유용성이 더 증가한다고 말할 수 있다.

제10장 단일표본 t검정

제8장에서 모든 종류의 평균차이 검정 중 가장 간단한 단일표본 z검정을 이용하여 검정의 원리를 설명하였고, 제9장에서는 검정과 관련된 주요 개념들을 소개하였다. 앞의 논의들에서 우리는 계속해서 모집단의 표준편차인 σ를 이용하였다. z검정통계량의 분모에서 이용하였고 신뢰구간을 설정할 때도 이용하였다. 기억하다시피 z검정의 주요 가정 중 하나는 모집단의 분산 또는 표준편차를 알고 있다는 것이었고 검정의 과정에서 σ를 이용하였던 것이다. 하지만 현실적으로 통계적 검정의 과정에서 모수 σ를 알고 있을 확률은 매우 낮다. 이런 경우에 z검정을 이용하지 않고 t검정을 이용한다. z검정이 z분포를 이용하는 검정이듯이 t검정은 t분포를 이용하는 검정이다. 이번 장에서는 모집단의 표준편차 σ를 모를 때 사용할 수 있는 단일표본 t검정을 소개한다. 그리고 t분포를 이용하는 주요 검정들인 독립표본 t검정과 종속표본 t검정은 다음 장들에서 소개할 것이다.

10.1. t검정의 필요성

단일표본 z검정에서 우리는 모집단의 표준편차 σ를 알고 있다고 가정하고 z검정통계량은 [식 10.1]과 같이 정의하며, 정의된 검정통계량은 평균이 0이고 분산이 1인 표준정규분포를 따른다고 하였다.

$$z = \frac{\overline{X} - \mu}{\frac{\sigma}{\sqrt{n}}} \sim N(0, 1^2) \qquad \text{[식 10.1]}$$

하지만 알다시피 모수라는 것은 일반적으로 알려져 있지 않으며 σ 역시 알려져 있지 않은 경우가 대부분이다. 그렇다면 주어진 조건에서 σ를 모를 때 연구자가 할 수 있는 최선은 무엇일까? 아마도 σ에 가장 가까운 무엇, 즉 σ의 추정치를 이용하는 것일 것이다. σ의 불편향 추정량은 앞에서 언급했듯이 표본의 표준편차 s이다. 단일표본 검정에서 표본의 표준편차 s를 이용하여 모집단의 표준편차 σ를 대체하면 검정통계량은 더 이상 z검정통계량이라고 하지 않고 표준정규분포를 따르지도 않는다. 대신 [식 10.2]와 같은 관계가 성립한다.

$$t = \frac{\overline{X} - \mu}{\frac{s}{\sqrt{n}}} \sim t_{\nu} \qquad \text{[식 10.2]}$$

z검정통계량의 분모 부분이었던 $\frac{\sigma}{\sqrt{n}}$가 $\frac{s}{\sqrt{n}}$로 바뀐 것을 알 수 있다. $\frac{s}{\sqrt{n}}$는 $\frac{\sigma}{\sqrt{n}}$의 추정치라고 할 수 있다. $\frac{\sigma}{\sqrt{n}}$를 $\sigma_{\overline{X}}$(모집단의 표준오차, population standard error of the mean)라고 하듯이 $\frac{s}{\sqrt{n}}$는 $s_{\overline{X}}$(표본의 표준오차, sample standard error of the mean)라고 표기하기도 한다.[46] 위에서 σ를 s로 대체한 검정통계량은 t검정통계량이라고 부르고 t검정통계량은 t분포를 따른다. 정규분포가 모수로서 평균과 분산을 가지고 있듯이 t분포는 모수로서 자유도(degrees of freedom)라는 것을 가지고 있다. 자유도는 ν(nu)라고 표기하는 것이 일반적이며 분포의 오른쪽에 아래 첨자로 표기한다. 즉, t_{ν}는 자유도가 ν인 t분포를 의미한다. 단일표본 t검정에서 자유도는 표본의 크기에서 1을 뺀 값으로 정의된다($\nu = n - 1$). 그런 이유로 [식 10.2]는 [식 10.3]과 같이 쓰는 경우도 많이 있다.

$$t = \frac{\overline{X} - \mu}{\frac{s}{\sqrt{n}}} \sim t_{n-1} \qquad \text{[식 10.3]}$$

위의 식에서 t는 t검정의 검정통계량, $\overline{X}$는 표본의 평균, μ는 영가설이 옳다는 가정하의 μ값, 즉 검정하고자 하는 값(testing value, μ_0[47])을 의미하고, s는 표본의 표준편차, n은 표본크기, t_{n-1}은 자유도가 $n-1$인 t분포를 가리킨다.

---

46) $\sigma_{\overline{X}}$는 $\overline{X}$의 표준오차이고, $s_{\overline{X}}$는 표준오차의 추정치이다.

47) μ_0(mu zero 또는 mu sub zero)는 임의의 상수로서의 μ를 가리킨다. 통계학에서는 상수를 표기하고자 할 때 아래 첨자로 0을 사용하는 것이 꽤 일반적이다.

10.2. t분포

10.2.1. t분포의 이해

[식 10.3]의 t검정을 수행하기 위해서는 먼저 t분포라는 것이 어떤 것인지 좀 더 자세히 알아볼 필요가 있다. 위의 검정통계량에서도 볼 수 있듯이 t검정통계량은 z검정통계량과 매우 비슷하다. 그러므로 t검정통계량이 따르는 t분포 역시 z분포와 상당히 비슷할 것임을 어느 정도 예측할 수 있을 것이다. [그림 10.1]은 z분포와 임의의 자유도를 갖는 t분포를 보여 주고 있다. t분포의 자유도는 자연수(natural number)이기 때문에 사실 무한대의 t분포가 존재하는데 임의로 하나를 선택하였다. t분포를 개략적으로 소개하는 지금 시점에서 특정한 자유도는 아직 별 의미가 없으며, 자유도의 차이에 따른 t분포의 변화는 바로 뒤에서 설명하게 될 것이다.

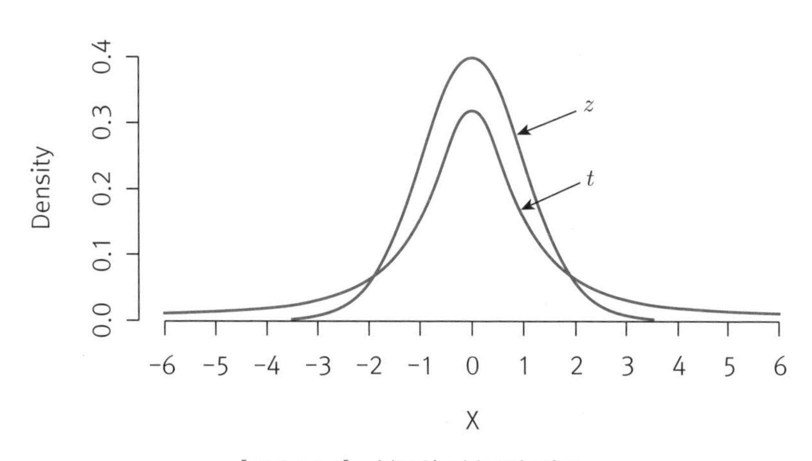

[그림 10.1] z분포와 t분포의 비교

위의 그림을 통해서 확인해 보면 t분포[48]는 z분포와 매우 비슷한 형태를 가지고 있다. t분포는 마치 z분포처럼 종 모양이며, 평균 0에 대하여 좌우대칭이다. 하지만 두 분포의 퍼짐의 정도가 다른 것을 눈치챌 수 있다. 기본적으로 모든 t분포는 z분포보다 더 퍼져 있으며, 자유도에 따라 얼마나 더 퍼져 있느냐의 정도 차이만 있을 뿐이다. 참고로 변수 X가 t분포를 따른다고 가정할 때 x의 확률밀도함수(probability density

---

48) [그림 10.1]에서 보인 t분포는 자유도가 1인 t분포, 즉 t_1이다.

function)는 [식 10.4]와 같이 정의된다.

$$f(x) = \frac{\Gamma\left(\frac{\nu+1}{2}\right)}{\sqrt{\nu\pi}\,\Gamma\left(\frac{\nu}{2}\right)}\left(1+\frac{x^2}{\nu}\right)^{-\frac{\nu+1}{2}} \qquad \text{[식 10.4]}$$

위에서 $\Gamma()$는 감마(gamma)함수로서 $\Gamma(z) = \int_0^\infty x^{z-1}e^{-x}dx$를 의미하고, π는 원주율 상수 3.14를 가리키며, e는 지수함수의 e를 의미하며 상수로서 대략 2.72를 가리킨다. 마지막으로 ν는 t분포의 모수로서 자유도를 의미한다.

t분포가 z분포보다 더 퍼져 있는 이유는 σ 대신 덜 정확한 s를 이용하는 것에 대한 일종의 페널티라고 할 수 있다. 이를 이해하기 위하여 [그림 10.2]에 유의수준 5%일 때 z분포의 기각역과 t분포의 기각역을 표시하였다.

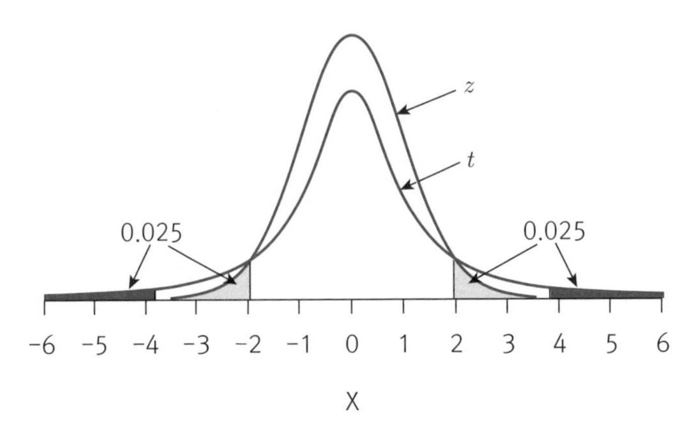

[그림 10.2] z분포와 t분포의 기각역 비교

위의 그림에서 볼 수 있듯이 t분포가 z분포보다 더 퍼져 있음으로 인해 극단적인 5%에 해당하는 t분포의 기각역(진한 파란색)이 z분포의 기각역(연한 파란색)보다 더 바깥쪽에 있고, 상응하는 기각값도 역시 ± 1.96보다 더 바깥쪽에 있는 것을 확인할 수 있다. [그림 10.2]에 따르면 검정의 과정에서 z검정통계량과 t검정통계량이 모두 3으로 같더라도 z검정에서는 영가설을 기각할 수 있고 t검정에서는 영가설을 기각할 수 없게 된다. 영가설을 기각하는 것이야말로 연구자의 목표인 경우가 대부분이므로 t검정을

이용하는 것은 연구자에 대한 페널티라고 할 수 있게 된다.

정규분포의 모수가 평균과 분산이듯이 t분포의 모수는 자유도라고 하였다. 자유도는 자연수로서 1, 2, 3,..., ∞의 값을 취할 수 있다. 사회과학 영역의 독자들에게 있어서 t분포의 확률밀도함수를 이해하는 것보다 분포의 모양이 자유도의 변화에 따라 어떻게 바뀌는지 알아 두는 것이 t분포를 이해하는 데 있어서 더 중요하다. [그림 10.3]에는 자유도가 1, 2, 10, 무한대(∞)인 네 개의 t분포가 제공된다.

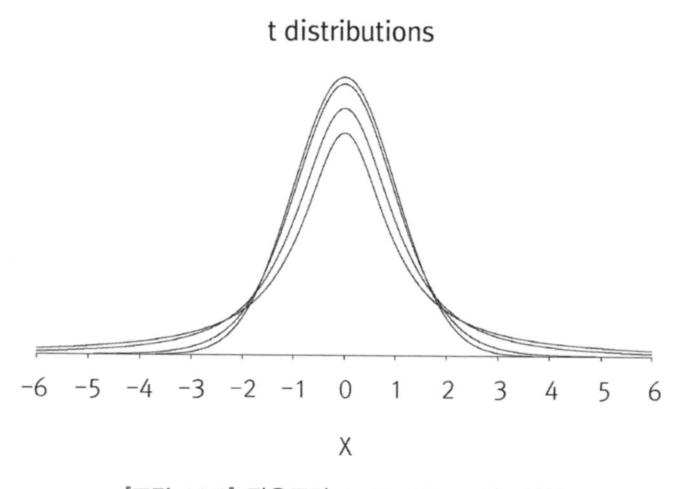

[그림 10.3] 자유도가 1, 2, 10, ∞인 t분포

위의 그림에서 모든 t분포의 평균은 0으로 일정하다. 그리고 그림에서 가장 납작한 분포는 자유도가 1인 t분포이며, 그것보다 조금 더 뾰족한 분포는 자유도가 2인 t분포, 그것보다도 더 뾰족한 분포는 자유도가 10인 t분포, 마지막으로 가장 뾰족한 분포는 자유도가 무한대인 t분포이다. 이것들로부터 자유도가 분포의 퍼짐의 정도를 나타내는 모수임을 예측할 수 있다. 정규분포의 형태를 결정하는 데 있어서는 자료의 중심과 퍼짐의 정도가 모두 필요하여 두 개의 모수가 존재하는 데 반해, t분포의 평균은 항상 0이므로 형태를 결정하는 데 있어서 자료의 퍼짐의 정도만 필요하다. 그리고 그 역할을 자유도 모수가 수행한다.

t분포의 주요 특징 중 하나는 그림에서 가장 뾰족한 분포인 t_{∞}분포가 수학적으로 z분포와 동일하다는 것이다. 즉, t분포의 모수인 자유도가 커질수록 t분포는 점점 더 z분포에 접근하다가 자유도가 무한대가 되면 바로 z분포가 된다. 이는 논리적으로 생

각하면 매우 당연한 것이다. 책의 앞부분에서 설명했듯이 모집단의 크기는 매우 커서 무한대의 사례(cases)가 있다고 가정한다($N = \infty$). 그리고 모집단으로부터 크기가 n인 표본을 추출한다. σ는 무한대의 사례에 기반한 표준편차이고, s는 n개의 사례에 기반한 표준편차이다. z검정통계량과 t검정통계량의 유일한 차이는 바로 표준편차이다. 만약 t검정통계량 계산을 위한 표본의 크기가 계속 커져서 무한대가 된다면, s는 $n = \infty$에 기반한 표준편차가 된다. 결국 $s = \sigma$가 되는 것이다. 그러므로 z검정통계량이 따르는 z분포와 표본크기가 무한대인 t검정통계량이 따르는 t분포는 같게 된다. 실질적으로는 $n = \infty$가 되지 않아도 일정한 크기가 되면 z분포에 거의 근사하게 된다. 예를 들어, $n = 50$ 정도만 되어도 두 분포를 이용한 확률 계산의 차이는 1% 이내로 좁혀지며, $n = 1{,}000$ 정도가 되면 차이가 거의 사라지게 된다.

10.2.2. t분포의 확률

부록 A의 표준정규분포표를 이용하여 z값과 이에 상응하는 누적확률값을 찾는 방법을 앞에서 설명하였다. 부록 B의 t분포표를 이용하여서도 그와 비슷한 작업을 할 수 있다. 예를 들어, 자유도가 15인 t분포의 누적확률 90%에 해당하는 t값을 구하고자 하면 부록 B의 t분포표를 이용한다. [그림 10.4]에는 t_{15}분포의 90% 누적확률과 그에 해당하는 t값이 표시되어 있다.

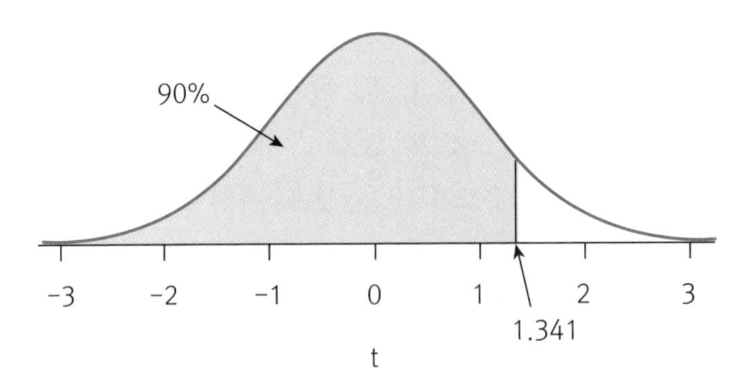

[그림 10.4] 자유도가 15인 t분포에서 누적확률 90%와 t값

부록 B의 t분포표에는 몇 개의 누적확률(0.900, 0.950, 0.975, 0.990, 0.995, 0.999)과 다양한 자유도(1, 2, 3,...)에 해당하는 t값이 제공되어 있다. 표에는 1에서 누적확률을 뺀 값, 즉 오른쪽으로부터의 확률도 두 번째 행에 표시되어 있는데 이는 적정한 유의수준에서 t검정을 실시할 때 편리하게 t기각값을 찾을 수 있도록 해 준다. t분

포 역시 z분포와 마찬가지로 중심에 대해 좌우대칭이므로 t의 음수값들은 제공되지 않는다. t값이나 이에 해당하는 누적확률은 R을 이용하면 훨씬 더 쉽게 구할 수 있는데 pt() 함수와 qt() 함수를 이용한다.

```
> qt(0.900, df=15, lower.tail=TRUE)
[1] 1.340606

> pt(1.341, df=15, lower.tail=TRUE)
[1] 0.9000626
```

위에서 qt() 함수는 t분포의 특정한 누적확률에 해당하는 t값을 출력한다. 위의 명령문과 결과는 자유도가 15인 t분포에서 누적확률 0.900에 해당하는 t값이 1.341이라는 것을 보여 주고 있다. 마지막 아규먼트인 lower.tail=TRUE는 qt() 함수의 디폴트인데 누적확률이 왼쪽 꼬리로부터 시작하여 계산되고 있다는 것을 의미한다. 그리고 위의 pt() 함수는 t분포의 특정한 t값에 해당하는 누적확률을 출력한다. 위의 명령문은 자유도가 15인 t분포에서 $t = 1.341$에 해당하는 왼쪽 누적확률이 0.900이라는 것을 보여 주고 있다. 마지막 아규먼트인 lower.tail=TRUE의 의미는 qt() 함수와 동일하다.

위의 명령문들에서 만약 lower.tail=FALSE로 설정하게 되면 t분포의 왼쪽 끝에서부터의 누적확률이 아닌 오른쪽 끝에서부터의 누적확률을 가리키게 된다. 아래에 그 예가 제공된다.

```
> qt(0.100, df=15, lower.tail=FALSE)
[1] 1.340606

> pt(1.341, df=15, lower.tail=FALSE)
[1] 0.09993744
```

위에서 qt() 함수 명령문과 결과는 자유도가 15인 t분포에서 오른쪽 끝부터 계산한 누적확률 0.100에 해당하는 t값이 1.341임을 보여 준다. 이는 당연히 왼쪽 끝부터 계산한 누적확률이 0.900에 해당하는 t값과 동일하다. 또한 pt() 함수는 t값 1.341에 해당하는 오른쪽 꼬리 누적확률이 0.100이라는 것을 나타내고 있다.

σ를 모른다는 가정하에서 실시하는 유의수준 5%의 양방검정에서 기각역과 기각값을 표기한 것이 [그림 10.5]에 제공된다. 이 예에서 표본의 크기 $n = 20$이라고 가정하며, 따라서 자유도 $df = 19$가 된다.

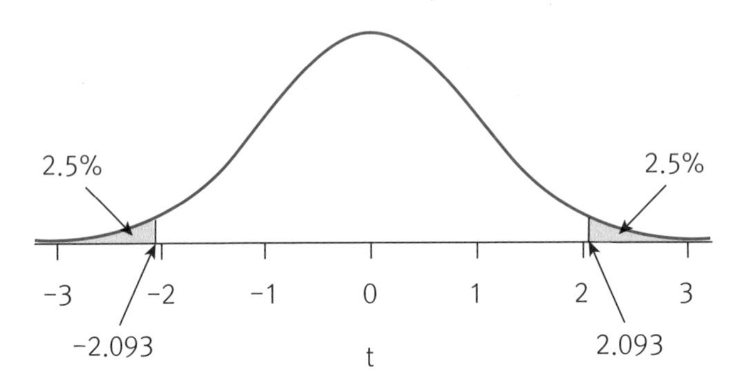

[그림 10.5] 유의수준 5%에서 t_{19}분포의 기각역과 기각값

자유도가 19인 t분포에서 유의수준 5%의 양방검정을 실시하면 두 개의 기각값은 ± 2.093인 것을 볼 수 있다. 2.093은 부록 B에서 df가 19인 행과 누적확률이 0.975 (오른쪽 누적확률은 0.025)인 열이 만나는 곳의 값이다. t분포는 좌우대칭이므로 ± 2.093이 두 개의 기각값이 된다. z검정에서는 양쪽 극단적인 영역이 시작하는 두 개의 값인 ± 1.96을 외우지 않을 수가 없을 정도로 자주 보았는데, t검정에서 기각값을 외우는 일은 극히 이례적인 일이다. 유의수준 5%에 해당하는 두 개의 기각값이 자유도의 크기에 따라 계속 다른 값으로 바뀌기 때문이다.

10.3. 단일표본 t검정의 예

10.3.1. 양방검정

검정의 가정

단일표본 t검정은 σ를 몰라서 대신 s를 이용한다는 것만 제외하면 단일표본 z검정과 비슷하다. 그러므로 단일표본 t검정을 실시하기 위해 만족되어야 하는 몇 가지 가정(assumptions)도 단일표본 z검정과 유사하다. 첫째, 표본의 사례들이 서로 독립적(independent)이어야 한다. 즉, 연구자의 표본은 단순무선표본(simple random sample)이어야 한다. 둘째, 원칙적으로 종속변수는 등간척도 또는 비율척도로 수집된 변수여야 한다. 셋째는 정규분포 가정으로서 모집단이 정규분포를 따라야 한다. 다만 t검정은 정규분포 가정의 위반에 상당히 강건한(robust) 것으로 알려져 있으므로 세 번째 가정을 심각하게 보지 않는 학자들도 있다.

자폐 아동 읽기능력 예제

앞에서 설명했던 자폐 아동 읽기능력 연구에서 모든 조건이 같은데 σ를 모른다고 가정하자. 읽기시험 점수의 평균이 30인 자폐 아동 모집단에서 50명의 아이를 표집하여 읽기 프로그램을 4주간 실시하고 읽기시험을 실시하여 점수를 얻은 결과 $\overline{X} = 35$였고, $s = 18$이었다. 유의수준 5%에서 읽기 프로그램이 효과가 있었는지 양방검정을 실시하고자 한다. 가장 먼저 영가설과 대립가설은 아래와 같이 단일표본 z검정과 일치한다.

$$H_0 : \mu_t = 30 \quad \text{vs.} \quad H_1 : \mu_t \neq 30$$

다음으로 자유도 $df = 50 - 1 = 49$인 t분포에서 유의수준 5%에 해당하는 양방검정 기각값은 부록 B의 t분포표를 이용하여 찾아낼 수 있다. 사실 표에는 모든 t분포의 확률을 보여 줄 수가 없기 때문에 양방검정 유의수준 5%와 $df = 49$에 해당하는 t값을 찾을 수가 없다. 대신 $df = 40$에 해당하는 t값과 $df = 50$에 해당하는 t값이 제공되므로 선형내삽법을 이용하여 구해 보면 $t = \pm 2.010$이 된다. 좀 더 정확한 값을 계산하기 위해 R의 qt() 함수를 이용해 누적확률 2.5%와 97.5%에 해당하는 t값을 구하면 아래와 같다.

```
> qt(0.025, df=49, lower.tail=TRUE)
[1] -2.009575

> qt(0.975, df=49, lower.tail=TRUE)
[1] 2.009575
```

선형내삽법을 이용해 구한 $t = \pm 2.010$과 다르지 않음을 확인할 수 있다. 이를 자유도가 49인 t분포에 표시하면 [그림 10.6]과 같다.

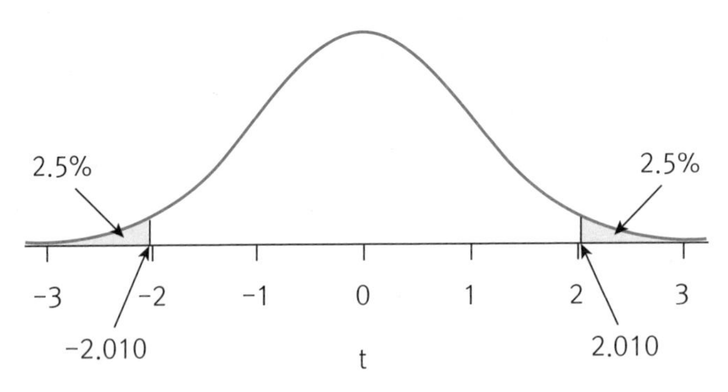

[그림 10.6] 유의수준 5%에서 t_{49}분포의 기각역과 기각값

의사결정의 규칙은 '만약 $t < -2.010$ 또는 $t > 2.010$이라면 H_0을 기각한다'가 된다. t검정통계량(또는 t_{obs})은 아래와 같이 계산된다.

$$t = \frac{\overline{X} - \mu}{\frac{s}{\sqrt{n}}} = \frac{35 - 30}{\frac{18}{\sqrt{50}}} = \frac{5}{2.546} = 1.964$$

최종적으로 $-2.010 < t = 1.964 < 2.010$이므로 유의수준 5%에서 영가설 $\mu_t = 30$을 기각하는 데 실패하게 된다. 즉, 읽기 프로그램은 효과가 없다고 결론 낼 수 있다.

영어 수업 예제

다음으로 실제 자료를 통해 t검정을 실시하는 예를 보이고자 한다. 연구자는 인터넷을 통한 영어 수업이 교실에서 받는 영어 수업과 비교하여 학생들의 점수를 바꿀 수 있는지 관심이 있다. 지금까지 전통적인 교실 환경에서 영어 수업을 받은 학생들의 영어 시험 점수는 평균 11점(즉, 통제모집단의 평균은 11)으로 알려져 있다. 연구자는 학생들을 7명 표집하여 한 학기 동안 인터넷으로 영어 수업을 실시하였고, 아래와 같은 시험점수를 획득하였다. 유의수준 1%에서 통계적 검정을 실시하고자 한다.

6, 7, 11, 5, 12, 6, 9

먼저 영가설과 대립가설은 아래와 같이 설정할 수 있다. 처치(treatment)를 받은 집단의 μ에 대한 것이므로 μ_t로 표기할 수도 있겠지만 편의상 μ로 하였다.

$$H_0 : \mu = 11 \quad \text{vs.} \quad H_1 : \mu \neq 11$$

다음으로 자유도 $df = 7 - 1 = 6$인 t분포에서 유의수준 1%에 해당하는 양방검정 기각값은 부록 B의 t분포표를 이용하여 찾아내면 $t = \pm 3.707$이다. R의 qt() 함수를 이용해 누적확률 0.5%와 99.5%에 해당하는 t값을 구하면 아래와 같다.

```
> qt(0.005, df=6, lower.tail=TRUE)
[1] -3.707428

> qt(0.995, df=6, lower.tail=TRUE)
[1] 3.707428
```

그러므로 의사결정의 규칙은 '만약 $t < -3.707$ 또는 $t > 3.707$이라면 H_0을 기각한다'가 된다. 이제 t검정통계량을 계산해야 하는데 σ를 모르므로 s를 이용하여 σ를 추정해야 한다. s를 계산하기 위해서는 먼저 표본평균 $\overline{X}$를 계산해야 한다.

$$\overline{X} = \frac{6+7+11+5+12+6+9}{7} = \frac{56}{7} = 8$$

이를 이용하여 표준편차 s를 구하면 아래와 같다.

$$s = \sqrt{\frac{(6-8)^2+(7-8)^2+\cdots+(9-8)^2}{7-1}} = \sqrt{\frac{44}{6}} = 2.708$$

t검정통계량은 아래와 같이 계산된다.

$$t = \frac{\overline{X}-\mu}{\frac{s}{\sqrt{n}}} = \frac{8-11}{\frac{2.708}{\sqrt{7}}} = \frac{-3}{1.024} = -2.931$$

최종적으로 $-3.707 < t = -2.931 < 3.707$이므로 유의수준 1%에서 $H_0 : \mu = 11$을 기각하는 데 실패하게 된다. 즉, 인터넷 수업은 효과가 없다고 결론 낼 수 있다. 인터넷 수업은 전통적인 교실 수업과 비교했을 때 학생들의 영어 점수를 바꾸지 못한다.

통계적 유의성과 더불어 우리가 중요하게 생각하는 것은 실용적인 유의성이다. t검정의 맥락에서 Cohen's d를 계산하기 위해서는 [식 9.3]에 제공된 z검정 맥락에서의 효과크기를 [식 10.5]와 같이 변형하여 사용한다.

$$d = \frac{\overline{X} - \mu_0}{s}$$ [식 10.5]

위에서 $\overline{X}$는 표본의 평균, μ_0는 영가설이 옳다는 가정하의 μ값, 즉 검정하고자 하는 값(testing value)을 의미하고, s는 표본의 표준편차를 가리킨다. 그러므로 이 식은 예제의 자료에 적용하면 다음과 같은 d값을 갖게 된다.

$$d = \frac{8-11}{2.708} = -1.108$$

d의 절대값이 1.1을 넘는다는 것은 Cohen의 가이드라인에 따르면 상당히 큰 실질적인 효과가 있다고 말할 수 있으며, 그 효과는 부적효과(negative effect)이다.

영어 수업 예제의 단일표본 t검정은 t검정통계량을 두 개의 기각값에 비교하는 방식으로 진행하였는데, 앞 장에서 설명한 대로 p값을 이용하여 진행할 수도 있다. 양방검정에서 p는 연구자의 표본에 기반한 검정통계량보다 더 극단적일 확률에 2를 곱해서 구해진다. 그러므로 양방검정 p값은 [그림 10.7]의 자유도가 6인 t분포의 양쪽 꼬리에 진한 파란색으로 표시된 부분의 합을 가리킨다.

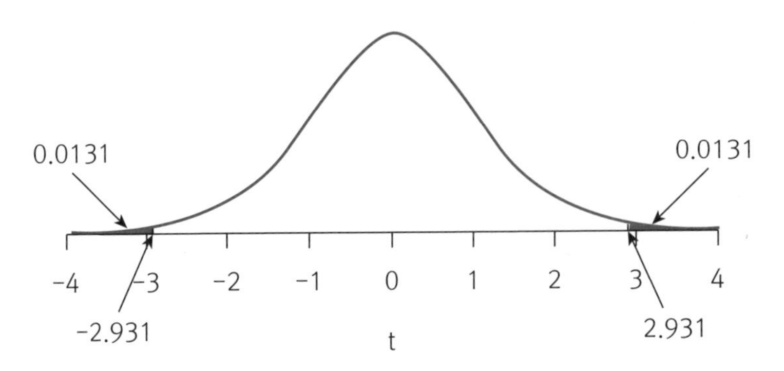

[그림 10.7] 영어 수업 양방검정의 검정통계량과 p값

R을 이용하여 $\Pr(t < -2.931)$을 구해 보면 아래와 같다.

```
> pt(-2.931, df=6, lower.tail=TRUE)
[1] 0.01312646
```

그러므로 양방검정 $p = 2 \times \Pr(t < -2.931) = 2 \times 0.0131 = 0.0262$가 된다. 이와 같이 p값을 구하면 검정이 훨씬 쉬워진다. p를 제대로 구하고 나면, 이를 이용한 검정의 의사결정 규칙은 언제나 '만약 $p < \alpha$이면 H_0을 기각한다'이다. 검정을 실시해 보면, 만약 유의수준 1%를 이용하게 되면 영가설의 기각에 실패하게 되고, 유의수준 5%를 이용하게 되면 영가설을 기각하게 된다.

단일표본 z검정에서 모평균 μ의 신뢰구간을 추정하였듯이, 단일표본 t검정의 맥락에서도 μ의 신뢰구간을 추정할 수 있다. 영어 수업 예제가 유의수준 1%였으므로 여기서는 μ의 99% 신뢰구간을 추정하는 것을 보이고자 한다. t검정 맥락에서의 신뢰구간이 [식 9.7]에서의 z검정 신뢰구간과 다른 점은 σ 대신 s를 이용하고, z기각값 대신 t기각값을 사용한다는 것이다. 단일표본 t검정에서 모수 μ에 대한 신뢰구간은 [식 10.6]과 같다.

$$\overline{X} - t_{cv}\frac{s}{\sqrt{n}} \le \mu \le \overline{X} + t_{cv}\frac{s}{\sqrt{n}} \qquad \text{[식 10.6]}$$

위에서 t_{cv}는 t기각값(t critical value)을 의미하며 영어 수업 예제에서는 ± 3.707이다. 앞에서 계산한 $\overline{X}$와 s를 이용하면 양방검정 맥락에서 μ의 99% 신뢰구간은 아래와 같이 계산된다.

$$8 - 3.707\frac{2.708}{\sqrt{7}} \le \mu \le 8 + 3.707\frac{2.708}{\sqrt{7}}$$

$$4.206 \le \mu \le 11.794$$

위의 결과로부터 μ의 99% 신뢰구간은 [4.206, 11.794]가 되고, 신뢰구간을 이용한 검정을 실시하면 99% 신뢰구간이 검정하고자 하는 값인 11을 포함하고 있으므로 유의수준 1%에서 영가설을 기각하는 데 실패한다. 만약 95% 신뢰구간을 추정하고자 하면 위의 식에서 t기각값인 ± 3.707을 ± 2.447로 바꾸어야 한다. 2.447은 부록 B의 t분포표에서 누적확률 0.975에 해당하는 t값이다.

$$8 - 2.447\frac{2.708}{\sqrt{7}} \le \mu \le 8 + 2.447\frac{2.708}{\sqrt{7}}$$

$$5.495 \le \mu \le 10.505$$

즉, μ의 95% 신뢰구간은 [5.495, 10.505]가 되고, 신뢰구간을 이용한 검정을 실시하면 95% 신뢰구간이 검정하고자 하는 값인 11을 포함하지 않고 있으므로 유의수준 5%에서 영가설을 기각한다.

영어 수업 예제의 단일표본 t검정을 R의 t.test() 함수를 이용하여 실습해 본다. 변수(벡터) English에 자료를 입력하고, 이를 이용하여 $H_0 : \mu = 11$을 검정한다.

```
> English <- c(6, 7, 11, 5, 12, 6, 9)
> t.test(English, mu=11, alternative="two.sided", conf.level=.99)

        One Sample t-test

data:  English
t = -2.931, df = 6, p-value = 0.02625
alternative hypothesis: true mean is not equal to 11
99 percent confidence interval:
  4.205326 11.794674
sample estimates:
mean of x
        8
```

맨 윗줄에서 먼저 영어시험 점수를 English로 입력하였다. 다음으로 t.test() 함수를 이용하여 단일표본 t검정을 실시한다. 첫 번째 아규먼트 English는 검정하고자 하는 변수의 이름이고, 두 번째 아규먼트 mu=11은 검정의 영가설 $\mu = 11$을 설정하는 것이다. 세 번째 alternative 아규먼트는 대립가설의 방향성을 설정하는 것인데, "two.sided"라고 설정하면 양방검정을 실시하게 된다. 이 아규먼트의 값은 t.test() 함수의 디폴트이므로 아무것도 쓰지 않으면 기본적으로 양방검정을 실시한다. 마지막 conf.level=.99는 99% 신뢰구간을 출력하라고 요구하는 것이다. conf.level은 디폴트가 0.95인데, 앞에서 보인 검정의 예에서 유의수준 1%를 이용하였으므로 이와 상응하도록 0.99로 설정하였다.

명령문에 대한 결과로서 One Sample t-test라는 타이틀이 나오고 그 아래 단일표본 t검정의 결과가 나열된다. t검정통계량은 −2.931이고, 자유도는 6이며, 양방검정 p값이 0.026임을 보여 주고 있다. 이는 앞에서 우리가 손으로 직접 계산한 숫자들과 거의 차이가 없는 값들이다. 다음 줄에는 대립가설이 $\mu \neq 11$이라고 서술하고 있으며, 그 다음 줄에는 99% 신뢰구간이 제공된다. 역시 우리가 직접 계산한 숫자들과 차이가 거의 없다. 그리고 마지막 줄에는 변수 English의 표본평균이 제공되어 있다.

t.test() 함수의 결과는 앞에서 배운 R구조 중에서 리스트(list)의 형태를 지니고 있다. 그러므로 결과의 일부분을 꺼내어 쓸 수 있는데, 이는 필요에 의해 R 명령어의 결과를 정리하고 재사용하는 데 상당히 유용하므로 알아 두면 좋다. 아래에서는 단일표본 t검정의 결과를 results 리스트로 저장하고 리스트의 일부를 출력하는 방법을 보인다. 먼저 양방검정을 실시하고 결과를 results에 저장하는 명령어가 아래에 제공된다.

```
> results <- t.test(English, mu=11, alternative="two.sided",
+                   conf.level=.99)
```

results를 실행하면 전체 검정의 결과가 모두 출력되는데, 이는 위에서 보여 준 t검정 결과와 중복이므로 생략한다. results의 일부를 출력하고자 하면 리스트의 요소를 지정하는 $ 표시를 이용해야 한다.

```
> results$statistic
        t
-2.931025

> results$p.value
[1] 0.02625205

> results$estimate
mean of x
        8
```

results$statistic은 results 리스트의 statistic 요소를 의미하며 t검정통계량을 출력하게 된다. results$p.value는 t검정의 p값, results$estimate는 변수 English의 평균을 의미한다. 이 외에도 다른 모든 결과가 리스트의 요소로서 저장되어 있는데, 이는 [그림 10.8]을 이용해서 확인할 수 있다.

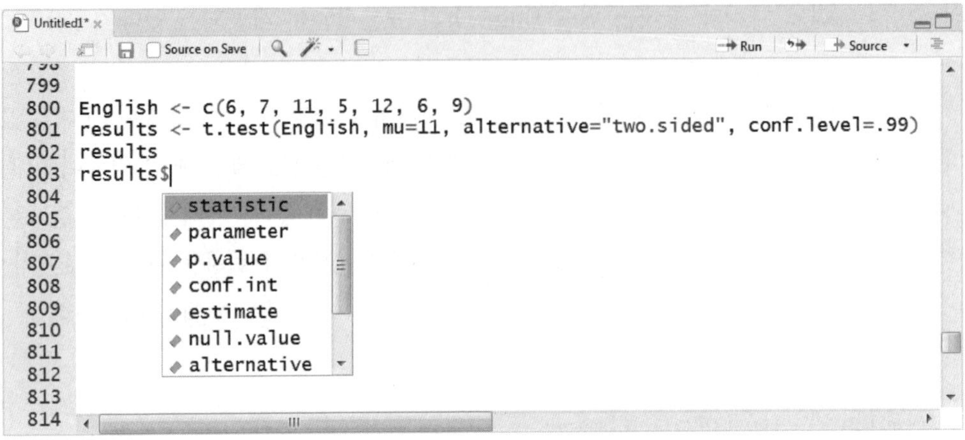

```
Untitled1*
Source on Save    Run    Source
799
800 English <- c(6, 7, 11, 5, 12, 6, 9)
801 results <- t.test(English, mu=11, alternative="two.sided", conf.level=.99)
802 results
803 results$
804          statistic
805          parameter
806          p.value
807          conf.int
808          estimate
809          null.value
810          alternative
811
812
813
814
```

[그림 10.8] 리스트로 저장된 t검정 결과의 요소 지정

위의 그림처럼 스크립트판에서 t검정의 결과를 results 리스트로 저장하는 것을 실행한 다음에 results$를 타이핑하면 저절로 불러올 수 있는 모든 가능한 요소가 팝업되어 나타난다. 이 중에서 원하는 요소를 클릭하고 Ctrl+Enter를 실행하면 바로 앞의 예제처럼 결과를 볼 수 있다.

10.3.2. 일방검정

바로 앞의 영어 수업 예제에서는 유의수준 1%에서 양방검정을 수행하는 예와 p값 및 신뢰구간을 구하는 방법을 설명하였다. 이번에는 연구자가 인터넷을 통한 영어 수업이 교실에서 받는 영어 수업과 비교하여 학생들의 점수를 낮출 것이라는 가설을 설정하고 검정을 진행하고자 한다. 일방검정이 양방검정만큼 많이 쓰이지는 않지만 일방검정에 대한 이해도 필요하다. 가설을 제외한 모든 조건은 앞의 예제와 동일하다. 즉, $\mu = 11$로 알려져 있고, 표본크기 $n = 7$이며, $\overline{X} = 8$, $s = 2.708$이다. 유의수준 1%에서 통계적 검정을 실시하고자 한다. 먼저 검정의 가설은 아래와 같다.

$$H_0 : \mu \geq 11 \quad \text{vs.} \quad H_1 : \mu < 11$$

아래꼬리 검정이므로 [그림 10.9]와 같이 유의수준 1%를 모두 t_6분포의 왼쪽에 할당하면 이에 상응하는 기각값이 구해진다.

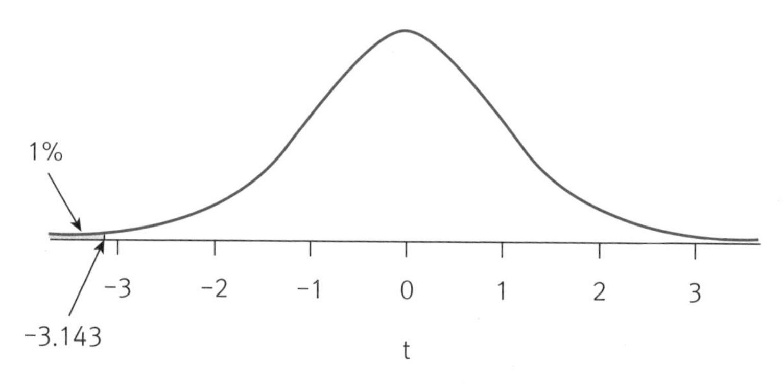

[그림 10.9] 영어 수업 일방검정에서 유의수준 1%의 기각값

부록 B의 t분포표를 보면, 자유도가 6인 t분포에서 왼쪽으로부터의 누적확률 0.990에 해당하는 t값은 3.143임을 찾을 수 있다. t분포는 평균 0에 대하여 좌우대칭이므로 누적확률 0.010에 해당하는 t값은 −3.143이 된다. 그러므로 통계적 의사결정규칙은 '만약 $t < -3.143$이면 H_0을 기각한다'가 된다. 일방검정이 되었다고 해서 표본이 바뀐 것은 아니므로 표본의 요약치인 검정통계량은 여전히 아래와 같이 계산된다.

$$t = \frac{\overline{X} - \mu}{\frac{s}{\sqrt{n}}} = \frac{8 - 11}{\frac{2.708}{\sqrt{7}}} = \frac{-3}{1.024} = -2.931$$

최종적으로 $-3.143 < t = -2.931$이므로 유의수준 1%에서 $H_0 : \mu \geq 11$을 기각하는 데 실패하게 된다. 즉, 인터넷 수업은 효과가 없다고 결론 낼 수 있다. 다시 말해, 인터넷 수업은 전통적인 교실 수업과 비교했을 때 학생들의 영어 점수를 낮추지 않는다.

일방검정의 맥락에서 Cohen's d를 추정한다고 하여서 달라질 것은 없으며 [식 10.5]를 그대로 이용하면 된다. 즉, 다음과 같은 Cohen's d값을 갖게 되며 해석도 다를 것은 없다.

$$d = \frac{8 - 11}{2.708} = -1.108$$

일방검정에서 p는 연구자의 표본에 기반한 검정통계량보다 더 극단적일 확률로 정의한다. 그러므로 일방검정(특히 아래꼬리 검정) p값은 [그림 10.10]의 자유도가 6인 t분포에서 검정통계량 −2.931보다 더 작은 값으로 구해진다.

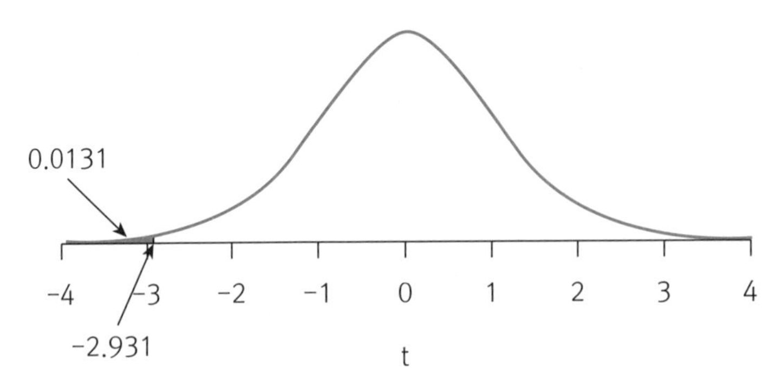

[그림 10.10] 영어 수업 일방검정의 검정통계량과 p값

아래꼬리 일방검정의 $p = \Pr(t < -2.931) = 0.0131$이 된다. p를 이용한 검정의 의사결정 규칙은 양방인지 일방인지에 상관없이 언제나 '만약 $p < \alpha$이면 H_0을 기각한다'이므로, 유의수준 1%에서 영가설의 기각에 실패하게 된다. 만약 유의수준 5%를 이용하여 검정을 실시한다면 $0.0131 < 0.05$이므로 영가설을 기각하는 결정을 내리게 된다.

일방검정 중 아래꼬리 검정의 맥락에서 신뢰구간은 앞 장에서 소개했던 [식 9.13]과 같은 방식으로 설정되며 [식 10.7]과 같다.

$$\mu \leq \overline{X} + t_{cv}\frac{s}{\sqrt{n}} \qquad \text{[식 10.7]}$$

t기각값인 t_{cv}는 바로 위에서 구한 3.143이다. $\overline{X} = 8$, $s = 2.708$, $n = 7$이므로 일방검정(아래꼬리 검정) 맥락에서 99% 신뢰구간은 아래와 같이 계산된다.

$$\mu \leq 8 + 3.143\frac{2.708}{\sqrt{7}}$$

$$\mu \leq 11.217$$

위의 결과로부터 μ의 99% 상한 신뢰구간은 $[-\infty, 11.217]$이 되고, 신뢰구간을 이용한 검정을 실시하면 99% 신뢰구간이 검정하고자 하는 값인 11을 포함하고 있으므로 유의수준 1%에서 영가설을 기각하는 데 실패한다.

영어 수업 예제의 단일표본 아래꼬리 t검정을 R의 t.test() 함수를 이용하여 실습해 본다. 변수 English에 자료를 입력하고 이를 이용하여 $H_0 : \mu \geq 11$을 검정한다.

```
> English <- c(6, 7, 11, 5, 12, 6, 9)
> t.test(English, mu=11, alternative="less", conf.level=.99)

        One Sample t-test

data:  English
t = -2.931, df = 6, p-value = 0.01313
alternative hypothesis: true mean is less than 11
99 percent confidence interval:
     -Inf 11.21662
sample estimates:
mean of x
        8
```

앞의 양방검정과 비교해서 alternative 아규먼트의 값이 "two.sided"에서 "less"로 바뀐 것을 볼 수 있다. 즉, 대립가설이 $\mu < 11$로 바뀌었다는 것을 의미한다. 결과에서는 p값이 0.013으로 바뀌어 있다. 일방검정에서는 검정통계량 −2.931보다 더 극단적일 확률에 2를 곱하지 않으므로 이와 같은 값이 된 것이다. 역시 대립가설에 대한 서술도 $\mu < 11$로 바뀌었음을 확인할 수 있다. 그리고 아래꼬리 검정의 맥락에서 99% 신뢰구간은 $[-\infty, 11.217]$로서 우리가 직접 구한 값과 차이가 없다. 참고로 위꼬리 검정을 실시하고자 하면 t.test() 함수의 세 번째 아규먼트인 alternative를 "greater"라고 설정하면 된다.

제11장 독립표본 t검정

앞 장에서 소개한 단일표본 z검정과 단일표본 t검정은 모두 $\overline{X}$의 표집이론에 기반한 검정방법이다. 다만 둘은 모집단의 표준편차 σ를 알고 있느냐 모르느냐의 차이에 따라 구분된다. 단일표본 t검정 방법은 z검정에 비해 모집단의 모수 σ(또는 σ^2)에 대한 좀 더 현실적인 가정을 가지고 있다. 하지만 단일표본 t검정 역시 여전히 현실 속에서는 달성하기 힘든 가정이 하나 있는데 바로 통제모집단의 평균 μ_c를 알고 있다는 것이다. 이번 장에서는 통제모집단의 평균 μ_c를 모르는 상황에서 수행할 수 있는 독립표본 t검정을 소개한다. 독립표본 t검정은 t분포를 이용하는 여러 검정 중에서 가장 자주 쓰이는 것으로서 일반적으로 t검정이라고 하면 독립표본 t검정을 가리킬 만큼 주요한 검정이다. 독립표본 t검정의 가설, 표집이론, 주요 가정 등에 대하여 살펴보고 실제 예를 통하여 검정을 수행하는 방법을 소개한다. 독립표본 t검정의 설명과정에서 동일한 이론적인 배경을 가지고 있는 독립표본 z검정에 대해서도 간단하게 설명한다.

11.1. 독립표본 검정의 필요성

앞에서 다루었던 자폐 아동 읽기능력 예제에서 통제모집단의 시험점수 평균 $\mu_c = 30$이었고, 영어 수업 예제에서 교실 수업을 받은 학생들의 영어점수 평균 $\mu_c = 11$이었다. 그런데 실제로 통제모집단의 평균을 알고 있는 경우는 드물다. 일반적으로 처치모집단의 평균 μ_t를 모를 뿐만 아니라 통제모집단의 평균 μ_c도 모른다고 보는 것이 더 현실적이다. 알다시피 모집단의 분산인 σ^2 역시 모른다고 가정하는 것이 실제 연구자가 가진 상황에 가깝다. 정리하면, 모수라는 것은 일반 연구자가 쉽게 알 수 있는 것이 아니다.

처치모집단과 통제모집단의 모평균을 모르는 상태에서 $H_0 : \mu_t = \mu_c$를 검정하고자 하는 것이 독립표본 검정이다. 사실 단일표본 검정에서도 똑같은 영가설인 $H_0 : \mu_t = \mu_c$를 가지고 있었으나, $\mu_c = 30$ 또는 $\mu_c = 11$ 등으로 그 값을 알고 있었기 때문에 $H_0 : \mu_t = 30$ 또는 $H_0 : \mu_t = 11$과 같은 가설을 세우고 검정을 진행할 수 있었다. 현실적인 상황에서는 [그림 11.1]처럼 μ_t를 모르는 경우에 $\overline{X}_t$를 이용하여 추정하듯이 μ_c를 모르면 이를 $\overline{X}_c$를 이용하여 추정한다.

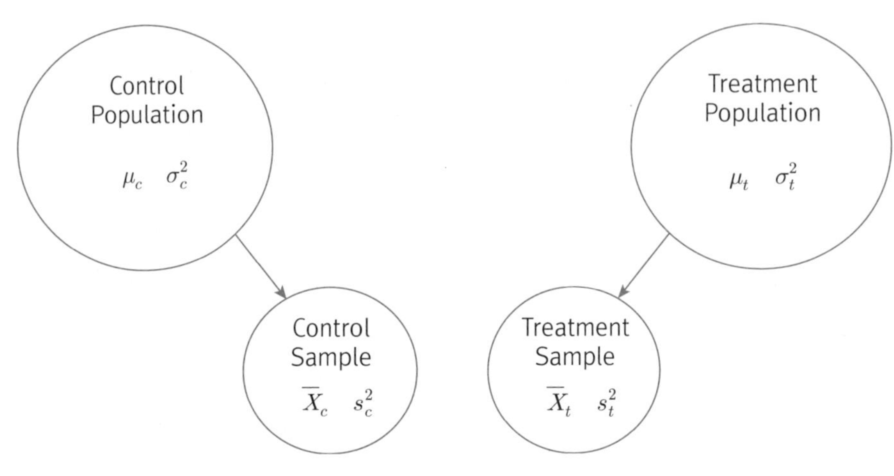

[그림 11.1] 독립표본 검정의 표집

위의 그림에서 우리가 궁금해하고 검정하고자 하는 가설은 $H_0 : \mu_t = \mu_c$이다. 단일표본 검정에서는 μ_c를 알고 있고 μ_t는 몰랐기 때문에 μ_t를 추정한 $\overline{X}_t$와 μ_c(상수)를 비교하여 통계적 검정을 진행하였다면, 독립표본 검정에서는 μ_c도 모르기 때문에 $\overline{X}_c$를 이용하여 추정하게 되고, 결국 $\overline{X}_t$와 $\overline{X}_c$를 비교하여 통계적 검정을 진행하게 된다. 다시 말해, $H_0 : \mu_t = \mu_c$를 검정하기 위해 μ_t를 대표하는 $\overline{X}_t$와 μ_c를 대표하는 $\overline{X}_c$의 차이를 비교하게 되는 것이다. 만약 $\overline{X}_t$와 $\overline{X}_c$의 차이가 작으면 $\mu_t = \mu_c$일 가능성이 높다는 추론을 하게 되고, 반면에 $\overline{X}_t$와 $\overline{X}_c$의 차이가 크다면 $\mu_t = \mu_c$일 가능성이 낮다는 추론을 하게 된다. 결국 단일표본 검정과 비슷하게 $\overline{X}_t$와 $\overline{X}_c$의 차이가 얼마나 커야 통계적으로 크다고 결론 내리고, 얼마나 작아야 통계적으로 작다고 결론 내릴지를 결정하는 문제가 독립표본 검정의 핵심이 된다.

[그림 11.1]에서 만약 두 모집단의 분산인 σ_c^2(sigma c squared)와 σ_t^2(sigma t squared)를 알고 있다면 우리는 독립표본 z검정(independent samples z test)을 실시할 수 있다. 하지만 현실적으로 μ뿐만 아니라 σ^2를 알고 있을 가능성은 거의 없다

고 수차례 설명하였다. σ_c^2와 σ_t^2를 모른다면 우리가 취할 수 있는 최선은 각각의 모수에 대한 좋은 추정치를 사용하는 것이다. 즉, s_c^2(s c squared)와 s_t^2(s t squared)를 이용해서 σ_c^2와 σ_t^2를 대신하게 된다. σ_c^2와 σ_t^2 대신에 s_c^2와 s_t^2를 사용하게 되면 우리는 이 검정방법을 독립표본 t검정(independent samples t test)이라고 한다. 이번 장에서는 검정의 개념 설명을 위하여 독립표본 z검정과 관련된 내용을 잠깐씩 소개하기는 하지만 중점적으로 설명하는 것은 독립표본 t검정이다.

바로 위에서 독립표본 검정의 개념을 설명할 때, 앞에서 배운 단일표본 z검정이나 t검정의 맥락에서 자연스러운 확장을 위하여 통제모집단과 처치모집단이라는 개념과 μ_c, μ_t 등을 사용하였으나 사실 그런 제약은 없다. 독립표본 검정을 위해서 그 어떤 두 개의 모집단이라도 상관은 없다. 예를 들어, 두 개의 처치집단을 비교할 수도 있고, 처치가 없는 연구에서 두 집단을 비교할 수도 있으며, 그림과 같이 처치집단과 통제집단을 비교할 수도 있다. 앞으로는 특별한 이유가 없는 한 두 개의 모집단은 1과 2로 표기하고, 모평균이나 모분산도 μ_1과 μ_2 및 σ_1^2와 σ_2^2로 표기할 예정이다. 표본의 평균이나 분산 역시 마찬가지로 $\overline{X}_1$와 $\overline{X}_2$ 및 s_1^2와 s_2^2로 표기한다.

11.2. 독립표본 t검정의 가정과 가설

11.2.1. 검정의 가정

독립표본 t검정도 앞에서 배운 검정들과 마찬가지로 실시하기 위해 만족되어야 하는 몇 가지 가정(assumptions)이 있다. 가정이 깨지게 되면 검정의 결과는 신뢰할 수 없게 된다. 독립표본 t검정의 가정들은 앞에서 언급했던 단일표본 t검정의 내용과 상당히 비슷하다. 연구자의 두 표본이 단순무선표본이어야 한다는 것, 원칙적으로 종속변수는 등간척도 또는 비율척도로 수집된 변수여야 한다는 것, 그리고 모집단의 점수들이 정규분포를 따라야 한다는 것이다. 이때 점수들이 정규분포를 따라야 한다는 것은 두 집단이 각각 정규분포를 따라야 한다는 것을 의미한다. 그리고 이와 같은 가정들에 더하여 두 가지 중요한 가정이 추가된다.

첫째는 검정의 제목에 나와 있듯이 두 표본이 서로 독립적이어야 한다는 것이다. 이는 각각의 표본이 모집단으로부터 추출될 때 서로의 표집에 영향을 미치지 말아야 한다는 것을 의미한다. 예를 들어, 독립적인 표본의 가정의 깨지는 경우는 남편 표본과 아내 표본을 비교한다든지 또는 쌍둥이의 양쪽으로 표본을 형성한다든지 하는 경우이다. 만약 이런 상황이 되면 부부 중 남편이 하나의 표본에 속했을 때 그 남편의 부인이 반드시 다른 표본에 속해야 하므로 서로의 표집에 영향을 주는 관계가 되고 독립표본의 가정은 깨지게 된다.

둘째는 두 모집단의 분산이 동일해야 한다는 것으로서 $\sigma_1^2 = \sigma_2^2$를 의미하는 등분산성(homogeneity of variances 또는 equality of variances) 가정이다. 과거의 연구들을 보면 표본의 크기가 비슷할 때는 등분산성 가정이 만족되지 않아도 결과에 큰 영향을 미치지 않는 것으로 나타나 있으나, 표본의 크기가 많이 다르고 모분산도 다를 때는 검정의 정확성에 안 좋은 영향을 미치는 것으로 알려져 있다. 독립표본 t검정에서 등분산성 가정은 상당히 중요하게 취급되며, 독립표본 t검정의 영가설인 $H_0 : \mu_1 = \mu_2$를 검정하기 전에 먼저 $H_0 : \sigma_1^2 = \sigma_2^2$를 검정한다. 등분산성 검정에서 영가설의 기각에 실패해야만 독립표본 t검정을 진행하는 것이다. 그러므로 독립표본 t검정은 일반적으로 두 단계로 이루어져 있다고 할 수 있다. 1단계에서 $H_0 : \sigma_1^2 = \sigma_2^2$를 검정하고, 이 영가설의 기각에 실패하면 2단계에서 $H_0 : \mu_1 = \mu_2$를 검정한다.[49] 등분산성 검정은 F분포(F distribution)를 이용하는데 두 가지의 방법이 알려져 있다. 하나는 두 모분산의 비율이 1인지를 검정하는 방식이고, 또 하나는 소위 Levene's test로 알려진 등분산성 검정이다. 두 검정 모두 F분포를 이용하는 F검정인데 이는 뒤에서 F분포를 다룬 이후에 설명할 예정이다. 그러므로 이번 장에서는 일단 두 모집단의 분산이 같거나 또는 다르다고 임의로 가정하고 검정을 진행한다.

11.2.2. 검정의 가설

여자아이들과 남자아이들의 관대함 차이에 연구자의 관심이 있다고 가정하자. 연구자는 여자아이 13명과 남자아이 11명, 총 24명의 아이를 표집하여 각각 20개의 사탕을 나누어 주었다. 그리고 20개의 사탕 중에서 친구에게 주고 싶은 만큼 사탕을 주도록 하였다. 이때 더 많은 사탕을 친구에게 줄수록 더 관대하다고 가정한다. [표 11.1]에는 각

---

49) 등분산성 검정을 기각하게 되면 실행할 수 있는 평균의 비교방법은 뒤에서 소개한다.

아이가 친구들에게 준 사탕의 개수가 제공된다.

[표 11.1] 친구들에게 나누어 준 사탕의 개수

Gender	Group	Number of Candies
Girls	1	7, 3, 6, 9, 3, 8, 6, 7, 5, 4, 8, 7, 9
Boys	2	2, 3, 5, 3, 4, 2, 2, 5, 2, 3, 5

먼저 연구자가 가설의 방향성을 가지고 있지 않을 때의 연구가설(대립가설)은 여자아이들과 남자아이들의 관대함 수준에 차이가 있다는 것이다. 이러한 가설하에서는 양방검정을 실시하게 되고 영가설과 대립가설은 [식 11.1]과 같이 설정한다.

$$H_0 : \mu_1 = \mu_2 \quad \text{vs.} \quad H_1 : \mu_1 \neq \mu_2 \qquad \text{[식 11.1]}$$

즉, 두 모집단의 평균이 동일하다는 것이 영가설이고 동일하지 않다는 것이 대립가설이 된다. 통계적인 표기가 아닌 평범한 말로 서술하면, 'H_0: 남녀 아이들의 관대함에 차이가 없다 vs. H_1: 남녀 아이들의 관대함에 차이가 있다'가 된다. 독립표본 t검정의 가설은 등호의 오른쪽에 있는 μ_2를 왼쪽으로 넘겨서 [식 11.2]처럼 고쳐 쓰기도 한다.

$$H_0 : \mu_1 - \mu_2 = 0 \quad \text{vs.} \quad H_1 : \mu_1 - \mu_2 \neq 0 \qquad \text{[식 11.2]}$$

결국 두 식은 똑같은 내용을 표현하고 있으나 뒤에서 독립표본 검정의 논리를 전개하고 표집이론을 설명할 때는 [식 11.2]가 더 유용하다. 만약 효과의 방향을 결정하였다면 일방검정의 가설을 설정하게 된다. 여자아이들(Group 1)이 남자아이들(Group 2)보다 더 관대하다는 연구가설을 가지고 있다면 영가설과 대립가설은 [식 11.3]과 같다.

$$H_0 : \mu_1 \leq \mu_2 \quad \text{vs.} \quad H_1 : \mu_1 > \mu_2 \qquad \text{[식 11.3]}$$

위의 식 역시 [식 11.4]와 같이 고쳐 쓸 수 있다.

$$H_0 : \mu_1 - \mu_2 \leq 0 \quad \text{vs.} \quad H_1 : \mu_1 - \mu_2 > 0 \qquad \text{[식 11.4]}$$

위의 두 식은 여자아이들이 친구들에게 나누어 주는 사탕 개수의 모평균인 μ_1이 남자아이들이 친구들에게 나누어 주는 사탕 개수의 모평균인 μ_2보다 더 크다는 것이 연구자의 가설이 된다. 위의 식은 일방검정 중에서도 t분포의 오른쪽 꼬리를 이용하는 위꼬리검정(upper tail test)이다. 반대로 남자아이들이 여자아이들보다 더 관대하다는 연구가설을 가지고 있다면 영가설과 대립가설은 [식 11.5]와 같다.

$$H_0 : \mu_1 \geq \mu_2 \quad \text{vs.} \quad H_1 : \mu_1 < \mu_2 \qquad \text{[식 11.5]}$$

위의 식도 역시 [식 11.6]처럼 고쳐 쓸 수 있다.

$$H_0 : \mu_1 - \mu_2 \geq 0 \quad \text{vs.} \quad H_1 : \mu_1 - \mu_2 < 0 \qquad \text{[식 11.6]}$$

위의 식은 일방검정 중에서도 t분포의 왼쪽 꼬리를 이용하는 아래꼬리 검정(lower tail test)이다. 앞의 장들에서 논의한 바 있듯이 독립표본 t검정의 경우에도 양방검정을 하는 것이 더 일반적이며, 연구자가 방향에 대한 충분한 이론과 확신이 있다면 일방검정을 실시할 수 있다. 그리고 한 가지 더, 독립표본 t검정의 가설과 독립표본 z검정의 가설은 완전히 동일하다.

11.3. 독립표본 검정의 표집이론

앞 장에서 배웠던 내용을 떠올려 보면, 단일표본 검정의 원리가 표본평균의 표집분포와 밀접한 관련이 있었던 것을 기억할 것이다. 단일표본 z검정에서의 영가설은 $\mu = \mu_0$ (또는 $\mu_t = \mu_0$)였고, 이 검정에서 우리는 μ를 모르므로 $\overline{X}$를 이용하여 μ를 추정하고 이를 이용하여 검정을 진행하였다. 그런데 사실 이 검정을 진행하기에 앞서 먼저 표집이론을 통해 표본평균 $\overline{X}$가 영가설이 옳다는 가정하에서 평균이 μ_0이고 표준편차가 $\frac{\sigma}{\sqrt{n}}$인 정규분포를 따른다(표본크기가 충분히 클 때)는 것을 확인하였다. 그리고 이를 알고 있었기 때문에 [그림 8.3]을 이용하여 소위 $\overline{X}$검정을 진행하였다. 또한 표본평균을 표준화한 z검정통계량은 z분포를 따른다는 사실을 이용하여 단일표본 z검정을 수행하였던 것이다. 만약 모집단의 분산을 모를 때는 s^2를 이용하여 σ^2를 추정하였고, 검정통계량의 σ 부분을 s로 대체하였다. 이렇게 만들어진 t검정통계량은 자유도가 $n-1$인 t분포를 따랐고, 이 사실을 이용하여 단일표본 t검정을 실시하였다.

독립표본 검정에서의 영가설은 $\mu_1 - \mu_2 = 0$이고, 이는 가만히 살펴보면 단일표본 검정에서의 영가설과 상당히 비슷한 형태다. 등호의 왼쪽에는 우리가 모르는 모수가 있으며 등호의 오른쪽에는 상수가 있다. 단일표본 검정에서 영가설의 왼쪽에 있는 μ의 추정치인 $\overline{X}$의 분포를 아는 것이 필요했듯이, 독립표본 검정에서는 영가설의 왼쪽에 있는 $\mu_1 - \mu_2$의 추정치인 $\overline{X}_1 - \overline{X}_2$의 표집분포를 아는 것이 필요하다.

$\overline{X}_1 - \overline{X}_2$의 표집분포를 알아야 하는 이유를 독립표본 검정의 원리라는 관점에서 바라볼 수도 있다. 우리는 독립표본 검정에서 $\mu_1 - \mu_2 = 0$인지 아닌지가 궁금한데 μ_1과 μ_2의 차이는 모르므로 $\overline{X}_1$와 $\overline{X}_2$의 차이를 이용해서 통계적 결정을 하게 된다. 즉, $\overline{X}_1 - \overline{X}_2$가 얼마나 커야 크다고 결론 내리고, 얼마나 작아야 작다고 결론 내릴 지를 결정해야 한다. 그러므로 $\overline{X}_1 - \overline{X}_2$의 표집분포를 구하는 것은 독립표본 검정의 첫 번째 과정이다. [그림 11.2]에 $\mu_1 - \mu_2$의 추정치인 $\overline{X}_1 - \overline{X}_2$의 이론적인 표집분포를 구하기 위한 도식이 제공된다.

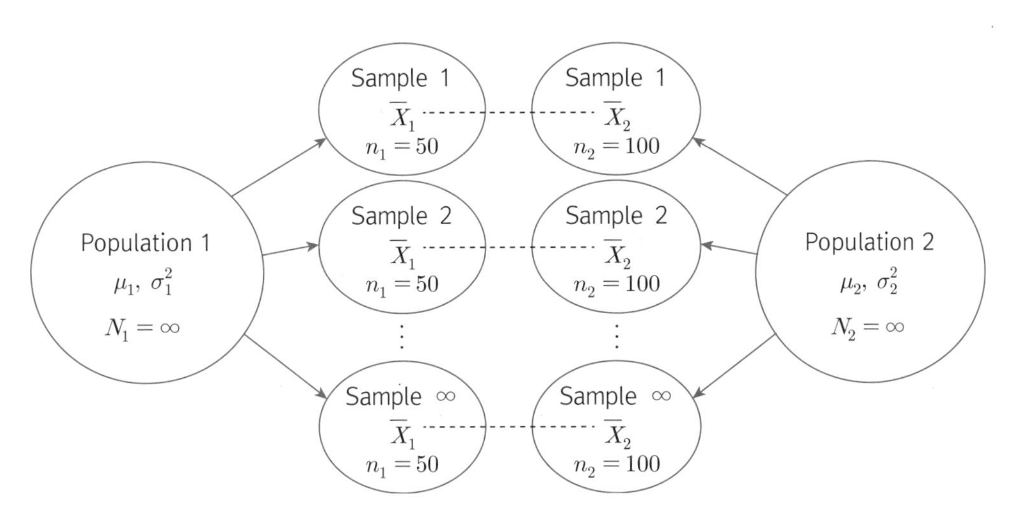

[그림 11.2] $n_1 = 50$, $n_2 = 100$인 $\overline{X}_1$와 $\overline{X}_2$의 반복적인 표집과정

제7장의 표집이론에서 설명했듯이, 모집단 1로부터 가상적으로 표집된 무한대의 표본에 기반한 표본평균 $\overline{X}_1$들은 평균이 μ_1이고 표준오차가 $\frac{\sigma_1}{\sqrt{n_1}}$인 정규분포를 따른다. 마찬가지로 무한대의 $\overline{X}_2$들은 평균이 μ_2이고 표준오차가 $\frac{\sigma_2}{\sqrt{n_2}}$인 정규분포를 따른다. 그런데 우리가 궁금한 것은 각각의 $\overline{X}$들이 따르는 분포가 아니라 $\overline{X}_1 - \overline{X}_2$가 이론적으로 어떤 분포를 따르는가이다. 이론적인 분포를 알고 싶으면 이론적인 표집을 통해 무한대의 $\overline{X}_1 - \overline{X}_2$를 확보해야 한다. 먼저 모집단 1의 첫 번째 표본에서 계산된 $\overline{X}_1$와 모집단 2의 첫 번째 표본에서 계산된 $\overline{X}_2$를 이용하면 하나의 $\overline{X}_1 - \overline{X}_2$가 계산된

다. 다음으로 모집단 1의 두 번째 표본에서 계산된 $\overline{X}_1$와 모집단 2의 두 번째 표본에서 계산된 $\overline{X}_2$를 이용하면 역시 또 하나의 $\overline{X}_1 - \overline{X}_2$가 계산된다. 이런 방식으로 계속해서 두 모집단으로부터 표집을 지속하면 무한대의 $\overline{X}_1 - \overline{X}_2$가 가상적으로 존재하게 된다. 그리고 이 무한대의 $\overline{X}_1 - \overline{X}_2$들이 따르는 분포는 수리통계학자들에 의하여 밝혀져 있다. [그림 11.3]에 표본평균의 차이 $\overline{X}_1 - \overline{X}_2$들이 따르는 표집분포가 제공된다.

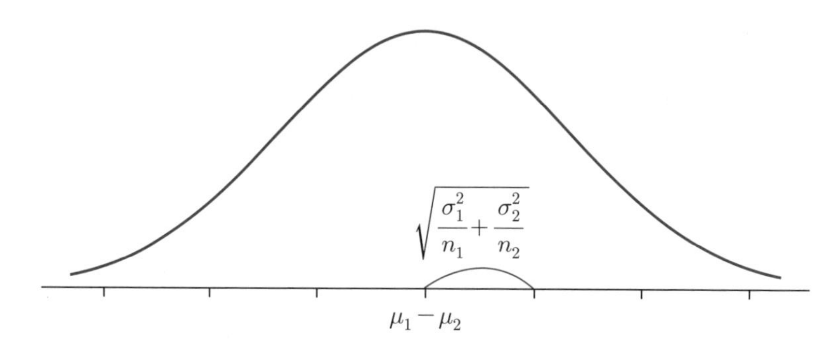

[그림 11.3] 표본평균의 차이 $\overline{X}_1 - \overline{X}_2$의 표집분포

위의 그림은 이론적인 무한대의 $\overline{X}_1 - \overline{X}_2$가 이루는 분포는 종 모양을 가지고 있으며, 분포의 중심은 $\mu_1 - \mu_2$이고, 표준편차는 $\sqrt{\frac{\sigma_1^2}{n_1}+\frac{\sigma_2^2}{n_2}}$ 임을 보여 주고 있다. 다시 말해, 표본평균의 차이 $\overline{X}_1 - \overline{X}_2$는 평균이 $\mu_1 - \mu_2$이고 표준오차가 $\sqrt{\frac{\sigma_1^2}{n_1}+\frac{\sigma_2^2}{n_2}}$ 인 정규분포를 따른다. 이 사실을 통계학적 기호를 이용해 표기하면 [식 11.7]과 같다.

$$\overline{X}_1 - \overline{X}_2 \sim N\left(\mu_1 - \mu_2, \frac{\sigma_1^2}{n_1}+\frac{\sigma_2^2}{n_2}\right) \quad \text{[식 11.7]}$$

11.4. 독립표본 검정

11.4.1. 독립표본 z검정

$\overline{X}_1 - \overline{X}_2$가 이론적으로 따르는 정규분포를 특정하였으므로 이제 이론적인 표집분포

상에서 연구자의 진짜 표본에 기반한 $\overline{X}_1 - \overline{X}_2$가 얼마나 일어날 것 같지 않은 극단적인 값인지를 판별해 내면 된다. 제8장에서 설명한 검정의 원리에 따라 유의수준을 할당하고, 이에 상응하는 기각값을 구해서 $\overline{X}_1 - \overline{X}_2$가 그 기각값보다 더 극단적인지를 결정하는 것이다. 하지만 실제로는 이와 같은 방법보다는 $\overline{X}_1 - \overline{X}_2$를 [식 11.8]과 같이 표준화할 수 있고, 이 표준화된 z검정통계량은 z분포를 따른다는 사실을 이용하여 검정을 진행한다.

$$z = \frac{(\overline{X}_1 - \overline{X}_2) - (\mu_1 - \mu_2)}{\sqrt{\frac{\sigma_1^2}{n_1} + \frac{\sigma_2^2}{n_2}}} \sim N(0, 1^2) \quad \text{[식 11.8]}$$

모든 검정은 영가설이 옳다는 가정하에서 진행되고, 영가설이 옳다는 가정하에서 $\mu_1 - \mu_2 = 0$이다. 그러므로 위의 식은 [식 11.9]와 같이 고쳐 쓸 수 있다.

$$z = \frac{\overline{X}_1 - \overline{X}_2}{\sqrt{\frac{\sigma_1^2}{n_1} + \frac{\sigma_2^2}{n_2}}} \sim N(0, 1^2) \quad \text{[식 11.9]}$$

위의 식을 이용하여 $H_0 : \mu_1 - \mu_2 = 0$의 검정을 수행하면 이를 독립표본 z검정이라고 한다. 의사결정의 규칙은 기본적으로 단일표본 z검정과 일치한다. 즉, 유의수준 5%에서 [식 11.9]의 z검정통계량이 ± 1.96보다 더 극단적이면 영가설을 기각하게 되고 두 모집단의 평균이 다르다고 결론 내린다.

11.4.2. 독립표본 t검정

통합분산

현실에서 연구자가 두 모집단의 분산 σ_1^2와 σ_2^2를 알 가능성은 거의 없으므로 s_1^2와 s_2^2를 이용하여 t검정을 진행한다. 이 검정방법은 Student가 개발하였기 때문에 Student's t검정이라고도 불린다.[50] [식 11.9]의 표준오차 부분에서 σ_1^2와 σ_2^2를 표본의 분산들로 단순히 대체하면 새롭게 만들어질 t검정통계량의 표준오차 부분은 $\sqrt{\frac{s_1^2}{n_1} + \frac{s_2^2}{n_2}}$가 될

50) Student는 t검정과 t분포를 개발한 학자의 필명(筆名)이다.

것이다. 그런데 독립표본 t검정은 여기서 멈추지 않고 s_1^2와 s_2^2를 통합하여 하나의 분산을 추정하고 이를 표준오차 부분에 사용한다. 이는 $\sigma_1^2 = \sigma_2^2$라는 가정을 독립표본 t검정에 더욱 충실하게 반영하는 절차로서 이해될 수 있다. [식 11.10]에는 s_1^2와 s_2^2를 하나로 합한 통합분산(pooled variance)인 s_p^2(s p squared)가 제공된다.

$$s_p^2 = \frac{(n_1 - 1)s_1^2 + (n_2 - 1)s_2^2}{n_1 - 1 + n_2 - 1} = \frac{df_1 s_1^2 + df_2 s_2^2}{df_1 + df_2} \qquad \text{[식 11.10]}$$

위에서 $n_1 - 1$은 첫 번째 표본의 자유도 df_1이고 $n_2 - 1$은 두 번째 표본의 자유도 df_2를 의미한다. 결국 s_p^2는 자유도를 가중치로 사용한 s_1^2와 s_2^2의 평균(degrees of freedom weighted average)임을 보여주고 있다. 즉, 개념적으로 통합분산이란 두 표본의 크기를 고려한 표본분산들의 평균이라고 할 수 있다. [식 11.10]을 이해하기 위한 예로 아래의 숫자 여섯 개의 평균을 계산한다고 가정하자.

3, 3, 3, 3, 5, 5

이 평균을 구하기 위하여 $\frac{3+5}{2} = 4$로 계산하지는 않는다. 3은 네 개이고 5는 두 개이기 때문이다. 이럴 때 평균을 구하고자 하면 전체 여섯 개의 숫자 중에 네 개가 3이고 두 개가 5인 것을 고려하여 $\frac{4}{6} \times 3 + \frac{2}{6} \times 5 = 3.667$로 계산해야 한다. 이 계산은 n_1이 3의 개수, n_2가 5의 개수라고 했을 때 [식 11.11]과 같이 쓸 수 있다.

$$\frac{n_1}{n_1 + n_2} \times 3 + \frac{n_2}{n_1 + n_2} \times 5 = \frac{n_1 \times 3 + n_2 \times 5}{n_1 + n_2} \qquad \text{[식 11.11]}$$

위의 식은 표본크기를 가중치로 사용한 평균(sample size weighted average)을 보여주는 전형적인 예다. 통합분산도 개념적으로는 표본크기를 가중치로 사용하는 평균인데, 기술적이고 통계적인 이유로 표본크기 대신 자유도를 가중치로 사용한 것뿐이다. 통합분산은 [식 5.9]의 내용을 적용하여 [식 11.12]처럼 고쳐 써 사용하는 경우도 흔하다.

$$s_p^2 = \frac{(n_1-1)s_1^2+(n_2-1)s_2^2}{n_1-1+n_2-1}$$
$$= \frac{(n_1-1)\frac{SS_1}{n_1-1}+(n_2-1)\frac{SS_2}{n_2-1}}{n_1+n_2-2}$$
$$= \frac{SS_1+SS_2}{n_1+n_2-2} = \frac{\sum(X_1-\overline{X}_1)^2+\sum(X_2-\overline{X}_2)^2}{n_1+n_2-2} \quad \text{[식 11.12]}$$

통합분산은 두 집단의 표본크기가 다른 경우에 [식 11.10]이나 [식 11.12]처럼 조금은 복잡하게 계산되는 데 반해, 두 집단의 표본크기가 같은 경우에는 [식 11.13]처럼 매우 간단하게 계산된다.

$$s_p^2 = \frac{s_1^2+s_2^2}{2} \quad \text{[식 11.13]}$$

독립표본 t검정통계량

통합분산 s_p^2를 계산하고 나면, s_1^2와 s_2^2를 개별적으로 표준오차 계산에 사용하는 대신 각각의 자리에 s_p^2를 집어넣어 [식 11.14]와 같이 독립표본 t검정을 실시한다.

$$t = \frac{(\overline{X}_1-\overline{X}_2)-(\mu_1-\mu_2)}{\sqrt{\frac{s_p^2}{n_1}+\frac{s_p^2}{n_2}}} \sim t_{n_1-1+n_2-1} \quad \text{[식 11.14]}$$

위의 식에서 영가설인 $\mu_1-\mu_2=0$을 적용하고, 공통된 s_p^2를 제곱근의 밖으로 꺼내고, n_1-1+n_2-1을 정리하여 [식 11.15]와 같이 고쳐 쓸 수 있다.

$$t = \frac{\overline{X}_1-\overline{X}_2}{s_p\sqrt{\frac{1}{n_1}+\frac{1}{n_2}}} \sim t_{n_1+n_2-2} \quad \text{[식 11.15]}$$

위의 식을 보면, 두 표본의 절대 평균차이가 클수록, 두 표본의 자료의 퍼짐의 정도가 작을수록, 두 표본의 표본크기가 클수록 t검정통계량의 절대값은 커지고 영가설을 기각할 확률도 증가하게 된다. 위의 식을 이용하여 일방검정과 양방검정을 수행하며 의사결정의 규칙은 기본적으로 단일표본 t검정과 일치한다. 즉, 임의의 유의수준하에서 [식 11.15]의 t검정통계량이 t기각값보다 더 극단적이면 영가설을 기각하게 되고 두 모집단의 평균이 다르다고 결론 내린다.

효과크기

통계적 유의성 검정과 더불어서 실용적인 유의성을 확인하기 위한 효과크기를 추정할 수 있다. 독립표본 t검정의 맥락에서 Cohen's d는 [식 11.16]과 같이 계산된다.

$$d = \frac{\overline{X}_1 - \overline{X}_2}{s_p} \quad [식\ 11.16]$$

앞선 효과크기 추정치들과 마찬가지로 Cohen's d는 상응하는 t검정통계량에서 표본크기 부분을 제거한 식이 된다.

$\mu_1 - \mu_2$의 신뢰구간

단일표본 t검정에서 μ의 신뢰구간을 추정하듯이 독립표본 t검정에서는 $\mu_1 - \mu_2$의 신뢰구간을 추정할 수 있다. 신뢰구간의 추정원리 역시 [식 10.6]에서 보인 단일표본 t검정에서의 μ의 신뢰구간과 일치한다. 예를 들어, 앞의 사탕 예제에서 $\mu_1 - \mu_2$의 양방 신뢰구간을 추정한다고 하면 [식 11.17]과 같다.

$$(\overline{X}_1 - \overline{X}_2) - t_{cv}\, s_p\sqrt{\frac{1}{n_1} + \frac{1}{n_2}} \le \mu_1 - \mu_2 \le (\overline{X}_1 - \overline{X}_2) + t_{cv}\, s_p\sqrt{\frac{1}{n_1} + \frac{1}{n_2}}$$

[식 11.17]

위의 식은 [식 11.18]과 같이 쓰기도 한다.

$$CI\ of\ \ (\mu_1 - \mu_2) = (\overline{X}_1 - \overline{X}_2) \pm t_{cv}\, s_p\sqrt{\frac{1}{n_1} + \frac{1}{n_2}} \quad [식\ 11.18]$$

위에서 t_{cv}는 t기각값(t critical value)을 의미하며, 주어진 자료를 통해 적절한 자유도($n_1 + n_2 - 2$)와 신뢰구간의 수준(95%, 99% 등)에 해당하는 값을 부록 B t분포표나 R의 qt() 함수를 이용하여 찾아야 한다. 실제 계산의 예는 뒤에 제공된다.

11.4.3. Welch's t검정

두 모집단의 분산이 동일하다는 가정이 만족되지 않을 경우 지금까지 앞에서 설명한 t검정의 방식은 사용하지 않는 것이 좋다. 이 경우에는 Welch-Aspin t검정 또는

Welch's t검정(Welch, 1947)이라고 불리는 방법을 사용하게 된다. 전통적인 통계학의 관점에서, 즉 수많은 통계학 책이 가르치는 관점에서 Welch's t검정은 두 모집단의 분산이 같지 않고 표본크기까지 다를 때 상당히 유용한 것으로 알려져 있다. 하지만 최근 Ruxton(2006)이나 몇몇 학자들의 연구를 보면, 두 모집단 분산의 동일성이나 표본크기와 상관없이 Welch's t검정이 Student's t검정보다 더 잘 작동하는 것으로 밝혀지고 있다. 그런 이유로 Ruxton(2006)은 결론 부분에서 Student's t검정보다는 언제나 Welch's t검정을 이용해야 한다고까지 주장하기도 하였다.

Welch의 검정은 두 가지 측면에서 앞에서 소개한 독립표본 t검정과 구별된다. 첫째는 $\overline{X}_1 - \overline{X}_2$의 표준오차를 계산하는 방식이 다르다. 이는 $\sigma_1^2 = \sigma_2^2$의 가정이 깨졌기 때문에 통합분산을 계산하는 것이 무의미해짐으로써 발생하는 차이다. 둘째는 검정을 실시할 t분포의 자유도를 계산하는 방법이 다르다. 지켜야 할 가정 하나가 만족하지 않게 되었으므로 자유도를 이용하여 연구자에게 페널티를 준다는 개념이다. z분포와 t분포를 비교하는 과정에서 설명했듯이, 퍼짐의 정도가 더 큰 표집분포를 이용하여 검정을 실시하게 되면 영가설을 기각하는 것이 더 힘들어진다.[51] 그런 맥락에서 Welch의 검정은 등분산성 가정이 만족되었을 때의 자유도에 비해 더 작은 자유도를 사용한다. Welch's t검정은 [식 11.19]를 이용하여 수행한다.

$$t = \frac{\overline{X}_1 - \overline{X}_2}{\sqrt{\dfrac{s_1^2}{n_1} + \dfrac{s_2^2}{n_2}}} \sim t_\nu, \quad \nu = \frac{\left(\dfrac{s_1^2}{n_1} + \dfrac{s_2^2}{n_2}\right)^2}{\dfrac{\left(\dfrac{s_1^2}{n_1}\right)^2}{n_1 - 1} + \dfrac{\left(\dfrac{s_2^2}{n_2}\right)^2}{n_2 - 1}} \qquad \text{[식 11.19]}$$

위의 식에서 검정통계량 부분을 보면, 통합분산 s_p^2를 이용하지 않고 개별적인 s_1^2와 s_2^2를 각각 사용한 것을 볼 수 있다. 그리고 검정에 사용하는 t분포의 자유도 ν가 상당히 복잡한 식에 의해서 계산되는 것을 알 수 있다. 이렇게 계산된 ν는 일반적으로 소수점 자리를 갖게 되는데, 검정을 더욱 보수적으로 실시하기 위해 반올림하지 않고 소수점 이하 자리는 버리는 것이 일반적이다. 또한 이렇게 계산된 ν는 등분산성 가정이 만족

---

51) 이는 자유도만 고려했을 때 기각하기가 더 힘들어진다는 것이지 Welch의 검정이 반드시 더 기각하기 힘들어진다는 의미는 아니다. 조정된 자유도는 원래의 자유도인 $n_1 + n_2 - 2$에 비해 작아짐으로 인해 기각이 힘들어지지만, t검정통계량도 변하기 때문에(얼마든지 커질 수 있음) Welch의 검정 결과는 더욱 유의하게 변할 수도 있다.

되었을 때에 사용하는 t분포의 자유도인 n_1+n_2-2보다 더 작은 값이 된다. 그리고 Welch's t검정에서 효과크기는 모두가 동의하는 방식으로 선명하게 존재하지는 않지만 Bonett(2008)이 신뢰구간 연구에서 제안하듯이 [식 11.20]을 이용하여 계산할 수 있다.

$$d=\frac{\overline{X}_1-\overline{X}_2}{\bar{s}},\quad \bar{s}=\sqrt{\frac{s_1^2+s_2^2}{2}} \qquad \text{[식 11.20]}$$

등분산성이 만족되지 않았으므로 통합 표준편차인 s_p는 효과크기의 분모에 사용하지 않는 것이 논리적으로 맞다. 표준오차의 계산에 s_1^2와 s_2^2가 같은 자격으로 들어갔으므로 둘의 평균개념을 사용하면 무리가 없을 것이다. 그리고 만약 두 집단의 표본크기가 같다면 s_p와 $\bar{s}$는 서로 동일하게 될 것이다.

11.5. 독립표본 t검정의 예

11.5.1. 두 모집단의 분산이 같을 때

앞에서 소개한 남자아이와 여자아이의 관대함 차이를 연구하기 위한 사탕 예제의 자료를 이용하여 t검정의 예를 보인다. 두 모집단의 분산이 같다고 가정한 상태에서 먼저 양방검정을 실시하고, 다음으로 같은 자료를 이용하여 일방검정을 실시한다.

양방검정

여자 모집단의 사탕 개수의 평균을 μ_1이라 하고 남자 모집단의 사탕 개수의 평균을 μ_2라고 했을 때 양방검정의 가설은 [식 11.1] 또는 [식 11.2]와 같다.

$$H_0:\mu_1=\mu_2 \quad \text{vs.} \quad H_1:\mu_1\neq\mu_2$$
$$H_0:\mu_1-\mu_2=0 \quad \text{vs.} \quad H_1:\mu_1-\mu_2\neq 0$$

위의 평균차이 검정 가설을 수행하기 이전에 두 모집단의 분산이 같은지를 검정해야 하는데, 이는 앞서 말한 대로 F분포를 이용하는 검정이므로 뒤에서 F분포를 소개한 이후에 자세히 설명할 것이다. 여기서는 일단 $\sigma_1^2=\sigma_2^2$가 만족되었다고 가정한다.[52]

다음 단계로는 t검정통계량이 따르는 표집분포를 결정해야 하는데, 이는 자유도가 n_1+n_2-2인 t분포인 것을 알고 있다. $n_1=13$, $n_2=11$이므로 $df=22$가 되고 t검정통계량은 t_{22}분포를 따르게 된다. 부록 B를 이용하여 유의수준 5% 하에서 양방검정의 기각값을 찾으면 ± 2.074임을 확인할 수 있다. R의 qt() 함수를 이용해 누적확률 2.5%와 97.5%에 해당하는 t값을 구하면 아래와 같다.

```
> qt(0.025, df=22, lower.tail=TRUE)
[1] -2.073873

> qt(0.975, df=22, lower.tail=TRUE)
[1] 2.073873
```

역시 기각값이 다르지 않다. 위에서 구한 기각역과 기각값을 자유도가 22인 t분포에 표시하면 [그림 11.4]와 같다.

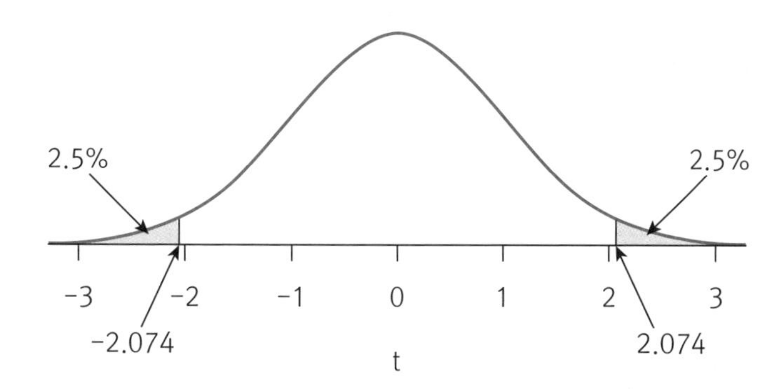

[그림 11.4] 유의수준 5%에서 t_{22}분포의 양방검정 기각역과 기각값

의사결정의 규칙은 '만약 $t<-2.074$ 또는 $t>2.074$라면 H_0을 기각한다'가 된다. [식 11.15]에 제공되는 t검정통계량을 구하기 위해서는 먼저 두 집단의 표본평균과 표본분산을 구해야 한다. 각각 직접 계산해 보면 아래와 같다.

$$\overline{X}_1=6.308,\ \overline{X}_2=3.273,\ s_1^2=4.231,\ s_2^2=1.618$$

두 개의 표본분산을 이용하여 다음과 같이 통합분산을 구할 수 있다.

52) 실제로 필자가 R을 이용하여 검정한 결과 등분산성 가정은 만족되었다. R을 이용한 검정방법은 뒷장에서 F분포를 배운 이후에 설명한다.

$$s_p^2 = \frac{(13-1)\times 4.231 + (11-1)\times 1.618}{13+11-2} = 3.043$$

통합 표준편차 $s_p = \sqrt{3.043} = 1.744$가 된다. 이 정보들을 이용하여 독립표본 t검정의 검정통계량을 구한다.

$$t = \frac{\overline{X}_1 - \overline{X}_2}{s_p\sqrt{\frac{1}{n_1}+\frac{1}{n_2}}} = \frac{6.308-3.273}{1.744\times\sqrt{\frac{1}{13}+\frac{1}{11}}} = 4.248$$

최종적으로 $t = 4.248 > 2.074$이므로 유의수준 5%에서 $H_0 : \mu_1 = \mu_2$를 기각하게 된다. 즉, 남자아이와 여자아이 사이에 관대함의 차이가 있다고 통계적으로 결론 내린다. 실용적인 유의성을 확인하기 위해 독립표본 t검정의 맥락에서 Cohen's d를 추정하면 다음과 같다.

$$d = \frac{6.308-3.273}{1.744} = 1.740$$

d의 값이 1.7을 넘으므로 Cohen의 가이드라인을 따르면 큰 효과(large effect)가 존재한다고 해석할 수 있다. 다음으로 평균의 차이 $\mu_1 - \mu_2$의 95% 신뢰구간을 구해 보면 아래와 같다.

$$(\overline{X}_1 - \overline{X}_2) \pm t_{cv}\, s_p\sqrt{\frac{1}{n_1}+\frac{1}{n_2}}$$

$$(6.308-3.273) \pm 2.074\times 1.744\times\sqrt{\frac{1}{13}+\frac{1}{11}}$$

$$3.035 \pm 2.074\times 1.744\times 0.410$$

$$[1.552,\ 4.518]$$

위의 계산 결과로부터 $\mu_1 - \mu_2$의 95% 신뢰구간은 [1.552, 4.518]이 되고, 신뢰구간을 이용한 검정을 실시하면 95% 신뢰구간이 검정하고자 하는 값인 0을 포함하고 있지 않으므로 유의수준 5%에서 영가설을 기각하게 된다.

위에서 실시한 독립표본 t검정을 R의 t.test() 함수를 이용하여 실습해 보도록 한다. 두 개의 벡터(변수) Girls와 Boys에 사탕의 개수 자료를 입력하고 이를 이용하여 $H_0 : \mu_1 = \mu_2$를 검정한다.

```
> Girls <- c(7,3,6,9,3,8,6,7,5,4,8,7,9)
> Boys <- c(2,3,5,3,4,2,2,5,2,3,5)

> t.test(Girls, Boys, var.equal=TRUE, paired=FALSE,
+        alternative="two.sided", conf.level=.95)

        Two Sample t-test

data:  Girls and Boys
t = 4.2467, df = 22, p-value = 0.0003303
alternative hypothesis: true difference in means is not equal to 0
95 percent confidence interval:
 1.552832 4.517098
sample estimates:
mean of x mean of y
 6.307692  3.272727
```

가장 먼저 Girls와 Boys에 c() 함수를 이용하여 나누어 준 사탕의 개수 벡터를 입력하였다. 독립표본 t검정은 단일표본 t검정과 같은 함수를 사용하는데, 아규먼트의 가장 처음 부분에 위처럼 두 개의 변수 Girls와 Boys를 입력하면 독립표본 검정을 실시하게 된다. var.equal=TRUE는 두 모집단의 분산이 동일하다는 가정을 한다는 의미이다. 이 아규먼트를 생략하면 t.test() 함수의 디폴트가 var.equal=FALSE이기 때문에 Welch's t검정을 실시하게 되므로 유의해야 한다. paired 아규먼트는 두 개의 변수가 서로 독립적인지 종속적인지를 나타내는 것으로서 paired=FALSE로 설정하면 독립표본 t검정을 실시하고, paired=TRUE로 설정하면 뒷장에서 배울 종속표본 t검정을 실시한다. paired=FALSE가 t.test() 함수의 디폴트이므로 독립표본 검정에서는 생략해도 상관없다. alternative 아규먼트는 양방검정을 할 것인지 일방검정을 할 것인지 결정하는 것이고, conf.level은 구하고자 하는 신뢰구간의 수준을 결정한다.

명령문에 대한 결과로서 Two Sample t-test라는 타이틀이 나타나고 그 아래에 검정의 결과가 제공된다. 독립표본 t검정통계량은 4.247이고, 자유도는 22이며, 이는 우리가 손으로 직접 계산한 숫자들과 거의 일치한다. 다음으로 양방검정 p값은 0.0003이라는 정보가 제공되는데, 이런 경우 $p < .001$로 표기하는 것이 일반적이다. p값을 제공할 때 소수 셋째 자리 이하는 잘 제공하지 않기 때문이다. 다음 줄에는 대립가설이 $\mu_1 - \mu_2 \neq 0$이라는 것을 서술하고 있으며, 그 아래에는 $\mu_1 - \mu_2$의 95% 신뢰구간의 제공된다. 역시 손으로 직접 계산한 신뢰구간의 범위와 거의 일치하는 것을 확인할 수 있

다. 마지막으로 두 표본의 평균이 제공된다.

위의 t검정 결과는 연구자가 필요한 대부분의 정보를 주지만 통합분산 s_p^2나 효과크기 등을 주지 않는 것이 불편할 수 있다. 추가적인 패키지를 설치하여 위의 값들을 구할 수도 있지만 아주 간단한 함수를 직접 만들어서 통합분산이나 효과크기를 구하는 작업을 해보려고 한다. 가장 먼저 앞에서 배운 함수의 정의법을 이용하여 통합분산 sp.sq() 함수를 다음과 같이 생성한다.

```
> sp.sq <- function(x,y){((length(x)-1)*var(x) +
+         (length(y)-1)*var(y))/((length(x)+length(y)-2))}

> sp.sq(Girls, Boys)
[1] 3.043229
```

sp.sq 〈- function(x,y)는 sp.sq() 함수가 x, y 두 개의 아규먼트로 이루어져 있다는 의미이다. function(x,y) 뒷부분의 중괄호 안에 s_p^2의 계산을 위한 식을 작성하였다. 식에서 length() 함수는 벡터의 요소의 개수를 나타내는 것으로서 표본크기를 나타내 주고, var() 함수는 표본분산을 계산한다. sp.sq(Girls, Boys)를 실행하면 두 집단의 사탕 개수를 이용한 통합분산이 계산된다. 이를 발전시켜 효과크기를 계산하는 effect() 함수를 다음과 같이 생성할 수 있다.

```
> effect <- function(x,y) {(mean(x)-mean(y))/sqrt(sp.sq(x,y))}

> effect(Girls, Boys)
[1] 1.739748
```

effect() 함수 역시 두 개의 아규먼트로 이루어져 있으며 함수의 내용은 두 벡터의 평균 차이를 통합 표준편차로 나누어 준 것이다. 결과는 직접 손으로 계산한 값과 다르지 않다.

위의 검정에서 두 벡터의 값들을 이용해서 모평균에 차이가 있는지 없는지를 검정하였는데, 현실 속에서 그와 같은 자료 포맷을 가지고 있는 경우는 드물다. 일반적으로 자료를 수집하여 Excel 등에 기록할 때 [표 11.2]와 같이 하는 것이 훨씬 더 일반적이다.

이와 같은 자료 포맷을 가지고 있을 때 R을 이용하여 어떻게 t검정을 실행할 수 있는지 설명한다.

[표 11.2] 나누어 준 사탕의 개수(성별1=여자, 성별2=남자)

candies	gender
7	1
3	1
6	1
9	1
3	1
8	1
6	1
7	1
5	1
4	1
8	1
7	1
9	1
2	2
3	2
5	2
3	2
4	2
2	2
2	2
5	2
2	2
3	2
5	2

위의 자료는 Candy.xlsx라는 Excel 파일에 candies와 gender라는 변수명으로 저장되어 있다. 앞 장에서 설명했듯이 환경판의 Import Dataset을 클릭하여 From Excel...로 들어가면 Excel 파일의 형태로 되어 있는 자료를 R로 읽어 들일 수 있다. 읽는 과정에서 만약 readxl 패키지가 설치되어 있지 않으면 클릭 한 번으로 자동 설치된다. Excel 파일을 읽어 들이면 R에서는 Excel 파일명과 동일한 데이터 프레임이 생성

된다. 그러므로 Candy를 실행하면 데이터 프레임 Candy의 내용이 아래처럼 나타난다.

```
> Candy
# A tibble: 24 x 2
   candies gender
     <dbl>  <dbl>
 1       7      1
 2       3      1
 3       6      1
 4       9      1
 5       3      1
 6       8      1
 7       6      1
 8       7      1
 9       5      1
10       4      1
# ... with 14 more rows
```

위의 자료는 10번째 줄까지만 보여 주는데, 나머지는 [표 11.2]와 완전히 일치하므로 11번째 줄 이하를 보여 주는 것은 생략한다. tibble은 발전된 데이터 프레임의 일종인데, 앞 장에서 설명했으므로 역시 생략한다. 위와 같은 자료 포맷을 보통 long format이라고 하는데, 이런 경우에는 다음과 같이 독립표본 t검정을 실행하게 된다.

```
> t.test(candies~gender, data=Candy, var.equal=TRUE,
+        paired=FALSE, alternative="two.sided",
+        conf.level=.95)

        Two Sample t-test

data:  candies by gender
t = 4.2467, df = 22, p-value = 0.0003303
alternative hypothesis: true difference in means is not equal to 0
95 percent confidence interval:
 1.552832 4.517098
sample estimates:
mean in group 1 mean in group 2
       6.307692        3.272727
```

이전의 t검정 명령문과 비교했을 때 처음의 두 아규먼트가 바뀐 것을 볼 수 있다. 첫 번째 candies~gender는 formula 아규먼트라고 하는데 ~ 표시의 왼쪽에는 종속변수의 이름, 오른쪽에는 독립변수(집단변수)의 이름을 설정한다. 이때 집단변수는 정확히 두 개의 범주만 있어야 한다. [표 11.2]에서 볼 수 있듯이 집단변수 gender는 1과 2 두 개의 범주만 있다. 다음으로 data 아규먼트를 이용해서 candies와 gender 변수들이 소속되어 있는 데이터 프레임의 이름이 Candy임을 설정해 준다. 나머지 아규먼트는 이전과 같이 설정하였다. Two Sample t-test의 결과를 보면 앞의 결과와 완전하게 일치하는 것을 확인할 수 있다.

다시 말하지만, 위와 같은 방식으로 독립표본 t검정을 실시하는 경우가 훨씬 더 흔하다. 또한 t검정을 실시할 때 아래처럼 박스플롯을 이용하여 집단 간 자료의 분포를 시각화해 주는 것도 상당히 많은 연구자가 사용하는 방식이다.

```
> boxplot(candies~gender, data=Candy,
+         names=c("Girls", "Boys"),
+         main="Boxplot of Candies by Gender")
```

Boxplot() 함수에서 집단변수의 값이 숫자로 들어가 있는 경우, 즉 gender 변수처럼 두 범주의 값이 1과 2로 있는 경우에 그림의 아래쪽에 범주의 이름을 넣기 위해 names 아규먼트를 이용할 수 있다. 범주 순서대로 c() 안에 배열하면 된다. 위의 명령어를 실행하면 [그림 11.5]와 같은 박스플롯을 얻게 된다.

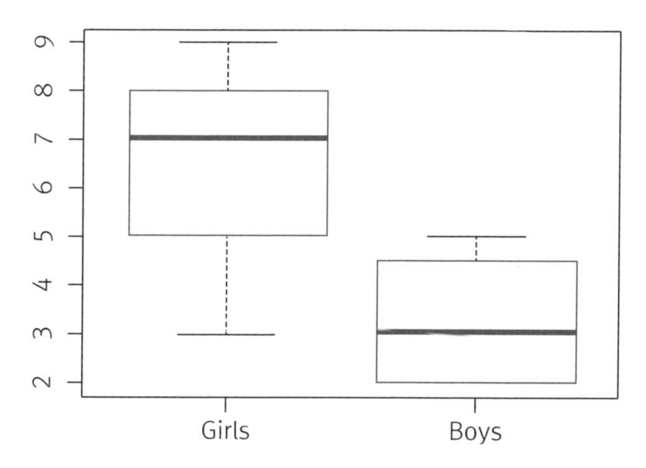

[그림 11.5] 나누어 준 사탕의 개수 박스플롯

바로 위의 예제는 양적 종속변수 candies가 있고 정확히 두 개의 범주를 가지고 있는 집단변수 gender가 있는 경우에만 사용할 수 있다. 때때로 집단변수가 세 개 이상의 범주를 지니고 있고 그중 두 개 범주의 평균 비교를 원하는 경우가 있다. 앞서 우리가 사용했던 MASS 패키지의 Cars93 데이터 프레임을 다시 떠올려 보자. 먼저 MASS 패키지를 사용하기 위해 패키지 탭에서 MASS의 왼쪽 네모칸에 체크를 하고, edit(Cars93) 또는 view(Cars93) 명령어를 실행하여 어떤 변수들이 들어 있는지 다시 확인하도록 하자. 관심 있는 종속변수는 시내주행연비 MPG.city이고, 집단변수인 구동열 DriveTrain에 따른 차이가 있는지 확인하고자 한다. table() 함수를 이용하여 구동열을 확인한 결과는 아래와 같다.

```
> table(DriveTrain)
DriveTrain
  4WD Front  Rear
   10    67    16
```

총 93종류의 자동차 중에서 사륜구동은 10종류, 전륜구동은 67종류, 후륜구동은 16종류임을 볼 수 있다. 연구자의 관심은 아래의 가설처럼 전륜구동 차들과 후륜구동 차들 사이에 시내주행연비의 평균차이가 있는가이다. 사륜구동은 잠시 관심 밖에 있다고 가정한다.

$$H_0 : \mu_{Front} = \mu_{Rear} \quad \text{vs.} \quad H_1 : \mu_{Front} \neq \mu_{Rear}$$

위의 검정을 실행하기 위해 바로 앞처럼 t.test() 명령문을 실행하면 아래와 같은 오류 메시지를 받게 된다. DriveTrain이 세 개 이상의 범주를 갖고 있기 때문이다.

```
> t.test(MPG.city~DriveTrain, var.equal=TRUE,
+        alternative="two.sided", conf.level=.95)

Error in t.test.formula(MPG.city ~ DriveTrain, var.equal = TRUE, alternative =
"two.sided",  :
  grouping factor must have exactly 2 levels
```

집단 변수(grouping factor)가 정확히 두 개여야 한다는 오류 메시지를 피해서 두 집단 간 독립표본 t검정을 실행하는 방법은 여러 가지가 있는데, 그중 두 가지를 소개한다. 첫 번째 방법은 아래와 같이 MPG.city 벡터에서 일부분을 뽑아내어 두 개의 벡터를 정의하고 두 벡터를 이용하여 t검정을 실행하는 방식이다.

```
> MPG.city <- Cars93$MPG.city
> DriveTrain <- Cars93$DriveTrain
> t.test(MPG.city[DriveTrain=="Front"],
+        MPG.city[DriveTrain=="Rear"],
+        var.equal=TRUE)

        Two Sample t-test

data:  MPG.city[DriveTrain == "Front"] and MPG.city[DriveTrain == "Rear"]
t = 3.2721, df = 81, p-value = 0.00157
alternative hypothesis: true difference in means is not equal to 0
95 percent confidence interval:
 1.894894 7.774882
sample estimates:
mean of x mean of y
 23.52239  18.68750
```

먼저 Cars93 데이터 프레임의 MPG.city 변수와 DriveTrain 변수를 각각 MPG. city 벡터와 DriveTrain 벡터로 저장하였다. 이는 변수 이름을 사용할 때 계속해서 $ 표시를 이용해 표기하지 않고 간단하게 표기하기 위한 것이다. 다음 줄에서 t.test() 함수의 첫 번째 아규먼트인 MPG.city[DriveTrain=="Front"]는 MPG.city 벡터에서 DriveTrain이 Front인 조건을 만족하는 부분만 뽑아낸 벡터를 의미한다. 전륜구동 차들이 모두 67종류이므로 MPG.city[DriveTrain=="Front"]는 전륜구동 67종류의 시내주행연비 벡터를 의미한다. MPG.city[DriveTrain=="Rear"]는 후륜구동 16종류 차들의 시내주행연비 벡터를 의미한다. 앞 장에서 설명했듯이 R 프로그램에서 == 표시는 논리연산자(logical operator)로서 어떤 조건을 설정하기 위해 사용하며, 일치한다(equal to)는 의미를 지닌다. 그리고 마지막으로 var.equal 아규먼트는 TRUE로 설정하여 등분산성을 가정하였다.[53] 정리하면, 위의 명령어는 두 개의 벡터를 이용한 t검정의 실행방법이 된다. 검정 결과 $t=3.272$였고, 이는 $df=81$인 t분포를 따르고, $p=0.002$이므로 유의수준 5%에서 $H_0:\mu_{Front}=\mu_{Rear}$를 기각하는 결정을 하게 된다. $\mu_{Front}-\mu_{Rear}$의 95% 신뢰구간 역

53) 실제로 필자가 R을 이용하여 검정한 결과 등분산성 가정은 만족되지 않았다. 이러한 경우 Welch's t검정을 실행하여야 하는데, 이는 뒤에서 다룰 내용이므로 일단은 등분산성이 만족된다는 가정하에 t검정을 실행하였다.

시 0을 포함하지 않아서 같은 통계적 결정을 내리게 된다.

두 번째 방법은 데이터 프레임의 일부분을 뽑아내고 formula 아규먼트를 이용하는 방법이다.

```
> MPG.city <- Cars93$MPG.city
> DriveTrain <- Cars93$DriveTrain
> t.test(MPG.city~DriveTrain, var.equal=TRUE,
+        data=subset(Cars93, DriveTrain %in% c("Front", "Rear")))

        Two Sample t-test

data:  MPG.city by DriveTrain
t = 3.2721, df = 81, p-value = 0.00157
alternative hypothesis: true difference in means is not equal to 0
95 percent confidence interval:
 1.894894 7.774882
sample estimates:
mean in group Front  mean in group Rear
           23.52239            18.68750
```

t.test() 함수의 첫 번째 아규먼트는 앞서 소개한 formula이므로 설명은 생략한다. 다음의 data 아규먼트를 보면 subset이란 명령어를 볼 수 있을 것이다. 이 명령어의 내용은 Cars93 데이터 프레임 안에 있는 DriveTrain 벡터의 일부분(subset)만 사용하겠다는 것인데, 그 일부분은 Front와 Rear 조건을 의미한다. %in%는 벡터의 일부를 정의하기 위해서 사용하는데, 위에서는 DriveTrain 벡터에서 Front 및 Rear 조건을 만족하는 일부분(subset)을 정의하기 위하여 사용되었다. 이렇게 되면 DriveTrain 벡터는 오직 두 개의 범주만 있는 변수가 된다. 검정의 결과는 첫 번째 방법과 완전하게 일치한다.

일방검정

앞의 사탕 예제에서 여자아이들이 남자아이들보다 더 관대하다는 연구가설을 세웠다고 가정하고 일방검정을 진행한다. 먼저 여자 모집단의 사탕 개수의 평균을 μ_1이라 하고 남자 모집단의 사탕 개수의 평균을 μ_2라고 하였으므로 가설은 [식 11.3] 또는 [식 11.4]에 해당한다. 즉, 아래와 같이 위꼬리 검정을 수행해야 한다.

$$H_0 : \mu_1 \leq \mu_2 \quad \text{vs.} \quad H_1 : \mu_1 > \mu_2$$
$$H_0 : \mu_1 - \mu_2 \leq 0 \quad \text{vs.} \quad H_1 : \mu_1 - \mu_2 > 0$$

일방검정 또한 양방검정과 마찬가지로 등분산성 가정을 가지고 있으며, 이 역시 만족하였다고 가정한다. 다음 단계로 t검정통계량이 따르는 표집분포 t_{22}상에서 연구가설에 맞는 기각역과 기각값을 찾아야 한다. 부록 B를 이용하여 유의수준 5%하에서 위꼬리 검정의 기각값을 찾으면 1.717임을 확인할 수 있다. R의 qt() 함수를 이용해 누적확률 95%에 해당하는 t값을 구하면 아래와 같다.

```
> qt(0.950, df=22, lower.tail=TRUE)
[1] 1.717144
```

위에서 찾은 기각역과 기각값을 자유도가 22인 t분포에 표시하면 [그림 11.6]과 같이 분포의 오른쪽 꼬리에 표시된다.

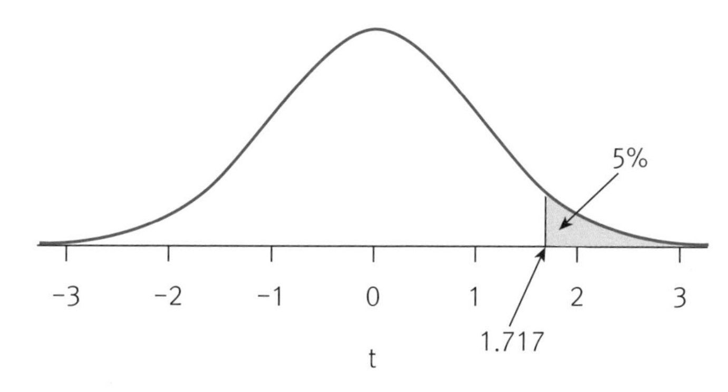

[그림 11.6] 유의수준 5%에서 t_{22}분포의 위꼬리 검정 기각역과 기각값

의사결정의 규칙은 '만약 $t > 1.717$라면 H_0을 기각한다'가 된다. t검정통계량은 표본의 요약치이므로 검정의 방향성과 아무 상관이 없고 아래처럼 이전과 동일한 값으로 계산된다.

$$t = \frac{\overline{X}_1 - \overline{X}_2}{s_p \sqrt{\frac{1}{n_1} + \frac{1}{n_2}}} = \frac{6.308 - 3.273}{1.744 \times \sqrt{\frac{1}{13} + \frac{1}{11}}} = 4.248$$

최종적으로 $t = 4.248 > 1.717$이므로 유의수준 5%에서 $H_0 : \mu_1 \le \mu_2$를 기각하게 된다. 즉, 여자아이가 남자아이보다 더 관대하다고 통계적으로 결론 내린다. Cohen's d 역시 검정의 방향성과는 관계없으므로 이전과 같은 값을 갖는다.

$$d = \frac{6.308 - 3.273}{1.744} = 1.740$$

위에서 실시한 독립표본 t검정을 R의 t.test() 함수를 이용하여 실습한다. 두 개의 벡터 Girls와 Boys에 사탕의 개수 자료를 입력하고 이를 이용하여 $H_0 : \mu_1 \le \mu_2$를 검정한다.

```
> Girls <- c(7,3,6,9,3,8,6,7,5,4,8,7,9)
> Boys <- c(2,3,5,3,4,2,2,5,2,3,5)
> t.test(Girls, Boys, var.equal=TRUE, alternative="greater",
+        paired=FALSE, conf.level=.95)

        Two Sample t-test

data:  Girls and Boys
t = 4.2467, df = 22, p-value = 0.0001652
alternative hypothesis: true difference in means is greater than 0
95 percent confidence interval:
 1.807775      Inf
sample estimates:
mean of x mean of y
 6.307692  3.272727
```

검정의 수행을 위한 명령문 중 앞에서 실시한 양방검정과 다른 부분은 alternative 아규먼트이다. "two.sided"에서 "greater"로 바뀌어 있으므로 위꼬리 검정을 실시하게 된다. 결과에서는 p값의 크기가 양방검정에 비해 반으로 줄어 $p < .001$ 수준에서 유의하며 통계적 결정은 영가설을 기각하는 것이다. 그리고 위꼬리 검정에 해당하는 $\mu_1 - \mu_2$의 95% 하한 신뢰구간 $[1.808, \infty]$가 제공되어 있다. 마지막으로 95% 신뢰구간이 검정하고자 하는 값인 0을 포함하고 있지 않으므로 유의수준 5%에서 영가설을 기각하는 결정을 내린다.

11.5.2. 두 모집단의 분산이 다를 때

앞에서 사용한 사탕 예제의 자료를 이용하여 독립표본 t검정을 다시 실시하는데, 이번에는 등분산성 가정이 만족되지 않았다고 가정한다. 양방검정을 실시할 것이며 모든 조건은 동일하다. 가장 먼저 연구자의 가설은 남자아이와 여자아이의 관대함에 차이가 있다는 것이므로, 가설은 [식 11.1] 또는 [식 11.2]와 동일하다.

$$H_0 : \mu_1 = \mu_2 \quad \text{vs.} \quad H_1 : \mu_1 \neq \mu_2$$

$$H_0 : \mu_1 - \mu_2 = 0 \quad \text{vs.} \quad H_1 : \mu_1 - \mu_2 \neq 0$$

다음 단계로는 t검정통계량이 따르는 표집분포를 결정해야 하는데, 자유도는 아래처럼 계산된다.

$$\nu = \frac{\left(\frac{4.231}{13} + \frac{1.618}{11}\right)^2}{\frac{\left(\frac{4.231}{13}\right)^2}{13-1} + \frac{\left(\frac{1.618}{11}\right)^2}{11-1}} = \frac{0.223}{\frac{0.106}{12} + \frac{0.022}{10}} = 20.211$$

소수점 이하는 버리는 것이 일반적이므로 위의 결과로부터 t검정통계량은 $df = 20$인 t분포를 따르게 된다. 부록 B를 이용하여 유의수준 5%하에서 양방검정의 기각값을 찾으면 ± 2.086임을 확인할 수 있다. R의 qt() 함수를 이용해 누적확률 2.5%와 97.5%에 해당하는 t값을 구하면 아래와 같다.

```
> qt(0.025, df=20, lower.tail=TRUE)
[1] -2.085963

> qt(0.975, df=20, lower.tail=TRUE)
[1] 2.085963
```

그러므로 의사결정의 규칙은 '만약 $t < -2.086$ 또는 $t > 2.086$이라면 H_0을 기각한다'가 된다. [식 11.19]에 제공되는 t검정통계량은 다음과 같이 구해진다.

$$t = \frac{\overline{X}_1 - \overline{X}_2}{\sqrt{\frac{s_1^2}{n_1} + \frac{s_2^2}{n_2}}} = \frac{6.308 - 3.273}{\sqrt{\frac{4.231}{13} + \frac{1.618}{11}}} = 4.415$$

최종적으로 $t=4.415>2.086$이므로 유의수준 5%에서 $H_0: \mu_1 = \mu_2$를 기각하게 된다. 즉, 남자아이와 여자아이 사이에 관대함에 차이가 있다고 통계적으로 결론 내린다. 효과크기 d는 아래와 같이 계산될 수 있다.

$$\bar{s} = \sqrt{\frac{4.231+1.618}{2}} = 1.710$$

$$d = \frac{\overline{X}_1 - \overline{X}_2}{\bar{s}} = \frac{6.308-3.273}{1.710} = 1.775$$

등분산성 가정이 만족하지 않을 때 실시한 독립표본 t검정을 R의 t.test() 함수를 이용하여 실습한다. 두 개의 벡터 Girls와 Boys에 사탕의 개수 자료를 입력하고 이를 이용하여 $H_0: \mu_1 = \mu_2$를 검정한다.

```
> Girls <- c(7,3,6,9,3,8,6,7,5,4,8,7,9)
> Boys <- c(2,3,5,3,4,2,2,5,2,3,5)
> t.test(Girls, Boys, var.equal=FALSE, paired=FALSE,
+        alternative="two.sided", conf.level=.95)

        Welch Two Sample t-test

data:  Girls and Boys
t = 4.415, df = 20.319, p-value = 0.000258
alternative hypothesis: true difference in means is not equal to 0
95 percent confidence interval:
 1.602464 4.467466
sample estimates:
mean of x mean of y
 6.307692  3.272727
```

R을 이용해서 등분산성이 만족되었다고 가정하고 t검정을 진행할 때와 등분산성이 만족되지 않았다고 가정하고 t검정을 진행할 때의 유일한 차이는 var.equal 아규먼트뿐이다. Welch's t검정은 var.equal=FALSE로 설정하고 진행하면 된다. 결과를 보면 Welch Two Sample t-test라는 타이틀과 함께 결과가 제공된다. t검정통계량은 4.415로서 손으로 직접 계산한 값과 일치하며, 자유도의 경우에는 아주 약간의 차이가 있지만 거의 일치하고, $p<.001$ 수준이다. Welch의 이론을 이용한 $\mu_1 - \mu_2$의 95% 신뢰구간은 [1.602, 4.467]이다. 95% 신뢰구간이 검정하고자 하는 값인 0을 포함하지 않으므로 유의수준 5%에서 $H_0: \mu_1 = \mu_2$를 기각한다.

마지막으로 MASS 패키지의 Cars93 데이터 프레임을 이용하여 전륜구동 차들과 후륜구동 차들 사이에 시내주행연비의 평균차이가 있는지 검정하도록 하자. 실제 검정 결과 두 모집단의 분산은 같지 않았다. 이 결과는 나중에 등분산성 확인을 위한 F검정에서 보일 것이다. 어쨌든 이 검정을 위해서는 Welch's t검정을 실시하는 것이 더 적절하다.

```
> MPG.city <- Cars93$MPG.city
> DriveTrain <- Cars93$DriveTrain
> t.test(MPG.city[DriveTrain=="Front"],
+        MPG.city[DriveTrain=="Rear"], var.equal=FALSE)

        Welch Two Sample t-test

data:  MPG.city[DriveTrain == "Front"] and MPG.city[DriveTrain == "Rear"]
t = 5.7325, df = 75.544, p-value = 1.923e-07
alternative hypothesis: true difference in means is not equal to 0
95 percent confidence interval:
 3.154913 6.514863
sample estimates:
mean of x mean of y
 23.52239  18.68750
```

모든 명령문은 이전과 동일하고, var.equal=FALSE 부분만 다르다. 실제로 등분산성이 만족되지 않음을 반영한 것이다. 검정 결과 검정통계량 $t=5.733$이었고, 이는 $df=75$인 t분포를 따르며, $p<.001$ 수준에서 유의하므로[54] 유의수준 5%에서 $H_0: \mu_{Front}=\mu_{Rear}$를 기각하는 결정을 하게 된다. 등분산성이 만족되지 않았다는 가정에서 구한 $\mu_{Front}-\mu_{Rear}$의 95% 신뢰구간 [3.155, 6.515]도 등분산성이 만족되었다는 가정에서 구한 구간 [1.895, 7.775]와 상당한 차이가 있다. Welch's t검정에서 $\overline{X}_1-\overline{X}_2$ 표집분포의 표준오차가 변했기(작아졌기) 때문이다. 어쨌든 이 신뢰구간 역시 0을 포함하지 않아서 이전과 동일한 통계적 결정을 내리게 된다.

---

54) 1.923e-07은 과학적인 숫자(scientific number) 표현으로서 소수점 일곱 번째 자리에서 0이 아닌 숫자가 나타나고 그 숫자들은 1923의 순서라는 것을 의미한다. 즉, 1.923e-7은 0.0000001923을 가리킨다.

제12장 종속표본 t검정

독립표본 t검정에서 두 개의 표본은 서로 독립적이다. 두 표본이 서로 독립적이라는 것은 앞서 정의한 대로 각각의 표본이 모집단으로부터 추출될 때 서로의 표집에 영향을 미치지 않는다는 것을 의미한다. 만약 두 표본이 서로 독립적이 아닌 상태에서 집단 간 평균 비교를 하고자 한다면 종속표본 t검정(dependent samples t test 또는 related samples t test 또는 paired samples t test)을 실시해야 한다. 이번 장에서는 종속표본 t검정을 사용해야 하는 자료의 수집 상황과 검정의 원리 및 검정의 예를 소개한다.

12.1. 종속표본

두 개의 표본이 서로 종속적(dependent)이라는 것은 서로 독립적(independent)이라는 것의 반대 의미로서 두 표본이 관련이 있다(related)는 것을 의미한다. 이는 두 표본이 표집되는 상황이 서로 영향을 미친다는 것을 가리킨다. 예를 들어, 한 집단의 학생들로부터 중간고사와 기말고사 점수를 모두 수집하면 중간고사 점수와 기말고사 점수는 서로 독립적이라고 할 수가 없다. 같은 사람으로부터 수집된 점수들이기 때문이다. 또는 어떤 특수한 상황에서 쌍둥이의 IQ가 같은지 다른지 관심이 있다고 하면 한 집단의 IQ 점수와 다른 집단의 IQ 점수가 독립적이라고 말할 수가 없다. 쌍둥이 두 명이 서로의 표집에 영향을 주기 때문이다. 다시 말해, 쌍둥이 중 한 명을 표집했다면 무조건 다른 한 명도 표집을 해야만 하는 것이다. 종속적인 표본은 어떻게 자료가 수집되느냐에 따라 크게 두 가지 경우로 나눌 수가 있는데, 하나는 반복측정 자료(repeated measures data)이고 나머지 하나는 짝지어진 쌍 자료(matched pairs data)이다.

반복측정이든 짝지어진 쌍이든 우리가 종속표본을 수집해야 하는 이유에 대하여 간단하게 살펴보도록 하자. 예를 들어, 마약이 인지능력에 미치는 영향을 확인하기 위해 40마리의 쥐들을 각 20마리씩 두 개의 집단에 할당하고, 한 집단은 마약 주입 없이 미로를 빠져나오는 시간을 측정하며 다른 집단은 마약을 주입하고 미로를 빠져나오는 시간을 측정한다고 가정하자. 만약 두 집단 간에 미로를 빠져나오는 시간이 차이가 난다면 이를 마약 때문이라고 결론 내릴 수 있을까? 미로를 빠져나오는 시간의 차이가 물론 마약 때문일 수도 있지만, 두 집단의 타고난 인지능력의 차이일 수도 있다. 즉, 한 집단에 있는 쥐들의 인지능력이 더 뛰어나고 다른 집단에 있는 쥐들의 인지능력이 떨어질 수도 있는 것이다. 이와 같은 쥐의 태생적인 인지능력의 차이는 위의 연구에서 혼입변수(confounding variable)로서 작동한다. 혼입변수를 통제하지 못하면 마약과 미로를 빠져나오는 시간 사이의 인과관계는 합당하게 결정될 수 없다.

위와 같이 인지능력의 혼입을 통제(control)하는 방법으로서 반복측정을 이용할 수 있다. 40마리를 20마리씩 두 개의 집단에 할당하는 방법을 사용하지 않고, 20마리만을 가지고 먼저 마약 주입 없이 미로를 빠져나오는 시간을 측정한 다음, 일주일쯤 후에[55] 마약을 주입하고 미로를 빠져나오는 시간을 또다시 측정하는 것이다. 이렇게 되면 두 세트의 시간 값들 사이에 평균차이가 있을 때 그 이유로서 쥐들의 타고난 인지능력의 차이는 생각할 수가 없다. 동일한 쥐로부터 얻은 시간들이기 때문이다. 두 점수 세트 간 유일한 차이는 마약 주입 여부이므로 마약이 미로를 빠져나오는 시간에 영향을 준 것으로 해석할 수 있게 된다.

이번에는 반복측정이 아닌 쌍(pair)을 이용하는 연구가 필요한 경우를 생각해 보자. 수십 년 전에 서양에서는 많은 연구자가 인간의 지능지수(IQ)에 환경적인 영향이 있는지 궁금해하였다. 그래서 중산층 이상의 환경에서 자란 100명의 아이와 중산층 이하의 환경에서 자란 100명의 아이를 표집하여 두 집단의 IQ를 비교하였다. 분석 결과, 중산층 이상의 환경에서 자란 100명의 아이들이 평균적으로 더 높은 IQ를 가지고 있었다. 그렇다면 IQ의 형성에 환경적인 영향이 있었다고 결론 내릴 수 있을까? 물론 환경적인 영향이 있을 수도 있었겠지만, 중산층 이상 부모들이 중산층 이하 부모들보다 더 높은 IQ를 가지고 있고 이에 따라 그 자식들도 더 높은 IQ를 가졌을 수도 있다. 만약 그렇다면 IQ에 영향을 주는 것은 여전히 유전적인 요인이다.

---

55) 바로 다시 측정하지 않고 일주일 후에 측정하는 이유는 쥐들이 미로를 기억하고 있음으로 인해 두 번째 조건에서 더 빨리 미로를 빠져나오는 것을 방지하기 위함이다. 쥐들이 미로에 익숙해지는 현상은 연습효과(practice effect) 또는 이월효과(carryover effect) 등으로 불리는데, 반복측정 연구에서 연습효과는 통제되어야 할 부분이다. 반복측정에서 통제를 위한 다양한 방법이 존재하는데 이 책의 범위를 벗어나므로 자세한 논의는 생략한다.

위의 혼입 문제를 해결하기 위하여 연구자들은 쌍둥이 연구를 생각해 냈다. 고아원에 버려진 일란성 쌍둥이 중에서 한 명은 중산층 이상의 가정으로 입양되고 나머지 한 명은 중산층 이하의 가정으로 입양된 100쌍을 찾아내 집단 간 IQ 평균차이를 검정한 것이다. 만약 일란성 쌍둥이 집단 간에 IQ 평균차이가 있다면 이것이 결코 유전적인 이유일 수는 없으므로 환경적 이유로 인해서 IQ가 영향을 받았다고 결론 내리게 된다. 참고로 실제 쌍둥이 연구들에서는 IQ 평균이 통계적으로 유의하게 차이가 난 경우도 있었고 차이가 나지 않은 경우도 있었다.

12.1.1. 반복측정치

반복측정(repeated measurement)을 통해 종속적인 표본이 만들어질 수 있는데, 반복측정이란 말 그대로 한 집단의 사람들(또는 사례들)로부터 반복해서 종속변수의 측정치를 얻어내는 것이다. 이렇게 만들어진 측정치들은 반복측정치(repeated measures)라고 한다. 예를 들어, 자폐 아동의 읽기능력에 관심이 있다고 할 때, 읽기 프로그램 시행 전에 읽기시험을 실시하여 점수를 획득하고 읽기 프로그램 처치를 4주간 시행한 후에 동일한 읽기시험을 실시하여 다시 점수를 획득하는 것이다. [표 12.1]은 자폐 아동 12명의 처치 전 시험점수(pre-test scores)와 처치 후 시험점수(post-test scores)의 예이다.

[표 12.1] 읽기능력 프로그램 시행 전과 후의 읽기 시험점수

Child id	Pretest	Posttest
1	38	39
2	29	28
3	25	30
4	36	45
5	27	31
6	44	43
7	35	36
8	33	34
9	23	23
10	46	45
11	31	35
12	39	46

위에서 사전점수와 사후점수는 한 아동으로부터 반복적으로 측정되어 나온 것으로서 독립적이라고 말할 수 없다. 즉, 두 세트의 점수는 서로 관련이 있는 종속표본인 것이다. 반복측정치는 위와 같이 처치 전후가 동일한 시험의 측정치일 수도 있지만, 중간고사와 기말고사처럼 다른 시험일 수도 있는 등 상황은 다양하다.

12.1.2. 짝지어진 쌍

짝지어진 쌍(matched pair)은 어떤 측면에서 상당히 비슷한(comparable), 즉 비교가능한 쌍을 의미한다. 예를 들어, 삶과 관련된 많은 환경을 공유하는 부부의 우울 수준에 차이가 있는지 궁금해하는 연구자가 있다고 가정하자. 그렇다면 우울 척도를 이용하여 검사를 실시하고 남편과 아내의 우울 평균차이를 검정할 수 있다. 부부 10명으로부터 획득한 우울 점수의 예가 [표 12.2]에 제공된다.

[표 12.2] 부부의 우울 점수

Husband	Wife
12	11
13	14
5	6
7	5
7	8
8	8
11	10
10	10
9	12
8	9

위에서 남편의 우울 점수와 아내의 우울 점수는 생활공간과 환경 및 인간관계 등을 공유하는 부부로부터 나온 점수이므로 독립적이라고 볼 수 없다. 이런 경우 자연스럽게 두 표본의 점수가 서로 종속적이라고 취급한다. 앞에서 예로 들었던 쌍둥이의 IQ 점수 등도 전형적인 종속표본의 예라고 할 수 있다.

부부나 쌍둥이와 같이 이미 근본적으로 쌍이 형성되어 있는 경우도 있지만 사실 짝지어진 쌍(matched pair)이라는 단어는 위와는 조금 다른 맥락에서 탄생한 말이다. 한 연구자가 통계학을 가르치는데 강의식과 토론식 수업 중에서 어느 방식이 더 효과가 있을지 관심이 있다고 가정하자. 20명의 대학교 3학년 학생들을 표집해서 임의로 두 집단으로 나누고 한 집단에는 강의식 수업, 또 다른 집단에는 토론식 수업을 실시하였다. 한 달 후에 통계학 시험을 통해서 두 집단의 점수 평균을 비교하였더니 강의식 집단이 더 높은 점수를 받은 것을 확인하였다. 그렇다면 이제 통계학을 가르치는 데 있어서 강의식이 더 우월한 방식이라고 결론 내릴 수 있을까? 그리 간단히 결론 내릴 수가 없는 문제다. 왜냐하면 이 실험에서도 혼입이 존재할 수 있기 때문이다. 예를 들어, 강의식 집단에 우연히 지능이 높은 학생들이 더 많이 소속되어 있을 수 있다. 이렇게 되면 강의식 수업을 받은 집단의 통계시험 점수가 높은 이유가 강의식 수업의 장점 때문일 수도 있고 참여자들의 더 높은 지능 때문일 수도 있다. 그래서 우리는 이와 같은 혼입을 방지하기 위해 20명의 학생을 무선적으로 두 개의 집단으로 소속시키는 무선할당(random assignment)을 실시한다고 앞에서 배웠다.

무선할당을 실시하면 확률적으로 두 집단의 지능지수가 비슷하게 된다. 사실 지능지수뿐만 아니라 모든 변수의 관점에서 두 집단은 비슷한 집단이 된다. 즉, 두 집단의 키도 비슷하고, 경제력도 비슷하고, 성비(sex ratio) 등도 비슷하게 된다. 이 무선할당은 표본크기가 큰 경우에 매우 잘 작동하는 반면에 무선적으로 행하는 것이므로 항상 성공적으로 작동한다는 보장이 없는 방법이다. 더 확실하게 IQ를 통제하고 싶다면 매칭(matching)이라는 방법을 사용할 수 있다. 매칭은 배합이나 짝지음이라는 말로 번역되기도 하는데 사실 그냥 매칭이라고 말하는 경우가 훨씬 더 자연스럽다.

지금부터 매칭 방법을 이용해서 지능을 통제하는 방법을 설명한다. 먼저 20명의 대학생으로부터 IQ 점수를 획득한다. 지능검사를 직접 실시할 수도 있고, 학생들에게 질문을 통해 IQ 점수를 얻어 낼 수도 있다. 그다음에 20명의 대학생을 가장 높은 IQ부터 가장 낮은 IQ까지 일렬로 배열한다. IQ가 가장 높은 학생을 강의식 집단에 배정하고, 두 번째로 높은 학생을 토론식에 배정한다. 세 번째로 높은 학생은 토론식, 네 번째로 높은 학생은 강의식, 다섯 번째로 높은 학생은 강의식, 여섯 번째로 높은 학생은 토론식에 배정하는 식으로 마지막 20번째 학생까지 배정을 하게 된다. 배정의 결과가 [표 12.3]에 제공된다.

[표 12.3] 지능지수에 대한 매칭

Lecture	Discussion
1st	2nd
4th	3rd
5th	6th
8th	7th
9th	10th
12th	11th
13th	14th
16th	15th
17th	18th
20th	19th

위의 표와 같이 20명의 학생을 IQ에 따라 배정하게 되면 강의식 집단과 토론식 집단에 지능지수 수준이 고르게 퍼지게 된다. 아마도 두 집단의 IQ 평균은 상당히 비슷할 것이다. 이렇게 되면 나중에 실험을 하여 결과를 얻었을 때 집단 간 통계학 점수에 평균 차이가 있다면 적어도 그 이유가 IQ는 아닐 것이다. 이와 같은 작업을 지능지수에 대하여 매칭하였다라고 말한다. 그리고 위의 표에서 같은 줄에 있는 두 명은 매칭에 의해 쌍이 되었으므로 짝지어진 쌍(matched pair)이라고 부른다. 즉, 1st와 2nd, 3rd와 4th, 5th와 6th 등이 짝지어진 쌍인 것이다.

위에서 실시한 매칭은 일견 무선적인 할당에 비해 더 정교하고 우월한 것처럼 보이는데 반드시 그런 것은 아니다. 위의 예에서는 혼입변수로서 지능지수를 고려하였고 지능지수에 대해서 매칭을 실시하였는데, 혼입변수로서 지능지수만 있는 것이 아니다. 평소에 공부하는 시간, 통계학에 대한 사전적인 지식의 수준, 학교와 집 사이의 거리 등 통계시험 점수에 영향을 줄 수 있는 수많은 요인이 존재한다. 이 모든 변수를 동시에 고려해서 매칭을 실시하는 것은 상당히 귀찮고 어려운 일이다. 그리고 위의 예에서는 IQ를 쉽게 획득할 수 있는 것처럼 묘사하였는데 지능검사를 실시한다는 것 역시 매우 복잡하고 어려운 일이다. 그렇다고 학생들에게 질문을 통하여 IQ를 얻는 것도 쉽지 않기는 마찬가지다. 모든 대학생이 자신의 IQ를 알고 있을 가능성도 높지 않고 거짓으로 자신의 IQ를 밝히는 대학생들도 있을 수 있기 때문이다. 여러 가지 이유로 연구자들은 무선할당을 더 선호하며 실제로 표본크기만 충분히 크다면 통계학적으로 무선할당이 매칭보다 더 우월하다고 말할 수 있다.

12.2. 종속표본 검정

12.2.1. 평균차이의 표집분포

독립표본 t검정에서 보여 주었듯이 검정이론의 핵심은 평균차이의 표집분포이다. 두 표본이 서로 독립적일 때 두 표본평균의 차이인 $\overline{X}_1 - \overline{X}_2$는 이론적으로 정규분포를 따르며, 자료의 중심은 $\mu_1 - \mu_2$이고 표준오차는 $\sqrt{\frac{\sigma_1^2}{n_1}+\frac{\sigma_2^2}{n_2}}$였다. 이때 σ_1^2와 σ_2^2의 값을 알고 있으면 z검정을 진행하고, 모르면 s_1^2와 s_2^2(또는 통합분산 s_p^2)를 이용하여 t검정을 진행하게 됨을 기억할 것이다. 그러므로 두 표본이 서로 종속적일 때 $\overline{X}_1 - \overline{X}_2$가 어떤 표집분포를 따르는지 파악해야만 종속표본 t검정을 진행할 수가 있다. 가상의 이론적인 표집과정은 두 표본이 서로 종속이라는 것만 제외하면 [그림 11.2]에 제공된 독립표본 검정과 다르지 않다.

종속표본에서 $\overline{X}_1 - \overline{X}_2$의 표집분포를 찾기 위해 수리적으로 풀어보면, $\overline{X}_1 - \overline{X}_2$는 정규분포를 따르며 자료의 중심은 $\mu_1 - \mu_2$이고 표준오차는 $\sqrt{\frac{\sigma_1^2}{n}+\frac{\sigma_2^2}{n}-2\rho_{12}\frac{\sigma_1\sigma_2}{n}}$이다. 여기서 표본크기 n은 쌍의 개수를 가리킨다. 예를 들어, 10명으로부터 두 번의 측정치를 얻어 냈다면 $n=10$이 된다. ρ_{12}(rho one two)는 두 양적인 변수 X_1과 X_2의 상관계수(correlation coefficient)라고 하는데, 두 변수의 모집단 관계를 말해 주는 모수로서 제19장에서 자세히 다룰 내용이다. 위의 수리적인 결과로부터 [식 12.1]이 성립하게 되고 이를 이용하면 종속표본 z검정을 실시할 수 있다.

$$z = \frac{(\overline{X}_1 - \overline{X}_2) - (\mu_1 - \mu_2)}{\sqrt{\frac{\sigma_1^2}{n}+\frac{\sigma_2^2}{n}-2\rho_{12}\frac{\sigma_1\sigma_2}{n}}} \sim N(0, 1^2) \qquad \text{[식 12.1]}$$

위에서 검정은 영가설($H_0 : \mu_1 - \mu_2 = 0$)이 옳다는 가정하에서 진행되므로 $\mu_1 - \mu_2$는 0이 될 것이다. 앞선 검정들과 마찬가지로 연구자가 ρ_{12}, σ_1, σ_2 등의 모수를 안다는 것은 현실적이지 못하므로 이를 추정치로 대체하여 [식 12.2]처럼 t검정을 실시하게 된다.

$$t = \frac{\overline{X}_1 - \overline{X}_2}{\sqrt{\frac{s_1^2}{n} + \frac{s_2^2}{n} - 2r_{12}\frac{s_1 s_2}{n}}} \sim t_{n-1}$$ [식 12.2]

위에서 r_{12}는 상관계수 ρ_{12}의 추정치를 가리킨다. 위의 z검정 또는 t검정을 사용하면 두 종속적인 모집단의 평균이 같은지 다른지($H_0 : \mu_1 = \mu_2$ vs. $H_1 : \mu_1 \neq \mu_2$) 검정할 수 있는데, 사실 지금까지 설명한 이 방법은 거의 사용되지 않는다. 아래에서 설명하는 더 간단한 방법이 있기 때문이다.

12.2.2. 차이점수를 이용한 검정

차이점수와 검정의 가설

종속표본 검정을 실시할 때 각 표본을 따로 다루는 것보다 두 표본의 차이점수(difference scores)를 이용하는 방법이 훨씬 더 보편적이다. 예를 들어, [표 12.1]의 읽기능력 프로그램 시행 전과 후 시험점수를 가지고 있다면 아래와 같이 차이점수 D를 정의할 수 있다.

$$D = posttest - pretest$$ [식 12.3]

위와 같이 D를 정의하면 [표 12.4]처럼 차이점수(D) 열이 더 추가된다.

[표 12.4] 읽기능력 프로그램 시행 전후의 읽기 시험점수와 차이점수

Child id	Pretest	Posttest	D
1	38	39	1
2	29	28	−1
3	25	30	5
4	36	36	0
5	27	31	4
6	44	43	−1
7	35	36	1
8	33	34	1
9	23	23	0
10	46	45	−1
11	31	35	4
12	39	42	3

위에서 D는 사후점수에서 사전점수를 뺀 값으로 정의하였는데, 반대로 사전점수에서 사후점수를 뺀 값으로 정의하여도 무방하다. 어쨌든 차이점수를 정의하고 이용하게 되면 검정의 가설과 원리 및 수행 방법이 모두 달라진다. 먼저 두 표본 검정의 가설인 $H_0 : \mu_1 - \mu_2 = 0$ vs. $H_1 : \mu_1 - \mu_2 \neq 0$는 [식 12.4]와 같이 바꿔 쓸 수 있다.

$$H_0 : \mu_D = 0 \quad \text{vs.} \quad H_1 : \mu_D \neq 0 \qquad \text{[식 12.4]}$$

위에서 μ_D는 차이점수 D의 모평균 또는 μ_1과 μ_2의 차이를 가리킨다. 검정의 가설을 보면 우리가 검정의 과정에서 더 이상 사전점수나 사후점수에 관심이 없고 차이점수 D에 집중하고 있다는 것을 알 수 있다. 마치 두 개의 종속표본(사전점수와 사후점수)이 하나의 단일표본(차이점수)으로 바뀌고, 그 단일표본의 모평균 μ_D가 0인지 아닌지 검정을 실시하는 것과 같다. 실제로 차이점수 D를 이용하는 종속표본 t검정은 단일표본 t검정과 수리적으로나 검정 과정에서 서로 다르지 않다.

검정의 가정

종속표본 t검정의 가정(assumptions)은 차이점수 D를 종속변수로 사용할 뿐 단일표본 t검정의 그것과 다르지 않다. 첫째, 표본의 사례들이 서로 독립적(independent)이어야 한다. 즉, 연구자의 표본(차이점수)은 단순무선표본(simple random sample)이어야 한다. 이는 종속표본 t검정에서 표본 간에는 종속성을 가지고 있지만, 표본 내의 사례들 간에는 독립성이 여전히 존재한다는 것을 의미한다. 둘째, 원칙적으로 종속변수는 등간척도 또는 비율척도로 수집된 변수여야 한다. 즉, 종속변수는 양적변수여야 한다. 셋째는 정규분포 가정으로서 차이점수의 모집단이 정규분포를 따라야 한다.

종속표본 t검정

차이점수를 이용하는 종속표본 t검정의 수행 과정은 검정하고자 하는 값이 항상 0인 단일표본 t검정과 일치한다. 그러므로 표본평균 $\overline{D}$의 표집분포를 파악하는 것이 우선이다. 표본평균 $\overline{D}$는 이론적으로 평균이 μ_D이고, 표준편차가 $\frac{\sigma_D}{\sqrt{n}}$인 정규분포를 따른다. 영가설이 옳다는 가정하에서 $\mu_D = 0$이므로 검정을 수행할 때 표본평균 $\overline{D}$는 평균이 0이고 표준편차가 $\frac{\sigma_D}{\sqrt{n}}$인 정규분포를 따른다고 가정한다. 모집단의 표준편차 σ_D는 쉽게 알 수 없으므로 이를 s_D로 대체하여 t검정을 실시하게 된다. 정리하면, 검정을 수행하기 위해서 [식 12.5]에 제공된 수식을 이용한다.

$$t = \frac{\overline{D} - \mu_D}{\frac{s_D}{\sqrt{n}}} \sim t_{n-1}$$ [식 12.5]

위에서 $\overline{D}$는 차이점수의 표본평균, s_D는 차이점수의 표본 표준편차, n은 차이점수의 개수 또는 쌍의 개수이다. μ_D는 영가설이 옳다는 가정하에서 0이 되므로 위의 식은 [식 12.6]처럼 고쳐 쓰고 검정을 실행하게 된다.

$$t = \frac{\overline{D}}{\frac{s_D}{\sqrt{n}}} \sim t_{n-1}$$ [식 12.6]

효과크기

종속표본 t검정에서도 실용적인 유의성을 확인하기 위한 효과크기를 추정할 수 있다. 종속표본 t검정의 맥락에서 Cohen's d는 [식 12.7]과 같이 계산된다.

$$d = \frac{\overline{X}_1 - \overline{X}_2}{s_D} = \frac{\overline{D}}{s_D}$$ [식 12.7]

앞선 효과크기 추정치들과 마찬가지로 Cohen's d는 상응하는 t검정통계량에서 표본크기 부분을 제거한 식이 된다.

$\mu_1 - \mu_2$의 신뢰구간

종속표본 t검정에서는 $\mu_1 - \mu_2$ 또는 μ_D의 신뢰구간을 추정할 수 있다. 신뢰구간의 추정원리 역시 [식 10.6]에서 보인 단일표본 t검정에서의 μ의 신뢰구간과 근본적으로 일치한다. 예를 들어, 앞의 읽기 프로그램 예제에서 μ_D의 양방 신뢰구간을 추정하면 [식 12.8]과 같다.

$$\overline{D} - t_{cv}\frac{s_D}{\sqrt{n}} \leq \mu_1 - \mu_2 \leq \overline{D} + t_{cv}\frac{s_D}{\sqrt{n}}$$ [식 12.8]

위에서 t_{cv}는 t기각값(t critical value)을 의미하며, 주어진 자료를 통해 적절한 자유도($n-1$)와 신뢰구간의 수준(95%, 99% 등)에 해당하는 값을 부록 B의 t분포표나 R의 qt() 함수를 이용하여 찾아야 한다.

12.3. 종속표본 t검정의 예

12.3.1. 양방검정

[표 12.4]에 제공된 읽기 프로그램 시행 전후의 읽기 시험점수를 이용하여 [식 12.4]에 제공된 양방검정 가설을 실시하는 예를 보이고자 한다. 가장 먼저 검정통계량 t가 따르는 표집분포를 이용하여 기각역과 기각값을 설정해야 한다. 표본크기 $n=12$이므로 t검정통계량은 자유도가 11인 t분포를 따른다. t_{11}분포상에서 유의수준 5%에 해당하는 기각값을 부록 B의 t분포표에서 찾으면 ± 2.201이므로 양방검정 기각역과 기각값은 [그림 12.1]과 같다.

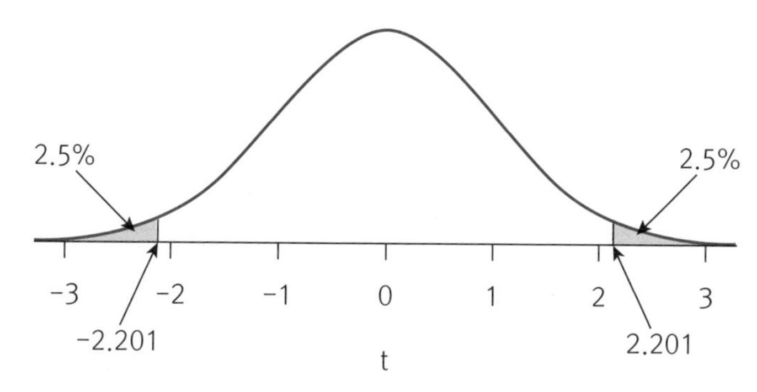

[그림 12.1] 유의수준 5%에서 t_{11}분포의 기각역과 기각값

의사결정의 규칙은 '만약 $t<-2.201$ 또는 $t>2.201$이라면 H_0을 기각한다'가 된다. 검정통계량을 구하기 위해 먼저 차이점수의 평균과 표준편차를 구하면 아래와 같다.

$$\overline{D}=1.333,\ s_D=2.146$$

위의 정보를 이용하여 검정통계량은 아래와 같이 구해진다.

$$t=\frac{\overline{D}}{\frac{s_D}{\sqrt{n}}}=\frac{1.333}{\frac{2.146}{\sqrt{12}}}=\frac{1.333}{0.619}=2.152$$

최종적으로 $-2.201<t=2.152<2.201$이므로 유의수준 5%에서 $H_0: \mu_D=0$을 기각하는 데 실패하게 된다. 즉, 읽기 프로그램은 효과가 없다고 결론 낼 수 있다. 실용적

인 유의성을 확인하기 위해 종속표본 t검정의 맥락에서 Cohen's d를 추정하면 다음과 같다.

$$d = \frac{1.333}{2.146} = 0.621$$

d의 값이 대략 0.62 정도 되므로 Cohen의 가이드라인을 따르면 중간 정도의 효과(medium effect)가 존재한다고 해석할 수 있다. 그럼에도 불구하고 통계적 검정의 결과가 유의하지 않았던 것은 아마도 작은 표본크기 때문일 것이다. 다음으로 평균의 차이 $\mu_{post} - \mu_{pre}$ 또는 μ_D의 95% 신뢰구간을 구해 보면 아래와 같다.

$$1.333 \pm 2.201 \times \frac{2.146}{\sqrt{12}}$$

$$[-0.031,\ 2.697]$$

위의 계산 결과로부터 $\mu_{post} - \mu_{pre}$ 또는 μ_D의 95% 신뢰구간은 [-0.031, 2.697]이 되고, 신뢰구간을 이용한 검정을 실시하면 95% 신뢰구간이 검정하고자 하는 값인 0을 포함하고 있으므로 유의수준 5%에서 영가설을 기각하는 데 실패하게 된다.

자폐 아동의 읽기능력 예제의 종속표본 t검정을 R의 t.test() 함수를 이용하여 실습한다. 변수 pre와 post에 자료를 입력하고, 이를 이용하여 $H_0 : \mu_D = 0$을 검정한다.

```
> pre <- c(38,29,25,36,27,44,35,33,23,46,31,39)
> post <- c(39,28,30,36,31,43,36,34,23,45,35,42)
> t.test(pre, post, paired=TRUE, alternative="two.sided",
+        conf.level=.95)

        Paired t-test

data:  pre and post
t = -2.1521, df = 11, p-value = 0.05445
alternative hypothesis: true difference in means is not equal to 0
95 percent confidence interval:
 -2.69694691  0.03028024
sample estimates:
mean of the differences
              -1.333333
```

독립표본 t검정과 다른 부분은 t.test() 함수의 paired 아규먼트가 FALSE에서 TRUE로 바뀌었다는 것이다. 명령문에 대한 결과로서 Paired t-test라는 타이틀이 나오고 그 아래 종속표본 t검정의 결과가 나열된다. 가장 먼저 두 표본이 pre와 post라고 나오는데, R 프로그램은 차이점수 D를 구할 때 먼저 입력한 변수(pre)에서 나중에 입력한 변수(post)를 빼는 방식으로 진행한다. 그래서 t검정통계량은 손으로 직접 구한 값과 부호가 반대인 −2.152가 되고, 자유도는 11이며, 양방검정 p값이 0.054임을 보여 주고 있다. p값이 5%보다 크므로 유의수준 5%에서 영가설의 기각에 실패하는 통계적 결정을 하게 된다. 즉, 읽기 프로그램은 효과가 없었다. 다음 줄에는 대립가설이 $\mu_D \neq 0$이라고 서술하고 있으며, 그다음 줄에는 95% 신뢰구간이 제공된다. 95% 신뢰구간 역시 직접 손으로 구한 값과 비교하여 부호가 반대인 것을 볼 수 있다. $D = pre - post$로 정의됨으로써 발생하는 현상이다. 95% 신뢰구간이 검정하고자 하는 값인 0을 포함하고 있으므로 역시 유의수준 5%에서 영가설을 기각하는 데 실패하게 된다. 마지막으로 차이점수의 표본평균이 제공되어 있다.

위의 결과에서 D의 정의가 다름으로 인한 차이는 양방검정의 통계적 결정에 그 어떤 영향도 주지 못한다. p값이나 신뢰구간을 이용한 검정 모두 어떤 방법을 쓰든 일치하기 때문이다. 그럼에도 불구하고 만약 위의 t검정 결과의 부호가 의도했던 것과 반대로 나오는 것이 마음에 들지 않는다면 아래와 같이 t.test() 함수에서 pre와 post의 위치를 바꿈으로써 문제를 해결할 수 있다.

```
> t.test(post, pre, paired=TRUE, alternative="two.sided",
+        conf.level=.95)

        Paired t-test

data:  post and pre
t = 2.1521, df = 11, p-value = 0.05445
alternative hypothesis: true difference in means is not equal to 0
95 percent confidence interval:
 -0.03028024  2.69694691
sample estimates:
mean of the differences
               1.333333
```

종속표본 t검정은 차이점수를 이용하는 단일표본 t검정과 일치한다고 하였는데, 실제로 $D = post - pre$를 이용하여 단일표본 t검정을 실시하는 예가 아래에 제공된다.

```
> D <- c(1,-1,5,0,4,-1,1,1,0,-1,4,3)
> t.test(D, mu=0, alternative="two.sided", conf.level=.95)

        One Sample t-test

data:  D
t = 2.1521, df = 11, p-value = 0.05445
alternative hypothesis: true mean is not equal to 0
95 percent confidence interval:
 -0.03028024  2.69694691
sample estimates:
mean of x
 1.333333
```

t검정통계량, 자유도, p값, 신뢰구간 등 그 어느 것도 다르지 않은 것을 확인할 수 있다.

다음으로 R의 MASS 패키지 안에 제공되는 Cars93 데이터 프레임에서 두 개의 종속된 변수들을 대상으로 한 종속표본 t검정을 실시하는 것을 보이고자 한다. Cars93 데이터 프레임 안에는 Min.Price와 Max.Price라는 두 개의 변수가 있는데, 동일한 차종이 옵션이나 딜러의 차이에 의해서 가장 싸게 팔린 경우의 가격과 가장 비싸게 팔린 경우의 가격을 가리킨다. 과연 두 가격 사이에 통계적으로 유의한 차이가 있는지 아래와 같이 확인한다.

```
> t.test(Cars93$Max.Price, Cars93$Min.Price, paired=TRUE,
+        alternative="two.sided", conf.level=.95)

        Paired t-test

data:  Cars93$Max.Price and Cars93$Min.Price
t = 9.5545, df = 92, p-value = 1.975e-15
alternative hypothesis: true difference in means is not equal to 0
95 percent confidence interval:
 3.780938 5.765298
sample estimates:
mean of the differences
               4.773118
```

Cars93 데이터 프레임 안의 Max.Price와 Min.Price 변수를 불러 쓰기 위하여 $ 표시를 이용한 것을 볼 수 있다. 또한 D를 Max.Price에서 Min.Price를 뺀 값으로 정의하기 위하여 Cars93$Max.Price를 먼저 쓰고 Cars93$Min.Price를 나중에 썼다. 나머지 아규먼트는 앞과 동일하다. 검정 결과 t검정통계량은 9.554, 자유도는 92로서 $p < .001$ 수준에서 통계적으로 유의한 평균차이가 있음이 확인되었다.[56] 마지막으로 95% 신뢰구간은 [3.781, 5.765]로서 검정하고자 하는 값인 0을 포함하고 있지 않으므로 유의수준 5%에서 $H_0 : \mu_D = 0$을 기각하는 결정을 내린다.

12.3.2. 일방검정

읽기 프로그램이 읽기시험 점수를 향상시킨다는 강력한 이론적 기반과 확신이 연구자에게 있다고 가정하자. 이와 같은 경우에 위꼬리 검정을 실시하게 되고 가설은 [식 12.9]와 같이 세울 수 있다.

$$H_0 : \mu_D \le 0 \quad \text{vs.} \quad H_1 : \mu_D > 0 \qquad \text{[식 12.9]}$$

종속표본 일방검정에서 가설을 세울 때 주의해야 할 것은 위의 가설이 차이점수의 정의에 따라 바뀔 수 있다는 것이다. [식 12.9]와 같은 가설은 D가 [식 12.3]처럼 사후점수에서 사전점수를 뺀 것으로 정의되기 때문에 가능한 것이다. 만약 D가 [식 12.10]과 같다면 가설도 바뀌게 된다.

$$D = pretest - posttest \qquad \text{[식 12.10]}$$

위와 같은 D의 정의에서는 읽기 프로그램이 효과가 있다는 것이 D가 큰 음수값이라는 것을 의미한다. 그러므로 읽기 프로그램이 읽기시험 점수를 향상시킨다는 가설에 대해서 아래꼬리 검정을 실시해야 하며 이때의 가설은 [식 12.11]과 같다.

$$H_0 : \mu_D \ge 0 \quad \text{vs.} \quad H_1 : \mu_D < 0 \qquad \text{[식 12.11]}$$

우리는 $D = posttest - pretest$라고 가정하고, [식 12.9]의 가설을 검정한다. 가설을 제외한 모든 조건은 앞의 양방검정 예제와 동일하다. 표본크기 $n = 12$이므로 t검정통계량은 자유도가 11인 t분포를 따른다. t_{11}분포상에서 유의수준 5%에 해당하는 기각

56) 1.975e-15는 소수점 15번째 자리에서 0이 아닌 숫자가 나타나고 그 숫자들은 1975의 순서라는 것을 의미한다. 즉, 1.975e-15는 0.000000000000001975를 가리킨다.

값을 부록 B의 t분포표에서 찾으면 1.796이므로 위꼬리 검정 기각역과 기각값은 [그림 12.2]와 같다.

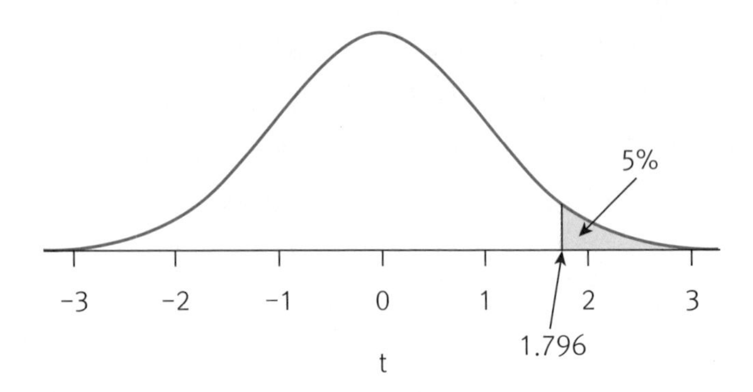

[그림 12.2] 유의수준 5%에서 t_{11}분포의 위꼬리 검정 기각역과 기각값

의사결정의 규칙은 '만약 $t > 1.796$라면 H_0을 기각한다'가 된다. t검정통계량은 표본의 요약치이므로 검정의 방향성과 아무 상관이 없고 이전과 같이 계산된다.

$$t = \frac{\overline{D}}{\frac{s_D}{\sqrt{n}}} = \frac{1.333}{\frac{2.146}{\sqrt{12}}} = \frac{1.333}{0.619} = 2.152$$

최종적으로 $t = 2.152 > 1.796$이므로 유의수준 5%에서 $H_0 : \mu_D \leq 0$를 기각하게 된다. 즉, 사후점수가 사전점수보다 통계적으로 더 높다고 말할 수 있고, 읽기 프로그램은 자폐 아동의 읽기능력을 향상시키는 효과가 있다고 할 수 있다. Cohen's d 역시 검정의 방향성과는 관계없으므로 이전과 같은 값을 갖는다.

$$d = \frac{1.333}{2.146} = 0.621$$

위에서 실시한 종속표본 t검정을 R의 t.test() 함수를 이용하여 실습한다. 마찬가지로 변수 pre와 post에 자료를 입력하고, 이를 이용하여 $H_0 : \mu_D \leq 0$를 검정한다. 이때 차이점수 D의 정의가 R에서도 $posttest - pretest$로 계산될 수 있도록 post 변수를 먼저 입력한다.

```
> pre <- c(38,29,25,36,27,44,35,33,23,46,31,39)
> post <- c(39,28,30,36,31,43,36,34,23,45,35,42)
```

```
> t.test(post, pre, paired=TRUE, alternative="greater",
+        conf.level=.95)

        Paired t-test

data:  post and pre
t = 2.1521, df = 11, p-value = 0.02722
alternative hypothesis: true difference in means is greater than 0
95 percent confidence interval:
 0.2206984       Inf
sample estimates:
mean of the differences
               1.333333
```

검정의 수행을 위한 명령문 중 양방검정과 다른 부분은 alternative 아규먼트가 "two.sided"에서 "greater"로 바뀐 것이다. 결과에서는 p값의 크기가 양방검정에 비해 반으로 줄어 $p < .05$ 수준(또는 $p = .027$)이며, 유의수준 5%에서 통계적 결정은 영가설을 기각하는 것이다. 그리고 위꼬리 검정에 해당하는 $\mu_{post} - \mu_{pre}$ 또는 μ_D의 95% 하한 신뢰구간 [0.221, ∞]가 제공되어 있다. 95% 신뢰구간을 이용하여 검정을 실시하면 신뢰구간이 검정하고자 하는 값인 0을 포함하고 있지 않으므로 유의수준 5%에서 영가설을 기각하는 결정을 내린다.

R을 이용하여 일방검정을 실행할 때 D의 정의와 검정의 방향성에 대하여 별생각 없이 실행하게 되면 다음과 같은 결과를 얻을 수 있으므로 매우 주의해야 한다. 아래는 t.test() 함수의 첫 번째와 두 번째 아규먼트를 큰 고민 없이 pre, post의 순서로 입력하고, 대립가설은 읽기 프로그램이 점수를 향상시킨다고 했으므로 "greater"라고 입력했을 때의 검정 결과이다.

```
> t.test(pre, post, paired=TRUE, alternative="greater",
+        conf.level=.95)

        Paired t-test

data:  pre and post
t = -2.1521, df = 11, p-value = 0.9728
alternative hypothesis: true difference in means is greater than 0
95 percent confidence interval:
 -2.445968       Inf
```

```
sample estimates:
mean of the differences
              -1.333333
```

$D = pretest - posttest$로 설정이 됨으로 인해 위의 결과처럼 전혀 기대하지 못한 p값이 나옴을 볼 수 있다. 방향을 제대로 설정했을 때는 $p = \Pr(t > 2.152) = 0.027$로 계산이 제대로 되었으나, 반대로 설정했을 때는 t검정통계량에 음의 부호가 붙음으로써 $p = \Pr(t > -2.152) = 0.973$으로 계산된 것이다. 통계적 검정 중 일방검정은 검정을 실시하기 위한 조건도 까다롭지만, 검정의 수행 과정도 정확한 이해 없이는 가능하지 않다.

제13장 F분포와 검정

독립표본이든 종속표본이든 앞 장에서는 두 개의 표본이 있을 때 모집단의 평균을 비교할 수 있는 t검정에 대하여 배웠다. 만약 더 많은 수의 모평균을 비교해야 한다면 t검정이 아닌 F검정을 사용하게 된다. z검정이 z분포를 사용하고 t검정이 t분포를 사용하듯이 F검정은 표집분포로서 F분포를 이용하는 검정이다. 여러 개의 표본이 있을 때 사용할 수 있는 평균차이 검정은 다음 장에서 소개할 것이고 이번 장에서는 먼저 F분포를 소개한다. F분포의 범위, 확률밀도함수, 분포의 모수와 모양 등에 대한 간략한 설명이 제공된다. 또한 F분포를 이용하여 수행할 수 있는 가장 간단한 검정 중 하나인 등분산성 검정방법도 소개한다. 앞에서 Student's t검정과 Welch's t검정 중 하나를 선택해야 할 때, 먼저 등분산성 검정($H_0 : \sigma_1^2 = \sigma_2^2$)을 실시해야 함을 언급하였으나 검정의 방법은 소개하지 않았다. 이번 장에서 F검정의 간단한 예로서 등분산성 검정을 소개한다.

13.1. F분포

F검정은 t검정만큼, 어쩌면 그보다도 더 많이 광범위하게 사용되는 검정일 것이다. F검정의 표집분포인 F분포를 사회과학통계의 관점에서 간략하게 소개한다.

13.1.1. F분포의 이해

정규분포가 모수로서 평균과 분산을 갖고, t분포가 모수로서 자유도를 갖듯이, F분포는 두 개의 모수를 가지고 있다. 하나는 자유도이고 나머지 하나도 자유도이다. 즉, F분포의 두 모수는 모두 자유도라고 부르고 둘을 구분하기 위해 첫 번째 자유도(df_1, first degrees of freedom) 및 두 번째 자유도(df_2, second degrees of freedom)로 나누어 부른다.[57] 기본적으로 F분포는 정적으로 편포된 분포이며 0 이상의 영역에서 확률밀도함수 값이 정의된다. 다시 말해, F값은 0 미만의 값을 취할 수 없다. 독자의 이해를 돕기 위해 [그림 13.1]에는 임의의 변수 X가 따르는 F분포 하나가 제공된다. F분포의 대략적인 모양을 소개하는 지금 시점에서 두 모수의 값은 중요하지 않으나 참고로 말하자면 첫 번째 자유도가 5이고 두 번째 자유도가 20인 F분포이다.

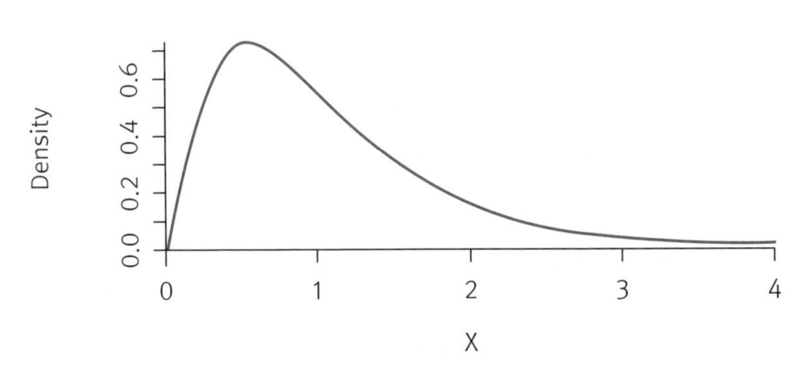

[그림 13.1] $df_1 = 5,\ df_2 = 20$인 F분포

위 그림에서 볼 수 있듯이 F분포는 정적으로 편포되어 있으며 0에서 그 값이 정의되기 시작하고 오른쪽으로는 열려 있어서 ∞까지 갈 수 있다. 첫 번째 자유도가 5이고 두 번째 자유도가 20인 F분포를 표기하는 방법으로서 $F(5,20)$ 또는 $F_{5,20}$을 사용하는 것이 일반적이다. 참고로 변수 X가 F분포를 따른다고 할 때 x의 확률밀도함수(probability density function)는 [식 13.1]과 같이 정의된다.

$$f(x) = \frac{1}{B\left(\frac{\nu_1}{2}, \frac{\nu_2}{2}\right)} \left(\frac{\nu_1}{\nu_2}\right)^{\frac{\nu_1}{2}} x^{\frac{\nu_1}{2} - 1} \left(1 + \frac{\nu_1}{\nu_2} x\right)^{-\frac{\nu_1 + \nu_2}{2}} \qquad \textbf{[식 13.1]}$$

위에서 $B()$는 베타(beta)함수로서 $B(y,z) = \int_0^1 x^{y-1}(1-x)^{z-1}dx$를 의미하고, ν_1(nu one)은 첫 번째 자유도(df_1), ν_2(nu two)는 두 번째 자유도(df_2)로서 확률밀도함수 $f(x)$의 두 모수이다.[58] 그리고 앞서 말했듯이 [식 13.1]은 $x \geq 0$에서만 정의가

57) 두 집단 이상의 평균 차이를 비교하는 맥락에서 F분포를 이용할 때, 첫 번째 자유도는 분자의 자유도 두 번째 자유도는 분모의 자유도라고 불리기도 한다.

58) 실제로 많은 연구자가 ν와 df를 혼용하여 자유도를 표시하므로 이 책 역시 둘의 사용에 어떤 구분이나 제한을 두지 않는다.

된다. F분포를 정의하는 방법으로서 두 개의 χ^2(chi-square)분포의 비율(ratio)을 이용하는 방식이 있는데, 아직 χ^2분포를 배우지 않은 상태에서 이를 이용할 수는 없으므로 그 방법은 제18장에서 설명한다.

위에 제공된 F분포의 확률밀도함수를 이용하여 확률을 구하고 밀도를 구하는 일은 사실 수리통계학을 전공하는 학자에게도 흔한 일은 아니다. 사회과학 분야의 연구자들 입장에서는 자유도의 변화에 따라 F분포의 모양이 어떻게 바뀌는지 대략 알아두는 것으로 충분하다. [그림 13.2]에는 다양한 자유도를 갖는 네 개의 F분포가 예로서 제공된다.

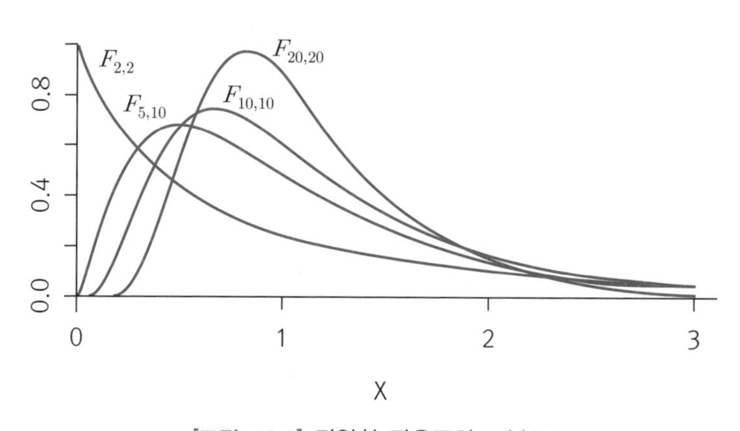

[그림 13.2] 다양한 자유도의 F분포

분포의 중심과 퍼짐의 정도가 두 자유도에 의해 영향을 받으므로, 그림에서 보듯이 두 값에 따라서 분포의 모양이 다양하게 결정되는 것을 확인할 수 있다. 사실 분포의 평균은 df_2에 의해서만 결정이 되며, 분포의 분산은 df_1과 df_2에 의해 결정이 된다. df_2가 커지면 커질수록 분포의 평균은 점점 더 1로 다가가며, df_1과 df_2가 같이 커질수록 분산은 점점 작아진다. 자세한 내용은 이 책의 목적에 맞지 않으며 독자들이 기억해야 할 것은 자유도에 따른 대략적인 F분포의 모양이라고 할 수 있다. 기본적으로 분포가 0 이상의 값에 대해서만 정의가 되며, 정적으로 편포되어 있다는 것이 F분포의 가장 큰 특성이라고 할 수 있다.

13.1.2. F분포의 확률

부록 A의 z분포표에서는 다양한 z값에 해당하는 누적확률을 제공하였고, 부록 B의 t분포표에서는 다양한 자유도와 누적확률에 해당하는 t값을 제공하였다. 부록 C의 F분포표를 이용하면 두 자유도의 다양한 조합과 특정한 누적확률(95%, 97.5%, 99%)에 해당하는 F값이 제공된다. 사실 z분포표나 t분포표에서 꽤 다양한 누적확률에 대한 정보를 제공하지만, 실질적으로 이용하는 누적확률은 그렇게 다양하지 않다. 사회과학에서의 유의수준이 주로 5%와 1%를 이용하며 검정의 방법도 양방검정이 대부분이기 때문이다. F분포는 두 개의 자유도를 가지고 있기 때문에 모든 다양한 조합에서 정보를 제공하려면 z분포나 t분포에 비하여 엄청나게 더 많은 지면을 요구한다. 그러므로 이 책에서는 누적확률 95%, 97.5%, 99%로 한정하여 표를 제공한다. F분포는 좌우대칭이 아닌데 누적확률 95%, 97.5%, 99%에 해당하는 F값만 제공하는 이유는 이를 이용하여 누적확률 5%, 2.5%, 1%에 해당하는 F값을 구할 수 있는 방법이 있기 때문이다. 이는 조금 뒤에 자세히 설명한다.

먼저 F분포를 이용하여 특정한 오른쪽 누적확률에 해당하는 F값을 구하는 방법을 소개한다. 오른쪽 누적확률이라고 지칭하는 이유는 대다수의 F검정이 분포의 위쪽꼬리를 이용하는 일방검정이기 때문이다. 즉, 대다수의 F검정은 일어날 것 같지 않은 극단적인 영역(유의수준 α)이 분포의 오른쪽에만 할당되는 위꼬리 검정이다. 예를 들어, $df_1 = 5$, $df_2 = 20$인 F분포에서 오른쪽 누적확률 5%(즉, $\alpha = 0.05$)에 해당하는 F값을 구하고자 하면 부록 C의 누적확률 95% 페이지를 이용할 수 있다. [그림 13.3]에는 $F_{5,20}$분포의 유의수준 5%와 그에 해당하는 F값이 표시되어 있다.

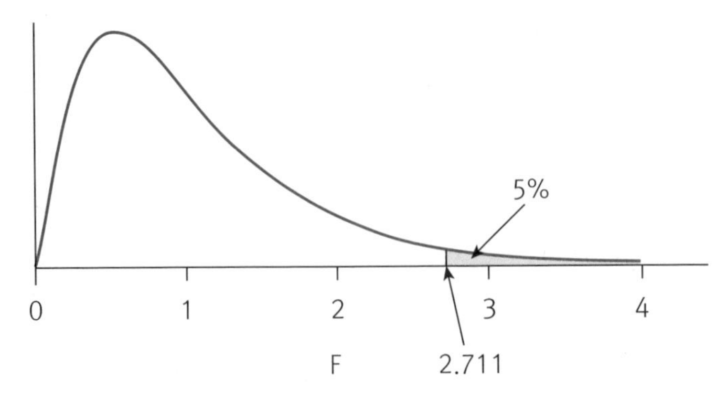

[그림 13.3] $F_{5,20}$분포에서 오른쪽 누적확률 5%와 F값

그림에서 확인할 수 있듯이 $F_{5,20}$분포에서 오른쪽 누적확률 5%에 해당하는 F값은 2.711이다. 위의 정보를 이용하면 자연스럽게 유의수준 5%의 통계적 검정을 수행할 수 있다.

만약 $df_1 = 6$, $df_2 = 27$인 F분포에서 오른쪽 누적확률 1%에 해당하는 F값을 구하고자 하면 부록 C의 누적확률 99% 페이지를 이용하여 [그림 13.4]처럼 F값을 구할 수 있다.

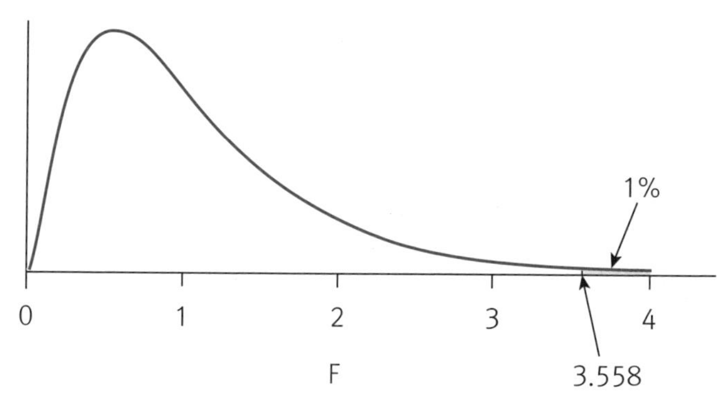

[그림 13.4] $F_{6,27}$분포에서 오른쪽 누적확률 1%와 F값

그림에서 확인할 수 있듯이 $F_{6,27}$분포에서 오른쪽 누적확률 1%(즉, $\alpha = 0.01$)에 해당하는 F값은 3.558이다. 위의 정보를 이용하면 역시 유의수준 1%의 통계적 검정을 수행할 수 있다.

만약 R을 이용하여 특정한 누적확률에 해당하는 F값을 구하고자 하면 qf() 함수를 이용할 수 있다. 먼저 자유도가 5와 20인 F분포에서 오른쪽 누적확률 5%, 즉 누적확률 95%에 해당하는 F값을 구하고자 하는 명령문이 아래에 있다.

```
> qf(0.950, df1=5, df2=20, lower.tail=TRUE)
[1] 2.71089

> qf(0.050, df1=5, df2=20, lower.tail=FALSE)
[1] 2.71089
```

qf() 함수의 첫 번째 아규먼트는 누적확률이며, 두 번째와 세 번째 아규먼트는 두 개의 자유도이고, 마지막은 왼쪽으로부터의 누적확률을 의미하느냐 아니냐를 결정하는 lower.tail 아규먼트다. lower.tail=TRUE로 설정하면 아래꼬리부터 시작한 누적확률, 즉 우리가 일반적으로 말하는 누적확률을 계산한다. 만약 위꼬리부터 시작하는 누적확률을 계산하고자 하면 lower.tail=FALSE로 설정해야 한다.

qf() 함수와는 반대로 특정한 F값에 해당하는 누적확률을 계산하고 싶으면 pf() 함수를 이용할 수 있다. 자유도가 5와 20인 F분포에서 $F=2.711$에 해당하는 누적확률을 구하고자 하는 명령문이 아래에 있다.

```
> pf(2.711, df1=5, df2=20, lower.tail=TRUE)
[1] 0.9500068

> pf(2.711, df1=5, df2=20, lower.tail=FALSE)
[1] 0.04999323
```

두 명령문 중 위는 $F=2.711$에 해당하는 아래꼬리 누적확률을 제공하고 있고, 아래는 $F=2.711$에 해당하는 위꼬리 누적확률을 제공하고 있다.

앞에서 누적확률 95%, 97.5%, 99%에 해당하는 F값만 있으면 이를 이용하여 누적확률 5%, 2.5%, 1%에 해당하는 F값을 구할 수 있다고 하였다. 이는 [식 13.2]와 같은 관계가 있기 때문이다.

$$F_{\nu_1,\nu_2,\alpha} = \frac{1}{F_{\nu_2,\nu_1,1-\alpha}} \qquad \text{[식 13.2]}$$

위에서 $F_{\nu_1,\nu_2,\alpha}$는 자유도가 ν_1과 ν_2인 F분포에서 누적확률 α에 해당하는 F값을 의미한다. 이 값은 자유도가 반대로 뒤바뀐 F분포에서 누적확률이 $1-\alpha$에 해당하는 F값의 역수와 동일하다. 예를 들어, $df_1=5$, $df_2=9$인 F분포를 이용하여 유의수준 5%에서 아래꼬리 검정을 실시한다고 가정하자. 이를 위해서는 [그림 13.5]와 같이 $F_{5,9}$분포에서 누적확률 5%에 해당하는 기각값($F_{5,9,0.05}$)을 찾아야 한다.

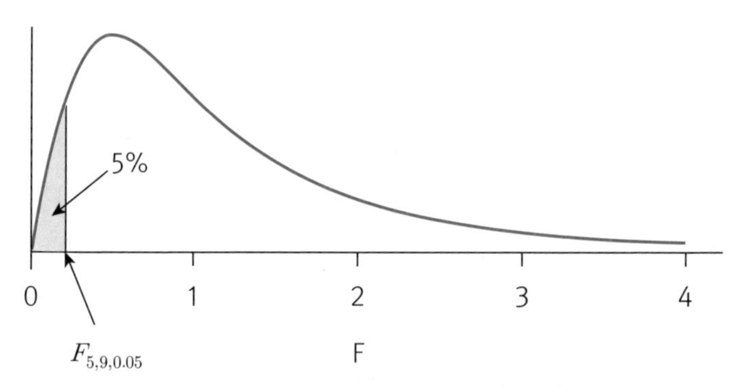

[그림 13.5] $F_{5,9}$분포에서 누적확률 5%

부록 C에는 누적확률 95%에 해당하는 F값만 제공되므로 $F_{5,9,0.05}$값은 찾을 수 없다. 이때 [그림 13.6]처럼 $df_1 = 9$, $df_2 = 5$인 F분포에서 누적확률 95%에 해당하는 F값($F_{9,5,0.95}$)을 찾은 다음 이에 역수를 취하면 구하고자 하는 값이 된다.

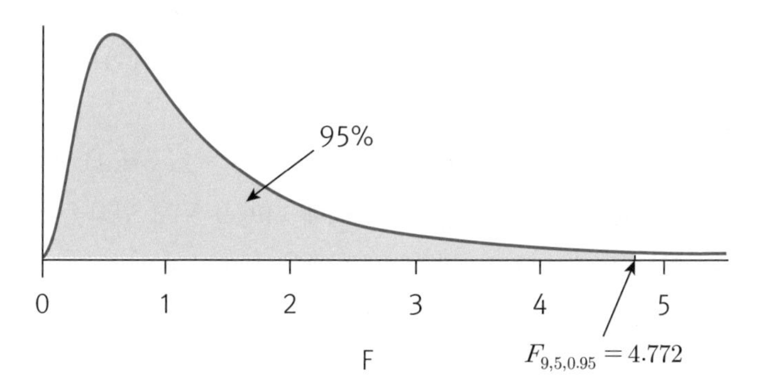

[그림 13.6] $F_{9,5}$분포에서 누적확률 95%

부록 C에서 해당하는 값을 찾으면 4.772이다. 이를 이용하여 아래와 같이 $F_{5,9,0.05}$값을 찾을 수 있다.

$$F_{5,9,0.05} = \frac{1}{F_{9,5,0.95}} = \frac{1}{4.772} = 0.210$$

즉, [그림 13.5]의 $F_{5,9}$분포에서 누적확률 5%에 해당하는 F값은 0.210이 된다. 이 값을 이용하여 아래꼬리 검정을 실시할 수 있다. 사실 이와 같은 계산 방식은 컴퓨터 프로그램을 자유자재로 이용할 수 없다는 가정하에 필요한 방법이라고 할 수 있다. 또한 F분포표가 모든 가능한 자유도와 누적확률 조합에 해당하는 F값을 제공하는 것이 아니어서 위의 방법을 사용하여도 원하는 확률을 구하지 못하는 경우가 있다.

부록이 아닌 R을 이용하면 매우 쉽게 $F_{5,9}$분포에서 누적확률 5%에 해당하는 F값을 구할 수 있다. 그리고 이 값은 $F_{9,5}$분포에서 누적확률 95%에 해당하는 F값의 역수와 같음도 아래에서 확인할 수 있다.

```
> qf(0.050, df1=5, df2=9, lower.tail=TRUE)
[1] 0.2095353

> 1/qf(0.950, df1=9, df2=5, lower.tail=TRUE)
[1] 0.2095353
```

13.2. 등분산성 검정

등분산성을 검정하는 방법으로는 제15장에서 소개하는 Levene's F검정이 매우 유명한데, 그 방법은 제14장에서 소개할 분산분석에 기반을 두고 있다. 이번 장에서는 분산의 비율을 이용하는 등분산성 검정방법을 소개하고자 한다.

13.2.1. 등분산성 검정의 원리

이번 장에서 소개할 등분산성 검정은 두 모집단의 분산이 동일한지 아닌지를 확인하는 [식 13.3]의 가설을 검정한다.

$$H_0 : \sigma_1^2 = \sigma_2^2 \quad \text{vs.} \quad H_1 : \sigma_1^2 \neq \sigma_2^2 \qquad \text{[식 13.3]}$$

위의 식은 두 모집단 분산의 비율이 1인지 아닌지를 확인하는 [식 13.4]와 근본적으로 일치한다.

$$H_0 : \frac{\sigma_1^2}{\sigma_2^2} = 1 \quad \text{vs.} \quad H_1 : \frac{\sigma_1^2}{\sigma_2^2} \neq 1 \qquad \text{[식 13.4]}$$

위의 가설을 검정하기 위해 각 모집단을 대표하는 표본의 분산을 이용한다. 만약 두 표본분산의 비율 $\frac{s_1^2}{s_2^2}$(또는 $\frac{s_2^2}{s_1^2}$)가 1에 매우 가까운 값이라면 영가설을 기각하는 데 실패하게 되고, 1에서 멀리 떨어져 있는 값이라면 영가설을 기각하게 된다. 분산이란 것은 음수값을 취할 수가 없으므로 두 표본분산의 비율이 1에서 멀리 떨어져 있다는 것은 분산의 비율이 1보다 매우 크거나 0에 가까운 값이라는 것을 의미한다. 두 독립표본의 등분산성 검정을 위한 검정통계량과 표집분포는 [식 13.5]와 같이 제공된다.

$$F = \frac{s_1^2}{s_2^2} \cdot \frac{\sigma_2^2}{\sigma_1^2} \sim F_{\nu_1, \nu_2} \qquad \text{[식 13.5]}$$

모든 검정은 영가설이 옳다는 가정하에서 진행되고, 영가설이 옳다는 가정하에서 $\sigma_1^2 = \sigma_2^2$이므로 [식 13.5]에서 $\frac{\sigma_2^2}{\sigma_1^2} = 1$이 된다. 그리고 $\nu_1 = n_1 - 1$, $\nu_2 = n_2 - 1$이므로 위의 식은 [식 13.6]과 같이 고쳐 쓸 수 있다.

$$F = \frac{s_1^2}{s_2^2} \sim F_{n_1 - 1, n_2 - 1} \qquad \text{[식 13.6]}$$

위의 검정에서 검정통계량 F가 매우 큰 값을 갖거나 0에 매우 가깝게 되면 s_1^2와 s_2^2가 크게 차이가 난다는 의미이고 결국은 σ_1^2와 σ_2^2가 다르다는 통계적 결론을 내리게 된다. 그러므로 위의 등분산성 검정은 F의 값이 매우 크거나 또는 작으면(0에 가까우면) 영가설을 기각하게 되는 양방검정을 실시하게 된다.

등분산성 검정의 맥락에서 두 모분산의 비율인 $\frac{\sigma_1^2}{\sigma_2^2}$의 신뢰구간도 추정할 수 있다. 예를 들어, 95% 신뢰구간은 [식 13.7]과 같다.

$$\frac{\frac{s_1^2}{s_2^2}}{F_{\nu_1, \nu_2, 0.975}} < \frac{\sigma_1^2}{\sigma_2^2} < \frac{\frac{s_1^2}{s_2^2}}{F_{\nu_1, \nu_2, 0.025}} \qquad \text{[식 13.7]}$$

위에서 $F_{\nu_1, \nu_2, 0.975}$는 자유도가 ν_1과 ν_2인 F분포의 97.5% 누적확률을 의미하고, $F_{\nu_1, \nu_2, 0.025}$는 자유도가 ν_1과 ν_2인 F분포의 2.5% 누적확률을 의미한다. 만약 99% 신뢰구간을 구하고 싶으면 [식 13.7]에서 0.975를 0.995로 바꾸고, 0.025를 0.005로 바꾸면 된다.

13.2.2. 등분산성 검정의 예

제11장에서 소개했던 남자아이와 여자아이의 관대함 차이를 연구하기 위한 사탕 예제의 자료를 이용하여 유의수준 5%를 설정하고 등분산성 검정을 실시한다. 아래에 자료를 다시 한번 소개한다.

Gender	Group	Number of Candies
Girls	1	7, 3, 6, 9, 3, 8, 6, 7, 5, 4, 8, 7, 9
Boys	2	2, 3, 5, 3, 4, 2, 2, 5, 2, 3, 5

등분산성 검정을 위한 가설은 [식 13.3] 또는 [식 13.4]와 동일하고 F분포를 이용한 양방검정을 실시하게 된다. $n_1 = 13$, $n_2 = 11$이므로 F검정통계량은 $F_{12,10}$분포를 따른다. $F_{12,10}$분포상에서 양방검정 기각값을 표시하면 [그림 13.7]과 같다.

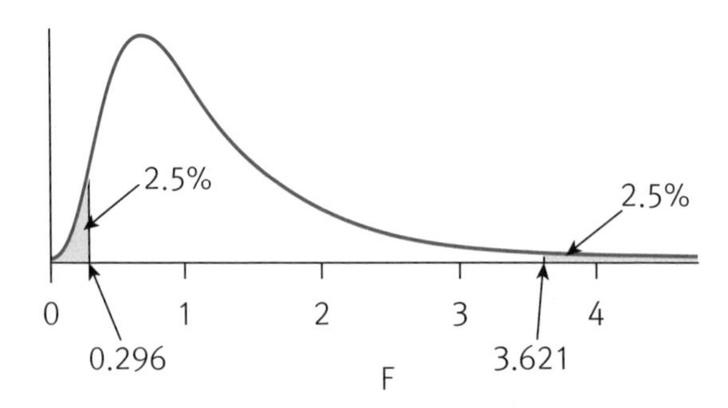

[그림 13.7] 유의수준 5%에서 $F_{12,10}$분포의 양방검정 기각역과 기각값

위에서 두 기각값은 부록 C를 통하여 구할 수 없다. 지면이 한정되어 있어 모든 자유도 조합에서의 F값을 제공할 수는 없었기 때문이다. 그러므로 위의 두 기각값은 아래의 R 코드를 이용하여 구하였다.

```
> qf(0.025, df1=12, df2=10, lower.tail=TRUE)
[1] 0.2964234

> qf(0.975, df1=12, df2=10, lower.tail=TRUE)
[1] 3.620945
```

위의 결과를 이용하면 통계적 의사결정의 규칙은 '만약 $F < 0.296$ 또는 $F > 3.621$이라면 H_0을 기각한다'가 된다. F검정통계량은 두 표본분산의 비율로 정의되므로 아래와 같이 계산된다.

$$F = \frac{s_1^2}{s_2^2} = \frac{4.231}{1.618} = 2.615$$

최종적으로 $0.296 < F = 2.615 < 3.621$이므로 유의수준 5%에서 $H_0 : \sigma_1^2 = \sigma_2^2$를 기각하는 데 실패하게 되고, 남자아이 모집단의 분산과 여자아이 모집단의 분산이 동일하다고 결론 내린다. 이렇게 되면 Student's t검정과 Welch's t검정 중에서 Student's t검정을 선택하는 것이 적절하다. 다음으로 모집단 분산의 비율 $\frac{\sigma_1^2}{\sigma_2^2}$의 95% 신뢰구간을 구하면 아래와 같다.

$$\frac{2.615}{3.621} < \frac{\sigma_1^2}{\sigma_2^2} < \frac{2.615}{0.296}$$

$$0.722 < \frac{\sigma_1^2}{\sigma_2^2} < 8.834$$

위의 계산 결과로부터 $\frac{\sigma_1^2}{\sigma_2^2}$의 95% 신뢰구간은 [0.722, 8.834]가 되고, 신뢰구간을 이용한 검정을 실시하면 95% 신뢰구간이 검정하고자 하는 값인 1을 포함하고 있으므로 유의수준 5%에서 영가설을 기각하는 데 실패하게 된다.

위에서 실시한 등분산성 검정은 R의 var.test() 함수를 이용하여 실행할 수 있다. 두 개의 벡터(변수) Girls와 Boys에 사탕의 개수 자료를 입력하고 이를 이용하여 $H_0 : \sigma_1^2 = \sigma_2^2$ 또는 $H_0 : \frac{\sigma_1^2}{\sigma_2^2} = 1$을 검정한다.

```
> Girls <- c(7,3,6,9,3,8,6,7,5,4,8,7,9)
> Boys <- c(2,3,5,3,4,2,2,5,2,3,5)

> var.test(Girls, Boys, ratio=1, alternative="two.sided",
+          conf.level=0.95)
```

```
        F test to compare two variances

data:  Girls and Boys
F = 2.6145, num df = 12, denom df = 10, p-value = 0.1376
alternative hypothesis: true ratio of variances is not equal to 1
95 percent confidence interval:
 0.7220546 8.8202224
sample estimates:
ratio of variances
          2.61452
```

첫 번째와 두 번째 아규먼트에서 두 벡터(변수)를 정의하는데 Girls와 Boys의 순서대로 입력하면 F검정통계량은 $\frac{s_{Girls}^2}{s_{Boys}^2}$로 정의된다. 두 번째로 ratio 아규먼트에서는 검정하고자 하는 영가설이 의미하는 모분산의 비율을 입력한다. 우리가 검정하고자 하는 영가설은 두 모분산이 동일하다는 것이므로 비율은 1이 된다. 마지막으로 양방검정임을 설정하는 아규먼트와 95% 신뢰구간을 요구하는 아규먼트를 입력한다.

명령문에 대한 결과로서 F test to compare two variances라는 타이틀이 나타나고 그 아래에 등분산성 검정의 결과가 제공된다. 먼저 검정하고자 하는 두 집단의 점수들은 Girls와 Boys 변수이다. 두 표본분산의 비율인 F검정통계량은 손으로 직접 계산한 값과 동일한 2.615이고, 첫 번째와 두 번째 자유도는 12와 10임을 확인할 수 있다. 다음으로 검정을 위한 p값은 0.138로서 유의수준 5%에서 영가설을 기각하는 데 실패하게 된다. 모분산 비율의 95% 신뢰구간 추정치는 [0.722, 8.820]으로서 손으로 계산한 것과 약간의 차이가 있으나 미세한 차이일 뿐이다. 마지막으로 표본분산의 비율 추정치가 제공된다.

var.test() 함수에서 첫 번째와 두 번째 아규먼트의 순서를 바꾸면 F검정통계량이 $\frac{s_{Boys}^2}{s_{Girls}^2}$로 정의되는 차이만 있을 뿐 검정의 결과는 아래처럼 다르지 않다.

```
> var.test(Boys, Girls, ratio=1, alternative="two.sided",
+          conf.level=0.95)

        F test to compare two variances
```

```
data:  Boys and Girls
F = 0.38248, num df = 10, denom df = 12, p-value =
0.1376
alternative hypothesis: true ratio of variances is not equal to 1
95 percent confidence interval:
 0.1133758 1.3849368
sample estimates:
ratio of variances
         0.3824793
```

F검정통계량의 값이 역수로 바뀌고, 첫 번째와 두 번째 자유도 값이 바뀌고, 95% 신뢰구간의 상한 및 하한도 바뀌었다. 하지만 p값은 바뀌지 않았고, 신뢰구간을 이용한 검정의 결과도 바뀌지 않았다.

제14장 일원분산분석

독립표본 t검정은 두 개의 독립적인 모집단의 평균을 비교하는 것이 목적이었다. 이때 t검정통계량은 두 표본평균의 차이와 통합분산 및 표본크기 등을 이용하여 계산되고, 이 t검정통계량이 특정한 자유도를 갖는 t분포를 따름을 이용해서 검정을 수행하였다. 만약 세 개 이상의 모집단 평균을 비교해야 하는 상황이라면 독립표본 t검정은 적절하지 않을 수 있으며 분산분석(analysis of variance, ANOVA)을 사용하는 것이 제안된다. 평균(mean)의 차이를 비교하는 검정이 왜 분산(variance)분석이란 이름을 갖게 되었는지는 뒤에서 자세히 설명한다. 분산분석은 여러 모집단의 평균을 비교하는 검정방법으로서 F분포를 이용하는 F검정이다. 두 개의 평균비교로 한정된 독립표본 t검정의 일반화된 확장이 분산분석이라고 할 수 있으며, 실질적으로 분산분석은 두 개 이상의 집단 평균 비교에 사용할 수 있다. 특히 이번 장에서는 일원분산분석(one-way ANOVA)이라고 불리는 가장 기본적인 분산분석을 소개하는데, 이는 하나의 종속변수와 하나의 독립변수(집단변수)가 존재하는 상황에서 사용할 수 있는 분산분석이며 독립표본 t검정으로부터 집단의 개수만 증가시킨 분석 방법이다.[59] 분산분석이 왜 필요한지, 분산분석의 원리는 무엇인지, 어떻게 수행하고 결과를 해석하는지 등에 대하여 하나씩 차례대로 설명한다.

14.1. 분산분석의 소개

둘 이상 집단의 평균을 비교하는 방법으로서의 분산분석은 Ronald A. Fisher에 의해 탄생하였다. 1925년 초판 이래로 1962년 14판까지 출판된 20세기 통계학의 전설적인 책이라고 할 수 있는 『Statistical Methods for Research Workers』에 의해서 널

59) 독립표본 t검정을 확장하는 분산분석을 설명하고 있지만, 사실은 종속표본 t검정을 확장하는 분산분석도 존재한다. 이를 일반적으로 반복측정 분산분석(repeated measures analysis of variance)이라고 하는데 이 책에서는 다루지 않는다.

리 알려지게 되었다. 분산분석의 원리와 통계모형 및 검정의 과정을 본격적으로 설명하기에 앞서 가장 먼저 분산분석에서 설정하는 가설과 분산분석의 필요성 및 F검정의 실행을 위한 가정에 대하여 알아본다.

14.1.1. 분산분석의 가설

한 연구자가 100m 달리기 선수들의 기록에 영향을 줄 수 있는 세 가지 방법의 처치를 고려하고 실험을 진행하였다고 가정하자. 표본을 수집하고 무선할당을 통해 세 집단으로 나눈 다음 첫 번째 집단에는 특별한 다이어트(Diet)를 실시하고, 두 번째 집단에는 훈련 프로그램(Training)을 실시하고, 세 번째 집단에는 두 가지 방법을 복합적으로(Composite) 실시하였다. 연구자는 한 달 후에 세 집단의 100m 기록을 측정하여 평균을 비교(comparison)하는 연구를 진행하고자 한다. 처치 후에 15명의 달리기 선수로부터 얻은 자료가 [표 14.1]에 제공된다.

[표 14.1] 100m 달리기 결과(단위: 초)

Group 1 Diet	Group 2 Training	Group 3 Composite
13	14	11
12	13	12
13	13	11
14	12	11
12	14	13

위에서 연구자가 관심 있는 종속변수는 100m 달리기 시간이고, 독립변수는 달리기 시간을 바꾸기 위한 처치(treatment)이다. 여기서 독립변수 또는 처치는 세 개의 수준(levels)을 가지고 있으며, 분산분석에서는 독립변수를 요인(factor)이라고 하는 것이 더욱 일반적이다. 이 요인이라는 개념은 앞에서 R의 구조를 설명할 때 언급한 요인의 개념과 일치하며 범주형 변수(categorical variable)를 의미한다. 이러한 연구 상황에서 분산분석의 영가설과 대립가설은 [식 14.1]과 같다.

$$H_0 : \mu_1 = \mu_2 = \mu_3 \quad \text{vs.} \quad H_1 : Not \;\; H_0 \qquad \text{[식 14.1]}$$

영가설은 세 집단의 모평균이 모두 같다는 것을 의미하며 위의 식처럼 상당히 간단하게 표현된다. 하지만 영가설의 여집합으로 정의되는 대립가설은 그리 간단치 않다. μ_1이 μ_2와는 같은데 μ_3와는 다른 상황도 여집합의 일부이고, μ_2가 μ_3와는 같은데 μ_1과는 다른 상황도 여집합의 일부이며, μ_1, μ_2, μ_3가 모두 다른 것도 여집합의 일부이다. 그러므로 그 모든 상황을 표현할 수 없어 단지 $Not\ H_0$이라고 위에 표기하였다. 대립가설을 $H_0\ is\ false$라고 표현하는 경우도 있다. $Not\ H_0$의 의미는 [식 14.2]와 같이 풀어서 서술될 수 있다.

$$H_0 : \mu_1 = \mu_2 = \mu_3 \quad \text{vs.} \quad H_1 : At\ least\ one\ \mu\ is\ different. \quad \text{[식 14.2]}$$

모든 모평균이 동일하다는 영가설의 여집합은 적어도 하나의 모평균은 동일하지 않다는 의미를 지니는 것이다. 이와 같은 대립가설의 복잡성 때문에 많은 경우에 연구자들은 대립가설을 서술하지 않고 다만 영가설만을 서술한다. 영가설만 서술하여도 당연히 대립가설이 무엇인지 서로 알고 있다는 약속이 있기 때문이다. 그리고 한발 더 나아가 분산분석의 영가설을 서술하지 않고 단순히 분산분석을 수행한다고만 밝히는 것이 더 일반적이다. 분산분석이 어떤 목적을 가지고 검정을 수행하는지 모두가 알고 있기 때문이다.

14.1.2. 분산분석의 필요성

먼저 어떤 방법으로 세 개의 모평균을 비교할 수 있을지 고민해 보도록 하자. 앞에서 독립표본 t검정을 배웠으므로 [식 14.3]과 같은 세 개의 영가설을 세우고 각각의 가설을 유의수준 5%에서 검정할 수 있다.

$$\begin{aligned} H_0 &: \mu_1 = \mu_2 \\ H_0 &: \mu_1 = \mu_3 \\ H_0 &: \mu_2 = \mu_3 \end{aligned} \quad \text{[식 14.3]}$$

세 번의 t검정은 세 집단의 평균을 비교하는 상당히 합리적인 방법으로 보인다. 하지만 위의 방식으로 세 번의 t검정을 하게 되면 가족 제1종오류(familywise Type I error)[60]의 문제가 발생하게 된다. 가족 제1종오류란 여러 번의 관련 있는 검정들에서

60) familywise는 family에 형용사형 접미사 wise가 붙어 있는 단어로서 가족으로 직역하였다. 통계학이나 수학 분야에서는 family란 단어를 상당히 자주 쓰는데 이는 관련 있는 어떤 것들의 집합체라는 의미를 지닌다. 세 번의 t검정은 세 집단의 평균을 비교하기 위한 하나의 목적하에서 파생한 것이므로 모두 다 연관 있는 것이라고 할 수 있고 하나의 family가 될 수 있다.

적어도 한 번의 제1종오류를 범할 확률을 의미한다. 쉽게 말해, 가족 내에서 여러 검정을 실시할 때 가족 전체가 가질 수 있는 제1종오류의 확률을 가리킨다. 가족 제1종오류 α^{FW}(alpha familywise)는 [식 14.4]와 같이 계산할 수 있다.

$$\alpha^{FW} = 1-(1-\alpha)^{number\ of\ comparisons} \qquad \text{[식 14.4]}$$

왜 위와 같은 계산식이 형성되는지 살펴본다. 예를 들어, 위에서 소개한 세 번의 t검정을 각각 유의수준 5%에서 실시한다고 가정하자. 가족 제1종오류는 적어도 한 번의 제1종오류를 범할 확률이다. 확률의 개념에서 '적어도'란 여러 상황을 가정하고 있기 때문에 직접적으로 계산을 하려면 좀 복잡하다. 그래서 이와 같은 계산을 위해서는 먼저 한 번도 제1종오류를 범하지 않는 상황의 확률을 계산하고, 1에서 그 확률값을 빼 주는 방식을 취한다. 첫 번째 t검정에서 제1종오류를 범하지 않을 확률, 즉 옳은 결정을 할 확률은 1에서 유의수준 0.05를 뺀 0.95가 된다. 두 번째 t검정에서도 마찬가지로 0.95가 되고, 세 번째에서도 역시 0.95가 된다. 그러므로 세 번의 t검정에서 한 번도 제1종오류를 범하지 않을 확률은 아래와 같다.

$$0.95 \times 0.95 \times 0.95 = 0.95^3 = (1-0.05)^3 = 0.857$$

유의수준 5%인 세 번의 t검정에서 적어도 한 번의 제1종오류를 범할 확률은 다음과 같이 계산된다.

$$\alpha^{FW} = 1-(1-0.05)^3 = 1-0.857 = 0.143$$

결과를 보면 유의수준 5%로 세 번의 t검정을 실시할 때 적어도 한 번의 제1종오류를 범할 확률은 최대 14.3%에 달하는 것을 알 수 있다.[61] 통계적 검정을 수행할 때 제1종오류는 일정한 수준에서 통제되어야 하는 것이라고 앞에서 언급한 것을 기억할 것이다. 집단이 총 세 개일 때는 세 개의 비교 검정을 실시하므로 14.3%인데, 만약 집단이 네 개일 때는 여섯 개의 비교 검정을 실시하여야 하므로 최대 26.5%가 되고, 다섯 개일 때는 열 개의 비교 검정을 실시하므로 최대 40.1%가 된다. 세 집단 이상의 평균을 비교하는 데 있어서 일반적으로 통용되는 유의수준(5% 또는 1%)을 유지하는 상태에서 검정을

61) 여기서 '최대'라는 표현을 쓴 것은 제1종오류가 반드시 발생하는 것이 아니기 때문이다. 사실 연구자는 검정을 실시하여 어떤 통계적 결정을 내렸을 때, 본인이 옳은 결정을 했는지 제1종오류를 범했는지조차 알 수 없다. 실체적 진실(nature 또는 truth)을 모르기 때문이다. 그러므로 최대 14.3%까지 제1종오류를 범할 위험성이 존재하지만 실제로는 오류를 범하지 않았을 수도 있다.

수행하는 방법이 필요하고, 그 대표적인 방법이 바로 분산분석이다.

14.1.3. 분산분석의 가정

이번 장에서 설명하는 일원분산분석은 독립표본 t검정에서 집단의 개수만 증가시킨 직접적인 확장이라고 할 수 있다. 그러므로 근본적으로 동일한 가정을 지니고 있다. 즉, 연구자의 표본들은 단순무선표본이어야 하며, 원칙적으로 종속변수는 등간척도 또는 비율척도로 수집된 변수여야 하고, 각 모집단의 점수들이 정규분포를 따라야 하며 또한 서로 독립적이어야 한다는 것이다. 그리고 각 집단 간에 서로 독립적이어야 하고 모집단의 분산이 동일해야 한다는 등분산성 가정도 그대로 존재한다. 만약 세 집단을 가정한다면 [식 14.5]와 같은 가설을 세우고 검정을 해서 이를 통과해야 평균차이 검정으로 진행할 수 있다.

$$H_0 : \sigma_1^2 = \sigma_2^2 = \sigma_3^2 \quad \text{vs.} \quad H_1 : Not \ \ H_0 \qquad \text{[식 14.5]}$$

분산분석의 대립가설과 마찬가지로 등분산성 검정의 대립가설은 적어도 하나의 모분산이 다르다는 의미를 지닌다. 이 검정을 실시하기 위하여 앞 장에서 배운 등분산성 F검정을 세 번 실시하는 것은 바로 전에 설명한 대로 가족 제1종오류의 문제에 빠지게 된다. [식 14.5]를 검정하기 위해서는 Levene이 개발한 검정을 실시하는게 일반적인데, 이 검정은 아래에서 설명할 분산분석의 원리를 약간 수정하여 실시하는 F검정의 일종이다. 그러므로 Levene의 등분산성 검정방법은 먼저 분산분석을 설명한 후에 다음 장에서 자세히 설명한다.

14.2. 분산분석 검정의 원리

분산분석 검정의 원리를 이해하는 여러 접근법이 있을 수 있다. 먼저 필자만의 방법으로 t검정통계량을 확장하여 F검정통계량을 설명하고, 다음으로 많은 사람이 이용하는 방식으로 다시 한번 설명한다.

14.2.1. t검정으로부터의 확장

분산분석 F검정은 독립표본 t검정의 확장이므로 분산분석의 원리를 이해하기 위해 먼저 t검정에서 어떻게 검정통계량을 형성하고 검정을 수행했는지 [식 11.15]를 다시 한번 살펴보도록 하자.

$$t = \frac{\overline{X}_1 - \overline{X}_2}{s_p\sqrt{\frac{1}{n_1} + \frac{1}{n_2}}} \sim t_{n_1+n_2-2}$$

위의 t검정통계량은 크게 세 부분으로 이루어져 있는데, 분자는 두 표본평균의 차이이고, 분모에서 s_p는 통합분산에 제곱근을 씌운 통합 표준편차이며, 나머지 제곱근은 표본크기의 함수이다. 이제 위의 t검정통계량을 분산분석의 F검정통계량으로 확장해 보도록 하자. 먼저 t검정통계량의 분자 부분은 표본평균의 차이를 나타내는데, 두 개의 표본평균 $\overline{X}_1$, $\overline{X}_2$가 있을 때 평균의 차이는 $\overline{X}_1 - \overline{X}_2$로 쉽게 수량화가 가능하다. 그런데 만약 세 개의 표본평균 $\overline{X}_1$, $\overline{X}_2$, $\overline{X}_3$가 있다면 위와 같은 방법을 사용할 수 있을까? 단순히 세 번째 표본평균을 빼서 $\overline{X}_1 - \overline{X}_2 - \overline{X}_3$라고 하고 이를 세 집단 간 평균차이라고 하면 도대체 말이 되지 않는다는 것을 모두 알 것이다.

분산분석은 세 개 이상의 표본평균이 존재할 때 이 표본평균들이 서로 얼마나 떨어져 있느냐의 정도, 즉 표본평균의 차이 정도를 분산(variance)을 이용해 수량화한다. 이 책의 초반에서 이미 자세히 설명하였지만 다시 독자들에게 묻는다. 분산이란 무엇인가? 모두 알다시피 분산이란 점수들의 퍼짐의 정도를 수량화한 것이다. 세 개의 표본평균 $\overline{X}_1$, $\overline{X}_2$, $\overline{X}_3$가 있을 때 이 세 평균이 서로 얼마나 차이가 나느냐의 정도를 꼭 뺄셈을 이용하여 정의할 필요는 없는 것이다. 표본평균 $\overline{X}_1$, $\overline{X}_2$, $\overline{X}_3$들은 모두 어떤 값들이므로 이 세 값을 이용하여 분산을 계산하면 그 분산의 크기가 세 표본평균이 서로 차이 나는 정도를 수량화하게 된다. 쉽게 말해, 분산이 크면 세 평균들도 서로 차이가 많이 나고(적어도 하나의 평균은 많이 떨어져 있고) 분산이 작으면 모든 평균들은 서로 비슷하다는 것을 의미하게 된다.

이렇게 F검정통계량의 분자 부분에서 분산을 이용해서 평균의 차이를 수량화하였으니 이제 분모 부분도 적절하게 수정해야 한다. 분자에서 표본평균의 차이를 분산을 이용해 수량화함으로써 발생하는 가장 큰 변화는 점수의 단위가 원래 단위에서 제곱 단위로 바뀌었다는 것이다. 이 부분은 앞에서 분산과 표준편차를 소개할 때 자세히 설명하였다. 그러므로 t검정통계량의 분모에 있는 s_p는 바뀐 분자 부분과 잘 어울리지 않게 된다. F검정통계량의 분자에서 분산을 사용했으므로 분모의 s_p도 분산, 즉 통합분산 s_p^2로 바꾸어 주는 것이 필요하다. 마지막으로 t검정통계량의 분모에 남은 표본크기의 함수도 수정해 주어야 한다. 먼저 s_p를 제곱했듯이 표본크기 부분에서 제곱근을 제거해 준다. 그리고 표본크기 n_1, n_2가 검정통계량의 분모의 분모 부분에 있으므로 이를 분자 부분으로 이동시킨다. 지금까지 t검정통계량을 어떻게 F검정통계량으로 변환시킬 수 있는지 간단한 아이디어를 설명하였으며, 자세한 내용은 뒤에서 수식으로 설명한다.

위에서 설명한 내용을 정리하면, t검정의 t검정통계량을 확장한 분산분석의 F검정통계량은 분자 부분은 표본평균들의 분산과 표본크기의 함수가 어우러져 형성되고, 분모 부분에는 통합분산이 남는 구조다. 일반적으로 분자 부분을 집단간 분산(variance between groups)이라고 하고 분모 부분은 집단내 분산(variance within groups)이라고 한다. 그러므로 개념적으로 F검정통계량을 정의하면 [식 14.6]과 같다.

$$F = \frac{variance\ \ between\ \ groups}{variance\ \ within\ \ groups} \qquad \text{[식 14.6]}$$

위의 식에서 집단간 분산과 집단내 분산은 모두 표본의 평균과 표본의 값들을 이용하여 구한 것들이다. 알다시피 검정통계량은 표본의 요약이고, 당연히 F검정통계량도 모집단에서는 정의되지 않으며 오로지 표본에서만 정의되기 때문이다. 더욱 정확한 표현을 하려면 사실 분자는 집단간 분산의 추정치로 바꾸고 분모는 집단내 분산의 추정치로 하여야 한다. 표본의 추정치들을 이용한 F검정통계량의 정확한 계산식은 뒤에서 다시 보일 것이다.

14.2.2. 집단간 분산과 집단내 분산

위에서 소개한 F검정통계량의 개념적인 정의인 [식 14.6]은 어떤 방식으로 평균의 비교를 할 수 있도록 해 줄까? 결론부터 간단하게 말하자면, 집단간 분산이 클 때는 모든 모평균들이 동일하다는 영가설을 기각할 확률이 올라가게 되고, 집단내 분산이 클 때는 모든 모평균이 동일하다는 영가설을 기각할 확률이 내려가게 된다. 그러므로 나중에 표본의 통계치를 이용하여 F검정통계량을 계산했을 때, 검정통계량의 값이 클수록 모평균이 동일하다는 영가설을 기각하고 처치효과가 있다는 결론을 내리게 된다.

집단간 분산과 집단내 분산의 개념

이와 같은 F검정의 원리는 수리적으로 설명하는 것보다 그림을 이용하면 훨씬 이해하기 쉽다. 본격적인 설명 이전에 먼저 집단간 분산과 집단내 분산이 무엇인지 간략히 이해하기 위해 [그림 14.1]을 제공한다. 아래 그림은 세 표본 집단의 분포의 배치를 통해 집단간 변동성(variability between groups)과 집단내 변동성(variability within groups)을 형상화한다.

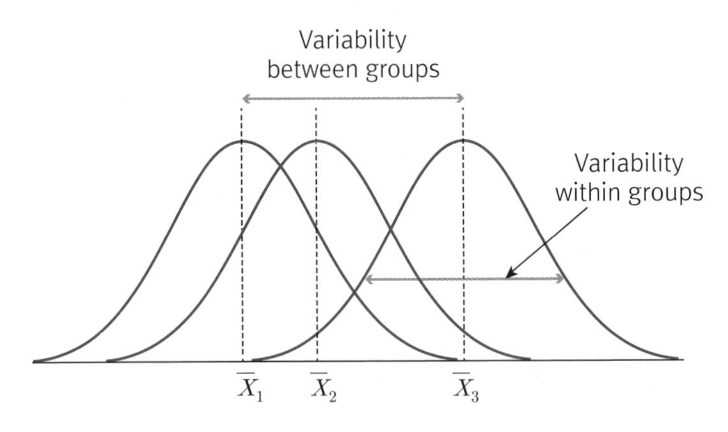

[그림 14.1] 집단간 변동성과 집단내 변동성

그림에서 볼 수 있듯이 집단간 변동성은 각 집단 분포의 중심(표본평균)들 사이에 존재하는 퍼짐의 정도를 가리키며, 집단내 변동성은 한 집단의 분포 내에서 점수들 사이에 존재하는 퍼짐의 정도를 가리킨다. 조금 다른 관점에서 보면, 집단간 변동성은 전체 변동성 중에서 집단평균들에 의해 설명이 되는 변동성(explained variability)이며, 집단내 변동성은 전체 변동성 중에서 집단평균들에 의해 설명이 되지 않는 변동성(unexplained variability)을 의미한다.

집단간 변동성을 수량화하면 집단간 분산(variance between groups)이 되고, 집단내 변동성을 수량화하면 집단내 분산(variance within groups)이 된다. 그리고 그림에서 세 표본 집단 분포의 집단내 변동성의 크기가 거의 동일한 것을 파악할 수 있는데, 이는 분산분석이 독립표본 t검정의 확장이므로 등분산성에 대한 가정을 반영한 것이다. 즉, 분산분석에서는 독립표본 t검정과 마찬가지로 각 집단의 분산이 동일하다

(즉, $\sigma_1^2 = \sigma_2^2 = \sigma_3^2$)는 가정이 존재한다. 그림에는 이 모집단 분산에 대한 가정을 표본 집단의 분산에 충실히 반영하였다. 이 등분산성 가정에 대한 검정은 가족 제1종오류의 문제로 인해 앞 장에서 배운 F검정을 사용할 수는 없다고 하였다. 그러므로 $H_0 : \sigma_1^2 = \sigma_2^2 = \sigma_3^2$를 검정하기 위해서는 다른 종류의 F검정(Levene's test)을 실시해야 하며 이는 앞서 말했듯이 다음 장에서 설명한다.

그렇다면 이러한 집단간 변동성과 집단내 변동성의 원인(source)은 무엇일까? 먼저 집단내 변동성의 원인은 여러 가지를 말할 수 있지만 가장 중요한 것은 개인차(individual differences)라고 할 수 있다. 예를 들어, 앞의 달리기 예제에서 동일한 처치를 받았음에도 불구하고 한 집단의 달리기 선수들이 모두 동일한 시간을 기록하지 않은 것은 개인마다 가지고 있는 능력이 다르고 처치를 받아들이는 개인적 특성이 다르기 때문이다. 대다수의 통계분석 모형에서 개인차는 오차(errors)로 간주하는 것이 일반적이다. 모든 사람이 동일한 능력과 특성을 가지고 있다는 것은 상상하기 어려운 일이므로 통계모형에서 오차는 피할 수 없는 부분이라고 할 수 있다.

다음으로 집단간 변동성의 원인은 조금 더 복잡한데 크게 두 가지로 볼 수 있다. 첫 번째는 처치의 효과(treatment effect)로서 집단들이 각기 다른 처치를 받음으로써 발생하는 집단간 차이다. 이는 각각의 처치가 가진 고유의 효과들이 나타난 결과로서 우리가 분산분석을 통해 확인하고자 하는 것이 바로 이 처치효과의 통계적 유의성이다. 두 번째는 앞에서 설명한 개인차, 즉 오차다. 언뜻 개인의 오차가 어떻게 집단간 변동성을 만들어 낼 수 있을까라고 생각할 수 있는데, 만들어 낼 수 있다. 예를 들어, 처치효과가 전혀 없어서 세 집단의 모평균이 동일하다고 하여도 개인차는 여전히 존재함으로 인해 각 집단의 표본평균들은 다른 값을 가질 수 있는 것이다. 결론적으로 집단간 변동성은 처치효과와 오차가 합해진 형태이다.

집단간 분산과 집단내 분산의 변화와 평균차이

이제 집단간 분산과 집단내 분산이 평균차이의 검정에 어떠한 영향을 주는지 역시 그림으로 알아본다. [그림 14.2]는 두 표본 집단 점수의 분포를 보여 주는데, 고정된 집단내 분산에서 집단간 분산에 변화를 준 경우를 보여 주고 있다. 분산분석은 일반적으로 세 집단 이상일 때 실시하지만, 근본적으로 두 집단 이상에서 사용할 수 있는 것이므로 그림의 간명성을 위해 두 집단을 가정하였다.

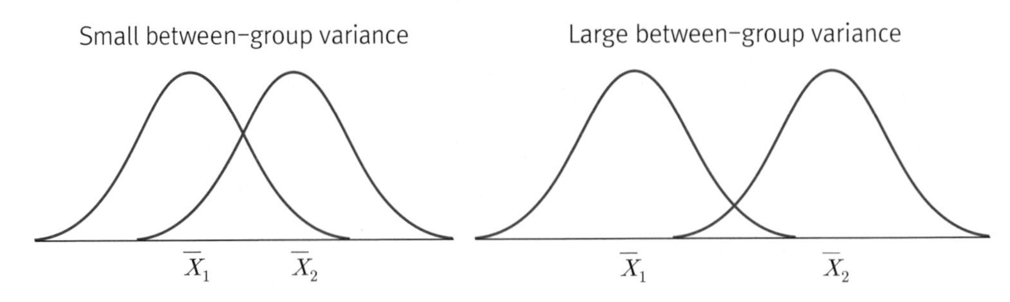

[그림 14.2] 고정된 집단내 분산과 변동하는 집단간 분산

위의 그림에서 일단 모든 집단의 분포는 동일한 집단내 분산을 가지고 있음을 확인할 수 있다. 즉, 각 집단의 분포 내에서 자료의 퍼짐의 정도는 동일함을 가정하였다. 반면 집단간 분산에는 변화를 주었는데, 왼쪽 그림은 낮은 집단간 분산의 정도가 표현되어 있고 오른쪽은 높은 집단간 분산이 표현되어 있다. 두 그림의 차이를 보면 왼쪽 그림에서는 두 분포의 점수들이 겹치는(overlapped) 부분이 상대적으로 많고, 오른쪽 그림에서는 두 분포의 점수들이 상당히 분리되어(separated) 있다. 평균차이를 비교하는 통계적 검정은 확률적으로 두 분포의 점수들이 많이 겹칠 때 영가설을 기각하는 데 실패하고, 분리되어 있을 때 영가설을 기각하는 데 성공하게 되는 구조로 되어 있다. 그러므로 집단내 분산이 일정한 값으로 고정되어 있다면 집단간 분산이 클 때 집단의 점수들은 서로 분리되고 결과적으로 모평균이 동일하다는 영가설을 기각할 확률이 올라가게 된다. 이와는 반대로 [그림 14.3]은 고정된 집단간 분산에서 집단내 분산에 변화를 준 경우를 보여주고 있다.

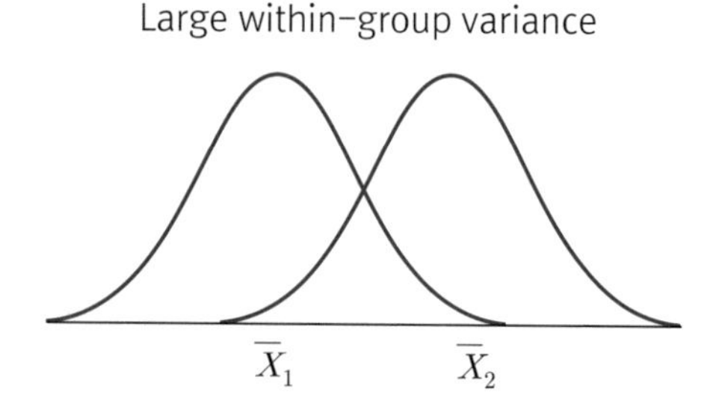

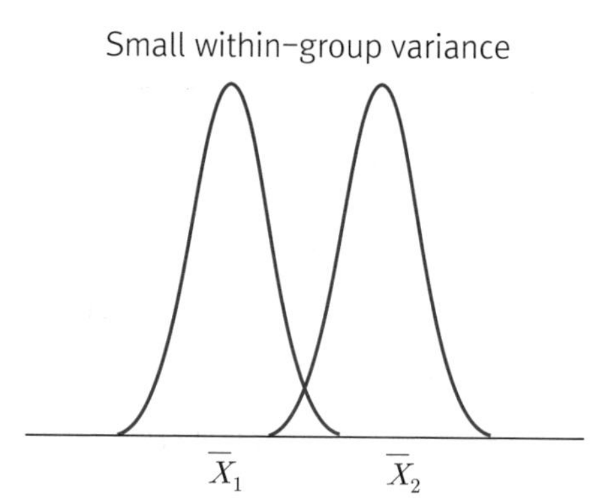

[그림 14.3] 고정된 집단간 분산과 변동하는 집단내 분산

[그림 14.3]에서 위아래 그림 모두 동일한 집단간 분산을 가지고 있음을 확인할 수 있다. 즉, 각 그림에서 집단간 평균의 차이는 동일함을 가정하였다. 반면 집단내 분산에는 변화를 주었는데, 위쪽 그림은 상대적으로 높은 집단내 분산의 정도가 표현되어 있고 아래쪽은 낮은 집단내 분산이 표현되어 있다. 두 그림을 보면 위쪽 그림에는 두 분포의 점수들이 겹치는 부분이 많고, 아래쪽 그림에는 두 분포의 점수들이 상대적으로 더 분리되어 있다. 평균차이 비교 검정은 두 분포의 점수들이 분리되어 있을 때 영가설을 기각하는 데 성공하게 되는 구조로 되어 있다고 하였다. 그러므로 집단간 분산이 일정한 값으로 고정되어 있다면 집단내 분산이 작을 때 집단의 점수들은 서로 분리되고 결과적으로 모평균이 동일하다는 영가설을 기각할 확률이 증가하게 된다.

14.3. 분산분석 검정

이제 본격적으로 어떻게 집단간 분산과 집단내 분산을 추정해서 F검정통계량을 계산해 내고 분산분석을 수행할 것인지 설명한다. 설명과 함께 독자의 이해를 돕기 위해

[표 14.1]에서 소개한 달리기 자료를 이용하여 계산의 예를 보인다. 이때의 계산과정은 모두 세 모집단의 분산이 동일하다는 가정하에 진행한다. 검정의 과정을 모두 이해한 후에 F검정통계량이 이론적으로 어떻게 F분포를 따르는지 표집이론도 간략하게 소개한다.

14.3.1. F검정의 수행

집단내 분산 추정치

분산분석에서 검정통계량의 분모 부분을 차지하는 집단내 분산 추정치는 독립표본 t검정에서 사용했던 통합분산과 수학적으로 일치하며, 통합분산은 s_p^2로 표기하는데 반해 집단내 분산 추정치는 집단내 평균제곱(mean square within)이라고 하며 MS_W (m s within)[62]으로 표기한다. 통합분산은 두 가지 방법으로 계산할 수 있었는데, 한 가지는 [식 11.10]에 제공된 방식으로 각 표본의 분산(s^2)과 자유도(df)를 이용하여 계산한다.

$$s_p^2 = \frac{(n_1 - 1)s_1^2 + (n_2 - 1)s_2^2}{n_1 - 1 + n_2 - 1} = \frac{df_1 s_1^2 + df_2 s_2^2}{df_1 + df_2}$$

또 한 가지는 $s^2 = \frac{SS}{df}$(즉, $SS = df \times s^2$)임을 이용하여 [식 11.12]처럼 제곱합(SS)과 자유도(df)를 이용하여 계산한다.

$$s_p^2 = \frac{SS_1 + SS_2}{n_1 + n_2 - 2} = \frac{SS_1 + SS_2}{df_1 + df_2}$$

분산분석에서의 집단내 분산 추정치 역시 위와 완전히 일치하며 다만 다른 표기법을 사용할 뿐이다. 또한 첫 번째 방법보다는 제곱합을 이용하는 두 번째 방법으로 표기하는 것을 더 선호한다. 만약 달리기 예제처럼 세 집단이 있다고 가정할 때 집단내 분산 추정치 MS_W은 [식 14.7]과 같이 계산할 수 있다.

---

62) 통계학에서 MS(mean square)는 분산 추정치(variance estimate)를 의미한다. 분산 추정치는 점수들의 제곱합을 표본크기(사실은 자유도)로 나눈 값인데, 이는 결국 제곱합들의 평균(mean of squares)을 의미하는 것이다.

$$MS_W = \frac{SS_1 + SS_2 + SS_3}{n_1 + n_2 + n_3 - 3} = \frac{SS_1 + SS_2 + SS_3}{df_1 + df_2 + df_3} \quad \text{[식 14.7]}$$

위에서 각 집단의 제곱합의 합인 $SS_1 + SS_2 + SS_3$는 집단내 제곱합(sum of squares within)이라고 하고 SS_W(s s within)으로 표기한다. 그리고 자유도의 합인 $df_1 + df_2 + df_3$는 집단내 자유도(degrees of freedom within)라고 하고 df_W(d f within)으로 표기한다. 집단내 분산 추정치 MS_W은 [식 14.8]로 다시 쓸 수 있다.

$$MS_W = \frac{SS_W}{df_W} = \frac{SS_W}{N-a} \quad \text{[식 14.8]}$$

위의 식에서 SS_W이 각 표본이 지닌 모든 변동성이라면, MS_W은 자료 하나당 변동성이라고 할 수 있다. 즉, MS_W은 분산이다. 또한 자유도 df_W은 $N-a$로 쓰는 경우가 상당히 흔한데, N은 모든 표본크기들의 합($n_1 + n_2 + n_3$)이며 a는 집단의 개수이다. 집단내 제곱합 SS_W을 계산하는 방법은 [식 14.9]에 제공된다.

$$SS_W = \sum_i \sum_j (X_{ij} - \overline{X}_j)^2 \quad \text{[식 14.9]}$$

위의 식은 모든 개인 i와 모든 집단 j에 대하여 집단내 편차를 제곱하여 더한 값을 의미한다. 이를 세 개의 집단이 있는 상황에 적용하면 [식 14.10]과 같다.

$$\begin{aligned} SS_W &= SS_1 + SS_2 + SS_3 \\ &= \sum_{i=1}^{n_1}(X_{i1} - \overline{X}_1)^2 + \sum_{i=1}^{n_2}(X_{i2} - \overline{X}_2)^2 + \sum_{i=1}^{n_3}(X_{i3} - \overline{X}_3)^2 \end{aligned} \quad \text{[식 14.10]}$$

[표 14.1]에 제공된 달리기 시간 자료를 통해서 집단내 제곱합을 구해 보도록 하자. 먼저 각 집단의 평균을 구해 보면, $\overline{X}_1 = 12.8$, $\overline{X}_2 = 13.2$, $\overline{X}_3 = 11.6$이다. 이를 이용하면 각 집단내의 제곱합과 SS_W을 구할 수 있고, 결과는 아래와 같다.

$$\begin{aligned} SS_1 &= (13-12.8)^2 + (12-12.8)^2 + (13-12.8)^2 + (14-12.8)^2 + (12-12.8)^2 \\ &= 2.8 \end{aligned}$$

$$\begin{aligned} SS_2 &= (14-13.2)^2 + (13-13.2)^2 + (13-13.2)^2 + (12-13.2)^2 + (14-13.2)^2 \\ &= 2.8 \end{aligned}$$

$$\begin{aligned} SS_3 &= (11-11.6)^2 + (12-11.6)^2 + (11-11.6)^2 + (11-11.6)^2 + (13-11.6)^2 \\ &= 3.2 \end{aligned}$$

$$SS_W = 2.8 + 2.8 + 3.2 = 8.8$$

위에서 구한 SS_W을 이용하여 집단내 분산 추정치 MS_W을 구하면 아래와 같다.

$$MS_W = \frac{8.8}{15-3} = \frac{8.8}{12} = 0.733$$

위에서는 SS_W과 df_W을 이용하여 구했지만, 개념적으로 설명하자면 집단내 분산들(s_1^2, s_2^2, s_2^2)을 모두 구해서 그 분산들의 평균을 구한 값이 0.733이라는 의미이다. 그리고 참고로 자유도가 15－3이 되는 이유 역시 꽤 자명하다. 각 집단의 표본평균 $\overline{X}_1 = 12.8$, $\overline{X}_2 = 13.2$, $\overline{X}_3 = 11.6$이 주어진 상태에서 15개의 값들 중에서 자유롭게 변화가 허락된 값들의 개수는 12개이기 때문이다.

집단간 분산 추정치

분산분석에서 F검정통계량의 분자 부분을 차지하는 집단간 분산 추정치는 표본평균들을 이용하여 분산을 구하는 식에 표본크기가 가중치로 곱해지는 형태를 취한다. 집단간 분산 추정치는 집단간 평균제곱(mean square between)이라고 하며 MS_B(m s between)으로 표기하는데, 수식을 이용해 표현하면 [식 14.11]과 같다.

$$MS_B = \frac{SS_B}{df_B} = \frac{SS_B}{a-1} \qquad \text{[식 14.11]}$$

위의 식에서 SS_B(s s between)은 집단간 제곱합(sum of squares between)을 가리키며 각 집단평균을 이용해서 분산을 구하기 위해 먼저 계산해야 하는 값이다. 그리고 자유도 df_B(d f between)은 집단간 자유도(degrees of freedom between)를 의미하며 집단의 개수 a에서 1을 뺀 값으로 정의된다. 먼저 집단이 세 개 있을 때 집단간 제곱합을 구하기 위해서는 아래처럼 각 집단의 표본평균에서 전체평균 $\overline{X}$를 뺀 값들을 제곱하여 더해야 한다. 즉, 제곱합을 구해야 한다.

$$(\overline{X}_1 - \overline{X})^2 + (\overline{X}_2 - \overline{X})^2 + (\overline{X}_3 - \overline{X})^2$$

그런데 이것으로 충분치 않다. 앞서 밝혔듯이 집단간 분산 추정치 MS_B에는 표본크기의 함수가 곱해져 있다. 그 방식은 [식 14.12]처럼 SS_B의 각 항에 표본크기가 가중치로 곱해져 있는 형식이다.

$$SS_B = n_1(\overline{X}_1 - \overline{X})^2 + n_2(\overline{X}_2 - \overline{X})^2 + n_3(\overline{X}_3 - \overline{X})^2$$
$$= \sum_{j=1}^{a} n_j(\overline{X}_j - \overline{X}) \qquad \text{[식 14.12]}$$

즉, 각 집단의 평균과 전체평균을 이용해 구한 제곱에 상응하는 집단의 표본크기가 곱해져 있는 것이다. [표 14.1]에 제공된 달리기 시간 자료를 통해서 집단간 제곱합을 구해 보도록 하자. 먼저 각 집단의 평균은 $\overline{X}_1 = 12.8$, $\overline{X}_2 = 13.2$, $\overline{X}_3 = 11.6$이고, 전체평균 $\overline{X} = 12.5$이다. 이를 이용하면 SS_B은 아래와 같다.

$$SS_B = 5(12.8 - 12.5)^2 + 5(13.2 - 12.5)^2 + 5(11.6 - 12.5)^2 = 6.95$$

지금까지 세 개의 값(세 개의 표본평균들)이 있고, 이를 이용하여 제곱합을 구하는데 각 제곱에 상응하는 표본크기가 곱해져 있는 형태로서 집단간 제곱합을 설명하였다. 위를 기억하는 것만으로 분산분석을 진행하는데는 충분하지만, 사실은 위의 식이 나오게 된 원리가 존재한다. 집단간 제곱합은 표본평균의 수준이라기보다는 모든 개별점수의 수준에서 집단평균과 전체평균의 차이의 제곱합이다. 어떻게 집단평균과 전체평균의 차이가 개별점수의 수준에서 존재할 수 있는지 언뜻 이해가 가지 않을 수도 있지만, 이 개념을 이용하면 집단간 제곱합 SS_B은 [식 14.13]과 같이 표현된다.

$$SS_B = \sum_i \sum_j (\overline{X}_j - \overline{X})^2 \qquad \text{[식 14.13]}$$

위의 식은 모든 개인 i와 모든 집단 j에 대하여 집단간 편차를 제곱하여 더한 값을 의미한다. [식 14.13]과 [표 14.1]에 제공된 달리기 시간 자료를 통해서 집단간 제곱합을 구하기 위한 식은 아래와 같다.

$$\begin{aligned} SS_B = &(12.8 - 12.5)^2 + (12.8 - 12.5)^2 + (12.8 - 12.5)^2 + (12.8 - 12.5)^2 + (12.8 - 12.5)^2 \\ &+ (13.2 - 12.5)^2 + (13.2 - 12.5)^2 + (13.2 - 12.5)^2 + (13.2 - 12.5)^2 + (13.2 - 12.5)^2 \\ &+ (11.6 - 12.5)^2 + (11.6 - 12.5)^2 + (11.6 - 12.5)^2 + (11.6 - 12.5)^2 + (11.6 - 12.5)^2 \\ = &\ 6.95 \end{aligned}$$

위 식에서 첫 번째 항은 $i = 1$, $j = 1$일 때 집단평균과 전체평균의 차이의 제곱이다. 두 번째 항은 $i = 2$, $j = 1$일 때 집단평균과 전체평균의 차이의 제곱이다. 세 번째 항은 $i = 3$, $j = 1$일 때 집단평균과 전체평균의 차이의 제곱이다. 이런 식으로 $j = 1$일 때 총 다섯 개의 제곱항(첫 번째 줄)이 만들어지고, 그 다섯 개의 값은 $(12.8 - 12.5)^2$으로서 모두 동일하다. $j = 1$일 때 i값에 상관없이 집단의 평균은 항상 12.8이고 전체평균은

12.5이기 때문이다. 마찬가지로 $j=2$일 때 $i=1$부터 $i=5$까지 또 다섯 개의 제곱항이 만들어지고, 그 다섯 개의 값은 $(13.2-12.5)^2$으로서 모두 동일하다. $j=3$일 때 역시 $i=1$부터 $i=5$까지 또 다섯 개의 제곱항이 만들어지고, 그 다섯 개의 값은 $(11.6-12.5)^2$으로서 역시 모두 동일하다. 즉, 총 15개의 제곱항이 존재하고, 똑같은 집단평균값이 다섯 개씩 겹치게 되는 것을 확인할 수 있다. 그리고 이 부분이 반영되어 [식 14.12]와 같은 일종의 요약된 SS_B 계산식을 사용할 수 있는 것이다. 위에서 구한 SS_B을 이용하여 집단간 분산 추정치 MS_B을 구하면 아래와 같다.

$$MS_B=\frac{6.95}{3-1}=\frac{6.95}{2}=3.475$$

즉, 집단의 평균들을 이용해서 구한 분산은 3.475라는 의미이다. 이때 집단간 분산을 추정하기 위해 사용된 자유도가 $3-1$이 되는 이유는 앞의 계산식을 통해 알 수 있다. 바로 앞의 SS_B 계산식에 총 15개의 제곱항이 있으나 사실 SS_B을 계산하기 위해 사용된 숫자는 각 집단평균인 12.8, 13.2, 11.6밖에 없다. 전체평균 $\overline{X}=12.5$가 SS_B의 계산을 위해 사용되고 있으므로, $\overline{X}=12.5$가 주어진 상태에서 총 세 개의 집단평균 중에서 자유롭게 변화할 수 있도록 허락된 평균값의 개수는 2이므로 자유도는 2가 된다.

제곱합의 분할

위에서 집단내 분산 추정치와 집단간 분산 추정치를 구하기 위해 집단내 제곱합과 집단간 제곱합을 계산하는 방법을 소개하였는데, 사실 위의 제곱합들은 상당히 특수한 형태의 제곱합이다. 우리가 익히 잘 알고 있는 제곱합은 집단이 하나 있을 때의 제곱합이다. 만약 [표 14.1]의 달리기 자료에서 집단이 구분되어 있지 않고 하나의 집단에 15개의 점수가 있다고 가정하면서 제곱합을 구하게 되면 이를 전체 제곱합(sum of squares total)이라 하고 SS_T(s s total)이라고 표기한다. SS_T은 [식 14.14]와 같이 계산된다.

$$SS_T=\sum_i\sum_j(X_{ij}-\overline{X})^2 \qquad \text{[식 14.14]}$$

위의 식은 모든 개인 i와 모든 집단 j에 대하여 편차를 제곱하여 더한 값을 의미한다. 즉, 15개의 점수에서 전체평균을 빼고 제곱하여 모두 더한 값이다. [표 14.1]에 제공된 달리기 시간 자료를 통해서 전체 제곱합을 구해 보면 아래와 같다.

$$SS_T = (13 - 12.5)^2 + (12 - 12.5)^2 + \cdots + (13 - 12.5)^2 = 15.75$$

만약 위의 전체 제곱합을 자유도 $N-1$, 즉 14로 나눠 분산을 구하게 되면 우리가 익히 잘 알고 있는 분산 추정치가 되는데, 사실 이 분산 추정치는 분산분석 검정통계량 계산에서 사용하지 않는다.

지금까지 구한 세 종류의 제곱합 사이에는 [식 14.15]와 같은 관계가 성립한다.

$$SS_T = SS_B + SS_W \qquad \text{[식 14.15]}$$

달리기 자료에서도 물론 셋 사이의 관계는 아래처럼 성립하게 된다.

$$15.75 = 6.95 + 8.8$$

위는 전체 제곱합이 집단간 제곱합과 집단내 제곱합으로 분할(partitioned)됨을 보여 주는 것으로서 이와 같은 식이 성립하게 되는 이유는 이번 장의 뒤에서 다시 설명하게 될 것이다. 그리고 분산분석의 결과를 보고할 때는 세 개의 제곱합을 모두 보고하는 것이 관행이다. 세 종류의 제곱합 사이에 존재하는 이와 같은 관계는 세 종류의 자유도 간에도 존재하는데 이는 [식 14.16]과 같다.

$$df_T = df_B + df_W \qquad \text{[식 14.16]}$$

역시 달리기 자료에서 셋 사이의 관계는 아래처럼 성립한다.

$$15 - 1 = (3 - 1) + (15 - 3)$$

기본적으로 세 종류의 자유도 역시 모두 분산분석의 결과에 보고하는 것이 표준관행이라고 할 수 있다.

F검정통계량과 F검정

F검정을 수행하기 위한 F검정통계량은 [식 14.6]에 보인 대로 집단간 분산을 집단내 분산으로 나누어 준 값으로 계산된다. 집단간 분산과 집단내 분산의 추정치는 위에서 보였으므로 이를 이용하여 F검정통계량을 구하면 [식 14.17]과 같다.

$$F = \frac{MS_B}{MS_W} = \frac{\frac{SS_B}{a-1}}{\frac{SS_W}{N-a}} \quad \text{[식 14.17]}$$

MS_B과 MS_W을 이용하여 계산한 F검정통계량은 자유도가 $a-1$과 $N-a$인 F분포를 따르게 되어 [식 14.18]과 같이 검정을 수행할 수 있게 된다. 앞 장의 각주에서 F분포의 첫 번째 자유도는 분자의 자유도, 두 번째 자유도는 분모의 자유도라고 부른다고 하였는데 그 이유를 이제 알 것이다.

$$F = \frac{MS_B}{MS_W} \sim F_{a-1, N-a} \quad \text{[식 14.18]}$$

집단의 표본평균이 서로 떨어져 있고 표본크기가 클수록 분자인 MS_B은 커지게 되고, 집단내 점수들이 서로 응집되어 있을수록 MS_W은 작아지게 되며, 이렇게 되면 F검정통계량은 큰 값을 갖게 된다. 즉, 임의의 유의수준하에서 F검정통계량이 F기각값보다 더 크게 될 확률이 커지고 영가설을 기각할 가능성이 올라간다. [표 14.1]에 제공된 달리기 시간 자료를 통해서 구한 집단내 제곱합과 집단간 제곱합 및 상응하는 자유도를 이용하여 F검정통계량을 구해 보면 아래와 같다.

$$F = \frac{\frac{6.95}{3-1}}{\frac{8.8}{15-3}} = \frac{3.475}{0.733} = 4.741$$

위의 F검정통계량을 구하는 데 사용한 분자의 자유도는 2이고 분모의 자유도는 12이므로 위의 검정통계량은 $F_{2,12}$분포를 따른다. 유의수준 5%를 가정할 때, $F_{2,12}$분포에서 극단적인 영역은 [그림 14.4]처럼 분포의 오른쪽 꼬리 쪽에 형성이 된다.

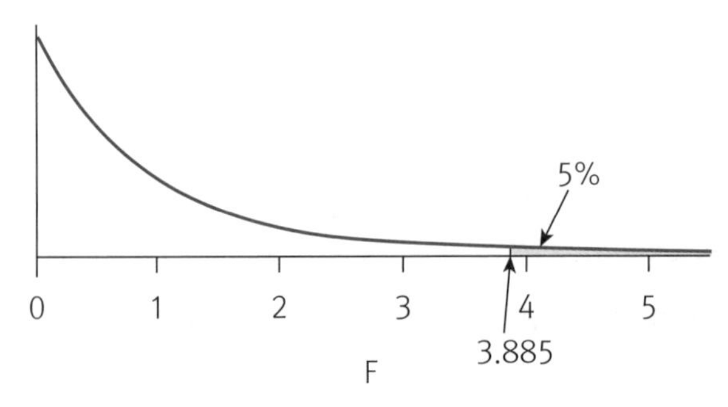

[그림 14.4] $F_{2,12}$분포에서 오른쪽 누적확률 5%와 F값

기각값은 $\alpha = 0.05$에 해당하는 F분포표를 이용하든지 아래처럼 R 프로그램의 qf() 함수를 이용하여 3.885임을 찾을 수 있다.

```
> qf(0.05, df1=2, df2=12, lower.tail=FALSE)
[1] 3.885294
```

qf() 함수의 마지막 아규먼트 lower.tail이 FALSE로 설정되어 위꼬리, 즉 오른쪽 누적확률 5%에 해당하는 F값을 구하게 된다. 의사결정의 규칙은 '만약 $F > 3.885$라면 H_0을 기각한다'가 된다. $F = 4.741$임을 앞에서 계산해 놓았으므로 유의수준 5%에서 $H_0 : \mu_1 = \mu_2 = \mu_3$를 기각하게 된다. 즉, 세 집단 중에서 적어도 한 집단의 모평균은 나머지 집단의 모평균과 다르다고 결정 내리게 된다. 그리고 이와 같은 모든 계산과정은 분산분석표(ANOVA table)를 이용하여 [표 14.2]처럼 보고하는 것이 오랜 관행이다.

[표 14.2] 달리기 자료의 분산분석표

Source of Variation	SS	df	MS	F
Between groups	6.95	2	3.475	4.741
Within groups	8.8	12	0.733	
Total	15.75	14		

표의 첫 번째 열에는 분산원(source of variation)이 어디인지를 나타내 주고, 다음 열에는 변동성의 총 크기인 제곱합(SS)과 자유도(df)가 제공된다. 제공된 제곱합과 자유도를 이용하여 추정한 집단간 분산($MS_B = 3.475$)과 집단내 분산($MS_W = 0.733$)이 평균제곱(MS) 열에 나타나고, 마지막으로 MS_B을 MS_W으로 나눈 F검정통계량 4.741이 보인다. 컴퓨터 프로그램을 이용하여 결과를 받아 보았을 때는 위의 표 오른쪽에 p값이 더해지게 되는 것이 일반적이다.

위와 같이 분산분석표를 작성하는 것은 사실 과거에 컴퓨터가 존재하지 않았을 때의 관행이 지금까지 전해진 것인데, 최근에는 분산분석의 결과를 보고할 때 위와 같이 자세히 모든 값을 제공하지 않고 단순히 F검정통계량과 자유도 및 p값만 보고하는 것이 더 일반적이라고 할 수 있다. 참고로 만약 p값을 직접 구하고자 하면 $F_{2,12}$분포에서 $\Pr(F > 4.741)$의 확률을 구하면 되는데, 이를 R의 pf() 함수를 이용해서 구해 보면 아래와 같다.

```
> pf(4.741, df1=2, df2=12, lower.tail=FALSE)
[1] 0.0303836
```

pf() 함수의 마지막 아규먼트 lower.tail이 FALSE로 설정되어 오른쪽 누적확률을 구하게 된다. $p = 0.030$으로 F검정 결과는 $p < .05$ 수준에서 통계적으로 유의하다고 결론 내릴 수 있다. 위의 결론을 통합하여 미국심리학회(American Psychological Association, APA)에서는 $F(2,12) = 4.741$, $p < .05$ 또는 $p = .03$으로 보고하는 것을 제안한다. 이와 같은 형식을 APA style이라고 한다.

분산분석의 효과크기

F검정의 맥락에서 사용하는 몇 가지의 효과크기를 소개하고자 한다. 앞 장에서 설명했다시피 효과크기는 모집단에서 정의하고 표본을 이용하여 추정하게 되므로 아래의 논의에서 효과크기 모수는 표기법 그대로 사용하고, 효과크기 추정치는 ^(hat)을 붙여서 둘을 구별하고자 한다. 그리고 사실 효과크기의 수식은 종류에 따라 모집단과 표본에서 미세하게 다르기도 한데, 여기에서는 표본에서 정의되는 수식을 제공하여 연구자가 실제 연구에서 추정할 수 있도록 한다.

가장 먼저 소개할 분산분석 맥락에서의 효과크기는 η^2(eta squared)이다. η^2는 상관계수 비율(correlation ratio)이라고 불리기도 하는데, 모집단에서는 설명된 분산의 비율(variance explained by the model)로 정의된다. 이는 종속변수에 존재하는 분산 중에서 독립변수에 의해 설명되는 분산의 비율을 의미한다. η^2 추정치는 [식 14.19]와 같이 집단간 변동성을 전체 변동성으로 나눈 값으로 정의된다.

$$\hat{\eta}^2 = \frac{SS_B}{SS_T} \quad [식\ 14.19]$$

위의 식을 보면 $\hat{\eta}^2$(eta hat squared)는 종속변수에 존재하는 전체 변동성 중에 독립변수(집단 차이)에 의해 설명되는 변동성의 비율로 계산된다. 이는 의미상으로 독립변수와 종속변수의 관계의 정도로 정의할 수 있다. 관계의 정도가 강할수록 설명되는 비율이 높아질 것이기 때문이다. η^2는 양적 종속변수와 질적 독립변수의 관계에 사용되며 수학적으로는 제20장에서 소개할 회귀분석(regression analysis)에서 정의되는 R^2(r squared)와 동일하다. 동일한 효과크기를 분산분석에서는 η^2, 회귀분석에서는 R^2로 사용하는 것이다. η^2는 정의의 단순성으로 인해 매우 많이 사용되고 있는 효과크기의 종류이기는 하지만 약점도 가지고 있는데, 표본을 이용하여 추정한 $\hat{\eta}^2$가 기본적으로 모집단의 효과크기(설명된 분산의 비율)를 과대추정하는 경향이 있다는 것이다. 이 편향(bias)은 표본크기가 커짐에 따라 줄어들게 된다. 달리기 예제의 자료를 이용하여 η^2를 추정하면 아래와 같다.

$$\hat{\eta}^2 = \frac{6.95}{15.75} = 0.441$$

즉, 종속변수인 달리기 시간에 존재하는 분산 중에서 집단간 차이에 의해 설명되는 비율은 44.1%라고 할 수 있다. 이 수치는 경험적으로 보면 상당히 높은 값이며 실제 자료의 분석에서 항상 이렇게 높은 $\hat{\eta}^2$를 기대할 수는 없다.

다음으로 소개할 분산분석 맥락에서의 효과크기는 ω^2(omega squared)이며, 개념적으로 η^2와 매우 유사하다. 다시 말해, ω^2는 설명된 분산의 비율, 즉 집단간 분산을 전체 분산으로 나눈 값으로 정의되며 [식 14.20]과 같은 방식으로 추정한다.

$$\hat{\omega}^2 = \frac{SS_B - (a-1)MS_W}{SS_T + MS_W} \quad \text{[식 14.20]}$$

위의 식은 독립표본 t검정의 확장으로서의 분산분석 모형에 해당되며, 종속표본 t검정의 확장으로서의 분산분석인 반복측정 분산분석에는 적용될 수 없다. ω^2는 η^2처럼 의미상으로 독립변수와 종속변수의 관계의 정도로 이해할 수 있다. $\hat{\eta}^2$가 설명된 분산의 비율의 과대추정치인 반면에 $\hat{\omega}^2$(omega hat squared)는 좀 덜 편향된(less biased) 추정치라고 할 수 있다. 결론적으로 $\hat{\omega}^2$는 $\hat{\eta}^2$보다 더 정확한 효과크기 추정치이며 많은 통계학자가 ω^2의 사용을 권한다. 하지만 실질적으로 사회과학 여러 분야에서는 수식의 간명성으로 인해 η^2를 더 많이 사용하고 있는 것으로 보인다.

$\hat{\omega}^2$는 −1에서 +1 사이의 값을 가지며, $\hat{\omega}^2 = 0$에 가까운 값을 가질수록 효과가 없음을 의미하게 된다. 참고로 $\hat{\omega}^2 = 0$은 $F = 1$을 의미한다.[63] Kirk(1995)는 ω^2의 크기에 따라 [식 14.21]과 같이 작은 효과크기, 중간 효과크기, 큰 효과크기로 가이드라인을

주기도 하였다.

$$\begin{aligned} \omega^2 &= 0.010 : small\ \ effect\ \ size \\ \omega^2 &= 0.059 : medium\ \ effect\ \ size \\ \omega^2 &\geq 0.138 : large\ \ effect\ \ size \end{aligned} \qquad \text{[식 14.21]}$$

달리기 예제의 자료를 이용하여 ω^2를 추정하면 아래와 같다.

$$\hat{\omega}^2 = \frac{6.95-(3-1)0.733}{15.75+0.733} = 0.333$$

Kirk의 가이드라인에 따르면 역시 상당히 강력한 효과가 존재함을 알 수 있다. 즉, 종속변수인 달리기 시간에 존재하는 분산 중에서 집단간 차이에 의해 설명되는 비율은 33.3%라고 할 수 있다. 과대추정된 $\hat{\eta}^2$에 비하여 대략 10% 정도가 더 작은 값을 나타내고 있음을 볼 수 있다.

마지막으로 소개할 분산분석 맥락에서의 효과크기는 Cohen's d의 확장이라고 할 수 있는 Cohen's f^2(f squared) 또는 $f(=\sqrt{f^2})$이다. f^2 역시 ω^2나 η^2처럼 의미상으로 독립변수와 종속변수의 관계의 정도로 이해할 수 있다. 분산분석에서는 f^2보다 f를 사용하는 것이 일반적이며 f의 추정치는 [식 14.22]와 같다.

$$\hat{f} = \sqrt{\frac{SS_B}{SS_W}} \qquad \text{[식 14.22]}$$

$\hat{f}$(f hat)은 이미 추정된 $\hat{\eta}^2$ 또는 $\hat{\omega}^2$를 이용하여 [식 14.23]과 같이 추정하기도 한다. 참고로 아래 식에서 $\hat{\eta}^2$를 이용한 식은 [식 14.22]와 같은 결과를 준다.

$$\hat{f} = \sqrt{\frac{\hat{\eta}^2}{1-\hat{\eta}^2}} \quad \text{또는} \quad \hat{f} = \sqrt{\frac{\hat{\omega}^2}{1-\hat{\omega}^2}} \qquad \text{[식 14.23]}$$

위의 식을 사용하면 결국 $\hat{f}$의 정확성은 추정을 위해 사용된 설명된 분산의 비율 추정

63) 모수의 관점에서 ω^2는 0~1 사이에서 움직여야 하고, F검정통계량도 집단간분산/집단내분산의 관점에서 봤을 때는 원칙적으로 1 이하의 값을 가질 수가 없다. 하지만 표본에서는 MS_B 또는 SS_B의 추정 편향(estimation bias)으로 인해서 $\hat{\omega}^2$가 음수값을 취할 수 있고, F 역시 1보다 작은 값을 가질 수 있다. 자세한 설명은 이 책의 범위를 벗어나므로 생략한다.

치인 $\hat{\eta}^2$와 $\hat{\omega}^2$에 따라 달라지게 된다. 효과크기 f는 실험의 표본크기를 결정하거나 하는 상황에서 상당히 자주 쓰이는 효과크기인데, Cohen(1988)은 f의 크기에 따라 [식 14.24]와 같이 가이드라인을 주었다.

$$\begin{aligned} f &= 0.10 : small\ effect\ size \\ f &= 0.25 : medium\ effect\ size \\ f &\geq 0.40 : large\ effect\ size \end{aligned} \quad \text{[식 14.24]}$$

달리기 예제의 자료와 [식 14.22]를 이용하여 f를 추정하면 아래와 같다.

$$\hat{f} = \sqrt{\frac{6.95}{8.8}} = 0.889$$

[식 14.23]처럼 $\hat{\eta}^2$나 $\hat{\omega}^2$를 이용하여 추정하면 아래와 같다.

$$\hat{f} = \sqrt{\frac{0.441}{1-0.441}} = 0.888, \ \hat{f} = \sqrt{\frac{0.333}{1-0.333}} = 0.707$$

어떤 방법을 이용하더라도 역시 상당히 큰 효과크기가 존재함을 확인할 수 있다.

14.3.2. F검정의 표집이론

앞 장들에서 $\overline{X}$의 표집분포, z검정통계량의 표집분포, t검정통계량의 표집분포 등을 모두 이해하였다면 연구자의 실제 표본들에 기반한 F검정통계량이 이론적으로 따르는 표집분포를 구하는 과정 역시 크게 다르지 않으므로 이해하는 데 문제는 없을 것이다. 앞 장의 과정들과 그다지 다르지 않으므로 매우 간략하게 그림을 통해 소개한다. 연구자는 세 집단의 모평균을 비교하고자 하며 세 개의 표본을 가지고 있다. 검정하고자 하는 가설은 $H_0 : \mu_1 = \mu_2 = \mu_3$이다.

일단 가상적인 표집의 과정을 설명하기 위해 두 집단을 가정하여도 별 상관은 없으나 F검정은 일반적으로 세 집단 이상일 때 실시하게 되므로 세 개의 모집단이 있다고 가정하자. 세 개의 모집단으로부터 [그림 14.5]처럼 $n_1 = 30$, $n_2 = 40$, $n_3 = 50$인 무한대의 표집을 실시한다. 이때 한 표집의 차수에 속한 세 개의 가상표본들이 하나의 세트를 이루고 있다고 가정한다. 다시 말해, 아래의 그림에서 표본 1(Sample 1) 세 개, 표본 2(Sample 2) 세 개, 표본 ∞(Sample ∞) 세 개 등이 서로 하나의 묶음이다.

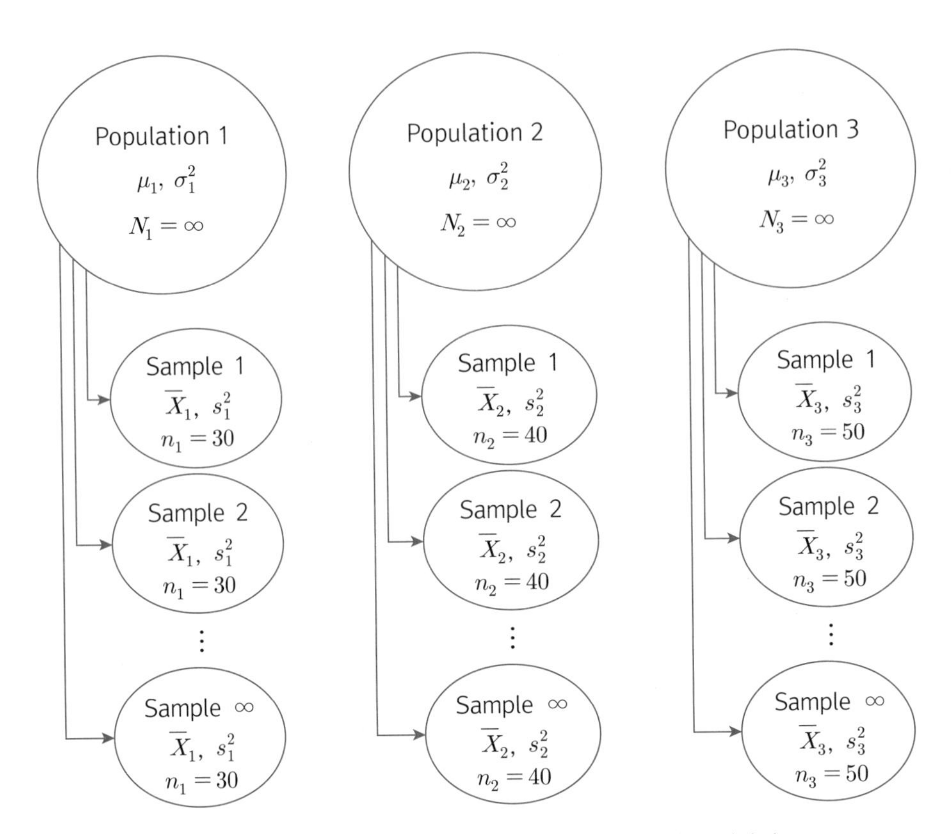

[그림 14.5] F의 표집분포를 구하기 위한 반복적인 표집과정

위의 가상적인 표집과정에서 표본 1 세 개를 이용하면 가상적으로 $\overline{X}_1$, $\overline{X}_2$, $\overline{X}_3$를 구할 수 있고, SS_1, SS_2, SS_3도 구할 수 있으며, 자유도 역시 구할 수 있으므로 F검정통계량을 계산할 수 있다. 마찬가지로 표본 2 세 개를 이용하여도 가상적으로 F검정통계량을 계산할 수 있다. 이와 같은 작업을 계속하여 반복하면 연구자는 가상적으로 무한대의 F검정통계량을 갖게 된다. 이 무한대의 가상적인 F검정통계량은 자유도가 $2(=3-1)$와 $117(=30+40+50-3)$인 F분포를 따르게 된다. 연구자는 이를 이용하여 자신이 실제로 가진 F검정통계량이 이론적으로 따르는 분포를 파악하게 되고 F검정을 실시할 수 있게 된다.

14.4. 분산분석의 모형

모든 통계적 방법들은 통계적 모형(statistical model)을 가지고 있는데, 분산분석 역시 효과모형(effects model) 또는 선형효과모형(linear effects model)이라고 불리는 고유의 모형을 가지고 있다. 통계적 모형이라 하면 분석의 원리가 담긴 수식(equations)을 의미한다. 앞에서 배운 분산분석의 원리와 수행방법만으로도 검정을 이해하고 사용하는 데 문제가 없다고 생각하지만, 일원분산분석의 모형과 그 모형을 이끌어 낸 간단한 원리를 그림과 식을 이용하여 소개하고자 한다. 통계학 전체에서 매우 중요한 위치를 차지하고 있는 분산분석의 모형 생성 원리를 이해함으로써 향후 더욱 발전적인 모형들 또한 이해할 수 있는 힘이 생길 것으로 믿는다.

일원분산분석 모형을 소개하기 위해 먼저 [표 14.1]에서 소개했던 달리기 예제의 모집단을 떠올려 보도록 하자. [그림 14.6]은 세 모집단의 분포를 임의로 전개하고, 전체평균 μ와 집단평균 $\mu_j(\mu_1, \mu_2, \mu_3)$ 및 임의의 달리기 점수 X_{ij}(j번째 집단의 i번째 사람의 달리기 시간)의 값을 위치한 것이다.

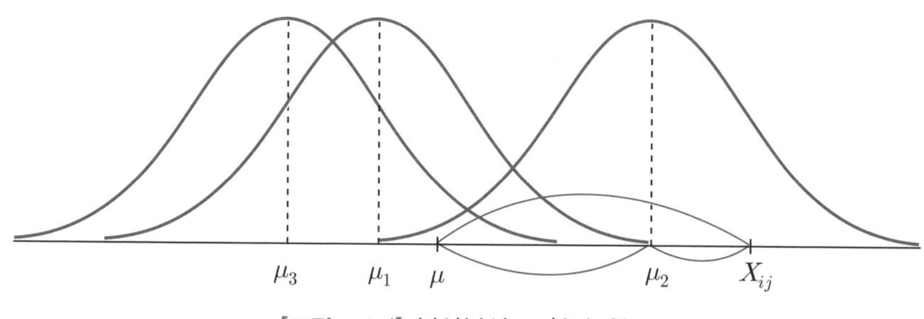

[그림 14.6] 분산분석 모형의 원리

대부분의 통계적 모형은 임의의 점수를 체계적으로(systematically) 표현하는 과정이라고 할 수 있다. 위의 그림에서 임의의 점수 X_{ij}가 두 번째 집단에 소속되어 있다고 가정하면, 이를 X_{i2}라고 표현할 수 있고 X_{i2}는 [식 14.25]와 같이 조직적으로 표현할 수 있다.

$$X_{i2} = \mu + (\mu_2 - \mu) + (X_{i2} - \mu_2) \qquad \text{[식 14.25]}$$

위의 식은 두 번째 집단에 속한 개별점수 X_{i2}가 전체평균 μ, 두 번째 집단평균 μ_2와 전체평균 μ의 차이, 개별점수 X_{i2}와 두 번째 집단평균 μ_2의 차이의 합으로 이루어져 있음을 표현하고 있다. [그림 14.6]에 두 번째 집단평균과 전체평균의 차이($\mu_2 - \mu$) 및 개별점수와 두 번째 집단평균의 차이($X_{i2} - \mu_2$)가 표시되어 있다. 위의 식을 좀 더 일반화시켜서 X_{ij}를 설명하고자 하면 [식 14.26]과 같다. 다시 말해, X_{ij}가 두 번째 집단에 속해 있다는 임의의 가정을 하지 않고, j번째 집단에 속해 있다는 가정하에 [식 14.26]과 같이 설명할 수 있다.

$$X_{ij} = \mu + (\mu_j - \mu) + (X_{ij} - \mu_j) \quad \text{[식 14.26]}$$

위의 식은 임의의 개별점수 X_{ij}가 전체평균 μ, 집단평균 μ_j와 전체평균 μ의 차이, 개별점수 X_{ij}와 집단평균 μ_j의 차이의 합으로 이루어짐을 표현하고 있다. 위의 식을 일원분산분석의 효과모형으로 고쳐 쓰면 [식 14.27]과 같다.

$$X_{ij} = \mu + \alpha_j + e_{ij} \quad \text{[식 14.27]}$$

위에서 $\alpha_j = \mu_j - \mu$이고 $e_{ij} = X_{ij} - \mu_j$를 가리킨다. α_j는 j번째 집단의 효과(treatment effect 또는 group effect)로서 처치로 인해(집단의 특성으로 인해) 그 집단의 평균이 전체평균과 얼마나 다른가를 나타내는 값이다. 쉽게 말해, 분산분석에서 말하는 효과란 일반적으로 이와 같은 평균차이를 의미한다. e_{ij}는 집단의 효과로 설명할 수 없는 오차(errors)로서 동일한 처치를 받았음에도(동일한 집단에 소속되어 있음에도) 불구하고 개별점수가 그 집단의 평균과 보이는 차이를 나타내는 값이다. 정리하면, X_{ij}는 전체평균 μ와 집단의 효과 α_j 및 오차 e_{ij}의 합으로 이루어져 있으며, 위의 효과모형에서 X_{ij}는 μ, α_j, e_{ij}에 의해서 완벽하게 설명할 수 있다고 가정한다. 다시 말해, μ, α_j, e_{ij}에 대한 정보만 있으면 X_{ij}값을 구할 수 있다. 또한 이 세 요소들은 서로 독립적인(independent) 정보를 지니고 있다고 가정하는데, 이는 α_j가 양수라고 하여 j번째 집단에서 발생하는 e_{ij}들이 양수일(또는 음수일) 이유는 없다는 것을 의미한다. 즉, e_{ij}는 무선적으로 발생하는 오차라는 것을 가리킨다.

위에서 효과모형을 이끌어 내기 위해 모든 집단이 모집단임을 가정하였다. 실제의 실험이나 연구 및 통계분석은 모집단이 아닌 표본을 이용하게 되므로 모수를 이용하는 [식 14.26]은 통계치를 이용하여 [식 14.28]과 같이 표현될 수 있다.

$$X_{ij} = \overline{X} + (\overline{X}_j - \overline{X}) + (X_{ij} - \overline{X}_j) \quad \text{[식 14.28]}$$

위의 식에서 우변에 있는 $\overline{X}$를 좌변으로 넘기면 [식 14.29]와 같이 고쳐 쓸 수 있다.

$$(X_{ij} - \overline{X}) = (\overline{X}_j - \overline{X}) + (X_{ij} - \overline{X}_j) \quad \text{[식 14.29]}$$

위의 식에서 $X_{ij}-\overline{X}$는 개별점수에서 전체평균을 뺀 값으로서 전체 편차(total deviation)라고 하고, $\overline{X}_j-\overline{X}$는 집단평균에서 전체평균을 뺀 값으로서 집단간 편차(between-group deviation)라고 하며, $X_{ij}-\overline{X}_j$는 개별점수에서 집단평균을 뺀 값으로서 집단내 편차(within-group deviation)라고 한다. 앞에서 구했던 전체 제곱합 SS_T, 집단간 제곱합 SS_B, 집단내 제곱합 SS_W은 모두 이와 같은 편차의 정의를 이용하여 구하게 되는 값들이다. 편차의 의미를 파악한 지금 다시 한번 제곱합의 식들을 써 보면 아래와 같다.

$$SS_T=\sum_i\sum_j(X_{ij}-\overline{X})^2,\ SS_B=\sum_i\sum_j(\overline{X}_j-\overline{X})^2,\ SS_W=\sum_i\sum_j(X_{ij}-\overline{X}_j)^2$$

결국 [그림 14.6]을 통해 분산분석의 모형을 도출해 내지 않았다면 분산분석의 모든 계산은 가능하지 않고 분산분석도 존재할 수 없게 된다. 분산분석을 설명할 때 분산분석의 모형을 가장 먼저 보이는 책들도 있고 아예 보여 주지 않는 책들도 있는데, 우리 책에서는 모형의 도출 과정 없이 모든 내용을 설명한 후에 원리의 이해를 위하여 추가하는 방식을 사용하였다.

14.5. 분산분석의 예

앞에서 분산분석 검정의 실행 방법을 설명하며 [표 14.1]의 자료를 이용하여 F검정을 실시하는 방법을 보였다. 이제 R을 이용하여 어떻게 그와 같은 검정을 진행할 수 있는지 보이고자 한다. 여기에서는 앞서와 마찬가지로 등분산성은 만족되었다는 가정하에 진행한다. 앞 장의 사탕 예제에서 R을 이용하여 독립표본 t검정을 실시할 때 자료는 [표 11.2]처럼 long format으로 정리한다고 하였다. 마찬가지로 분산분석을 위해서도 자료는 [표 14.3]처럼 입력되어 있어야 한다.

[표 14.3] 달리기 시간과 처치

times	method	treatment
13	1	Diet
12	1	Diet
13	1	Diet
14	1	Diet
12	1	Diet
14	2	Training
13	2	Training
13	2	Training
12	2	Training
14	2	Training
11	3	Composite
12	3	Composite
11	3	Composite
11	3	Composite
13	3	Composite

위의 자료에서 시간(times)은 종속변수로서 처치 후의 100m 달리기 시간을 의미한다. 방법(method)과 처치(treatment)는 독립변수(집단변수)로서 똑같은 변수인데, 방법은 값이 숫자 1, 2, 3으로 코딩되어 있고 처치는 문자열을 이용하여 코딩되어 있는 상태이다. R에서는 이 차이가 중요한 의미를 가질 수 있으므로 둘 모두 설명하고자 한다.

위의 자료는 Running.xlsx라는 Excel 파일에 저장이 되어 있다. 환경판의 Import Dataset을 이용하여 R로 읽어 들이면 R에는 Excel 파일명과 동일한 데이터 프레임이 생성되고, Running을 실행하면 데이터 프레임 Running의 내용이 아래처럼 나타난다.

```
> Running
# A tibble: 15 x 3
   times method treatment
   <dbl>  <dbl> <chr>
 1    13      1 Diet
 2    12      1 Diet
 3    13      1 Diet
 4    14      1 Diet
 5    12      1 Diet
```

```
 6    14      2 Training
 7    13      2 Training
 8    13      2 Training
 9    12      2 Training
10    14      2 Training
11    11      3 Composite
12    12      3 Composite
13    11      3 Composite
14    11      3 Composite
15    13      3 Composite
```

Running 데이터 프레임에서 times와 method는 실수 형식(double)이고 treatment는 문자 형식(character)으로 인식이 되어 있다. 위의 자료를 이용하여 분산분석을 실행하기 위해서는 aov() 함수를 이용하여 다음과 같이 분산분석을 실행한다.

```
> ANOVA1 <- aov(times~treatment, data=Running)
> summary(ANOVA1)
            Df Sum Sq Mean Sq F value Pr(>F)
treatment    2  6.933   3.467   4.727 0.0306 *
Residuals   12  8.800   0.733
---
Signif. codes:
0 '***' 0.001 '**' 0.01 '*' 0.05 '.' 0.1 ' ' 1
```

aov() 함수의 첫 번째 아규먼트는 formula로서 앞의 t검정에서도 설명한 바 있듯이 ~ 표시의 왼쪽에는 종속변수 times, 오른쪽에는 독립변수 treatment를 설정한다. 다음으로 data 아규먼트에 데이터 프레임의 이름 Running을 지정하면 된다. 이와 같은 aov() 함수의 실행 결과는 ANOVA1이라는 리스트(list)에 저장한다. 저장한 분산분석의 결과인 ANOVA1을 이용하여 summary() 함수를 실행하면 분산분석표를 받아 볼 수 있다.

제공된 분산분석표에서 treatment는 집단간을 의미하고 Residuals는 집단내를 의미한다. 집단간 변동성은 treatment 집단으로 인하여 발생한 것이므로 집단간은 treatment라고 표시되어 있는 것이고, Residuals는 통계학에서 errors와 동일한 의미의 단어로서 집단내 변동성은 오차라고 앞에서 밝힌 바 있다. 다음 열에는 자유도(Df)와 제곱합(Sum Sq)이 차례대로 나타나고 이를 이용하여 계산한 평균제곱(Mean Sq)이 보인다.

다음으로는 평균제곱들의 비율(ratio)을 이용하여 구한 F검정통계량(F value)과 F값을 이용하여 구한 p값(Pr(>F))이 제공된다.

R이 제공한 분산분석표에 나타나는 모든 값이 손으로 직접 계산한 값과 거의 다르지 않다. 그리고 p값의 오른쪽에는 *(asterisk 또는 star)가 한 개 제공되는데 이것이 무엇을 의미하는지는 결과의 가장 마지막 줄에 설명된다. * 표시 한 개는 $\alpha = 0.05$에서 통계적으로 유의한 결과라는 의미로서 $p < .05$ 수준에서 통계적으로 유의하다라고 표현하는 것이 일반적이다. 만약 $p = 0.0031$이었다면 $p < .01$ 수준에서 통계적으로 유의하게 되므로 두 개의 *, 즉 **가 표의 가장 오른쪽에 제공되었을 것이다.

다음으로 분산분석 모형의 실질적인 유의성을 확인하기 위해 효과크기를 추정하고자 한다. 앞 장에서 효과크기를 추정할 때 직접 함수를 만들었던 것을 기억할 것이다. 실제로 다양한 효과크기를 추정하기 위해 매번 함수를 만들 수는 없으며 R의 sjstats 패키지(Lüdecke, 2018)를 이용하면 매우 편리하다. sjstats 패키지를 검색하여 설치하고 R로 로딩한 다음에 아래와 같이 eta_sq(), omega_sq(), cohens_f() 함수를 실행하면 된다.

```
> eta_sq(ANOVA1)
       term etasq
1 treatment 0.441

> omega_sq(ANOVA1)
       term omegasq
1 treatment   0.332

> cohens_f(ANOVA1)
       term  cohens.f
1 treatment 0.8876254
```

분산분석의 결과가 저장된 ANOVA1 리스트를 이용하여 각 효과크기를 구할 수 있는 함수들이다. 이렇게 R을 이용하여 추정된 η^2, ω^2, f의 값이 손으로 직접 계산한 값과 다르지 않음을 확인할 수 있다.

분산분석을 실시할 때 박스플롯을 이용하여 집단 간 자료의 분포를 시각화해 주는 것은 관행이라고 할 수 있다. [그림 14.7]의 박스플롯을 출력하기 위한 R 명령어가 아래에 제공된다.

```
boxplot(times~treatment, data=Running,
        main="Boxplot of Times by Treatment groups")
```

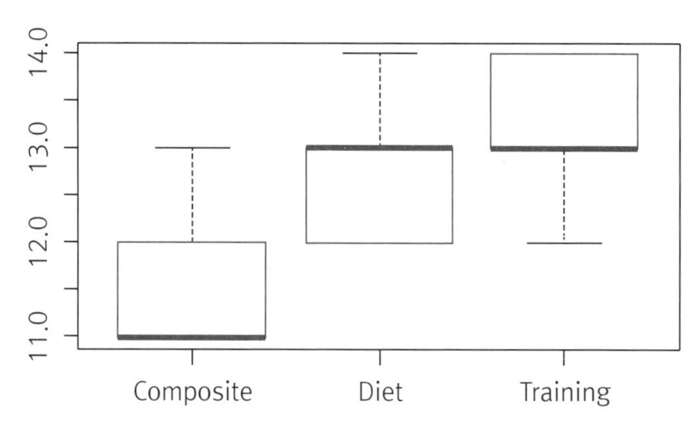

[그림 14.7] 처치 집단간 100m 달리기 시간의 박스플롯

참고로 위의 박스플롯에서는 사례의 개수가 많지 않아 수염이 위쪽 또는 아래쪽 한 곳에만 보이며, 중앙값(박스 안의 굵은 선)도 Q_1이나 Q_3와 겹쳐서 나타나고 있다.

지금까지 aov() 함수를 이용하여 분산분석을 실시하고 boxplot() 함수를 이용해서 자료를 시각화하였다. 그런데 R에서 aov() 함수를 이용하여 분산분석을 실행할 때 주의하여야 할 점이 있다. 아래와 같이 실수값 속성을 갖고 있는 method 변수를 독립변수로 하여 명령어를 입력하는 것이다.

```
> ANOVA2 <- aov(times~method, data=Running)
> summary(ANOVA2)
            Df Sum Sq Mean Sq F value Pr(>F)
method       1   3.60   3.600   3.857 0.0713
Residuals   13  12.13   0.933
---
Signif. codes:
0 '***' 0.001 '**' 0.01 '*' 0.05 '.' 0.1 ' ' 1
```

분산분석의 결과가 앞에서 수행했던 결과와는 매우 다름을 알 수 있다. 뭔가 오류가 발생하였고, 이 오류의 원인은 formula 아규먼트의 독립변수 method이다. 분산분석에서 독립변수는 요인(factor)이라고 하였고, 요인은 각 값에 문자값이 할당되어 있는 범주형 변수라고 할 수 있다. aov() 함수에서 독립변수의 자리에는 기본적으로 요인을 설정하는 것이 옳다.

지금 현재 method의 속성은 double이다. double은 문자값이 아닌 실수값을 나타내는 형식이다. 그러므로 times~method를 실행하면 오류가 발생한다. 사실은 treatment도 문자값을 가진 변수일 뿐이지 완전한 요인이라고는 할 수 없는데, aov() 함수의 경우에 문자열로 된 독립변수도 요인으로 취급하여 formula 아규먼트에 times~treatment로 설정하면 제대로 된 결과가 나온다.

이를 해결하는 간단한 방법은 앞에서 배운 factor() 함수를 이용하여 method 변수를 요인으로 바꾸어 주고 아래와 같이 분산분석을 실행하는 것이다.

```
> fmethod <- factor(method)
> ANOVA3 <- aov(times~fmethod, data=Running)
> summary(ANOVA3)
            Df Sum Sq Mean Sq F value Pr(>F)
fmethod      2  6.933   3.467   4.727 0.0306 *
Residuals   12  8.800   0.733
---
Signif. codes:
0 '***' 0.001 '**' 0.01 '*' 0.05 '.' 0.1 ' ' 1
```

factor() 함수를 이용하여 method를 fmethod 요인으로 변형하였다. 이 상태에서 fmethod를 formula 아규먼트의 독립변수로 사용하면 문제없이 모든 결과가 나타난다. 이와 같은 작업은 formula 아규먼트의 독립변수 자리에 factor() 함수를 직접 사용하여 아래와 같이 하여도 동일한 결과를 얻게 된다.

```
> ANOVA3 <- aov(times~factor(method), data=Running)
> summary(ANOVA3)
                 Df Sum Sq Mean Sq F value Pr(>F)
factor(method)  2  6.933   3.467   4.727 0.0306 *
```

```
Residuals      12  8.800   0.733
---
Signif. codes:
0 '***' 0.001 '**' 0.01 '*' 0.05 '.' 0.1 ' ' 1
```

보다시피 formula 아규먼트를 times~factor(method)로 바꿈으로써 결과가 제대로 출력되고 있는 것을 확인할 수 있을 것이다. 참고로 treatment를 요인으로 바꾸어 명령어를 실행하여도 동일한 결과를 얻게 된다. 즉, times~factor(treatment)라고 하여도 결과는 같다.

위에서 보인 fmethod나 factor(method)를 이용하는 방법은 분산분석을 위한 간단한 방법이기는 하나 Running 데이터 프레임의 method 변수의 성격을 바꾼 것은 아니다. method 변수는 여전히 factor가 아니라 double, 즉 실수값이다. 참고로 아래처럼 Running을 다시 실행하여 보면 method 변수의 속성은 바뀌지 않았다는 것을 알 수 있다.

```
> Running
# A tibble: 15 x 3
   times method treatment
   <dbl>  <dbl> <chr>
 1    13      1 Diet
 2    12      1 Diet
 3    13      1 Diet
 4    14      1 Diet
...
```

지금 당장은 fmethod나 factor(method)를 쓰는 것이 별문제 없지만, 이후에 다른 많은 분석을 할 때 method의 성격이 요인이 아니라는 사실이 상당히 귀찮은 문제들을 일으킬 수 있다. 그러므로 아래에 Running 데이터 프레임의 method 변수 자체의 속성을 요인으로 바꾸는 명령어를 제공한다.

```
> Running$method <- as.factor(Running$method)
> Running
# A tibble: 15 x 3
   times method treatment
```

```
   <dbl> <fct>  <chr>
 1    13 1      Diet
 2    12 1      Diet
 3    13 1      Diet
 4    14 1      Diet
...
```

as.factor() 함수는 변수의 성격을 요인(factor)으로 바꾸는 기능을 한다. 즉, 위의 명령문은 데이터 프레임 Running의 method 변수를 요인으로 바꾸어 Running의 method 변수에 재저장하는 것을 의미한다. 바로 아래의 결과를 보면 method 변수의 속성이 더 이상 〈dbl〉이 아니라 〈fct〉로 바뀐 것을 확인할 수 있다. 임의의 객체(object)의 구조(structure)를 확인할 수 있는 str() 함수를 이용하여 Running의 구조를 살펴보면 아래와 같다.

```
> str(Running)
Classes 'tbl_df', 'tbl' and 'data.frame':  15 obs. of  3 variables:
 $ times    : num  13 12 13 14 12 14 13 13 12 14 ...
 $ method   : Factor w/ 3 levels "1","2","3": 1 1 1 1 1 2 2 2 2 2 ...
 $ treatment: chr  "Diet" "Diet" "Diet" "Diet" ...
```

위의 결과를 보면 times는 여전히 실수(num)이고, treatment도 여전히 문자열(chr)인데, method의 성격이 요인(Factor)으로 바뀐 것을 확인할 수 있다. 이제는 아래처럼 method 변수를 직접 이용하여 분산분석을 실시하여도 정확한 결과를 얻을 수 있다.

```
> ANOVA4 <- aov(times~method, data=Running)
> summary(ANOVA4)
            Df Sum Sq Mean Sq F value Pr(>F)
method       2  6.933   3.467   4.727 0.0306 *
Residuals   12  8.800   0.733
---
Signif. codes:  0 '***' 0.001 '**' 0.01 '*' 0.05 '.' 0.1 ' ' 1
```

지금까지는 aov() 함수를 이용하여 분산분석을 실행하였는데, 사실 분산분석을 수행할 수 있는 여러 명령어와 패키지가 존재한다. oneway.test() 함수를 이용해도 역시 일원분산분석을 실행할 수 있다. 이원분산분석(독립변수가 두 개)에서도 사용할 수 있는 aov() 함수에 비하여 oneway.test() 함수는 오직 일원분산분석에서만 사용할 수 있다. 명령어는 아래와 같이 입력하면 된다.

```
> oneway.test(times~fmethod, var.equal=TRUE)

        One-way analysis of means

data:  times and fmethod
F = 4.7273, num df = 2, denom df = 12, p-value = 0.03062
```

oneway.test() 함수의 첫 번째 아규먼트는 앞에서도 계속 사용했던 formula이다. ~ 표시의 왼쪽에 종속변수 times, 오른쪽에 독립변수 fmethod를 입력하면 된다. 물론 독립변수로 method를 입력해도 문제없이 작동한다. var.equal 아규먼트는 등분산성을 어떻게 가정하느냐를 결정하는 것으로서 TRUE로 설정하면 등분산성을 가정하는 분산분석을 시행하고, FALSE로 설정하면 등분산성을 가정하지 않는 분산분석을 시행한다. 등분산성을 가정하지 않는 분산분석은 Welch's F검정이라고 하는데 다음 장에서 다룰 내용이다.

명령문을 실행하면 One-way analysis of means라는 제목 아래에 분산분석의 결과가 제공된다. 사실 이 제목은 필자에게 매우 낯선 표현이다. means가 아니라 variance라고 쓰는 학자나 연구자가 전체의 99.99%일 것이며 그것이 옳은 표현이다. 다음으로 변수로서 times와 method를 사용했다는 부분이 출력되고, 그 아래에 F검정통계량, 분자 및 분모의 자유도, 그리고 마지막으로 p값이 나온다. 모든 결과가 aov() 함수를 사용한 결과와 다르지 않음을 확인할 수 있다.

14.6. t검정과 F검정의 관계

t검정은 두 독립적인 표본의 평균을 비교하는 방법이며, 위에서 설명한 F검정은 독립표본 t검정의 확장이라고 하였다. 이 두 검정방법의 관계에 대해서 설명하고자 한다. 알다시피 F검정은 두 집단 이상의 경우에 모두 사용할 수 있는 방법이다. 만약 두 집단 간 평균을 비교한다고 가정하면, 독립표본 t검정과 F검정은 통계적으로 동치(equivalent)

이다. 즉, 수학적으로 동일한 모형이며 검정통계량 간에는 [식 14.30]의 관계가 존재한다.

$$t^2 = F \quad \text{[식 14.30]}$$

위로부터 t검정통계량을 제곱한 값이 바로 F검정통계량임을 알 수 있다. 그리고 만약 t검정의 자유도가 ν라면 F검정의 자유도는 자연스레 1과 ν가 된다. 그 이유는 먼저 t검정에서 집단의 개수는 2이므로 F검정에서 분자의 자유도는 $2-1=1$이다. 또한 t검정의 자유도는 $n_1+n_2-2(=N-2)$이고 F검정에서 분모의 자유도는 $N-a$, 즉 $N-2$이므로 둘은 같다.

앞에서 필자가 분산분석을 설명하기 위해 t검정으로부터의 확장이라는 맥락에서 F검정통계량을 이끌어 냈던 것을 기억할 것이다. 그 부분은 단지 개념적인 확장 정도가 아니라 수학적으로 증명가능한 부분이다. 이는 수식을 이용하여 모두 설명할 수도 있으나 이 책의 목적에 맞지 않으므로 생략한다. 그리고 물론 [식 14.30]은 오직 두 개의 집단이 존재할 때만 성립한다. 세 집단 이상에서 t검정통계량이란 존재조차 하지 않으므로 생각할 필요도 없다. 또한 두 종류의 검정은 위의 식과 같은 관계가 있을 뿐 아니라 통계적 검정의 결과 역시 완전하게 일치한다.

R을 이용하여 위의 관계가 성립한다는 것을 보이고자 한다. 여자아이와 남자아이의 관대함 정도를 비교했던 독립표본 t검정의 예제를 기억할 것이다. t.test() 함수를 이용하여 아래와 같은 결과를 얻었다.

```
> t.test(candies~gender, data=Candy, var.equal=TRUE,
+        paired=FALSE, alternative="two.sided", conf.level=.95)

        Two Sample t-test

data:  candies by gender
t = 4.2467, df = 22, p-value = 0.0003303
alternative hypothesis: true difference in means is not equal to 0
95 percent confidence interval:
 1.552832 4.517098
sample estimates:
mean in group 1 mean in group 2
       6.307692        3.272727
```

위와 동일한 자료 및 aov() 함수를 이용하여 일원분산분석을 시행한 결과가 아래에 제공된다.

```
> Generosity <- aov(candies~factor(gender), data=Candy)
> summary(Generosity)
               Df Sum Sq Mean Sq F value  Pr(>F)
factor(gender)  1  54.88   54.88   18.03 0.00033 ***
Residuals      22  66.95    3.04
---
Signif. codes:  0 '***' 0.001 '**' 0.01 '*' 0.05 '.' 0.1 ' ' 1
```

먼저 t검정통계량은 4.2467인데 이를 제곱하면 18.0345가 된다. 보다시피 분산분석의 결과에서 F값은 18.03이다. 그리고 두 검정의 p값 역시 완전하게 일치한다. p값이 0.001보다 작으므로 이 경우에 ANOVA F검정은 $p < .001$ 수준에서 통계적으로 유의하다라고 결론 내린다. 그리고 $p < .001$ 수준에서의 통계적 유의성은 ***를 이용하여 표시하는 것이 일반적이다.

제15장 등분산성 가정

두 독립적인 집단의 평균을 비교할 때는 두 집단 간 등분산성 검정을 먼저 실시한다는 것을 앞 장에서 설명하였다. 이 검정의 기각에 실패하면(등분산성이 만족하면) 일반적인 독립표본 검정인 Student's t검정을 실시하고, 만약 기각하게 되면(등분산성이 만족되지 않으면) 조정된 독립표본 검정인 Welch's t검정을 수행하는 것을 기억할 것이다. 이번 장에서는 두 개 뿐만 아니라 세 개 이상의 집단이 있을 때도 사용할 수 있는 등분산성 검정방법인 Levene's F검정을 소개하고, 만약 등분산성이 만족하지 않을 때 평균의 비교를 위해 사용할 수 있는 분산분석 방법인 Welch's F검정(Welch, 1951)을 소개한다. 등분산성이 만족된다면 앞 장에서 배운 ANOVA F검정을 실시하면 된다.

15.1. Levene의 등분산성 검정

모집단의 평균을 비교하는 분산분석은 기본적으로 모분산이 서로 동일하다는 등분산성 가정을 가지고 있다. 만약 이 가정이 만족되지 않으면 Welch's t검정처럼 조정된 F검정을 실시해야 한다. 집단이 두 개 있을 때는 앞에서 소개했듯이 두 분산의 비율을 이용한 F검정을 실시할 수 있으나 세 개 이상의 집단이 있을 때는 다른 방법을 고려해야 한다. Levene(1960)은 앞 장에서 배운 분산분석의 아이디어를 이용하여 둘 이상의 집단에서 모분산의 동질성(homogeneity of variances)을 검정할 수 있는 F검정을 개발하였다. Levene은 원점수 X_{ij}의 편차점수를 집단별로 계산한 다음 절대값을 씌운 값인 Y_{ij}를 이용하여 분산분석을 실시함으로써 각 집단의 등분산성을 검정할 수 있다는 아이디어를 제안하였다. [식 15.1]에 Y_{ij}의 계산식이 제공된다.

$$Y_{ij} = \left| X_{ij} - \overline{X}_j \right| \qquad \text{[식 15.1]}$$

[표 14.1]에 제공된 달리기 자료의 예제를 이용하여 Y_{ij}를 이용한 분산분석이 어떻게

집단 간 자료의 퍼짐 정도의 차이를 검정할 수 있는지 살펴보도록 하자. 먼저 모두 알다시피 편차점수(deviation score)는 자료의 퍼짐의 정도를 수량화하는 가장 기초적인 방법이다. 분산이나 표준편차 등을 계산하기 위해서는 가장 먼저 편차점수를 계산해야 한다. 그러므로 집단별로 편차점수 $X_{ij} - \overline{X}_j$를 계산하게 되면 각 집단 내에서 자료의 퍼짐의 정도를 파악할 수 있다. [표 15.1]에 앞 장에서 구했던 집단평균인 $\overline{X}_1 = 12.8$, $\overline{X}_2 = 13.2$, $\overline{X}_3 = 11.6$을 이용하여 계산한 달리기 자료의 집단내 편차점수(within-group deviation scores)가 제공된다.

[표 15.1] 달리기 결과의 집단내 편차점수(단위: 초)

Group 1 Diet	Group 2 Training	Group 3 Composite
0.2	0.8	−0.6
−0.8	−0.2	0.4
0.2	−0.2	−0.6
1.2	−1.2	−0.6
−0.8	0.8	1.4

집단내 편차점수가 자료의 퍼짐의 정도를 나타내는 것이므로 각 편차점수의 집단간 평균을 비교한다는 것은 결국 각 집단의 퍼짐의 정도(분산)를 비교하게 된다는 것이 Levene의 등분산성 검정 아이디어라고 할 수 있다. 문제는 편차점수의 합 또는 평균은 언제나 0이 되므로 세 집단의 편차점수의 평균은 모두 0이라는 것이다. 이 문제를 해결하기 위해 각 집단내 편차점수에 절대값을 씌워 주면 [표 15.2]와 같은 절대편차(absolute deviation)를 얻게 된다.

[표 15.2] 달리기 결과의 집단내 편차점수의 절대값(단위: 초)

Group 1 Diet	Group 2 Training	Group 3 Composite
0.2	0.8	0.6
0.8	0.2	0.4
0.2	0.2	0.6
1.2	1.2	0.6
0.8	0.8	1.4

위의 표에 있는 값들이 바로 [식 15.1]의 Y_{ij}값들이다. 만약 세 집단의 Y_{ij} 평균이 서로 동일하다면 세 집단의 X_{ij} 퍼짐의 정도(분산)가 동일하다는 결론을 내리게 된다. 즉, 위의 표를 이용하여 분산분석을 실시하여 영가설을 기각하는 데 실패하게 되면 세 집단 간 분산이 동일하다는 결론을 내리는 것이다. 검정을 위한 영가설은 [식 15.2]와 같다.

$$H_0 : \sigma_1^2 = \sigma_2^2 = \sigma_3^2 \quad \text{vs.} \quad H_1 : Not \ H_0 \qquad \text{[식 15.2]}$$

위의 검정을 실행하기 위해서는 먼저 세 집단의 평균과 전체 평균을 계산하여야 하고 결과는 아래와 같다.

$$\overline{Y}_1 = 0.64, \ \overline{Y}_2 = 0.64, \ \overline{Y}_3 = 0.72, \ \overline{Y} = 0.667$$

위의 값을 이용하여 SS_B과 MS_B을 구해 보면 아래와 같다.

$$SS_B = 5(0.64 - 0.667)^2 + 5(0.64 - 0.667)^2 + 5(0.72 - 0.667)^2 = 0.021$$

$$MS_B = \frac{SS_B}{a-1} = \frac{0.021}{2} = 0.011$$

마찬가지로 SS_W과 MS_W을 구해 보면 아래와 같다.

$$SS_W = (0.2 - 0.64)^2 + (0.8 - 0.64)^2 + \cdots + (1.4 - 0.72)^2 = 2.112$$

$$MS_W = \frac{SS_W}{N-a} = \frac{2.112}{12} = 0.176$$

위의 SS_W 계산에서 총 15개의 제곱항이 있으나 지면의 제약 때문에 세 개의 항만 보여주었다. 이렇게 Y_{ij}로 구한 MS_B과 MS_W을 이용하여 Levene의 등분산성 검정을 위한 F검정통계량을 아래와 같이 계산할 수 있다.

$$F = \frac{MS_B}{MS_W} = \frac{0.011}{0.176} = 0.063$$

유의수준 5%에서 자유도가 2와 12인 F분포의 기각값은 앞 장에서 구했듯이 3.885이다. 그러므로 통계적 의사결정의 규칙은 '만약 $F > 3.885$라면 H_0을 기각한다'가 된다. $F = 0.063$이므로 영가설을 기각하는 데 실패하게 되고 세 집단의 모분산은 동일하다는 결론을 내린다. 앞 장에서의 분산분석은 달리기 처치집단의 모분산이 동일하다는 가정하에서 수행했던 것인데 문제가 없는 것이었음을 알 수 있다.

소개한 Levene의 검정은 두 집단 이상의 일반적인 분산분석 상황에서 쉬우면서도 독창적인 아이디어로 분산의 동질성을 검정한 방법이다. 한 가지 주의할 점이라면 편차 계산에서 평균을 이용함으로써 평균이 가진 왜곡의 문제가 있을 수 있다는 것이다. 다시 말해, 극단치의 영향을 쉽게 받는다는 문제가 있다. 이를 보완하여 Brown과 Forsythe (1974a)는 [식 15.3]처럼 각 집단의 중앙값을 사용하여 편차 계산을 하는 아이디어를 제안하였다.

$$Y_{ij} = |X_{ij} - Me_j| \quad \text{[식 15.3]}$$

위에서 Me_j는 j번째 집단의 중앙값(median)을 의미한다. 편차 계산에서 중앙값을 사용함으로써 극단치에 더 내강하다(robust)는 것만 제외하면 Brown–Forsythe 방법은 Levene의 방법과 완전히 일치한다.

이제 R을 이용하여 Levene's F검정과 Brown–Forsythe's F검정을 실시하는 방법을 보인다. 등분산성 검정을 위한 여러 패키지가 존재하는데 그중에서 car 패키지(Fox & Weisberg, 2011)를 검색하여 설치하고 R로 로딩한다. 필자의 경험으로는 여러 등분산성 검정 패키지 중에서 가장 무난하고, 확장도 편한 장점이 있다. 이제 Levene's F검정을 위해서는 앞에서 정의했던 변수들(times, fmethod)과 leveneTest() 함수를 이용하여 아래와 같이 명령어를 입력한다.

```
> leveneTest(times~fmethod, center="mean")
Levene's Test for Homogeneity of Variance (center = "mean")
      Df F value Pr(>F)
group  2  0.0606 0.9415
      12
```

첫 번째 아규먼트는 formula이며, ~ 표시의 왼쪽에 양적 종속변수(times), 오른쪽에 질적 독립변수(fmethod)를 설정한다. 위에서는 앞에서 만들어 놓았던 요인 fmethod를 사용하였는데, 문자열 변수인 treatment를 입력하거나 요인으로 성격을 바꾸어 놓았던 method를 그대로 이용하여도 같은 결과를 얻는다. 마지막으로 편차를 어떻게 만드는지 결정하는 center 아규먼트에 "mean"이라고 입력하면 Levene의 등분산성 검정을 실행한다. F검정을 위한 자유도(Df)가 2와 12이고, F검정통계량(F value)이 0.061이며, $p=0.942$임을 확인할 수 있다. 검정통계량은 앞에서 손으로 직접 구한 값과 거의 동일하다. 결론적으로 세 집단의 모분산이 동일하다는 영가설을 기각하는 데 실패한다. 즉, 등분산성 가정이 만족되었다고 볼 수 있다.

leveneTest() 함수를 이용하면 Brown-Forsythe의 등분산성 검정도 아래와 같이 실행할 수 있다. Brown-Forsythe 등분산성 검정은 중앙값을 이용하여 편차를 구한다는 것만 제외하면 Levene의 등분산성 검정과 동일하다.

```
> leveneTest(times~fmethod, center="median")
Levene's Test for Homogeneity of Variance (center = "median")
      Df F value Pr(>F)
group  2       0      1
      12
```

Levene의 검정과 다른 점은 center 아규먼트가 "median"으로 설정된 것뿐이다. 결과에서 볼 수 있듯이 중앙값을 이용하여 편차점수를 계산했을 때, 자유도는 앞과 동일하고, F검정통계량은 0이며, p값은 1임을 확인할 수 있다. Levene의 등분산성 검정 결과와 마찬가지로 세 집단의 모분산이 동일하다는 영가설을 기각하는 데 실패한다. 즉, 등분산성 가정이 만족되었다고 볼 수 있다.

15.2. Welch's F검정

국내외에 출판된 대다수의 책은 모두 Fisher의 ANOVA F검정을 수행하기 위해서 가장 중요한 가정 중 하나가 등분산성이라고 언급을 하고 있으면서도 이 가정이 만족되지 않았을 때의 해결책은 매우 간단히 언급하거나 아예 언급하지 않고 넘어간다. 필자의 경험으로 실제 자료 분석에서 생각보다 훨씬 더 많은 경우에 등분산성 가정이 만족되지 않는다. 정확한 수치를 말할 수는 없지만 20~30% 정도는 되지 않을까 예측해 본다. 그렇다면 등분산성 가정이 만족되지 않는 것이 얼마나 심각한 가정의 위반이고, 이때는 어떤 방법을 사용하여 분산분석을 진행하여야 하는지에 대하여 살펴보는 것이 당연하다.

15.2.1. 등분산성 가정의 위반

등분산성 가정이 위반되었을 때의 심각성에 대한 연구가 1950년대 이래 최근까지 꽤 많이 있다. 그중에서도 방대한 심리학 분야에서 최고 저널 중 하나라고 할 수 있는 『Psychological Bulletin』에 실렸던 Tomarken과 Serlin(1986)의 연구결과를 조금 인용하여 논의를 진행한다. 이 연구는 SPSS나 SAS 등의 소프트웨어를 이용한 시뮬레이션으로서 결과는 다른 연구들이나 책에 실린 내용과 크게 다르지 않다. 다만 다양한 상황에서 여러 종류의 검정방법을 꽤 자세히 비교했다는 장점이 있다. 이 중 앞 장에서 설명한 분산분석인 ANOVA F검정과 등분산성이 만족되지 않았을 때 사용할 수 있는 Welch's F검정을 중점적으로 비교하여 간단히 정리하면 다음과 같다. 첫째, 등분산성이 만족되었을 때 ANOVA F검정과 Welch's F검정은 모두 비슷한 정도의 수행능력을 지니고 있다. 둘째, 등분산성이 만족되지 않고(예, 세 집단 분산의 비율이 12:4:1 또는 6:2:1) 집단 간 표본크기는 동일할 때 역시 둘은 비슷한 수행능력을 지니고 있으나 Welch's F검정이 아주 조금 더 오류가 작았다. 셋째, 등분산성이 만족되지 않고 표본크기가 동일하지 않을 때, 특히 작은 표본이 더 큰 분산을 지니고 있을 때(예, 세 집단 분산 비율이 12:4:1, 표본크기 비율이 10:20:30) 확연히 Welch's F검정의 오류가 ANOVA F검정의 오류보다 작았다. 넷째, 역시 등분산성이 만족되지 않고 표본크기가 동일하지 않은 상황에서 만약 작은 표본이 더 작은 분산을 가지고 있을 때(예, 분산 비율이 12:4:1, 표본크기 비율이 30:20:10) ANOVA F검정의 오류가 더 작았다.

위의 시뮬레이션 연구를 정리해 보면, 앞 장에서 배운 ANOVA F검정은 전반적으로 등분산성 가정이 만족되지 않을 때도 꽤 잘 작동하는 통계적 검정방법이라고 할 수 있다. 다만 위에서 Tomarken과 Serlin(1986)의 정리내용 중 세 번째 상황에서는 Welch's F검정의 오류가 확실히 더 적었다. 만약 연구자가 이런 경우를 맞닥뜨렸다면 아래에 설명할 Welch's F검정을 참조하기 바란다. 하지만 이런 경우가 분산분석에서 자주 맞닥뜨리는 상황은 아니므로 대부분의 독자가 아래에 설명하는 Welch's F검정의 복잡한 계산과정을 모두 이해할 필요는 없다고 생각한다. 검정의 아이디어와 진행 과정을 가볍게 읽고 프로그램 R을 이용하여 검정을 수행하는 법을 살피는 정도로 충분할 것이다.

15.2.2. Welch's F검정 방법

Welch's F검정의 절차

[식 11.19]의 Welch's t검정을 떠올려 보면, $\sigma_1^2 = \sigma_2^2$ 조건이 만족하지 않았으므로 t검정통계량에서 통합분산인 s_p^2를 사용하지 않고 s_1^2와 s_2^2를 따로 사용하였다. Welch's F검정 역시 상당히 비슷한 방식으로 ANOVA F검정통계량을 조정한다. 먼저 앞에서 배운 일반적인 ANOVA F검정의 검정통계량을 다시 써 보면 [식 15.4]와 같다.

$$F = \frac{MS_B}{MS_W} = \frac{\frac{SS_B}{a-1}}{MS_W} = \frac{\frac{\sum_{j=1}^{a} n_j(\overline{X}_j - \overline{X})^2}{a-1}}{MS_W} \qquad \text{[식 15.4]}$$

$\sum$(summation)을 계속 이용하여 Welch's F검정을 일반론적으로 설명할 수도 있지만, 독자들이 이해하기 편하도록 잠시 동안 위의 식을 세 집단이 있는 경우($a=3$)로 펼쳐서 써 보면 [식 15.5]와 같다.

$$F = \frac{\frac{n_1(\overline{X}_1 - \overline{X})^2}{a-1}}{MS_W} + \frac{\frac{n_2(\overline{X}_2 - \overline{X})^2}{a-1}}{MS_W} + \frac{\frac{n_3(\overline{X}_3 - \overline{X})^2}{a-1}}{MS_W} \qquad \text{[식 15.5]}$$

기억하겠지만 t검정에서 통합분산 s_p^2라는 것은 $\sigma_1^2 = \sigma_2^2$가 만족되었다는 가정에서 구하는 것이었다. Welch's F검정에서는 $\sigma_1^2 = \sigma_2^2 = \sigma_3^2$를 만족하지 못하므로 s_1^2, s_2^2, s_3^2의 통합분산인 $MS_W(=s_p^2)$을 사용하지 않고 [식 15.6]처럼 s_1^2, s_2^2, s_3^2를 따로 사용한다. 이렇게 정의되는 새로운 검정통계량을 F'(f prime)이라고 놓는다.

$$F' = \frac{\frac{n_1(\overline{X}_1 - \overline{X})^2}{a-1}}{s_1^2} + \frac{\frac{n_2(\overline{X}_2 - \overline{X})^2}{a-1}}{s_2^2} + \frac{\frac{n_3(\overline{X}_3 - \overline{X})^2}{a-1}}{s_3^2} \qquad \text{[식 15.6]}$$

여기서 그치지 않고 전체평균인 $\overline{X}$도 수정한다. $\overline{X}$ 계산을 위해 각 집단의 평균을 반영할 때 표본크기가 큰 집단은 더 많이 반영하고, 표본분산이 더 큰 집단은 더 적게 반영한다. 이는 각 집단 표본평균의 정확성을 전체평균의 계산에 반영해 준다는 논리다. 기본적으로 표본평균(추정치)의 정확성은 표준오차의 크기에 반비례한다. 표준오차가 크면 추정치의 정확성은 떨어지고, 표준오차가 작으면 추정치의 정확성은 올라간다. 표준오차라는 것이 추정치(표본평균)의 정확성(precision)을 반영하는 지수이기 때문이다. 그러므로 전체평균을 계산하기 위한 각 집단 표본평균의 가중치(weight)는 [식 15.7]과 같다.

$$w_j = \frac{n_j}{s_j^2} \qquad \text{[식 15.7]}$$

전체평균을 계산하기 위한 j번째 집단의 가중치 w_j를 살펴보면 $\overline{X}_j$의 표준오차인 $\frac{s_j}{\sqrt{n_j}}$의 역수의 제곱임을 알 수 있다. 이를 이용하여 전체평균 $\overline{X}'$(x bar prime)은 [식 15.8]과 같이 계산된다.

$$\overline{X}' = \frac{\sum_j w_j \overline{X}_j}{\sum_j w_j} \qquad \text{[식 15.8]}$$

이를 이용하여 [식 15.6]의 F'검정통계량을 수정하면 [식 15.9]와 같다.

$$F' = \frac{\frac{n_1(\overline{X}_1 - \overline{X}')^2}{a-1}}{s_1^2} + \frac{\frac{n_2(\overline{X}_2 - \overline{X}')^2}{a-1}}{s_2^2} + \frac{\frac{n_3(\overline{X}_3 - \overline{X}')^2}{a-1}}{s_3^2} \qquad \text{[식 15.9]}$$

이제 펼쳐 놓았던 F'검정통계량 식을 일반식으로 정리해 보면 [식 15.10]과 같다.

$$F' = \frac{1}{a-1}\sum_{j=1}^{a}\frac{n_j(\overline{X}_j - \overline{X}')^2}{s_j^2} \qquad \text{[식 15.10]}$$

이렇게 조정한 [식 15.10]의 F'검정통계량이 F분포를 따르면 좋겠지만, 사실은 따르지 않는다. 위의 검정통계량이 근사적으로 F분포를 따르도록 하기 위해서는 한 가지 더 조정을 해 주어야 하는데, 그 전에 자유도에 대한 수정을 먼저 해야 한다. Welch's t검정에서 자유도를 이용하여 검정에 페널티를 주었듯이, Welch's F검정에서도 같은 이유로 분모의 자유도 ν_2를 [식 15.11]과 같이 수정한다.

$$\frac{1}{\nu_2} = \frac{3}{a^2-1}\sum_{j=1}^{a}\frac{1}{n_j-1}\left(1 - \frac{w_j}{\sum_{j=1}^{a} w_j}\right)^2 \qquad \text{[식 15.11]}$$

ν_2의 값이 역수로 되어 있기 때문에 우변을 계산한 다음 역수를 취해야 ν_2의 값을 구할 수 있게 된다. ν_2는 위처럼 복잡한 과정을 통해 조정을 하지만 ν_1은 여전히 $a-1$이다. 이제 위에서 잠시 미루어 두었던 검정통계량의 마지막 수정을 [식 15.12]와 같이 ν_2를 이용하여 하고 F검정을 근사적으로 수행한다.

$$F = \frac{3\nu_2}{3\nu_2 + 2(a-2)} \frac{1}{a-1} \sum_{j=1}^{a} \frac{n_j(\overline{X}_j - \overline{X}')^2}{s_j^2} \sim F_{\nu_1, \nu_2} \qquad \text{[식 15.12]}$$

위 식은 F'에 $\frac{3\nu_2}{3\nu_2 + 2(a-2)}$가 곱해져서 최종적인 F가 계산됨을 나타내고 있다. 이렇게 계산된 검정통계량 F는 자유도가 ν_1, ν_2인 F분포를 근사적으로 따르게 되어 Welch's F검정을 수행할 수 있게 된다.

Welch's F검정의 예

[표 14.1]의 100m 달리기 자료를 이용하여 Welch's F검정을 실행하는 예를 보이고자 한다. 앞의 Lenene's F검정에서 물론 등분산성 가정이 만족되었다는 결과가 있었지만, 독자들에게 계산과정을 보이고자 하는 목적에서 다음을 진행한다. 그리고 Welch's F검정 과정은 상당히 복잡하고 실수하기 쉬우므로 이 계산과정을 독자들이 직접 손으로 반복해야 할 이유는 없음을 밝힌다. 대략 아래와 같은 방식으로 진행될 수 있음을 가볍게 읽어 보기 바란다. Welch's F검정을 수행하기 위해서는 가장 먼저 가중치를 계산해야 한다. 그리고 가중치 계산을 위해서는 먼저 각 집단의 표본크기와 표본의 분산이 필요하다.

$$n_1 = 5,\ n_2 = 5,\ n_3 = 5$$
$$s_1^2 = 0.7,\ s_2^2 = 0.7,\ s_3^2 = 0.8$$

위의 값들을 이용하여 가중치 w_j를 구하면 아래와 같다.

$$w_1 = \frac{n_1}{s_1^2} = \frac{5}{0.7} = 7.143,\ w_2 = \frac{n_2}{s_2^2} = \frac{5}{0.7} = 7.143,\ w_3 = \frac{n_3}{s_3^2} = \frac{5}{0.8} = 6.25$$

다음으로 위의 가중치를 이용해서 $\overline{X}'$을 계산한다. 가중평균 $\overline{X}'$을 계산하기 위해서는 바로 위에서 계산한 가중치 값과 각 집단의 평균 $\overline{X}_j$가 필요하다.

$$\overline{X}_1 = 12.8,\ \overline{X}_2 = 13.2,\ \overline{X}_3 = 11.6$$

각 집단의 평균과 가중치를 이용하여 구한 가중평균 $\overline{X}'$은 아래와 같다.

$$\begin{aligned}\overline{X}' &= \frac{w_1\overline{X}_1 + w_2\overline{X}_2 + w_3\overline{X}_3}{w_1 + w_2 + w_3} \\ &= \frac{7.143(12.8) + 7.143(13.2) + 6.25(11.6)}{20.536} \\ &= 12.574\end{aligned}$$

이제 위의 가중평균 $\overline{X}'$을 이용하여 F'을 구한다.

$$F' = \frac{1}{3-1}\left(\frac{5(12.8 - 12.574)^2}{0.7} + \frac{5(13.2 - 12.574)^2}{0.7} + \frac{5(11.6 - 12.574)^2}{0.8}\right) = 4.548$$

다음으로는 분모의 자유도인 ν_2를 다음과 같이 조정하여 구한다.

$$\frac{1}{\nu_2} = \frac{3}{3^2 - 1}\left(\frac{1}{4}\left(1 - \frac{7.143}{20.536}\right)^2 + \frac{1}{4}\left(1 - \frac{7.143}{20.536}\right)^2 + \frac{1}{4}\left(1 - \frac{6.25}{20.536}\right)^2\right) = 0.125$$

위의 역수로 된 결과를 이용하여 아래와 같이 ν_2를 계산할 수 있다.

$$\nu_2 = \frac{1}{0.125} = 8.000$$

이제 위에서 구한 조정된 분모의 자유도 ν_2를 이용하여 최종적인 F검정통계량을 구하면 아래와 같다.

$$\begin{aligned}F &= \frac{3(8.000^2)}{3(8.000^2) + 2(3-1)} \times F' \\ &= \frac{3(8.000^2)}{3(8.000^2) + 2(3-1)} \times 4.548 \\ &= 4.198\end{aligned}$$

위의 F검정통계량은 근사적으로 $F_{2,8}$분포를 따른다. 유의수준 5%에서 $F_{2,8}$분포의 기각값은 4.459이다. 그러므로 의사결정의 규칙은 '만약 $F > 4.459$라면 H_0을 기각한다'가 된다. 이제 최종적으로 $F = 4.198 < 4.459$이므로 유의수준 5%에서 $H_0 : \mu_1 = \mu_2 = \mu_3$를 기각하는 데 실패하게 된다. 즉, 세 집단의 모평균은 다르지 않다. R의 pf() 함수를 이용하여 p값인 $\Pr(F > 4.198)$을 구해 보면 아래와 같다.

```
> pf(4.198, df1=2, df2=8, lower.tail=FALSE)
[1] 0.05667719
```

위의 pf() 함수는 자유도가 2와 8인 F분포에서 4.198보다 더 클 확률을 가리키며, 이는 $p = 0.057$임을 알 수 있다. 유의수준 5%에서 검정을 실시하면 $p > \alpha$이므로 모집단의 평균들이 같다는 영가설을 기각하는 데 실패하게 된다.

종합해 보면, 같은 자료에 대해 등분산성을 가정한 검정 결과와 등분산성을 가정하지 않은 검정 결과가 달랐다. Levene의 등분산성 검정에서 모분산이 동일하다는 가정이 만족되었으므로 앞에서 했던 일반적인 ANOVA F검정을 실시하는 것이 더 일반적이고 타당할 것으로 판단된다. 또한 Tomarken과 Serlin(1986)의 연구를 보면, 등분산성이 가정되고 표본크기가 동일할 때는 ANOVA F검정의 검정력(power)이 Welch's F검정에 비해 전체적으로 약간 높게 나타났던 것을 고려할 때, 역시 일반적인 ANOVA F검정이 이 경우에 더 적절할 것이다.

일반적인 ANOVA F검정은 분산분석의 원리와 과정을 이해하기 위해서 손으로 풀어보는 것이 상당히 의미가 있으나 Welch's F검정을 손으로 직접 푸는 사람은 거의 없다. 대다수의 통계 프로그램을 이용하면 간단하게 그 결과를 얻을 수 있다. R을 이용하여 Welch's F검정을 실행할 수 있는 여러 패키지가 제공되어 있으나 가장 간단한 방법은 아래와 같이 기본으로 포함되어 있는 oneway.test() 함수를 이용하는 것이다.

```
> oneway.test(times~fmethod, var.equal=FALSE)

        One-way analysis of means (not assuming equal variances)

data:  times and fmethod
F = 4.1965, num df = 2.0000, denom df = 7.9924, p-value = 0.05676
```

앞의 검정에서 소개했듯이 oneway.test() 함수의 첫 번째 아규먼트는 formula로서 ~ 표시의 왼쪽에는 종속변수 times, 오른쪽에는 독립변수(요인) fmethod를 설정한다. 그리고 var.equal 아규먼트를 TRUE로 설정하면 일반적인 ANOVA F검정을 실행하며, FALSE로 설정하면 위와 같이 Welch's F검정을 실행한다. 결과를 보면 F검정통계량 4.197 및 분모의 자유도 7.992는 위에서 손으로 직접 구한 4.198 및 8.000과 거의 완전히 일치한다. 소수점 셋째 자리까지 하는 계산들의 반올림 과정에서 생기는 아주 약간의 오차만 존재할 뿐이다. 그리고 제공된 $p = 0.057$ 역시 손으로 직접 계산했던 값과 일치하며, 마찬가지로 $H_0 : \mu_1 = \mu_2 = \mu_3$를 기각하는 데 실패하는 결정을 내리게 된다.

등분산성이 만족되지 않을 때 Welch's F검정을 실시하는 것이 가장 일반적이지만 Brown과 Forsythe(1974b)의 F검정도 종종 사용된다. Brown-Forsythe F검정은 Levene's F검정과 같은 목적을 지니는 등분산성 검정(Brown & Forsythe, 1974a)도 있고, Welch's F검정과 같은 목적을 지니는 평균차이 검정(Brown & Forsythe, 1974b)도 있으므로 주의해야 한다.

제16장 다중비교 절차

두 집단 간 평균의 차이를 검정하는 것이 목적인 독립표본 t검정에서 유의한 결과가 나오면 우리는 관심 있는 변수의 평균이 두 집단 간에 다르다고 결론 내린다. 하지만 세 개 이상의 집단 간 평균의 차이를 검정하는 것이 일반적인 분산분석 F검정에서 유의한 결과가 나오면 어떤 집단 간에 평균차이가 있는지 결정할 수 없는 문제가 있다. 그러므로 분산분석에서 통계적으로 유의한 결과가 나올 때 추가적인 분석을 통해서 어떤 집단 간에 평균차이가 존재하는지 확인할 필요가 있다. 예를 들어, 세 개의 집단 간 평균차이가 있다는 결론이 분산분석에서 나왔다면, 첫 번째 집단과 두 번째 집단, 첫 번째 집단과 세 번째 집단, 두 번째 집단과 세 번째 집단 간 평균차이를 차례차례 검정함으로써 더욱 세밀한 연구결과를 도출할 수 있다. 이렇게 분산분석과 관련하여 여러 번의 추가적인 평균비교 절차를 진행할 수 있는데 이를 다중비교 절차(multiple comparison procedures)라고 한다. 다중비교 절차는 분산분석 이후에 사후적으로 수행하기도 하고, 분산분석과는 상관없이 수행하기도 하는 등 대단히 다양한 방법이 존재한다. 또한 그 방법들을 적용시키는 방식도 다양하며 주어진 여러 조건(예를 들어, ANOVA F검정인지 Welch's F검정인지 등)에 따라서도 조금씩 수정이 이루어지기 때문에 그 모든 방법을 설명할 수는 없다. 실제 자료 분석에서 자주 이용되며, 필자가 생각하기에 통계학에서 기본적인 것으로 판단되는 방법들을 선별하여 소개하기로 한다. 개별적인 방법을 자세히 설명하기 이전에 다중비교 절차를 이해하기 위한 통계학적인 기본에 대해서 먼저 설명한다.

16.1. 집단평균의 비교

집단 간 평균을 비교하는 다양한 다중비교 절차들을 이해하기 위해서 공통적으로 알아야만 하는 개념들이 있다. 특히 비교하고자 하는 평균의 차이를 의미하는 대비(contrast)에 대하여 주의 깊게 봐야 한다.

16.1.1. 집단 간의 평균비교

바로 위에서 세 개의 집단 간 평균차이가 있다고 가정했을 때, 1 vs. 2, 1 vs. 3, 2 vs. 3 세 개의 쌍별비교(pairwise comparison)[64]를 할 수 있다고 소개하였는데, 집단 간 평균 차이의 종류는 생각보다 더 다양하다. 집단들 간에 평균을 비교한다는 것이 어떤 의미인지에 대하여 아래의 예를 통해 이해하도록 하자. 한 연구자가 두통약의 효과에 대한 연구를 진행하는데 [표 16.1]처럼 총 네 가지의 약(drugs)과 한 가지의 위약(placebo)의 효과를 비교하였다고 가정한다. 종속변수는 두통이 사라진 정도를 수치로 나타낸 값이다.

[표 16.1] 두통약

Conventional drugs		New drugs		
Drug 1	Drug 2	Drug 3	Drug 4	Placebo
μ_1	μ_2	μ_3	μ_4	μ_5

다섯 개의 약 중에서 처음 두 개는 이미 존재하는 기존의 약(conventional drugs)이고, 세 번째와 네 번째는 새롭게 개발된 신약(new drugs)이며, 마지막은 설탕으로 만들어진 위약(placebo)이다. 앞에서 이미 설명했듯이 ANOVA F검정의 영가설인 $H_0 : \mu_1 = \mu_2 = \mu_3 = \mu_4 = \mu_5$를 기각하는 것만으로 어느 집단 간에 평균차이가 존재하는지를 알 수는 없다. 다섯 개의 평균 중에서 단 하나만 달라도 F검정, 즉 전체 평균검정(omnibus test 또는 global test)은 통계적으로 유의하기 때문이다. 주어진 상황에서 연구자는 다양한 평균차이가 궁금할 수 있다. 먼저 [식 16.1]처럼 첫 번째 두통약과 위약의 효과 차이에 관심이 있을 수 있다.

$$H_0 : \mu_1 = \mu_5 \quad \text{[식 16.1]}$$

위의 경우에 연구자는 첫 번째 두통약과 위약의 효과에 대한 평균비교를 실시하게 된다. [식 16.1]의 가설을 검정하는 방법으로는 이미 앞에서 소개한 독립표본 t검정이나 ANOVA F검정을 이용할 수 있음을 독자들도 잘 알고 있을 것이다. 그런데 사실 위와 같이 선택한(관심 있는) 다섯 개의 집단 중에서 또다시 두 개의 집단을 선택하고 진행하는 평균의 비교는 오직 두 개의 집단에만 관심 있는 경우에 진행하는 독립표본 t검정이

64) 쌍별비교란 전체 집단 중 임의의 두 집단 간 평균의 비교를 가리킨다.

나 ANOVA F검정과는 수행 방식이 조금 다르다. 이는 이번 장의 가장 핵심적인 내용으로서 차차 설명할 것이다.

[식 16.1]의 두 집단 간 평균비교와는 조금 다르게 연구자는 기존 약들의 평균적인 효과와 신약의 평균적인 효과의 차이에 관심이 있을 수도 있다. 이러한 경우에 [식 16.2]처럼 네 개의 모평균을 이용하여 가설을 설정할 수 있다.

$$H_0 : \frac{\mu_1 + \mu_2}{2} = \frac{\mu_3 + \mu_4}{2} \quad \text{[식 16.2]}$$

이와 같은 가설의 검정은 기존에 소개했던 검정 방식으로는 진행할 수가 없으며 이번 장에서 설명하게 될 방식을 이용해야 한다. 그리고 만약 두통이 왔을 때 약을 먹는 것이 의미가 있는 것인가라는 연구문제를 가지고 있다면, 모든 약들의 평균적인 효과와 위약의 효과 차이를 [식 16.3]처럼 확인하고자 할 수도 있다.

$$H_0 : \frac{\mu_1 + \mu_2 + \mu_3 + \mu_4}{4} = \mu_5 \quad \text{[식 16.3]}$$

위와 같은 특별한 질문들 대신에 [식 16.4]처럼 연구자가 모든 쌍(pairs)의 차이를 비교하고자 할 수도 있다.

$$H_0 : \mu_1 = \mu_2,\ H_0 : \mu_1 = \mu_3, \ldots\ ,\ H_0 : \mu_4 = \mu_5 \quad \text{[식 16.4]}$$

위와 같은 연구문제를 가지고 있다면 연구자는 총 다섯 개의 집단 중 임의의 두 개의 집단 간 평균차이를 모두 확인해야 하므로 ${}_5C_2$(five choose two), 즉 10개의 평균비교 검정을 수행해야 한다. 즉, [식 16.4]의 평균비교는 하나의 연구문제 안에서 다수의 검정을 진행하는 방식을 취하게 되는 전형적인 다중비교 절차이다.

참고로 ${}_NC_r$는 총 N개의 구분되는 요소 중에서 r개의 다른 요소를 선택하는 경우의 수를 의미하며 조합(combination)이라고 불린다. 이때 요소를 선택하는 순서는 신경쓰지 않는다. ${}_NC_r = \frac{N!}{(N-r)!\,r!}$로 계산되므로 ${}_5C_2 = \frac{5!}{(5-2)!\,2!} = \frac{5 \times 4}{2 \times 1} = 10$이 된다. 만약 프로그램 R을 이용하여 위의 수식을 계산하고자 하면 아래와 같이 choose() 함수를 이용한다.

```
> choose(5, 2)
[1] 10
```

factorial() 함수를 직접적으로 이용하여 아래와 같이 계산할 수도 있다.

```
> factorial(5)/(factorial(5-2)*factorial(2))
[1] 10
```

16.1.2. 대비

위에서 연구자가 가진 다양한 평균비교 문제에 따라 적절한 영가설을 설정하였는데, 이 가설들은 어떻게 검정해야 할까? 다양한 연구문제와 가설에 맞는 평균비교 절차를 진행하기 위해서는 대비(contrast)에 대한 이해가 필요하다. 대비란 처치집단 모평균의 선형결합(linear combination)을 의미한다. 모평균의 선형결합이란 쉽게 말해 각 모평균에 상수(계수)를 곱한 다음 서로 더하는 것을 의미한다. 선형결합에 대하여 간단하게 설명하면, 일반적으로 선형결합은 두 개 이상의 벡터에 상수를 곱해주고 그것들을 모두 더해서 이루어지는 새로운 벡터를 의미한다. 예를 들어, 벡터 X_1과 X_2가 아래와 같이 세 개의 요소로 이루어졌으며 임의의 상수를 각각 2와 3이라고 가정하면, X_1과 X_2의 선형결합 X_3는 아래와 같이 정의될 수 있다.

$$X_1 = \begin{bmatrix} 1 \\ 4 \\ 2 \end{bmatrix},\ X_2 = \begin{bmatrix} 3 \\ 0 \\ 1 \end{bmatrix},\ X_3 = 2X_1 + 3X_2 = 2\begin{bmatrix} 1 \\ 4 \\ 2 \end{bmatrix} + 3\begin{bmatrix} 3 \\ 0 \\ 1 \end{bmatrix} = \begin{bmatrix} 11 \\ 8 \\ 7 \end{bmatrix}$$

대비는 일반적으로 ψ(psi)라고 쓰고 계수 c_j와 함께 선형결합을 이용하여 [식 16.5] 처럼 정의한다.

$$\psi = \sum_{j=1}^{a} c_j \mu_j = c_1\mu_1 + c_2\mu_2 + \cdots + c_a\mu_a \qquad \text{[식 16.5]}$$

위에서 μ_j는 j번째 집단의 모평균을 가리키고, c_j는 μ_j에 곱해지는 가중치 계수를 가리키며, a는 집단의 개수를 의미한다. 그리고 일반적인 선형결합과는 다르게 대비의 정의에서는 $\sum_{j=1}^{a} c_j = 0$이 가정된다. 이는 모평균들에 곱해지는 모든 계수의 합은 0이라는 것이다. 예를 들어, $\psi_1 = \mu_1 - \mu_2$ 또는 $\psi_2 = \frac{1}{2}\mu_1 + \frac{1}{2}\mu_2 - \mu_3$ 등은 대비라고 할 수 있으나, $\psi_3 = \mu_1 + \mu_2$는 대비에 해당하지 않는다. 결국 대비는 가중치의 합이 0이라는 가정을 만족하는 모집단 평균들 간의 차이를 나타낸다. 대비의 정의에서 '차이'라는 단어에 의미가 있다. 실제로 $\psi_3 = \mu_1 + \mu_2 = 0$의 검정을 실행할 수 없는 것이 아니라, $\psi_3 = \mu_1 + \mu_2$가 모평균 간의 '차이'를 말하고 있지 않으므로 대비가 아니라는 것뿐이다.

앞의 [식 16.1]에서 [식 16.4]에 정의된 평균의 비교를 위한 가설들은 모두 대비의 맥락에서 이해되고 조정될 수 있다. 예를 들어, [식 16.1]의 가설인 첫 번째 집단과 다섯 번째 집단의 모평균 차이를 검정하고 싶다면 $\psi = \mu_1 - \mu_5$로 설정하고, $H_0 : \psi = 0$을 검정하면 된다. 이는 결국 $H_0 : \mu_1 - \mu_5 = 0$을 검정한다는 것을 의미한다. 그리고 이때 ψ는 [식 16.5]의 정의에 따르면 $c_1 = 1$, $c_2 = 0$, $c_3 = 0$, $c_4 = 0$, $c_5 = -1$로 설정되는 대비이다. 다시 말해, ψ를 정의하기 위해 모평균 앞에 곱해지는 계수는 아래와 같다.

$$\begin{aligned}\psi &= 1 \cdot \mu_1 + 0 \cdot \mu_2 + 0 \cdot \mu_3 + 0 \cdot \mu_4 - 1 \cdot \mu_5 \\ &= \mu_1 - \mu_5\end{aligned}$$

결국 모평균들의 차이의 선형결합인 대비는 계수 c_j를 적절하게 지정해 줌으로써 정의가 되고 검정도 진행할 수 있는 것이다. 마찬가지로 만약 [식 16.2]의 가설을 검정하고자 하면 $\psi = \frac{\mu_1 + \mu_2}{2} - \frac{\mu_3 + \mu_4}{2}$로 설정하고, $H_0 : \psi = 0$을 검정하면 된다. 그리고 이때 ψ를 정의하기 위해 모평균 앞에 곱해지는 계수는 아래와 같다.

$$\begin{aligned}\psi &= \frac{1}{2} \cdot \mu_1 + \frac{1}{2} \cdot \mu_2 - \frac{1}{2} \cdot \mu_3 - \frac{1}{2} \cdot \mu_4 + 0 \cdot \mu_5 \\ &= \frac{\mu_1 + \mu_2}{2} - \frac{\mu_3 + \mu_4}{2}\end{aligned}$$

참고로 위의 평균비교 검정을 진행하기 위하여 $\psi = (\mu_1 + \mu_2) - (\mu_3 + \mu_4)$로 설정하여도 동일한 결과를 얻게 된다. 새롭게 설정한 대비의 계수가 1, 1, -1, -1이므로 합이 0이라는 조건이 만족될 뿐만 아니라, 근본적으로 $\frac{\mu_1 + \mu_2}{2} - \frac{\mu_3 + \mu_4}{2} = 0$인 조건과 $(\mu_1 + \mu_2) - (\mu_3 + \mu_4) = 0$인 조건이 수학적으로 다르지 않기 때문이다. 다음으로 [식 16.3]의 평균비교를 하고자 하면 $\psi = \frac{\mu_1 + \mu_2 + \mu_3 + \mu_4}{4} - \mu_5$로 설정하고, $H_0 : \psi = 0$을

검정하면 된다. 그리고 ψ를 정의하기 위해 모평균 앞에 곱해지는 계수는 아래와 같다.

$$\begin{aligned}\psi &= \frac{1}{4}\cdot\mu_1+\frac{1}{4}\cdot\mu_2+\frac{1}{4}\cdot\mu_3+\frac{1}{4}\cdot\mu_4-1\cdot\mu_5\\ &=\frac{\mu_1+\mu_2+\mu_3+\mu_4}{4}-\mu_5\end{aligned}$$

역시 위의 평균비교 검정을 진행하기 위하여 $\psi=\mu_1+\mu_2+\mu_3+\mu_4-4\mu_5$로 설정하여도 동일한 결과를 얻게 된다. 본질적으로 $\frac{\mu_1+\mu_2+\mu_3+\mu_4}{4}-\mu_5=0$인 조건과 $\mu_1+\mu_2+\mu_3+\mu_4-4\mu_5=0$인 조건이 수학적으로 동일하기 때문이다. 마지막으로 [식 16.4]에 나오는 것처럼 모든 평균의 쌍별비교(pairwise comparison)를 위해서는 아래처럼 여러 개의 쌍별대비(pairwise contrasts)[65]를 동시에 설정하고 검정을 진행하여야 한다.

$$\psi_1=\mu_1-\mu_2,\ \psi_2=\mu_1-\mu_3,\ \ldots\ ,\ \psi_{10}=\mu_4-\mu_5$$

그런데 위처럼 다수의 대비를 설정하고 검정을 진행하는 경우에는 특히 주의해야 할 점이 있다. 바로 여러 번의 관련 있는 검정들에서 적어도 한 번의 제1종오류를 범하는 가족 제1종오류(familywise Type I error)가 증가할 수 있는 문제이다. 위에서 보인 10개의 대비는 모든 평균의 쌍별비교를 진행하겠다는 연구자의 목적 아래에서 함께 검정되어야 할 가족(family)이다. 이런 경우에 10개의 모든 검정을 각각 유의수준 5%에서 진행하게 되면 앞 장에서 밝힌 대로 가족 제1종오류가 증가하여 전체 유의수준이 통제되지 않는 문제가 있다. 이 문제에 대한 해결책은 이번 장의 뒷부분에서 자세히 다룬다.

16.1.3. 대비의 검정

설정한 대비의 검정은 F검정이나 t검정을 이용할 수 있는데 F검정과 t검정 방법은 완전히 동일한 결과를 준다.[66] 어떤 방법을 이용하든 간에 $H_0:\psi=0$을 검정하기 위해서는 가장 먼저 ψ의 추정치인 $\hat{\psi}$을 구해야 한다. 모평균 μ의 추정치($\hat{\mu}$)를 $\overline{X}$라고 할 때 대비의 추정치는 [식 16.6]과 같이 구할 수 있다.

65) 쌍별대비란 주어진 여러 집단에서 두 모집단의 평균들을 비교하기 위한 대비를 가리킨다.

66) 평균비교를 소개하며 언급했듯이 대비의 F검정이나 t검정은 앞 장에서 소개한 일반적인 F검정이나 t검정과는 차이가 있다.

$$\hat{\psi} = \sum_{j=1}^{a} c_j \hat{\mu}_j = \sum_{j=1}^{a} c_j \overline{X}_j = c_1 \overline{X}_1 + c_2 \overline{X}_2 + \cdots + c_a \overline{X}_a \qquad \text{[식 16.6]}$$

두통약 효과 자료의 모평균 추정치 $\overline{X}_j$와 표본크기 n_j가 [표 16.2]와 같다고 가정하고 대비의 추정치를 구해 보도록 한다.

[표 16.2] 두통약의 모평균 추정치 $\overline{X}$와 표본크기 n

Conventional drugs		New drugs		
Drug 1	Drug 2	Drug 3	Drug 4	Placebo
$\overline{X}_1 = 13$	$\overline{X}_2 = 9$	$\overline{X}_3 = 15$	$\overline{X}_4 = 11$	$\overline{X}_5 = 8$
$n_1 = 10$	$n_2 = 12$	$n_3 = 11$	$n_4 = 10$	$n_5 = 12$

먼저 [식 16.1]의 평균비교에 관심이 있을 경우에 앞서 말한 대로 $\psi = \mu_1 - \mu_5$이고, 이의 추정치 $\hat{\psi}$은 아래와 같이 계산된다.

$$\begin{aligned}\hat{\psi} &= 1 \cdot \overline{X}_1 + 0 \cdot \overline{X}_2 + 0 \cdot \overline{X}_3 + 0 \cdot \overline{X}_4 - 1 \cdot \overline{X}_5 \\ &= \overline{X}_1 - \overline{X}_5 = 13 - 8 = 5\end{aligned}$$

역시 마찬가지로 [식 16.2]의 평균비교를 위한 대비 $\psi = \frac{\mu_1 + \mu_2}{2} - \frac{\mu_3 + \mu_4}{2}$이고, 추정치 $\hat{\psi}$은 다음과 같이 계산된다.

$$\begin{aligned}\hat{\psi} &= \frac{1}{2} \cdot \overline{X}_1 + \frac{1}{2} \cdot \overline{X}_2 - \frac{1}{2} \cdot \overline{X}_3 - \frac{1}{2} \cdot \overline{X}_4 + 0 \cdot \overline{X}_5 \\ &= \frac{\overline{X}_1 + \overline{X}_2}{2} - \frac{\overline{X}_3 + \overline{X}_4}{2} = \frac{13+9}{2} - \frac{15+11}{2} = -2\end{aligned}$$

[식 16.3]에서 [식 16.4]에 해당하는 모든 대비도 위와 같은 방식으로 추정치를 계산할 수 있다. $\hat{\psi}$의 계산이 어려운 것이 아니므로 나머지 자세한 계산은 생략하고, 이제 대비를 검정하기 위한 F검정과 t검정 방법을 각각 소개한다. 사실 두 방법은 매우 밀접하게 관련이 되어 있으며 F검정을 이해하면 t검정은 저절로 이해가 되므로 F검정 방법을 먼저 소개한다.

대비의 F검정

기억하다시피 F검정은 기본적으로 집단간 평균들 사이에 존재하는 평균제곱(MS_B,

mean squares between)을 집단내 평균제곱(MS_W, mean squares within)으로 나누어 검정통계량을 계산하게 된다. 이렇게 구한 검정통계량은 MS_B에 해당하는 분자의 자유도 및 MS_W에 해당하는 분모의 자유도를 갖는 F분포를 따르고 이를 이용하여 일방검정(위꼬리 검정)을 실행한다. 대비 ψ의 F검정을 위해서는 $MS_{\hat{\psi}}$(m s psi hat)을 구해야 하는데,[67] $MS_{\hat{\psi}}$은 $\hat{\psi}$의 평균제곱, 즉 $\hat{\psi}$의 분산 추정치를 가리킨다. $MS_{\hat{\psi}}$은 MS_B처럼 평균들 간의 차이의 분산추정치이므로 F검정통계량의 분자에 위치하게 되며 [식 16.7]과 같이 $H_0 : \psi = 0$의 검정을 진행하게 된다.

$$F_{\hat{\psi}} = \frac{MS_{\hat{\psi}}}{MS_W} \sim F_{df_\psi, df_W} \qquad \text{[식 16.7]}$$

위의 식에서 MS_W은 주어진 모든 집단의 정보를 이용하여 구하는 집단내 분산 추정치이고, $MS_{\hat{\psi}}$은 [식 16.8]과 같이 정의할 수 있다.

$$MS_{\hat{\psi}} = \frac{\hat{\psi}^2}{\sum_{j=1}^{a} \frac{c_j^2}{n_j}} \qquad \text{[식 16.8]}$$

또한 대비의 검정에서 대비의 자유도(degrees of freedom of contrast) df_ψ는 언제나 예외 없이 1이며, 집단내 자유도 또는 분모의 자유도 df_W은 앞 장에서 소개했듯이 $N-a$이다. 이 정보를 결합하여 대비의 F검정을 정리하면 [식 16.9]와 같다.

$$F_{\hat{\psi}} = \frac{MS_{\hat{\psi}}}{MS_W} = \frac{\frac{\hat{\psi}^2}{\sum_{j=1}^{a} \frac{c_j^2}{n_j}}}{MS_W} = \frac{\hat{\psi}^2}{MS_W \sum_{j=1}^{a} \frac{c_j^2}{n_j}} \sim F_{1, N-a} \qquad \text{[식 16.9]}$$

의사결정의 규칙은 여타의 F검정처럼 주어진 유의수준에서 '만약 $F_{\hat{\psi}} > F_{1,N-a}$이면 H_0을 기각한다'가 된다. 앞의 두통약 예제에서 $MS_W = 28$이라고 가정하고 유의수준 5%에서 [식 16.1]의 평균비교를 간단하게 진행하여 보자. 먼저 대비의 검정을 위한 영가설은 아래와 같다.

---

67) 검정통계량은 모집단에서 정의되지 않고 오직 표본을 통해서만 정의되므로 ψ의 평균제곱 MS_ψ보다는 $\hat{\psi}$의 평균제곱 $MS_{\hat{\psi}}$으로 표기하는 것이 더 옳다고 할 수 있다.

$$H_0 : \psi = \mu_1 - \mu_5 = 0$$

대비의 F검정통계량인 $F_{\hat{\psi}}$이 따르는 F분포의 분자의 자유도는 언제나 1이고, 분모의 자유도는 $N-a=55-5=50$이다. 자유도가 1과 50인 F분포에서 유의수준 5%에 해당하는 기각값을 부록의 F분포표에서 찾으면 4.034이다. 그러므로 의사결정의 규칙은 '만약 $F_{\hat{\psi}} > 4.034$이면 H_0을 기각한다'가 된다. 이제 $F_{\hat{\psi}}$을 계산해 보도록 하자. 먼저 대비 추정치의 제곱 $\hat{\psi}^2 = (13-8)^2 = 5^2 = 25$이고, $\sum_{j=1}^{a} \frac{c_j^2}{n_j}$은 구해 보면 다음의 결과가 나온다.

$$\sum_{j=1}^{a} \frac{c_j^2}{n_j} = \frac{1^2}{10} + \frac{0^2}{12} + \frac{0^2}{11} + \frac{0^2}{10} + \frac{(-1)^2}{12} = \frac{1^2}{10} + \frac{(-1)^2}{12} = 0.183$$

위의 정보를 종합하여 대비의 F검정통계량을 구하면 다음과 같다.

$$F_{\hat{\psi}} = \frac{\hat{\psi}^2}{MS_W \sum_{j=1}^{a} \frac{c_j^2}{n_j}} = \frac{25}{28 \times 0.183} = 4.879$$

최종적으로 $F_{\hat{\psi}} = 4.879 > 4.034$이므로 유의수준 5%에서 영가설($H_0 : \psi = 0$)을 기각한다. 즉, 첫 번째 두통약과 위약 사이에는 효과의 차이가 존재한다고 결론 내린다. [식 16.2]에서 [식 16.3]에 있는 다른 평균의 비교도 위와 같이 대비를 이용하여 검정할 수 있다. 다만 [식 16.4]에서 수행해야 하는 다중비교 절차는 가족 제1종오류를 통제해야 하는 작업이 들어가야 한다.

대비의 t검정과 신뢰구간

대비의 F검정과 더불어 많이 사용하는 것이 대비의 t검정이다. 앞 장에서 일원분산분석을 설명하면서 독립표본 t검정과 F검정이 통계적으로 동치임을 설명한 적이 있다. t검정통계량을 제곱한 값이 바로 F검정통계량이 되는 이치였다. 그리고 만약 t검정의 자유도가 ν라면 F검정의 자유도는 1과 ν라는 것도 설명하였다. 물론 이와 같은 관계는 F검정의 분자의 자유도가 오직 1인 경우(두 집단 평균비교)에만 성립한다. 그런데 위에서 보듯이 대비의 F검정에서 분자의 자유도는 언제나 1이다. 그러므로 대비의 t검정을 위한 [식 16.10]이 성립하게 된다.

$$t_{\hat{\psi}} = \sqrt{F_{\hat{\psi}}} = \frac{\hat{\psi}}{\sqrt{MS_W \sum_{j=1}^{a} \frac{c_j^2}{n_j}}} \sim t_{N-a}$$ [식 16.10]

이제 t검정을 이용하여 [식 16.1]의 평균비교를 간단하게 진행하여 보자. 앞서 정의했듯이 대비의 검정을 위한 영가설은 아래와 같다.

$$H_0 : \psi = \mu_1 - \mu_5 = 0$$

대비의 개수가 하나일 때의 t검정에서 기각값을 찾는 방법이나 의사결정의 규칙은 일반적인 t검정과 다르지 않다. 먼저 위의 가설검정을 위한 t검정통계량은 자유도가 50인 t분포를 따른다. t_{50}분포에서 유의수준 5%의 양방검정을 가정했을 때 두 기각값은 ± 2.009임을 부록의 t분포표에서 찾을 수 있다. R을 이용하여 t_{50}분포의 2.5%와 97.5% 누적확률을 계산하여도 아래처럼 동일한 값을 얻게 된다.

```
> qt(0.025, df=50, lower.tail=TRUE)
[1] -2.008559

> qt(0.975, df=50, lower.tail=TRUE)
[1] 2.008559
```

그러므로 의사결정의 규칙은 '만약 $t_{\hat{\psi}} < -2.009$ 또는 $t_{\hat{\psi}} > 2.009$라면 H_0을 기각한다'가 된다. 대비의 t검정통계량 계산을 위한 값들은 위의 F검정에서 이미 모두 획득하였고 결국 아래와 같이 계산된다.

$$t_{\hat{\psi}} = \frac{\hat{\psi}}{\sqrt{MS_W \sum_{j=1}^{a} \frac{c_j^2}{n_j}}} = \frac{5}{\sqrt{28 \times 0.183}} = 2.209$$

물론 F검정통계량 4.879에 제곱근을 씌워도 같은 결과를 얻게 될 것은 자명하다. 최종적으로 $t_{\hat{\psi}} = 2.209 > 2.009$이므로 유의수준 5%에서 영가설($H_0 : \mu_1 - \mu_5 = 0$)을 기각하게 된다. 즉, 첫 번째 두통약과 위약은 효과의 차이가 존재한다.

위에서 대비 ψ의 t검정을 수행하였는데, 이 정보를 이용하면 ψ의 신뢰구간을 추정할 수 있다. 단일표본 t검정이든 독립표본 t검정이든 간에 t검정에서 모수(μ 또는 $\mu_1 - \mu_2$)의 신뢰구간은 아래에 다시 서술한 [식 10.6] 및 [식 11.17]처럼 모수의 추정치에 t기각값(t_{cv})과 추정치의 표준오차를 곱한 값을 더하고 빼서 구하게 된다.

$$\overline{X} - t_{cv}\frac{s}{\sqrt{n}} \le \mu \le \overline{X} + t_{cv}\frac{s}{\sqrt{n}}$$

$$(\overline{X}_1 - \overline{X}_2) - t_{cv}\, s_p\sqrt{\frac{1}{n_1} + \frac{1}{n_2}} \le \mu_1 - \mu_2 \le (\overline{X}_1 - \overline{X}_2) + t_{cv}\, s_p\sqrt{\frac{1}{n_1} + \frac{1}{n_2}}$$

ψ의 신뢰구간을 구하기 위해서는 이처럼 $\hat{\psi}$의 표준오차를 구하는 것이 매우 중요한데 이는 [식 16.10]을 살펴보면 구할 수 있다. t검정통계량이라는 것은 기본적으로 모수의 추정치(estimate)를 추정치의 표준오차(standard error, SE) 나눈 값으로 이루어져 있다. 아래의 단일표본 t검정통계량과 독립표본 t검정통계량이 정확히 그 형태이다.

$$t = \frac{\overline{X} - \mu}{\frac{s}{\sqrt{n}}}, \quad t = \frac{\overline{X}_1 - \overline{X}_2}{s_p\sqrt{\frac{1}{n_1} + \frac{1}{n_2}}}$$

위에서 $\frac{s}{\sqrt{n}}$는 $\overline{X}$(또는 $\overline{X} - \mu$)의 표준오차, $s_p\sqrt{\frac{1}{n_1} + \frac{1}{n_2}}$은 $\overline{X}_1 - \overline{X}_2$의 표준오차이다. 그러므로 [식 16.10]에서 알 수 있는 것은 $\sqrt{MS_W \sum_{j=1}^{a} \frac{c_j^2}{n_j}}$ 이 바로 $\hat{\psi}$의 표준오차라는 것이다. 이 정보를 이용하면 ψ의 신뢰구간은 [식 16.11]과 같다.

$$\hat{\psi} - t_{cv}\sqrt{MS_W \sum_{j=1}^{a} \frac{c_j^2}{n_j}} \le \psi \le \hat{\psi} + t_{cv}\sqrt{MS_W \sum_{j=1}^{a} \frac{c_j^2}{n_j}} \qquad \text{[식 16.11]}$$

위에서 t_{cv}(t critical value)는 주어진 자료를 통해 적절한 자유도($N-a$)와 신뢰구간의 수준(95%, 99% 등)에 해당하는 값을 부록의 t분포표나 R의 qt() 함수를 이용하여 찾아야 한다. 앞의 [식 16.1] 평균비교 예제에서 $\psi(=\mu_1 - \mu_5)$의 95% 신뢰구간을 추정하면 다음과 같다.

$$5 - 2.009\sqrt{28 \times 0.183} \le \psi \le 5 + 2.009\sqrt{28 \times 0.183}$$

$$0.452 \le \psi \le 9.548$$

위의 결과로부터 ψ의 95% 신뢰구간은 [0.452, 9.548]이 되고, 신뢰구간을 이용한 검정을 실시하면 95% 신뢰구간이 검정하고자 하는 값인 0을 포함하고 있지 않으므로 유의수준 5%에서 영가설을 기각한다.

일반적인 t검정과 대비의 t검정 비교

앞 장에서 배운 t검정과 대비의 t검정은 절차상 매우 유사하지만 두 가지 다른 점이 있다. [식 16.1]의 평균비교($H_0 : \mu_1 - \mu_5 = 0$)를 일반적인 t검정과 대비의 t검정을 이용하여 수행한다고 가정하고 두 검정통계량을 비교해 보면 아래와 같다.

$$t = \frac{\overline{X}_1 - \overline{X}_2}{\sqrt{s_p^2\left(\frac{1}{n_1} + \frac{1}{n_5}\right)}}, \quad t_{\hat{\psi}} = \frac{\overline{X}_1 - \overline{X}_2}{\sqrt{MS_W\left(\frac{1^2}{n_1} + \frac{(-1)^2}{n_5}\right)}}$$

위에서 왼쪽 식이 일반적인 t검정통계량이고 오른쪽 식이 대비의 t검정통계량이다. 모든 부분이 서로 일치하지만 통합분산(집단내 분산) 추정치 계산에서 사용하는 집단이 다르다. s_p^2와 MS_W은 본질적으로 동일한 의미이지만, 일반적인 t검정통계량의 계산을 위해서는 첫 번째 두통약 집단의 표본분산과 위약 집단의 표본분산의 가중평균인 s_p^2를 사용하는 반면, 대비의 t검정통계량의 계산을 위해서는 모든 집단(다섯 개 집단)의 표본분산의 가중평균인 MS_W을 사용한다.

이 둘이 다른 이유는 통계철학(philosophy of statistics)적으로 상당히 명확하다. 일반적인 t검정을 진행한다는 것은 연구자의 관심이 오직 두 집단의 평균비교에 있을 뿐이라는 것을 가정한다. 그러므로 집단내 분산을 추정하는 데 있어서 그 두 집단 외의 정보는 사용하지 않는다. 하지만 대비의 t검정을 수행한다는 것은 연구자가 관심 있는 다섯 개의 집단으로부터 모든 정보를 수집하고 그중에서 두 개의 집단을 뽑아서 평균비교를 진행한다는 것을 의미한다. 그러므로 연구자에게 있어서 다섯 개의 집단은 모두 다 관심의 대상이고 집단내 분산을 추정하는 데 있어서 사용하지 않을 이유가 없다. 더 많은 집단의 표본분산을 사용하게 되면 집단내 분산 추정치가 더 정확해질 것은 말할 필요도 없을 것이다.

같은 이유로 [식 16.1]의 평균비교에 해당하는 대비의 t검정을 진행할 때, t분포의 자유도는 $n_1 + n_5 - 2$가 아니라 $N - a$, 즉 $n_1 + n_2 + n_3 + n_4 + n_5 - 5$가 된다. 두 개의

집단에 기반한 집단내 분산 추정치보다 더 정확한 다섯 개의 집단에 기반한 집단내 분산 추정치를 사용하였으므로 자유도 역시 더 큰 값을 쓸 수 있게 되는 것이다. 독자 여러분들도 기억하겠지만, t검정에서 t분포의 자유도가 증가하면 t분포는 점점 더 z분포에 근접하게 되고, 영가설을 기각하는 데 이점을 가지게 된다.

16.2. 다중비교의 이해

지금까지 다중비교 절차를 진행하기 위해 가장 중요한 개념이라고 할 수 있는 대비에 대하여 소개하고, 대비의 통계적 검정을 수행할 수 있는 F검정과 t검정을 설명하였다. [식 16.1]에서 [식 16.3]에 걸친 평균의 비교는 단 하나의 대비를 설정하고 검정을 진행하는 것으로서 그다지 복잡한 부분은 없다. 그런데 만약 [식 16.4]처럼 한 번에 여러 개의 대비를 설정하고 동시에 그 대비들을 검정하는 다중비교(multiple comparison) 상황에 처해 있다면 이야기는 달라진다. 하나의 가족 안에 여러 개의 검정이 존재할 때 발생할 수 있는 가족 제1종오류의 문제 때문이다. 다중비교의 핵심은 가족 제1종오류를 어떻게 합리적으로 통제할 수 있는가이다. 이 부분에 대하여 간단하게 설명하고 여러 종류의 다중비교 방식들을 소개한다.

16.2.1. 가족 제1종오류와 다중비교

분산분석의 필요성을 설명할 때, 만약 여러 번의 t검정을 진행하게 되면 가족 제1종오류가 증가할 수 있음을 소개하였다. 예를 들어, 세 개의 모평균, μ_1, μ_2, μ_3를 비교하고자 하면 일반적으로 세 개의 t검정 가설을 아래처럼 설정한다.

$$H_0: \mu_1 = \mu_2,\ H_0: \mu_1 = \mu_3,\ H_0: \mu_2 = \mu_3$$

여러 개의 가설을 모두 유의수준 α에서 검정하게 되면 가족 제1종오류 α^{FW}(alpha familywise)는 [식 14.4]처럼 계산된다. 만약 세 집단의 평균을 $\alpha = 0.05$에서 비교한다면 α^{FW}가 아래처럼 최대 0.143까지 증가될 수 있음도 앞 장에서 설명하였다.

$$\begin{aligned}\alpha^{FW} &= 1-(1-\alpha)^{number\ of\ comparisons} \\ &= 1-(1-0.05)^3 = 1-0.857 = 0.143\end{aligned}$$

그렇다면 이와 같은 다중비교 상황에서 가족 제1종오류 α^{FW}를 통제할 수 있는 방법은 없을까? 가장 간단하고 쉬우면서도 유명한 α^{FW}의 통제방법은 Bonferroni의 방법 또는 Dunn의 방법 또는 Bonferroni-Dunn의 방법이라고 불리는 다중비교 절차다. Bonferroni의 부등식을 이용하여 Dunn이 개발한 가족 제1종오류의 통제 방법은 각각의 비교검정을 진행하는 α^{PC}(alpha per comparison)을 [식 16.12]와 같이 설정하는 것이다.

$$\alpha^{PC} = \frac{\alpha^{FW}}{c} \qquad \text{[식 16.12]}$$

위에서 c는 비교하는 검정의 개수(number of comparisons)이다. 다시 말해, 각 검정을 실시할 때 통제하고자 하는 전체 제1종오류의 크기를 수행해야 하는 검정의 개수로 나누어서 각각의 비교에 사용하는 것이다. 예를 들어, 세 개의 평균비교를 동시에 진행해야 하고 $\alpha^{FW} = 0.05$로 통제하고자 한다면, 각각의 평균비교 검정을 $\alpha^{PC} = \frac{0.05}{3}$에서 수행하는 것이다. 이렇게 되면 세 개의 비교를 진행하는 다중비교에서 가족 제1종오류는 아래처럼 0.05 이내로 통제될 수 있다.

$$\alpha^{FW} = 1 - \left(1 - \frac{0.05}{3}\right)^3 = 1 - 0.951 = 0.049$$

Bonferroni의 방법이 검정력을 낭비한다는 비판을 받기도 했지만, 그 간단함과 용이성으로 인해 지금도 가장 널리 쓰이는 다중비교 절차 방법 중 하나이다. 이 외에도 Tukey의 방법, Scheffé의 방법, Holm의 방법, Fisher의 방법, Newman-Keul의 방법, Shaffer의 방법, Fisher-Hayter의 방법, Dunnett의 방법 등 수십 가지가 넘는 방법이 고안되어 왔고, 이 방법들의 수정된 방법 또한 아주 많이 존재한다. 이 모든 방법의 화두는 가족 제1종오류를 일정 수준(예, 0.05)에서 통제하면서 각 비교의 검정력을 최대한 높이는 방법을 고안하는 것이다.

16.2.2. 다중비교 방식

여러 학자들이 제안한 다중비교 절차를 하나하나 소개하기 전에 먼저 어떤 방식의 다중비교 절차들이 존재하는지 간략하게 살펴보고자 한다. 학자들의 다중비교 절차마다 어떤 방식은 가능하고 또 어떤 방식은 가능하지 않기 때문에 미리 다중비교의 방식들을 알아 두는 것이 필요하다. 또한 연구자가 진행하고자 하는 다중비교의 방식이 무엇인지 결정하는 데에도 도움을 주는 내용이다.

사후비교와 계획비교

다중비교라고 하면 대부분의 사람이 사후비교(post hoc comparison) 방법을 먼저 떠올릴 만큼 사후비교는 가장 대표적이고 이해하기 쉬운 다중비교 절차다. 사후비교는 분산분석의 F검정(omnibus F test)이 통계적으로 유의한 결과를 보여주었을 때, 그 다음 단계로서 어떤 집단의 평균들이 서로 다른지를 찾아내는 절차이다. 필자가 앞에서 다중비교를 설명하면서 예로 들었던 바로 그 상황이다. 만약 100m 달리기 예제에서 다이어트(Diet) 집단과 훈련(Training) 프로그램 집단 및 복합(Composite) 집단 사이에 시간의 차이가 있다는 결론을 F검정으로부터 이끌어 냈다면 아래의 질문에 대한 답을 찾기 위한 대비를 설정하고 검정을 진행하는 것이다.

i) Diet vs. Training
ii) Diet vs. Composite
iii) Training vs. Composite

위처럼 사후비교에서는 어느 집단 간에 평균차이가 존재하는지 찾기 위하여 연구자가 갖고 있는 모든 집단 쌍(pair) 간에 평균을 비교하기 위한 대비를 설정하고 검정을 진행하는 것이 일반적이다.

이에 반해 계획비교(planned comparison) 또는 사전비교(a priori comparison)라고 불리는 다중비교 절차는 분산분석의 F검정(omnibus F test) 결과에 관계없이 관심 있는 비교 분석 절차를 진행하는 것이다. 예를 들어, 연구자는 다이어트 집단과 훈련 프로그램 집단 사이의 평균차이에는 관심이 없고, 오직 복합 집단이 나머지 두 개의 집단과 보이는 평균차이에만 관심이 있을 수 있다. 이런 경우 F검정에 관계없이 처음부터 아래 두 개의 대비만 설정하고 다중비교 절차를 진행한다.

i) Diet vs. Composite
ii) Training vs. Composite

계획비교의 경우에 F검정에 관계없이 실행한다고 하였는데, 사실 계획비교를 설명하는 학자마다 조금씩 차이가 있다. 어떤 학자들은 F검정 없이 계획된 비교 검정을 수행할 수 있다고 하고, 어떤 학자들은 F검정 이후에 계획된 비교 검정을 수행한다고 설명한다. 이런 이유로 또 어떤 학자들은 F검정 없이 수행하는 비교 검정을 계획비교

(planned comparison), F검정이 유의하게 결론 난 이후에 계획된 비교 검정을 수행하는 방식은 사후계획비교(post omnibus planned comparison)라고 하기도 한다.

사후비교와 사전비교를 간단하게 정리해 보면, 사후비교가 F검정이 유의하게 확인된 이후 '모든 대비 중에서 어떤 대비가 과연 통계적으로 유의한가'라는 질문에 답하고 싶은 절차인 데 반해, 계획비교는 F검정과 관계없이 '내가 관심 있는 대비가 통계적으로 유의한가'라는 질문에 답하고 싶은 절차라고 할 수 있다.

쌍별비교와 복합비교

다중비교의 과정에서 설정하고 검정하는 대비의 종류에 따라 쌍별비교(pairwise comparison)와 복합비교(complex comparison)로 나누기도 한다. 쌍별비교는 가족 안에 오직 쌍별대비(pairwise contrasts)만 존재하는 경우를 가리킨다. 쌍별대비는 오직 두 개 집단의 모평균을 비교하는 목적으로 만들어지는 대비를 말한다. 그러므로 쌍별비교는 아래의 예처럼 대비들을 설정하고 진행하는 비교를 가리킨다.

$$\psi_1 = \mu_1 - \mu_2$$
$$\psi_2 = \mu_1 - \mu_3$$
$$\psi_3 = \mu_2 - \mu_3$$

이와는 다르게 복합비교는 가족 안에 복합대비(complex contrasts)가 포함되어 있는 경우를 가리킨다. 여기서 복합대비란 [식 16.2]의 $\psi = (\mu_1 + \mu_2) - (\mu_3 + \mu_4)$나 [식 16.3]의 $\psi = \mu_1 + \mu_2 + \mu_3 + \mu_4 - 4\mu_5$처럼 세 개 이상의 평균의 식으로 만들어지는 대비를 말한다. 그러므로 복합비교는 아래의 예처럼 대비들을 설정하고 진행하는 비교를 가리킨다. 그리고 복합비교 안에 복합대비뿐만 아니라 쌍별대비가 포함되어 있어도 상관은 없다.

$$\psi_1 = \mu_1 - \mu_2$$
$$\psi_2 = \mu_1 - \mu_3$$
$$\psi_3 = (\mu_1 + \mu_2) - (\mu_3 + \mu_4)$$
$$\psi_4 = \mu_1 + \mu_2 + \mu_3 + \mu_4 - 4\mu_5$$

일반적으로 F검정의 유의성을 확인한 이후에 사후비교를 진행할 때는 쌍별비교를 하는 경우가 대부분이며, F검정과 관계없이 계획비교를 진행할 때는 쌍별비교와 복합비교 방식을 모두 이용한다. 하지만 반드시 이런 식으로 연결되어 있는 것은 아니며 대부분의 사회과학 분야 연구자들이 다중비교를 진행할 때는 쌍별비교를 하는 경우가 많다. 즉, 복합비교는 연구자가 어떤 특수한 연구문제를 가지고 있을 때만 진행하는 것이 일반적이라고 할 수 있다.

복합대비와 복합비교를 설명한 이 시점에서 ANOVA F검정 의미에 대하여 다시 한 번 살펴보고자 한다. 분산분석에서 F검정이 유의한 결과를 보였다는 것이 무엇을 의미할까? 필자가 ANOVA F검정의 대립가설을 '적어도 하나의 모평균은 동일하지 않다'라고 설명했던 것을 기억할 것이다. 많은 연구자가 ANOVA F검정이 유의할 때 적어도 하나의 쌍별대비 검정은 통계적으로 유의할 것이라고 생각하며 필자도 이런 식으로 설명하였던 것이다. 하지만 이는 정확한 표현이 아니다. ANOVA F검정이 유의할 때 '적어도 하나의 통계적으로 유의한 쌍별대비 또는 복합대비가 존재한다'는 것이 맞는 표현이다. 이런 이유로 ANOVA F검정이 통계적으로 유의한 상태에서 사후적으로 쌍별비교를 진행하였을 때, 통계적으로 유의한 쌍별대비가 하나도 존재하지 않는 경우가 얼마든지 생길 수 있다.

직교절차와 사교절차

다중비교를 진행할 때 하나의 가족 안에 포함되어 있는 대비들의 관계에 따라 직교절차(orthogonal procedures)와 사교절차(non-orthogonal procedures)로 구분하기도 한다. 이 두 가지의 구분은 중·고급 분산분석을 진행할 때 의미가 있는 경우가 있는데 이 책에서는 이를 위해 간단하게 개념을 설명하는 정도로 소개하고자 한다.

직교절차는 가족 안의 모든 대비(일종의 벡터)들이 서로 간에 수학적(기하학적)으로 직교하는 관계, 즉 통계적으로 독립적인 관계를 가지고 있는 경우의 다중비교 절차를 가리킨다. 임의의 두 대비 ψ_1과 ψ_2가 [식 16.13]과 같다고 가정하자.

$$\psi_1 = \sum_{j=1}^{a} c_j\mu_j,\ \psi_2 = \sum_{j=1}^{a} d_j\mu_j \qquad \text{[식 16.13]}$$

만약 위의 두 대비에서 [식 16.14]와 같은 관계를 만족하게 되면 ψ_1과 ψ_2는 서로 직교대비(orthogonal contrasts)라고 불린다.

$$\sum_{j=1}^{a} c_j d_j = 0 \qquad \text{[식 16.14]}$$

예를 들어, 100m 달리기 예제의 세 집단평균을 μ_1, μ_2, μ_3라고 가정했을 때 ψ_1과

ψ_2가 아래와 같다면 둘을 서로 직교대비가 된다.

$$\psi_1 = 1 \cdot \mu_1 + 1 \cdot \mu_2 - 2 \cdot \mu_3$$
$$\psi_2 = 1 \cdot \mu_1 - 1 \cdot \mu_2 + 0 \cdot \mu_3$$

위의 두 대비가 직교대비인 이유는 $\sum c_j d_j = (1 \times 1) + (1 \times -1) + (-2 \times 0) = 0$이기 때문이다. 하나의 가족 안에서 직교대비를 형성하는 대비의 최대 개수는 집단의 개수에서 1을 뺀 값을 넘을 수 없다. 다시 말해, a개 집단의 평균을 비교할 때 직교대비는 $a-1$개까지 존재할 수 있다. 그러므로 위의 예제에서 총 세 개의 집단이 있으므로 상호 독립적인 대비는 최대 두 개를 넘을 수 있다. 예를 들어, 위의 ψ_2와 서로 직교인 ψ_3가 다음과 같다고 가정하자.

$$\psi_3 = -1 \cdot \mu_1 - 1 \cdot \mu_2 + 2 \cdot \mu_3$$

ψ_3는 ψ_2와는 직교 관계를 갖도록 만들어졌지만, ψ_1과의 관계를 보면 서로 직교하지 않는다. 즉, 세 모집단의 평균을 비교할 때 서로 직교 관계를 갖는 대비는 두 개뿐이며 세 개는 존재하지 않는다. 직교대비를 이용하여 직교절차를 진행하게 되면 평균비교의 검정을 수행할 때 통계적으로 중복되지 않는, 즉 독립적인 비교를 할 수 있는 장점이 있다.

가족 안에 오직 직교대비들만 존재하는 다중비교 절차가 직교절차라면 가족 안에 직교하지 않는 대비들도 존재하는 다중비교 절차는 사교절차라고 한다. 예를 들어, 바로 위에 있는 ψ_1과 ψ_2의 검정만을 진행한다면 직교절차라고 하고, ψ_1, ψ_2, ψ_3 모두의 검정을 진행한다면 사교절차라고 할 수 있다. 일반적으로 다중비교의 절차에서 가족 안의 모든 대비가 직교대비를 형성하는 경우가 많지는 않으며 특정한 목적이나 분석 종류에서 이와 같은 절차를 진행해야 할 때가 있다. 이 책에서는 다루지 않는 내용이며 독자들은 직교대비의 의미와 직교절차를 이해하는 것만으로 충분할 듯싶다.

동시절차와 단계절차

다중비교를 진행하는 과정에서 만약 하나의 기각값이나 p값을 이용하여 가족 안의 모든 대비를 한꺼번에 검정하는 방식을 취한다면 이를 동시절차(simultaneous procedures)라고 한다. 이에 반해 대비마다 다른 기각값이나 p값을 이용하여 대비들을 하나씩 하나씩 단계적으로 검정하는 방식을 취한다면 이는 단계절차(sequential procedures)라고 한다. 예를 들어, 아래에서 자세히 소개하게 될 Bonferroni 방법은 대표적인 동시 절차라고 할 수 있으며, Bonferroni 방법을 변형하여 단계적으로 시행하는 Holm 방법은 대표적인 단계절차이다.

16.3. 다양한 다중비교 절차

위에서 다룬 평균의 비교 방법, 대비의 검정 및 다중비교에 대한 전반적인 개요를 바탕으로 실제 여러 다중비교 절차를 소개한다. 자료는 분산분석에서 사용했던 100m 달리기 시간 자료를 이용하며 되도록 쌍별비교만 진행하고자 한다. 복합비교를 사용하지 않는 것은 아니지만 실제 상황에서의 빈도가 상당히 낮으며, 이 책에서 방대한 다중비교 절차의 모든 내용을 보여 줄 수는 없기 때문이다. 그리고 F검정을 이용할 수 있는 비교 방법들도 있지만 가능하다면 모든 비교를 t검정을 이용하여 진행할 것이다. 마지막으로 결과는 R을 이용해서도 제공한다.

개별적인 집단의 평균 비교를 들어가기 전에 먼저 각 집단의 이름, 평균, 표준편차, 표본크기 등 기술통계량을 확인하고자 한다. 물론 분산분석의 장을 통하여 자세히 알고 있지만 기술통계량을 확인하는 것은 다중비교 절차의 첫 번째 단계 같은 것이다. 그리고 여기서는 R의 data.frame() 함수 및 tapply() 함수를 이용하여 작은 표를 만드는 방법도 함께 소개한다. tapply() 함수는 R에서 종종 사용하게 되는 주요 함수 중 하나인데, 배열(array)의 각 셀(cell)에 지정한 함수를 적용하는 기능을 한다. 배열이란 다차원의 자료 형태를 의미하는데, 2차원까지만 보여 주는 행렬의 확장된(일반화된) 형태라고 보면 된다.

```
> group <- c("Diet", "Training", "Composite")
> size <- tapply(times, method, length)
> mean <- tapply(times, method, mean)
> sd <- tapply(times, method, sd)

> descriptives <- data.frame(group, mean, sd, size)
> descriptives
      group mean        sd size
1      Diet 12.8 0.8366600    5
```

```
2  Training 13.2 0.8366600     5
3 Composite 11.6 0.8944272     5
```

위에서 첫 번째 명령줄은 Diet, Traning, Composite 문자열로 group 벡터를 형성하는 것을 의미한다. 두 번째 명령줄은 times 변수의 method 집단별로 length() 함수를 적용한 값을 size 벡터로 저장하라는 것을 의미한다. length() 함수는 벡터의 요소의 개수, 즉 사례의 개수(표본크기)를 계산하는 함수임을 기억할 것이다. times는 총 15개의 값을 가지고 있으므로 length(times)는 15이지만, 각 method 집단별로는 다섯 개의 times 값만 있으므로 length(times)를 집단별로 계산하게 되면 5, 5, 5가 된다. 세 번째와 네 번째 명령줄은 같은 방식으로 평균과 표준편차의 벡터를 형성한다. 즉, method 집단별로 times의 평균과 표준편차를 계산한다. 이렇게 만든 네 개의 벡터를 이용하여 데이터 프레임(descriptives)을 형성하는 명령어가 다음으로 제공된다. 그리고 만들어진 최종적인 기술통계표가 결과의 가장 아래 부분에 제공되어 있다. 집단의 이름(group), 집단 평균(mean), 집단 표준편차(sd), 집단 표본크기(size)가 차례대로 나타난다.

다음으로는 앞 장에서 실시했던 일원분산분석의 결과를 다시 한번 보인다. 사후비교든 계획비교든 분산분석의 결과를 확인하는 것은 상당히 일반적이며, 분산분석의 결과 중에서 집단내 분산 추정치(MS_W)를 대비의 검정에 사용해야 하는 이유다.

```
> model1 <- aov(Running$times~Running$method, data=Running)
> summary(model1)
               Df Sum Sq Mean Sq F value Pr(>F)
Running$method  2  6.933   3.467   4.727 0.0306 *
Residuals      12  8.800   0.733
---
Signif. codes:  0 '***' 0.001 '**' 0.01 '*' 0.05 '.' 0.1 ' ' 1
```

위에서 확인할 수 있듯이 분산분석의 결과는 $p < .05$ 수준에서 통계적으로 유의하며 $MS_W = 0.733$임을 알 수 있다.

16.3.1. Bonferroni-Dunn의 방법

Bonferroni의 부등식을 이용하여 Dunn(1961)이 개발한 이 방법은 앞에서도 잠깐 설명했듯이 각 대비의 검정을 유의수준 $\frac{\alpha^{FW}}{c}$ ($c=$대비의 개수) 수준에서 진행한다. 몇몇 책에는 계획비교 또는 사전비교를 진행할 때 Dunn의 방법을 이용한다고 소개되어 있기도 하나, F검정의 유의성 확인 이후에 진행하는 사후비교에 사용해도 문제가 없다(Seaman, Levin, & Serlin, 1991). 소위 사후계획비교 절차로서 사용할 수 있기 때문이다. 이제 100m 달리기 자료를 이용하여 세 집단간 쌍별비교를 진행하는 예제를 보인다. 가장 먼저 모두 세 개의 집단이 존재하므로 세 집단간 설정할 수 있는 모든 쌍별대비는 아래와 같다.

$$\psi_1 = \mu_1 - \mu_2,\ \psi_2 = \mu_1 - \mu_3,\ \psi_3 = \mu_2 - \mu_3$$

먼저 각 대비의 검정($H_0 : \psi_1 = 0,\ H_0 : \psi_2 = 0,\ H_0 : \psi_3 = 0$)을 진행하기 위해 대비의 추정치들을 구하면 다음과 같다.

$$\hat{\psi}_1 = \overline{X}_1 - \overline{X}_2 = 12.8 - 13.2 = -0.4$$
$$\hat{\psi}_2 = \overline{X}_1 - \overline{X}_3 = 12.8 - 11.6 = 1.2$$
$$\hat{\psi}_3 = \overline{X}_2 - \overline{X}_3 = 13.2 - 11.6 = 1.6$$

앞에서 보았듯이 $MS_W = 0.733$이고 각 대비의 $\sum_{j=1}^{a}\frac{c_j^2}{n_j}$는 다음과 같이 계산된다.

$$\sum_{j=1}^{a}\frac{c_j^2}{n_j} = \frac{1^2}{5} + \frac{(-1)^2}{5} + \frac{0^2}{5} = 0.4$$
$$\sum_{j=1}^{a}\frac{c_j^2}{n_j} = \frac{1^2}{5} + \frac{0^2}{5} + \frac{(-1)^2}{5} = 0.4$$
$$\sum_{j=1}^{a}\frac{c_j^2}{n_j} = \frac{0^2}{5} + \frac{1^2}{5} + \frac{(-1)^2}{5} = 0.4$$

참고로 집단의 표본크기가 모두 같을 때 쌍별비교의 $\sum_{j=1}^{a}\frac{c_j^2}{n_j}$ 계산값은 위에서 보듯이 모두 동일하다. 위의 정보를 종합하여 각 대비의 t검정통계량을 구하면 아래와 같다.

$$t_{\hat{\psi}_1} = \frac{-0.4}{\sqrt{0.733 \times 0.4}} = -0.739$$

$$t_{\hat{\psi}_2} = \frac{1.2}{\sqrt{0.733 \times 0.4}} = 2.216$$

$$t_{\hat{\psi}_3} = \frac{1.6}{\sqrt{0.733 \times 0.4}} = 2.955$$

이제 각 검정통계량을 이용하여 검정당 할당된 유의수준인 $\alpha^{PC} = \frac{0.05}{3} = 0.0167$ 수준에서 양방검정을 진행하면 된다. 각 검정통계량은 자유도가 $N-a=12$인 t분포를 따르므로 양방검정의 기각값은 qt() 함수를 이용하여 아래와 같이 구할 수 있다.

```
> qt(0.0083, df=12, lower.tail=FALSE)
[1] 2.781635
```

위의 qt() 함수에서 0.0083은 양방검정에 맞게 $\frac{0.05}{3} = 0.0167$을 2로 나눈 값이다. 그러므로 의사결정의 규칙은 '만약 $t < -2.782$ 또는 $t > 2.782$라면 H_0을 기각한다'가 된다. 이를 그림으로 표현하면 [그림 16.1]과 같다.

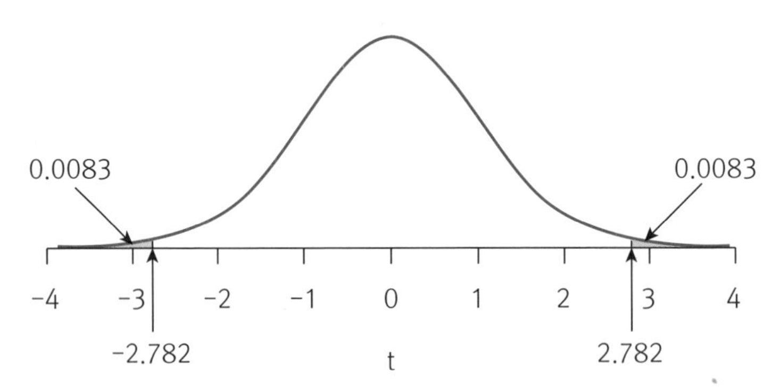

[그림 16.1] 유의수준 1.67%에서 t_{12}분포의 기각역과 기각값

위의 기각역과 기각값은 ψ_1, ψ_2, ψ_3의 검정 모두에 해당하는 값으로서 각 검정은 모두 동일한 의사결정의 규칙을 갖고 있다. 다중비교의 검정 결과를 표로 정리하면 [표 16.3]과 같다.

[표 16.3] 검정통계량을 이용한 Bonferroni-Dunn 다중비교 결과

Comparison	Mean difference	$t_{\hat{\psi}}$	t_{cv}	Decision
μ_1 vs. μ_2	−0.4	−0.739	±2.782	Not sig.
μ_1 vs. μ_3	1.2	2.216	±2.782	Not sig.
μ_2 vs. μ_3	1.6	2.955	±2.782	Sig.

위의 다중비교 결과로부터 세 개의 모집단 중 오직 두 번째와 세 번째 모평균 사이에만 통계적으로 유의한 차이가 있다는 결론을 내릴 수 있다. 위의 표에서 sig.는 significant를 가리킨다.

위의 방법은 검정통계량과 기각값을 비교하여 다중비교 절차를 수행한 것인데, 알다시피 p값과 α값을 비교하여 동일한 다중비교 절차를 진행할 수도 있다. 이제 각 t검정통계량에 해당하는 p값을 구하여 $\alpha^{FW}=0.05$ 수준에서 Bonferroni 방법으로 검정을 진행한다. 먼저 $t_{\hat{\psi}_1}$의 양방검정 p값을 구해 보면 다음과 같다.

$$p_{\hat{\psi}_1} = 2 \times \Pr(t_{\hat{\psi}_1} < -0.739) = 2 \times 0.237 = 0.474$$

위의 계산은 R의 pt() 함수를 이용하여 아래와 같이 계산한 것이다.

```
> 2*pt(-0.739, df=12, lower.tail=TRUE)
[1] 0.4741146
```

t_{12}분포에서 t검정통계량 −0.739에 해당하는 양방검정 p값은 0.474($= 2 \times 0.237$)이고 이를 그림으로 표현하면 [그림 16.2]와 같다.

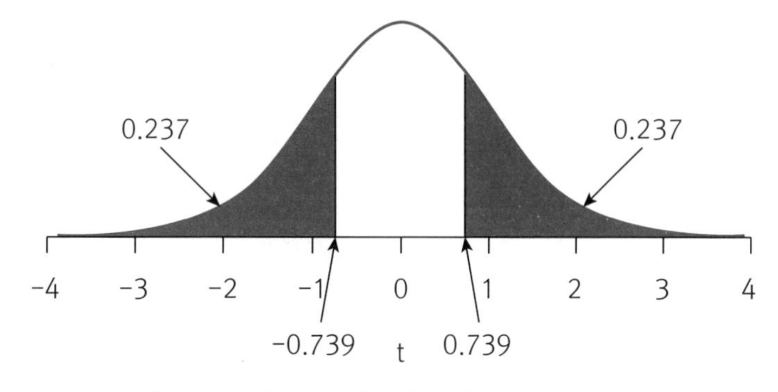

[그림 16.2] ψ_1 양방검정의 검정통계량과 p값

나머지 t검정통계량에 대해서도 마찬가지 방법으로 t_{12}분포상에서 양방검정 p값을 구할 수 있다.

$$p_{\hat{\psi}_2} = 2 \times \Pr(t_{\hat{\psi}_2} > 2.216) = 2 \times 0.023 = 0.047$$
$$p_{\hat{\psi}_3} = 2 \times \Pr(t_{\hat{\psi}_3} > 2.955) = 2 \times 0.006 = 0.012$$

이제 각 대비의 검정을 위해 구한 p값을 이용하여 검정 당 할당된 유의수준인 $\alpha^{PC} = \frac{0.05}{3} = 0.0167$ 수준에서 검정을 진행하면 된다. 의사결정의 규칙은 간단하다. 각 대비의 p값이 α^{PC}인 0.0167보다 작으면 영가설을 기각하고, 크면 영가설을 기각하는 데 실패한다. 검정의 편의성을 위해 이를 정리하면 [표 16.4]와 같다.

[표 16.4] p를 이용한 Bonferroni-Dunn 다중비교 결과

Comparison	Mean difference	$t_{\hat{\psi}}$	$p_{\hat{\psi}}$	α^{PC}	Decision
μ_1 vs. μ_2	−0.4	−0.739	0.474	0.0167	Not sig.
μ_1 vs. μ_3	1.2	2.216	0.047	0.0167	Not sig.
μ_2 vs. μ_3	1.6	2.955	0.012	0.0167	Sig.

위의 표를 보면, $p_{\hat{\psi}_1} > 0.0167$, $p_{\hat{\psi}_2} > 0.0167$, $p_{\hat{\psi}_3} < 0.0167$로서 세 개의 모집단 중 오직 두 번째와 세 번째 모평균 사이에만 통계적으로 유의한 차이가 있다는 결론을 내릴 수 있다. 당연히 [표 16.3]의 결과와 같아야 한다.

R을 포함하여 대다수의 통계 프로그램은 검정통계량을 기각값에 비교하는 [표 16.3]의 방식이 아닌 p를 α에 비교하는 [표 16.4]의 방식으로 검정을 진행한다. 다중비교 절차 역시 마찬가지로 p와 α를 이용하는데, 사실 [표 16.4]에 보인 방식을 한 번 더 조정한 방법을 사용한다. 위의 표를 보면 $p_{\hat{\psi}}$을 α^{PC}에 비교하는데, 여기서 α^{PC}는 α^{FW}를 비교의 개수로 나누어서 구하는 값이다. 즉, α^{FW}는 사회과학에서 거의 언제나 0.05이지만, α^{PC}는 연구자가 가진 비교의 개수에 따라서 변할 수 있는 값이다. 통계 프로그램들은 연구자의 편의를 위하여 p값을 일반적인 α(주로 0.05)에 직접적으로 비교하는 방법을 제공한다. 이를 실행하기 위한 간단한 방법은 $p_{\hat{\psi}}$과 α^{PC}에 동시에 $c = 3$(비교의 개수)을 곱해주면 된다. 이렇게 되면 $p_{\hat{\psi}_1} = 0.474$에 3을 곱한 값을 0.167에 3을 곱한

값인 0.05에 비교하게 된다. 마찬가지로 $p_{\hat{\psi}_2}$와 $p_{\hat{\psi}_3}$에도 3을 곱하여 0.05에 비교한다. 이 방법을 이용하여 진행한 다중비교 절차가 [표 16.5]에 제공된다.

[표 16.5] 조정된 p(adjusted p)를 이용한 Bonferroni-Dunn 다중비교 결과

Comparison	$p_{\hat{\psi}}$	adj. p	adj. α	α^{PC}	Decision
μ_1 vs. μ_2	0.474	1.000	0.05	0.0167	Not sig.
μ_1 vs. μ_3	0.047	0.141	0.05	0.0167	Not sig.
μ_2 vs. μ_3	0.012	0.036	0.05	0.0167	Sig.

위의 표에서 조정된 p(adj. p)를 계산할 때 1이 넘는 값이 나온다면 1로 바꾼다. p값은 1을 넘을 수 없기 때문이다. 어쨌든 위의 표를 이용하여 내린 의사결정은 [표 16.4]의 의사결정과 반드시 동일하다.

SPSS나 R 등의 거의 모든 통계 프로그램은 $p_{\hat{\psi}}$ 대신에 $p_{\hat{\psi}}$에 c를 곱한 $cp_{\hat{\psi}_1}$을 제공한다. 즉, [표 16.5]의 조정된 p를 제공한다. 연구자는 비교의 개수인 c가 얼마인지 고민할 필요 없이 프로그램이 제공하는 조정된 p를 곧바로 $\alpha = 0.05$에 비교하여 의사결정을 하면 되는 것이다. R에서 Bonferroni 조정법을 이용하여 쌍별 다중비교 절차를 실행하기 위해서는 pairwise.t.test() 함수를 아래와 같이 이용한다.

```
> pairwise.t.test(Running$times, Running$method,
+                    p.adj="bonferroni")

        Pairwise comparisons using t tests with pooled SD

data:  Running$times and Running$method

  1     2
2 1.000 -
3 0.140 0.036

P value adjustment method: bonferroni
```

pairwise.t.test() 함수의 첫 번째 아규먼트는 자료의 종속변수이고, 두 번째 아규먼트는 독립변수(집단변수)이며, p.adj 아규먼트는 어떤 다중비교 절차를 사용하여 p값을

조정하겠느냐를 결정하는 것이다. Bonferroni-Dunn의 방법을 위해서는 bonferroni로 설정하면 된다. 결과 부분이 행렬로 나타나는데 열과 행의 조합에 p값이 제공되는 형태이다. 즉, 집단1과 집단2 비교의 $p = 1.000$이고, 집단1과 집단3 비교의 $p = 0.140$이며, 집단2와 집단3 비교의 $p = 0.036$이다. [표 16.5]에 제공된 값들과 비교하여 반올림 오차 수준에서 조금 다를 뿐 거의 일치하는 결과를 확인할 수 있다. 이 값들을 모두 $\alpha = 0.05$에 바로 비교하면 된다. 이렇게 비교를 하여도 가족 제1종오류는 모두 통제되고 있는 것이다.

16.3.2. Holm의 방법

Dunn(1961)이 개발한 다중비교 절차를 수정하여 Holm(1979)이 개발한 방법으로서 모든 검정을 하나의 기각값에 비교하는 Dunn의 동시절차와는 다르게 단계별로 다른 기각값을 사용하는 단계절차의 일종이다. Dunn의 방법과 마찬가지로 Holm의 방법 역시 F검정 없이 계획비교를 해도 되고 F검정의 유의성 확인 이후에 사후적으로 사용해도 괜찮다(Seaman, Levin, & Serlin, 1991).

Holm의 다중비교 절차는 검정하고자 하는 모든 대비의 t검정통계량이나 p값을 계산하는 것까지는 Dunn의 방법과 일치하나, 비교에 순서가 있으며 그 순서로 인해서 비교하는 기각값이 다르다. Holm의 방법을 설명하는 데 있어서 t검정통계량과 기각값을 비교하는 방법을 써도 되고, p값을 α값에 비교하는 방식을 써도 되지만, 프로그램과의 연관성을 위해서 p를 이용하는 방식으로 설명하고자 한다. 가장 먼저 구해 놓은 모든 p값 중에서 가장 작은 값을 보이는 대비의 p를 유의수준 $\frac{\alpha^{FW}}{c}$에 비교하여 검정을 실시한다. 만약 이 결과가 유의하지 않으면 여기서 멈춘다. 만약 결과가 유의하다면 다음 단계에서 모든 p값 중에서 두 번째로 작은 값을 보이는 대비의 p를 $\frac{\alpha^{FW}}{c-1}$에 비교하여 검정을 실시한다. 역시 유의하지 않은 결과가 나왔다면 여기서 멈춘다. 만약 유의한 결과가 나왔다면 계속해서 $c-2$, $c-3$ 등으로 진행한다. 100m 달리기 예제를 통하여 실시한 Holm 절차의 결과가 [표 16.6]에 제공된다.

[표 16.6] p를 이용한 Holm 다중비교 결과

Comparison	Mean difference	$p_{\hat{\psi}}$	α^{PC}	Decision
μ_2 vs. μ_3	1.6	0.012	$\frac{\alpha^{FW}}{3}=0.0167$	Sig. Continue!
μ_1 vs. μ_3	1.2	0.047	$\frac{\alpha^{FW}}{2}=0.0250$	Not sig. Stop!
μ_1 vs. μ_2	−0.4	0.474	$\alpha^{FW}=0.05$	

Holm의 다중비교 절차를 시작하는 시점에서 연구자는 세 개의 평균비교를 해야 한다. 즉, 세 개의 대비가 있다. 세 개 중에서 가장 유의한($p=0.012$) 대비를 검정할 때는 α^{FW}를 3으로 나눈 값에 p를 비교하여 가족 제1종오류를 통제하고 통계적 유의성을 결정한다. 이 부분은 Dunn의 방법과 다르지 않다. 그리고 만약 위처럼 그 결과가 통계적으로 유의하면 다음 단계로 진행하는데, 이때 연구자에게는 평균비교를 해야 할 두 개의 대비가 남아 있다. 이 상태에서는 두 개 중에서 가장 유의한($p=0.047$) 대비를 검정하게 되는데, α^{FW}를 2로 나눈 값에 p를 비교하여 가족 제1종오류를 통제하고 통계적 유의성을 결정한다. 여기서부터가 앞선 Dunn의 방법과 다른 부분이다. 이미 가장 유의한 대비의 검정은 실시하였고 연구자의 손에는 두 개의 대비만 남아 있으므로 가족 제1종오류의 통제를 위해 α^{FW}를 3으로 나눌 필요는 없다는 것이 Holm의 논리이다. 이렇게 다중비교 절차를 진행하면 Holm의 방법은 언제나 Dunn의 방법보다 더 나은 검정력을 가지게 되는 장점이 있다.

Dunn의 방법에서와 마찬가지로 R은 [표 16.6]과 같은 조금은 복잡한 비교 방식을 사용자들에게 제공하기를 원치 않는다. 단지 주어진 p값을 $\alpha=0.05$에 직접적으로 비교하는 방법을 선호한다. [표 16.7]에 조정된 Holm의 다중비교 결과가 제공된다.

[표 16.7] 조정된 p(adjusted p)를 이용한 Holm 다중비교 결과

Comparison	$p_{\hat{\psi}}$	adj. p	adj. α	α^{PC}	Decision
μ_2 vs. μ_3	0.012	0.036	0.05	$\frac{\alpha^{FW}}{3}=0.0167$	Sig. Continue!
μ_1 vs. μ_3	0.047	0.094	0.05	$\frac{\alpha^{FW}}{2}=0.0250$	Not sig. Stop!
μ_1 vs. μ_2	0.474	0.474	0.05	$\alpha^{FW}=0.05$	

위의 표에서 첫 번째 대비의 비교 방식을 살펴보자. 조정되기 전에 $p_{\hat{\psi}}=0.012$를 $\alpha^{PC}=0.0167$에 비교하여 의사결정을 진행하였으므로, 조정된 $\alpha=0.05$에 비교를 하려면 $p_{\hat{\psi}}=0.012$에 3을 곱하여 조정된 $p=3\times0.012=0.036$이 되어야 적절하다. 결국 0.012를 0.0167에 비교하나, 0.036을 0.05에 비교하나 동일한 결과를 얻게 될 것이다. 두 번째 대비의 경우에는 조정되기 전에 $p_{\hat{\psi}}=0.047$을 $\alpha^{PC}=0.0250$에 비교하여 의사결정을 진행하였으므로, 조정된 $\alpha=0.05$에 비교를 하려면 $p_{\hat{\psi}}=0.012$에 2를 곱하여 조정된 $p=2\times0.047=0.094$가 되어야 적절하다. 마지막으로 세 번째 대비의 경우에는 $p_{\hat{\psi}}=0.474$를 $\alpha^{PC}=0.05$에 비교하여 의사결정을 진행하였으므로, α나 p에 그 어떤 조정도 필요 없다.

R에서 Holm 조정법을 이용하여 쌍별 다중비교 절차를 실행하기 위해서는 앞서와 마찬가지로 pairwise.t.test() 함수를 아래와 같이 이용한다.

```
> pairwise.t.test(Running$times, Running$method, p.adj="holm")

        Pairwise comparisons using t tests with pooled SD

data:  Running$times and Running$method

  1     2
2 0.474 -
3 0.094 0.036

P value adjustment method: holm
```

명령어 줄에서 다중비교 절차의 방법인 holm 부분만 바뀌었고 나머지는 이전과 모두 동일하다. 행렬의 형태로 제공된 값들인 0.474, 0.094, 0.036은 바로 [표 16.7]에서 계산했던 조정된 p값들임을 확인할 수 있다. 연구자들은 복잡한 다중비교 절차를 크게 신경 쓸 것 없이 이 모든 조정된 p값들을 우리가 일반적으로 사용하는 $\alpha=0.05$에 직접적으로 비교하면 된다. 그렇게 하여도 가족 제1종오류 α^{FW}는 0.05에서 통제가 된다.

16.3.3. Fisher의 방법

다중비교 절차 중에서 사후비교로 이용되는 Fisher(1935)의 최소유의차이(least

significant difference, LSD) 방법을 소개한다. 가장 간단한 동시절차 방법으로서 Dunn이나 Holm의 방법과 같은 조정의 과정이 없으며 [표 16.8]에 그 결과가 제공된다.

[표 16.8] p를 이용한 Fisher의 LSD 다중비교 결과

Comparison	Mean difference	$t_{\hat{\psi}}$	$p_{\hat{\psi}}$	α^{PC}	Decision
μ_1 vs. μ_2	−0.4	−0.739	0.474	0.05	Not sig.
μ_1 vs. μ_3	1.2	2.216	0.047	0.05	Sig.
μ_2 vs. μ_3	1.6	2.955	0.012	0.05	Sig.

역시 앞에서 계산해 놓았던 모든 값을 그대로 사용할 수 있다. [표 16.4]에 제공된 Dunn의 다중비교 결과와 비교하면 α^{PC}가 그 어떤 조정도 없이 모두 0.05라는 것을 볼 수 있다. 이것을 보면서 독자들은 의문을 품어야 한다. 필자가 분명히 세 개의 대비를 모두 $\alpha = 0.05$에서 검정하면 가족 제1종오류의 증가 문제가 있다고 하였다. 그런데 왜 위와 같은 방법을 소개하는 것일까? 다행히도 위의 결과에서 독자들은 가족 제1종오류의 문제를 걱정하지 않아도 된다. Fisher의 LSD 방법은 두 가지 조건을 만족한다면 가족 제1종오류를 특정한 $\alpha(0.05)$ 이내로 통제할 수 있다. 첫 번째 조건은 분산분석의 F검정(omnibus F test)이 반드시 통계적으로 유의해야 한다는 것이며, 두 번째 조건은 오직 세 집단의 쌍별비교에서만 사용해야 한다는 것이다.

왜 위의 두 조건이 만족할 때 가족 제1종오류가 $\alpha = 0.05$ 이내로 통제된다는 것인가? 어려운 수학적인 내용을 꺼내지 않아도 상당히 쉽게 설명할 수 있다. 세 집단 간 평균비교의 F검정이 유의하다는 것은 사실 단 두 가지 경우밖에 없다. 첫째는 임의의 한 집단이 나머지 두 개 집단과 평균이 다르다는 것(이는 두 집단이 나머지 하나와 평균이 다르다는 것과 동일한 의미)이고, 둘째는 세 집단의 평균이 모두 다르다는 것이다. 첫 번째 경우에 만약 μ_1이 나머지 μ_2, μ_3와 다르다고 하면 $\mu_1 \neq \mu_2$, $\mu_1 \neq \mu_3$, $\mu_2 = \mu_3$인 상황을 가리킨다. 이렇게 되면 세 번의 쌍별대비 검정에서 제1종오류를 범할 수 있는 경우는 단 한 번밖에 없다. 바로 $\mu_2 = \mu_3$인 상황이다. 그러므로 가족 제1종오류는 0.05 이내에서 통제된다. μ_1이 아닌 μ_2 또는 μ_3 등이 나머지 둘과 평균이 다르다는 가정을 하여도 어차피 똑같은 결론에 다다른다. 그리고 두 번째 경우는 $\mu_1 \neq \mu_2$, $\mu_1 \neq \mu_3$, $\mu_2 \neq \mu_3$인 상황을 가리킨다. 이렇게 되면 그 어떤 쌍별대비 검정에서도 제1종오류를 범할 수 있는 경우는 없으며(영가설이 사실인 경우가 없으므로) 가족 제1종오류는 0.05

이내에서 통제된다.

Fisher의 LSD 검정 절차는 대비의 검정에서 α의 조정이 없다 보니 많은 연구자들이 가족 제1종오류를 제대로 통제하지 못할 것이라고 착각을 하는 경우가 있어서 위에 자세히 설명하였다. Fisher의 LSD 방법은 세 집단 간 평균의 비교를 진행하는 경우에 사후분석 절차로서 가장 검정력이 높으며 가장 선호되는 방법이라고 할 수 있다. R에서 Fisher의 LSD 검정 절차를 진행하기 위해서는 역시 pairwise.t.test() 함수를 이용하며 p.adj 아규먼트를 none으로 설정하면 된다.

```
> pairwise.t.test(Running$times, Running$method, p.adj="none")

        Pairwise comparisons using t tests with pooled SD

data:  Running$times and Running$method

  1     2
2 0.474 -
3 0.047 0.012

P value adjustment method: none
```

결과 부분은 역시 행렬의 형태로 나타나며 행렬의 p값들을 확인해 보면 조정되지 않는 p값들과 일치하는 것을 알 수 있다.

16.3.4. Tukey의 방법

Tukey(1949)의 다중비교 절차는 분산분석 F검정이 유의한 경우에 사후비교로서 진행되며 사회과학 분야에서 상당히 자주 쓰이는 방법이다. 쌍별대비만을 이용해서 검정을 진행하는 경우에 적어도 Dunn의 방법이나 뒤에서 보일 Scheffé의 방법보다는 더 나은 방법으로 알려져 있다. 즉, 가족 제1종오류를 통제하면서도 더 높은 검정력을 가지고 있다. Tukey의 방법은 [식 16.15]처럼 i집단과 j집단의 차이에 대하여 q검정통계량을 계산하여 상응하는 q분포(Tukey's studentized range distribution)에 비교하는 검정이다.

$$q_{\hat{\psi}} = \frac{\hat{\psi}}{\sqrt{\frac{MS_W}{n}}} = \frac{\overline{X}_i - \overline{X}_j}{\sqrt{\frac{MS_W}{n}}} \sim q_{a,\,N-a}$$ [식 16.15]

위의 식에서 n은 각 집단의 표본크기로서 Tukey의 방법은 모든 집단의 표본크기가 n으로 동일할 때에만 사용이 가능하다. 그리고 q분포는 마치 F분포의 모양처럼 0 이상의 값을 취하며 두 개의 모수를 갖는 분포인데, 첫 번째 모수는 집단의 개수 a이고 두 번째 모수는 집단내 자유도 $df_W(=N-a)$이다. 그리고 Tukey의 q검정은 분포의 오른쪽 꼬리를 이용하는 위꼬리 검정이다. 100m 달리기 자료를 이용하여 세 개의 q검정통계량을 구해 보자. 앞에서 각 표본평균의 차이는 모두 구하였고, $MS_W = 0.733$, $n=5$이다.

$$q_{\hat{\psi}_1} = \frac{-0.4}{\sqrt{\frac{0.733}{5}}} = -1.045$$

$$q_{\hat{\psi}_2} = \frac{1.2}{\sqrt{\frac{0.733}{5}}} = 3.134$$

$$q_{\hat{\psi}_3} = \frac{1.6}{\sqrt{\frac{0.733}{5}}} = 4.179$$

첫 번째 q검정통계량 -1.045는 q분포가 음수값을 가질 수 없으므로 1.045로 바꾸어 검정을 진행하면 된다. 다시 말해, 표본평균의 차이를 $\overline{X}_1 - \overline{X}_2$가 아닌 $\overline{X}_2 - \overline{X}_1$로 계산했다고 볼 수 있는 것이다. 이제 위의 세 q검정통계량을 비교할 q기각값을 구하면 아래와 같다.

$$q_{a=3,\, df_W=12,\, \alpha=0.05} = 3.773$$

위의 값은 R에서 q분포의 값을 계산할 수 있는 qtukey() 함수를 다음과 같이 이용하여 구한 것이다.

```
> qtukey(p=0.05, nmeans=3, df=12, lower.tail=FALSE)
[1] 3.772929
```

qtukey() 함수의 첫 번째 아규먼트 p는 누적확률로서 마지막 아규먼트인 lower.tail

이 FALSE로 설정되어 있으므로 오른쪽 꼬리로부터의 누적확률을 의미한다. 두 번째 아규먼트 nmeans는 집단의 개수를 의미하고, df는 집단내 자유도를 의미한다. 이제 위에서 계산한 값들을 이용하여 진행한 Tukey 다중비교 절차의 결과가 [표 16.9]에 제공된다.

[표 16.9] 검정통계량을 이용한 Tukey 다중비교 결과

Comparison	Mean difference	$q_{\hat{\psi}}$	q_{a,df_W}	Decision
μ_1 vs. μ_2	0.4	1.045	3.773	Not sig.
μ_1 vs. μ_3	1.2	3.134	3.773	Not sig.
μ_2 vs. μ_3	1.6	4.179	3.773	Sig.

결과는 Dunn이나 Holm의 방법들과 동일하다. 세 개의 모집단 중 오직 두 번째와 세 번째 모평균 사이에만 통계적으로 유의한 차이가 있다. 위와 같이 q검정통계량을 구해서 q기각값(q_{a,df_W})에 비교하는 방법으로 Tukey의 다중비교를 진행할 수도 있지만, 검정통계량의 분모 부분을 [식 16.16]처럼 우변으로 넘겨서 진행하는 방법도 상당히 유명하다.

$$\overline{X}_i - \overline{X}_j \sim q_{a,N-a}\sqrt{\frac{MS_W}{n}} \qquad \text{[식 16.16]}$$

위의 식에서 우변 $q_{a,N-a}\sqrt{\frac{MS_W}{n}}$을 HSD(honestly significant difference)라고 하는데, 만약 평균차이 $\overline{X}_i - \overline{X}_j$가 HSD보다 크면 평균차이가 유의하게 존재한다고 결론 내린다. HSD를 구해 보면 아래와 같다.

$$HSD = q_{a,df_W}\sqrt{\frac{MS_W}{n}} = 3.773\sqrt{\frac{0.733}{5}} = 1.445$$

HSD를 계산하고 나면 평균차이와 HSD의 크기를 비교하여 만약 평균차이가 HSD보다 큰 경우에 영가설을 기각한다. 평균차이와 HSD를 이용한 다중비교 절차의 결과가 [표 16.10]에 제공된다.

[표 16.10] HSD를 이용한 Tukey 다중비교 결과

Comparison	Mean difference	HSD	Decision
μ_1 vs. μ_2	0.4	1.445	Not sig.
μ_1 vs. μ_3	1.2	1.445	Not sig.
μ_2 vs. μ_3	1.6	1.445	Sig.

위의 방법들이 물론 많은 책에 소개되어 있지만, 실제로 통계 프로그램들은 언제나 p값을 이용한 절차를 선호한다. [표 16.9]에 제공된 q검정통계량을 이용하면 q분포상에서 주어진 검정통계량보다 더 극단적일 확률을 ptukey() 함수를 이용하여 아래와 같이 구할 수 있다.

```
> ptukey(q=1.045, nmeans=3, df=12, lower.tail=FALSE)
[1] 0.7457537

> ptukey(q=3.134, nmeans=3, df=12, lower.tail=FALSE)
[1] 0.1086248

> ptukey(q=4.179, nmeans=3, df=12, lower.tail=FALSE)
[1] 0.03004447
```

ptukey() 함수는 주어진 q검정통계량에 해당하는 누적확률을 구하는 명령어인데, lower.tail이 FALSE로 설정되어 있으므로 오른쪽 누적확률, 즉 p값을 제공한다. p를 이용하여 진행한 Tukey 다중비교 절차의 결과가 [표 16.11]에 제공된다.

[표 16.11] p를 이용한 Tukey 다중비교 결과

Comparison	Mean difference	$q_{\hat{\psi}}$	$p_{\hat{\psi}}$	α^{PC}	Decision
μ_1 vs. μ_2	−0.4	1.045	0.746	0.05	Not sig.
μ_1 vs. μ_3	1.2	3.134	0.109	0.05	Not sig.
μ_2 vs. μ_3	1.6	4.179	0.030	0.05	Sig.

지금까지처럼 직접 손으로 계산하고 qtukey() 함수나 ptukey() 함수를 이용하여

Tukey의 다중비교 절차를 수행할 수도 있지만, 아래처럼 R의 TukeyHSD() 함수를 이용하면 매우 간단히 목적을 달성할 수 있다.

```
> model1 <- aov(Running$times~Running$method, data=Running)
> TukeyHSD(model1)
  Tukey multiple comparisons of means
    95% family-wise confidence level

Fit: aov(formula = Running$times ~ Running$method, data = Running)

$`Running$method`
    diff       lwr        upr     p adj
2-1  0.4 -1.044922  1.8449218 0.7459717
3-1 -1.2 -2.644922  0.2449218 0.1087019
3-2 -1.6 -3.044922 -0.1550782 0.0300876
```

먼저 aov() 함수를 이용하여 분산분석을 실시하고 그 결과를 model1 객체에 저장한다. 그리고 TukeyHSD() 함수의 아규먼트로서 model1을 지정한다. 결과에는 비교의 대상과 평균차이(diff), 평균차이의 95% 신뢰구간의 하한(lwr)과 상한(upr) 및 q검정에 맞도록 조정된 p(p adj)가 제공된다. 앞에서 검정통계량과 ptukey() 함수를 이용해서 직접 구한 값과 다르지 않음을 확인할 수 있다.

지금까지 Tukey의 다중비교 절차는 모든 집단의 표본크기가 같은 경우에 한정된다고 서술하였고, 실제 100m 달리기 예제도 각 집단의 표본크기가 $n=5$로서 동일하였다. 하지만 실제로 많은 경우에 집단의 표본크기가 같지 않다. 이와 같은 경우에는 수정된 Tukey의 방법을 이용해야 한다. q검정통계량의 분모 부분, 즉 평균차이 $\overline{X}_i-\overline{X}_j$의 표준오차 부분인 $\sqrt{\frac{MS_W}{n}}$ 이 [식 16.17]의 분모처럼 수정된다.

$$q=\frac{\overline{X}_i-\overline{X}_j}{\sqrt{\frac{MS_W}{2}\left(\frac{1}{n_i}+\frac{1}{n_j}\right)}}\sim q_{a,df_W} \quad \text{[식 16.17]}$$

위에서 n_i는 i집단의 표본크기, n_j는 j집단의 표본크기를 가리킨다. 검정을 위한 q분포는 바뀌지 않았음을 알 수 있다. 이 다중비교 절차는 Tukey-Kramer의 방법(Kramer, 1956)이라고 불린다. 이 방법을 R에서 실행하기 위해 특별한 함수가 따로 존재하는 것은 아니며, TukeyHSD() 함수를 이용하면 표본크기가 일정하지 않은 경우에 알아서 수정된 절차가 적용된다.

16.3.5. Scheffé의 방법

사후비교로 이용되는 Scheffé(1959)의 다중비교 절차는 제1종오류를 범하는 것에 대하여 매우 조심스러운(보수적인) 방법으로서 아마도 존재하는 모든 사후분석 가운데 가장 작은 제1종오류의 크기를 지니고 있을 것이다. 사실 그와 같은 이유로 모든 사후분석 중에서 가장 작은 검정력의 크기를 지니고 있기도 하다. 그래서 많은 학자들은 Scheffé의 방법이 유의수준 α를 낭비한다고 말하기도 한다. 즉, 허락된 α^{FW}의 크기를 제대로 모두 사용하지 못하고 있는 것을 비판하는 것이다. Scheffé의 방법은 본질적으로 검정해야 할 비교의 개수가 무한대라는 가정하에 개발된 것으로서 Scheffé 절차를 사용하면 비교의 개수가 아무리 많아도 가족 제1종오류가 통제된다. 이런 이유로 Scheffé의 방법은 검정할 대비의 개수가 많은 경우(쌍별대비든 복합대비든 상관없이)에 여전히 활발하게 쓰이는 방법 중 하나다. Scheffé의 절차는 F검정을 이용할 수도 있고 t검정을 이용할 수도 있는데, 이미 앞에서 t검정통계량을 모두 구해 놓았으므로 t검정을 이용하기로 한다. Scheffé의 방법은 대비의 t검정통계량을 [식 16.18]에 제공되는 Scheffé 기각값에 동시에 비교하는 방식으로 이루어진다. 만약 연구자가 F검정통계량을 구했다면 [식 16.18]을 제곱한 기각값을 사용한다.

$$\pm\sqrt{(a-1)F_{a-1,N-a}} \qquad \text{[식 16.18]}$$

Scheffé 기각값에 일반적으로 음의 부호를 붙이지는 않는데, t검정통계량이 음수값을 취할 수도 있으므로 $\pm$를 추가하였다. 즉, Scheffé 의사결정의 규칙은 대비의 t검정통계량이 위 기각값의 범위를 벗어날 때 영가설을 기각하고 평균차이가 있다고 결론을 내린다. 유의수준 5%에서 [식 16.18]의 기각값을 구해 보면 아래와 같다.

$$\sqrt{2\times F_{2,12}}=\sqrt{2\times 3.885}=2.787$$

앞에서 구한 t검정통계량과 위의 Scheffé 기각값을 이용하여 진행한 다중비교 절차의 결과가 [표 16.12]에 제공된다.

[표 16.12] 검정통계량을 이용한 Scheffé 다중비교 결과

Comparison	Mean difference	$t_{\hat{\psi}}$	Scheffé	Decision
μ_1 vs. μ_2	−0.4	−0.739	±2.787	Not sig.
μ_1 vs. μ_3	1.2	2.216	±2.787	Not sig.
μ_2 vs. μ_3	1.6	2.955	±2.787	Sig.

위의 다중비교 결과로부터 두 번째와 세 번째 모평균 사이에 통계적으로 유의한 차이가 있다는 결론을 내릴 수 있다. 앞선 방법들과 마찬가지로 검정통계량을 기각값에 비교하는 방식도 가능하지만, p값을 구하여 α에 비교하는 방식도 가능하다. 대부분의 통계 프로그램에서 사용하는 방식이기도 하다. Scheffé의 방법에서 p값을 계산하기 위해서는 Scheffé의 검정이 t검정이라는 사실을 이용하여 [식 16.19]를 이끌어 내고 다시 [식 16.20]으로 변형하여 이용해야 한다.

$$t_{\hat{\psi}} \sim \sqrt{(a-1)F_{a-1,N-a}} \qquad \text{[식 16.19]}$$

$$F = \frac{t_{\hat{\psi}}^2}{a-1} \sim F_{a-1,N-a} \qquad \text{[식 16.20]}$$

위의 식은 $\frac{t_{\hat{\psi}}^2}{a-1}$이 F분포를 따르는 F검정통계량이라는 것을 의미하고, F분포를 이용하여 p값을 계산하게 된다. 먼저 각 대비의 $F_{\hat{\psi}} = \frac{t_{\hat{\psi}}^2}{a-1}$를 구해 보면 아래와 같다.

$$F_{\hat{\psi}_1} = \frac{(-0.739)^2}{3-1} = 0.273$$

$$F_{\hat{\psi}_2} = \frac{(2.216)^2}{3-1} = 2.455$$

$$F_{\hat{\psi}_3} = \frac{(2.955)^2}{3-1} = 4.366$$

아래처럼 R의 pf() 함수를 이용하면 p값을 계산할 수 있다.

```
> pf(0.273, 2, 12, lower.tail=FALSE)
[1] 0.7656949

> pf(2.455, 2, 12, lower.tail=FALSE)
[1] 0.1277103

> pf(4.366, 2, 12, lower.tail=FALSE)
[1] 0.03760454
```

R을 이용하여 구한 p값을 바탕으로 하여 Scheffé의 다중비교 절차의 결과를 정리하면 [표 16.13]과 같다.

[표 16.13] p를 이용한 Scheffé 다중비교 결과

Comparison	Mean difference	$F_{\hat{\psi}}$	$p_{\hat{\psi}}$	α^{PC}	Decision
μ_1 vs. μ_2	-0.4	0.273	0.766	0.05	Not sig.
μ_1 vs. μ_3	1.2	2.455	0.128	0.05	Not sig.
μ_2 vs. μ_3	1.6	4.366	0.038	0.05	Sig.

Scheffé의 기각값으로부터 [식 16.20]의 F검정통계량과 F분포의 관계를 이끌어 내 p값을 계산한 것이므로 α를 재조정하는 것은 필요치 않다. 각 대비의 검정을 $\alpha = 0.05$에서 시행하면 된다.

R은 기본적으로 Scheffé의 다중비교 절차를 진행할 수 있는 함수를 제공하지 않는다. Scheffé 비교를 진행하기 위해서는 DescTools 패키지(Signorell, 2019)를 검색하여 설치하고 R로 로딩한다. 다음으로 aov() 함수를 이용하여 분산분석을 실시하고 그 결과를 model1 객체에 저장하고, 마지막으로 ScheffeTest() 함수를 이용하여 Scheffé 검정을 실시하였다.

```
> model1 <- aov(Running$times~Running$method, data=Running)
> ScheffeTest(model1)

  Posthoc multiple comparisons of means : Scheffe Test
    95% family-wise confidence level
```

```
$`Running$method`
    diff    lwr.ci      upr.ci   pval
2-1  0.4 -1.109759  1.90975905 0.7659
3-1 -1.2 -2.709759  0.30975905 0.1278
3-2 -1.6 -3.109759 -0.09024095 0.0377 *

---
Signif. codes:  0 '***' 0.001 '**' 0.01 '*' 0.05 '.' 0.1 ' ' 1
```

위의 결과를 보면 TukeyHSD() 함수를 이용했을 때처럼 비교의 대상과 평균차이(diff), 95% 신뢰구간의 하한(lwr.ci)과 상한(upr.ci) 및 Scheffé 검정에 맞도록 조정된 p(pval)가 제공된다. p값이 앞에서 변형된 F검정통계량과 pf() 함수를 이용해서 직접 구한 값과 전혀 다르지 않음을 확인할 수 있다.

16.3.6. Games-Howell의 방법

지금까지 앞에서 소개한 다섯 개의 다중비교 절차는 모두 등분산성 가정이 만족된 상태에서 사용할 수 있는 방법들이다. 즉, ANOVA F검정과 연관되어 사용할 수 있는 것들이다. 만약 등분산성 가정이 만족되지 않는다면 Games-Howell의 방법(Games & Howell, 1976)을 사용할 수 있다. 즉, Games-Howell의 방법은 Welch's F검정과 연관되어 있다. Games-Howell의 다중비교는 기본적으로 Tukey-Kramer의 다중비교 절차를 응용한 방법이며 계산법에서 Welch's t검정의 아이디어도 연관되어 있다. Games-Howell의 검정방법은 [식 16.21]처럼 등분산성이 만족되지 않았다는 가정하에 i집단과 j집단의 차이에 대하여 q검정통계량을 계산하여 상응하는 q분포에 비교하는 검정이다.

$$q_{\hat{\psi}} = \frac{\hat{\psi}}{\sqrt{\frac{1}{2}\left(\frac{s_i^2}{n_i} + \frac{s_j^2}{n_j}\right)}} = \frac{\overline{X}_i - \overline{X}_j}{\sqrt{\frac{1}{2}\left(\frac{s_i^2}{n_i} + \frac{s_j^2}{n_j}\right)}} \sim q_{a,\nu} \qquad \text{[식 16.21]}$$

위의 q검정통계량은 Tukey의 q검정통계량이 MS_W을 사용하는 것과 비교하여 등분산성이 만족되지 않았으므로 개별적인 s^2를 사용하는 차이가 있다. 또한 q분포의 두 번째 모수가 $N-a$가 아니며 Welch의 검정에서 사용했던 [식 11.19]의 자유도 ν의 계산법을 사용한다.

$$\nu = \frac{\left(\frac{s_1^2}{n_1} + \frac{s_2^2}{n_2}\right)^2}{\frac{\left(\frac{s_1^2}{n_1}\right)^2}{n_1 - 1} + \frac{\left(\frac{s_2^2}{n_2}\right)^2}{n_2 - 1}}$$

그리고 앞의 Tukey 다중비교 절차에서 설명했듯이 Tukey의 q분포는 0 이상의 값을 취하는 분포이며, q검정은 q분포의 오른쪽 꼬리를 이용하는 위꼬리 검정이다. 100m 달리기 자료가 등분산성을 만족하지 않았다고 잠시 가정하고 위의 식을 이용하여 세 개의 q검정통계량을 구해 보자. 먼저 세 집단의 표본분산은 앞에서 R로 계산했듯이 $s_1^2 = 0.7$, $s_2^2 = 0.7$, $s_3^2 = 0.8$이다.

$$q_{\hat{\psi}_1} = \frac{-0.4}{\sqrt{\frac{1}{2}\left(\frac{0.7}{5} + \frac{0.7}{5}\right)}} = -1.069$$

$$q_{\hat{\psi}_2} = \frac{-0.4}{\sqrt{\frac{1}{2}\left(\frac{0.7}{5} + \frac{0.8}{5}\right)}} = 3.098$$

$$q_{\hat{\psi}_3} = \frac{-0.4}{\sqrt{\frac{1}{2}\left(\frac{0.7}{5} + \frac{0.8}{5}\right)}} = 4.131$$

앞의 Tukey 절차에서 설명했듯이 첫 번째 q검정통계량 −1.069는 q분포가 음수값을 가질 수 없으므로 1.069로 바꾸어 검정을 진행하면 된다. 이제 위의 세 q검정통계량을 비교할 q기각값을 구하기 위해 q분포의 두 번째 모수 ν를 구하면 아래와 같다.

$$\nu_{\hat{\psi}_1} = \frac{\left(\frac{0.7}{5} + \frac{0.7}{5}\right)^2}{\frac{\left(\frac{0.7}{5}\right)^2}{5 - 1} + \frac{\left(\frac{0.7}{5}\right)^2}{5 - 1}} = 8.000$$

$$\nu_{\hat{\psi}_2} = \frac{\left(\frac{0.7}{5} + \frac{0.8}{5}\right)^2}{\frac{\left(\frac{0.7}{5}\right)^2}{5 - 1} + \frac{\left(\frac{0.8}{5}\right)^2}{5 - 1}} = 7.965$$

$$\nu_{\hat{\psi}_3} = \frac{\left(\frac{0.7}{5} + \frac{0.8}{5}\right)^2}{\frac{\left(\frac{0.7}{5}\right)^2}{5-1} + \frac{\left(\frac{0.8}{5}\right)^2}{5-1}} = 7.965$$

일반적으로 등분산성이 만족되지 않을 때 $\nu_{\hat{\psi}_1}$, $\nu_{\hat{\psi}_2}$, $\nu_{\hat{\psi}_3}$는 다른 값을 보이는 것이 보통이지만, 100m 달리기 자료는 등분산성을 만족하는 경우여서 실제 계산값에 거의 차이가 발생하지 않았다. 계산 결과 $\nu_{\hat{\psi}_1}$은 정확히 8이며, 나머지 $\nu_{\hat{\psi}_2}$와 $\nu_{\hat{\psi}_3}$도 거의 8이므로 모두 $\nu = 8$에서 검정을 실시하면 큰 무리가 없을 것이다.[68] $a = 3$이므로 세 개의 q검정통계량을 비교할 q기각값을 찾으면 아래와 같다.

$$q_{a=3,\ df_W=8,\ \alpha=0.05} = 4.041$$

위의 값은 R에서 q분포의 값을 계산할 수 있는 qtukey() 함수를 다음과 같이 이용하여 구한 것이다.

```
> qtukey(p=0.05, nmeans=3, df=8, lower.tail=FALSE)
[1] 4.041036
```

Games-Howell 검정 결과를 정리하면 [표 16.14]와 같다.

[표 16.14] 검정통계량을 이용한 Games-Howell 다중비교 결과

Comparison	Mean difference	$q_{\hat{\psi}}$	$q_{a,\nu}$	Decision
μ_1 vs. μ_2	0.4	1.069	4.041	Not sig.
μ_1 vs. μ_3	1.2	3.098	4.041	Not sig.
μ_2 vs. μ_3	1.6	4.131	4.041	Sig.

68) Welch's t검정에서 자유도를 수정할 때 소수점 이하는 버리는 것이 일반적인 관행이다. 이는 검정에 대하여 보수적으로 접근하는 관점(다시 말해, 유의수준을 줄이는 관점)으로서 자유도를 낮추어 영가설을 기각하는 것이 더 어려워지도록 만들기 위함이다. 하지만 R을 포함한 많은 통계 프로그램들이 실제 검정의 과정에서 이러한 가이드라인을 따르는 것은 아니다. 그러므로 $\nu = 7.965$일 때 실질적으로 $\nu = 8$로 반올림하여 검정을 진행하는 경우가 많다.

p값을 이용하는 방식이 대부분의 통계 프로그램에서 일반적이므로 세 검정통계량의 p값을 ptukey() 함수를 이용하여 아래와 같이 구할 수 있다.

```
> ptukey(q=1.069, nmeans=3, df=8, lower.tail=FALSE)
[1] 0.7387288

> ptukey(q=3.098, nmeans=3, df=8, lower.tail=FALSE)
[1] 0.1327659

> ptukey(q=4.131, nmeans=3, df=8, lower.tail=FALSE)
[1] 0.04554048
```

p를 이용하여 진행한 Games-Howell의 다중비교 절차의 결과가 [표 16.15]에 제공된다.

[표 16.15] p를 이용한 Games-Howell 다중비교 결과

Comparison	Mean difference	$q_{\hat{\psi}}$	$p_{\hat{\psi}}$	α^{PC}	Decision
μ_1 vs. μ_2	−0.4	1.069	0.739	0.05	Not sig.
μ_1 vs. μ_3	1.2	3.098	0.133	0.05	Not sig.
μ_2 vs. μ_3	1.6	4.131	0.046	0.05	Sig.

R은 기본적으로 Games-Howell의 다중비교 절차를 진행할 수 있는 함수를 제공하지 않으며, Games-Howell 비교를 진행할 수 있는 패키지가 다양하게 존재하지도 않는다. 어쨌든 이를 위해서는 userfriendlyscience 패키지(Peters, 2018)를 검색하여 설치하고 library() 함수를 이용하여 R로 로딩하여야 한다. 다음으로 oneway() 함수를 이용하여 분산분석과 Games-Howell 절차를 실행하였다. 이 외에 포함된 다른 함수를 이용하여서도 실행할 수 있으니 관심 있는 독자는 Google에서 쉽게 구할 수 있는 패키지 설명서를 찾아보기 바란다.

```
> oneway(Running$times, Running$method, posthoc="games-howell")
### Oneway Anova for y=times and x=method (groups: 1, 2, 3)

Omega squared: 95% CI = [NA; .65], point estimate = .33
Eta Squared: 95% CI = [.03; .61], point estimate = .44
```

```
                                   SS Df   MS    F    p
Between groups (error + effect) 6.93  2 3.47 4.73 .031
Within groups (error only)       8.8 12 0.73


### Post hoc test: games-howell

    diff ci.lo ci.hi    t   df    p
2-1  0.4 -1.11  1.91 0.76 8.00 .739
3-1 -1.2 -2.77  0.37 2.19 7.96 .133
3-2 -1.6 -3.17 -0.03 2.92 7.96 .046
```

위에서 실행된 oneway() 함수의 첫 번째 아규먼트는 ANOVA 검정의 종속변수이며, 두 번째 아규먼트는 독립변수(집단변수)이고, 마지막 아규먼트는 사후비교 절차로서 어떤 방법을 사용하겠느냐를 가리킨다. Games-Howell의 비교절차를 수행하기 위해서는 games-howell이라고 설정한다. 먼저 ANOVA F검정의 결과가 제공되고, 아래에 Games-Howell 비교 절차의 결과가 제공된다. 비교의 대상과 평균차이(diff), 95% 신뢰구간의 하한(ci.lo)과 상한(ci.hi) 및 t검정통계량(t)과 Welch의 방식으로 계산된 자유도 ν(df), 그리고 마지막으로 p(p)가 제공된다. R을 통하여 제공된 모든 값이 손으로 직접 계산한 값과 다르지 않음을 알 수 있다.

결과에 Games-Howell의 q검정통계량이 아닌 Welch의 t검정통계량이 제공되는데, 이 값은 Games-Howell의 q검정통계량의 분모에서 $\frac{1}{2}$을 제거하면 얻을 수 있다. 반대로 Welch의 t검정통계량에 $\sqrt{2}$를 곱하면 Games-Howell의 q검정통계량을 얻을 수 있기도 하다. 사실 이 값이 왜 제공되었는지는 의아하며, 이 값과 제공된 자유도 및 t분포를 이용하면 위의 p값들은 얻을 수 없다. Games-Howell 다중비교 절차는 Welch의 자유도 계산법을 따르기는 하지만 기본적으로 Tukey-Kramer의 다중비교 절차를 응용한 q검정이다.

제17장 이원분산분석

하나의 종속변수와 하나의 독립변수(집단변수 또는 요인)를 가지고 있는 일원분산분석은 모든 분산분석의 유형 중에서 가장 간단한 형태이다. 예를 들어, 100m 달리기 시간에 영향을 주는 요인이 처치의 유형(다이어트, 훈련 프로그램, 복합) 하나뿐이라는 가정하에 실험을 실시하고 자료를 수집하여 통계분석을 진행한 것이 일원분산분석이다. 그런데 과연 달리기 시간에 영향을 주는 요인이 처치의 유형 하나뿐일까? 달리기 시간에는 성별도 영향을 줄 수 있고, 나이대도 영향을 줄 수 있고, 운동 시간도 영향을 줄 수 있는 등 많은 잠재적인 독립변수가 있을 수 있다. 요인을 하나 더 추가하여 두 개의 요인을 가지고 있는 분산분석을 이원분산분석(two-way analysis of variance, two-way ANOVA)이라고 한다. 이번 장에서는 이원분산분석의 필요성과 장점, 수리적 모형과 확장된 제곱합 등을 이용한 분석과정을 소개한다. 또한 이원분산분석에서 가장 중요한 개념인 상호작용효과(interaction effect)에 대해서도 자세히 설명하고 그 해석 방법에 대하여 논의한다.

17.1. 실험설계

이원분산분석을 이해하는 데 있어서 분산분석 방법과 밀접하게 관련 있는 실험(experiment) 또는 실험설계(experimental design)의 개념을 이해하는 것이 필요하다. 사회과학이나 자연과학 연구에서 말하는 실험이 무엇인지, 실험설계는 또 무엇인지, 이를 통해 달성하고자 하는 목적은 무엇인지 등에 대하여 소개한다. 또한 실험설계는 어떻게 분산분석과 연결되어 있는지 간단하게 설명한다.

17.1.1. 실험과 요인설계

실험이란 기본적으로 인위적으로 독립변수의 조건을 조작(manipulation)하여 종속변수에 일어나는 변화를 관찰하는 연구수단이며, 실험의 목적은 혼입변수를 통제하여 독립변수와 종속변수 사이에 인과관계를 획득하는 것이다. 이러한 실험을 수행하기 위해 어떤 방법을 사용할 것인지, 연구 참여자는 어떻게 집단에 할당할 것인지, 혼입변수는 어떻게 통제할 것인지 등을 계획하는 과정을 실험설계라고 한다. 실험과 실험설계는 특별히 엄격하게 그 의미를 구별하려는 경향은 없으며 현실 속에서 거의 동일한 의미로 사용된다. 앞 장에서 일원분산분석을 소개하며 100m 달리기 예제를 사용하였는데, 이것은 15명의 연구 참여자를 세 집단으로 무선할당하고 독립변수의 세 조건(다이어트, 훈련, 복합)을 조작한 다음 종속변수인 달리기 시간을 관찰한 전형적인 실험이라고 할 수 있다. 이와 같이 독립변수가 한 개인 실험설계를 단요인설계 또는 일요인설계(single-factor design)라고 한다. 만약 종속변수 시간에 영향을 주는 또 다른 독립변수를 더하여 종속변수에 발생하는 변화를 관찰하게 되면 다요인설계(multi-factor design)라고 부른다. 일반적으로는 다요인설계를 요인설계(factorial design)라고 부르며, 전체 독립변수의 개수가 만약 두 개라면 이요인설계(two-factor design), 세 개라면 삼요인설계(three-factor design) 등이 된다.

이원분산분석과 밀접한 관련이 있는 이요인설계에 대하여 예제와 함께 살펴보자. 과수원을 운영하는 어떤 농부가 더 많은 사과를 생산하기 위하여 어떻게 효과적으로 나무를 관리하고 비료를 투입해야 하는지 알고자 한다. 농부는 각 10그루의 나무에 화학비료(chemical), 유기농비료(organic), 혼합(화학+유기농)비료(mix)를 주어 각 사과나무가 몇 개의 사과를 생산하는지를 확인하고자 한다. 또한 농부는 이 실험에서 나무의 수령(樹齡)에 따라 20년 미만의 젊은 나무(young)와 20년 이상의 오래된 나무(old)를 선택하여 그 효과를 동시에 보고 싶어 한다. 즉, 농부는 한 번의 실험에서 사과 생산량에 영향을 주는 비료(fertilizer)와 수령(age)의 효과를 동시에 보고자 하는 것이다. 이러한 경우에 농부는 총 30그루의 사과나무를 [표 17.1]과 같은 방식으로 할당하고 실험을 진행할 수 있다.

[표 17.1] 사과나무의 이요인설계

		fertilizer			
		chemical	organic	mix	
age	young	$n_{you,che}=5$	$n_{you,org}=5$	$n_{you,mix}=5$	$n_{you}=15$
	old	$n_{old,che}=5$	$n_{old,org}=5$	$n_{old,mix}=5$	$n_{old}=15$
		$n_{che}=10$	$n_{org}=10$	$n_{mix}=10$	$n=30$

즉, 15그루의 젊은 사과나무에 각 5그루씩 화학비료, 유기농비료, 혼합비료를 주어 산출량을 관찰하고, 동시에 또 다른 15그루의 오래된 사과나무에도 5그루씩 화학, 유기농, 혼합비료를 주어 산출량을 관찰한다. 이와 같이 실험을 설계하면 나중에 사과의 산출량이 파악되었을 때, 비료 집단별(각 집단의 $n=10$) 사과의 산출량 평균에 차이가 있는지, 나이 집단별(각 집단의 $n=15$) 사과의 산출량 평균에 차이가 있는지 모두 확인할 수 있다. 이와 같은 설계의 방식을 2×3(2 by 3) 요인설계라고 한다. 2×3에서 2는 한 독립변수(age)의 수준(level)의 개수이며, 3은 또 다른 독립변수(fertilizer)의 수준의 개수를 의미한다.

요인설계는 분산분석과 함께 R. A. Fisher에 의해서 체계적인 이론을 갖게 되었으며, 동일한 목적을 달성하기 위해 단요인설계를 여러 번 실시하는 것에 비하여 여러 장점을 갖는다. 예를 들어, 단요인설계를 통하여 이요인설계와 같은 결과를 얻으려면, 먼저 30그루의 나무 중 10그루는 화학비료, 10그루는 유기농비료, 10그루는 복합비료를 사용하여 산출량을 관찰하고 일원분산분석을 실시하며, 동시에 또 다른 30그루의 나무 중 15그루는 젊은 나무, 15그루는 오래된 나무를 선택하여 산출량을 관찰하고 일원분산분석을 실시해야 한다. 즉, 같은 기간 내에 동일한 방식의 결과를 얻기 위해서는 총 60그루의 나무가 필요하다. 이런 측면에서 요인설계는 여러 번의 단요인설계에 비하여 효율적 또는 경제적인 방법이다.

또한 요인설계는 단요인설계에 비하여 실제를 더욱 잘 반영한다. Keppel(1991)은 한 실험설계 속에 두 개 이상의 독립변수를 다루게 되면 실제 현상을 더 적절하게 설명할 수 있다고 하였다. 예를 들어, 사과나무의 산출량에 영향을 주는 변수가 비료 하나라고 가정하거나, 수령 하나라고 가정하는 것은 상당한 현실의 비약이라고 할 수 있다. 아마도 비료, 수령, 날씨 등 매우 많은 잠재적인 독립변수들이 존재할 것이다. 이러한 현실을 제대로 반영하지 못하는 단순한 실험을 설계하게 되면 실험결과를 일반화하는 데 있어서 제한을 받게 된다.

그리고 요인설계는 여러 번의 단요인설계에 비하여 분산분석을 사용할 때 더 민감하고 검정력이 높다는 장점이 있다. 일원분산분석을 떠올려 보면 전체 자료가 가진 변동성이 집단간 변동성과 집단내 변동성으로 나뉜다. 집단간 변동성이란 독립변수에 의해서 설명되는 변동성이며, 집단내 변동성이란 독립변수에 의해서 설명되지 않는 변동성이다. F검정은 집단간 분산 추정치 MS_B을 집단내 분산 추정치 MS_W으로 나누어 F검정통계량을 계산하고 F분포를 이용하여 검정을 수행한다. 그런데 만약 추가적인 독립변수를 통해 설명되지 않는 변동성 중 일부를 설명해 낸다면 MS_W은 줄어들게 될 것이다.[69] 이렇게 되면 F검정통계량의 분모가 작아지게 되고 F검정은 통계적으로 유의한 결론이 나오게 될 확률이 올라간다.

마지막으로 요인설계는 여러 번의 단요인설계에서는 파악할 수 없는 새로운 종류의 효과를 확인할 수 있도록 해 준다는 장점이 있다. 이를 종속변수에 대한 독립변수들의 상호작용효과(interaction effect)라고 한다. 상호작용은 둘 이상 독립변수의 결합된 효과가 각각의 개별적인 독립변수 효과의 합보다 더 크거나 더 작을 때 발생하게 된다. 즉, 상호작용효과는 하나의 종속변수에 대한 여러 독립변수의 결합된 효과라고 할 수 있다. 예를 들어, 젊은 나무가 오래된 나무보다 30% 더 많은 사과 산출량이 있다고 가정하고, 동시에 복합비료는 나머지 단독 비료들에 비해서 30% 더 많은 사과 산출량이 있다고 가정하자. 그렇다면 복합비료를 처치하는 젊은 사과나무는 나머지 비료를 처치하는 오래된 나무보다 60% 정도 더 많은 사과 산출량이 있을 것이라고 산술적으로 예측할 수 있다. 그런데 실제로는 100% 더 많은 산출량이 있을 수도 있고, 오히려 20%밖에 안 되는 추가 산출량이 있을 수도 있다. 이런 경우에 사과 생산량(종속변수)에 대하여 비료와 수령(독립변수들) 사이에 상호작용효과가 있다고 말한다. 상호작용은 요인설계 및 이원분산분석에서 가장 중요하게 취급되는 개념으로서 뒤에서 실제 예제와 함께 자세히 설명할 것이다.

지금까지 설명한 요인설계의 방식은 피험자간 설계(between-subjects design) 또는 집단간 설계(between-groups design)라고 하는데, 아마도 요인설계의 가장 대표적인 방식이라고 할 수 있을 것이다. 하지만 이 외에도 매우 많이 쓰이는 피험자내 설계(within-subjects design) 또는 집단내 설계(within-groups design)도 존재한다. 예를 들어, 위와 같은 목적의 실험을 진행하는데, 농부는 10그루의 사과나무에 대해 3년 동안 실험을 진행하면서 첫해는 화학비료만, 둘째 해에는 유기농비료만, 셋째 해에는 복합비료만을 사용할 수 있다. 여전히 이 10그루의 나무 중에서 다섯 그루는 젊은 나무이고, 나머지 다섯 그루는 오래된 나무이다. 이와 같이 설계를 하게 되면 같은 나무가 세 종류 비료의 처치를 3년에 걸쳐 모두 받게 된다. 이는 앞에서 한 종류의 나무가 한

69) 그럴 가능성은 매우 낮지만, 종속변수에 존재하는 변동성을 전혀 설명하지 못하는 추가적인 독립변수를 더한다면 MS_W이 줄어들지 않을 수도 있다.

종류의 비료 처치만 받는 것과는 확연히 구분된다. 그리고 이 설계를 위해 필요한 나무의 개수도 다르다. 앞에서 소개한 집단간 설계가 총 30그루의 나무를 필요로 하는 것에 반해 집단내 설계는 오직 10그루의 나무만 필요하다. 어떤 측면에서 더 효율적이라고 볼 수 있는 것이다. 앞서 소개한 독립표본 t검정이 가장 단순한 집단간 설계 자료의 분석 방법이며, 종속표본 t검정이 가장 단순한 집단내 설계 자료의 분석 방법이다. 이 책에서는 둘 중 더욱 기본적이라고 할 수 있는 집단간 설계만 다루며 집단내 설계는 다루지 않는다.

17.1.2. 실험설계와 분산분석

단요인설계든 다요인설계든, 피험자간 설계든 피험자내 설계든 실험을 수행하게 되면 자료가 수집되고, 이러한 자료를 수집하게 되면 적절한 방법으로 분석해야 한다. 일반적으로 실험을 통해 얻은 자료는 설계에 알맞은 분산분석을 선택하여 분석의 과정을 진행한다. 1920년대부터 대략 1980년대까지 분산분석은 실험설계와 함께 엄청난 발전을 해 왔으며, 아마도 이런 이유로 많은 연구자들이 분산분석과 실험설계를 잘 구분하지 못하는 경향이 있다. 실험(설계)은 기본적으로 자료를 수집하기 위한 방법이며, 분산분석은 그 자료를 통계적으로 분석하는 도구로서 둘은 명확하게 구분이 된다. 실험을 통하여 자료를 수집한 이후에 반드시 분산분석을 실행해야 하는 것은 아니며, 뒤에서 다룰 회귀분석(regression analysis) 또는 최근 사회과학 분야에서 가장 많이 이용된다고 할 수 있는 구조방정식 모형 등을 사용하는 것도 얼마든지 가능하다.

반대로 실험이 아닌 서베이(survey) 등의 방식을 통하여 자료를 수집하였을 때도 분산분석을 이용하는 것이 얼마든지 가능하다. 즉, 조작하는 독립변수가 아니어도 분산분석의 독립변수로 쓰일 수 있다는 것이다. 독립변수의 조작이라는 관점에서 분산분석의 독립변수는 크게 두 가지로 나눌 수 있다. 첫째는 조작변수(manipulated variable)인데 연구자가 원하는 대로 조작할 수 있는 처치변수를 가리킨다. 사과나무 예제에서 비료의 종류를 조작함으로써 집단이 나뉘게 될 때 독립변수 비료는 조작변수가 된다. 둘째는 배치변수 또는 분류변수(subject variable)인데 독립변수의 범주가 이미 어떠한 기준에 의하여 나뉘어 있는 경우를 가리킨다. 예를 들어, 사과나무 예제에서 나무의 나이는 연구자가 조작을 하여 젊은 나무와 오래된 나무로 나뉜 것이 아니라 이미 그렇게 나뉘어 있는 것이다. 대표적인 분류변수로는 성별이 있다. 성별의 경우에 연구자가 연구 대상자 중 첫 번째 사람에게 당신은 남성, 두 번째 사람에게 당신은 여성으로 조작을 한다고 하여서 무조건 남성과 여성이 되는 것이 아니다. 성별은 이미 분류가 되어 있어서 연구자가 조작할 수 없다.

과거에 엄격한 구분을 하는 학자들은 조작변수만이 실험의 독립변수라고 말하기도 하였다. 하지만 최근 독립변수라는 개념은 조금 더 느슨하게 종속변수에 영향을 줄 수 있는 모든 변수를 의미하는 경향이 강하다. 그리고 실험설계에서도 모든 독립변수가 조작변수인 경우가 기본적이기는 하지만, 조작변수가 아닌 독립변수가 포함되어 있어도 실험이라고 한다. 물론 조작변수와 분류변수에 대한 논의는 실험설계의 관점에서 구분하는 것이고 분산분석의 관점에서 이런 구분은 아무 의미가 없다. 분산분석은 통계모형일 뿐이므로 그 어떤 형태의 독립변수라도 같은 방식으로 취급할 뿐이다.

마지막으로 당연하게도 자료의 수집방식, 즉 실험설계의 방식마다 더욱 적절한 분산분석이 존재한다. 예를 들어, 집단간 설계를 통해 수집한 자료와 집단내 설계를 통해 수집한 자료는 구분되는 방식의 분산분석을 실시하는 것이 더 낫다. 그리고 단요인설계를 했다면 일원분산분석, 이요인설계를 했다면 이원분산분석이 더 적절함은 말할 것도 없을 것이다. 하지만 그렇다고 하여 이요인설계를 한 이후에 일원분산분석을 두 번 실시하는 방법을 사용하지 못하는 것은 아니다. 실험설계와 분석은 분리되어 있는 것이기 때문이다. 다만 적절하지 못한 방법을 사용함으로 인해 연구자가 원하는 효과의 검정을 제대로 진행하지 못하는 일이 생길 수 있다. 이 외에도 고정효과 모형(fixed effects model)과 무선효과 모형(random effects model)에 맞는 설계 등 수많은 종류의 실험설계가 존재하는데, 그때마다 그에 맞는 적절한 분산분석을 실시하는 것이 표준관행(standard practice)이다. 참고로 이 책에서 다루었던 일원분산분석은 고정효과 모형이었으며, 이번 장의 이원분산분석도 고정효과 모형을 가정하고 진행한다. 무선효과 모형에 관심이 있는 독자들은 출판된 다양한 실험설계 책들을 참고하기 바란다.

17.2. 이원분산분석의 소개

먼저 이원분산분석의 가설과 가정에 대하여 간략하게 소개하고, 이번 장에서 가장 중요한 개념인 상호작용효과에 대하여 자세히 설명한다.

17.2.1. 분산분석의 가설과 가정

일원분산분석에 비해 독립변수가 두 개로 늘어나는 이원분산분석은 어떻게 가설을 설정하는지, 가정은 어떻게 일원분산분석으로부터 확장되는지를 과수원 농부의 예를 이용하여 설명한다.

이원분산분석의 가설

앞에서 소개했던 과수원을 운영하는 농부가 실제로 1년 동안 30그루의 사과나무를 이용하여 실험을 한 결과가 [표 17.2]와 같다고 하자. 수령이 20년 미만인 15그루의 나무를 무선적으로 화학비료, 유기농비료, 혼합비료 조건에 할당하였고, 마찬가지로 수령이 20년 이상인 15그루의 나무를 무선적으로 화학비료, 유기농비료, 혼합비료 조건에 할당하였다. 표의 안쪽에는 각 사과나무가 생산한 사과의 개수가 제공된다.

[표 17.2] 사과나무의 이요인설계 결과

		fertilizer		
		chemical	organic	mix
age	young	45,59,46,57,49	54,48,54,41,55	49,54,49,55,51
	old	45,39,35,45,51	41,42,35,45,50	59,54,50,55,54

위와 같은 실험에서 가장 먼저 궁금한 두 가지는 사과의 산출량에 나이(age)의 효과가 있는지와 비료(fertilizer)의 효과가 있는지이다. 다시 말해, 나무의 나이 집단별 사과 개수에 평균차이가 존재하는지와 비료의 종류별 사과 개수에 평균차이가 존재하는지를 검정해야 한다. 이를 위한 두 개의 가설은 [식 17.1] 및 [식 17.2]와 같다.

$$H_0 : \mu_{you} = \mu_{old} \quad \text{vs.} \quad H_1 : \mu_{you} \neq \mu_{old} \qquad \text{[식 17.1]}$$

$$H_0 : \mu_{che} = \mu_{org} = \mu_{mix} \quad \text{vs.} \quad H_1 : Not\ \ H_0 \qquad \text{[식 17.2]}$$

위의 가설은 앞 장에서 수행했던 평균차이 검정들과 다르지 않다. [식 17.1]은 나무 나이 두 개의 집단(young vs. old) 간에 사과 개수의 평균차이가 없다는 것이 영가설이고 평균차이가 있다는 것이 대립가설이다. [식 17.2]는 비료 종류 세 개의 집단(chemical vs. organic vs. mix) 간에 사과 개수의 평균차이가 없다는 것이 영가설이고 적어도 한 집단의 평균이 다르다는 것이 대립가설이다. 이원분산분석에서는 위의 두 가설 외에 상호작용효과의 검정을 위한 영가설이 [식 17.3]과 같이 존재한다.

$$H_0 : There\ is\ no\ interaction\ effect. \quad vs. \quad H_1 : There\ is\ an\ interaction\ effect. \qquad \text{[식 17.3]}$$

상호작용효과(interaction effect) 역시 수식을 이용하여 표현할 수 있으나 이는 뒤에서 설명할 예정이며, 여기서는 단지 상호작용이 없다 또는 있다라는 표현을 이용한다. 상호작용효과가 있다는 것은 두 독립변수 나무의 나이와 비료의 종류가 사과의 산출량에 대해 개별적인 영향 그 이상(또는 그 이하)의 영향을 주고 있다는 것을 의미하며, 이는 두 독립변수가 종속변수에 대해 결합된 효과를 가지고 있다는 것을 가리킨다. 더욱 정확하게 말하면, 한 독립변수와 종속변수의 관계가 또 다른 독립변수의 수준에 따라 달라진다는 것을 의미하는데, 이 부분은 뒤에서 설명한다.

이원분산분석의 가정

이번 장에서 다루는 이원분산분석은 앞에서 소개한 독립표본 t검정과 일원분산분석의 직접적인 확장으로서 독립변수의 개수가 두 개로 늘어난 모형이다. 그러므로 역시 앞의 평균차이 검정방법들과 본질적으로 동일한 가정을 가지고 있다. 즉, 연구자의 표본들은 단순무선표본이어야 하며, 원칙적으로 종속변수는 등간척도 또는 비율척도로 수집된 변수여야 하고, 모집단의 점수들이 정규분포를 따라야 하며 표본들이 서로 독립적이어야 한다는 것이다. 이때 모집단의 점수들이 정규분포를 따라야 한다는 것은 두 독립변수의 수준의 조합으로 이루어지는 각 모집단의 점수들이 정규분포를 따라야 한다는 것을 의미한다. 예를 들어, [표 17.2]와 같은 자료에서는 여섯 개 셀의 모집단 분포가 모두 정규분포 조건을 만족해야 한다. 그리고 위의 가정들과 함께 [식 17.4]처럼 등분산성 가정도 그대로 존재한다.

$$H_0 : \sigma^2_{you,che} = \sigma^2_{you,org} = \sigma^2_{you,mix} = \sigma^2_{old,che} = \sigma^2_{old,org} = \sigma^2_{old,mix} \quad vs. \quad H_1 : Not\ \ H_0 \qquad \text{[식 17.4]}$$

위의 영가설은 나무 나이의 두 수준과 비료 종류의 세 수준이 만나는 모든 조합, 즉 여섯 개 모집단의 분산이 동일하다는 의미를 지니고 있으며, 대립가설은 적어도 한 모집단의 분산이 동일하지 않다는 것을 가리킨다. 앞 장과 마찬가지로 [식 17.4]를 검정하기 위해서는 Levene의 등분산성 F검정을 이용하는 것이 일반적이다.

17.2.2. 모형과 상호작용효과

이원분산분석의 효과모형을 소개하고 각 효과를 정의하며 이원분산분석에서 가장 중요한 효과라고 볼 수 있는 상호작용효과의 개념에 대하여 자세히 설명한다.

효과모형

대부분의 통계적 모형은 임의의 점수를 체계적으로 표현하는 과정이라고 앞 장에서 설명하였다. 이원분산분석에서는 첫 번째 독립변수의 j번째 집단과 두 번째 독립변수의 k번째 집단에 속해 있는 임의의 사례 i의 점수인 X_{ijk}를 [식 17.5]와 같이 조직적으로 표현한다.

$$X_{ijk} = \mu + \alpha_j + \beta_k + (\alpha\beta)_{jk} + \epsilon_{ijk} \qquad \text{[식 17.5]}$$

위의 식에서 μ는 전체평균, α_j는 첫 번째 요인의 j번째 집단(수준)의 효과(group effect), β_k는 두 번째 요인의 k번째 집단의 효과, $(\alpha\beta)_{jk}$는 두 요인의 집단(수준) j와 k의 상호작용효과, e_{ijk}는 집단의 효과로 설명할 수 없는 오차(errors)를 가리킨다. 사례 $i=1,2,...,n_{jk}$로서 n_{jk}는 첫 번째 요인의 j번째 수준과 두 번째 요인의 k번째 수준이 만나는 칸 또는 셀(cell)의 표본크기이다. 대부분의 실험설계에서 각 셀의 크기는 동일한 수준으로 맞추려고 하기 때문에 n_{jk} 대신 n으로 쓰기도 하나, 동일한 셀의 크기가 반드시 필요한 가정은 아니다. 첫 번째 요인의 수준 $j=1,2,...,a$로서 a는 첫 번째 요인의 수준의 개수를 가리키고, 두 번째 요인의 수준 $k=1,2,...,b$로서 b는 두 번째 요인의 수준의 개수를 가리킨다.

조금 더 자세히 효과모형을 분해하는 과정을 소개한다. 앞 장에서 설명했듯이 $\alpha_j = \mu_j - \mu$를 의미한다. 즉, α_j는 첫 번째 요인의 j번째 집단의 효과로서 처치 또는 집단의 특성으로 인해 그 집단의 평균이 전체평균과 얼마나 다른가를 나타내는 값이다. 마찬가지로 $\beta_k = \mu_k - \mu$를 의미하며, 두 번째 요인의 k번째 집단의 효과로서 그 집단의 평균이 전체평균과 얼마나 다른가를 나타낸다. 위의 두 효과, 즉 α_j와 β_k를 이원분산분석의 주효과(main effects)라고 하고 각각 $H_0 : all \;\; \alpha_j = 0$ 및 $H_0 : all \;\; \beta_k = 0$을 검정한다. 집단효과가 모두 0이라는 이 가정들은 평균차이가 없음을 가리키는 또 다른 표현이다.

상호작용효과 $(\alpha\beta)_{jk} = \mu_{jk} - \mu_j - \mu_k + \mu$를 의미하는데 언뜻 이해하기가 쉽지 않아

보인다. 그러나 풀어 보면, 해석이 어렵지는 않다. 상호작용효과의 식은 [식 17.6]과 같이 다시 쓸 수 있다.

$$(\alpha\beta)_{jk} = \mu_{jk} - \mu_j - \mu_k + \mu = \mu_{jk} - (\mu_j + \mu_k - \mu) \quad \text{[식 17.6]}$$

위에서 μ_{jk}는 첫 번째 요인의 j번째 수준과 두 번째 요인의 k번째 수준이 만나서 이루어지는 셀의 모평균이다. 그리고 $\mu_j + \mu_k - \mu$는 그 셀에서 두 독립 요인의 통합된(산술적으로 더해진) 효과이다. 앞에서 설명했듯이 첫 번째 요인의 효과는 $\mu_j - \mu$이고 두 번째 요인의 효과는 $\mu_k - \mu$이며, 두 요인의 효과의 합은 $\mu_j - \mu + \mu_k - \mu$이다. 두 요인의 효과의 합에서 겹치는 부분인 μ를 빼 주면 두 요인의 통합된 효과 $\mu_j + \mu_k - \mu$가 된다. 결국 상호작용효과를 검정한다는 것은 한 셀의 평균에서 두 요인의 개별적으로 더해진 효과를 제거하였을 때 그 효과가 여전히 0인지를 검정한다는 의미가 되며, $H_0 : all \ \ (\alpha\beta)_{jk} = 0$을 검정한다고 표현하기도 한다.

주효과와 상호작용 효과

주효과와 상호작용효과는 이원분산분석의 모든 것이므로 더욱 자세히 두 가지 효과를 이해하는 과정이 필요하다. 주어진 사과 자료의 기술통계량이 [표 17.3]에 제공된다. 이와 같은 표를 평균표(mean table)라 한다. 아래 표에서 나무 나이의 두 수준과 비료 종류의 세 수준이 만나는 여섯 셀의 아래 첨자(subscript)는 복잡성을 피하기 위해 11, 12, 13 등 행렬의 요소 표기법을 혼용하였다.

[표 17.3]에는 나무 나이의 각 수준과 비료 종류의 각 수준이 만나는 각 셀의 모평균 표기(μ), 표본평균($\overline{X}$), 표본분산(s^2), 표본크기(n)가 제공되어 있다. 그리고 아래의 주변값(marginal values)은 각 비료 종류별로 나무 나이를 통합하여 모평균 표기, 표본평균 등이 제공된다. 예를 들어, $\overline{X}_{che} = 47.10$은 화학비료를 처치 받은 10그루 나무의 표본평균을 의미하며, 이는 화학비료를 받은 젊은 나무의 평균 $\overline{X}_{11} = 51.20$과 오래된 나무의 평균 $\overline{X}_{21} = 43.00$의 통합된 평균값이다. $\overline{X}_{org} = 46.50$과 $\overline{X}_{mix} = 53.00$도 마찬가지 방법으로 계산된 주변값이다. 또한 오른쪽 주변값도 동일한 방식으로 구한 값들로서 각 나무 나이별로 비료 종류를 통합하여 모평균 표기, 표본평균 등이 제공된다. 마지막으로 가장 오른쪽 아래 셀에는 총 30그루 전체의 기술통계가 제공되고 있다.

[표 17.3] 사과나무 자료의 기술통계량

		fertilizer			Marginal values
		chemical	organic	mix	
age	young	$\mu_{you,che}$ $\overline{X}_{11}=51.20$ $s_{11}^2=6.42$ $n_{you,che}=5$	$\mu_{you,org}$ $\overline{X}_{12}=50.40$ $s_{12}^2=5.94$ $n_{you,org}=5$	$\mu_{you,mix}$ $\overline{X}_{13}=51.60$ $s_{13}^2=2.79$ $n_{you,mix}=5$	μ_{you} $\overline{X}_{you}=51.07$ $s_{you}^2=4.94$ $n_{you}=15$
	old	$\mu_{old,che}$ $\overline{X}_{21}=43.00$ $s_{21}^2=6.16$ $n_{old,che}=5$	$\mu_{old,org}$ $\overline{X}_{22}=42.60$ $s_{22}^2=5.51$ $n_{old,org}=5$	$\mu_{old,mix}$ $\overline{X}_{23}=54.40$ $s_{23}^2=3.21$ $n_{old,mix}=5$	μ_{old} $\overline{X}_{old}=46.67$ $s_{old}^2=7.38$ $n_{old}=15$
Marginal values		μ_{che} $\overline{X}_{che}=47.10$ $s_{che}^2=7.34$ $n_{che}=10$	μ_{org} $\overline{X}_{org}=46.50$ $s_{org}^2=6.79$ $n_{org}=10$	μ_{mix} $\overline{X}_{mix}=53.00$ $s_{mix}^2=3.20$ $n_{mix}=10$	μ $\overline{X}=48.87$ $s^2=6.56$ $n=30$

위의 표를 관찰하면 알 수 있듯이, 이원분산분석에서 주효과를 검정한다는 것은 주변 평균(marginal means)을 비교한다는 것을 의미한다. 즉, 나이의 주효과를 검정한다는 것은 젊은 나무의 사과 생산량 평균인 μ_{you}와 오래된 나무의 사과 생산량 평균인 μ_{old}를 비교하는 것이다. 표본평균을 이용해서 대략적으로 예측하건데, μ_{you}와 μ_{old}는 다를 가능성이 꽤 높아 보인다. 또한 비료의 주효과를 검정한다는 것은 화학비료의 사과 생산량 평균인 μ_{che}와 유기농비료의 사과 생산량 평균인 μ_{org} 및 복합비료의 사과 생산량 평균인 μ_{mix}를 비교하는 것이다. 이 역시 표본평균을 이용해서 예측해 보면, μ_{mix}가 μ_{che} 또는 μ_{org}와 다를 가능성이 상당히 높아 보인다.

이에 반해 상호작용효과를 검정한다는 것은 주변 평균들이 아닌 여섯 셀의 평균 모두를 비교한다는 것을 의미한다. 앞에서 정의한 상호작용은 두 요인이 종속변수에 대해서 결합된 효과를 가지고 있다는 것이다. 여섯 개 셀의 표본평균을 살펴보면, 오래된 나무가 젊은 나무에 비해서 확연히 적은 사과 산출량을 보이고 있는데, 유일하게 복합비료 처치를 받았을 때는 매우 많은 산출량을 낸 것을 확인할 수 있다. 오래된 나무와 복합비료 사이에 상승효과(synergy effect) 같은 것이 발생하여 사과 산출량을 높인 것을 예측할 수 있다. 아마도 상호작용효과가 발생했다고 예측해 볼 수 있을 것이다.

위에서 상호작용효과의 정의로 사용한 결합된 효과라는 표현은 그 뜻이 모호하여 학문적으로 그다지 선호되지 않는다. 일반적으로 통계학에서 상호작용효과란 하나의 독립변수가 종속변수와 갖는 관계가 또 다른 독립변수의 수준에 따라 다르다는 것으로 정의된다. 이 말이 이원분산분석에서 무엇을 의미하는지 살펴보기 위해, 먼저 하나의 독립변수(요인)가 종속변수와 갖는 관계가 무슨 의미인지 생각해 보자. 예를 들어, 나무의 나이가 사과 생산량과 관계가 있다는 것은 무엇인가? 이것은 의미상으로 나무의 나이에 따라 사과 생산량에 차이가 있다는 말하고 일치하는 표현이다. 그러므로 하나의 독립변수가 종속변수와 갖는 관계가 다른 독립변수의 수준에 따라 다르다는 정의를 사과 자료에 적용해 보면, 나무의 나이에 따른 사과 생산량의 차이가 비료의 종류에 따라 다르다는 의미가 된다. 예를 들어, 사과 생산량 자료처럼 $\mu_{you} - \mu_{old}$가 화학비료 수준과 유기농비료 수준에서는 큰 양수인데 만약 복합비료 수준에서는 음수라면 상호작용효과가 발생하고 있다고 추론할 수 있게 된다. 상호작용효과의 확인을 위해서는 [그림 17.1]과 같이 평균도표(mean plot) 또는 상호작용도표(interaction plot)를 그리는 것이 매우 일반적이다.

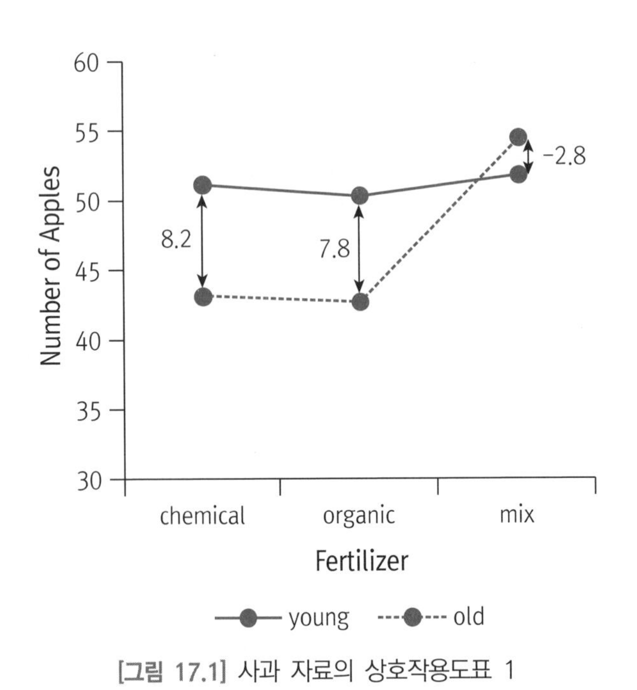

[그림 17.1] 사과 자료의 상호작용도표 1

그림에 보이는 여섯 개의 점(●)은 여섯 셀의 표본평균을 가리킨다. 여섯 개의 표본평균 중에서 왼쪽의 두 개는 화학비료, 중간 두 개는 유기농비료, 오른쪽 두 개는 복합비료를 나타내며, 실선으로 연결한 세 개는 젊은 나무, 점선으로 연결한 세 개는 오래된 나무를 가리킨다. 그러므로 예를 들어 맨 왼쪽 위의 점은 화학비료를 처치 받은 젊은 나무 집단의 표본평균($\overline{X}_{11}=51.20$)이고, 그 아래 점은 화학비료를 처치 받은 오래된 나무 집단의 표본평균($\overline{X}_{21}=43.00$)이 되는 식이다. 이 그림을 이용하면 상호작용효과가 발생하였는지를 직관적으로 파악할 수 있다. 상호작용효과란 나무의 나이에 따른 사과 생산량의 차이가 비료의 종류에 따라 다르다는 것이라고 앞에서 설명하였으므로 각 비료의 종류에서 나무의 나이 집단별 평균차이를 확인하면 된다. $\overline{X}_{you}-\overline{X}_{old}$를 계산하였을 때, 그림에 표시한 대로 화학비료 수준에서는 8.2, 유기농비료 수준에서는 7.8, 복합비료 수준에서는 −2.8의 평균차이를 보이고 있기 때문에 상호작용이 존재하고 있다고 결론을 내리는 것이 타당할 것으로 보인다.

위에서는 나무의 나이에 따른 사과 생산량의 차이가 비료의 종류에 따라 다르다는 가정하에 논의를 진행하고 상호작용 도표를 해석하였는데, 사실 동일한 도표를 이용하여 비료에 따른 사과 생산량의 차이가 나무의 나이에 따라 다르다고 해석하는 것도 문제가 되지 않는다. 또는 연구자의 의도에 따라 동일한 결과를 [그림 17.2]처럼 도표의 축과 선을 바꾸어 그릴 수도 있다.

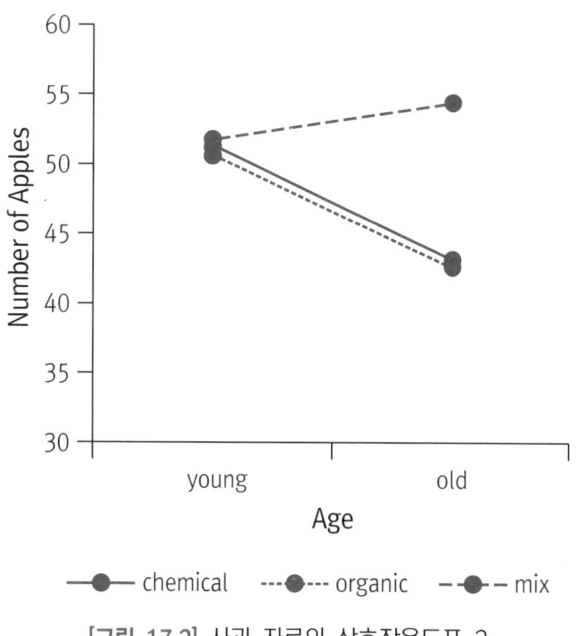

[그림 17.2] 사과 자료의 상호작용도표 2

위의 그림을 보면, 비료의 종류별 평균의 차이가 나무의 나이 수준에 따라 다른 것을 알 수 있다. 즉, 세 비료 집단의 평균이 젊은 나무 수준에서는 모두 비슷하지만, 오래된 나무 수준에서는 복합비료 집단의 평균이 월등히 높은 것이 확인 가능하다. 이로부터 두 독립 요인 사이에 상호작용이 존재하고 있다고 결론 내릴 수 있다. 결국 똑같은 자료를 다른 각도로 바라보고 있는 격이므로 상호작용이 발생하고 있다는 사실은 변하지 않는다.

만약 두 요인 사이에 상호작용효과가 존재하지 않는다면 상호작용도표는 [그림 17.3]과 같이 평행한 패턴(parallel pattern)을 보일 것이다. 즉, 한 요인의 집단간 평균 차이가 다른 요인의 수준에서 변하지 않는 모습을 보이게 된다.

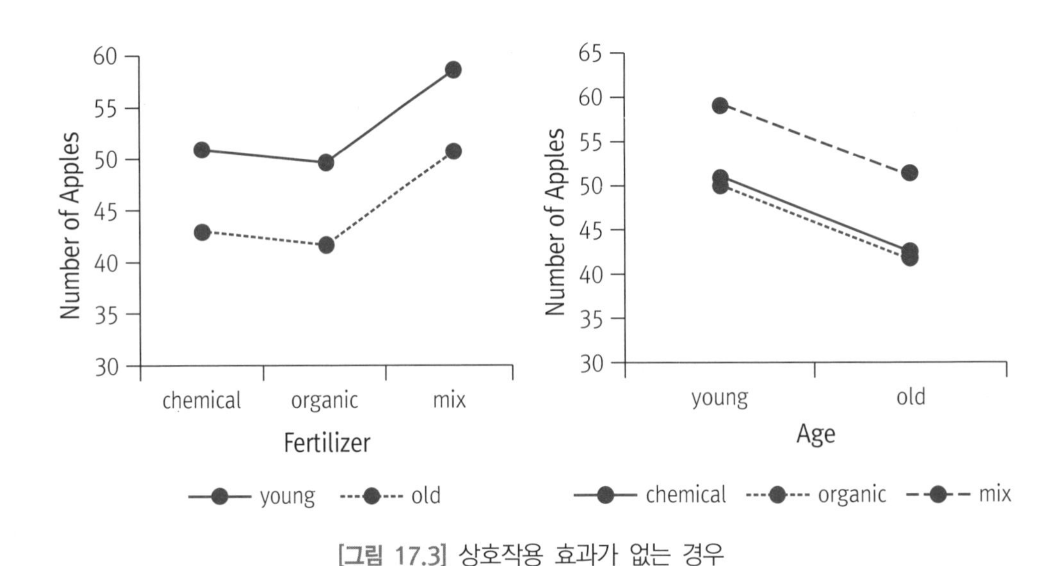

[그림 17.3] 상호작용 효과가 없는 경우

위의 논의를 바탕으로 상호작용효과 검정의 영가설은 [식 17.7]과 같이 쓸 수 있다.

$$H_0 : \mu_{you,che} - \mu_{old,che} = \mu_{you,org} - \mu_{old,org} = \mu_{you,mix} - \mu_{old,mix} \quad \text{[식 17.7]}$$

위의 식은 각 비료 수준에서 젊은 나무와 오래된 나무의 평균 차이가 모두 동일하다는 것을 의미한다. 이는 [식 17.7]의 첫 번째 차이($\mu_{you,che} - \mu_{old,che}$)에서 두 번째 차이($\mu_{you,org} - \mu_{old,org}$)를 뺀 값이 0이고, 첫 번째 차이($\mu_{you,che} - \mu_{old,che}$)에서 세 번째 차이($\mu_{you,mix} - \mu_{old,mix}$)를 뺀 값도 0이며, 두 번째 차이($\mu_{you,org} - \mu_{old,org}$)에서 세 번째 차이($\mu_{you,mix} - \mu_{old,mix}$)를 뺀 값도 0이라는 것을 의미한다. 그래서 실제로는 위의 수

식보다는 [식 17.8]을 학문적으로 이용한다.

$$\begin{aligned} H_0 : & (\mu_{you,che} - \mu_{old,che}) - (\mu_{you,org} - \mu_{old,org}) \\ & = (\mu_{you,che} - \mu_{old,che}) - (\mu_{you,mix} - \mu_{old,mix}) \\ & = (\mu_{you,org} - \mu_{old,org}) - (\mu_{you,mix} - \mu_{old,mix}) \\ & = 0 \end{aligned} \quad \text{[식 17.8]}$$

위의 식은 많은 학자가 상호작용효과를 차이의 차이(difference of differences) 검정이라고 부르는 이유이기도 하다. 지금까지 설명한 상호작용효과는 사회과학뿐만 아니라 거의 모든 응용통계 영역에서 가장 중요하게 취급되는 개념 중 하나다. 사과나무의 예처럼 젊은 나무가 오래된 나무보다 더 많은 사과 산출량을 보인다는 단순한 서술만으로는 쉽게 설명이 안 되는 효과가 숨어 있기 때문이다. 오래된 나무의 경우에도 복합비료를 처치 받으면 그 어떤 처치를 받은 젊은 사과나무보다도 더 많은 산출량을 보인다는 사실이 상호작용 효과 안에 숨어 있다. 상호작용효과는 이 책을 읽는 모든 독자들이 반드시 정확하게 이해해야 하는 주제이다.

17.3. 분산분석 검정

이원분산분석의 주효과와 상호작용효과를 검정하기 위해서는 세 번의 F검정을 실시하게 된다. F검정을 실시하기 위해서는 분자의 평균제곱($MS_{Between}$)과 분모의 평균제곱(MS_{Within})을 구해야 하는데, 이는 일원분산분석의 단순한 확장이며 매우 비슷한 논리와 계산과정을 가지고 있다. 다만 여러 종류의 F검정을 동시에 진행하기 때문에 계산이 조금 더 복잡하고 정교해진다.

17.3.1. 제곱합과 자유도

본격적인 F검정을 진행하기 이전에 자료의 변동성(variability) 측정치인 제곱합(SS)에 대하여 자세히 살펴본다. 일원분산분석에서는 [식 14.15]에 제공된 것처럼 자료가 가진 전체 변동성(SS_{Total} 또는 SS_T)은 독립변수에 의하여 설명된 변동성, 즉 집단간 변동성($SS_{Between}$ 또는 SS_B)과 독립변수에 의하여 설명되지 않은 변동성, 즉 집단내 변동성(SS_{Within} 또는 SS_W)의 합으로 이루어진다.

$$SS_{Total} = SS_{Between} + SS_{Within}$$

이원분산분석에서는 독립변수가 추가되므로 독립변수들에 의해 설명된 변동성인 $SS_{Between}$이 [식 17.9]와 같이 더욱 세분화된다.

$$SS_{Between} = SS_A + SS_B + SS_{A \times B} \quad \text{[식 17.9]}$$

위에서 SS_A(s s a)는 요인(독립변수) A의 제곱합으로서 요인 A에 의하여 설명되는 변동성, SS_B(s s b)는 요인 B의 제곱합으로서 요인 B에 의하여 설명되는 변동성,[70] $SS_{A \times B}$(s s a times b 또는 s s a by b)는 A와 B의 상호작용 제곱합으로서 $A \times B$에 의하여 설명되는 제곱합을 가리킨다. 상호작용 제곱합은 SS_{AB}(s s a b)로 표기하는 방식도 많이 쓰인다. [식 17.9]를 원래의 제곱합 식에 대입하면 전체 제곱합 SS_T(또는 SS_{Total})은 [식 17.10]과 같이 분해된다.

$$SS_T = SS_A + SS_B + SS_{A \times B} + SS_W \quad \text{[식 17.10]}$$

위의 식에서 집단내 제곱합인 SS_W은 $SS_{S/AB}$(s s subjects within a b)로 쓰는 경우도 많이 있다. 일원분산분석에서 SS_W은 요인의 각 집단 내에서 연구대상(subjects)의 점수들을 이용해서 구한 제곱합을 더한 것인데, 이원분산분석에서는 요인이 두 개이므로 어떤 요인의 집단 내를 의미하는지 알 수가 없다. 이원분산분석의 SS_W을 계산하기 위해서는 첫 번째 요인의 집단들과 두 번째 요인의 집단들이 교차하여 만들어 내는 셀을 하나의 집단으로 취급한다. 그러므로 각 셀 내에서 점수들의 제곱합을 구하고 그것을 모두 더한 값이 집단내 제곱합이 된다. 즉, 요인 A와 요인 B의 교차($A \times B$ 또는 AB)로 생성되는 셀 내에서 제곱합이 계산된다. 이런 이유로 within groups를 의미하는 SS_W보다는 within cells를 의미하는 $SS_{S/AB}$가 자주 쓰인다. 그래서 이원분산분석에서는 SS_W을 sum of squares within groups가 아닌 sum of squares within cells로 서술하는 학자들도 있다.

---

70) 일원분산분석에서는 집단간 제곱합을 SS_B으로 표기하였는데, 이번 장에서는 요인 B의 제곱합을 의미한다. 둘의 표기법이 실제로 이렇게 혼용되어 쓰이고 있으며, 굳이 차이점이라면 집단간 제곱합의 의미로 쓰일 때는 'ｓ s between'이라고 읽고, 요인 B의 제곱합이라는 의미로 쓰일 때는 's s b'라고 읽는 정도일 것이다. 이번 장에서는 두 표기가 헷갈리지 않도록 $SS_{Between}$과 SS_B를 구별하여 쓴다. 또한 $MS_{Between}$과 MS_B도 구별한다.

이제 각 주요한 제곱합을 계산하는 과정을 간단히 보인다. 아래의 계산을 읽기 전에 일원분산분석의 제곱합 계산을 다시 읽어 본다면 큰 도움이 될 것이다. 먼저 요인 A의 제곱합은 [식 17.11]과 같다.

$$SS_A = \sum_{i=1}^{n_{jk}} \sum_{j=1}^{a} \sum_{k=1}^{b} \left(\overline{X}_j - \overline{X}\right)^2 = \sum_{i=1}^{n_j} \sum_{j=1}^{a} \left(\overline{X}_j - \overline{X}\right)^2 \qquad \text{[식 17.11]}$$

위에서 n_{jk}는 요인 A의 j번째 수준과 요인 B의 k번째 수준이 만나는 셀의 표본크기이고, n_j는 요인 A의 j번째 집단의 표본크기이며, a는 요인 A의 수준(집단)의 개수이다. 그리고 $\overline{X}$는 모든 사과 개수의 전체평균이다. 사과나무 자료에서 나무의 나이가 요인 A라고 가정했을 때 제곱합을 구하기 위해서는 [표 17.3]의 가장 오른쪽 열을 이용한다. SS_A는 아래와 같이 구할 수 있다.

$$\begin{aligned} SS_A &= 15(\overline{X}_{you} - \overline{X})^2 + 15(\overline{X}_{old} - \overline{X})^2 \\ &= 72.60 + 72.60 = 145.20 \end{aligned}$$

요인 A의 제곱합에 해당하는 자유도 df_A는 요인 A의 수준의 개수에서 1을 빼 준 값인 $a-1$로 결정된다. 사과나무 예제의 경우에 $df_A = 2 - 1 = 1$이다. 다음으로 요인 B의 제곱합은 [식 17.12]와 같다.

$$SS_B = \sum_{i=1}^{n_{jk}} \sum_{j=1}^{a} \sum_{k=1}^{b} \left(\overline{X}_k - \overline{X}\right)^2 = \sum_{i=1}^{n_k} \sum_{k=1}^{b} \left(\overline{X}_k - \overline{X}\right)^2 \qquad \text{[식 17.12]}$$

위에서 n_k는 요인 B의 k번째 집단의 표본크기를 의미하고, b는 요인 B의 수준(집단)의 개수이다. 사과나무 자료에서 비료의 종류가 요인 B라고 가정했을 때 제곱합을 구하기 위해서는 [표 17.3]의 가장 아래쪽 행을 이용한다. SS_B는 아래와 같이 구할 수 있다.

$$\begin{aligned} SS_B &= 10(\overline{X}_{che} - \overline{X})^2 + 10(\overline{X}_{org} - \overline{X})^2 + 10(\overline{X}_{mix} - \overline{X})^2 \\ &= 31.33 + 56.17 + 170.57 = 258.07 \end{aligned}$$

요인 B의 제곱합에 해당하는 자유도 df_B는 요인 B의 수준의 개수에서 1을 빼 준 값인 $b-1$로 결정된다. 사과나무 예제의 경우에 $df_B = 3 - 1 = 2$가 된다. 이제 요인 A와 B의 상호작용에 해당하는 제곱합을 구하면 [식 17.13]과 같다.

$$SS_{AB} = \sum_{i=1}^{n_{jk}} \sum_{j=1}^{a} \sum_{k=1}^{b} \left(\overline{X}_{jk} - \overline{X}_j - \overline{X}_k + \overline{X}\right)^2 \quad \text{[식 17.13]}$$

위에서 $\overline{X}_{jk}$는 요인 A의 j번째 수준과 요인 B의 k번째 수준이 만나는 셀의 표본평균이다. 사과나무 자료에서 나무의 나이가 요인 A이고, 비료의 종류가 요인 B라고 가정했을 때 상호작용 제곱합을 구하기 위해서는 셀 평균, 가장 오른쪽 열의 주변평균, 가장 아래 행의 주변평균, 전체평균 모두를 이용한다. SS_{AB} 또는 $SS_{A \times B}$는 아래와 같이 구할 수 있다.

$$\begin{aligned} SS_{AB} &= 5(51.20 - 51.07 - 47.10 + 48.87)^2 + 5(50.40 - 51.07 - 46.50 + 48.87)^2 \\ &\quad + 5(51.60 - 51.07 - 53.00 + 48.87)^2 + 5(43.00 - 46.67 - 47.10 + 48.87)^2 \\ &\quad + 5(42.60 - 46.67 - 46.50 + 48.87)^2 + 5(54.40 - 46.67 - 53.00 + 48.87)^2 \\ &= 18.05 + 14.45 + 64.80 + 18.05 + 14.45 + 64.80 = 194.60 \end{aligned}$$

요인 A와 B의 상호작용 제곱합에 해당하는 자유도 df_{AB}는 요인 A 제곱합에 해당하는 자유도 df_A와 요인 B 제곱합에 해당하는 자유도 df_B를 곱한 $(a-1)(b-1)$로 결정된다. 사과나무 예제의 경우에 $df_{AB} = 1 \times 2 = 2$가 된다.

지금까지 집단간 제곱합을 분할하여 요인 A의 제곱합, 요인 B의 제곱합, 상호작용 AB의 제곱합을 구하였다면, 이제 집단내 제곱합 SS_W 또는 $SS_{S/AB}$를 [식 17.14]를 이용하여 구한다.

$$SS_{S/AB} = \sum_{i=1}^{n_{jk}} \sum_{j=1}^{a} \sum_{k=1}^{b} \left(X_{ijk} - \overline{X}_{jk}\right)^2 \quad \text{[식 17.14]}$$

위의 식은 각 셀 내에서 개별점수와 셀평균 사이의 제곱합을 계산하고, 모든 셀의 제곱합을 더한 것을 의미한다. 이를 사과나무 자료에 적용해 보면, 집단내 제곱합은 아래와 같이 모든 셀 내의 제곱합의 합을 가리킨다.

$$SS_{S/AB} = SS_{11} + SS_{12} + SS_{13} + SS_{21} + SS_{22} + SS_{23}$$

각 셀내에서 계산되는 제곱합을 구해 보면 다음과 같다.

$$SS_{11} = (45 - 51.2)^2 + (59 - 51.2)^2 + (46 - 51.2)^2 + (57 - 51.2)^2 + (49 - 51.2)^2 = 164.8$$
$$SS_{12} = (54 - 50.4)^2 + (48 - 50.4)^2 + (54 - 50.4)^2 + (41 = 50.4)^2 + (55 - 50.4)^2 = 141.2$$

$$SS_{13} = (49-51.6)^2 + (54-51.6)^2 + (49-51.6)^2 + (55-51.6)^2 + (51-51.6)^2 = 31.2$$
$$SS_{21} = (45-43)^2 + (39-43)^2 + (35-43)^2 + (45-43)^2 + (51-43)^2 = 152.0$$
$$SS_{22} = (41-42.6)^2 + (42-42.6)^2 + (35-42.6)^2 + (45-42.6)^2 + (50-42.6)^2 = 121.2$$
$$SS_{22} = (59-54.4)^2 + (54-54.4)^2 + (50-54.4)^2 + (55-54.4)^2 + (54-54.4)^2 = 41.2$$

위의 값들을 이용하여 $SS_{S/AB}$를 구한 값이 아래에 있다.

$$SS_{S/AB} = 164.8 + 141.2 + 31.2 + 152.0 + 121.2 + 41.2 = 651.6$$

집단내 제곱합에 해당하는 자유도 $df_{S/AB}$는 전체 표본크기에서 $a \times b$를 빼 준 값인 $N-ab$로 결정된다. 이는 각 셀의 표본크기(n_{jk})에서 1을 빼 준 각 셀의 자유도를 모든 셀에 대하여 합산한 값이다. 사과나무 예제의 경우에 $df_{S/AB} = 30 - 2 \times 3 = 24$이다. 총 여섯 개 셀에 대하여 각 셀의 자유도인 4를 모두 더한 값과 일치한다. 즉, $df_{S/AB} = 6 \times (5-1) = 24$와 동일하다. 마지막으로 전체 제곱합 SS_T은 [식 17.15]와 같다.

$$SS_T = \sum_{i=1}^{n_{jk}} \sum_{j=1}^{a} \sum_{k=1}^{b} \left(X_{ijk} - \overline{X}\right)^2 \qquad \text{[식 17.15]}$$

사과나무 자료의 모든 개별값과 전체평균을 이용하여 SS_T을 구할 수도 있겠지만, 그런 경우는 드물고 일반적으로 [식 17.10]을 이용해서 아래와 같이 구한다.

$$SS_T = 145.20 + 258.07 + 194.60 + 651.6 = 1249.47$$

전체제곱합에 해당하는 자유도 df_T은 F검정에서 쓸 일이 없지만 굳이 계산하면 $N-1$이다. 사과나무 예제의 경우에 $df_T = 30 - 1 = 29$이다. 지금까지 이원분산분석의 F검정에서 필요한 모든 제곱합과 자유도를 계산하였는데, 실제로 독자들이 이와 같은 계산을 손으로 직접 할 일은 거의 없을 것이다. 하지만 이 계산과정을 읽는 것만으로도 분산분석에 대한 이해도를 높일 수 있다고 필자는 확신한다.

17.3.2. F검정

먼저 요인 A의 주효과, 즉 요인 A의 집단간 평균차이를 검정하기 위해서는 [식 17.16]에 제공되는 F검정을 이용한다.

$$F_A = \frac{MS_A}{MS_{S/AB}} = \frac{\frac{SS_A}{df_A}}{\frac{SS_{S/AB}}{df_{S/AB}}} \sim F_{df_A, df_{S/AB}} \quad \text{[식 17.16]}$$

사과나무 자료를 이용하여 유의수준 5%에서 나무의 나이 집단 간에 평균차이가 존재하는지 확인하기 위해 위의 F검정을 진행한다. 먼저 F_A 검정통계량을 계산하면 아래와 같다.

$$F_A = \frac{\frac{145.20}{1}}{\frac{651.60}{24}} = \frac{145.20}{27.15} = 5.348$$

위의 F검정통계량을 구하는 데 사용한 분자의 자유도는 1이고 분모의 자유도는 24이므로 위의 검정통계량은 $F_{1,24}$분포를 따른다. 유의수준 5%를 가정할 때, $F_{1,24}$분포에서 극단적인 영역은 F분포의 오른쪽 꼬리 쪽에 형성된다. 기각값은 $\alpha = 0.05$에 해당하는 F분포표를 이용하든지 R 프로그램의 qf() 함수를 이용하여 4.260임을 찾을 수 있다.

```
> qf(0.05, df1=1, df2=24, lower.tail=FALSE)
[1] 4.259677
```

앞 장에서도 설명했듯이, qf() 함수의 마지막 아규먼트 lower.tail이 FALSE로 설정되어 오른쪽 누적확률 5%에 해당하는 F값을 구하게 된다. 의사결정의 규칙은 '만약 $F > 4.260$라면 H_0을 기각한다'가 된다. $F_A = 5.348$임을 앞에서 계산해 놓았으므로 유의수준 5%에서 $H_0 : \mu_{you} = \mu_{old}$를 기각하게 된다. 즉, 두 집단의 모평균은 다르다고 결정 내리게 된다. 나무 나이의 주효과 검정을 위한 p값은 R의 pf() 함수를 이용하여 아래와 같이 구할 수 있다.

```
> pf(5.348, df1=1, df2=24, lower.tail=FALSE)
[1] 0.02963639
```

$p = 0.030 < 0.05$이므로 유의수준 5%에서 나무 나이에 따른 사과 생산량의 평균차이가 없다는 영가설을 기각한다. 다음으로 요인 B의 주효과, 즉 요인 B의 집단간 평균차

이를 검정하기 위해서는 [식 17.17]에 제공되는 F검정을 이용한다.

$$F_B = \frac{MS_B}{MS_{S/AB}} = \frac{\frac{SS_B}{df_B}}{\frac{SS_{S/AB}}{df_{S/AB}}} \sim F_{df_B,\, df_{S/AB}} \qquad \text{[식 17.17]}$$

사과나무 자료를 이용하여 유의수준 5%에서 비료의 종류 집단 간에 평균차이가 존재하는지 확인하기 위해 위의 F검정을 진행한다. 먼저 F_B검정통계량을 계산하면 아래와 같다.

$$F_B = \frac{\frac{258.07}{2}}{\frac{651.60}{24}} = \frac{129.03}{27.15} = 4.753$$

위의 F검정통계량을 구하는 데 사용한 분자의 자유도는 2이고 분모의 자유도는 24이므로 위의 검정통계량은 $F_{2,24}$분포를 따른다. 유의수준 5%를 가정할 때, $F_{2,24}$분포에서 극단적인 영역은 F분포의 오른쪽 꼬리 쪽에 형성된다. 기각값은 R 프로그램의 qf() 함수를 이용하여 3.403임을 찾을 수 있다.

```
> qf(0.05, df1=2, df2=24, lower.tail=FALSE)
[1] 3.402826
```

의사결정의 규칙은 '만약 $F > 3.403$라면 H_0을 기각한다'가 된다. $F_B = 4.753$이므로 유의수준 5%에서 $H_0 : \mu_{che} = \mu_{org} = \mu_{mix}$를 기각하게 된다. 즉, 세 집단 중에서 적어도 한 집단의 모평균은 나머지 집단의 모평균과 다르다고 결정 내리게 된다. 비료 종류의 주효과 검정을 위한 p값은 아래와 같이 구할 수 있다.

```
> pf(4.753, df1=2, df2=24, lower.tail=FALSE)
[1] 0.01824164
```

$p = 0.018 < 0.05$이므로 유의수준 5%에서 비료 종류에 따른 사과 생산량의 평균차이가 없다는 영가설을 기각한다. 앞에서 수행한 나무의 나이 차이에 따른 유의한 검정 결

과는 집단의 개수가 두 개이므로 그 자체로 끝이 나지만, 비료의 종류처럼 세 집단 간 유의한 평균차이 결과는 사후분석으로 연결된다. 현재 주어진 조건에서 Tukey의 HSD 방법을 진행하는 것도 상당히 좋은 선택이며, 세 집단의 사후분석에서 사용할 수 있는 다중비교 중에서 가장 큰 검정력을 갖는 Fisher's LSD 방법도 훌륭한 선택이 될 것으로 판단된다. 사후비교의 예는 앞에서 충분히 보였으므로 직접 손으로 계산하는 것은 생략하고 뒤에서 R을 이용하여 Tukey의 사후분석 비교 결과를 제공한다.

두 개의 주효과 검정을 실시하였으므로 이제 상호작용효과의 검정을 진행한다. 요인 A와 B의 상호작용효과를 검정하기 위해서는 [식 17.18]에 제공되는 F검정을 이용한다.

$$F_{AB} = \frac{MS_{AB}}{MS_{S/AB}} = \frac{\dfrac{SS_{AB}}{df_{AB}}}{\dfrac{SS_{S/AB}}{df_{S/AB}}} \sim F_{df_{AB},\, df_{S/AB}} \qquad \text{[식 17.18]}$$

사과나무 자료를 이용하여 유의수준 5%에서 나무의 나이와 비료의 종류 간에 상호작용효과가 존재하는지 확인하기 위해 위의 F검정을 진행한다. 먼저 F_{AB}검정통계량을 계산하면 아래와 같다.

$$F_{AB} = \frac{\dfrac{194.60}{2}}{\dfrac{651.60}{24}} = \frac{97.30}{27.15} = 3.584$$

위의 F검정통계량을 구하는 데 사용한 분자의 자유도는 2이고 분모의 자유도는 24이므로 위의 검정통계량은 $F_{2,24}$분포를 따른다. 비료 종류의 주효과를 검정할 때 사용한 F분포와 동일하다. 유의수준 5%를 가정할 때, $F_{2,24}$분포에서 기각값은 3.403이다. 의사결정의 규칙은 '만약 $F > 3.403$라면 H_0을 기각한다'가 된다. $F_{AB} = 3.584$이므로 유의수준 5%에서 $H_0 : No\ interaction$을 기각하게 된다. 나무 나이와 비료 종류의 상호작용효과 검정을 위한 p값은 아래와 같이 구할 수 있다.

```
> pf(3.584, df1=2, df2=24, lower.tail=FALSE)
[1] 0.04345379
```

$p = 0.043 < 0.05$이므로 유의수준 5%에서 상호작용효과 검정을 위한 영가설을 기각한다. 즉, 사과 산출량에 대해 나무의 나이와 비료의 종류 간에 상호작용효과가 존재한다고 결론 내린다. 상호작용효과가 통계적으로 유의한 결론이 나면, 도대체 무슨 이유로 상호작용효과의 검정이 유의했는지 사후분석을 진행할 수 있다. 상호작용효과의 사후분석은 단순주효과(simple main effect) 분석 방법이 많이 알려져 있고 여러 책에 소개되고 있는데, 사실 이 방법은 Marascuilo와 Levin(1970)에 의해서 심각한 비판을 받았다. 상호작용효과의 검정은 당연하게도 오직 상호작용만을 검정하는데, 사후검정으로서의 단순주효과 분석은 한 요인의 주효과와 상호작용 효과를 섞어서 분석하는 것을 비판했던 것이다. 단순주효과의 제곱합 식을 이용해서 쉽게 그 문제점을 보여 줄 수 있으나 이 책의 범위를 벗어나므로 생략한다. 실질적으로 상호작용효과가 어떠한 패턴으로 발생을 했는지 보여 주는 대표적인 방법은 [그림 17.1]이나 [그림 17.2]의 상호작용도표를 보여 주는 것이다. 실제로 최근에 출판되는 대부분의 논문은 단순주효과 분석을 하지 않으며 상호작용도표를 보여 준다. 필자의 생각으로도 상호작용도표를 보여 주는 것만으로 충분하다고 판단된다.

일원분산분석과 마찬가지로 이와 같은 모든 계산과정은 분산분석표(ANOVA table)를 이용하여 [표 17.4]처럼 보고하는 것이 오랜 관행이다. 가장 오른쪽 열에 검정을 위한 p값이 제공된다.

[표 17.4] 사과나무 자료의 분산분석표

Source of Variation	*SS*	*df*	*MS*	*F*	*p*
Between					
Age	145.20	1	145.20	5.348	0.030
Fertilizer	258.07	2	129.03	4.753	0.018
Age×Fertilizer	194.60	2	97.30	3.584	0.043
Within	651.60	24	27.15		
Total	1249.47	29			

위의 세 F검정은 사실 등분산성 가정이 만족된다는 가정하에 진행한 것이다. [식 17.4]처럼 모든 셀 집단에 대하여 등분산성 검정을 실행하면 된다. Levene의 등분산성 검정의 결과는 뒤에서 R을 이용한 예제를 보일 때 제공하기로 한다.

17.4. 이원분산분석의 예

이원분산분석을 위한 사과나무 자료는 Excel 파일 Apple.xlsx에 [표 17.5]처럼 입력되어 있다.

[표 17.5] 사과나무 자료

apples	age	fertilizer
45	1	1
59	1	1
46	1	1
57	1	1
49	1	1
54	1	2
48	1	2
54	1	2
41	1	2
55	1	2
49	1	3
54	1	3
49	1	3
55	1	3
51	1	3
45	2	1
39	2	1
35	2	1
45	2	1
51	2	1
41	2	2
42	2	2
35	2	2
45	2	2
50	2	2
59	2	3
54	2	3
50	2	3
55	2	3
54	2	3

위의 자료에서 사과(apples)는 종속변수로서 비료 처치 후의 사과나무 한 그루당 사과 산출량을 의미한다. 나무의 나이(age)와 비료의 종류(fertilizer)는 두 독립변수로서 숫자를 이용하여 코딩되어 있다. age 변수에서 1=젊은 나무, 2=오래된 나무를 의미하고, fertilizer 변수에서 1=화학비료, 2=유기농비료, 3=복합비료를 가리킨다. 위의 자료를 R에서 사용하기 위해서는 가장 먼저 자료세트를 R로 읽어 들여야 한다. 제2장을 포함해서 여러 번 소개했듯이 RStudio의 환경판에 있는 Import Dataset 기능을 이용하면 [그림 17.4]처럼 윈도우가 열리고, Browse에서 Excel 파일을 선택한 다음 Import를 클릭하면 오른쪽 아래 부분에 있는 R 명령어들이 실행되면서 화면에 보이는 자료를 Apple 데이터 프레임으로 저장할 수 있다.

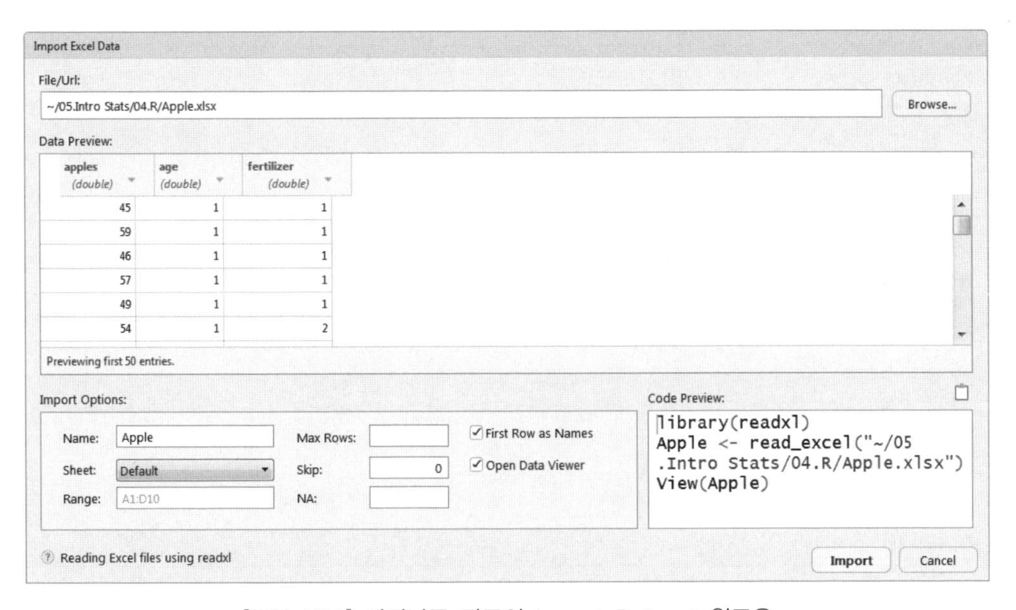

[그림 17.4] 사과나무 자료의 Import Dataset 윈도우

위의 윈도우를 이용하는 방법은 사실 사용자의 편리성을 위한 것이고, 스크립트판에서 [그림 17.4]의 오른쪽 아래에 보이는 R 명령어를 입력하고 실행하여도 동일한 결과를 얻게 된다. 윈도우를 이용하든 명령어를 직접 입력하든, 분산분석에서 이 방법으로 자료를 R로 로딩하면 가장 큰 문제는 age와 fertilizer가 요인(factor)이 아닌 실수(double)의 성격을 갖게 된다는 것이다. 앞의 장에서 이런 경우 as.factor() 함수를 이용해서 변수의 성격을 바꿔 줄 수 있음을 보여 주었다. as.factor() 함수의 실행은 자료를 모두 읽어 들인 이후에 할 수도 있지만, [그림 17.5]처럼 추가 명령어를 입력하여 자료를 읽어 들이는 작업과 동시에 할 수도 있다.

Code Preview:

```
library(readxl)
Apple <- read_excel("~/05.Intro Stats/04.R/Apple.xlsx")
Apple$age <- as.factor(Apple$age)
Apple$fertilizer <- as.factor(Apple$fertilizer)
View(Apple)
```

[그림 17.5] Code Preview에 추가 명령어 삽입

위에서 세 번째와 네 번째 줄이 age와 fertilizer의 성격을 요인으로 만들어 주는 명령어이다. as.factor() 함수는 앞에서 자세히 설명하였으므로 중복된 설명은 생략한다. 이제 R에서 Apple을 실행하면 아래와 같은 결과를 얻게 된다.

```
> Apple
# A tibble: 30 x 3
   apples age   fertilizer
    <dbl> <fct> <fct>
 1     45 1     1
 2     59 1     1
 3     46 1     1
 4     57 1     1
 5     49 1     1
 6     54 1     2
 7     48 1     2
 8     54 1     2
 9     41 1     2
10     55 1     2
# ... with 20 more rows
```

[그림 17.4]에서는 age와 fertilizer의 밑에 〈double〉이라고 나타나는 데 반해, as.factor() 함수를 사용한 이후에는 〈fct〉로 성격이 바뀐 것을 확인할 수 있다. 이제 age와 fertilizer가 요인으로 지정되었으므로 분산분석의 독립변수로 쓰이는 데 아무런 문제가 없게 된다.

자료는 준비되었으나 분산분석에 본격적으로 들어가기에 앞서 Levene의 등분산성 검정을 먼저 실시해야 한다. 앞 장에서 이용했던 leveneTest() 함수를 이용하기 위해 먼저 car 패키지를 R로 로딩한다. 이원분산분석의 등분산성 검정을 위한 명령어는 아래와 같다.

```
> leveneTest(apples~age*fertilizer, data=Apple, center="mean")
Levene's Test for Homogeneity of Variance (center = "mean")
      Df F value Pr(>F)
group  5  1.5288 0.2183
      24
```

먼저 위의 leveneTest() 함수에서 data 아규먼트가 Apple로 설정되어 있으므로, $ 표시 없이 변수의 이름을 직접 사용하여 모형을 설정하였다. leveneTest() 함수의 첫 번째 아규먼트는 formula로서 ~ 표시의 왼쪽에 종속변수(apples), 오른쪽에 두 독립변수(age와 fertilizer)를 설정한다. 이때 독립변수 두 개는 *(asterisk)를 이용하여 연결하는데, 이는 두 독립변수 수준의 모든 조합을 의미한다. 다음으로 data 아규먼트에는 사용하는 자료의 데이터 프레임 이름 Apple을 설정하고, center 아규먼트에는 절대편차를 구하기 위해 평균을 사용하겠다는 의미로 "mean"을 지정한다. 만약 Brown-Forsythe 방법을 이용하기를 원하면, center 아규먼트를 "median"으로 지정하면 된다.

결과를 보면 F검정을 위한 자유도(Df)가 5와 24이고, F검정통계량(F value)이 1.529이며, $p=0.218$임을 확인할 수 있다. 이로써 [식 17.4]에 제공된 여섯 집단의 모분산이 동일하다는 영가설을 기각하는 데 실패한다. 결국 등분산성 가정이 만족되었으므로 이원분산분석을 진행하게 된다. 이 경우에 만약 등분산성 가정이 만족되지 않는다면 Welch's F검정을 고려해 볼 수 있다. 하지만 이 방법을 사용하기 쉽게 제공하고 있는 통계 프로그램은 상당히 드물고, 앞 장에서 설명한 대로 집단간 표본크기의 차이가 매우 불균형한 것이 아니라면 일반적인 ANOVA F검정을 실시하는 것이 문제가 되지 않는다.

이원분산분석을 실시하기 위해서는 일원분산분석에서 소개한 aov() 함수를 이용하는 방법이 있고, 선형모형을 추정하는 lm() 함수 및 lm() 함수로부터 나온 결과를 아규먼트로 이용하는 anova() 함수의 조합으로 이루어진 방법이 있다. 두 방법은 각각의 장단점과 특징이 있는데, 우리 책에서는 새로운 방법을 소개하는 것보다는 기존의 함수를 이용하고자 한다. 다음은 aov() 함수를 이용하여 이원분산분석을 실시한 결과이다.

```
> twoway.model <- aov(apples~age+fertilizer+age:fertilizer,
+                     data=Apple)
```

```
> summary(twoway.model)
                Df Sum Sq Mean Sq F value Pr(>F)
age              1  145.2  145.20   5.348 0.0296 *
fertilizer       2  258.1  129.03   4.753 0.0182 *
age:fertilizer   2  194.6   97.30   3.584 0.0435 *
Residuals       24  651.6   27.15
---
Signif. codes:  0 '***' 0.001 '**' 0.01 '*' 0.05 '.' 0.1 ' ' 1
```

앞과 마찬가지로 data 아규먼트가 Apple로 설정되어 있으므로, $ 표시 없이 변수의 이름을 직접 사용하였다. formula 아규먼트에서 ~ 표시의 왼쪽에는 종속변수를 설정하였고, 오른쪽에는 효과를 확인하고자 하는 요인들과 요인들 간의 상호작용을 설정하였다. 각각의 효과들은 + 표시를 이용하여 더해 나가며, 상호작용효과는 : 표시를 이용한다. 즉, age:fertilizer는 age와 fertilizer의 상호작용효과를 가리킨다. formula 아규먼트 부분은 apples~age+fertilizer+age*fertilizer로 설정하여도 동일한 결과를 얻게 되는데, * 표시가 : 표시처럼 두 독립변수의 상호작용을 의미하기 때문이다. 또한 formula 아규먼트를 apples~age*fertilizer로 설정하여도 역시 동일한 결과를 얻게 되는데, * 표시가 두 독립변수 사이에 생길 수 있는 모든 효과의 조합(즉, 두 개의 주효과와 한 개의 상호작용효과)이란 의미도 있기 때문이다. 이원분산분석의 결과는 twoway.model 객체에 저장하고 summary() 함수를 이용하여 결과를 요약하였다. 손으로 직접 계산하여 작성한 [표 17.4]의 분산분석표와 비교해 보면, 모든 값이 완전히 일치하는 것을 확인할 수 있다.

이제 분산분석 모형의 실질적인 유의성을 확인하기 위해 효과크기를 추정하고자 한다. 다양한 효과크기를 추정하기 위해서 앞에서 소개했던 sjstats 패키지를 이용한다. 파일판의 패키지 탭에서 sjstats 패키지를 클릭하여 R로 로딩한 다음에 아래와 같이 eta_sq(), omega_sq(), cohens_f() 함수를 실행하면 된다.

```
> eta_sq(twoway.model)
                         term etasq
1                  Apple$age 0.116
2           Apple$fertilizer 0.207
3 Apple$age:Apple$fertilizer 0.156

> omega_sq(twoway.model)
```

```
                         term omegasq
1                  Apple$age   0.092
2           Apple$fertilizer   0.160
3 Apple$age:Apple$fertilizer   0.110

> cohens_f(twoway.model)
                         term  cohens.f
1                  Apple$age 0.4720552
2           Apple$fertilizer 0.6293256
3 Apple$age:Apple$fertilizer 0.5464883
```

두 개의 주효과와 하나의 상호작용효과에 대한 추정된 η^2, ω^2, f 값이 제공되는 것을 볼 수 있다. 예를 들어, 나이 요인의 효과크기 $\hat{\eta}^2_{age}=0.116$으로서 자료의 전체 변동성 중 11.6%가 나이 요인에 의하여 설명되고 있으며, $\hat{\eta}^2_{fertilizer}=0.207$로서 20.7%는 비료 요인에 의하여 설명된다. 마지막으로 $\hat{\eta}^2_{interaction}=0.156$으로서 전체 변동성의 15.6%는 상호작용에 의하여 설명된다고 결론 내릴 수 있다. $\hat{\omega}^2$도 $\hat{\eta}^2$와 비슷한 방식으로 해석이 가능하며 가장 아래에는 $\hat{f}$이 제공되어 있다.

다음으로는 세 개의 수준이 있는 fertilizer 요인이 통계적으로 유의한 평균차이를 만들어 냈으므로 적절한 사후분석을 시행해야 한다. 검정력도 높고 사후분석의 가장 대표적인 방법 중 하나이기도 한 Tukey의 HSD 다중비교 절차를 수행하기 위해 TukeyHSD() 함수를 아래와 같이 이용하였다.

```
> TukeyHSD(twoway.model, which="fertilizer")
  Tukey multiple comparisons of means
    95% family-wise confidence level

Fit: aov(formula = apples ~ age + fertilizer + age:fertilizer, data = Apple)

$`fertilizer`
    diff         lwr       upr     p adj
2-1 -0.6 -6.41926845  5.219268 0.9641666
3-1  5.9  0.08073155 11.719268 0.0464672
3-2  6.5  0.68073155 12.319268 0.0265304
```

TukeyHSD() 함수의 첫 번째 아규먼트는 이원분산분석의 결과가 저장되어 있는

twoway.model 객체이며, 두 번째 which 아규먼트는 어떤 요인의 사후분석을 진행하겠는지를 지정해 주는 아규먼트이다. age 요인은 단 두 개의 수준밖에 없으므로, 세 개의 수준이 있는 fertilizer 요인의 사후분석을 지정하였다. 분석 결과, 첫 번째 화학비료와 세 번째 복합비료 집단 사이에 $p < .05$ 수준에서 통계적으로 유의한 사과 개수 차이가 있었으며, 두 번째 유기농비료와 세 번째 복합비료 집단 사이에도 $p < .05$ 수준에서 통계적으로 유의한 사과 개수 차이가 있었다. 첫 번째 화학비료와 두 번째 유기농비료 집단 사이에는 유의한 차이가 없었다($p = .964$).

이원분산분석 결과에서 상호작용효과 역시 통계적으로 유의하게 나왔으므로 상호작용의 사후분석이라고 할 수 있는 상호작용도표를 interaction.plot() 함수를 이용하여 아래와 같이 그릴 수 있다.

```
> Apple$age <- factor(x=Apple$age, labels=c("Young", "Old"))
> Apple$fertilizer <- factor(x=Apple$fertilizer,
+                     labels=c("Chemical", "Organic", "Mix"))

> interaction.plot(x.factor=Apple$fertilizer,
+                  trace.factor=Apple$age,
+                  response=Apple$apples, fun="mean", type="l",
+                  bty="l", ylim=c(30, 60), legend=TRUE,
+                  xlab="Fertilizer", ylab="Apples",
+                  trace.label="Age", main="Interaction plot")
```

위에서 처음 두 명령어는 사실 interaction.plot() 함수가 실행되는 것과는 상관이 없는 부분이다. 세 번째 명령어처럼 interaction.plot() 함수를 실행하면 축(axis)이나 범례(legend)에 각 요인의 수준이 나타나는데, 사과나무 자료에서 각 요인의 수준은 1, 2, 3 등의 숫자로 되어 있다. 도표가 더욱 완결성을 갖추려면 이 숫자가 실제 자료의 레이블로 되어 있는 것이 좋다. 그런 이유로 첫 번째와 두 번째 명령어에서 factor() 함수를 이용하여 각 요인 수준의 이름을 지정해 준 것이다. factor() 함수는 변수의 성격을 요인으로 지정하는 것 외에 labels 아규먼트를 이용하여 요인 각 수준의 이름을 지정해 줄 수도 있다. 첫 번째 명령어 줄은 Apple 데이터 프레임의 age 변수(Apple$age)의 첫 번째 수준을 Young으로 설정하고 두 번째 수준을 Old로 설정한다는 의미를 지닌다. 두 번째 명령어 줄은 Apple 데이터 프레임의 fertilizer 변수(Apple$fertilizer)의 첫째 수준을 Chemical, 둘째 수준을 Organic, 셋째 수준을

Mix로 설정하는 것을 의미한다.

이제 상호작용도표를 출력하는 세 번째 명령어를 살펴본다. interaction.plot() 함수는 반드시 포함해야 하는 세 개의 아규먼트와 도표를 꾸미는 상당히 많은 부차적인 아규먼트로 이루어져 있다. 가장 먼저 x.factor 아규먼트는 상호작용도표의 x축에 위치할 요인을 설정하는 것이고, trace.factor 아규먼트는 각 수준에 따라 상호작용도표의 선이 나누어지는 또 다른 요인을 설정하는 것이며, response 아규먼트는 종속변수를 설정하는 것이다. 각각 Apple$fertilizer, Apple$age, Apple$apples로 지정되어 있다. 이 세 가지 아규먼트만 지정해 주면 상호작용도표는 완성된다.

다음으로 fun 아규먼트는 function을 의미하는데 "mean"으로 설정되어 있다. 이는 각 셀의 평균을 이용하여 도표를 그린다는 것을 의미하며 디폴트(default) 값이다. 만약 평균 대신 중위값을 이용하기를 원한다면 "median"으로 설정할 수도 있으나 그런 경우는 드물다. type은 도표의 라인들의 형태를 설정하는 아규먼트로서 "l"은 선(line)을 이용하겠다는 의미이다. bty는 도표의 박스형태(box type)를 지정하는 아규먼트로서 "l"은 도표가 박스처럼 사면이 모두 막혀 있지 않고, x축과 y축 부분의 선만을 나타나게 하는 의미이다. type이나 bty 아규먼트는 매우 많은 옵션을 가지고 있는데, 이를 모두 설명할 필요는 없다고 판단되며 궁금한 독자들은 Google로 검색하기 바란다. 엄청나게 많은 정보가 쏟아질 것이다. ylim 아규먼트는 y축의 범위를 나타내는 것으로서 c() 함수를 이용하여 축의 최소값과 최대값을 지정할 수 있다. legend 아규먼트는 범례를 넣을 것인지를 결정하는 논리값으로서 TRUE로 설정하면 도표에 age 범례가 나타나게 된다. xlab 아규먼트와 ylab 아규먼트는 각각 x축과 y축의 이름을 지정하는 것이고, main 아규먼트는 도표의 제목을 지정하는 것이다. 위 명령어의 결과가 [그림 17.6]에 제공된다.

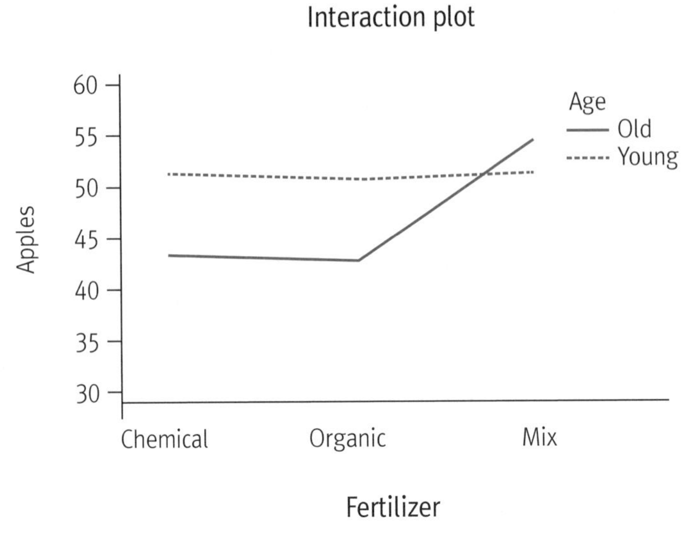

[그림 17.6] R을 이용한 사과 자료의 상호작용도표

[그림 17.1]에서 필자가 직접 그린 상호작용도표와 다르지 않음을 알 수 있다. 즉, 젊은 사과나무와 오래된 사과나무의 산출량 평균 차이가 비료의 세 수준인 화학비료, 유기농비료, 복합비료에서 동일하지 않다. 화학비료와 유기농비료 수준에서는 젊은 사과나무가 오래된 사과나무보다 대략 8개 정도를 더 생산하는데, 복합비료 수준에서는 3개 정도 덜 생산하는 패턴을 보이고 있다. 이와 같은 패턴으로 인해서 상호작용효과의 검정이 통계적으로 유의한 결과를 가졌던 것이다.

17.5. 일원분산분석과 이원분산분석의 검정력 비교

이번 장의 앞부분에서 요인설계는 여러 번의 단요인설계에 비하여 분산분석을 사용할 때 더 민감하고 검정력이 높다는 장점이 있다고 하였는데, 이것이 사실인지 간단하게 살펴보는 예제를 보이고자 한다. 이를 보이기 위해 사과나무 자료에 대해 두 번의 일원분산분석을 실시하고, 이 결과를 앞의 이원분산분석 결과와 비교하고자 한다. 먼저 R을 이용하여 나이의 효과와 비료 종류의 효과를 확인하고자 aov() 함수로 분산분석을 각각 실시하면 다음과 같다.

```
> oneway1 <- aov(Apple$apples~Apple$age, data=Apple)
> summary(oneway1)
            Df Sum Sq Mean Sq F value Pr(>F)
Apple$age    1  145.2  145.20   3.682 0.0653 .
Residuals   28 1104.3   39.44
```

```
> oneway2 <- aov(Apple$apples~Apple$fertilizer, data=Apple)
> summary(oneway2)
                 Df  Sum Sq Mean Sq F value Pr(>F)
Apple$fertilizer  2  258.1  129.03   3.514  0.044 *
Residuals        27  991.4   36.72
```

그리고 aov() 함수를 이용하여 앞에서 보였던 이원분산분석의 결과는 아래와 같다.

```
> twoway.model <- aov(Apple$apples~Apple$age*Apple$fertilizer,
+                    data=Apple)
> summary(twoway.model)
                           Df Sum Sq Mean Sq F value Pr(>F)
Apple$age                   1  145.2  145.20   5.348 0.0296 *
Apple$fertilizer            2  258.1  129.03   4.753 0.0182 *
Apple$age:Apple$fertilizer  2  194.6   97.30   3.584 0.0435 *
Residuals                  24  651.6   27.15
```

결과를 보면 age와 fertilizer의 제곱합(SS)이나 평균제곱(MS)은 일원분산분석과 이원분산분석에서 다르지 않은데, 집단내 제곱합인 SS_{Within}(또는 $SS_{S/AB}$)은 다른 것을 볼 수 있다. 두 번의 일원분산분석에서는 1104.3과 991.4였는데, 이원분산분석에서는 651.6으로 더 작았다. 이러한 이유로 평균제곱의 비율로 정의되는 F값을 보면 이원분산분석을 실시했을 때 더 크게 되고, p값은 이원분산분석을 실시했을 때 더 작게 된다. 즉, 이원분산분석을 실시하였을 때 일반적으로 검정력이 더 높다.

이는 논리적으로 그럴 수밖에 없다. 어떤 분산분석을 실시하든 동일한 자료는 동일한 크기의 전체 제곱합 SS_{Total}을 가지고 있다. SS_{Total}은 $SS_{Between}$과 SS_{Within}으로 나누어지는데, 일원분산분석에서는 $SS_{Between}$이라고 해 봐야 age 또는 fertilizer의 제곱합(SS_{age} 또는 $SS_{fertilizer}$)밖에 없는 데 반해, 이원분산분석에서는 SS_{age}와 $SS_{fertilizer}$ 및

$SS_{interaction}$이 모두 한꺼번에 존재한다. 그렇다면 SS_{Total}의 나머지 부분인 SS_{Within}은 각 분석에서 다를 수밖에 없다. [표 17.6]을 통해서 살펴보면 이해하기 쉬울 것이다.

[표 17.6] 일원분산분석과 이원분산분석의 제곱합의 비교

	Total	Between	Within
One-way ANOVA1	SS_{Total}	SS_{age}	SS^1_{Within}
One-way ANOVA2	SS_{Total}	$SS_{fertilizer}$	SS^2_{Within}
Two-way ANOVA	SS_{Total}	$SS_{age}+SS_{fertilizer}+SS_{interaction}$	SS^3_{Within}

SS_{Total}은 모두 같은데, $SS_{Between}$은 모두 다르므로 SS_{Within}도 모두 다르게 될 것이다. 그런데 위의 표에서 보듯이 이원분산분석을 실시했을 때 $SS_{Between}$이 가장 큰 것을 확인할 수 있다. 그러므로 $SS^1_{Within} > SS^3_{Within}$ 이고, $SS^2_{Within} > SS^3_{Within}$ 이 성립하게 된다. 다시 말해, 이원분산분석을 실시했을 때 SS_{Within}은 가장 작게 되고, MS_{Within}도 가장 작을 가능성이 높으며, 주효과의 검정을 위한 F값들은 더 크게 되는 것이다.

위의 설명이 상당히 일반적인 결과인 것은 맞는데, 사실 언제나 이와 같은 결과가 나오지는 않는다. 집단내 자유도 df_{Within}이 이원분산분석을 실시할 때 더 작아지기 때문이다. $MS_{Within}=\dfrac{SS_{Within}}{df_{Within}}$이므로, 상응하는 자유도 df_{Within}이 작아지면 상대적으로 MS_{Within}이 더 큰 값이 나올 가능성이 상존하고 있다. 이렇게 되면 주효과의 검정력은 더 낮아지게 될 것이다. 그러므로 이원분산분석에서 더 유리한 결과를 얻기 위해서는 자유도를 손해 보는 것보다 $SS_{Between}$ 부분이 더 많이 늘어나야(즉, SS_{Within}이 더 많이 줄어들어야) 하는 것이다. 현실 속에서 연구자들이 선정하는 요인들은 종속변수에 대해서 어느 정도 설명력을 가지는 것이 기대되므로 앞의 내용이 성립하는 경우가 대부분이다. 필자의 경험으로는 이원분산분석의 검정력 증가는 거의 항상 성립하는 경향이 있다.

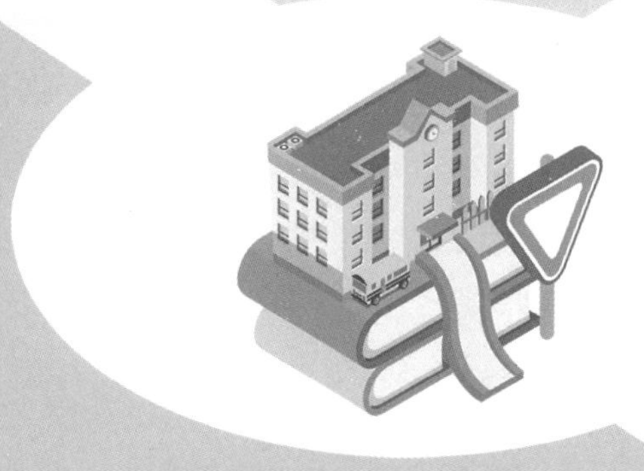

III 상관과 회귀

제18장 범주형 자료의 검정

지금까지 통계의 기초로서 평균, 분산, 자료의 시각화, 정규분포, 표집이론 등을 다룬 이후에 상당히 여러 장에 걸쳐 모평균에 관심을 두고 논의를 진행하였다. 표본이 하나 또는 두 개일 때의 z검정과 t검정, 두 개 이상일 때의 F검정은 모두 모평균에 대한 검정이다. 모평균의 검정에서 연구자가 관심 있는 종속변수는 등간척도 또는 비율척도로 측정된 변수이다. 만약 연구자가 관심 있는 종속변수가 범주형이라면 어떤 연구문제를 세울 수 있고, 어떤 검정을 진행할 수 있을까? 종속변수가 범주형인 경우에 우리는 일반적으로 빈도(frequency) 또는 비율(proportion)을 이용하여 질문을 세우고 검정을 진행한다. 범주형 자료를 이용한 검정은 χ^2분포(chi-square 또는 chi-squared distribution)를 이용한 독립성 검정(test of independence), 동질성 검정(test of homogeneity), 적합도 검정(test of goodness of fit), z분포를 이용한 비율검정 등 분류방법도 다양하고 검정방법도 다양하다. 이 책에서 이 모두를 다룰 수는 없으며, 필자가 판단하기에 중요하다고 판단되는 적합도 검정과 독립성 검정을 소개하고자 한다. 이중 독립성 검정은 범주형 자료의 상관(correlation 또는 association) 개념과 연결되어 많이 사용되며 특히 주목해야 한다. 이번 장부터 시작하여 이 책의 끝까지 주로 변수 간의 상관에 대한 것을 다루기 때문이다.

18.1. χ^2분포

이 책에서 다루는 범주형 자료의 검정은 모두 χ^2분포를 표집분포로서 이용한다. χ^2분포의 기본적인 특성에 대해서 이해하고, χ^2분포의 확률 계산법 등을 통해 기각역과 기각값을 찾는 법을 파악해야 한다.

18.1.1. χ^2분포의 이해

앞 장에서 소개한 정규분포, t분포, F분포와 더불어 사회과학 기초통계의 주요 분포인 χ^2분포는 모수로서 자유도(df)를 갖는다. 기본적으로 χ^2분포는 정적으로 편포된 분포이며, F분포처럼 0 이상의 영역에서 확률밀도함수 값이 정의된다. 독자의 이해를 돕기 위해 [그림 18.1]에는 임의의 변수 X가 따르는 χ^2분포 하나가 제공된다.

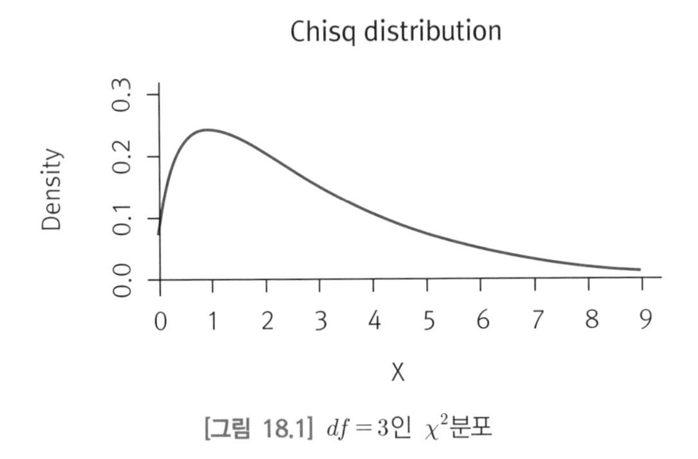

[그림 18.1] $df=3$인 χ^2분포

위의 그림에서 확인할 수 있듯이 χ^2분포는 정적으로 편포되어 있으며, $X=0$에서 그 값이 정의되기 시작하고 오른쪽으로는 열려 있는 분포이다. 즉, 이론적으로 $X=\infty$까지 갈 수 있다. 위의 분포는 자유도가 3인 χ^2분포인데, 자유도가 ν(nu)인 χ^2분포는 χ^2_ν 또는 $\chi^2(\nu)$ 등으로 표기하는 것이 일반적이다. 만약 변수 X가 χ^2분포를 따른다고 할 때 x의 확률밀도함수는 [식 18.1]과 같이 정의된다.

$$f(x)=\frac{1}{2^{\frac{\nu}{2}}\Gamma\left(\frac{\nu}{2}\right)}x^{\frac{\nu}{2}-1}e^{-\frac{x}{2}} \qquad \text{[식 18.1]}$$

위에서 $\Gamma()$는 감마(gamma)함수로서 $\Gamma(z)=\int_0^\infty x^{z-1}e^{-x}dx$를 의미하고, ν는 확률밀도함수의 모수이며 분포의 자유도를 의미한다. 그리고 위의 확률밀도함수는 $x\geq 0$에서만 정의가 된다. F분포와 마찬가지로 [식 18.1]의 함수를 이용하여 확률을 구하고 밀도를 구하는 일은 상당히 드문 일이다. 사회과학 분야의 연구자들 입장에서는 자유도의 변화에 따라 χ^2분포의 모양이 어떻게 바뀌는지 대략적으로 알아 두는 것으로 충분하다. [그림 18.2]에는 다양한 자유도를 갖는 네 개의 χ^2분포가 예로서 제공된다.

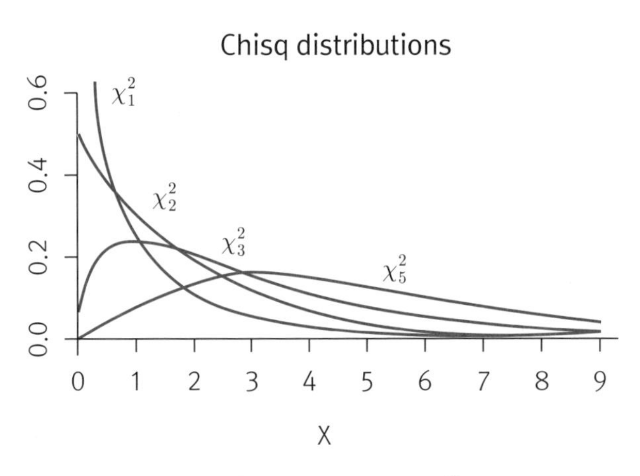

[그림 18.2] 다양한 자유도의 χ^2분포

χ^2분포는 중심과 퍼짐의 정도가 모두 하나의 자유도에 의해 영향을 받는다. 그림에서 볼 수 있듯이 자유도가 증가하면 분포의 중심이 오른쪽으로 이동하고 퍼짐의 정도 역시 증가한다. 참고로 χ^2분포의 평균은 자유도인 ν이며, 분산은 자유도에 2를 곱한 2ν이다. χ^2분포를 이용하여 검정을 진행하는 데 있어서 가장 중요한 것은 χ^2분포가 0 이상의 값에 대하여만 정의가 되며, 정적으로 편포되어 있고, 자유도가 커짐에 따라 점점 더 오른쪽으로 이동한다는 것이라고 할 수 있다.

18.1.2. χ^2분포의 확률

z분포표, t분포표, F분포표에서 다양한 분포의 누적확률에 해당하는 통계치, 또는 통계치에 해당하는 확률값 등을 제공하였다. 부록 D의 χ^2분포표를 이용하면 주어진 자유도와 몇 개의 누적확률(0.900, 0.950, 0.975, 0.990, 0.995, 0.999)에 해당하는 χ^2값을 찾을 수 있다. χ^2분포를 이용하여 아래꼬리 검정을 실시하는 경우는 필자가 알기로는 없기 때문에 유의수준 0.1%에 해당하는 0.999 누적확률부터, 유의수준 10%에 해당하는 0.900 누적확률까지만 제공이 되어 있다. 예를 들어, 자유도가 2인 χ^2분포에서 누적확률 95%(즉, 유의수준 5%)에 해당하는 χ^2값을 찾으면 [그림 18.3]과 같다.

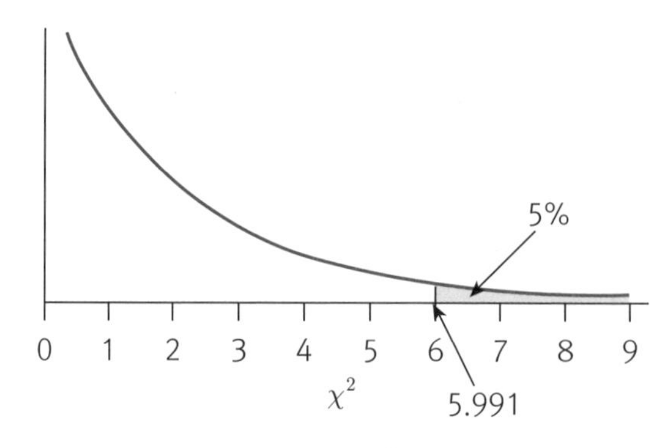

[그림 18.3] 유의수준 5%에서 χ_2^2분포의 기각역과 기각값

그림에서 확인할 수 있듯이 χ_2^2분포에서 왼쪽 누적확률 95%(오른쪽 누적확률 5%)에 해당하는 χ^2값은 5.991이다. 이 정보를 이용하면 유의수준 5%의 통계적 검정을 수행할 수 있게 된다. χ^2값이나 이에 해당하는 누적확률은 R의 qchisq() 함수나 pchisq() 함수를 이용하면 아래처럼 쉽게 구할 수 있다.

```
> qchisq(0.950, df=2, lower.tail=TRUE)
[1] 5.991465

> pchisq(5.991, df=2, lower.tail=TRUE)
[1] 0.9499884
```

qchisq() 함수를 이용하면 특정한 자유도와 누적확률에 해당하는 χ^2값을 출력한다. 위의 명령문과 결과는 자유도가 2인 χ^2분포에서 누적확률 0.950에 해당하는 χ^2값이 5.991이라는 것을 보여 주고 있다. 마지막 아규먼트인 lower.tail=TRUE는 qchisq() 함수의 디폴트로서 왼쪽 누적확률이 계산되고 있다는 것을 의미한다. 그리고 위의 pchisq() 함수는 χ^2분포의 특정한 χ^2값에 해당하는 누적확률을 출력한다. 위의 명령문과 결과는 자유도가 2인 χ^2분포에서 $\chi^2 = 5.991$에 해당하는 왼쪽 누적확률이 0.950이라는 것을 보여 주고 있다.

18.1.3. χ^2분포와 다른 분포의 관계

앞에서 t분포와 F분포의 수리적 관련성에 대하여 간단하게 설명했었는데, χ^2분포는 z분포, t분포 및 F분포 모두와 어떤 방식으로든 관련이 있다. 이 관계에 대하여 하나씩 간단하게 소개하고자 한다.

χ^2분포와 z분포의 관계

변수 Z가 표준정규분포를 따른다고 하면 [식 18.2]와 같이 Z의 제곱은 자유도가 1인 χ^2분포를 따르게 된다.

$$Z^2 \sim \chi_1^2 \quad \text{[식 18.2]}$$

χ^2분포가 0 이상에서만 정의가 된다고 하였는데, 그 이유를 말해 주는 하나의 식이라고 볼 수 있다. 표준정규분포를 따르는 변수의 제곱으로 이루어져 있으므로 최소값은 0이 되고, 최대값은 ∞로 열려 있는 것이다. 그리고 만약 두 개의 Z^2를 더한다면 자유도가 2인 χ^2분포를 따르게 되고, 세 개의 Z^2를 더한다면 자유도가 3인 χ^2분포를 따르게 된다. 이를 일반화하여 표현하면 [식 18.3]과 같다.

$$U = Z_1^2 + Z_2^2 + \cdots + Z_\nu^2 = \sum_{i=1}^{\nu} Z_i^2 \sim \chi_\nu^2 \quad \text{[식 18.3]}$$

즉, ν개의 Z^2가 더해진 변수 U는 자유도가 ν인 χ^2분포를 따른다.

χ^2분포와 t분포의 관계

만약 변수 Z가 표준정규분포를 따르고, 독립적으로 변수 U가 자유도 ν인 χ^2분포를 따른다면 [식 18.4]가 성립한다.

$$T = \frac{Z}{\sqrt{\frac{U}{\nu}}} \sim t_\nu \quad \text{[식 18.4]}$$

즉, 변수 T는 자유도가 ν인 t분포를 따르게 된다.

χ^2분포와 F분포의 관계

자유도가 ν인 t분포를 따르는 변수 T를 제곱하게 되면 [식 18.5]가 또한 성립한다. 이는 앞에서 보인 t분포와 F분포의 수리적 관련성을 이용한 것이다.

$$T^2 = \frac{Z^2}{\frac{U}{\nu}} \sim F_{1,\nu} \qquad \text{[식 18.5]}$$

위의 식에서 Z^2는 자유도가 1인 χ^2분포를 따름을 바로 위에서 소개하였다. 즉, 위의 식에서 T^2의 분모인 $\frac{U}{\nu}$도 χ^2분포를 따르지만 분자인 Z^2 역시 자유도 1인 χ^2분포를 따르는 것이다. 이를 일반화하여 χ^2분포와 F분포의 연관성을 찾을 수 있다. 만약 변수 V가 자유도 ν_1인 χ^2분포를 따르고, 독립적으로 변수 U가 자유도 ν_2인 χ^2분포를 따른다면 [식 18.6]이 성립한다.

$$W = \frac{\frac{V}{\nu_1}}{\frac{U}{\nu_2}} \sim F_{\nu_1,\nu_2} \qquad \text{[식 18.6]}$$

즉, 두 개의 χ^2분포를 각각 상응하는 자유도로 나눈 다음에 비율의 형태를 취한 W는 자유도가 ν_1과 ν_2인 F분포를 따른다.

t분포와 F분포의 관계

물론 앞 장에서 t분포의 제곱이 F분포와 동치라는 것을 설명하고 예제를 보였지만, 다시 한번 수리적으로 간단하게 그 관계를 보이고자 한다. [식 18.7]은 변수가 어떤 분포를 따른다는 통계학의 정식 표기법을 이용했다기보다는 이해하기 쉽도록 분포의 표기를 그대로 식 안에 집어넣어서 풀어낸 것이다.

$$t_\nu^2 = \left(\frac{Z}{\sqrt{\frac{\chi_\nu^2}{\nu}}}\right)^2 = \frac{Z^2}{\frac{\chi_\nu^2}{\nu}} = \left(\frac{\frac{\chi_1^2}{1}}{\frac{\chi_\nu^2}{\nu}}\right) = F_{1,\nu} \qquad \text{[식 18.7]}$$

앞 장에서도 설명했듯이 위의 식은 오직 두 개의 집단을 비교하는 상황에서만 성립한다. 즉, t분포를 제곱하면 분자의 자유도가 1인 F분포가 되지만, 임의의 F분포에 제곱근을 씌운다고 해서 t분포가 되는 것은 아닌 것이다. 다시 말해, 위의 식은 F분포의 분자의 자유도가 오직 1인 경우에만 성립한다. 세 집단 이상에서는 t검정통계량이란 개념이 성립할 수조차 없기 때문이다.

18.2. 적합도 검정

한 모집단에서 하나의 범주형 변수에 대한 자료를 수집한 경우에 적용할 수 있는 χ^2 적합도 검정(chi-square goodness-of-fit test)을 소개한다.[71] 이 검정은 기본적으로 표본의 빈도를 이용하여 모집단의 가정된 빈도(hypothesized frequency) 또는 가정된 비율(hypothesized proportion)을 만족하는지 확인하는 것이다.

18.2.1. 두 범주의 경우

한 심리학과 교수가 심리측정(psychological measurement)과 심리통계(statistics in psychology) 수업을 가르치고 있는데 학생들이 둘 중 한 과목을 선호하는지 아닌지 궁금하다고 가정하자. 어느 학기 말에 두 과목을 동시에 수강한 40명의 학생을 표본으로 추출하여 어떤 과목을 선호하는지 조사하였다. 조사의 결과는 [표 18.1]과 같다.

[표 18.1] 과목 선호 조사 결과

Subject Preference		
Measurement	Statistics	Total
15	25	40

위의 조사 결과를 보면, 두 과목을 모두 수강한 40명의 학생들 중 25명이 심리통계를 더 선호한다고 하였고, 15명이 심리측정을 더 선호한다고 하였다. 이 결과로 보면 표본으로 추출된 40명의 학생들은 심리통계를 더 선호하고 있는 것으로 보인다. 하지만 우리가 궁금한 것은 표본의 빈도가 아니라 모집단의 빈도 또는 비율임을 잘 알고 있을 것이다. 교수가 궁금해하는 것은 두 과목을 모두 들었던 수백 또는 수천 명 학생들의 선호도를 알고 싶은 것이다. 이와 같은 교수의 질문에 맞는 가설은 [식 18.8]과 같다.

71) χ^2 적합도 검정을 논할 때 대부분의 연구자들은 질적변수(범주형 변수)의 적합도 검정만 알고 있다. 하지만 사실 양적변수가 어떤 분포(예를 들어, 정규분포)를 따르고 있는지 등을 확인하는 적합도 검정도 있다. 이 책에서 모든 내용을 다룰 수는 없으므로 범주형 변수의 적합도 검정만 다룰 뿐이다.

$$H_0 : There\ is\ no\ difference\ in\ the\ frequencies\ of\ subject\ preference. \quad vs. \quad H_1 : There\ is\ difference\ in\ the\ frequencies\ of\ subject\ preference. \qquad [식\ 18.8]$$

영가설은 두 과목 선호의 빈도에 차이가 없다는 것이고, 대립가설은 빈도에 차이가 있다는 것이다. 또는 비율의 표기를 이용하여 [식 18.9]와 같이 설정할 수도 있다.

$$H_0 : p_M = p_S \quad \text{vs.} \quad H_1 : p_M \neq p_S \qquad [식\ 18.9]$$

위에서 p_M은 심리측정을 선호하는 학생의 모집단 비율이며, p_S는 심리통계를 선호하는 학생의 모집단 비율이다. 집단이 둘일 때 비율이 같다는 것은 한 집단의 비율이 0.5라는 것을 의미하므로 [식 18.10]과 같이 표시할 수도 있다.

$$H_0 : p_M = 0.5 \quad \text{vs.} \quad H_1 : p_M \neq 0.5 \qquad [식\ 18.10]$$

어떤 방식으로 가설을 설정하든 본질적으로 아무런 차이가 없다. 이제 이 가설을 검정하기 위한 적합도 검정의 원리에 대해서 간단하게 설명한다. 적합도 χ^2검정은 위에서 실제로 나타난 관찰빈도(observed frequency, O_j)와 영가설이 사실이라면 나타날 기대빈도(expected frequency, E_j)의 차이를 이용하는 검정이다. 기대빈도란 영가설이 사실이라는 가정하에서 나타날 빈도를 의미하므로 [표 18.2]와 같다.

[표 18.2] 과목 선호 조사의 관찰빈도와 기대빈도

	Subject Preference		
	Measurement	Statistics	Total
Observed(O_j)	15	25	40
Expected(E_j)	20	20	40

영가설은 두 과목의 선호도가 같다는 것이므로 주어진 표본크기 $n=40$과 영가설이 옳다는 가정하에서의 기대빈도는 위의 표처럼 각각 20명이 될 것이다. χ^2 적합도 검정은 관찰빈도와 기대빈도의 차이를 이용해서 검정을 진행한다. 만약 관찰빈도와 기대빈도의 차이가 작다면 관찰빈도가 영가설과 다르지 않다는 것을 의미하므로 영가설을 기각하는 데 실패하고, 만약 관찰빈도와 기대빈도의 차이가 크다면 영가설을 기각하게 된다. Pearson은 1900년대 초에 이 둘의 차이를 [식 18.11]과 같은 X^2(chi-square)검

정통계량으로 형성하고 이것이 근사적으로(asymptotically) χ^2분포를 따름을 보였다. 이를 이용하면 χ^2 적합도 검정을 실행할 수 있다.

$$X^2 = \sum_{j=1}^{J} \frac{(O_j - E_j)^2}{E_j} \sim \chi^2_{J-1}$$ [식 18.11]

위에서 X^2는 χ^2검정통계량, O_j는 j번째 열의 관찰빈도, E_j는 j번째 열의 기대빈도를 가리키고, J는 범주의 개수, χ^2_{J-1}은 자유도가 $J-1$인 χ^2분포를 의미한다. χ^2 적합도 검정에서 자유도의 크기는 전체 셀(범주)의 개수에서 1을 뺀 값이다. 과목 선호 조사 자료를 적용해 보면, $J-1=1$이므로 X^2검정통계량은 자유도가 1인 χ^2분포를 따른다. 유의수준 5%를 가정하면 기각값은 3.841임을 부록 D의 χ^2분포표에서 찾을 수 있다. 만약 R을 이용하여 찾으면 다음과 같다.

```
> qchisq(0.950, df=1, lower.tail=TRUE)
[1] 3.841459

> qchisq(0.050, df=1, lower.tail=FALSE)
[1] 3.841459
```

자유도가 1인 χ^2분포에서 왼쪽 누적확률(lower.tail=TRUE) 0.950에 해당하는 χ^2값과 오른쪽 누적확률(lower.tail=FALSE) 0.050에 해당하는 χ^2값은 3.841이다. 이제 위의 결과를 이용하여 검정의 기각역과 기각값을 표시하면 [그림 18.4]와 같다.

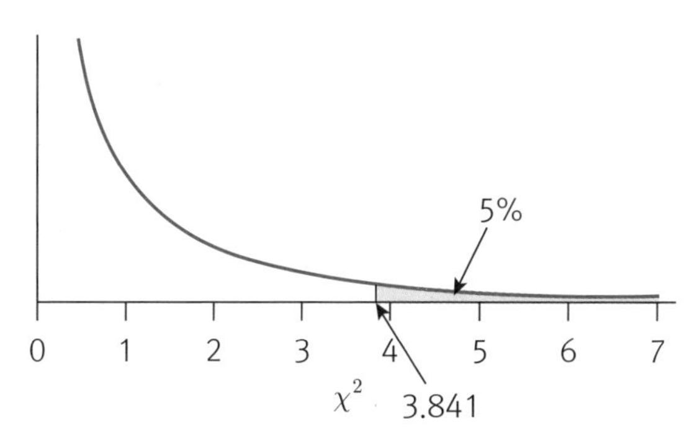

[그림 18.4] χ^2_1분포에서 오른쪽 누적확률 5%와 χ^2값

위의 그림으로부터 의사결정의 규칙은 '만약 $X^2 > 3.841$이라면 H_0을 기각한다'가 된다. 실제 자료를 이용하여 X^2검정통계량을 계산하면 아래와 같다.

$$X^2 = \frac{(15-20)^2}{20} + \frac{(25-20)^2}{20} = 2.5$$

$X^2 = 2.5 < 3.841$이므로 유의수준 5%에서 $H_0 : p_M = 0.5$를 기각하는 데 실패한다. 즉, 심리측정과 심리통계의 선호도에는 차이가 없다고 결론 내린다. 관찰빈도에서 15와 25는 꽤 차이가 나는 것 같지만, 사실은 20과 20이 진실이라는 상황에서의 오차수준 내에서 움직이는 관찰빈도인 것이다. 만약 p값을 구하여 검정을 진행하고자 하면 R의 pchisq() 함수를 다음과 같이 이용한다.

```
> pchisq(2.5, df=1, lower.tail=FALSE)
[1] 0.1138463
```

계산한 $p = .114$를 시각적으로 표시하면 [그림 18.5]와 같다.

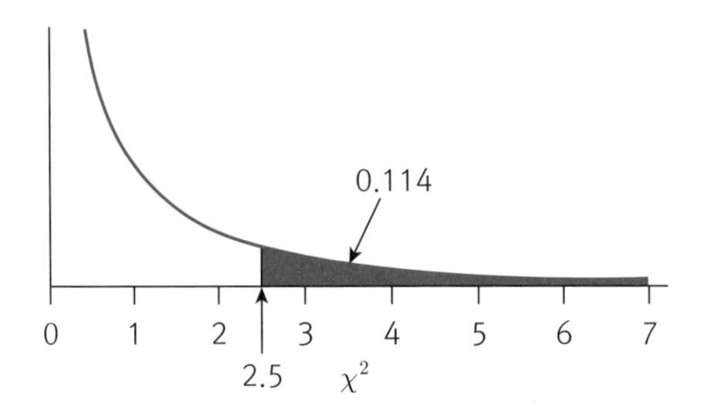

[그림 18.5] 과목 선호 검정의 X^2검정통계량과 p값

자유도가 1인 χ^2분포에서 $X^2 = 2.5$에 해당하는 오른쪽 누적확률(lower.tail=FALSE)은 0.114이다. 즉, 자유도가 1인 χ^2분포에서 $X^2 = 2.5$보다 더 극단적일 확률 $p = .114$가 된다. $p = .114 > .05$이므로 유의수준 5%에서 영가설을 기각하는 데 실패하게 된다. 즉, 심리측정과 심리통계의 선호도에는 통계적으로 차이가 없다.

지금까지 수행한 χ^2 적합도 검정은 R의 chisq.test() 함수를 이용하여 아래와 같이 실행할 수 있다.

```
> chisq.test(x=c(15, 25), p=c(.5, .5))

        Chi-squared test for given probabilities

data:  c(15, 25)
X-squared = 2.5, df = 1, p-value = 0.1138
```

chisq.test() 함수는 여러 아규먼트로 이루어져 있는데, x 아규먼트는 자료의 빈도 벡터, 행렬, 요인 변수 등 여러 형태가 들어갈 수 있다. 그리고 각 형태에 따라 나머지 필수 아규먼트들의 종류와 형태도 모두 결정된다. 위의 경우에는 c() 함수를 이용하여 두 관찰빈도 벡터를 설정하였다. 이 경우에는 검정을 위해 p 아규먼트에 영가설에 맞는 비율 벡터를 제공해야 한다. 과목 선호 예제에서는 두 과목의 선호도가 모두 0.5라는 것이 영가설이었으므로 역시 c() 함수를 이용하여 설정하였다. 결과는 X^2검정통계량(X-squared)이 2.5이고, 검정을 위한 χ^2분포의 자유도(df)가 1이며, 계산된 p값(p-value)은 0.114인 것을 볼 수 있다.

18.2.2. *J*범주로의 확장

앞의 χ^2 적합도 검정에서는 범주 간에 빈도가 같은지 다른지를 확인하였는데, 이뿐만 아니라 관찰빈도가 미리 설정해 놓은 빈도분포와 같은지 다른지를 검정할 수도 있다. 예를 들어, 한 연구자가 서울 성인들의 정치성향(political orientation)이 전국 성인들의 정치성향과 같은지 다른지를 알아내고자 한다. 전국 성인들의 정치성향은 [표 18.3]과 같다고 알려져 있다.

[표 18.3] 전국 성인들의 정치성향 비율

Political Orientation			
Conservative	Liberal	Independent	Total
35%	45%	20%	100%

위의 표에서 Conservative는 보수성향, Liberal은 진보성향, Independent는 중도성향을 의미한다. 서울에 거주하는 성인 200명에게 여론조사를 실시한 결과는 [표

18.4]와 같았다.

[표 18.4] 서울 성인들의 정치성향 빈도

Political Orientation			
Conservative	Liberal	Independent	Total
69	75	56	200

이 연구문제는 앞선 두 범주 경우와 뭔가 다른 것을 가리키고 있는 것처럼 보이지만 본질적으로 다르지 않다. 연구자가 획득한 관찰빈도가 어떤 특정한 확률분포를 따르고 있는지를 확인한다는 점에서 이전과 동일하다. 두 범주의 경우에는 기대비율(expected proportion)이 0.5와 0.5였다면, 이 문제의 경우에는 기대비율이 0.35, 0.45, 0.20인 것뿐이다. 그러므로 가설은 [식 18.12]처럼 세울 수 있다.

$$H_0 : p_C = 0.35,\ p_L = 0.45,\ p_I = 0.20 \quad \text{vs.} \quad H_1 : Not\ H_0 \qquad \text{[식 18.12]}$$

위에서 p_C는 보수성향의 비율, p_L은 진보성향의 비율, p_I는 중도성향의 비율이다. 이제 이 가설을 검정하기 위한 정치성향의 기대빈도는 [표 18.5]와 같이 계산할 수 있다.

[표 18.5] 정치성향의 관찰빈도와 기대빈도

	Political Orientation			
	Conservative	Liberal	Independent	Total
Observed(O_j)	69	75	56	200
Expected(E_j)	70	90	40	200

기대빈도는 영가설이 옳다는 가정에서 얻게 될 빈도를 의미하므로 200명 중 35%인 70명이 보수, 45%인 90명이 진보, 20%인 40명이 중도의 기대빈도가 된다. 위의 표를 보면, 결국 앞에서 실시했던 χ^2 적합도 검정을 실시해야 한다는 것을 알 수 있게 되었을 것이다. 먼저 의사결정의 규칙을 정하기 위해 X^2검정통계량이 따르는 표집분포를 정해야 한다. χ^2 적합도 검정의 자유도 $J-1=2$이므로 X^2검정통계량은 χ^2_2분포를 따른다. 유의수준 5%를 가정하면 기각값은 5.991임을 부록 D의 χ^2분포표에서 찾을 수 있다. 만약 R을 이용하여 찾으면 다음과 같다.

```
> qchisq(0.950, df=2, lower.tail=TRUE)
[1] 5.991465

> qchisq(0.050, df=2, lower.tail=FALSE)
[1] 5.991465
```

위의 결과로부터 의사결정의 규칙은 '만약 $X^2 > 5.991$이라면 H_0을 기각한다'가 된다. 실제 자료를 이용하여 X^2검정통계량을 계산하면 아래와 같다.

$$X^2 = \frac{(69-70)^2}{70} + \frac{(75-90)^2}{90} + \frac{(56-40)^2}{40} = 8.914$$

$X^2 = 8.914 > 5.991$이므로 유의수준 5%에서 H_0을 기각한다. 즉, 서울 성인들의 정치성향이 전국 성인들의 정치성향과 다르다고 결론 내린다. 관찰빈도를 보면 서울 성인 중에 중도성향을 가진 사람이 특히 많으며, 진보성향의 사람들은 전국보다 낮은 것을 알 수 있다. 만약 p값을 구하여 검정을 진행하고자 하면 R의 pchisq() 함수를 다음과 같이 이용한다.

```
> pchisq(8.914, df=2, lower.tail=FALSE)
[1] 0.0115971
```

자유도가 2인 χ^2분포에서 $X^2 = 8.914$에 해당하는 오른쪽 누적확률은 0.012이다. $p = .012 < .05$이므로 유의수준 5%에서 영가설을 기각하게 된다. 즉, 서울 성인들이 정치성향이 전국 성인들의 정치성향과 다르다.

위의 χ^2 적합도 검정은 R의 chisq.test() 함수를 이용하여 아래와 같이 실행할 수 있다. 하나의 범주가 늘었다는 것만 제외하면 두 범주의 경우와 다르지 않다.

```
> chisq.test(x=c(69, 75, 56), p=c(.35, .45, .20))

        Chi-squared test for given probabilities

data:  c(69, 75, 56)
X-squared = 8.9143, df = 2, p-value = 0.0116
```

결과는 X^2검정통계량(X-squared)이 8.914이고, 검정을 위한 χ^2분포의 자유도(df)가 2이며, 계산된 p값은 0.012인 것을 볼 수 있다. 직접 손으로 계산하고 진행한 χ^2검정과 전혀 차이가 없다.

18.3. 독립성 검정

한 모집단에서 두 개의 범주형 변수에 대한 자료를 수집한 경우에 적용할 수 있는 χ^2 독립성 검정(chi-square independence test)을 소개한다. 이 검정은 표본의 빈도를 이용하여 두 범주형 변수가 서로 독립적인지의 여부를 확인하는 것이다. 다시 말해, 두 범주형 변수가 서로 관련이 있는지 또는 없는지를 확인하는 검정이다.

18.3.1. 2×2 분할표의 경우

검정의 수행

한 연구자가 성별에 따라 선호하는 자동차 종류에 차이가 있을 것이라고 가정하고 이를 검정하기를 원한다. 연구자는 100명의 성인남녀를 대상으로 세단(sedan)과 SUV 두 종류 중에 무엇을 더 선호하는지 질문하였다. 조사의 결과가 [표 18.6]에 제공된다. 이와 같이 성별과 선호자동차 종류가 모두 두 개의 수준을 가지고 있을 때 이를 2×2 분할표(two-by-two contingency table)라고 한다.

[표 18.6] 자동차 선호 조사 결과-관찰빈도(O_{ij})

		Type		
		Sedan	SUV	Total
Gender	Male	14	46	60
	Female	16	24	40
	Total	30	70	100

위의 조사 결과를 보면 남자 60명 중에서 14명은 세단, 46명은 SUV를 선호한다고 답변하였고, 여자 40명 중에는 16명이 세단 24명이 SUV를 선호한다고 하였다. 이 조사 결과를 통하여 알고 싶은 것은 성별과 선호하는 자동차 종류 사이에 서로 관련성이

있는지 또는 없는지를 확인하는 것이다. 이와 같은 질문에는 [식 18.13]과 같이 가설을 설정한다.

$$\begin{aligned} &H_0 : Gender\ and\ Type\ of\ Car\ are \\ &\qquad independent\ each\ other. \\ &\qquad vs. \\ &H_1 : Gender\ and\ Type\ of\ Car\ are \\ &\qquad NOT\ independent\ each\ other. \end{aligned} \qquad [식\ 18.13]$$

위에서 영가설은 성별과 선호하는 자동차의 종류가 서로 독립적이라는 것이다. 먼저 두 범주형 변수가 독립적이라는 것, 즉 서로 상관이 없다는 것이 무슨 의미인지 알아야 한다. 통계학에서 두 변수가 서로 상관이 있다는 것을 이해하는 아마도 가장 쉬운 방법은 예측(prediction)의 개념을 이용하는 것이다. 만약 하나의 변수를 통해서 다른 변수를 예측할 수 있다면 두 변수는 서로 상관이 있다고 말할 수 있다. 독자들은 [표 18.6]의 자료를 보면서, 성별을 통해서 선호하는 자동차 종류를 예측할 수 있는가? 자료에는 남자들도 세단보다 SUV를 더 선호하고, 여자들도 세단보다 SUV를 더 선호하는 패턴이 나타나 있다. 어쩌면 남자들이 여자들보다 SUV를 조금 더 선호하는 것 같기도 한데, 필자는 확신이 잘 서지 않는다. 그렇다면 위의 자료에서 예측이 가능하려면 어떤 빈도가 나타났어야 할까? [표 18.7]의 극단적인 예를 이용해서 범주형 변수 간의 예측이 무엇인지 살펴보자.

[표 18.7] 자동차 선호 조사 결과-대립가설 지지

		Type		
		Sedan	SUV	Total
Gender	Male	0	60	60
	Female	30	10	40
	Total	30	70	100

[표 18.6]과 비교해서 주변 빈도(marginal frequencies), 즉 Total은 바뀌지 않았다. 이미 조사는 끝이 났고, 남자는 60명, 여자는 40명, 세단을 선호하는 사람은 30명, SUV를 선호하는 사람은 70명이라는 사실은 변하지 않는다고 가정한다. 이렇게 주변빈도는 변하지 않은 상태에서 중앙 네 개의 빈도를 가장 극단치로 바꾸어 놓았다. 남자 60명 중 100%인 60명 모두가 SUV를 선호하고, 여자 40명 중에서는 25%인 오직 10명만 SUV를 선호한다. 이렇게 되면 예측이 조금은 쉬워졌는가? 필자가 보기에는 성별을

이용해서 선호 자동차 종류를 예측하는 일이 너무도 쉬워졌다. 남자는 SUV 선호, 여자는 세단 선호라고 결론을 내도 틀리지 않은 말일 것이다. 즉, [표 18.7]의 상황은 성별이 선호하는 자동차 종류와 매우 밀접한 관련을 지닌 빈도 패턴을 보여주고 있다. 이는 달리 말해 [표 18.7]이 대립가설을 강하게 지지하고 있는 표본이라는 것을 의미하며, χ^2검정을 실시한다면 아마도 영가설을 기각하는 결정을 내릴 확률이 매우 높을 것이다.

그렇다면 반대의 경우는 어떨까? 성별과 선호하는 자동차 종류가 아무런 상관이 없고 서로 독립적이라는 사실을 지지하는 빈도의 패턴은 어떤 것일까? 다시 말해, 성별로부터 선호 자동차 종류를 예측할 수 없는, 즉 영가설을 지지하는 빈도 패턴은 어떤 것일지 구해 보고자 한다. 앞의 적합도 검정에서 영가설이 옳다는 가정하에서 기대빈도를 구하였는데, 독립성 검정에서도 영가설이 옳다는 가정하에서의 기대빈도를 구하려고 하는 것이다. 만약 영가설이 옳다는 가정하의 기대빈도를 얻는다면 [표 18.6]의 관찰빈도와 차이를 구해서 마치 적합도 검정처럼 χ^2검정을 실시할 수 있을 것이다. [표 18.8]에 성별과 선호 자동차 종류가 서로 독립적이라는 영가설 하의 기대빈도가 제공된다.

[표 18.8] 자동차 선호 조사 결과-영가설 지지, 기대빈도(E_{ij})

		Type		
		Sedan	SUV	Total
Gender	Male	18	42	60
	Female	12	28	40
	Total	30	70	100

앞서 말했듯이 전체 표본의 크기와 주변 빈도는 모두 정해져 있다는 가정하에 영가설에 맞도록 네 개의 빈도를 결정해야 한다. 먼저 위의 표에서 주변 빈도를 보면, 전체 100명 중에서 SUV를 좋아하는 사람은 70%이다. 만약 남자 60명 중에서 70%가 SUV를 좋아하고, 여자 40명 중에서도 70%가 SUV를 좋아한다면 성별을 통해서 선호 자동차 종류를 예측하는 것은 매우 어려워질 것이다. 즉, 성별과 선호하는 자동차 종류가 서로 독립적인 관계가 될 것이다. 그렇다면 60명 중의 70%는 얼마이고, 40명 중의 70%는 얼마인가? 각각 42명과 28명이라는 것을 쉽게 계산할 수 있다. 나머지 18과 12는 뺄셈만 할 수 있다면 구할 수 있는 값이다. 사실은 네 개의 빈도 중에서 단 하나의 빈도만 위의 방식으로 결정하면 나머지 세 개의 빈도는 역시 주변 빈도와의 뺄셈을 통해서 모두 계산할 수 있다.[72] 어쨌든 [표 18.8]의 빈도는 영가설이 옳다는 가정하의 기대빈

도이다.

기대빈도를 구했다면 앞선 적합도 검정과 마찬가지로 만약 관찰빈도(O_{ij})와 기대빈도(E_{ij})의 차이가 작다면 관찰빈도가 영가설과 다르지 않다는 것을 의미하므로 영가설을 기각하는 데 실패하고, 만약 관찰빈도와 기대빈도의 차이가 크다면 영가설을 기각하게 되는 동일한 아이디어를 이용한다. X^2검정통계량 역시 적합도 검정과 거의 다르지 않다. 다만 X^2검정통계량이 따르는 χ^2분포의 자유도를 결정하는 방법이 조금 다르므로 분할표를 이용한 독립성 검정이 [식 18.14]에 제공된다.

$$X^2 = \sum_{i=1}^{I}\sum_{j=1}^{J}\frac{(O_{ij}-E_{ij})^2}{E_{ij}} \sim \chi^2_{(I-1)(J-1)} \qquad \text{[식 18.14]}$$

위에서 I는 행의 개수, J는 열의 개수, O_{ij}는 i번째 행, j번째 열의 관찰빈도, E_{ij}는 i번째 행, j번째 열의 기대빈도, $\chi^2_{(I-1)(J-1)}$은 자유도가 $(I-1)(J-1)$인 χ^2분포를 의미한다. 실제 자료를 적용해 보면, $I-1=1$이고 $J-1=1$이므로 X^2검정통계량은 자유도가 1인 χ^2분포를 따른다. 유의수준 5%를 가정하면 기각값은 3.841임을 앞에서 부록 D의 χ^2분포표와 R을 이용하여 이미 찾아 놓았다. 그러므로 의사결정의 규칙은 '만약 $X^2 > 3.841$이라면 H_0을 기각한다'가 된다. 실제 자료를 이용하여 X^2검정통계량을 계산하면 아래와 같다.

$$X^2 = \frac{(14-18)^2}{18} + \frac{(46-42)^2}{42} + \frac{(16-12)^2}{12} + \frac{(24-28)^2}{28} = 3.175$$

$X^2 = 3.175 < 3.841$이므로 유의수준 5%에서 성별과 선호하는 자동차 종류가 서로 독립적이라는 영가설을 기각하는 데 실패한다. 만약 p값을 구하여 검정을 진행하고자 하면 R의 pchisq() 함수를 다음과 같이 이용한다.

```
> pchisq(3.175, df=1, lower.tail=FALSE)
[1] 0.07477321
```

자유도가 1인 χ^2분포에서 $X^2 = 3.175$에 해당하는 오른쪽 누적확률은 0.075이다.

---

72) 이런 이유로 아래에서 검정을 위한 자유도를 계산하면 1이 된다.

$p = .075 > .05$이므로 유의수준 5%에서 영가설을 기각하는 데 실패하게 된다. 즉, 성별과 선호하는 자동차 종류가 서로 상관이 없으며 독립적이다.

위의 χ^2 독립성 검정도 R의 chisq.test() 함수를 이용하여 아래와 같이 실행할 수 있다. 같은 함수를 이용하지만 자료의 형태가 더 이상 벡터가 아니라 행렬이므로 다음과 같이 명령어를 입력한다.

```
> contingency1 <- matrix(c(14,46,16,24), nrow=2, byrow=TRUE)
> contingency1
     [,1] [,2]
[1,]   14   46
[2,]   16   24

> chisq.test(contingency1)

        Pearson's Chi-squared test with Yates' continuity
        correction

data:  contingency1
X-squared = 2.4306, df = 1, p-value = 0.119
```

먼저 matrix() 함수를 이용하여 [표 18.6]의 관찰빈도 행렬을 만들고 contingency1에 저장하였다. 제2장에서도 설명했듯이 matrix() 함수의 첫 번째 아규먼트는 c() 함수를 이용한 벡터이고, nrow=2는 행의 개수를 2로 지정하는 것이고, byrow=TRUE는 벡터의 숫자들로 행을 먼저 채운다는 의미이다. contingency1 행렬을 출력해 보면 관찰빈도 행렬과 동일함을 확인할 수 있다. 다음으로 chisq.test() 함수에 오직 관찰빈도 행렬을 아규먼트로 하여 실행하면 된다. 다른 아규먼트들은 특별한 목적이 없는 한 필요하지 않다. 결과는 손으로 직접 계산한 것과 상당히 다른 것을 볼 수 있다. 이유는 R이 2×2 분할표에서 χ^2검정통계량을 계산할 때, Yates(1934)의 연속성 수정을 사용하기 때문이다(Pearson's Chi-squared test with Yates' continuity correction).

Yates의 연속성 수정

6장의 각주에서 잠깐 소개했듯이, 연속성 수정(continuity correction)은 통계학에서 비연속형(discrete) 변수들이 연속형 분포를 따르도록 근사(approximation) 계산을 하는 과정에서 발생하는 오류를 수정해 주기 위해서 사용한다. 예를 들어, 이 책에서 소개하지는 않았지만, 이항분포의 정규 근사(binomial approximation to normal distribution)라든지, 이항분포의 χ^2 근사(binomial approximation to chi-square distribution) 과정에서 종종 사용된다. 우리가 χ^2검정을 사용하는 과정에서 이용하는 원자료(raw data)는 사실 0과 1로 이루어져 있는 이분형(binary) 자료다. 예를 들어, 위의 자동차 선호 자료에서 성별은 0=남자, 1=여자로 코딩하고, 선호 자동차 종류는 0=세단, 1=SUV로 코딩하는 것이 일반적이다.

이항분포(binomial distribution)는 기본적으로 위와 같은 이분형 자료가 따르는 분포이다. 그런데 Pearson은 이러한 자료를 이용하여 χ^2검정을 개발하는 중 이항분포의 χ^2 근사를 이용하였는데 근사과정에서 약간의 오류가 발생하게 되었다. 특히 2×2 분할표를 이용하면서 동시에 표본크기가 작을 때, X^2검정통계량이 과대추정(overestimation)되는 문제가 Yates에 의해 발견되었다. 이에 Yates(1934)는 2×2 분할표를 이용하여 χ^2검정을 실시하는 경우에 [식 18.15]와 같은 수정을 제안하였다.

$$X^2_{Yates} = \sum_{i=1}^{I}\sum_{j=1}^{J}\frac{\left(|O_{ij}-E_{ij}|-\frac{1}{2}\right)^2}{E_{ij}} \sim \chi^2_{(I-1)(J-1)} \qquad \text{[식 18.15]}$$

위의 식을 이용하면 과대추정된 X^2검정통계량의 값을 떨어뜨리게 된다. 이후에 Yates의 수정은 X^2검정통계량을 너무 많이 떨어뜨리게 되어 검정력을 잃는다는 비판에 직면하게 되었고, Howell(2016)을 포함한 많은 학자들은 Yates의 연속성 수정을 할 필요가 없다고 주장하였다. 만약 R에서 Yates의 연속성 수정 없이 χ^2검정을 진행하고 싶다면 아래와 같이 하면 된다.

```
> chisq.test(contingency1, correct=FALSE)

        Pearson's Chi-squared test

data:  contingency1
X-squared = 3.1746, df = 1, p-value = 0.07479
```

위를 보면 contingency1 행렬에 더하여 correct 아규먼트가 추가되어 있고, 논리값이 FALSE로 설정되어 있는 것을 볼 수 있다. 이는 Yates의 correction을 사용하지 않겠다는 의미이며, 만약 사용하고자 하면 TRUE로 설정하면 된다. 연속성 수정을 사용하지 않았을 때의 모든 값이 위에서 손으로 직접 계산한 값과 같은 것을 확인할 수 있다. 참고로 Yates의 연속성 수정은 2×2 분할표를 이용하는 χ^2검정에서 R의 디폴트이고, 만약 2×2 분할표 외의 분할표를 이용하면 연속성 수정이 없는 χ^2검정이 R의 디폴트이다.

상관계수 ϕ

위에서 수행한 독립성 검정은 관찰빈도와 기대빈도의 차이라는 개념을 이용해서 두 범주형 변수가 서로 상관이 있는지 없는지를 통계적으로 확인한 것이다. 연구자는 단지 통계적인 유의성뿐만 아니라 두 변수의 상관 정도를 추정하고자 할 수 있다. ϕ계수(phi coefficient)는 하나의 모집단에서 두 이분형 변수(특히 더미 코딩된 두 개의 이분형 변수)의 상관을 의미하는 지수로서 사용되며 주로 표본에서만 식을 통해 정의한다. 이분형 변수 X와 Y의 2×2 분할표의 관찰빈도가 [표 18.9]와 같다고 가정하자.

[표 18.9] X와 Y의 2×2 분할표

		X		
		$X=0$	$X=1$	Total
Y	$Y=0$	a	b	$a+b$
	$Y=1$	c	d	$c+d$
	Total	$a+c$	$b+d$	$a+b+c+d$

위와 같은 2×2 분할표에서 ϕ계수는 [식 18.16]과 같이 추정된다.

$$\hat{\phi} = \frac{ad - bc}{\sqrt{(a+c)(b+d)(a+b)(c+d)}} \qquad \text{[식 18.16]}$$

$\hat{\phi}$(phi hat)의 부호는 어떤 의미를 갖지 않으며, 음수가 추정되었을 때 반드시는 아니지만 제거하여 사용하는 것이 일반적이다. $\hat{\phi}$을 계산할 때 부호가 상관없으므로 $X=1$과 $X=0$ 열을 서로 바꾸어도 상관이 없으며, $Y=1$과 $Y=0$ 행을 서로 바꾸어도 동일한 값이 추정된다. 그리고 $\hat{\phi}$의 절대값이 0에 가까울수록 두 이분형 변수가 서로 상관이 없고, 1에 가까울수록 상관이 커진다고 해석한다. [표 18.6]의 자동차 선호 조사 결과를 이용하여 ϕ계수를 추정하면 아래와 같다.

$$\hat{\phi} = \frac{14 \times 24 - 16 \times 46}{\sqrt{30 \times 70 \times 60 \times 40}} = -0.178$$

ϕ계수 추정치는 음의 부호를 보고하지 않는 것이 일반적이므로 $\hat{\phi}=0.178$이라고 할 수 있으며, 이는 그다지 큰 상관이라고 할 수 없다. 0에 상당히 가까운 값이기 때문이다. 참고로 $\hat{\phi}=-0.178$로 보고하는 것이 잘못된 것도 아니다. ϕ계수 추정치의 절대값이 0에 가까우므로 동일한 해석을 할 수 있기 때문이다.

사실 ϕ계수 추정치를 구하고자 할 때 위의 방법을 사용하는 경우는 매우 드물다. ϕ계수 추정치는 자료의 X^2검정통계량과도 [식 18.17]의 관계가 존재하므로 이를 이용하는 경우가 대부분이다.

$$\hat{\phi}=\sqrt{\frac{X^2}{n}} \qquad \text{[식 18.17]}$$

앞의 검정에서 $X^2=3.175$임을 이미 계산해 놓았고, $n=100$이므로 이를 이용하여 비교적 쉽게 ϕ계수를 추정할 수 있다.

$$\hat{\phi}=\sqrt{\frac{3.175}{100}}=0.178$$

또한 2×2 분할표를 이용한 독립성 검정의 가설을 ϕ를 이용하여 설정할 수 있다. 독립성 검정의 영가설은 두 범주형 변수가 서로 상관이 없다는 것인데, $\phi=0$이 바로 동일한 의미를 지니기 때문이다. ϕ계수를 이용한 독립성 검정의 가설이 [식 18.18]에 제공된다.

$$H_0:\phi=0 \quad \text{vs.} \quad H_1:\phi\neq 0 \qquad \text{[식 18.18]}$$

위의 가설은 분할표가 2×2일 때만 사용할 수 있으며, 2×2 분할표를 더 크게 확장하게 되면 사용하지 않는다. ϕ계수가 2×2 분할표에서만 정의가 되는 것이기 때문이다.

마지막으로 R을 이용하여 ϕ계수를 추정한다. 앞 장에서 다양한 효과크기를 추정하기 위해서 사용했던 sjstats 패키지를 이용하면 비교적 쉽게 구할 수 있다. 파일판의 패키지 탭에서 sjstats에 체크하여 R로 로딩하고 아래와 같이 phi() 함수를 이용하여 명령어를 입력한다.

```
> phi(as.table(contingency1))
[1] 0.1781742
```

pphi() 함수는 분할표(table)를 아규먼트로 사용하며, as.table() 함수는 contingency1 행렬을 분할표로 규정하는 역할을 한다. 결과는 0.178로서 분할표의 값들 또는 X^2검정통계량을 이용하여 직접 구한 것과 다르지 않다.

18.3.2. $I \times J$ 분할표로의 확장

독자들이 χ^2 독립성 검정을 이해하기 쉽도록 2×2 분할표를 이용하여 앞에서 설명했지만, χ^2 독립성 검정은 얼마든지 더 큰 행렬로 확장될 수 있다. 아래에서는 $I \times J$ 분할표로 확장된 경우의 독립성 검정을 설명한다.

검정의 수행

성별과 출퇴근에 이용하는 교통수단이 서로 상관이 있는지 없는지에 연구자의 관심이 있다고 가정하자. 직장인 200명에게 출퇴근에 이용하는 교통수단에 대한 조사를 실시한 결과가 [표 18.10]에 제공된다.

[표 18.10] 교통수단 이용 조사 결과의 관찰빈도

		Gender		
		Male	Female	Total
Transport	Bus	14	21	35
	Subway	25	65	90
	Bicycle	11	4	15
	Car	40	20	60
	Total	90	110	200

연구자가 설정한 가설은 [식 18.19]와 같다.

$$\begin{aligned} &H_0 : Gender\ and\ Transportation\ are \\ &\qquad\qquad independent\ each\ other. \\ &\qquad\qquad vs. \\ &H_1 : Gender\ and\ Transportation\ are \\ &\qquad\qquad NOT\ independent\ each\ other. \end{aligned} \qquad \text{[식 18.19]}$$

χ^2 독립성 검정을 실시하는 과정은 2×2 분할표 경우와 완전히 일치한다. 먼저 영가설이 옳다는 가정하에 기대빈도를 구하면 [표 18.11]과 같다.

[표 18.11] 교통수단 이용 조사 결과의 기대빈도

		Gender		
		Male	Female	Total
Transport	Bus	15.75	19.25	35
	Subway	40.5	49.5	90
	Bicycle	6.75	8.25	15
	Car	27	33	60
	Total	90	110	200

먼저 전체 200명 중 남자는 90명(45%)이고 여자는 110명(55%)임이 이미 결정되어 있고, 버스, 지하철, 자전거, 자동차를 이용하는 인원도 각각 결정되어 있다. 주변 빈도가 주어진 상태에서 만약 첫째 행의 기대빈도를 먼저 구한다고 가정하면 버스를 선택한 35명 중에서 남자는 45%(200명 중 90명)이고 여자는 55%(200명 중 110명)이어야 한다. 그러므로 기대빈도는 아래와 같이 계산된다.

$$E_{11} = 35 \times \frac{90}{200} = 15.75,\ E_{12} = 35 \times \frac{110}{200} = 19.25$$

위에서 E_{11}은 1행 1열의 기대빈도를 의미하고, E_{12}는 1행 2열의 기대빈도를 의미한다. 나머지 셀의 기대빈도 계산도 마찬가지로 이루어지므로 생략한다. 기대빈도를 구했다면 이제 χ^2 표집분포를 이용하여 기각값과 기각역을 결정해야 한다. X^2검정통계량이 따르는 χ^2분포의 자유도는 역시 앞과 마찬가지로 계산된다. $I-1=3$이고 $J-1=1$이므로 X^2검정통계량은 자유도가 3인 χ^2분포를 따른다. 유의수준 5%를 가정하면 기각값은 7.815임을 부록 D의 χ^2분포표나 R을 이용하여 다음과 같이 구할 수 있다.

```
> qchisq(0.950, df=3, lower.tail=TRUE)
[1] 7.814728

> qchisq(0.050, df=3, lower.tail=FALSE)
[1] 7.814728
```

그러므로 의사결정의 규칙은 '만약 $X^2 > 7.815$라면 H_0을 기각한다'가 된다. 이제 [식 18.14]를 이용하여 X^2검정통계량을 다음과 같이 계산한다.

$$X^2 = \frac{(14-15.75)^2}{15.75} + \frac{(21-79.25)^2}{19.25} + \frac{(25-40.5)^2}{40.5} + \frac{(65-49.5)^2}{49.5}$$
$$+ \frac{(11-6.75)^2}{6.75} + \frac{(4-8.25)^2}{8.25} + \frac{(40-27)^2}{27} + \frac{(20-33)^2}{33} = 27.385$$

$X^2 = 27.385 > 7.815$이므로 유의수준 5%에서 성별과 교통수단이 서로 독립적이라는 영가설을 기각한다. 즉, 통계적으로 유의하게 성별과 교통수단은 서로 관련이 있다. 관찰빈도를 보면, 여자들은 주로 지하철(subway)을 이용하며 남자들은 주로 자동차(car)를 이용하는 것으로 보인다. 만약 p값을 구하여 검정을 진행하고자 하면 R의 pchisq() 함수를 다음과 같이 이용한다.

```
> pchisq(27.385, df=3, lower.tail=FALSE)
[1] 4.888646e-06
```

자유도가 3인 χ^2분포에서 $X^2 = 27.385$에 해당하는 오른쪽 누적확률은 0.0000049이다. 그러므로 $p < .001$ 수준에서 영가설을 기각하게 된다. 즉, 성별과 교통수단은 서로 상관이 있다.

4×2 분할표 자료도 역시 마찬가지로 R의 chisq.test() 함수를 이용하여 아래와 같이 독립성 검정을 실행할 수 있다.

```
> contingency2 <- matrix(c(14, 21, 25, 65, 11, 4, 40, 20),
+                         nrow=4, byrow=TRUE)
> contingency2
     [,1] [,2]
[1,]   14   21
[2,]   25   65
[3,]   11    4
[4,]   40   20

> chisq.test(contingency2)

        Pearson's Chi-squared test

data:  contingency2
X-squared = 27.385, df = 3, p-value = 4.889e-06
```

2×2 분할표의 경우와 다른 점은 없으며, 계산된 X^2검정통계량, 자유도, p값이 모두 손으로 계산한 결과와 일치한다. 그리고 위의 자료는 2×2가 아니기 때문에 Yates의 연속성 수정이 디폴트로 실행되지 않았다는 것을 알 수 있다.

상관계수 V

2×2 분할표를 이용하였을 때 ϕ계수를 이용하여 두 범주형(이분형) 변수의 상관을 추정하였듯이, 확장된 분할표를 이용하게 되면 Cramer's V를 이용하여 상관을 추정할 수 있다. Cramer's V는 이분형뿐만 아니라 다분형 범주형 변수 간의 관계에 사용될 수 있는 계수로서 ϕ계수의 일반화된 것이라고 볼 수 있다. Cramer의 V계수는 [식 18.20]과 같이 X^2검정통계량과의 관계를 이용하여 추정한다.

$$\hat{V} = \sqrt{\frac{X^2}{Mn}} \qquad \text{[식 18.20]}$$

위에서 M은 $I-1$과 $J-1$ 중에서 더 작은 수를 의미한다. 위의 식을 이용하여 [표 18.10]에 제공되는 교통수단 이용 자료에서의 성별과 교통수단 간 상관을 추정하면 다음과 같다.

$$\hat{V} = \sqrt{\frac{27.385}{1 \times 200}} = 0.370$$

위에서 M을 계산할 때, $I-1=3$이고 $J-1=1$이므로 $M=1$이 된다. 상관이 0.370이라면 0에 가깝지도 않고 1에 가깝지도 않은 값으로서 작지도 크지도 않은 중간 정도의 관련도라고 할 수 있다.

이제 R을 이용하여 Cramer의 V계수를 추정한다. 역시 앞에서 사용했던 sjstats 패키지를 이용하면 쉽게 구할 수 있다. 아래와 같이 cramer() 함수를 이용하여 명령어를 입력한다.

```
> cramer(as.table(contingency2))
[1] 0.3700335
```

cramer() 함수 역시 분할표(table)를 아규먼트로 사용한다. 교통수단 조사 결과의 분할표는 앞에서 이미 contingency2 행렬에 입력해 놓았다. 결과는 0.370으로서 X^2검정통계량을 이용하여 직접 구한 것과 다르지 않다.

18.4. χ^2검정 사용 시 유의점

χ^2검정의 가정 등을 포함해서 검정을 이용할 때 주의해야 할 부분에 대하여 몇 가지 짚고 넘어가고자 한다. 책마다 논문마다 조금씩 다르기는 하지만, 공통되는 내용을 소개하니 독자들은 주의 깊게 읽어야만 한다. 가장 먼저, 너무 당연하지만 셀 안에는 오직 빈도만이 들어가야 한다. 다른 형태의 값들은 들어갈 수 없다. 둘째, 변수의 범주는 서로 상호배타적(mutually exclusive)이어야 한다. 즉, 하나의 연구대상자는 오직 하나의 수준에만 할당이 되어야 한다. 결국 하나의 연구대상자는 오직 하나의 셀에만 들어가게 된다. 셋째, 변수는 기본적으로 명명척도를 이용해서 측정한 것이어야 한다. 다만 서열척도로 수집한 자료도 이용이 가능하다. 이런 이유로 만약 등간척도나 비율척도로 수집한 변수를 값의 크기에 따라 몇 개의 범주로 나누게 된다면 χ^2검정에서 사용이 가능하다. 넷째, 모든 셀의 기대빈도는 5가 넘어야 한다(Marascuilo & Serlin, 1988). 특히 2×2 분할표의 경우에는 더 엄격하게 성립해야만 하고, 만약 그렇지 않은 경우에는 Yates의 연속성 수정을 고려해야 한다. 그런데 이 가정은 셀의 개수가 많은 경우에 달성하기가 매우 힘들어서 적어도 80%의 셀에서 기대빈도가 5를 넘어야 한다는 완화된 기준을 사용하기도 한다. 다섯째, 모든 연구대상자의 변수값들은 서로 독립적이어야 한다. 마지막으로 χ^2검정을 이용하기 위한 I나 J의 크기에 제한이 있지는 않다. 다만 너무 세분화된 경우에 네 번째 가정을 만족하기 힘들다는 문제가 생길 수 있다.

가정(assumption)과 함께 χ^2검정을 이용하는 데 있어서 독자들이 알아 두어야 할 몇 가지를 위와 같이 서술하였다. χ^2검정에서 범주형 자료를 이용해서 구한 검정통계량은 근사적으로 연속형 χ^2분포를 따르게 된다는 가정하에 검정을 시행하게 되는데, 만약 가정이 만족되지 않으면 X^2검정통계량이 근사적으로 χ^2분포를 잘 따르지 않게 된다. 이렇게 되면 연구자가 시행하는 검정은 신뢰할 수 없는 결과를 주게 될 것이므로 주의해야 한다.

18.5. 원자료를 이용한 χ^2검정

지금까지 χ^2검정에 관련된 논의와 예제는 모두 분할표의 자료를 이용하여 진행한 것이었다. 분할표는 조사 자료를 한 번 가공하여 표(table)로 만든 것이며, 연구자의 자료세트는 가공하기 이전의 원자료(raw data) 형태를 유지하고 있을 것이다. 예를 들어, [표 18.6]의 자동차 선호 조사 결과는 [표 18.12]와 같은 형태로 Excel 파일 등에 저장되어 있을 가능성이 높다.

[표 18.12] 자동차 선호 조사 원자료-숫자 코딩

Subject id	Gender	Type of Car
1	0	1
2	1	1
3	0	1
4	0	0
5	1	1
⋮	⋮	⋮
100	1	0

만약 위의 자동차 선호 자료에서 성별은 0=남자, 1=여자로 코딩하고, 선호 자동차 종류는 0=세단, 1=SUV로 코딩되어 있다면, 첫 번째 사람(id=1)은 남자이면서 SUV를 선호하는 사람이고, 두 번째 사람(id=2)은 여자이면서 SUV를 선호하는 사람이고, 나머지도 같은 방식으로 해석한다. 또는 범주의 값이 숫자로 코딩되어 있지 않고, [표 18.13]처럼 범주의 이름이 그대로 들어가 있을 수도 있다.

[표 18.13] 자동차 선호 조사 원자료-문자 코딩

Subject id	Gender	Type of Car
1	Male	SUV
2	Female	SUV
3	Male	SUV
4	Male	Sedan
5	Female	SUV
⋮	⋮	⋮
100	Female	Sedan

만약 자료가 가공되어 있지 않고, [표 18.12]나 [표 18.13]과 같은 형태로 되어 있다면 어떻게 R 프로그램을 이용하여 χ^2검정을 실시할 수 있는지 살펴보자. 앞에서도 사용했던 MASS 패키지의 Cars93 데이터 프레임을 이용하여 간단하게 예제를 제공한다. Cars93에는 매우 많은 변수가 포함되어 있기 때문에 편의상 두 개의 범주형 변수를 추출하여 사용한다. 첫 번째 범주형 변수는 자동차의 구동열 변수인 DriveTrain (4WD, Front, Rear)이고, 두 번째 범주형 변수는 자동차가 어디서 생산되었는지를 말해 주는 변수인 Origin(USA, non-USA)이다. 자료를 대략 확인해 보면 아래와 같다.

```
> Drive <- Cars93$DriveTrain
> Origin <- Cars93$Origin
> cars.two <- data.frame(Drive, Origin)
> cars.two
   Drive  Origin
1  Front non-USA
2  Front non-USA
3  Front non-USA
4  Front non-USA
5   Rear non-USA
6  Front     USA
7  Front     USA
...
93 Front non-USA
```

편의상 $ 표시 없이 사용하기 위해 변수 이름을 Drive와 Origin으로 재지정해 주었다. 그런 다음 두 변수를 이용해서 cars.two라는 데이터 프레임을 형성하였다. cars.two 데이터 프레임을 출력해 보면, 총 93개의 사례 및 두 개의 변수로 이루어져 있다. table() 함수를 이용하여 두 변수 간 분할표를 확인해 보면 아래와 같다.

```
> table(Drive, Origin)
       Origin
Drive    USA non-USA
  4WD      5       5
  Front   34      33
  Rear     9       7
```

지금까지 설명한 자료를 이용하여 구동열(Drive)과 생산지(Origin) 사이에 상관이 있는지 확인하는 방법은 여러 가지가 있다. 모두 chisq.test() 함수를 이용하는 것인데, 첫째는 두 범주형 변수를 아규먼트로서 직접 설정해 주는 것이다.

```
> chisq.test(Drive, Origin)

        Pearson's Chi-squared test

data:  Drive and Origin
X-squared = 0.16833, df = 2, p-value = 0.9193

Warning message:
In chisq.test(Drive, Origin) : Chi-squared approximation may be incorrect
```

chisq.test() 함수의 첫 번째 아규먼트는 하나의 범주형 변수이고, 두 번째 아규먼트는 나머지 범주형 변수인 것을 볼 수 있다. 이와 같은 경우에 R은 두 변수 사이의 독립성 검정을 시행하게 된다. X^2검정통계량은 0.168이고, 검정을 위한 χ^2분포의 자유도는 $2(=(3-1)\times(2-1))$이며, $p=.919$로서 유의수준 5%에서 영가설을 기각하는 데 실패하는 결정을 하게 된다. 즉, 자동차의 구동열과 생산지 사이에는 통계적으로 관련이 없다고 결론 내린다.

결과의 맨 아래 부분에 경고 메시지가 나타났는데, 이와 같은 경고는 여섯 개의 셀 중에서 기대빈도가 5 미만인 셀이 있을 때 나타난다. 계산해 보면, 4WD와 non-USA가 만나는 셀의 기대빈도가 4.84로서 5보다 작은 값을 갖는다. 필자의 경험으로 이 정도는 현실 속에서 크게 문제가 되지는 않는 것 같다. 또한 앞의 가정에서 말한 대로 여전히 80% 이상의 셀에서 5 이상의 기대빈도 조건이 만족하고 있다. 다음으로 chisq.test() 함수를 이용하되 table() 함수를 아규먼트로 넣어서 시행할 수도 있다.

```
> chisq.test(table(Drive, Origin))

        Pearson's Chi-squared test

data:  table(Drive, Origin)
X-squared = 0.16833, df = 2, p-value = 0.9193

Warning message:
In chisq.test(table(Drive, Origin)) :
  Chi-squared approximation may be incorrect
```

chisq.test() 함수의 아규먼트로서 table(Drive, Origin)을 사용하면 정확히 동일한 결과가 나오는 것을 확인할 수 있다. chisq.test() 함수는 분할표 행렬을 아규먼트로 취하여 χ^2검정을 실행할 수 있다. table(Drive, Origin)은 기본적으로 행렬이기 때문에 chisq.test() 함수가 분할표로 인식을 하고 검정을 진행하는 데 문제가 없었다. 또는 다음과 같이 table() 함수를 이용할 수도 있다.

```
> chisq.test(table(cars.two))

        Pearson's Chi-squared test

data:  table(cars.two)
X-squared = 0.16833, df = 2, p-value = 0.9193

Warning message:
In chisq.test(table(cars.two)) : Chi-squared approximation may be incorrect
```

table(cars.two) 역시 cars.two 데이터 프레임을 요약하여 행렬로 출력하기 때문에 chisq.test() 함수에서 아규먼트로 사용하는 데 문제가 없다. 완전히 동일한 결과를 확인할 수 있다.

제19장 연속형 자료의 상관

앞 장에서는 하나의 모집단에서 두 범주형 변수가 서로 관련이 있는지를 검정하기 위해 Pearson의 χ^2검정을 이용하였고, 범주형 변수 간 상관의 정도를 측정하기 위해서 ϕ계수 및 Cramer's V를 정의하였다. 이번 장에서는 등간척도 이상의 두 양적변수 간의 관계(이변량 상관, bivariate correlation)에 대하여 논의한다. 예를 들어, 키와 몸무게의 상관, 강우량과 행복도의 상관, 콜레스테롤과 중성지방의 상관, 경제규모와 수출량의 상관 등에 관심이 있을 때 사용할 수 있는 상관의 종류를 다룬다. 두 양적변수의 상관을 시각적으로 파악하기 위해서 산포도(scatter plot)를 이용하며, 또한 상관의 정도를 측정하는 지수로서 공분산(covariance)과 상관계수(correlation coefficient)를 사용할 수 있다. 이번 장에서는 특히 상관계수에 대하여 중점적으로 논의하며, 상관계수의 통계적 유의성 검정방법도 소개한다. 또한 상관을 측정하는 지수들을 사용하고 해석하는 데 있어서 유의할 점과 가정에 대해서도 살펴본다.

19.1. 상관

두 양적변수의 상관(correlation 또는 relationship 또는 association)을 확인하는 방법으로 쉽게 이용할 수 있는 그림에 대하여 먼저 소개하고, 그림을 통하여 어떻게 상관의 정도와 방향을 파악할 수 있는지 논의한다.

19.1.1. 자료와 산포도

기본적으로 두 양적변수의 상관에 관한 문제는 하나의 집단으로부터 나온 짝지어진 자료(paired data)를 다루는 것이다. 예를 들어, 심리학 연구에서 우울과 불안의 관계라든지, 경영학 연구에서 나이와 소비성향의 관계에 대한 이변량 상관에 관심이 있을 수 있다. 이러한 관계를 시각적으로 파악하기 위해서 산포도를 이용할 수 있다. 산포도는 두 변수의 축으로 이루어진 평면에 각 사례의 점수를 표현하는 기법이다. 여섯 명의 성인으로부터 측정한 우울과 불안의 점수가 [표 19.1]과 같다고 가정하자.

[표 19.1] 우울과 불안 점수

Subject id	Depression	Anxiety
1	5	6
2	4	7
3	6	5
4	7	7
5	4	5
6	3	3
7	6	9

위 표의 숫자들을 통하여 우울(depression)과 불안(anxiety)이 어떤 관계를 가지고 있는지 한눈에 파악하기가 생각보다 쉽지 않다. 겨우 일곱 개의 사례밖에 안 되는데도 그렇다면 더 많은 사례가 있는 경우에는 더더욱 그 관계를 파악하기가 쉽지 않을 것이다. 두 변수의 관계를 시각적으로 파악하기 위해 위의 자료를 평면 위에 산포도로 표현하면 [그림 19.1]과 같다.

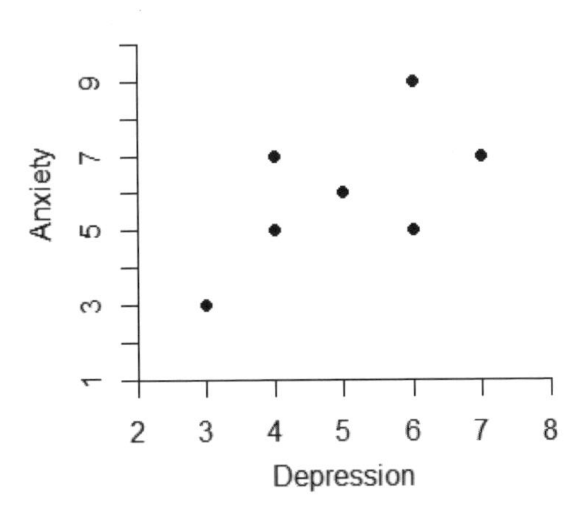

[그림 19.1] 우울과 불안의 산포도

그림을 보면 일곱 명 성인의 우울과 불안 점수의 조합이 평면상에 점으로 표시되어 있는 것을 확인할 수 있다. 예를 들어, 한가운데 있는 점은 id=1의 Depression=5와 Anxiety=6을 나타내고 있고, 가장 왼쪽 아래에 있는 점은 id=6의 Depression=3과

Anxiety=3을 나타내고 있다. 이와 같은 일곱 개의 점을 통해 우울이 증가함에 따라 불안도 증가하는 패턴이 있음을 알 수 있다. 물론 우울이 증가한다고 하여 반드시 불안도 증가하는 것은 아니지만, 대략적으로 그러한 패턴이 존재하는 것이다. 산포도는 종이와 펜을 통해서 그릴 수도 있겠지만 현실적이지 않으며 대다수의 통계 프로그램이 산포도 기능을 제공하므로 이를 이용하면 된다. R에서는 plot() 함수를 이용하여 아래와 같이 명령어를 입력하면 [그림 19.1]의 산포도를 얻을 수 있다.

```
> Depression <- c(5,4,6,7,4,3,6)
> Anxiety <- c(6,7,5,7,5,3,9)
> plot(Depression, Anxiety, pch=16)
```

첫 번째와 두 번째 줄은 c() 함수를 이용하여 Depression과 Anxiety에 벡터를 입력한 것이다. plot() 함수에서 첫 번째 아규먼트는 수평축(x축) 변수를 지정하는 것이고, 두 번째 아규먼트는 수직축(y축) 변수를 지정하는 것이다. 이것만으로 산포도를 그리는 데 문제가 없지만, pch 아규먼트를 통해서 산포도 점의 모양을 정해 줄 수 있다. 디폴트는 pch=1인데 속이 비어 있는 동그란 점(○)을 제공하며, pch=16은 속이 꽉 차 있는 동그란 점(●)을 제공한다. 참고로 pch=2는 세모(△), pch=3은 플러스(+), pch=4는 엑스(×) 등을 제공하므로 독자들도 한번 여러 번호를 시도해 보기 바란다.

19.1.2. 상관과 산포도

우울과 불안의 간단한 자료를 통해서 산포도를 그리고, 그러한 산포도상에 나타나는 두 변수의 관계를 살펴보았다. 이러한 산포도의 형태를 통해서 두 변수의 관계의 방향성(direction)과 강도(magnitude 또는 strength)를 파악할 수 있다. 먼저 관계의 방향성이란 우울과 불안의 증감 형태가 어떤 방식으로 이루어지고 있는지를 가리킨다. 우울이 증가할 때 불안도 증가하는 패턴이 있다면 두 변수 사이에 정적 관계(positive relationship)가 있다고 표현하고, 우울이 증가할 때 불안은 감소하는 패턴이 있다면 부적 관계(negative relationship)가 있다고 표현한다. 그리고 관계의 강도란 우울과 불안이 정적이든 부적이든 얼마나 강력하게 관련이 있는지를 말해 준다. 만약 우울이 증가할 때 불안이 거의 반드시 증가하는(또는 거의 반드시 감소하는) 형태를 지닌다면 둘은 강력한 상관(strong relationship)이 있는 것이며, 우울이 증가할 때 불안이 어느 정도 증가하는(또는 감소하는) 형태를 지닌다면 둘은 약한 상관(weak relationship)

이 있다고 한다. 만약 우울이 증가하거나 감소하는 것과 아무런 상관없이 불안이 움직인다면 둘은 서로 관계가 없다(no relationship 또는 null relationship)고 말한다.

관계의 방향성과 강도를 결합하여 두 양적변수의 관계를 표현하는 것이 상당히 일반적이다. 예를 들어, 우울과 불안이 정적 관계를 가지고 있으면서 동시에 강력한 관계를 가지고 있다면, 두 변수는 강한 정적 상관(strong positive correlation)이 있다고 표현한다. 또한 만약 우울과 불안이 부적 관계를 가지고 있으면서 동시에 약한 관계를 가지고 있다면, 두 변수가 약한 부적 상관(weak negative correlation)이 있다고 표현한다. 다양한 종류의 산포도 형태를 통하여 두 변수의 관계의 방향성이나 강도를 대략적으로 파악하는 것은 통계분석의 실제에서 상당히 중요한 일이다. 앞에서 사용했던 MASS 패키지의 Cars93 데이터 프레임을 통해서 여러 실제 변수 간 관계를 살펴보자. Cars93에는 93종류의 차에 대해 상당히 많은 변수가 수집되어 있는데, 그중에서 [그림 19.2]에 보이는 네 변수를 사용한다.

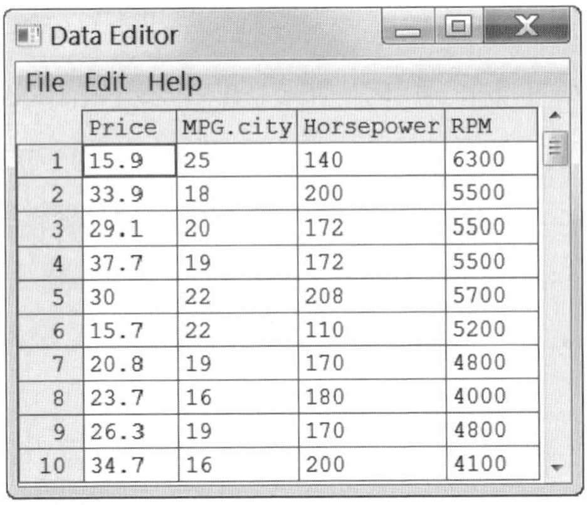

Data Editor

File Edit Help

	Price	MPG.city	Horsepower	RPM
1	15.9	25	140	6300
2	33.9	18	200	5500
3	29.1	20	172	5500
4	37.7	19	172	5500
5	30	22	208	5700
6	15.7	22	110	5200
7	20.8	19	170	4800
8	23.7	16	180	4000
9	26.3	19	170	4800
10	34.7	16	200	4100

[그림 19.2] Cars93 데이터 프레임

위의 그림을 보면 Cars93 데이터 프레임의 변수 중에서 가격(Price, 단위: 천 달러), 시내주행연비(MPG.city, 단위: miles per gallon), 마력(Horsepower), 엔진의 분당 최고 회전수(RPM)가 선택되어 있으며, 총 93종류의 자동차 중 맨 앞의 10개가 나타나고 있다. 가장 먼저 마력과 가격 및 마력과 시내주행연비의 관계를 [그림 19.3]의 산포도를 통하여 확인한다. 그림의 왼쪽은 마력과 가격의 관계를 보여 주고 있으며, 오른쪽은 마력과 시내주행연비의 관계를 나타내고 있다.

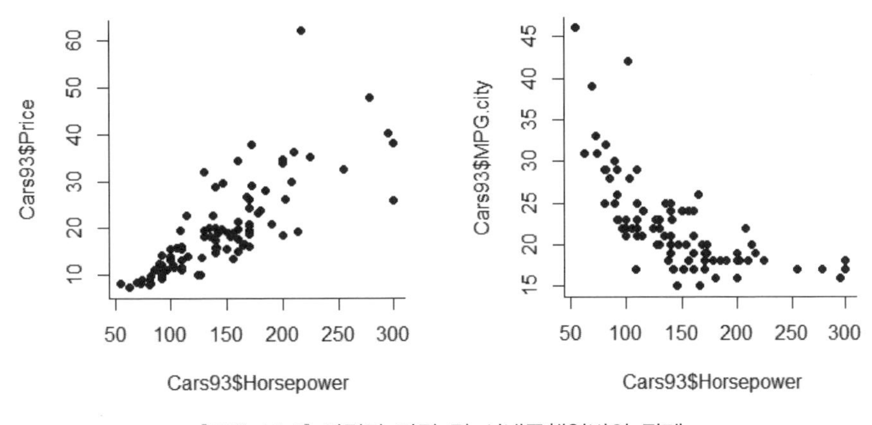

[그림 19.3] 마력과 가격 및 시내주행연비의 관계

왼쪽의 그림을 보면 마력이 증가함에 따라 가격도 증가하는 패턴을 확인할 수 있고, 오른쪽 그림을 보면 마력이 증가함에 따라 시내주행연비는 감소하는 패턴을 확인할 수 있다. 즉, 마력과 가격은 서로 정적인 상관이 있으며, 마력과 시내주행연비는 서로 부적인 상관이 있는 것이다. 관계의 강도는 둘 모두 그림으로 보기에 상당히 강한 것으로 파악할 수 있다. 다음의 [그림 19.4]는 마력과 분당 최고 회전수의 산포도를 제공한다.

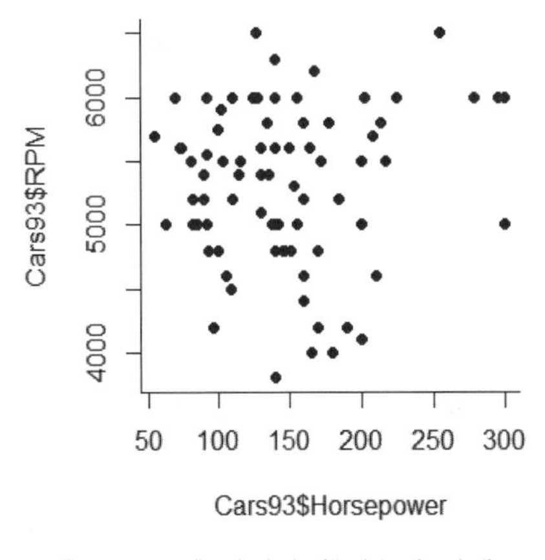

[그림 19.4] 마력과 회전수의 관계

위의 그림을 보면 마력이 증가함에 따라 회전수가 증가하는 패턴도 감소하는 패턴도 보이지 않음을 알 수 있다. 즉, 자동차 엔진의 분당 최고 회전수는 마력과 별 상관이 없음을 보여 주는 산포도인 것이다. R을 이용하여 여러 변수 간 산포도를 확인할 때, 하나하나 따로 출력하지 않고 pairs() 함수를 이용하여 아래처럼 한꺼번에 출력하는 방법이 있다.

```
> cars.sub <- subset(Cars93, select=c(Horsepower, Price,
+                                      MPG.city, RPM))
> pairs(cars.sub)
```

먼저 앞에서 배웠던 subset() 함수를 이용하여 Cars93 데이터 프레임에서 네 개의 변수를 선택하여 cars.sub 데이터 프레임으로 저장하였다. 이후 pairs() 함수의 아규먼트로서 추출된 데이터 프레임을 이용하여 명령어를 실행하였다. 그 결과가 [그림 19.5]에 제공된다.

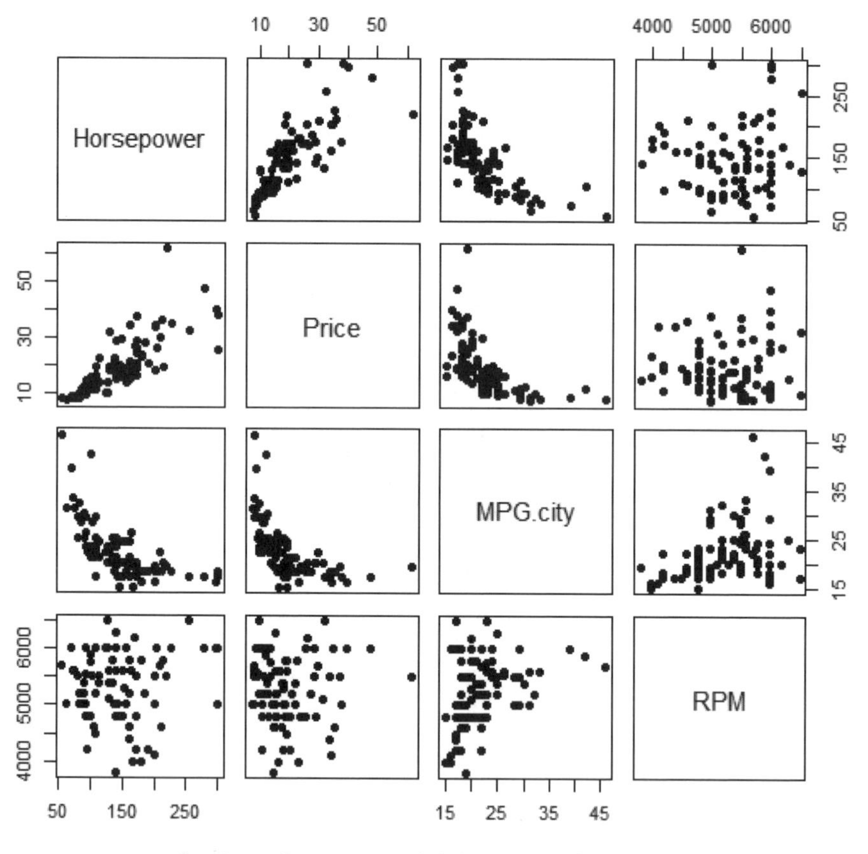

[그림 19.5] cars.sub 데이터 프레임의 행렬산포도

위와 같이 여러 개의 산포도를 한꺼번에 출력한 것을 행렬산포도(matrix plot) 또는 산포도행렬(scatter plot matrix)이라고 한다. 행렬산포도를 이용하면 여러 변수 간 관계의 방향성과 강도를 한 번에 확인할 수 있다는 장점을 가지고 있어 많은 연구자들

이 애용하는 기능이다. 앞의 그림들에서 보았던 마력과 나머지 세 변수의 산포도가 [그림 19.5]의 맨 왼쪽 열에 나타나고 있음을 확인할 수 있다.

19.2. 공분산

산포도를 이용하여 두 변수의 상관을 확인하는 것은 변수 간의 관계를 연구할 때 매우 일반적이지만, 그림만으로 두 변수의 관계를 파악하는 것은 꽤 자의적일 수 있다. 공분산(covariance)을 이용하면 두 변수의 관계를 객관적으로 수량화(quantify)할 수 있다. 공분산은 두 짝지어진 변수가 동시에 변하는 정도를 나타내는 지수로서 서로 어떤 방향으로 움직이는지를 측정하는 방법이다. 정확히 이야기하면, 공분산은 두 변수의 선형적인 관계(linear relationship)를 나타내는 지수인데, 여기서 선형적이라는 것은 매우 중요한 의미를 지니며 뒤에서 더욱 자세히 설명한다.

19.2.1. 공분산의 계산

먼저 모집단에서 두 변수 X와 Y의 공분산 $Cov(X, Y)$ 또는 σ_{XY}는 [식 19.1]과 같이 정의된다.

$$\sigma_{XY} = \frac{1}{N}\sum_{i=1}^{N}(X_i - \mu_X)(Y_i - \mu_Y) \qquad \text{[식 19.1]}$$

위에서 N은 모집단의 크기이고, μ_X는 X의 모평균, μ_Y는 Y의 모평균이다. 실제로 모집단의 공분산을 계산할 일은 거의 없으므로, 모집단의 공분산은 그 정의와 기호를 알아두는 것으로 충분하다. 표본의 공분산 s_{XY}는 [식 19.2]와 같다.

$$s_{XY} = \frac{1}{n-1}\sum_{i=1}^{n}(X_i - \overline{X})(Y_i - \overline{Y}) \qquad \text{[식 19.2]}$$

위의 식에서 n은 표본의 크기이고, $(X_i - \overline{X})(Y_i - \overline{Y})$는 X와 Y의 교차곱(cross product)이라고 한다. 즉, 표본의 공분산 식은 X와 Y의 교차곱의 합(sum of cross products)을 $n-1$로 나눈 값으로 정의할 수 있다. 이러한 공분산의 수식을 보면 분산과 상당한 유사점을 지니고 있음을 알 수 있다. 앞 장에서 배운 표본의 분산은 X와

X의 교차곱의 합(즉, X의 제곱합)을 $n-1$로 나눈 값이다. 만약 [식 19.2]에서 X와 Y의 공분산이 아니라, X와 X의 공분산을 구하는 식을 써 보면 제5장에서 다루었던 X의 분산 식과 완전히 동일함을 확인할 수 있다. 실제로 분산은 공분산의 일종이다. 즉, 분산이란 동일한 두 변수 간의 공분산을 가리키는 특수한 형태의 공분산인 것이다. 그래서 자료를 요약할 때 공분산 행렬(covariance matrix)을 사용하기도 한다. 공분산 행렬 안에는 분산과 공분산이 모두 들어가 있기 때문에 각 변수의 퍼짐의 정도와 각 변수 간 관계의 정도를 모두 파악할 수 있는 장점이 있다. [식 19.3]에 변수 X와 Y의 공분산 행렬의 예가 제공된다.

$$S=\begin{bmatrix} s_{XX} & s_{XY} \\ s_{YX} & s_{YY} \end{bmatrix} \quad \text{[식 19.3]}$$

위에서 S는 표본의 공분산 행렬[73])을 가리키며, s_{XX}는 X와 X의 공분산, 즉 X의 분산을 가리키고, s_{YY}는 Y의 분산을 가리키며, s_{XY}는 X와 Y의 공분산, s_{YX}는 Y와 X의 공분산으로서 $s_{XY}=s_{YX}$이다. 공분산 행렬에서 대각요소(diagonal elements)들(s_{XX}와 s_{YY})은 분산을 의미하고, 비대각요소(off-diagonal elements)들(s_{XY}와 s_{YX})은 공분산을 가리킨다. 그리고 대각요소에 대하여 서로 마주 보고 있는 두 공분산은 서로 일치한다. 너무 당연하게도 X와 Y의 관계나 Y와 X의 관계는 동일하다. [표 19.1]의 우울을 X라고 하고, 불안을 Y라고 하면 [표 19.2]와 같이 편차와 교차곱을 이용하여 공분산을 계산할 수 있다. 편차를 위해 먼저 표본평균을 계산해 보면, $\overline{X}=5$이고, $\overline{Y}=6$이다.

[표 19.2] 우울과 불안 점수의 편차와 교차곱

Subject id	X	Y	$X_i-\overline{X}$	$Y_i-\overline{Y}$	$(X_i-\overline{X})(Y_i-\overline{Y})$
1	5	6	0	0	0
2	4	7	−1	1	−1
3	6	5	1	−1	−1
4	7	7	2	1	2
5	4	5	−1	−1	1
6	3	3	−2	−3	6
7	6	9	1	3	3

위로부터 교차곱의 합, 즉 $\sum(X_i-\overline{X})(Y_i-\overline{Y})=10$이 됨을 확인할 수 있다. 그러므

73) 참고로 모집단의 공분산 행렬은 Σ(sigma)라고 표기한다.

로 X와 Y의 공분산 추정치는 아래와 같다.

$$s_{XY} = \frac{1}{n-1}\sum_{i=1}^{n}(X_i - \overline{X})(Y_i - \overline{Y}) = \frac{10}{7-1} = 1.667$$

참고로 X와 Y의 분산을 구하면 각각 다음과 같다.

$$s_{XX} = \frac{1}{n-1}\sum_{i=1}^{n}(X_i - \overline{X})^2 = 2.000,\ s_{YY} = \frac{1}{n-1}\sum_{i=1}^{n}(Y_i - \overline{Y})^2 = 3.667$$

위의 정보들을 이용하여 변수 X와 Y의 공분산 행렬을 만들면 아래와 같다.

$$S = \begin{bmatrix} 2.000 & \\ 1.667 & 3.667 \end{bmatrix}$$

위의 공분산 행렬에서 1행 2열이 비워져 있는 경우는 2행 1열에 있는 1.667과 동일한 값이기 때문이다. 이런 이유로 통계학에서 공분산 행렬을 제공할 때는 위의 예처럼 대각요소들과 함께 그 밑에 있는 값들만 제공하는 것이 일반적이다. 그리고 위와 같이 값들이 아래쪽에 삼각형을 형성하고 있는 형태의 행렬을 하삼각 행렬(lower triangular matrix 또는 lower triangular form)이라고 한다. 위의 공분산 행렬은 두 변수로 이루어져 있는데, 그보다 더 많은 변수를 이용하여 공분산 행렬을 형성하는 것도 얼마든지 가능하다. 공분산 행렬은 사회과학의 주요 연구방법론인 구조방정식 모형(structural equation modeling), 요인분석(factor analysis) 등 다변량 통계(multivariate statistics)의 핵심 자료형태라고 할 수 있다. 두 변수의 공분산은 R의 cov() 함수를 이용하면 아래처럼 쉽게 구할 수 있다.

```
> Depression <- c(5,4,6,7,4,3,6)
> Anxiety <- c(6,7,5,7,5,3,9)

> cov(Depression, Anxiety)
[1] 1.666667
```

cov() 함수의 첫 번째 아규먼트와 두 번째 아규먼트는 구하고자 하는 두 짝지어진 변수이고, 이렇게 구해진 공분산 추정치는 위에서 손으로 구한 값과 일치한다. 만약 공분산 행렬을 구하고자 하면 cov() 함수의 아규먼트로서 행렬이나 데이터 프레임을 입력하면 된다. 아래의 R 명령어는 Depression과 Anxiety를 이용하여 psych라는 데이터 프레임을 만들고 psych를 이용하여 공분산 행렬을 출력한다.

```
> psych <- data.frame(Depression, Anxiety)
> psych
  Depression Anxiety
1          5       6
2          4       7
3          6       5
4          7       7
5          4       5
6          3       3
7          6       9

> options(digits=4)
> cov(psych, psych)
           Depression Anxiety
Depression      2.000   1.667
Anxiety         1.667   3.667
```

먼저 data.frame() 함수를 통하여 Depression과 Anxiety를 psych 데이터 프레임으로 묶었다. 자료를 출력해 보면 의도했던 변수와 값들임을 확인할 수 있다. 다음으로 R이 어떤 계산을 하거나 결과를 보여 주는 방식을 수정하는 options() 함수를 이용하여 digits=4를 설정하면 유효숫자의 개수를 4개로 통제할 수 있다. 공분산 행렬 결과에서 소수점 이하 너무 많은 자리를 보여 주어 위처럼 약간의 통제를 하였다. 마지막으로 cov() 함수의 아규먼트로서 psych 데이터 프레임을 두 번 사용하면 공분산 행렬을 얻을 수 있다. 사실은 cov(psych)처럼 한 번만 psych를 입력해도 동일한 결과를 얻는다.

19.2.2. 공분산의 해석과 원리

우울과 불안의 공분산 추정치로서 양수(positive number)인 1.667이 계산되었다. 공분산 추정치가 양수(positive number)가 되면 두 변수가 서로 정적 상관을 보이고 있다고 해석한다. 이는 [그림 19.1]에서 보여 준 우울과 불안의 산포도가 정적 상관을 보이고 있는 것과 서로 상응한다. 이에 반해 만약 공분산 추정치가 음수(negative number)가 되면 두 변수가 서로 부적 상관을 가지고 있다고 해석한다. 그리고 공분산이 0에 가까운 값을 갖는다면 두 변수는 서로 상관이 없다고 표현한다. 공분산은 위와 같은 방법으로 해석하는 것이 원칙이지만 한 가지 문제가 있어서 해석이 그렇게 쉽지만은 않다. 수학적으로 공분산은 음의 무한대에서 양의 무한대 사이의 값($-\infty < \sigma_{XY} < \infty$)을 취할 수 있기 때문에 어느 정도의 양수가 나와야 정적 상관이 있다고 할 수 있으며, 어느 정도의 음수가 나와야 부적 상관이 있다고 할 수 있는지를 결정하는 것이 쉽지 않다. 이 문제에 대해서는 뒤에서 상관계수를 다룰 때 예제와 함께 다시 설명할 것이다.

이제 산포도에서 두 변수의 상관의 방향과 공분산 추정치의 부호가 서로 상응하게 되는 원리에 대하여 우울과 불안의 자료를 이용하여 설명하고자 한다. 이는 공분산과 상관계수 등을 이용하여 변수 간의 관계를 이해하는 데 있어서 상당히 중요한 원리라고 할 수 있다. [그림 19.6]에 우울과 불안의 산포도가 제공되어 있고, 중간에 각 변수의 평균이 점선으로 표시됨으로 인해 전체 평면이 네 개의 사분면(quadrant)으로 나뉘어져 있다.

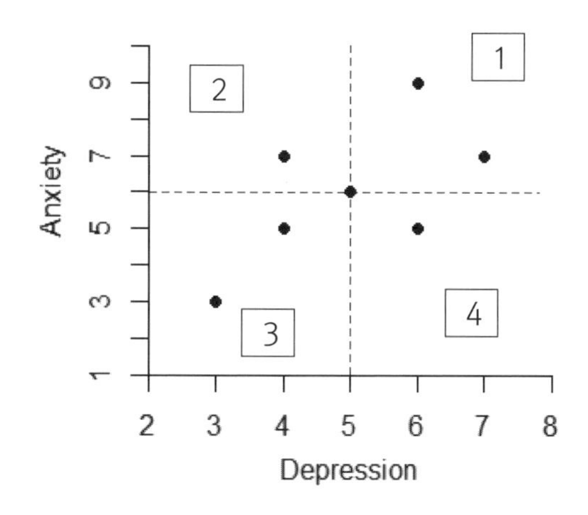

[그림 19.6] 우울과 불안의 산포도와 평균선

위의 그림에서 각 사분면에 있는 사례들의 교차곱을 구해 보면 [표 19.3]과 같다.

[표 19.3] 각 사례의 교차곱

Location	Cross product
1st Quadrant	$(6-5)(9-6)=3$, $(7-5)(7-6)=2$
2nd Quadrant	$(4-5)(7-6)=-1$
3rd Quadrant	$(4-5)(5-6)=1$, $(3-5)(3-6)=6$
4th Quadrant	$(6-5)(5-6)=-1$
On the mean line	$(5-5)(6-6)=0$

위의 결과로부터 만약 어떤 사례가 1사분면 및 3사분면에 있을 때는 교차곱이 양수가 되고, 2사분면 및 4사분면에 있을 때는 교차곱이 음수가 되며, 평균선(점선) 위에 있을 때는 교차곱이 0이 된다는 것을 알 수 있다. 앞에서 정의했듯이 공분산은 교차곱의 합을 $n-1$로 나누어 준 값이다. 이를 정리하면, 1사분면과 3사분면에 있는 사례들은 공분산이 플러스 값이 되는 데 기여하게 되고, 2사분면과 4사분면에 있는 사례들은 공분산이 마이너스 값이 되는 데 기여하게 된다. 또한 위의 계산 결과를 보면 중심에서 더 멀리 떨어져 있는 사례일수록 더 큰 교차곱을 갖게 된다. 이와 같은 결과는 두 변수의 정적 및 부적 상관이 어떻게 양수 및 음수의 공분산을 이끌어 내는지 설명해 준다.

이러한 관계를 앞에서 이용했던 Cars93 데이터 프레임의 마력과 가격의 상관, 마력과 시내주행연비의 상관에 적용해 보도록 하자. [그림 19.7]에 변수들의 평균선이 추가된 산포도가 제공된다.

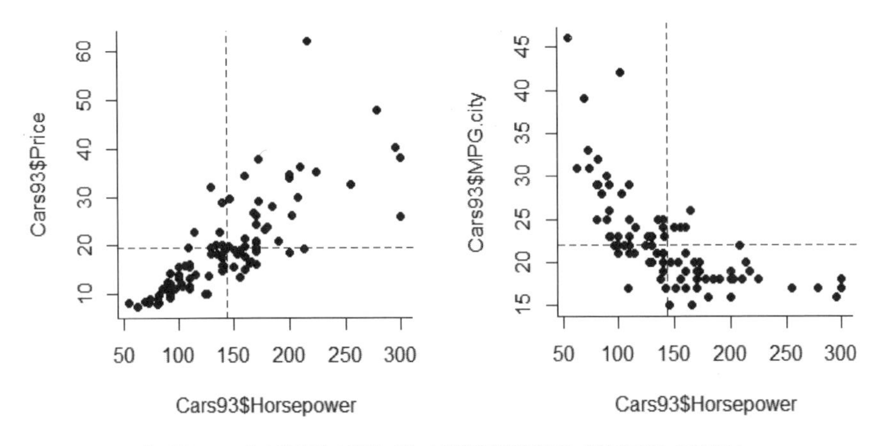

[그림 19.7] 마력과 가격 및 시내주행연비의 산포도와 평균선

위 그림의 왼쪽을 보면 1사분면과 3사분면에 상당히 많은 점들이 분포하고, 2사분면과 4사분면에서는 상대적으로 적은 점들이 분포함을 확인할 수 있다. 더불어 1사분면과 3사분면에는 중심에서 먼 값들이 또한 상대적으로 더 많기도 하다. 공분산 계산을 위해 교차곱의 합을 계산하게 되면 플러스 쪽에 훨씬 더 많은 값들이 존재하게 되고, 공분산 추정치는 양수가 될 것을 예상할 수 있다. 실제로 마력과 가격의 공분산을 계산하면 398.8이다.

[그림 19.7]의 오른쪽을 보면 정반대의 현상이 벌어짐을 알 수 있다. 1사분면과 3사

분면에는 적은 수의 점들이 분포하고, 2사분면과 4사분면에는 상대적으로 많은 수의 점들이 분포한다. 또한 마찬가지로 2사분면과 4사분면에는 중심에서 먼 값들이 더 많이 있기도 하다. 모든 점들의 교차곱을 계산한다면 마이너스 값이 훨씬 더 많을 것이고 공분산 추정치는 음수가 될 것을 예상할 수 있다. 실제로 마력과 시내주행연비의 공분산을 계산하면 -198.0이다.

19.3. 상관계수

상관계수(correlation coefficient)는 공분산과 더불어 사용하는, 사실은 공분산보다 훨씬 더 광범위하게 이용하는 이변량(두 변수의) 상관 측정치이다. 공분산이 있는데도 불구하고 왜 상관계수를 사용하는지, 상관계수는 어떻게 계산하고 어떤 특징이 있는지에 대하여 다룬다.

19.3.1. 공분산 사용의 문제점

[그림 19.4]에서 확인했던 마력과 엔진 회전수의 산포도에 평균선을 추가한 것이 [그림 19.8]에 제공된다.

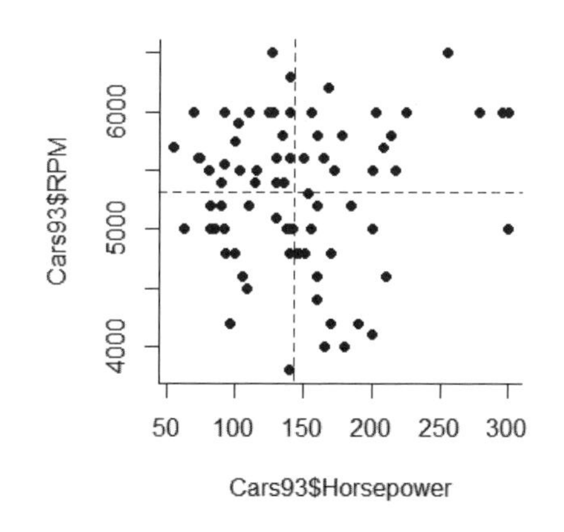

[그림 19.8] 마력과 회전수의 산포도와 평균선

위의 그림을 보면, 평균선으로 나누어진 네 개의 사분면에 상당히 고르게 사례들이 분포해 있음을 볼 수 있다. 마력이 증가함에 따라 회전수가 증가하는 패턴 또는 감소하는 패턴도 찾아볼 수 없다. 산포도상으로 아마도 두 변수는 거의 상관이 없는 관계라고 할 수 있을 것이다. 그런데 R을 이용하여 두 변수 간 공분산을 추정하면 1147.0이 된다. 산포도상으로 상당한 수준의 정적 상관을 보였던 마력과 가격의 공분산 추정치인 398.8보다도 훨씬 더 크다. 어째서 이런 일이 발생한 것일까? 산포도상으로는 분명히 거의 관계가 없음에도 불구하고 왜 이렇게 큰 공분산 값이 나왔는지 의아하다. 그 이유는 앞에서도 잠깐 언급했듯이 공분산이 가진 범위 때문이다. 공분산은 기본적으로 음의 무한대에서 양의 무한대 사이의 어느 값이라도 취할 수 있으며, 자료의 단위에 의존적이다. 엔진 회전수처럼 자료의 단위가 수천 정도의 값을 가지게 되면, 회전수의 편차값도 커지고, 이에 따라 교차곱의 값도 커지며, 결국 공분산 추정치도 상승한다. 이와 같은 특성 때문에 공분산은 단위의존적 또는 척도의존적(scale dependent) 성격이 있다고 표현한다.

19.3.2. 상관계수의 계산

변수의 단위로부터 자유로운(scale free) 관계 측정치를 사용할 수 있다면 좋을 것이다. 상관계수(correlation coefficient)를 이용하면 이와 같은 목적을 달성할 수 있다. 상관계수는 어떤 방식으로 정의되느냐에 따라 상당히 여러 가지 종류가 존재하는데, 이 책에서는 가장 광범위하게 이용되고 있는 Pearson의 상관계수를 소개한다. 모집단의 상관계수는 $Cor(X, Y)$ 또는 ρ_{XY}(rho x y)라고 하며, 표본에서는 r_{XY}(r x y)라고 한다. 변수 X와 Y의 표본 상관계수 r 또는 r_{XY}는 여러 가지 방법으로 정의할 수 있는데, 먼저 변수 X와 Y의 공분산 및 분산들을 이용하여 [식 19.4]와 같이 계산할 수 있다.

$$r = r_{XY} = \frac{s_{XY}}{\sqrt{s_{XX}}\sqrt{s_{YY}}} = \frac{s_{XY}}{s_X s_Y} \qquad \text{[식 19.4]}$$

위의 식에서 r_{XY}는 X와 Y의 공분산(s_{XY})을 X의 표준편차($s_X = \sqrt{s_{XX}}$) 및 Y의 표준편차($s_Y = \sqrt{s_{YY}}$)로 나누어 준 값임을 알 수 있다. 이는 개념적으로 공분산을 표준화한 것이 상관계수라는 것을 의미한다. 이렇게 보면 [식 19.5]도 상관계수를 의미한다.

$$r = r_{XY} = \frac{1}{n-1}\sum_{i=1}^{n}\left(\frac{X_i - \overline{X}}{s_X}\right)\left(\frac{Y_i - \overline{Y}}{s_Y}\right) \qquad \text{[식 19.5]}$$

위의 식은 변수 X와 Y를 표준화하고, 그것을 이용해서 공분산을 구한 값을 가리킨다. [식 19.4]와 [식 19.5]는 순서의 차이만 있을 뿐 근본적으로 동일한 식이다. 전자는 변수들로 공분산을 먼저 구하고 이를 표준화한 식이고, 후자는 변수들의 표준화를 먼저 하고 공분산을 구한 식이다. 상관계수는 이 외에도 [식 19.6]처럼 교차곱의 합(sum of cross product, SCP)과 제곱합(sum of squares, SS)을 이용하여 정의하기도 하는데, 이 식은 특히 원자료를 이용하여 손으로 계산할 때 편리함이 있다.

$$r = r_{XY} = \frac{SCP}{\sqrt{SS_X}\sqrt{SS_Y}} \qquad \text{[식 19.6]}$$

위의 식에서 SS_X는 X의 제곱합(sum of squares x), SS_Y는 Y의 제곱합(sum of squares y)을 의미한다. 위의 식은 사실 [식 19.4]에서 분모와 분자의 $\frac{1}{n-1}$을 약분하여 [식 19.7]과 같이 풀어 쓴 것에 불과하다.

$$\frac{s_{XY}}{\sqrt{s_{XX}}\sqrt{s_{YY}}} = \frac{\frac{1}{n-1}\sum_{i=1}^{n}(X_i-\overline{X})(Y_i-\overline{Y})}{\sqrt{\frac{1}{n-1}\sum_{i=1}^{n}(X_i-\overline{X})^2}\sqrt{\frac{1}{n-1}\sum_{i=1}^{n}(Y_i-\overline{Y})^2}}$$
$$= \frac{\sum_{i=1}^{n}(X_i-\overline{X})(Y_i-\overline{Y})}{\sqrt{\sum_{i=1}^{n}(X_i-\overline{X})^2}\sqrt{\sum_{i=1}^{n}(Y_i-\overline{Y})^2}} = \frac{SCP}{\sqrt{SS_X}\sqrt{SS_Y}} \qquad \text{[식 19.7]}$$

상관계수는 이 외에도 또 다른 수식으로 정의되기도 하는데 모든 방식을 다 소개하는 것이 큰 의미는 없을 듯하다. 그 어떤 방식으로 수식을 정의하든 동일한 상관계수 추정치를 얻게 된다. [표 19.2]에 구해 놓은 우울과 불안의 편차와 교차곱을 [표 19.4]와 같이 정리하고, 이를 이용하여 상관계수를 구할 수 있다.

[표 19.4] 우울과 불안 점수의 제곱합과 교차곱

Subject id	X	Y	$(X_i-\overline{X})^2$	$(Y_i-\overline{Y})^2$	$(X_i-\overline{X})(Y_i-\overline{Y})$
1	5	6	0	0	0
2	4	7	1	1	−1
3	6	5	1	1	−1
4	7	7	4	1	2
5	4	5	1	1	1
6	3	3	4	9	6
7	6	9	1	9	3

위의 표를 이용하면 쉽게 교차곱의 합(SCP)와 두 변수의 제곱합(SS_X와 SS_Y)을 구할 수 있으므로 [식 19.6]과 [식 19.7]을 이용하면 아래와 같이 우울(X)과 불안(Y)의 상관계수 r을 구할 수 있다.

$$r_{XY} = \frac{\sum(X_i - \overline{X})(Y_i - \overline{Y})}{\sqrt{\sum(X_i - \overline{X})^2}\sqrt{\sum(Y_i - \overline{Y})^2}} = \frac{10}{\sqrt{12}\sqrt{22}} = 0.615$$

위로부터 우울과 불안의 상관계수는 0.615임을 확인할 수 있다. R을 이용하여 상관계수를 구하고자 하면 다음과 같이 cor() 함수를 사용할 수 있다.

```
> cor(Depression, Anxiety, method="pearson")
[1] 0.6155
```

cor() 함수의 첫 번째 아규먼트와 두 번째 아규먼트는 구하고자 하는 두 짝지어진 변수이다. method 아규먼트는 어떤 종류의 상관계수를 구할 것인가 지정해 주는 것으로서 “pearson”이 디폴트이다.

19.3.3. 상관계수의 해석과 특징

계산된 상관계수를 어떻게 해석하고 사용할 수 있는지에 대해 정확하게 알기 위해서는 Pearson 상관계수의 특징에 대하여 파악해야 한다. 가장 먼저, 첫 번째 상관계수의 특징은 상관계수가 공분산과 다르게 −1에서 1 사이에서 움직인다는 것이다($-1 \le r \le 1$). 상관계수 r의 부호는 두 변수의 관계의 방향(direction)을 나타낸다. r이 양수이면 두 변수는 정적 상관이 있다고 말하고, 음수이면 부적 상관이 있다고 말한다. 상관계수와 공분산의 부호는 일치하므로, 이와 같은 해석은 앞에서 소개한 공분산과 일치한다. 그리고 상관계수 r의 절대적 크기(즉, $|r|$)는 관계의 강도(magnitude)를 나타낸다. r의 절대값이 1에 가까우면 두 변수가 강력한 상관이 있다고 표현하며, 만약 r이 0에 가까운 값을 갖는다면 두 변수는 서로 상관이 없다고 말한다. $|r|$의 크기에 따라 관계의 강도를 해석하는 많은 가이드라인이 존재하는데, 필자의 경험과 여러 책을 통합해 보면 대략 [표 19.5]와 같다.

[표 19.5] 상관의 강도와 해석에 관한 대략적인 가이드라인

Absolute correlation, $\|r\|$	Interpretation
0	No relationship
0.3	Small relationship
0.5	Moderate relationship
0.7	Strong relationship
1.0	Perfect relationship

위의 가이드라인은 연구자가 속해 있는 학문 영역에 따라 다른 것이 일반적이지만, 대체적으로 저 정도의 해석을 할 수 있을 것 같다. 그러므로 만약 우울과 불안 간 상관계수의 값이 0.615라면, 필자는 약간 강한 정적 상관이 있다고 해석할 것이다. [표 19.5]의 가이드라인뿐만 아니라, 상관계수 크기와 산포도의 관계를 대략적으로 파악하는 것도 실제 연구에서 상당히 유용하다. [그림 19.9]는 다양한 상관계수 크기에 맞는 자료의 산포도를 보여 준다.

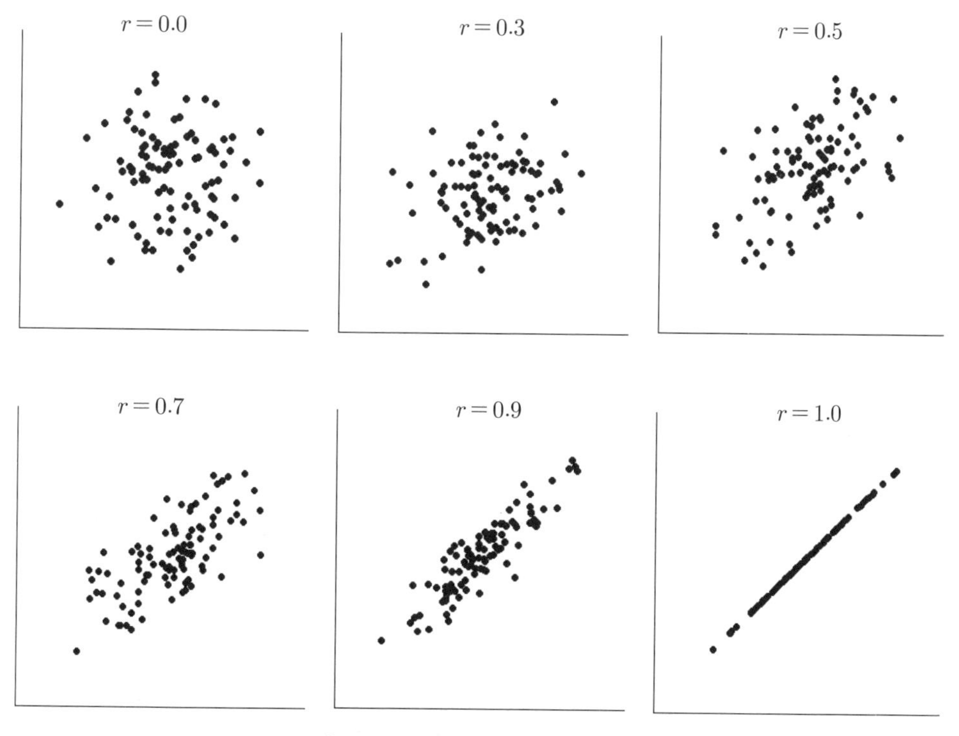

[그림 19.9] 상관계수와 산포도

위의 그림에서는 0부터 1까지의 상관계수를 보여 주었는데, 음의 부호가 붙는 경우에는 관계의 방향성이 2사분면에서 4사분면에 걸친다는 것만 다를 뿐 유사한 형태가 될 것이다. 참고로 앞의 [그림 19.3] 및 [그림 19.4]에서 보여 주었던 Cars93 데이터의 변수 간 상관은 다음과 같다. 마력과 가격의 상관계수는 0.788, 마력과 시내주행연비의 상관은 −0.673, 마력과 엔진 회전수의 상관은 0.037이다. 산포도의 패턴과 상관의 크기나 방향이 충분히 예측 가능한 수준임을 알 수 있다.

산포도와 상관계수의 관계를 논의하는 데 있어서 한 가지 주의할 점이 있다. [그림 19.9]를 보면 평면상의 점들이 좁은 폭을 가지면서 길게 분포할 때 상관의 강도가 더 강해지는 것을 관찰할 수 있다. 그래서 많은 연구자가 큰 고민 없이 X와 Y의 산포도가 길고 좁은 폭을 이루면서 분포하면 강력한 상관을 갖는다고 말하곤 한다. 하지만 이것은 올바른 산포도의 해석이 아니다. 길고 좁은 폭을 갖는 동시에 증감의 패턴이 존재해야 두 변수는 상관이 발생한다. X와 Y의 산포도가 [그림 19.10]처럼 길고 좁은 폭을 갖는 경우를 살펴보자.

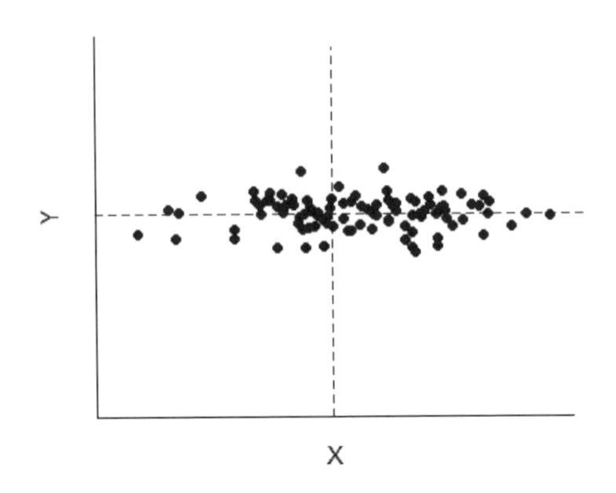

[그림 19.10] 길고 좁고 평평한 X와 Y의 산포도

산포도가 이루는 길이와 폭을 살펴볼 때 X와 Y 사이에 상당한 상관이 존재할 수 있다는 착각을 할 수도 있다. 하지만 평균선을 그려 놓고 보면 네 개의 사분면에 거의 고르게 점들이 분포하는 것을 알 수 있다. 실제로 $r_{XY} = 0$이다. 아무런 상관도 없는 것이다.

두 번째 상관계수의 특징은 마치 표준편차에서처럼 두 변수에 임의의 상수를 더하거나 빼도 그 값이 변하지 않는다는 것이다. 예를 들어, [표 19.6]처럼 불안 점수에 2를 더하였다고 가정하고 상관계수를 새롭게 구해 보도록 한다.

[표 19.6] 불안 점수에 상수 2를 더하는 경우

Subject id	X	$Z=Y+2$	$X_i-\overline{X}$	$Z_i-\overline{Z}$	$(X_i-\overline{X})(Z_i-\overline{Z})$
1	5	8	0	0	0
2	4	9	−1	1	−1
3	6	7	1	−1	−1
4	7	9	2	1	2
5	4	7	−1	−1	1
6	3	5	−2	−3	6
7	6	11	1	3	3

$\overline{Z}=8$이므로 Z의 편차 $Z_i-\overline{Z}$는 위와 같이 계산되고, X와 Z의 교차곱은 가장 마지막 열처럼 계산된다. 이를 이용하여 상관계수를 구하면 아래와 같다.

$$r_{XZ}=\frac{\sum(X_i-\overline{X})(Z_i-\overline{Z})}{\sqrt{\sum(X_i-\overline{X})^2}\sqrt{\sum(Z_i-\overline{Z})^2}}=\frac{10}{\sqrt{12}\sqrt{22}}=0.615$$

임의의 변수에 상수를 더한다는 것은 제4장에서 보았듯이 더해 준 상수만큼 평균이 증가하게 된다. 모든 사례의 점수와 평균이 동시에 변하므로 편차에는 변화가 없고, 결국 교차곱에도 변화가 없다. 동일한 상관계수가 나오게 되는 것이다.

세 번째로 두 변수에 임의의 상수를 곱하여도 상관계수는 변하지 않는다. 예를 들어, [표 19.7]처럼 불안 점수에 3을 곱하였다고 가정하고 상관계수를 새롭게 구해 보도록 한다.

[표 19.7] 불안 점수에 상수 3를 곱하는 경우

Subject id	X	$Z=3Y$	$X_i-\overline{X}$	$Z_i-\overline{Z}$	$(X_i-\overline{X})(Z_i-\overline{Z})$
1	5	18	0	0	0
2	4	21	−1	3	−3
3	6	15	1	−3	−3
4	7	21	2	3	6
5	4	15	−1	−3	3
6	3	9	−2	−9	18
7	6	27	1	9	9

$\overline{Z}=18$이므로 Z의 편차 $Z_i-\overline{Z}$는 위와 같이 계산되고, X와 Z의 교차곱은 가장 마지막 열처럼 계산된다. Z의 편차가 모두 3배만큼 증가하였고, 교차곱 역시 3배만큼 증가하였다. 이를 이용하여 상관계수를 구하면 아래와 같다.

$$r_{XZ}=\frac{\sum(X_i-\overline{X})(Z_i-\overline{Z})}{\sqrt{\sum(X_i-\overline{X})^2}\sqrt{\sum(Z_i-\overline{Z})^2}}=\frac{30}{\sqrt{12}\sqrt{198}}=0.615$$

임의의 변수에 상수를 곱한다는 것은 제4장에서 보았듯이 곱해 준 상수만큼 평균이 배로 증가하게 된다. 모든 사례의 점수와 평균이 동시에 변하므로 편차와 교차곱에도 그 상수 배만큼 변화가 생긴다. 이렇게 변화한 편차와 교차곱을 이용하여 상관계수를 계산하면 상관계수의 분자와 분모에 동일한 변화가 생기게 되고 상관계수 값은 같게 된다. 변수의 단위가 세 배로 바뀌어도 동일한 상관계수를 주는 이와 같은 특성을 척도독립(scale free)이라고 한다.

상관계수의 첫 번째 특징은 상관의 방향과 정도를 파악하고 결과를 해석하는 데 있어서 매우 중요하며, 두 번째와 세 번째 특징은 뒤에서 다룰 회귀분석이나 구조방정식 모형을 이용하여 자료를 분석하는 데 있어서 핵심적이고 중요한 부분이다.

19.3.4. 상관계수의 유의성 검정

상관계수의 통계적 유의성 검정을 위한 많은 방법이 지금까지 제안되어 왔다. 그중에서 가장 많이 사용된다고 할 수 있는 t검정 방법과 Fisher의 z변환을 이용하는 z검정 방법을 소개한다.

t검정

두 짝지어진 변수 간 상관계수의 t검정은 여러 통계 프로그램에 상당히 널리 쓰이는 방법이지만, 오직 검정하고자 하는 상관계수의 값이 0일 때만 수행할 수 있다. 그러므로 [식 19.8]의 가설에 대한 양방검정을 수행한다.

$$H_0:\rho=0 \quad \text{vs.} \quad H_1:\rho\neq 0$$ [식 19.8]

위의 식에서 ρ는 모집단의 상관계수를 가리킨다. t검정통계량과 표집분포는 [식 19.9]와 같다.

$$t = r\frac{\sqrt{n-2}}{\sqrt{1-r^2}} \sim t_{n-2}$$ [식 19.9]

위에서 r은 두 변수의 상관계수 추정치, n은 표본크기를 의미하며, 표집분포의 자유도 $df = n-2$가 된다. 나머지 모든 검정의 수행 과정은 앞 장에서 다루었던 t검정과 일치한다. 우울과 불안의 예제를 통해 유의수준 5%에서 t검정을 수행해 보자. 먼저 가설은 [식 19.8]과 같고, 기각역과 기각값은 자유도가 5인 t분포를 통하여 구할 수 있다. 양방검정이므로 t_5분포의 양쪽 꼬리에 2.5%씩 유의수준을 할당하면 두 기각값은 ± 2.571이 된다. 기각값은 부록 B의 t분포표를 이용하거나 아래와 같이 R의 qt() 함수를 이용하여 구할 수 있다.

```
> qt(0.025, df=5, lower.tail=TRUE)
[1] -2.570582

> qt(0.975, df=5, lower.tail=TRUE)
[1] 2.570582
```

그러므로 의사결정의 규칙은 '만약 $t < -2.571$ 또는 $t > 2.571$이라면 H_0을 기각한다'가 된다. t검정통계량은 아래와 같이 계산된다.

$$t = 0.615 \times \frac{\sqrt{7-2}}{\sqrt{1-0.615^2}} = 0.615 \times \frac{2.236}{0.789} = 1.743$$

$-2.571 < t = 1.743 < 2.571$이므로 유의수준 5%에서 $H_0 : \rho = 0$을 기각하는 데 실패하게 된다. 즉, 상관계수는 통계적으로 0과 다르지 않다. 또 다른 말로 하면, 우울과 불안은 통계적으로 관련이 없다. 아마도 상당히 높은 상관계수 추정치인 0.615임에도 불구하고 통계적 검정이 유의하지 않게 나온 것은 표본크기가 $n = 7$로 매우 작기 때문인 것으로 판단된다. 주어진 상관계수 추정치에서 표본크기가 커지게 되면 t검정통계량도 커지게 되며, 검정을 위한 표집분포의 분산도 줄어들게 되므로 더욱 유의한 결과를 주게 된다.

R의 cor.test() 함수를 아래처럼 이용하여 상관계수의 통계적 유의성을 확인하기 위한 t검정을 실행할 수 있다.

```
> cor.test(Depression, Anxiety, method="pearson")

        Pearson's product-moment correlation

data:  Depression and Anxiety
t = 1.7461, df = 5, p-value = 0.1412
alternative hypothesis: true correlation is not equal to 0
95 percent confidence interval:
 -0.2564665  0.9351136
sample estimates:
      cor
0.6154575
```

cor.test() 함수의 아규먼트는 cor() 함수의 아규먼트와 전혀 다르지 않다. 실행을 하면 Pearson의 적률상관(Pearson's product-moment correlation)이라는 제목하에 t검정 결과가 출력된다. Pearson이 적률을 이용하여 왜도와 첨도를 만들었듯이, 상관계수도 적률에 기반하고 있기 때문에 위와 같은 제목이 출력된 것이다. 결과를 보면, t검정통계량과 자유도가 직접 손으로 계산한 것과 거의 다르지 않음을 확인할 수 있다. 제공된 p값도 0.141로서 유의수준 5%에서 영가설을 기각하는 데 실패하게 된다.

Fisher's z검정

Fisher의 z변환(Fisher's z transformation)을 이용한 상관계수의 검정은 역사적으로 t검정보다 더 앞서 있다. 이 방법은 0이 아닌 임의의 상관계수에 대해서도 유의성 검정을 진행할 수 있으며, 또한 이 책에서는 보이지 않지만 두 상관계수의 차이에 대한 검정을 실시할 수 있다는 특징도 있다. [식 19.10]에 모집단 상관계수 ρ가 임의의 상수 ρ_0와 같은지 다른지를 검정하는 가설이 제공된다.

$$H_0 : \rho = \rho_0 \quad \text{vs.} \quad H_1 : \rho \neq \rho_0 \qquad \text{[식 19.10]}$$

Fisher's z검정 방법은 일방검정도 실시할 수 있는데, 그런 경우는 상당히 드물기 때문에 이 책에서는 양방검정의 예를 보인다. Fisher's z검정은 [식 19.11]을 이용하여 상관계수 r을 Fisher의 z척도(Fisher's z scale, z_F)라고 불리는 것으로 변환하는 기법에 기반하고 있다.

$$z_F = \frac{1}{2}\left[\ln(1+r) - \ln(1-r)\right] \qquad \text{[식 19.11]}$$

예를 들어, $r = 0.615$라고 하면 z_F는 아래와 같이 계산된다.

$$z_F = 0.5 \times [\ln(1+0.615) - \ln(1-0.615)] = 0.717$$

위에서 ln은 밑(base)이 $e(\approx 2.72)$인 log를 의미한다. 즉, $\ln x = \log_e x$이다. 위처럼 식을 이용하여 Fisher의 z변환점수를 구할 수도 있지만, 부록 E의 Fisher의 z변환표에서 주어진 r에 해당하는 z_F를 찾을 수도 있다. Fisher의 z변환 함수를 제공하는 몇 개의 R 패키지가 있지만, 워낙 간단한 함수이므로 아래와 같이 fisherz() 함수를 새롭게 정의할 수 있다.

```
> fisherz <- function(r) {0.5*(log(1+r)-log(1-r))}
> fisherz(0.615)
[1] 0.7169235
```

fisherz() 함수는 객체 r로 이루어진 함수이고, r을 이용한 함수값의 계산은 중괄호 { } 안에 정의되어 있다. R에서 log() 함수를 이용하면 밑이 e인 log 함수, 즉 ln() 함수가 디폴트이다. fisherz(0.615)를 실행한 결과가 위에서 손으로 계산한 값과 동일함을 확인할 수 있다. Fisher의 z검정은 이렇게 계산된 변환값을 이용하여 [식 19.12]와 같이 수행할 수 있다.

$$z = \frac{z_F - z_0}{\frac{1}{\sqrt{n-3}}} \sim N(0, 1^2) \qquad \text{[식 19.12]}$$

위에서 z_F는 표본의 r에 해당하는 z변환값이고, z_0는 검정하고자 하는 상관계수인 ρ_0에 해당하는 z변환값이다. 일반적으로 $\rho_0 = 0$인 경우가 대부분이므로 위의 검정통계량에서 $z_0 = 0$이 된다. 위의 방법으로 검정통계량 z를 계산하여 표준정규분포를 이용하여 z검정을 진행하면 된다. 잘 알고 있다시피 만약 유의수준 5%에서 검정을 실시하면 양방검정의 두 기각값은 ± 1.96이 된다. 우울과 불안 자료를 이용하여 z검정통계량을 계산해 보면 다음과 같다.

$$z = \frac{0.717}{\frac{1}{\sqrt{4}}} = 1.434$$

$-1.96 < z = 1.434 < 1.96$이므로 유의수준 5%에서 $H_0 : \rho = 0$을 기각하는 데 실패하게 된다. 즉, 상관계수는 통계적으로 0과 다르지 않다. 또 다른 말로 하면, 우울과 불안은 통계적으로 관련이 없다. R에서 정규분포의 누적확률을 구하는 pnorm() 함수를 이용하여 p값을 구해 보면 아래와 같다.

```
> 2*pnorm(1.434, mean=0, sd=1, lower.tail=FALSE)
[1] 0.1515723
```

표준정규분포(mean=0, sd=1)에서 $z = 1.434$보다 더 클 확률(lower.tail=FALSE)에 2를 곱하면 양방검정 p값을 구할 수 있고, 그 값은 0.152이다. 앞의 t검정과 크게 다르지 않음을 알 수 있다.

19.4. 상관의 올바른 사용

상관, 특히 Pearson의 상관계수를 계산하고 해석하는 과정에서 이를 제대로 이용하기 위한 가정들과 주의할 점에 대해서 살펴본다. 또한 변수 간 상관(correlation)이 인과관계(causality)와 어떤 식으로 연관이 되어 있는지도 논의한다. 상관계수의 계산과 유의성 검정은 컴퓨터가 해 줄 수 있는 일이지만, 상관계수 추정치를 제대로 해석하고 사용하는 것은 온전히 연구자의 몫이므로 이 부분이야말로 중요한 부분이라고 할 수 있다.

19.4.1. 상관의 가정

Pearson의 상관계수를 올바른 방식으로 이용하고 해석하기 위해서는 선형성(linearity), 등분산성(homoscedasticity), 이상값(outlier), 절단(truncation), 이질성(heterogeneity) 등 여러 가지를 주의 깊게 확인해야 한다.

선형성

두 변수 X와 Y의 선형적인 관계(linear relationship) 또는 선형성(linearity)은

상관계수를 올바르게 사용하기 위한 가장 중요한 가정이라고 할 수 있다. 어떤 측면에서는 가정이지만, 또 어떻게 보면 선형성은 상관의 정의라고 할 수도 있다. 즉, 공분산 또는 상관계수는 두 변수의 선형적인 관계를 나타내는 지수로 정의한다. 그러므로 공분산과 상관계수는 기본적으로 자료의 선형적인 관계만을 제대로 측정하며, 비선형적 관계(nonlinear relationship)는 과소추정(under estimation)하는 것이 일반적이다. 어째서 그런지는 [그림 19.11]에 제공되는 두 종류의 변수 관계를 통하여 살펴보자. 변수 X와 Y의 산포도에 대략적인 평균선이 더해져 있다.

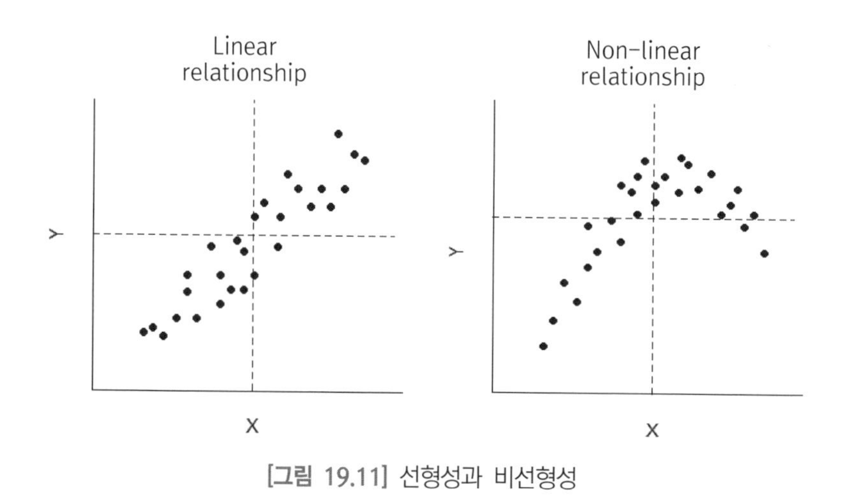

[그림 19.11] 선형성과 비선형성

왼쪽 그림에서 X와 Y 사이에는 상당히 강력한 선형적인 관계가 존재하는 것이 보인다. 앞에서 배운 상관에 대한 전반적인 지식을 바탕으로 판단해 보면 대략 0.8～0.9 정도의 상관계수가 예상되고, 강력한 정적 상관이 있다고 해석할 것이다. 그렇다면 오른쪽 그림에서 X와 Y는 서로 어떤 관계가 있을까? 답부터 말하자면 X와 Y 사이에는 상당히 강력한 비선형적 관계가 존재한다. X가 증가함에 따라 Y가 동시에 급격하게 증가하다가 어느 지점에서 Y의 증가속도가 떨어지고 이내 감소하게 되는 관계다. 예를 들어, X가 섭취하는 갈비의 양, Y는 만족도의 크기라고 한다면 위의 관계를 잘 설명할 수 있을 것이다. 배고픈 상태에서 갈비의 섭취량을 적절하게 늘려 나가면 만족도는 점점 커지다가 소화할 수 없을 정도의 많은 갈비를 먹게 되면 만족도는 급속도로 떨어져서 괴로운 상태가 될 것이다. 상당히 의미 있는 관계로서 경제학에서 많이 볼 수 있는 변수의 관계이기도 하다.

그런데 만약 오른쪽 그림의 자료를 이용하여 상관계수를 추정하게 되면 어느 정도의 값이 나오게 될까? 1사분면과 3사분면에 꽤 많은 사례가 있기는 하지만, 2사분면에도 적지 않은 사례가 있고 4사분면에는 중심에서 멀리 떨어져 있는 사례가 있어서 강력한 비선형 관계만큼의 상관계수가 나오지는 않을 것이 예측된다. 즉, 비선형적으로는 X와 Y 사이에 강력한 상관이 존재하지만, 선형성만을 측정하는 상관계수의 값은 0.4~0.5 정도밖에 나오지 않게 되는 것이다. 이러한 이유로 상관계수를 추정하여 그 값이 높지 않게 나왔다고 하여 두 변수 X와 Y가 서로 상관이 없다고 말하는 것은 위험하다. 작은 상관계수가 나왔다는 것은 강력한 선형적 관계가 없다는 것을 의미할 뿐이지, 관계 자체가 없다는 것을 의미하지는 않을 수 있다. 비선형적으로 강력한 상관이 있을 수 있기 때문이다. 그래서 공분산과 상관계수를 정의할 때 단지 두 변수의 관계의 정도라고만 말하는 것은 정확하지 않다. 두 변수의 선형적인 관계라고 하는 것이 더욱 정확한 표현이다.

등분산성

X와 Y의 상관계수를 올바로 사용하는 데 있어서 등분산성(homoscedasticity) 또한 주요한 가정이다. 등분산성이라는 것은 임의의 $X=x$에서 Y의 분산이 동일하다는 것을 의미한다. 이에 반대되는 개념으로서 이분산성(heteroscedasticity)이라는 것은 임의의 $X=x$에서 Y의 분산이 동일하지 않다는 의미이다. 등분산성과 이분산성이 무엇인지 확인하기 위해 등분산성이 만족된 산포도와 만족되지 않은 산포도의 예가 [그림 19.12]에 제공된다.

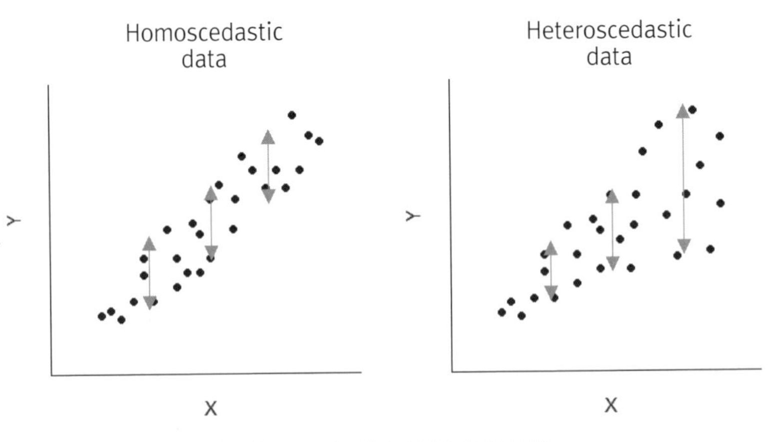

[그림 19.12] 등분산성과 이분산성

왼쪽 그림을 보면 임의의 세 x값에서 Y의 분산(퍼짐의 정도)이 일정한 것을 확인할 수 있다. 이는 등분산성이 만족된 자료의 산포도이다. 반면, 오른쪽 그림을 보면 임의의 세 x값에서 Y의 분산이 일정하지 않은 것을 확인할 수 있다. x의 값이 커짐에 따라 Y의 퍼짐의 정도가 커지고 있는 형태를 보여 주고 있다. 이는 등분산성이 만족되지 않은 자료의 산포도이다. 등분산성이 만족되지 않으면, X의 값이 작을 때와 클 때의 상관계수의 값이 다를 수 있게 된다. 위의 경우에는 X의 값이 작을 때는 자료가 중심에 응집되어 있어 높은 상관이 예상되고, X의 값이 클 때는 자료가 퍼져 있어서 낮은 상관이 예상된다. 이와 같은 자료를 사용하게 되면 하나의 상관계수가 자료 전체를 대표한다고 하는 것이 적절치 않게 된다. 이런 이유로 상관계수의 사용을 위해서는 등분산성이 만족되어야 한다. 하지만 현실 속에서 등분산성을 그다지 중요하게 생각하지 않는 학자들도 존재하며, 선형성만큼 엄격한 가정으로 보려 하지 않는 경향이 있다.

이상값

자료에 극단치 또는 이상값(outlier)이 있는 경우에 상관은 왜곡될 수 있으므로 상관계수를 해석할 때 주의해야 한다. 이상값이란 기본적으로 연구자의 자료에 나타나는 전체적인 패턴을 따르지 않는 특이값(weird value)을 의미한다. 자료에 존재하는 이상값이 어떻게 상관계수를 왜곡시킬 수 있는지 [그림 19.13]을 통해서 살펴보자.

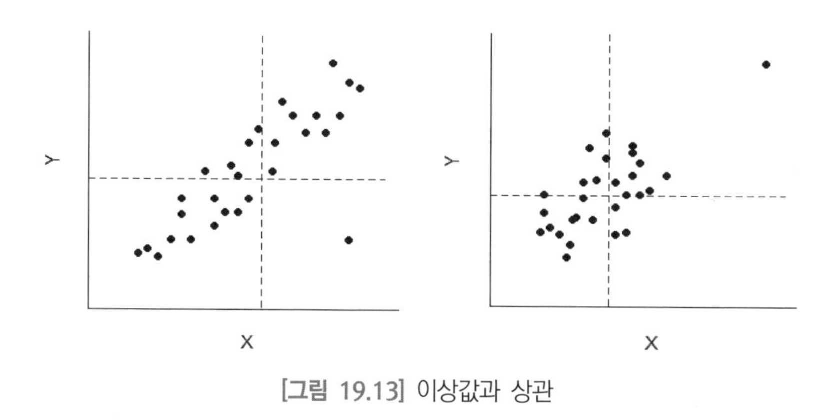

[그림 19.13] 이상값과 상관

왼쪽 그림에서 4사분면의 이상값 하나를 제외하고 X와 Y의 관계를 보면 상당히 강력한 정적 상관, 예를 들어 $r = 0.8$ 정도의 상관이 있을 수 있다. 하지만 그림처럼 자료의 중심에서 많이 떨어져 있는 이상값이 포함되면, 그 사례의 교차곱이 상당히 큰 음수가 되고, 교차곱의 합을 계산할 때 음의 방향으로 기여하게 된다. 또한 평균선도 오른쪽 아래 방향으로 약간 이동하면서 2사분면에 더 많은 점이 들어가게 된다. 결국 이상값 하나 때문에 $r = 0.6$ 정도로 상관계수가 과소추정될 수 있다. 반대로 오른쪽 그림에서는 1사분면의 이상값 하나를 제외하고 X와 Y의 관계를 보면 약한 정적 상관, 예를 들어 $r = 0.2$ 정도의 상관이 있을 수 있다. 하지만 이상값이 포함되면, 그 사례의 교차곱이 꽤 큰 양수가 되고, 교차곱의 합을 계산할 때 양의 방향으로 기여하게 된다. 또한 평균선도 오른쪽 위 방향으로 약간 이동하면서 3사분면에 더 많은 점이 들어가게 된다. 결국은 이상값으로 인해서 $r = 0.5$ 정도로 상관계수가 과대추정될 수 있다. 통계자료 분석에서 산포도를 통하여 이상값을 발견하면, 이상값은 제거하고 상관계수 등의 분석을 진행하는 것이 표준관행이다.

절단된 자료

어떤 이유로든 자료의 일부가 절단되어(truncated) 손실된 경우에 상관계수는 왜곡될 수 있다. 먼저 자료가 절단된다는 것의 의미가 무엇인지 살펴보자. 하버드 대학의 한 연구자가 대학생들의 입학시험 점수와 대학에서의 학업수행능력(academic performance) 사이의 관계에 관심이 있다고 가정하자. 연구를 위하여 전국의 많은 대학교 1학년생들을 무선적으로 선발하여 대학생활 내내 학업수행이 어떠했는지 추적 조사하면 좋았겠지만, 한정된 시간과 자원으로 인하여 하버드 대학 입학생 중 50명을 추출하여 대학입학시험(scholastic aptitude test, SAT) 점수를 확인하고, 4년 후에 그들이 졸업할 때의 평점(grade point average, GPA)을 조사하였다. SAT와 GPA의 관계는 [그림 19.14]와 같다.

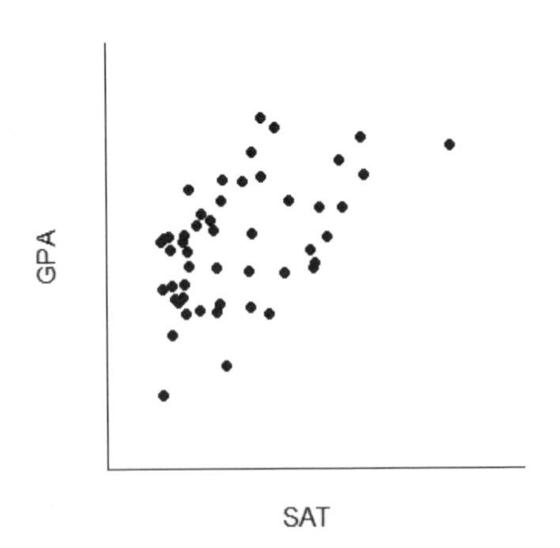

[그림 19.14] SAT와 GPA의 산포도(연구자의 표본)

위 그림의 산포도를 살펴보면 SAT와 GPA 사이에 정적 상관이 있는 것으로 보이나 그렇게 강해 보이지는 않는다. 연구자가 상관계수를 구해 보았더니 $r = 0.2$였다. 연구자는 이 결과를 이용해서 논문을 작성하고 다음과 같은 결론을 내렸다.

'우리가 지금까지 생각해 왔던 것만큼 대학입학시험 점수와 대학생들의 학업수행능력 사이에는 대단한 상관이 있지 않으며, 단지 $r = 0.2$ 정도의 약한 상관이 있을 뿐이다. 모든 대학은 학생의 선발 과정에서 입학시험 점수의 비중을 축소하고, 봉사활동과 동아리 활동 등 다양한 비교과 지표들을 활용하여야 한다.'

상당히 이상적이고 근사해 보이는 결론이다. 하지만 이 연구에는 아주 심각한 허점이 있다. 바로 연구자가 선택한 표본이다. 연구자가 알고 싶은 것은 입학시험 점수와 대학에서의 수행능력 간의 상관이며, 이 연구를 위해서는 입학시험을 치른 모든 학생으로부터 무선적으로 표본을 추출해야 한다. 그런데 연구자는 오직 하버드 대학교 입학생 중에서만 표본을 추출했다. 하버드 대학교에 지원을 하는 학생들은 SAT를 치른 전체 학생 중에서 1%가 되지 않으며, 합격률은 5% 안팎이다. 미국이 우리나라에 비해 상대적으로 대학의 서열화가 덜 이루어져 있다고 하나, 하버드 신입생들은 그야말로 우수한 학생들임에 틀림없고 따라서 SAT 점수 또한 매우 높을 것이다. 즉, 연구에 포함했어야 하는 전체 SAT 점수의 영역 중에서 [그림 19.14]에 있는 고득점의 절단된 자료(truncated data)만을 연구에 사용했고, 이 표본은 연구자의 질문에 대한 답을 제대로 할 수 없다. 만약 이 연구를 제대로 수행하기를 원했다면 입학시험을 치른 모든 학생 중에서 무선적으로 표본을 추출했어야 한다. 이렇게 추출한 표본의 SAT와 GPA의 산포도는 아마도 [그림 19.15]와 같은 모양을 가질 것이다.

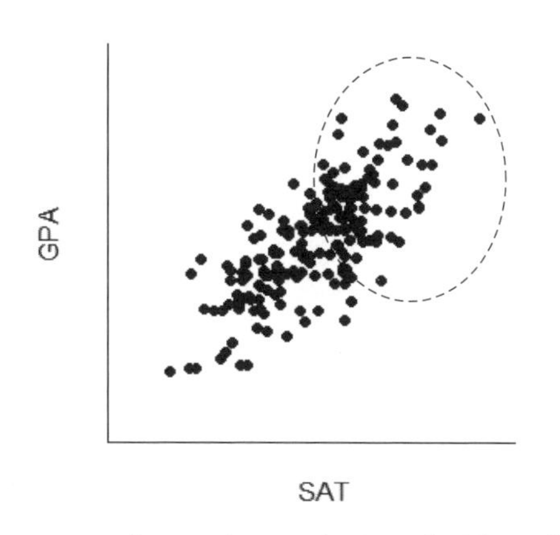

[그림 19.15] SAT와 GPA의 산포도(전체 표본)

위의 두 산포도에서 차이점은 [그림 19.14]에서 SAT의 범위가 1,400~1,600점이라면 [그림 19.15]에서 SAT의 범위는 800~1,600점이라는 것이다. [그림 19.15]의 점선으로 된 원 부분이 [그림 19.14]의 전체 사례인 것이다. [그림 19.15]에 있는 가상의 자료를 이용하여 상관계수를 계산한다면 아마도 $r = 0.7$이 넘는 값이 나올 것이다. [그림 19.14]의 상관계수와 큰 차이가 발생한 것은 바로 SAT의 범위가 다르기 때문이다.

설명한 바와 같이 자료의 일부가 어떤 이유로든 연구에 포함되지 못하여 절단된 자료(truncated data, 일부가 잘려나가고 남겨진 자료)만을 사용했을 때 진실은 위처럼 왜곡된다. SAT와 GPA는 실질적으로 매우 높은 상관을 갖는 것이 진실이지만, 하버드에 입학한 상위의 절단된 자료만을 사용함으로써 SAT와 GPA가 별 상관이 없는 것처럼 오해할 수 있다. 이런 경우는 현실에서 얼마든지 만날 수 있다. 예를 들어, 우울과 불안의 상관계수를 추정하기 위하여 우울이 매우 심각한 임상 집단을 이용한다면 연구자가 알고자 하는 진정한 변수의 관계는 가려질 것이다. 또는 영어 독해능력을 향상시키는 프로그램을 공부에 아무런 흥미가 없는 집단에 대해서만 실시하고 프로그램이 효과가 없다고 말하는 것도 올바른 연구 설계가 아니다.

이질성

상관계수를 구하고자 하는 모집단 또는 표본에 이질적인 집단(heterogeneous groups)이 섞여 있는 경우에 상관계수는 왜곡될 수 있다. 예를 들어, 키와 몸무게의 상관에 관심이 있다고 가정하자. 여자 50명, 남자 50명, 총 100명의 성인 남녀 표본을 수집하여 두 변수의 산포도를 [그림 19.16]과 같이 그렸다. 그림에서 여자는 동그라미(○)로 표현되어 있고, 남자는 세모(△)로 표현되어 있다.

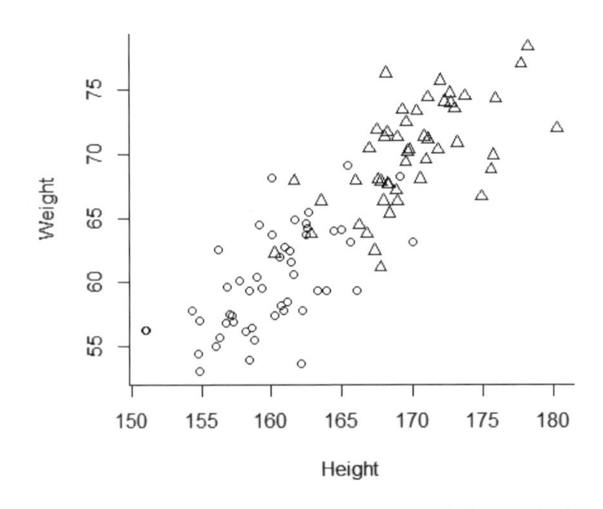

[그림 19.16] 키와 몸무게의 산포도, 여자(○), 남자(△)

위의 산포도를 보면 키와 몸무게 간에 무척이나 강한 정적 상관이 있는 것을 확인할 수 있다. 계산 결과 상관계수 $r = 0.8$로 나타나 산포도의 패턴과 서로 상응하였다. 그런데 이와 같이 신체적으로 다른 특성을 지니고 있는 남녀를 하나의 표본으로 가정하고 신체 변수 간 상관계수를 구하는 것이 옳다고 할 수 있을까? [그림 19.16]을 자세히 보면, 여자들은 대부분 작은 키와 가벼운 몸무게를 가지고 있고, 남자들은 큰 키와 무거운 몸무게를 가지고 있으며, 중간 영역에 서로 겹치는 부분이 나타난다. 위의 자료에서 남녀를 따로 하여 상관계수를 구했을 때, 각각 $r = 0.45$와 $r = 0.50$이었다. 상관이 꽤 있기는 하지만 $r = 0.8$만큼이나 강력한 상관은 아니었다. 서로 이질적인 집단이 섞임으로써 상관이 왜곡되었던 것이다. 참고로 [그림 19.16]은 car 패키지의 scatterplot() 함수를 이용하여 다음과 같이 입력하면 그릴 수 있다.

```
> library(readxl)
> Height <- read_excel("~/05.Intro Stats/04.R/Height.xlsx")
> library(car)
> scatterplot(Weight~Height|Male, data=Height, regLine=FALSE,
+             grid=FALSE, bty="l", legend=FALSE, smooth=FALSE,
+             col="black")
```

필자가 Excel 파일로 가지고 있는 Height 자료(Height와 Weight 및 Male 변수가 포함된 자료)를 read_excel() 함수를 이용하여 R의 Height 데이터 프레임으로 저장하였다. 이에 앞서 read_excel() 함수를 사용하기 위해 library() 함수를 이용하여 readxl 패키지를 R로 로딩한 것을 볼 수 있다. 다음으로 car 패키지를 R로 로딩하였고, scatterplot() 함수를 이용하여 집단별 산포도를 실행하였다. scatterplot() 함수의 가장 기본적인 아규먼트는 formula로서 ~ 표시의 왼쪽에 종속변수 Weight, 오른쪽에 독립변수 Height를 지정한다. 그리고 | 표시 이후에 집단변수 Male을 지정하면 성별 간에 다른 모양의 점을 출력하게 된다. data 아규먼트는 데이터 프레임을 지정하고, regLine 아규먼트는 집단별로 회귀선을 출력하는데 회귀선에 대해서는 다음 장에서 다룬다. grid 아규먼트는 그림에 격자무늬를 넣는 것이고, bty 아규먼트는 박스의 형태를 결정하며, legend 아규먼트는 범례를 표기하고, smooth 아규먼트는 자료의 패턴에 맞는 비모수적 곡선(nonparametric curve)을 추가하고, col 아규먼트는 점의 색깔을 지정한다. 위의 그림에서는 각각의 아규먼트에 대하여 적절하게 선택하였다.

이질적인 집단을 마치 하나의 집단처럼 가정하고 상관을 계산할 때 앞의 예제보다도 더 극적인 문제를 일으키는 예제를 하나 더 제공하고자 한다. 한 연구자가 교육수준(education)과 소득(income)의 관계를 연구하고자 산업계(business field)에 있는 직장인 50명과 교육계(education field)에 있는 직장인 50명, 총 100명의 직장인을 대상으로 교육수준과 소득을 조사하였다. 자료의 산포도가 [그림 19.17]에 제공된다.

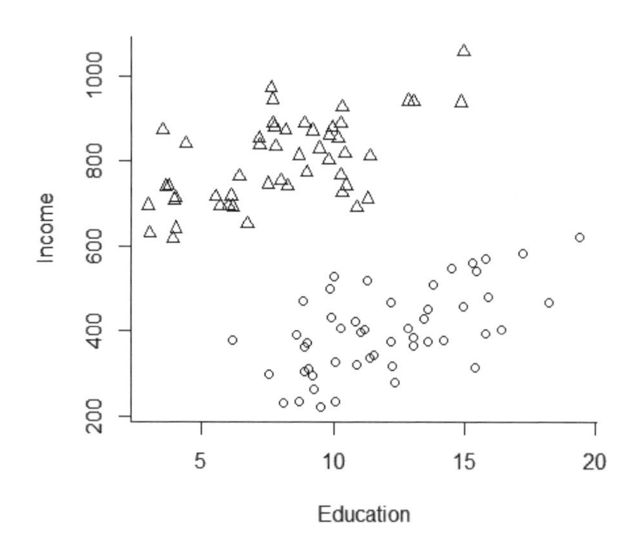

[그림 19.17] 교육수준과 소득의 산포도, 교육계(○), 산업계(△)

그림을 보면, 교육계 집단 내에서는 교육수준이 올라갈수록 소득도 올라가고($r=0.3$), 산업계 집단 내에서도 교육수준이 올라갈수록 소득도 올라가는($r=0.3$) 패턴을 볼 수 있다. 강한 상관은 아니지만, 교육수준이 높을수록 소득이 높다는 일반적인 상식에 어긋나지 않는다. 그런데 전체적으로 교육계 집단이 산업계 집단에 비해 교육수준이 조금 더 높고 소득은 더 낮은 것을 파악할 수 있다. 이로 인하여 교육계 집단은 평면의 오른쪽 아래(4사분면)에 주로 포진되어 있고, 산업계 집단은 평면의 왼쪽 위(2사분면)에 주로 포진되어 있다. 산포도가 전체적으로 위와 같은 형태를 지니므로 두 집단을 모두 포함하여 상관계수를 추정하였을 때 $r=-0.2$였다. 이와 같은 현상을 생태학적 오류(ecological fallacy)라고 하는데, 각 집단 내(within group)에서 변수 간의 관계가 집단 간(between group)에는 다르게 나타나는 현상을 가리킨다. 이질적인 집단이 섞여 있을 때 상관계수는 심지어 관계의 방향이 반대로 추정될 수도 있으므로 주의를 요한다.

19.4.2. 상관과 인과관계

상관계수에 대한 통계학적 지식이 없다고 해도 상관(correlation)과 인과관계(causality 또는 causation)에 대한 이야기는 한 번쯤 들어볼 수도 있었을 것이다. 예를 들어, 2차 대전 이후에 미국의 각 지역에서는 목사의 수가 폭발적으로 증가하였고, 또한 포르노가 합법화되면서 포르노 영화가 빠른 속도로 증가하였다. 지난 수십 년간 배출된 목사의 수와 제작된 포르노 영화의 개수 간에 상관계수를 계산하면 0.9 정도가 나온다고 한다. 즉, 목사의 수와 포르노 영화의 개수 사이에는 강력한 정적 상관이 존재한다. 그렇다면 둘 사이에 인과관계가 있는 것일까? 인과관계란 쉽게 말해 영향을 준다는 것이다. 목사의 수 증가가 포르노 영화의 개수 증가에 영향을 줄 이유도 없고, 포르노 영화의 개수 증가가 목사의 수 증가에 영향을 줄 이유도 찾기 힘들다. 둘의 강력한 정적 상관은 단지 시간이라는 요인에 기댄 우연의 일치일 뿐이다. 사실 시간이라는 변수가 개입하면 거의 모든 변수 간에 강력한 상관이 생긴다. 목사의 수와 자동차의 개수 사이에도 강력한 정적 상관이 있을 것이며, 성인용 포르노 영화의 개수와 심지어 유아용 디즈니 영화의 개수 사이에도 강력한 정적 상관이 있을 것이다.

이와 같은 이유로 학계뿐만 아니라 일반 사람들도 많이 쓰는 표현이 있는데 '상관이 인과관계를 증명하지 못한다(Correlation does not prove(imply) causation)'는 것이다. 인과관계에 대하여 체계적인 정리를 시도한 John Stuart Mill의 이론에 따르면 상관은 인과관계의 세 가지 조건 중 하나일 뿐이다. 즉, 상관은 인과관계의 필요조건 중 하나인 것이다. 참고로 인과관계의 세 가지 조건은 다음과 같다. 첫째, 두 변수 간에는 충분한 상관이 존재해야 한다(empirical association). 둘째, 영향을 주는 변수가 영향을 받는 변수보다 시간적으로 선행해야 한다(temporal precedence). 셋째, 두 변수에 동시에 영향을 주는 제3의 변수, 즉 혼입변수가 통제되어야 한다(nonspuriousness). 이 세 가지 외에 추가적인 조건이 있기도 한데, 이 책의 범위를 넘어가므로 설명은 생략한다. 독자들은 상관과 인과관계의 차이 및 관계에 대하여 정확히 숙지하고 상관계수의 결과를 해석할 때 주의해야 한다.

19.5. 기타 상관계수

두 양적변수 간에 계산하는 Pearson의 상관계수 외에도 상당히 여러 가지 상관계수가 존재한다. 이 중 몇 가지만 간단하게 언급한다. 먼저 이연상관계수 또는 양분상관계수(biserial correlation coefficient)는 인위적으로 두 범주로 나뉜 이분형 변수(artificially dichotomous variable)와 연속형 변수(continuous variable) 사이의 상관을 추정할 때 사용한다. 다음으로 점이연상관계수(point-biserial correlation coefficient)는 한 변수가 이분형 변수(dichotomous variable)이고 또 다른 변수는 연속형 변수일 때, 둘 사이의 상관을 추정하기 위해 사용한다. 그리고 또 두 이분형 질적변수에 대하여 사용할 수 있는 ϕ계수가 있다. 앞에서 자세히 설명했으므로 더 이상의 설명을 생략한다. 마지막으로 소개하고자 하는 상관계수는 Spearman의 순위상관계수(rank correlation coefficient)로서 두 개의 서열척도로 측정된 변수의 상관을 추정하기 위해 사용한다.

소개한 여러 상관계수 외에도 더 많은 종류의 상관계수가 존재하나 이 책의 목적에 비추어 설명하는 것은 적절치 않은 듯하다. 사실 바로 위에 언급한 대부분의 기타 상관계수들조차도 대다수의 사회과학통계를 하는 연구자들에게는 평생 한 번도 사용하지 않을 수 있는 것들이다. 만약 필요하다면 쉽게 여러 책이나 Google을 통하여 찾을 수 있으니 그때 배우면 될 것으로 생각한다.

제20장 단순회귀분석

앞 장에서는 공분산과 상관계수를 통하여 두 양적변수 간의 선형적인 관계를 탐색하였다. 연구자들은 단지 두 변수 간에 상관이 있다 없다를 넘어서 두 변수의 선형적인 관계를 하나의 함수로 나타내는 분석 방식을 사용하고자 한다. 이와 같이 두 변수의 관계를 하나의 수식으로 나타내는 통계적 모형을 회귀분석(regression analysis)이라고 한다. 회귀분석은 한 변수를 통하여 다른 변수를 설명하거나 예측하고자 하는 목적으로 사용하는 경우가 일반적이며, 이때 예측하는 변수는 독립변수, 예측변수(predictor), 설명변수(explanatory variable) 등으로 불리고, 예측을 받는 변수는 종속변수, 준거변수(criterion), 반응변수(response variable) 등으로 불린다. 회귀분석을 최초로 개발한 Galton(1886)은 부모의 키를 이용하여 자식의 키를 설명하고 예측하고자 하는 목적에서 회귀의 개념을 소개하였다. 회귀모형의 회귀(regression)는 그의 논문 'Regression towards mediocrity in hereditary stature'에서 온 것이다.[74] 회귀분석은 예측하는 변수의 개수에 따라 종류가 나뉘기도 하는데, 예측변수가 하나일 때 단순회귀(simple regression), 여러 개일 때는 다중회귀(multiple regression) 분석이라고 한다. 이번 장에서는 단순회귀분석 모형의 원리가 무엇인지, 상관에서 어떻게 더 발전된 분석 방법인지 등에 대하여 다룬다.

20.1. 상관과 회귀

단순회귀분석은 두 변수 사이의 관계를 수식으로 모형화(modeling)하는 통계분석법

74) Francis Galton은 유전학자이자 계량심리학자이고 인류학자이면서 사회학자이고 동시에 통계학자이기도 하는 등 다양한 학문 분야에서 발자취를 남긴 위대한 학자였다. 그중에서도 인류학 저널에 실렸던 사람의 키가 평균으로 회귀한다는 1886년 논문은 평균보다 큰 키를 지닌 부모의 자식은 평균보다는 크지만 부모보다는 작을 것이고, 평균보다 작은 키를 지닌 부모의 자식은 평균보다는 작지만 부모보다는 클 것이라는 유전적이고 확률적인 내용을 담고 있다.

으로서 이론적으로 상관계수의 발전된 형태이다. 그러므로 단순회귀분석은 두 변수 사이의 상관을 보여 주는 산포도를 통하여 간단하게 그 원리나 목적을 이해할 수 있다. 예를 들어, [표 19.1]에서 사용했던 자료인 우울과 불안의 관계는 상관계수 $r=0.615$로서 꽤 강한 정적 상관을 보여 주었다. 연구자는 단지 관계의 강도와 방향성뿐만 아니라 두 변수의 선형적 관계를 하나의 수식으로 나타내어 변수 간의 예측이나 설명에 사용하고자 한다. 달리 말해, 기본적으로 $r=0.615$가 있다는 것은 두 변수 사이에 선형적인 관계가 있다는 것이므로 그 선형적인 관계가 무엇인지 찾겠다는 것이 바로 단순회귀분석의 목표라고 할 수 있다. 즉, 단순회귀분석이란 [그림 20.1]에 보이는 것처럼 두 변수의 관계의 패턴, 즉 산포도를 관통하는 선형식(linear equation)을 찾는 작업이다.

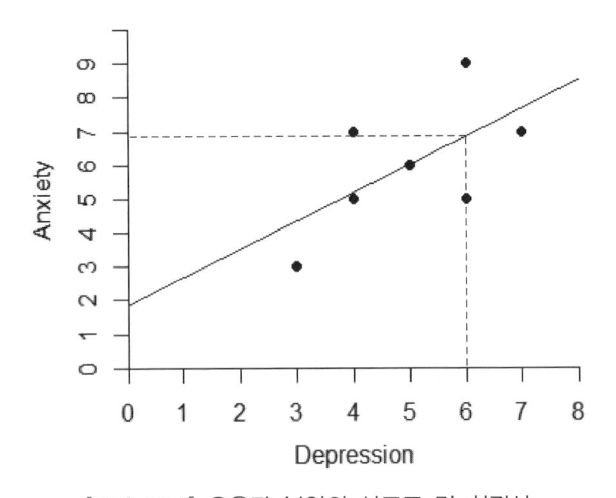

[그림 20.1] 우울과 불안의 산포도 및 회귀선

단순회귀분석에서 이렇게 산포도를 관통하는 직선을 회귀선(regression line)이라고 한다. 선(line)이라는 것은 1차 방정식(linear equation)을 기하학적으로 표현한 것이므로 일반적으로 회귀선을 회귀식(regression equation)이라고 부른다. 산포된 자료의 중심을 통과하는 선은 물론 수없이 많이 존재할 것인데, 그중 회귀선을 가장 적합한 선(best line)이라고 한다. 'best line'의 의미는 뒤에서 설명할 것인데, 쉽게 말해 두 변수의 관계를 가장 잘 나타내 주는 선이라고 보면 된다.

단지 두 변수 관계의 방향과 강도를 보여 주는 상관계수에 비해 회귀분석은 위의 예제처럼 두 변수의 관계를 수식(회귀선)으로 나타낸다. 여기에 더하여 회귀분석은 상관계수에서는 하지 않았던 두 변수의 역할을 구분 짓는 작업을 한다. 즉, 두 변수를 예측(또는 설명)[75]을 하는 독립변수와 예측(또는 설명)을 받는 종속변수로 구분하고, 독립변수는 가로축(x축)에 종속변수는 세로축(y축)에 위치시켜 산포도와 회귀선을 구한다. 예측은 회귀분석의 가장 큰 목적 중 하나인데, 우울 정도를 통하여 불안 정도를 예측할 수도 있고, 키를 통해 몸무게를 예측할 수도 있고, 대학입학시험(SAT) 점수를 통해 대학생활 전체의 평점(GPA)을 예측할 수도 있다. 예를 들어, 위의 자료에서 우울의 점수가 6점일 때, 실제 불안의 점수는 5점인 사람도 있고, 9점인 사람도 있다. 그런데 회귀선을 이용해서 예측을 하면 우울이 6점인 사람의 불안은 대략 7점이 조금 못 미치는 정도가 된다. 즉, 위의 회귀선은 주어진 우울의 점수에서 평균적으로 기대되는 불안의 점수를 연결해 놓은 선으로서 예측을 위해 사용되는 기준이라고 볼 수 있다. 이런 이유로 회귀선을 예측선(predicted line)이라고 부르기도 한다.

20.2. 회귀모형

통계모형(statistical model)은 모집단(population) 수준에서 모수(parameters)와 함께 정의되며, 연구자는 표본을 이용하여 모수를 추정하고, 추정치(estimate)를 이용하여 모집단을 추론한다. 회귀분석 모형도 다를 바 없다. 지금부터 모집단 수준에서 회귀모형(regression model)을 정의하고, 회귀선(regression line)은 무엇인지 간략하게 설명한다. 독립변수를 X라고 가정하고 종속변수를 Y라고 가정할 때, 임의의 사례 $i(i=1,2,...n)$에 대한 단순회귀모형은 [식 20.1]과 같다.

$$Y_i = \beta_0 + \beta_1 X_i + e_i \qquad \text{[식 20.1]}$$

위에서 Y_i는 i번째 사례의 Y점수, X_i는 i번째 사례의 X점수, β_0(beta zero)는 회귀식의 절편(intercept) 모수, β_1(beta one)은 회귀식의 기울기(slope) 모수, e_i는 i번째 사례의 오차(error) 또는 잔차(residual)를 의미한다. 위의 식은 각 사례의 Y_i 값이 회귀선과 오차를 이용하여 설명가능하다는 것을 의미한다. 참고로 단순회귀모형은

75) 회귀분석에서 설명(explanation)과 예측(prediction)은 뜻이 구분되어야 하는 용어이다. 설명이 인과관계에 기반한 두 변수 간의 관계(즉, 영향 관계)에서 사용되는 용어라면, 예측은 인과관계 또는 영향 관계와 상관없는 두 변수의 상관에서 사용될 수 있다. 예를 들어, 부모의 키로 자식의 키를 설명할 수는 있지만, 자식의 키로 부모의 키를 설명할 수는 없다. 반면 부모의 키로 자식의 키를 예측할 수 있으며, 자식의 키로 부모의 키를 예측할 수도 있다.

아래 첨자 i 없이 정의하는 것도 가능하다. X_i, Y_i 등은 사례 i의 값을 의미하므로 단 하나의 값이기도 하지만, 동시에 임의의 값으로서 $i=1,2,...,n$이므로 X_i와 Y_i가 각각 변수 X와 Y를 대표한다고 볼 수도 있다. 그런 이유로 회귀모형은 아래 첨자 i를 이용하여 [식 20.1]로 쓸 수도 있고, i 없이 $Y=\beta_0+\beta_1X+e$로 쓸 수도 있다. 다만 $\beta_0+\beta_1X_i+e_i$로 쓴 경우에는 개별값에 더 의미를 두고, $\beta_0+\beta_1X+e$로 쓴 경우에는 집합적인 모형이나 회귀선에 더 의미를 두는 경향이 있다. 이 책에서는 둘의 차이에 큰 의미를 두지는 않으나, 가진바 의미에 따라 상황과 맥락에 맞게 적절하게 사용한다.

회귀모형을 설명하기 위해 먼저 논의의 수준을 모집단이라고 가정하자. 아래 그림의 몇 안 되는 사례들을 모집단의 전체 사례들이라고 가정하면, [식 20.1]의 단순회귀분석 모형은 [그림 20.2]처럼 회귀선($\beta_0+\beta_1X_i$ 또는 $\beta_0+\beta_1X$)과 오차(e_i 또는 e)로 나뉜다. 달리 말해, Y_i는 $\beta_0+\beta_1X_i$와 e_i에 의해서 설명된다. 회귀선은 산포도를 관통하는 가장 적절한 선이고, 오차는 시각적으로 각 점에서 회귀선에 닿는 수직거리를 가리킨다.

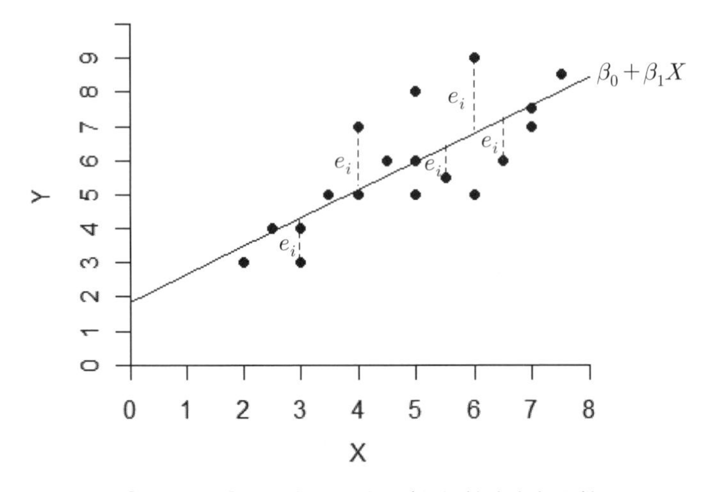

[그림 20.2] 단순회귀분석 모형의 회귀선과 오차

위의 그림에서 산포도를 관통하는 회귀선 $\beta_0+\beta_1X$는 모든 i에 대하여 $\beta_0+\beta_1X_i$ 값을 연결해 놓은 선이다. 그리고 오차란 사례의 Y_i 점수와 그 사례에 해당하는 회귀선 $\beta_0+\beta_1X_i$ 값의 차이를 의미한다($e_i=Y_i-(\beta_0+\beta_1X_i)$). 회귀선 위에 있는 점들의 오차는 모두 양수이며, 회귀선 아래에 있는 점들의 오차는 음수이고, 회귀선상에 있는 점들의 오차는 0이 된다. 그리고 위의 그림에는 모든 오차를 나타낼 수 없어 임의의 몇 개만 점선을 이용하여 표시하였는데, 오차는 사례의 개수만큼 존재한다. 오차는 여러 면으로 회귀분석에서 매우 중요한 위치를 차지하는데, 먼저 회귀분석의 기본적인 가정은 [식 20.2]처럼 오차에 대하여 존재한다.

$$e_i \sim N(0,\sigma^2) \quad \text{[식 20.2]}$$

위의 식은 오차 e_i가 평균이 0이고 분산이 σ^2(임의의 특정한 상수)인 정규분포를 따른다는 것을 의미한다. 이는 e_i 값들이 0 주위에 상대적으로 높은 밀도(density)를 갖고 0에서 멀어질수록 낮은 밀도를 갖는다는 것을 의미한다. 쉽게 말해, 회귀선 주위에 많은 사례들이 있고, 회귀선에서 멀어질수록 사례의 개수가 감소하게 됨을 가리킨다.

어쨌든 [그림 20.2]를 정리해 보면, $\beta_0 + \beta_1 X_i$ 부분은 회귀선을 의미하며, 회귀분석 모형은 오차 e_i를 포함하는 것으로서 산포도상에 있는 모든 점을 아우르는 개념이다. 이제 회귀모형의 핵심이랄 수 있는 회귀선($\beta_0 + \beta_1 X$)의 의미와 해석을 살펴보도록 한다. [그림 20.3]에 회귀선의 절편과 기울기가 표시되어 있다.

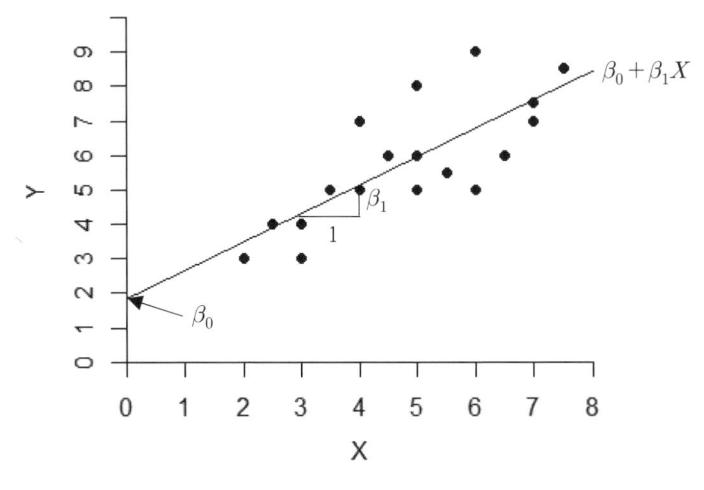

[그림 20.3] 회귀선의 절편과 기울기

위에서 β_0는 회귀선의 절편 모수로서 $X=0$일 때의 기대되는 Y값이 된다. β_1은 기울기 모수로서 X가 변할 때 Y가 변하는 정도($\beta_1 = \Delta Y / \Delta X$)를 의미하는데, 쉽게 말하자면 X가 한 단위 증가할 때 변화하는 Y의 크기이다. 즉, 위 그림의 회귀선은 주어진 X에 대한 Y의 기대값으로서 [식 20.3]과 같이 표현하기도 한다.

$$E(Y|X) = \beta_0 + \beta_1 X \quad \text{[식 20.3]}$$

그리고 만약 [그림 20.3]과 같이 X와 Y가 서로 정적 상관을 갖는다면 β_1의 부호는 양수가 되고, 만약 부적 상관을 갖는다면 β_1의 부호는 음수가 된다. 즉, X와 Y의 상관계수와 β_1의 부호는 동일하다.

20.3. 모형의 추정

앞에서 설명한 회귀모형과 회귀선 및 오차 등은 모두 모집단의 수준에서 모수로 정의되는 것들이다. 연구자는 표본을 통하여 모형을 추정(예를 들어, 모수 β_0와 β_1을 추정)하고 이를 통하여 모집단을 추론하게 된다.

20.3.1. 회귀선의 추정

이제 모집단이 아닌 표본의 산포도에서 자료를 관통하는 회귀선을 구해야 한다. 이렇게 추정된 회귀식(estimated regression line 또는 fitted regression line) 또는 추정된 회귀모형(estimated regression model)은 [식 20.4]와 같다.

$$\hat{Y}_i = \hat{\beta}_0 + \hat{\beta}_1 X_i \quad \text{[식 20.4]}$$

위에서 $\hat{Y}_i$은 i번째 사례의 예측값이고, $\hat{\beta}_0$(beta zero hat)과 $\hat{\beta}_1$(beta one hat)은 모형의 모수인 β_0와 β_1의 추정치이다. 위의 추정된 회귀식에서 X_i의 위에만 ^(hat)이 없는데, 이유는 X_i가 추정된 값이 아니기 때문이다. 회귀분석에서 X_i는 주어진 고정값(fixed values)으로 가정한다. 또한 앞과 마찬가지로 추정된 회귀식도 i 없이 $\hat{Y} = \hat{\beta}_0 + \hat{\beta}_1 X$로 쓰는 것이 얼마든지 가능하다. 그리고 모수는 그리스 문자를 이용하여 표기하고 추정치는 모수 위에 ^ 표기를 이용하는 것이 통계학을 사용하는 사람들 사이의 약속이지만, 특히 응용통계학(applied statistics)을 하는 여러 학문 영역에서 회귀모형의 추정치를 로만 알파벳 B_0(b zero)와 B_1(b one)으로 쓰는 경향이 있다. 그러므로 추정된 회귀식을 [식 20.5]와 같이 쓰기도 한다.

$$\hat{Y}_i = B_0 + B_1 X_i \quad \text{[식 20.5]}$$

위에서 B_0는 절편의 추정치, B_1은 기울기의 추정치를 의미한다. B_0와 B_1은 소문자를 이용하여 b_0와 b_1으로 쓰는 경우도 있다. 우울을 X, 불안을 Y라고 할 때, 연구자의 표본상에서 추정된 회귀식 $\hat{Y}_i$과 절편 및 기울기 추정치, 오차 등을 표시하면 [그림 20.4]와 같다. 아래의 그림은 모집단에서 정의되는 [그림 20.2] 및 [그림 20.3]과 상당히 비슷하지만, 모두 표본상에서 사용하는 표기법을 이용한 것이다. 사실 우리가 모집단을 가지고 있는 경우는 거의 없으므로, 실질적인 회귀분석의 논의는 모두 아래에 보이는 그림을 이용하게 된다.

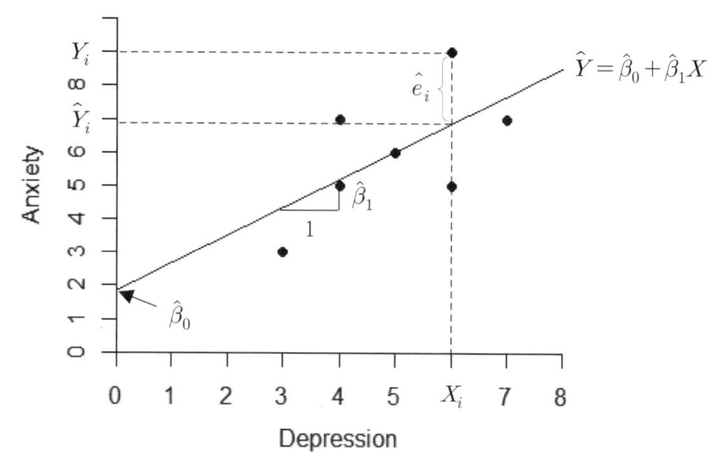

[그림 20.4] 우울과 불안의 회귀선과 오차

예를 들어, 회귀선은 이제 $\beta_0 + \beta_1 X$가 아니라 표본을 통해 추정된 $\hat{\beta}_0 + \hat{\beta}_1 X$, 즉 $\hat{Y}$이다. 오차도 e_i가 아닌 추정된 오차 $\hat{e}_i$이 된다. 위의 그림에서 임의의 X_i에 대한 실제 Y의 값은 Y_i이고, 추정된 회귀선의 예측값은 $\hat{Y}_i$이다. 그러므로 실제 Y_i 값과 추정된 $\hat{Y}_i$ 값의 수직거리 차이인 오차 $\hat{e}_i$은 $Y_i - \hat{Y}_i$으로 정의된다($\hat{e}_i = Y_i - \hat{Y}_i$). 그리고 편의상 모집단의 오차든 표본의 오차든 모두 e_i로 쓰는 경우가 많으므로 ^ 표시를 넣느냐 넣지 않느냐에 너무 심각한 구분을 짓지 않아도 된다.

표본 자료를 이용하여 회귀분석 모형을 추정하고 결과를 나타내는 과정을 [식 20.4]와 [그림 20.4]를 통해 대략 살펴보았는데, 그래서 궁금한 것은 실질적으로 어떻게 모형으로부터 회귀선을 추정하는가이다. 즉, $\hat{\beta}_0$과 $\hat{\beta}_1$을 어떻게 구할 수 있을지 궁금하다. 산포도를 뚫고 지나가는 선들은 수없이 많이 존재하는데 어떤 조건을 만족하는 선을 구해야 가장 적합한 선(best line)이라고 할 수 있을까? 회귀선을 추정하는 여러 방법이 존재하지만 가장 기본이 되는 것은 보통최소제곱(ordinary least squares, OLS) 추정이다. OLS의 기본적인 아이디어는 오차들을 최소화하는 회귀선을 구하는 것이다. 추정치를 구하는 작업은 모집단 모형으로부터 시작하는 것이므로 모형의 오차는 [식 20.6]과 같다.

$$e_i = Y_i - (\beta_0 + \beta_1 X_i) \quad \text{[식 20.6]}$$

오차는 사례의 개수만큼 존재하고, 기본적으로 양수와 음수가 혼재하기 때문에 오차의 합을 최소화하는 것은 의미가 없다. 그런 이유로 오차의 제곱의 합(sum of squares of errors)을 최소화하는 회귀선을 구하는 것이 OLS이다. 즉, e_i^2의 합을 최소화하는 $\hat{\beta}_0$과 $\hat{\beta}_1$을 구한다. 이는 다른 말로 β_0와 β_1에 대하여 $\sum e_i^2$를 최소화하는 것으로서 [식 20.7]을 풀어야 한다는 것을 의미한다.

$$\min_{\{\beta_0, \beta_1\}} \sum_{i=1}^{n} e_i^2 = \min_{\{\beta_0, \beta_1\}} \sum_{i=1}^{n} (Y_i - \beta_0 - \beta_1 X_i)^2 \quad \text{[식 20.7]}$$

위의 식을 풀기 위해서는 두 번의 편미분(partial derivative)을 해야 하는데 그 과정은 이 책의 목적에 맞지 않으므로 생략하고, 결과만 [식 20.8]에 제공한다. 궁금한 독자들은 그 어떤 회귀분석 책을 찾아보아도 거의 다 위의 식을 푸는 과정을 발견할 수 있을 것이고 Google에서도 쉽게 찾을 수 있을 것이다.

$$\hat{\beta}_1 = r_{XY} \frac{s_Y}{s_X}, \quad \hat{\beta}_0 = \overline{Y} - \hat{\beta}_1 \overline{X} \quad \text{[식 20.8]}$$

위의 결과는 연구자가 변수 X와 Y를 이용하여 상관계수(r_{XY}), Y표준편차(s_Y), X표준편차(s_X)를 계산하면 기울기 추정치 $\hat{\beta}_1$을 구할 수 있고, Y평균($\overline{Y}$) 및 X평균($\overline{X}$)을 추가로 계산하면 절편 추정치 $\hat{\beta}_0$도 구할 수 있음을 의미한다. 이렇게 오차의 제곱의 합을 최소화하는 회귀선을 'best line'이라고 한다. 위에서 기울기 추정치 $\hat{\beta}_1$은 [식 20.9]와 같이 다시 쓸 수 있다.

$$\hat{\beta}_1 = r_{XY} \frac{s_Y}{s_X} = \frac{s_{XY}}{s_X s_Y} \frac{s_Y}{s_X} = \frac{s_{XY}}{s_X s_X} = \frac{\frac{SCP}{n-1}}{\sqrt{\frac{SS_X}{n-1}} \sqrt{\frac{SS_X}{n-1}}} = \frac{SCP}{SS_X}$$

[식 20.9]

위에서 SCP는 교차곱의 합, SS_X는 X의 제곱합이다. 결국 기울기는 교차곱의 합을 X의 제곱합으로 나눈 값으로 추정된다. 우울과 불안의 자료를 이용하여 기울기를 추정하기 위해 X의 제곱합과 X와 Y의 교차곱을 구하는 과정이 [표 20.1]에 제공되어 있다.

[표 20.1] 우울과 불안 점수의 제곱합과 교차곱

Subject id	X_i	Y_i	$X_i - \overline{X}$	$Y_i - \overline{Y}$	$(X_i - \overline{X})^2$	$(X_i - \overline{X})(Y_i - \overline{Y})$
1	5	6	0	0	0	0
2	4	7	−1	1	1	−1
3	6	5	1	−1	1	−1
4	7	7	2	1	4	2
5	4	5	−1	−1	1	1
6	3	3	−2	−3	4	6
7	6	9	1	3	1	3

$SS_X = \sum(X_i - \overline{X})^2 = 12$, $SCP = \sum(X_i - \overline{X})(Y_i - \overline{Y}) = 10$임을 알 수 있다. 이를 이용하여 기울기를 추정하면 다음과 같다.

$$\hat{\beta}_1 = \frac{SCP}{SS_X} = \frac{10}{12} = 0.833$$

$\overline{X} = 5$, $\overline{Y} = 6$이므로 절편은 다음과 같이 추정된다.

$$\hat{\beta}_0 = \overline{Y} - \hat{\beta}_1 \overline{X} = 6 - 0.833 \times 5 = 1.835$$

결과를 종합하면 추정된 선형 회귀식은 다음과 같다.

$$\hat{Y}_i = 1.835 + 0.833 X_i$$

실제 변수를 대입하여 위의 추정된 회귀식을 다음과 같이 해석한다. 우울이 0점일 때 기대되는 불안의 값은 1.835점이며, 우울이 1점 증가할 때 불안은 0.833점이 증가할 것이 예상된다. 해석상의 이유로 추정된 회귀식을 제공할 때 변수의 이름을 아래와 같이 직접 입력하는 것도 꽤 일반적이다.

$$\widehat{Anxiety} = 1.835 + 0.833 Depression$$

20.3.2. 오차분산의 추정

[식 20.1]의 단순회귀모형에서 모수 β_0와 β_1을 추정함으로써 추정된 회귀선을 얻을 수 있었다. 식에서 남은 부분은 오차(또는 예측오차[prediction error]라고도 함)인데, 오차는 변수로서 이 값들을 모두 추정한다는 것은 효율적이지 못하다. 다시 말해, $\hat{e}_1$, $\hat{e}_2$, $\hat{e}_3$,... 등을 모두 추정한다는 것은 사례의 개수가 많은 경우에 상당히 복잡해질 수 있다. 물론 필요에 따라 모든 오차를 추정하기도 하고 R을 이용하면 어려운 것도 아니지만, 일반적으로는 오차 추정치의 분산 또는 표준편차를 추정한다. 오차 추정치 $\hat{e}_i = Y_i - \hat{Y}_i$이므로 분산 추정은 [식 20.10]과 같이 이루어진다.

$$\hat{\sigma}^2 = s^2_{Y.X} = \frac{1}{n-2}\sum_{i=1}^{n}\hat{e}_i^2 = \frac{1}{n-2}\sum_{i=1}^{n}(Y_i - \hat{Y}_i)^2 \qquad \text{[식 20.10]}$$

조금 복잡하게 들릴지 모르겠지만, 위의 $s^2_{Y.X}$(s squared y dot x)는 오차 추정치의 분산 추정치를 의미한다. 단순히 오차의 분산 추정치라고 하는 것이 더 일반적이다. 위에서 $\sum_{i=1}^{n}(Y_i - \hat{Y}_i)^2$는 오차의 제곱합이며 $n-2$는 $\hat{\sigma}^2$을 구하기 위한 자유도이다. $\hat{\sigma}^2$을 구할 때, 이미 추정된 회귀선 $\hat{Y}_i$(추정치 두 개[$\hat{\beta}_0$과 $\hat{\beta}_1$] 포함)을 이용하므로 자유도는 n에서 2를 빼 준 값이 된다. 그리고 [식 20.11]처럼 제곱근을 씌운 $s_{Y.X}$를 오차 추정치의 표준오차, 즉 추정의 표준오차(standard error of estimate)라고 하여 더 많이 이용한다.

$$s_{Y.X} = \sqrt{\frac{1}{n-2}\sum_{i=1}^{n}(Y_i - \hat{Y}_i)^2} \qquad \text{[식 20.11]}$$

추정의 표준오차는 회귀분석에서 예측이 얼마나 정교하게 이루어지고 있는지를 판별하는 측정치의 의미를 지니며, 평면상에서 각 점과 회귀선의 수직거리의 평균이라고 생각하면 무리가 없다. 즉, 오차의 평균적인 절대크기라고 할 수 있다. 추정의 표준오차는 [식 20.12]와 같이 구할 수도 있다.

$$s_{Y.X} = s_Y\sqrt{(1 - r^2_{XY})} \qquad \text{[식 20.12]}$$

위에서 s_Y는 Y의 표준편차, r_{XY}는 X와 Y의 상관계수를 가리킨다. 우울과 불안의 자료를 이용하여 추정의 표준오차를 구하는 과정이 [표 20.2]에 제공되어 있다.

[표 20.2] 우울과 불안 점수 자료의 오차 제곱합

Subject id	X_i	Y_i	$\hat{Y}_i = 1.835 + 0.833X_i$	$Y_i - \hat{Y}_i$	$(Y_i - \hat{Y}_i)^2$
1	5	6	6.000	0.000	0.000
2	4	7	5.167	1.833	3.360
3	6	5	6.833	−1.833	3.360
4	7	7	7.666	−0.667	0.444
5	4	5	5.167	−0.167	0.028
6	3	3	4.334	−1.334	1.780
7	6	9	6.833	2.167	4.696

위의 표에서 $Y_i - \hat{Y}_i$은 예측오차이고, 오차의 제곱합은 아래와 같이 계산된다.

$$\sum_{i=1}^{n}(Y_i - \hat{Y}_i)^2 = 0.000 + 3.360 + 3.360 + 0.444 + 0.028 + 1.780 + 4.696 = 13.667$$

그러므로 오차의 분산 추정치를 구해 보면 다음과 같다.

$$s_{Y.X}^2 = \frac{1}{n-2}\sum_{i=1}^{n}(Y_i - \hat{Y}_i)^2 = \frac{13.667}{7-2} = 2.733$$

오차의 분산 추정치에 제곱근을 씌워 추정된 표준오차를 다음과 같이 구한다.

$$s_{Y.X} = \sqrt{\frac{1}{n-2}\sum_{i=1}^{n}(Y_i - \hat{Y}_i)^2} = \sqrt{2.733} = 1.653$$

즉, 각 점은 회귀선으로부터 평균적으로 1.653 수직거리만큼 떨어져 있다. 즉, 오차의 평균적인 절대크기는 대략 1.653이다. 이와 같은 해석이 가능한 이유는 제5장에서 표준편차의 해석을 소개할 때 설명하였다.

20.3.3. 표준화 추정치

앞에서 논의한 회귀모형의 절편 및 기울기는 변수 X와 Y가 원래의 단위를 가진 상태에서 정의된 것이다. 이와 같은 β_0와 β_1을 비표준화 모수(unstandardized parameters)라고 한다. 때때로 변수 X와 Y를 표준화한 상태에서 회귀분석을 진행하고 결과를 해석하곤 한다. 예를 들어, z_X와 z_Y가 각각 X와 Y의 표준화 변수라고 하면, 두 표준화

변수 사이에 회귀모형을 [식 20.13]과 같이 설정할 수 있다.

$$z_Y = \beta_0^s + \beta_1^s z_X + e \qquad \text{[식 20.13]}$$

위에서 β_0^s(standardized beta zero)와 β_1^s(standardized beta one)은 표준화된 변수를 통해서 정의되는 절편과 기울기 모수로서 표준화 모수(standardized parameters)라고 한다.[76] 표준화 모수의 추정은 [식 20.8]을 활용하면 [식 20.14]처럼 비교적 쉽게 할 수 있다.

$$\hat{\beta}_1^s = r_{XY}\frac{s_Y}{s_X} = r_{XY},\ \hat{\beta}_0^s = \overline{Y} - \hat{\beta}_1^s\overline{X} = 0 \qquad \text{[식 20.14]}$$

위에서 표준화 기울기 추정치는 r_{XY}(X와 Y의 상관계수)이며, 표준화 절편 추정치는 0이다. 이는 표준화 변수 X와 Y의 평균은 0이고 표준편차는 1이기 때문에 성립하는 것이다. 절편과 기울기의 해석은 비표준화 모수와 다를 것 없다. 절편은 $X=0$일 때 기대되는 Y값이므로, $\hat{\beta}_0^s = 0$이라는 것은 $z_X = 0$일 때 $z_Y = 0$이라는 것을 의미한다. 그리고 기울기는 X가 한 단위 증가할 때 기대되는 Y의 변화량이므로, $\hat{\beta}_1^s = r_{XY}$라는 것은 z_X가 1표준편차만큼 증가할 때 z_Y는 r_{XY}표준편차만큼 변화할 것이 기대된다는 것을 의미한다. 우울과 불안 자료에서 표준화된 모수를 추정해 보면 아래와 같이 쉽게 얻을 수 있다.

$$\hat{\beta}_1^s = r_{XY} = 0.615,\ \hat{\beta}_0^s = 0$$

우울의 표준화 점수가 0일 때(즉, 우울이 평균적인 수준일 때) 불안의 표준화 점수도 0이고(즉, 불안이 평균적인 수준이고), 우울이 1표준편차만큼 증가할 때 불안은 0.615 표준편차만큼 증가할 것이 기대된다고 할 수 있다. 표준화 절편과 기울기는 위와 같이 직접적인 해석을 하는 경우는 매우 드물고, 독립변수의 단위가 다를 때 각 독립변수가 종속변수에 미치는 효과를 비교하는 목적으로 사용되는 것이 일반적이다. 이런 이유로 독립변수가 한 개인 단순회귀분석보다는 여러 개인 다중회귀분석에서 더욱 유용하다.

---

76) 사회과학 등의 응용통계 영역에서 모수의 추정치를 B_0와 B_1(또는 b_0와 b_1)으로 사용하기도 한다고 언급하였다. 이렇게 비표준화 회귀 추정치를 B_0와 B_1으로 논문 등에 보고하는 경우에 표준화 회귀 추정치는 β_0와 β_1으로 보고하는 경우가 빈번하다. 물론 이런 경우에 모수의 표기법과 겹치는 문제가 발생하는데, 논문에 모수를 보고할 일은 없으므로 큰 문제가 생기지는 않는다.

20.4. 회귀모형의 평가

표본을 통하여 회귀식을 추정하였다면 이제 그 회귀식이 얼마나 믿을 수 있는지를 확인해야 한다. 다시 말해, 독립변수 X를 통하여 Y를 예측하려고 하는 것이 타당한 것인지를 조사해야 한다. 이를 위해서는 바로 위에서 정의했던 추정의 표준오차를 사용할 수가 있다. 추정의 표준오차는 회귀분석에서 예측이 얼마나 정교하게 이루어지고 있는지를 판별하는 측정치의 의미를 가지고 있으며, 평면상에서 각 점과 회귀선 간 수직거리의 평균개념이라고 앞에서 설명했다. 그러므로 추정의 표준오차가 작을수록 관찰된 점들은 회귀선에 더 근접해 있다는 것을 의미하고, 회귀선이 두 변수의 관계를 잘 설명하고 있다고 할 것이다. 그런데 문제는 추정의 표준오차가 얼마나 작아야 충분히 작다고 할 수 있는지에 대한 기준이 존재하지 않는다는 것이다. 더군다나 추정의 표준오차는 변수 Y의 단위에 의존적이므로 더욱더 하나의 기준을 결정하는 것이 가능하지 않다.

20.4.1. 결정계수

회귀분석에서는 모형이 얼마나 적합한지에 대한 평가로서 'Y의 변동성 중 X의 변동성에 의해서 설명되는 비율' 또는 'Y의 분산 중 X에 의해 설명되는 비율' 또는 'Y의 분산 중 회귀선($\hat{Y}$)에 의해 설명되는 비율'이라는 의미를 지니는 결정계수(coefficient of determination) R^2(r squared)를 이용하는 것이 일반적이다. 어째서 이런 표현이 모형이 얼마나 적합한지에 대한 평가지표가 될 수 있는 것일까? 회귀분석에서 모형이 타당하다 또는 적합하다는 것은 독립변수 X가 종속변수 Y를 잘 예측 또는 설명하고 있다는 것을 의미한다. 만약 독립변수 X에 점수의 차이가 존재하고 그 점수의 차이가 종속변수 Y에 존재하는 점수의 차이를 설명할 수 있다면, X가 Y를 설명한다고 말한다. 이는 통계학에서 자주 쓰는 '차이가 차이를 설명한다(Differences explain differences)'라는 표현과 맞닿아 있다. 그리고 차이라는 것은 변수 안에 변동성(variability)을 만들어 낸다. 그러므로 변수 Y에 존재하는 차이 중에서 변수 X에 존재하는 차이에 의해 설명이 되는 비율, 다른 말로 변수 Y의 변동성 중 변수 X의 변동성에 의해 설명되는 비율이야말로 회귀모형이 얼마나 타당하고 적합한지에 대해서 말해주게 된다.

위와 같은 개념을 바탕으로 단순회귀분석의 R^2는 크게 두 가지 방식으로 정의되고 이해될 수 있는데, 먼저 편차와 제곱합을 이용한 설명을 제공한다. 우울과 불안 자료에서 일곱 번째 사례($X=6$, $Y=9$)를 이용하여 세 가지 종류의 편차인 전체 편차(total deviation), 설명된 편차(explained deviation), 설명되지 않은 편차(unexplained deviation)를 [그림 20.5]에 표시하였다. 그림에는 앞에서 보인 회귀선($\hat{Y}$) 외에 Y의 평균선($\overline{Y}$)이 더해져 있는 것을 볼 수 있다.

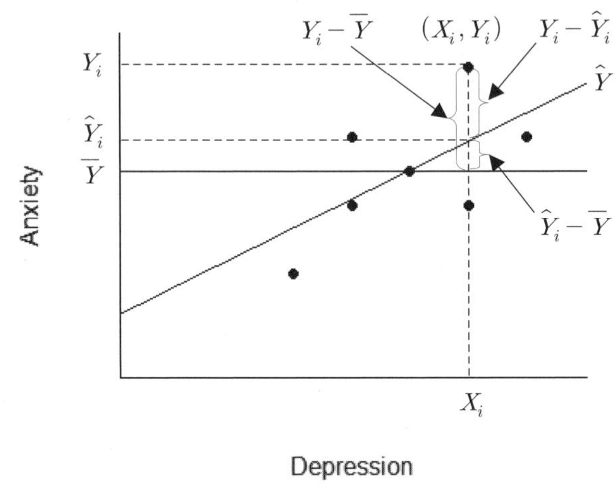

[그림 20.5] 회귀분석의 편차

위의 그림에는 총 세 가지의 편차가 정의되어 있는데 각각 [식 20.15]와 같다.

$$\begin{aligned} &Y_i - \overline{Y} : total\ deviation \\ &\hat{Y}_i - \overline{Y} : explained\ deviation \\ &Y_i - \hat{Y}_i : unexplained\ deviation \end{aligned} \qquad \text{[식 20.15]}$$

먼저 전체 편차 $Y_i - \overline{Y}$는 개별점수 Y_i에서 전체평균 $\overline{Y}$를 뺀 값이다. 전체 편차는 개별값을 예측하기 위해 회귀선을 이용하지 않고 전체평균을 이용했을 때 발생하는 오차다. 예를 들어, 한 연구자가 관심 있는 모집단으로부터 표본($n=50$)을 추출하여 불안 점수를 획득하였고 $\overline{Y}=6$이라고 가정하자. 이 자료를 이용하여 모집단에 속해 있는 다른 사람들의 불안 점수를 예측하고자 한다. 이때 임의의 어떤 사람의 불안 점수를 예측하는 가장 합리적인 방법은 무엇인가? 더 이상의 특별한 정보가 없다면 평균으로 예측하는 것이 가장 합리적인 방법이다. 즉, 우울과 불안 자료에서 일곱 번째 사례의 불안 점수를 모른다고 가정했을 때 가장 합리적인 예측값은 불안 점수의 평균인 6이 되는 것이다. 일곱 번째 사례의 불안 점수는 실제로 9점이므로 오차(전체 편차)는 다음과 같다.

$$Y_i - \overline{Y} = 9 - 6 = 3$$

다음으로 설명된 편차는 $\hat{Y}_i - \overline{Y}$로서 회귀선을 이용한 예측값에서 전체평균 $\overline{Y}$를 빼서 구한다. 여기에서 '설명된'이란 '회귀선에 의해서 설명된'이란 의미를 가진다. Y의 예측값을 위해 단지 평균을 이용하는 것보다는 회귀선을 이용했을 때 추가적으로 설명된 부분을 뜻한다. 만약 연구자가 우울과 불안이 서로 상관이 있다는 것을 알고 있었고, 표본으로부터 우울 점수도 같이 획득하였다고 가정하자. 연구자는 우울과 불안 관계의 회귀선을 추정하고, 그 회귀선을 이용하여 불안의 점수를 예측할 수 있다. 일곱 번째 사례의 불안 예측 점수는 [표 20.2]에 제공되는 예측값인 6.833이므로 회귀선을 이용하게 되면 단지 평균을 이용했을 때에 비하여 아래만큼 더 설명할 수 있게 된다.

$$\hat{Y}_i - \overline{Y} = 6.833 - 6 = 0.833$$

일곱 번째 사례의 경우, 평균을 이용하였을 때에 비해 회귀선을 이용하여 예측하면 0.833만큼 원래의 값을 더 잘 설명하게 되었다. 이런 이유로 위의 편차를 설명된 편차라고 한다. 하지만 회귀선으로도 여전히 설명되지 않은 부분은 존재한다. 바로 설명되지 않은 편차인 $Y_i - \hat{Y}_i$이다. 일곱 번째 사례의 경우에는 설명되지 않은 부분을 아래와 같이 계산할 수 있다.

$$Y_i - \hat{Y}_i = 9 - 6.833 = 2.167$$

정리하면, 일곱 번째 사례의 불안 점수를 예측하는 데 있어서 평균만을 이용한 경우에는 전체 편차 3만큼의 오차가 있고, 회귀선을 이용한 경우에는 설명되지 않은 편차 2.167만큼의 오차가 남게 된다. 결국 회귀선을 이용하면 0.833만큼 오차를 더 설명하게 되었다. 물론 사례의 값이 어디에 위치하느냐에 따라 회귀선을 이용하면 오차의 폭이 더 커질 수도 있으나, X와 Y 사이에 충분한 상관이 있다면 전체적으로는 더 정확한 방향으로 나아갈 것이다. [그림 20.5]에서도 확인할 수 있듯이 세 편차 사이에는 [식 20.16]과 같은 관계가 성립한다.

$$Y_i - \overline{Y} = (\hat{Y}_i - \overline{Y}) + (Y_i - \hat{Y}_i) \qquad \text{[식 20.16]}$$

각 편차의 제곱의 합을 구하면 [식 20.17]의 관계도 성립한다.

$$\sum_{i=1}^{n}(Y_i - \overline{Y})^2 = \sum_{i=1}^{n}(\hat{Y}_i - \overline{Y})^2 + \sum_{i=1}^{n}(Y_i - \hat{Y}_i)^2 \qquad \text{[식 20.17]}$$

위의 식에서 $\sum(Y_i - \overline{Y})^2$를 전체 제곱합(total sum of squares)이라 하고 SS_T로 표기하고, $\sum(\hat{Y}_i - \overline{Y})^2$를 설명된 제곱합(explained sum of squares)이라 하고 SS_E로 표기하며, $\sum(Y_i - \hat{Y}_i)^2$를 설명되지 않은 제곱합(unexplained sum of squares)이라 하고 SS_U로 표기한다. 사실 회귀분석의 대중성만큼이나 제곱합을 표기하는 매우 다양한 방식이 존재한다. 어떤 학자들은 설명된 제곱합이 회귀선에 의해서 설명된 것이므로 SS_R(sum of squares regression)로 표기하고, 설명되지 않은 제곱합은 오차(error)의 제곱합이므로 SS_E(sum of squares errors)로 표기한다. 오차의 제곱합 SS_E가 이전에 정의했던 설명된 제곱합 SS_E와 동일한 표기법이 되어서 혼란을 줄 수 있으므로 주의해야 한다. 또한 어떤 학자들은 오차의 제곱합을 표기할 때 errors 대신 residuals를 사용하여 잔차제곱합 SS_R(sum of squares residuals)이라고 쓰기도 한다. 이렇게 되면 회귀 제곱합의 SS_R과 잔차 제곱합의 SS_R이 또 겹친다.

필자가 여러 가지 표기 방식을 설명하는 이유는 실제로 다양한 논문과 책에서 모두 다른 표기법을 사용하고 있기 때문이다. 그러므로 SS_R이라고 했을 때, 그 뜻을 맥락 안에서 파악해야지 무조건 회귀 제곱합이라고 생각하는 것은 곤란하다. 이 책에서는 제곱합을 표기함에 있어서 회귀 제곱합 SS_R과 오차 제곱합 SS_E를 대표로 사용하기로 한다. 이렇게 구한 제곱합들은 기본적으로 변동성의 크기를 나타낸다. SS_T는 자료에 존재하는 전체 변동성, SS_R은 회귀선에 의해서 설명된 변동성, SS_E는 회귀선에 의해 설명되지 않은 변동성을 가리킨다. 앞에서 R^2가 Y에 존재하는 변동성 중 X의 변동성에 의해 설명되는 비율이라고 하였는데, 이는 위의 제곱합을 이용하면 [식 20.18]과 같이 계산된다.

$$R^2 = \frac{SS_R}{SS_T} = 1 - \frac{SS_E}{SS_T} \qquad \text{[식 20.18]}$$

즉, R^2는 회귀식에 의해 설명된 제곱합을 전체 제곱합으로 나누어 구하든지, 설명되지 않은 제곱합을 전체 제곱합으로 나눈 값을 1에서 빼서 구하게 된다. 우울과 불안의 자료를 이용하여 [표 20.3]처럼 제곱합을 구하고 최종적으로 R^2를 구할 수 있다.

[표 20.3] 우울과 불안 점수의 회귀 제곱합과 전체 제곱합

Subject id	Y_i	$\hat{Y}_i$	$\overline{Y}$	$(\hat{Y}_i - \overline{Y})^2$	$(Y_i - \overline{Y})^2$
1	6	6.000	6	0.000	0
2	7	5.167	6	0.694	1
3	5	6.833	6	0.694	1
4	7	7.666	6	2.776	1
5	5	5.167	6	0.694	1
6	3	4.334	6	2.776	9
7	9	6.833	6	0.694	9

회귀 제곱합 $SS_R = \sum(\hat{Y}_i - \overline{Y})^2 = 8.327$이고, 전체 제곱합 $SS_T = \sum(Y_i - \overline{Y})^2 = 22$이므로 R^2는 다음과 같이 계산된다.

$$R^2 = \frac{SS_R}{SS_T} = \frac{8.327}{22} = 0.379$$

R^2를 해석할 때는 퍼센티지를 이용하는 것도 상당히 일반적이어서 '불안에 존재하는 변동성의 37.9%가 우울에 의해 설명되었다'라고 말할 수 있다. R^2는 편차, 제곱합 등을 이용하지 않고 [식 20.19]처럼 다른 방식으로도 쉽게 구할 수 있다.

$$R^2 = r_{XY}^2 \qquad \text{[식 20.19]}$$

위에서 r_{XY}은 독립변수 X와 종속변수 Y 간의 상관계수다. 즉, R^2는 기본적으로 두 변수의 상관계수의 제곱이다. 우울과 불안의 상관계수가 0.615이므로 R^2는 다음과 같이 계산할 수 있다.

$$R^2 = 0.615^2 = 0.378$$

두 계산방식이 소수점 자리에서 아주 약간의 차이를 보이지만 근본적으로 동일하다. 그리고 [식 20.19]는 오직 단순회귀분석에서만 성립하며, 독립변수의 개수가 여러 개로 늘어나는 다중회귀분석에서는 유효하지 않다.

20.4.2. 효과크기

지금까지 R^2를 일종의 모형 적합도를 판단하는 기준으로 설명하였는데, 사실 R^2는

모형의 적합도 지수라기보다는 회귀분석의 효과크기이다. 분산분석에서 설명했던 η^2(eta squared)와 수리적으로 완전히 일치하는 개념이다. η^2가 범주형 독립변수와 연속형 종속변수 사이의 관계를 탐구하는 분산분석의 맥락에서 쓰이는 효과크기라면, R^2는 독립변수가 연속형이든 범주형이든 상관없이 회귀분석의 맥락에서 사용되는 효과크기다. Cohen(1988)은 R^2의 크기에 따라 [식 20.20]과 같이 가이드라인을 주었다.

$$\begin{aligned} R^2 &= 0.02 : small\ effect\ size \\ R^2 &= 0.13 : medium\ effect\ size \\ R^2 &\geq 0.26 : large\ effect\ size \end{aligned} \quad \text{[식 20.20]}$$

이 가이드라인대로라면 앞에서 구한 $R^2 = 0.379$는 상당히 큰 효과크기라고 할 수 있다. 즉, 우울에 존재하는 개인의 차이가 불안에 존재하는 개인의 차이를 매우 잘 설명하고 있다. 회귀분석에서는 R^2와 함께 Cohen의 f^2(f squared)를 효과크기로 사용하기도 하는데, 둘의 수리적인 관계는 [식 20.21]과 같다.

$$f^2 = \frac{R^2}{1 - R^2}, \quad R^2 = \frac{f^2}{1 + f^2} \quad \text{[식 20.21]}$$

Cohen(1988)은 f^2의 크기에 따라 [식 20.22]와 같이 작은 효과크기, 중간 효과크기, 큰 효과크기로 나누기도 하였다.

$$\begin{aligned} f^2 &= 0.02 : small\ effect\ size \\ f^2 &= 0.15 : medium\ effect\ size \\ f^2 &\geq 0.35 : large\ effect\ size \end{aligned} \quad \text{[식 20.22]}$$

우울과 불안의 자료를 이용하면 $f^2 = 0.610$으로서 매우 큰 효과가 있다고 결론 내릴 수 있다. 두 가지 효과크기를 간략하게 설명하였는데, 또 다른 효과크기는 회귀계수(regression coefficient), 즉 기울기 자체다.[77] 특히 단순회귀분석에서 표준화된 회귀계수의 경우에 언제나 $-1 \sim +1$ 사이에서 움직이므로 이 값을 효과크기로 사용하곤 한다. 하지만 정확한 기준은 없으며, 각 학문 분야마다 해석의 기준이 상이하다. 다만 단순회귀분석에서 표준화된 회귀계수 β_1^s은 다름 아닌 상관계수 r이므로 상관계수의 크기를 해석하듯이 할 수는 있을 것이다.

---

77) 회귀계수라고 할 때 맥락에 따라 절편을 포함하기도 하고 포함하지 않기도 하는데, 조금 엄격하게 말하면 회귀계수는 기울기만을 의미한다.

20.5. 회귀분석의 가설검정

회귀모형을 추정하고 R^2도 계산하였다면 연구자의 추정된 회귀모형이 과연 통계적으로 유의한 것인지, 달리 말해 회귀분석 모형은 통계적으로 의미가 있다고 할 것인지에 대하여 통계적 검정을 진행하게 된다. 통계적 검정은 모형 전체에 대한 검정과 각 모수에 대한 검정으로 나뉜다.

20.5.1. 모형의 검정

추정된 회귀모형의 검정은 앞에서 구한 제곱합들을 이용해서 분산분석을 실시하고 F검정을 수행한다. 이 검정은 종속변수 Y가 독립변수 X에 의해서 충분히 설명 또는 예측되고 있는지를 검정하는 분산분석이다. 이를 R^2가 통계적으로 유의한 것인가라는 가설에 대한 검정이라고 하는 학자들도 있다. 회귀계수가 여러 개인 일반적인 회귀모형의 F검정을 위한 영가설은 [식 20.23]과 같다.

$$H_0 : All\ regression\ coefficients\ are\ zero \qquad \text{[식 20.23]}$$

단순회귀분석에서는 회귀계수(기울기)가 오직 β_1 하나뿐이므로 위의 가설은 [식 20.24]처럼 다시 쓸 수 있다.

$$H_0 : \beta_1 = 0 \quad \text{vs.} \quad H_1 : \beta_1 \neq 0 \qquad \text{[식 20.24]}$$

회귀계수(기울기)가 0이라는 이야기는 독립변수가 종속변수를 설명 또는 예측하는데 아무런 도움도 주지 못한다는 것을 의미한다. 위의 가설을 검정하기 위한 F검정통계량과 표집분포는 [식 20.25]와 같다.

$$F = \frac{MS_R}{MS_E} = \frac{\frac{SS_R}{1}}{\frac{SS_E}{n-2}} \sim F_{1,n-2} \qquad \text{[식 20.25]}$$

MS_R은 회귀평균제곱(regression mean square) 또는 회귀분산이라고 불리며 회귀 제곱합 SS_R을 자유도 1($=p$, 독립변수의 개수)로 나눈 값이고, MS_E는 오차평균제곱(error mean square) 또는 오차분산([식 20.10]과 동일함)이라고 불리며 오차 제곱합

SS_E를 자유도 $n-2(=n-p-1)$로 나눈 값이다. F검정통계량이 따르는 F분포의 자유도는 1과 $n-2$이다. 우울과 불안 자료를 이용하여 F검정통계량을 구해 보면 다음과 같다. 먼저 $SS_R = 8.327$이므로 $SS_E = SS_T - SS_R = 22 - 8.327 = 13.673$이다.

$$F = \frac{\frac{8.327}{1}}{\frac{13.673}{7-2}} = \frac{8.327}{2.735} = 3.045$$

유의수준 5%에서 자유도가 1과 5인 F분포의 기각값은 6.608이므로, 의사결정의 규칙은 '만약 $F > 6.608$이라면 H_0을 기각한다'가 된다. 최종적으로 $F = 3.045 < 6.608$이므로 $H_0 : \beta_1 = 0$을 기각하는 데 실패하고, 회귀모형은 통계적으로 의미가 없다고 결론 내린다. 아마도 이와 같은 결론이 나온 가장 큰 이유는 작은 표본크기 때문일 것이다. [식 20.25]를 보면 표본크기가 커짐에 따라 MS_E가 작아지게 되고 F검정통계량은 상대적으로 커지게 되는 것을 알 수 있다. F검정의 전 과정은 [표 20.4]의 분산분석표를 통하여 보고하기도 한다.

[표 20.4] 우울과 불안 자료 회귀분석의 분산분석표

Source of Variation	SS	df	MS	F
Regression	8.327	1	8.327	3.045
Errors	13.673	5	2.735	
Total	22	6		

20.5.2. 모수의 검정

단순회귀분석 모형의 두 모수인 β_0와 β_1에 대한 검정도 진행한다. 특정한 상수에 대하여 검정을 진행할 수도 있지만, 일반적으로 [식 20.26]에 보이는 것처럼 두 모수가 0인지 아닌지를 검정한다. 모수가 0이라는 것은 효과가 존재하지 않는다는 것을 의미한다.

$$H_0 : \beta_0 = 0, \quad H_0 : \beta_1 = 0 \qquad \text{[식 20.26]}$$

특수한 분야를 제외한 대부분의 학문 영역에서 절편의 검정은 상대적으로 중요하지 않은 것으로 취급되며, 변수 간 관계를 검정하는 기울기의 검정이 더 중요하게 다루어

진다. β_0가 0이라는 것은 단지 $X=0$일 때 $Y=0$이라는 것을 의미할 뿐이며, 변수 X와 Y의 관계에 대해서는 그 어떤 것도 말해주지 못한다. 이에 반해, β_1이 0이라는 것은 변수 X와 Y가 서로 관계가 없다는 것을 가리킨다. 즉, $\beta_1=0$이라는 것은 X가 Y에 영향을 주지 못한다는 것을 의미한다.

평균 μ의 검정에서 $H_0: \mu=\mu_0$임을 검정하기 위해 μ의 추정치인 $\overline{X}$의 분포를 이론적으로 밝히는 것이 필요했던 것처럼, β의 검정을 위해서는 β의 추정치인 $\hat{\beta}$의 분포를 밝히는 것이 필요하다. [그림 20.6]처럼 변수 X와 Y로 이루어진 모집단에서 일정한 표본크기(예를 들어, $n=50$)로 (X_i, Y_i) 쌍을 무한대로 표집(sampling)한다. 이때 X의 값들은 표본에 주어진 값들로서 모든 표본에서 변하지 않는다고 가정한다(고정된 X의 가정[fixed X assumption]).

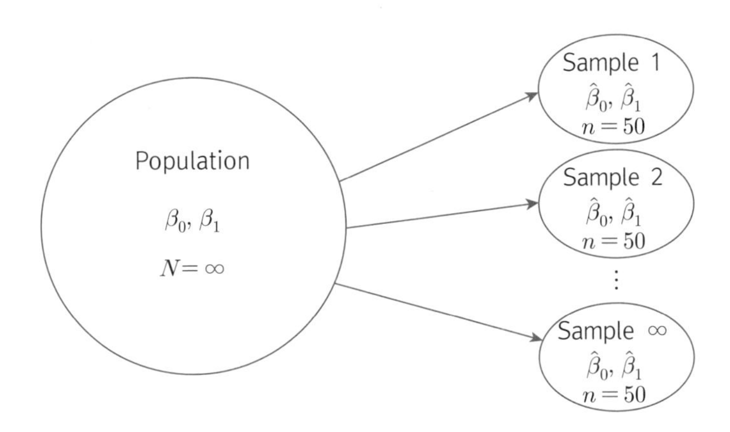

[그림 20.6] 회귀분석 추론을 위한 $n=50$인 반복적인 표집과정

위와 같이 일정한 표본크기($n=50$)의 (X_i, Y_i) 쌍을 표집하고 각 표본에서 회귀분석을 실시하여 $\hat{\beta}_0$과 $\hat{\beta}_1$을 추정할 수 있다. 무한대의 표본이 존재하므로 무한대의 $\hat{\beta}_0$과 $\hat{\beta}_1$이 존재하게 된다. $\hat{\beta}_0$은 어떤 임의의 분포를 따를 것이고, $\hat{\beta}_1$도 어떤 임의의 분포를 따를 것이다. 정확하게 말하면, 두 추정치를 상응하는 분포의 표준오차(standard error)로 나누어 주면 이론적으로 t분포를 따르게 된다. 먼저 기울기의 검정을 진행하기 위해 기울기 추정치 $\hat{\beta}_1$의 이론적인 표준오차를 구하면 [식 20.27]과 같다.

$$SE_{\hat{\beta}_1} = \sqrt{\frac{SS_E/(n-2)}{SS_X}} = \sqrt{\frac{\sum(Y_i - \hat{Y}_i)^2}{(n-2)\sum(X_i - \overline{X})^2}} \qquad \text{[식 20.27]}$$

위의 표준오차를 이용하여 기울기의 t검정을 [식 20.28]과 같이 진행한다.

$$t_{\hat{\beta}_1} = \frac{\hat{\beta}_1}{SE_{\hat{\beta}_1}} \sim t_{n-p-1}$$ [식 20.28]

위의 식에서 p는 독립변수의 개수를 가리킨다. 그러므로 단순회귀분석에서 위의 표집분포는 자유도가 $n-2$인 t분포를 의미한다. 우울과 불안 자료를 이용하여 기울기의 t검정을 진행하여 보도록 하자. 먼저 유의수준 5%에서 자유도가 5인 t분포의 기각값은 부록 B의 t분포표를 확인하면 ± 2.571이다. 즉, 의사결정의 규칙은 '만약 $t < -2.571$ 또는 $t > 2.571$이라면 H_0을 기각한다'가 된다. 이제 t검정통계량을 구해야 하는데, 표준오차의 계산이 상당히 복잡할 것 같지만 이미 앞에서 SS_E와 SS_X를 계산해 놓았다.

$$SE_{\hat{\beta}_1} = \sqrt{\frac{\sum(Y_i - \hat{Y}_i)^2}{(n-2)\sum(X_i - \overline{X})^2}} = \sqrt{\frac{13.667}{(7-2)\times 12}} = 0.477$$

그러므로 t검정통계량은 아래와 같이 계산된다.

$$t_{\hat{\beta}_1} = \frac{\hat{\beta}_1}{SE_{\hat{\beta}_1}} = \frac{0.833}{0.477} = 1.746$$

결국 $-2.571 < t = 1.746 < 2.571$이므로 유의수준 5%에서 $H_0 : \beta_1 = 0$을 기각하는데 실패하게 된다. 즉, 회귀모형의 기울기는 통계적으로 0과 다르지 않다. Y와 X가 충분한 관계가 없다 또는 X는 Y를 예측하거나 설명하지 못한다고 결론 내릴 수 있다. 다음으로 절편의 검정을 진행하기 위해 절편 추정치 $\hat{\beta}_0$의 이론적인 표준오차를 구하면 [식 20.29]와 같다.

$$SE_{\hat{\beta}_0} = \sqrt{\frac{\sum(Y_i - \hat{Y}_i)^2}{n-2}\left(\frac{1}{n} + \frac{\overline{X}^2}{\sum(X_i - \overline{X})^2}\right)}$$ [식 20.29]

위의 표준오차를 이용하여 절편의 t검정을 [식 20.30]과 같이 진행한다.

$$t_{\hat{\beta}_0} = \frac{\hat{\beta}_0}{SE_{\hat{\beta}_0}} \sim t_{n-p-1}$$ [식 20.30]

우울과 불안 자료를 이용하여 절편의 t검정을 진행하면 다음과 같다. 먼저 표집분포와 자유도가 같으므로 의사결정의 규칙 역시 기울기 검정과 동일하다. 즉, 의사결정의 규칙은 '만약 $t < -2.571$ 또는 $t > 2.571$이라면 H_0을 기각한다'가 된다. 이제 t검정통계량을 구해야 하는데, 역시 이미 앞에서 SS_E와 SS_X 및 $\overline{X}$를 계산해 놓았다.

$$SE_{\hat{\beta}_0} = \sqrt{\frac{\sum(Y_i - \hat{Y}_i)^2}{n-2}\left(\frac{1}{n} + \frac{\overline{X}^2}{\sum(X_i - \overline{X})^2}\right)} = \sqrt{\frac{13.667}{7-2}\left(\frac{1}{7} + \frac{5^2}{12}\right)} = 2.467$$

그러므로 t검정통계량은 아래와 같이 계산된다.

$$t_{\hat{\beta}_0} = \frac{\hat{\beta}_0}{SE_{\hat{\beta}_0}} = \frac{1.835}{2.467} = 0.744$$

결국 $-2.571 < t = 0.744 < 2.571$이므로 유의수준 5%에서 $H_0 : \beta_0 = 0$을 기각하는데 실패하게 된다. 즉, 회귀모형의 절편은 통계적으로 0과 다르지 않다. 표준오차의 계산을 위한 값들도 모두 계산해 놓았고, 독자들에게 검정의 과정을 보여준다는 의미에서 손으로 직접 t검정을 진행하였으나 이 계산을 손으로 하는 사람은 없으며 대략 이런 절차에 의해 모수의 검정이 진행된다는 것만 알고 있으면 충분할 것이다.

20.5.3. 모수의 신뢰구간

바로 앞에서 $\hat{\beta}_0$과 $\hat{\beta}_1$의 표준오차를 구하였으므로 이를 이용하여 단순회귀분석 모형의 모수인 β_0와 β_1의 신뢰구간을 추정할 수 있다. μ 또는 $\mu_1 - \mu_2$의 신뢰구간을 떠올려보면, 모수의 신뢰구간은 추정치에 적절한 기각값과 표준오차를 곱한 값을 더하고 빼서 구할 수 있다. 기울기 β_1의 신뢰구간이 [식 20.31]에 제공된다.

$$\hat{\beta}_1 - t_{cv} SE_{\hat{\beta}_1} \le \beta_1 \le \hat{\beta}_1 + t_{cv} SE_{\hat{\beta}_1} \qquad \text{[식 20.31]}$$

위에서 t_{cv}는 t기각값(t critical value)을 의미하며 주어진 자료를 통해 적절한 자유도($n-2$)와 신뢰구간의 수준(95%, 99% 등)에 해당하는 값을 부록 B의 t분포표나 R의 qt() 함수를 이용하여 찾아야 한다. 그리고 $SE_{\hat{\beta}_1}$은 [식 20.27]에서 찾을 수 있다. 우울과 불안의 자료를 이용해서 β_1의 95% 신뢰구간을 구해 보자. 신뢰구간을 위해 필요한 값들은 사실 앞에서 이미 구해 놓았다. $\hat{\beta}_1 = 0.833$이고, 유의수준 5%에서 자유도가 5인 $t_{cv} = \pm 2.571$, 표준오차 $SE_{\hat{\beta}_1} = 0.477$이다. 이 값들을 이용하여 β_1의 95% 신뢰구간을 구하면 아래와 같다.

$$0.833 - 2.571 \times 0.477 \le \beta_1 \le 0.833 + 2.571 \times 0.477$$
$$-0.393 \le \beta_1 \le 2.059$$

위의 결과로부터 기울기 β_1의 95% 신뢰구간은 [−0.393, 2.059]가 되고, 신뢰구간을 이용한 검정을 실시하면 95% 신뢰구간이 검정하고자 하는 값인 0을 포함하고 있으므로 유의수준 5%에서 영가설을 기각하는 데 실패한다. 즉, 우울은 불안과 통계적으로 유의한 상관이 존재하지 않는다. 다음으로 절편 β_0의 신뢰구간이 [식 20.32]에 제공된다.

$$\hat{\beta}_0 - t_{cv} SE_{\hat{\beta}_0} \le \beta_0 \le \hat{\beta}_0 + t_{cv} SE_{\hat{\beta}_0} \qquad \text{[식 20.32]}$$

위에서 t_{cv}는 t기각값(t critical value)을 의미하며 기울기의 경우와 마찬가지로 부록 B의 t분포표나 R의 qt() 함수를 이용하여 찾아야 한다. 그리고 $SE_{\hat{\beta}_0}$은 [식 20.29]에서 찾을 수 있다. 이제 β_0의 95% 신뢰구간을 직접 구해 보자. 역시 신뢰구간을 위해 필요한 모든 값들은 앞에서 이미 구해 놓았다. $\hat{\beta}_0 = 1.835$이고, 유의수준 5%에서 자유도가 5인 $t_{cv} = \pm 2.571$, 표준오차 $SE_{\hat{\beta}_0} = 2.467$이다. 이 값들을 이용하여 β_0의 95% 신뢰구간을 구하면 아래와 같다.

$$1.835 - 2.571 \times 2.467 \le \beta_0 \le 1.835 + 2.571 \times 2.467$$
$$-4.508 \le \beta_0 \le 8.178$$

위의 결과로부터 절편 β_0의 95% 신뢰구간은 [−4.508, 8.178]이 되고, 신뢰구간을 이용한 검정을 실시하면 95% 신뢰구간이 검정하고자 하는 값인 0을 포함하고 있으므로 유의수준 5%에서 영가설을 기각하는 데 실패한다. 즉, 절편은 통계적으로 0과 다름없다.

20.6. 회귀분석 예제

앞에서 손으로 직접 계산하여 실시했던 우울과 불안 자료를 이용한 회귀분석을 R을 이용하여 보인다. 또한 회귀분석의 주요 개념 중 하나인 평균중심화를 Cars93 데이터 프레임의 가격과 마력 변수를 이용하여 설명한다.

20.6.1. 우울과 불안의 회귀분석

지금까지 회귀분석 모형의 원리를 이해하기 위해 손으로 직접 계산하는 과정을 소개하였는데, 실제로 회귀분석의 결과를 보기 위해서 모든 걸 손으로 계산한다는 것은 효율적이지 못하다. 앞의 예제에서 사용한 우울과 불안 자료를 이용하여 R로 회귀분석을 실시하는 과정을 보인다. 회귀분석을 실시하기 위해서는 R의 lm() 함수를 다음과 같이 이용하는 것이 일반적이다.

```
> Depression <- c(5,4,6,7,4,3,6)
> Anxiety <- c(6,7,5,7,5,3,9)

> results <- lm(Anxiety~Depression)
> summary(results)

Call:
lm(formula = Anxiety ~ Depression)

Residuals:
         1          2          3          4          5          6          7
-1.110e-16  1.833e+00 -1.833e+00 -6.667e-01 -1.667e-01 -1.333e+00  2.167e+00

Coefficients:
            Estimate Std. Error t value Pr(>|t|)
(Intercept)   1.8333     2.4668   0.743    0.491
Depression    0.8333     0.4773   1.746    0.141

Residual standard error: 1.653 on 5 degrees of freedom
Multiple R-squared:  0.3788,	Adjusted R-squared:  0.2545
F-statistic: 3.049 on 1 and 5 DF,  p-value: 0.1412
```

먼저 Depression과 Anxiety에 점수를 입력하였고, 다음으로 lm() 함수의 결과를 results 리스트에 저장하였다. lm() 함수는 상당히 많은 아규먼트를 지니고 있는데, 그 중에서 핵심은 formula 아규먼트이다. 앞 장들에서 사용했던 방식처럼 ~ 표시의 왼쪽에 종속변수, 오른쪽에 독립변수를 입력하면 된다. 다음으로 회귀분석의 결과를 출력하기 위해 summary() 함수를 이용하였다.

결과에는 먼저 과학적 숫자 표기법을 이용하여 7개의 오차 추정치(Residuals) 0, 1.833, −1.833, −0.667, −0.167, −1.333, 2.167이 제공되는데, [표 20.2]에 제공되는 $Y_i - \hat{Y}_i$의 값과 일치한다. 다음으로 모수의 검정을 위한 부분(Coefficients)이 나타난다. (Intercept) 부분은 절편의 검정을 위한 부분이다. 절편의 추정치는 1.833이고, 표준오차는 2.467, 계산된 t검정통계량은 0.743으로서 직접 계산한 값과 거의 동일하다. 양방검정 p값은 0.491로서 $\alpha = 0.05$보다 크므로 절편이 0이라는 영가설을 기각하는 데 실패한다. 다음 줄의 Depression 부분은 기울기의 검정을 위한 부분이다. 기울기의 추정치는 0.833, 표준오차는 0.477, t검정통계량은 1.746으로서 역시 직접 계산한 값과 완전히 일치한다. 양방검정 p값은 0.141로서 기울기가 0이라는 영가설을 유의수준 5%에서 기각하는 데 실패한다. 다음에는 Residual standard error라고 하여 추정의 표준오차 1.653이 제공된다. 다중 R^2(Multiple R-squared)는 R^2를 의미하며 0.379이다. 오른쪽에 조정된 R^2(Adjusted R-squared)가 제공되는데, 이는 기본적으로 다중회귀분석에서 유용한 것으로서 나중에 설명한다. 마지막 줄에는 모형의 검정을 위한 F검정통계량이 3.049이고, 자유도는 1과 5이며, 검정을 위한 p값은 0.141임을 보여 주고 있다. 모든 값이 직접 손으로 계산한 것과 거의 다르지 않은 것을 확인할 수 있다.

결과에서 한 가지 주의 깊게 볼 점은 기울기의 검정을 위한 $p = 0.141$이고, 회귀분석 모형의 검정을 위한 $p = 0.1412$라는 것이다. 즉, 두 p값이 동일하다. 이는 특히 단순회귀분석에서만 성립하는 것인데, Depression의 기울기가 0이라는 영가설을 검정하는 t검정의 p값이나 모든 기울기가 0이라는 영가설을 검정하는 F검정의 p값이나 단순회귀분석에서는 동일한 의미일 수밖에 없다. 기울기가 하나밖에 없기 때문이다. 위의 lm() 함수의 결과에서 보여 주지 않는 것이 있는데, 회귀분석 모수의 신뢰구간이다. 모수의 신뢰구간은 confint() 함수를 이용하여 다음과 같이 구할 수 있다.

```
> confint(results, level=0.95)
                 2.5 %    97.5 %
(Intercept) -4.5076833 8.174350
Depression  -0.3935044 2.060171

> confint(results, level=0.99)
                0.5 %    99.5 %
(Intercept) -8.113009 11.779675
Depression  -1.091050  2.757717
```

confint() 함수의 첫 번째 아규먼트는 회귀분석의 결과가 들어가 있는 results 리스트이고, 두 번째 아규먼트는 신뢰구간의 수준을 정해 주는 level이다. level=0.95(디폴트)로 설정하면 앞에서 손으로 구한 신뢰구간과 동일한 95% 신뢰구간이 출력되고, level=0.99로 설정하면 99% 신뢰구간이 출력된다. 신뢰구간과 더불어 F검정을 위해 계산했던 분산분석표도 lm() 함수에서는 디폴트로 출력되지 않는다. 분산분석표는 anova() 함수를 이용하여 다음과 같이 출력할 수 있다.

```
> anova(results)
Analysis of Variance Table

Response: Anxiety
           Df  Sum Sq Mean Sq F value Pr(>F)
Depression  1  8.3333  8.3333  3.0488 0.1412
Residuals   5 13.6667  2.7333
```

anova() 함수의 아규먼트로서 회귀분석 결과가 들어가 있는 리스트 results를 입력하면 분산분석표를 얻게 된다. Depression 줄에는 자유도(Df)와 회귀 제곱합(Sum Sq) 및 회귀평균제곱(Mean Sq) 등이 제공되고, Residuals 부분에는 역시 자유도와 오차 제곱합 및 오차평균제곱이 제공된다. 가장 오른쪽에 검정을 위한 F값과 p값이 나타나는데, 앞의 lm() 함수의 결과와 당연히 일치한다. 회귀분석의 결과와 더불어 산포도를 그리고 그 위에 회귀선을 그리는 작업도 상당히 자주 실행하므로 그 방법도 설명하고자 한다. plot() 함수와 abline() 함수를 다음과 같이 사용할 수 있다.

```
> plot(Depression, Anxiety, xlab="Depression", ylab="Anxiety",
+       xlim=c(0,8), ylim=c(0,10), bty="l",  pch=16)
> abline(lm(Anxiety~Depression))
```

앞에서 이미 모두 설명했듯이 plot() 함수는 산포도를 그리는 명령어이고, plot() 함수의 아규먼트도 앞에서 모두 설명하였다. abline() 함수는 그림 상에 회귀선 등을 추가하는 명령어이다. 아규먼트로서 lm() 함수를 위와 같이 사용하게 되면, [그림 20.7]처럼 Anxiety와 Depression의 회귀선을 산포도 위에 겹쳐서 그리라는 의미가 된다.

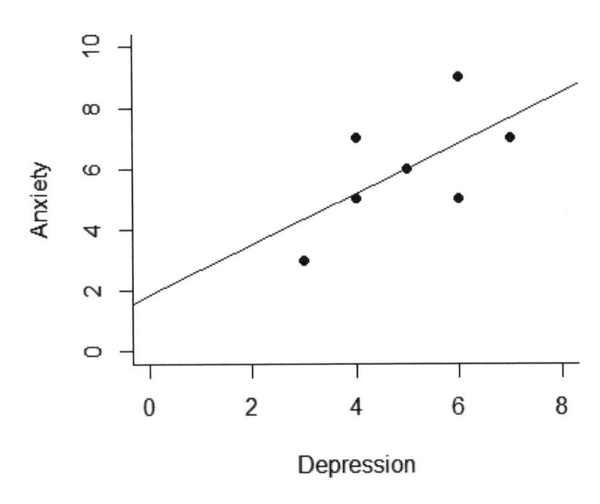

[그림 20.7] 우울과 불안의 회귀선

회귀분석의 요약 결과뿐만 아니라 회귀선을 통하여 추정된 모든 종속변수의 값($\hat{Y}_i$) 또는 추정된 오차($\hat{e}_i = Y_i - \hat{Y}_i$)를 구해야 할 일이 생길 수 있다. 이때는 predict() 함수 및 residuals() 함수를 다음과 같이 사용할 수 있다.

```
> pred <- predict(results)
> resid <- residuals(results)
> values <- data.frame(pred, resid)
> values
      pred         resid
1 6.000000 -1.110223e-16
2 5.166667  1.833333e+00
3 6.833333 -1.833333e+00
4 7.666667 -6.666667e-01
5 5.166667 -1.666667e-01
6 4.333333 -1.333333e+00
7 6.833333  2.166667e+00
```

회귀분석의 예측값(predicted value) $\hat{Y}_i$과 추정된 오차값 $\hat{e}_i$을 각각 pred와 resid에 저장하고, values 데이터 프레임으로 통합하여 출력하였다. 이 중에서 특히 추정된 오차(resid)들을 이용하면 회귀분석의 가정 중 하나인 오차의 정규성 등을 검정할 수 있다. 위에서는 예측값과 잔차를 얻기 위해 predict() 함수와 residuals() 함수를 이용하였는데, 아래처럼 회귀분석의 결과가 저장된 results 리스트에 속해 있는 내용을 $

표시를 이용하여 직접 소환할 수가 있다.

```
> individual <- data.frame(results$fitted.values, results$residuals)
> individual
  results.fitted.values results.residuals
1              6.000000     -1.110223e-16
2              5.166667      1.833333e+00
3              6.833333     -1.833333e+00
4              7.666667     -6.666667e-01
5              5.166667     -1.666667e-01
6              4.333333     -1.333333e+00
7              6.833333      2.166667e+00
```

results$fitted.values는 results 리스트에서 예측값(fitted values)을 꺼내 오는 명령어이고, results$residuals는 results 리스트에서 잔차(residuals)를 꺼내 오는 명령어이다. 회귀분석의 결과가 저장되는 리스트에는 많은 결과물이 들어가 있고, 필요에 따라 $ 표시를 이용하여 꺼내어 쓰는 것이 가능하다. [그림 10.8]의 t검정 예제에서 보여 주었듯이 분석의 결과가 저장되는 리스트의 요소들은 [그림 20.8]처럼 스크립트 판에서 결과 리스트 뒤에 $ 표시를 쓰면 자동으로 팝업이 뜬다.

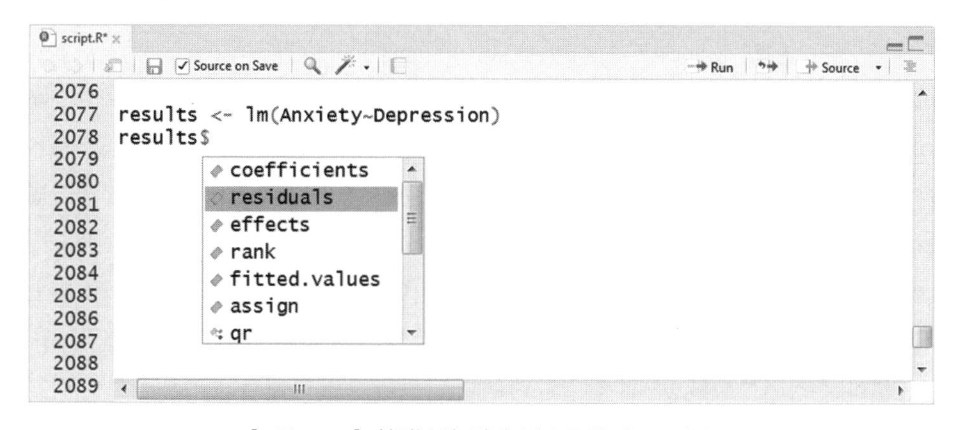

[그림 20.8] 회귀분석 결과 리스트의 요소 지정

지금까지 모든 R 프로그램의 결과와 그림은 비표준화 추정치에 대한 것이었는데, 표준화 추정치를 구해야 할 때도 있다. lm() 함수는 디폴트로 표준화 추정치를 제공하지 않기 때문에 이를 제공하는 여러 패키지를 이용할 수 있다. 하지만 이 책에서는 간단하게 변수를 표준화함으로써 회귀분석의 표준화 추정치를 구하는 방법을 제공하고자 한다. 변수의 표준화는 앞에서 소개했던 scale() 함수를 이용하면 된다.

```
> std.results <- lm(scale(Anxiety)~scale(Depression))
> summary(std.results)

Call:
lm(formula = scale(Anxiety) ~ scale(Depression))

Residuals:
       1        2        3        4        5        6        7 
 0.00000  0.95743 -0.95743 -0.34816 -0.08704 -0.69631  1.13150 
attr(,"scaled:center")
[1] 6
attr(,"scaled:scale")
[1] 1.915

Coefficients:
                  Estimate Std. Error t value Pr(>|t|)
(Intercept)         0.0000     0.3263   0.000    1.000
scale(Depression)   0.6155     0.3525   1.746    0.141

Residual standard error: 0.8634 on 5 degrees of freedom
Multiple R-squared:  0.3788,	Adjusted R-squared:  0.2545 
F-statistic: 3.049 on 1 and 5 DF,  p-value: 0.1412
```

lm() 함수에서 앞의 회귀분석과 달라진 점은 Anxiety와 Depression 대신에 scale (Anxiety)와 scale(Depression)을 사용한 것뿐이다. 즉, 종속변수와 독립변수를 표준화하여 lm() 함수의 formula 아규먼트에 넣은 것이다. 중간 부분에 종속변수 Anxiety의 표준화를 위해 사용된 평균(attr(,"scaled:center"))이 6이고 표준편차 (attr(,"scaled:scale"))가 1.915임을 보여 준다. Coefficients 결과를 보면 절편과 기울기의 추정치가 앞에서 손으로 구했던 표준화 추정치의 값과 일치하는 것을 알 수 있다. 표준화 추정치를 이용한 검정 결과도 제공되는데 통계학에서는 기본적으로 비표준화 추정치를 이용한 검정 결과를 보고하는 것이 표준관행이다.

20.6.2. 평균중심화

회귀분석을 실시할 때 여러 가지 이유로 독립변수의 중심화(centering)를 실시해야 하는 경우가 있다. 독립변수 X에서 상수 c를 빼서 새로운 변수 $X-c$를 만드는 것을 중심화라고 한다. 원변수에서 평균을 뺀 $X-\overline{X}$를 새로운 변수로 사용하는 경우를 평균 중심화(mean centering)라고 부르는데, 여기서는 절편의 해석을 올바르게 하려는 목적으로 평균중심화를 실행하는 예제를 보이고자 한다. 앞의 상관계수에서 예로 사용했던 Cars93 자료의 마력(Horsepower)과 가격(Price)의 관계를 회귀분석 모형을 이용하여 분석해 본다. 먼저 MASS 패키지를 R로 로딩하여 Cars93 데이터 프레임을 사용할 수 있도록 하고 Price를 종속변수로, Horsepower를 독립변수로 하여 아래처럼 회귀분석을 실시한다.

```
> Price <- Cars93$Price
> Horsepower <- Cars93$Horsepower

> cars.results <- lm(Price~Horsepower)
> summary(cars.results)

Call:
lm(formula = Price ~ Horsepower)

Residuals:
    Min      1Q  Median      3Q     Max
-16.413  -2.792  -0.821   1.803  31.753

Coefficients:
            Estimate Std. Error t value Pr(>|t|)
(Intercept)  -1.3988     1.8200  -0.769    0.444
Horsepower    0.1454     0.0119  12.218   <2e-16 ***
---
Signif. codes:  0 '***' 0.001 '**' 0.01 '*' 0.05 '.' 0.1 ' ' 1

Residual standard error: 5.977 on 91 degrees of freedom
Multiple R-squared:  0.6213,      Adjusted R-squared:  0.6171
F-statistic: 149.3 on 1 and 91 DF,  p-value: < 2.2e-16
```

먼저 $ 표시 없이 변수를 사용하기 위해 처음 두 줄을 입력하였고, 다음으로 lm() 함수를 이용하여 회귀분석을 실시하고 결과를 summary() 함수로 출력하였다. Coefficients 부분을 보면 추정된 회귀식은 다음과 같다.

$$\widehat{Price} = -1.399 + 0.145 Horsepower$$

Price는 단위가 천 달러이므로 Horsepower가 1마력 증가할 때 Price는 145달러 증가하는 정적 관계가 있음을 알 수 있다. 기울기 검정의 $p < 2 \times 10^{-16}$이므로 Horsepower가 Price를 예측하는 관계는 $p < .001$ 수준에서 통계적으로 유의하다. 또한 절편 추정치를 통해 Horsepower가 0일 때 기대되는 Price는 −1,399달러임도 확인할 수 있는데, 이 결과는 두 가지 측면에서 논리적으로 말이 되지 않는다. 첫 번째는 자동차의 가격이 음수가 되는 것이다. 가격이 음수라는 것은 일반적인 상황에서 일어날 수 없는 일이다. 두 번째는 Horsepower의 범위는 55에서 300인데, Horsepower가 0일 때의 기대되는 가격을 추정한다는 것도 의미가 없다. 즉, 0마력짜리 자동차는 존재하지 않는데, 0마력 자동차의 가격을 예측한다는 것은 무의미하다. 이런 문제점을 해결하기 위해 Horsepower 변수에서 평균(143.83)을 뺀 평균중심화된 독립변수를 아래처럼 만들 수 있다.

```
> Horsepower.centered <- scale(Horsepower, center=TRUE, scale=FALSE)

> mean(Horsepower.centered)
[1] 1.4067e-14
> sd(Horsepower.centered)
[1] 52.37441
```

scale() 함수는 앞에서 변수를 표준화하기 위한 목적으로 사용하였는데, 사실 더 세밀한 척도화를 할 수 있는 기능을 지니고 있다. scale() 함수의 첫 번째 아규먼트는 척도를 바꾸고 싶은 변수의 이름을 설정하는 것이다. 두 번째 center 아규먼트는 논리값으로서 원변수에서 평균을 빼 주고 싶으면 TRUE, 그렇지 않으면 FALSE로 설정하면 된다. 그리고 세 번째 scale 아규먼트는 원변수를 표준편차로 나누어 주고 싶으면 TRUE, 그렇지 않으면 FALSE로 설정한다. 두 번째와 세 번째 아규먼트의 디폴트는 모두 TRUE로서 만약 아무런 설정도 해 주지 않으면 원변수에서 평균을 빼고, 그 값을 표준편차로 나누어 준다. 즉, 표준화를 실행한다. 위에서는 scale=FALSE이므로 오직 원변수에서 평균을 빼는 척도화, 즉 평균중심화만 실행한다.[78] 바꾼 변수인 Horsepower.centered의 평균은 0(1.4067e−14)이고, 표준편차는 52.374임을 확인할 수 있다. 아래는 평균중심화된 Horsepower를 이용해서 동일한 회귀분석을 실시한 결과다.

78) 참고로 원변수를 표준편차로 나누어 주고 평균은 빼지 않는 변환도 많이 실시한다. 평균을 빼 주지 않아도 이를 변수의 표준화라고 한다. 구조방정식 등의 분야에서는 이와 같은 표준화 방식을 많이 사용한다.

```
> cars.results.centered <- lm(Price~Horsepower.centered)
> summary(cars.results.centered)

Call:
lm(formula = Price ~ Horsepower.centered)

Residuals:
    Min      1Q  Median      3Q     Max 
-16.413  -2.792  -0.821   1.803  31.753 

Coefficients:
                    Estimate Std. Error t value Pr(>|t|)    
(Intercept)          19.5097     0.6198   31.48   <2e-16 ***
Horsepower.centered   0.1454     0.0119   12.22   <2e-16 ***
---
Signif. codes:  0 '***' 0.001 '**' 0.01 '*' 0.05 '.' 0.1 ' ' 1

Residual standard error: 5.977 on 91 degrees of freedom
Multiple R-squared:  0.6213,	Adjusted R-squared:  0.6171 
F-statistic: 149.3 on 1 and 91 DF,  p-value: < 2.2e-16
```

Horsepower.centered 변수를 이용하여 추정된 회귀식은 다음과 같다.

$$\widehat{Price} = 19.510 + 0.145 Horsepower.centered$$

앞 장의 상관계수의 특징 부분에서 보였듯이 변수에서 어떤 값을 더하거나 빼도 변수 간의 상관을 바꿀 수 없다. 즉, Horsepower를 평균중심화하여도 Horsepower와 Price의 관계는 바뀌지 않고 기울기 추정치 역시 이전과 완전히 동일하다. 반면에 절편의 추정치는 매우 많이 바뀌었다. 이를 해석해 보면, 평균중심화된 Horsepower가 0일 때 기대되는 자동차 가격은 평균적으로 19,510달러라는 것을 의미한다. 어떤 자동차의 Horsepower.centered가 0이라는 것은 그 차의 Horsepower가 평균값이라는 것을 의미한다. 쉽게 말해, $X - \overline{X} = 0$이라면 $X = \overline{X}$인 것이다. 그러므로 19,510달러는 평균적인 Horsepower를 갖는 자동차의 기대되는 가격이라고 할 수 있다. 회귀분석에서 절편은 그다지 중요하지 않게 취급되지만, 절편의 해석이 중요한 연구에서는 독립변수의 평균중심화가 매우 유용하게 사용될 수 있다.

20.7. 회귀분석의 가정과 진단

표본을 통해 추정된 회귀분석 모형의 결과가 타당하기 위해서는 기본적인 가정을 만족해야 한다. 회귀모형의 세분화된 가정을 모두 서술하고 확인하는 방법을 설명하자면 수십 페이지도 부족할 만큼 방대하다. 사실 회귀분석은 상관계수의 발전된 형태인 만큼 상관계수의 가정과 주의점이라고 할 수 있는 선형성, 등분산성, 이상값, 절단된 자료, 이질성 등을 그대로 적용할 수 있다. 또한 단순회귀분석을 이용하는 데 가장 중요한 오차의 정규성 가정도 있다. 이번 장에서는 두 가지 종류의 그림과 한 가지 종류의 검정을 통하여 이 중 중요한 몇 가지를 확인하는 방법을 간략하게 보이고자 한다. 이와 같이 회귀분석의 가정을 확인하는 과정을 회귀진단(regression diagnostics)이라고 한다.

처음에 회귀모형을 정의할 때, 오차가 평균이 0이고 분산이 임의의 상수 σ^2인 정규분포를 따른다는 $e_i \sim N(0,\sigma^2)$ 가정을 하였다. 오차가 정규분포를 따르지 않으면 회귀분석에서 실시한 모든 t검정과 F검정이 신뢰할 수 없는 상태가 되므로 가장 중요한 가정 중 하나라고 볼 수 있다. 그림과 검정을 이용하여 오차의 정규성(normality)을 확인하는 방법을 보이고자 한다.

먼저 그림을 이용하여 어떤 변수(예를 들어, 오차)의 정규성을 확인하는 가장 잘 알려진 방법 중 하나는 Q-Q plot(quantile quantile plot)[79)]을 이용하는 것이다. Q-Q plot은 실제 변수의 값들과 이론적으로 정규분포를 따르는 값들을 쌍으로 하여 평면상에 표시하는 것이다. 만약 평면상의 점들이 대각의 직선을 따라 분포한다면 정규성이 만족되었다고 판단한다. 이유는 비교적 간단하다. 어떤 변수의 값들이 정규분포를 따른다는 것은 평균 주위에 높은 밀도로 값들이 분포하고 평균에서 멀어질수록 낮은 밀도로 값들이 분포한다는 것을 의미한다. 만약 연구자가 확인하고자 하는 변수의 값들도 이론적으로 정규분포를 따르는 변수와 같은 패턴으로 분포한다면 두 변수(실제 변수와 이론적인 변수)의 값들이 서로 일정한 간격으로 직선을 이루면서 평면상에서 만나게 될 것이기 때문이다. Q-Q plot은 다음에 제공되는 R의 qqnorm() 함수를 이용하여 그릴 수 있다.

79) Q-Q plot을 한 단계 더 가공하여 만들 수 있는 P-P plot이란 것도 있는데 거의 중복이라고 할 수 있을 만큼 원리도 비슷하고 해석 방법도 동일하다.

```
> qqnorm(resid, bty="l")
> qqline(resid)
```

qqnorm() 함수의 아규먼트는 정규성을 검정하고자 하는 변수다. 그러므로 앞에서 오차 추정치를 저장해 놓았던 resid를 소환하여 qqnorm() 함수를 실행하였다. bty는 앞서 설명했듯이 도표의 박스형태(box type)를 지정하는 아규먼트로서 "l"은 도표가 박스처럼 사면이 모두 막혀 있지 않고, x축과 y축 부분의 선만을 나타나게 하는 의미이다. qqline() 함수는 qqnorm() 함수로 만들어진 Q-Q plot 위에 대각의 직선을 긋는 명령어이다. [그림 20.9]에 우울과 불안 회귀분석에서 추정된 오차의 Q-Q plot이 제공된다.

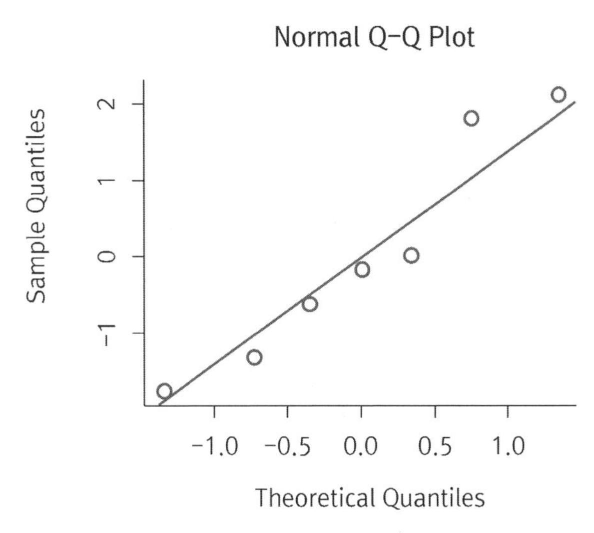

[그림 20.9] 우울과 불안 회귀분석 오차의 Q-Q Plot

위의 그림에서 x축(Theoretical Quantiles)은 표준정규분포를 따르는 이론적인 변수로서 축 위에 있는 일곱 개의 값은 정규분포의 밀도에 맞게 적당한 간격으로 배치되어 있다. 예를 들어, 0 주위는 밀도가 높아야 하므로 값들이 상대적으로 조밀하게 배치되어 있으며, 0에서 멀리 떨어질수록 밀도가 낮아야 하므로 값들이 상대적으로 드물게 배치되어 있다. 그리고 y축(Sample Quantiles)에는 추정된 일곱 개의 오차가 실제 값에 맞게 배치되어 있다. Q-Q plot상에서 일곱 개의 점이 전체적으로 직선을 크게 벗어나지는 않았지만, 그렇다고 하여 직선 위로 잘 배치된 것도 아니라고 할 수 있다. 이처럼 그림을 이용하여 대략적으로 확인하는 방법과 더불어 통계적으로 정규성을 검정할 수도 있다. 대표적인 검정방법으로서 Shapiro-Wilk의 검정이 있으며 영가설은 [식 20.33]과 같다.

$$H_0 : Data\ follow\ a\ normal\ distribution \qquad \text{[식 20.33]}$$

Shapiro-Wilk의 검정을 수리적으로 모두 보여주는 것은 이 책의 목적에 맞지 않으므로 생략한다. 다만 한 가지 유념해야 할 것은 거의 모든 다른 검정처럼 Shapiro-Wilk의 검정 역시 표본크기가 커짐에 따라 아주 작은 정규성의 어긋남에도 영가설을 기각하려는 경향이 있다는 것이다. R에서 shapiro.test() 함수는 검정하고자 하는 변수를 아규먼트로 이용하여 다음과 같이 실행할 수 있다.

```
> shapiro.test(resid)

        Shapiro-Wilk normality test

data:  resid
W = 0.9201, p-value = 0.4702
```

실행 결과 Shapiro-Wilk normality test라는 제목하에 정규성 검정을 실행한 변수 이름(data)이 resid로 나타나고, 마지막 줄에 검정통계량과 p값이 제공된다. Shapiro-Wilk 정규성 검정의 검정통계량은 W로서 0.9201이고, 검정을 위한 $p = 0.470$으로서 유의수준 5%에서 영가설을 기각하는 데 실패한다. 즉, 정규성 가정을 만족한다고 볼 수 있다.

소개한 그림과 검정 외에 회귀분석의 또 다른 가정들인 선형성, 등분산성, 이상값 등을 한꺼번에 확인할 수 있는 매우 중요한 그림인 잔차도표(residual plot)가 있다. 잔차도표는 말 그대로 오차(잔차)의 분포를 보여 주는 그림인데, 일반적으로 x축에는 추정된 Y값(예측값), y축에는 표준화된 잔차를 위치시킨다. 우울과 불안 회귀분석의 잔차도표를 출력하는 R 명령어는 다음과 같다.

```
plot(pred, scale(resid),  bty="l")
abline(0, 0)
```

plot() 함수의 첫 번째 아규먼트는 x축에 위치해야 할 변수로서 앞에서 정의했던 예측값 pred이고, 두 번째 아규먼트는 y축에 위치해야 할 변수로서 표준화된 잔차 scale(resid)이다. 위의 abline() 함수에서는 첫 번째 아규먼트로서 절편, 두 번째 아규먼트로서 기울기를 설정하여 회귀선을 도표 위에 그린다. 0과 0으로 설정되어 있으므로 절편이 0이고 기울기가 0인 직선을 그림에 더하게 된다. 이 직선은 잔차도표의 해석에 도움을 주기 위한 이유로 추가하였다. 이렇게 그려진 잔차도표가 [그림 20.10]에 제공된다.

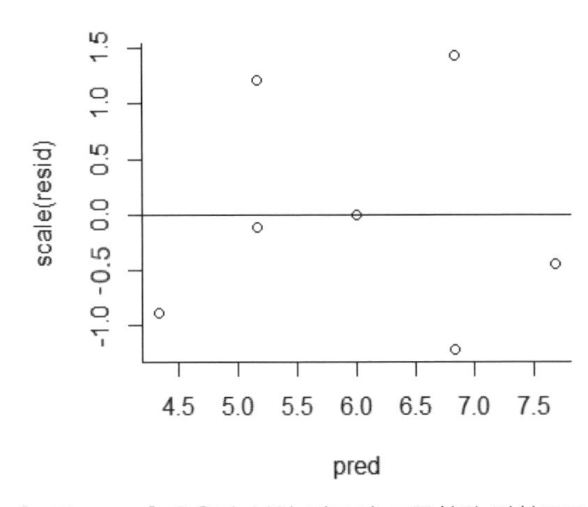

[그림 20.10] 우울과 불안 자료의 표준화된 잔차도표

먼저 표준화된 오차가 0에 해당하는 직선이 abline(0, 0)에 의해 추가되어 있는데, 이는 추정된 회귀선을 눕혀 놓은 것으로 생각하면 이해에 큰 문제가 없다. 즉, 위의 그림은 눕혀 놓은 회귀선으로부터 일곱 개의 사례가 떨어져 있는 패턴을 보여 주고 있는 것이다. 직선에서 멀리 떨어져 있으면 오차의 값이 큰 것이고, 가까이에 있으면 오차의 값이 작음을 가리킨다. 그리고 잔차도표에서 y축의 척도는 표준화된 잔차의 척도이므로 표준편차를 의미하고 있다. 이제 잔차도표를 통하여 가장 먼저 이상값을 어느 정도 결정할 수 있다. 만약 어떤 사례가 중심선에서 멀리 떨어져 있다면 회귀선에서 멀리 떨어져 있는 값이므로 이상값으로 판정할 수 있는 근거가 된다. 학자에 따라 다르지만, 만약 ±2표준편차 또는 ±3표준편차보다 더 떨어져 있다면 이상값으로 판단한다. 이 기준에 따르면 [그림 20.10] 상으로는 이상값이 없는 것으로 생각할 수 있다.

또한 사례의 값들이 중앙의 선을 크게 벗어나지 않고 일정한 패턴 없이 분포하면 선형성이 만족된다고 할 수 있는데, 위 자료의 경우에 사례의 수가 많지 않아 판단이 쉽지 않다. 선형성을 확인하기 위해 lowess(locally weighted scatterplot smoothing) 라인을 잔차도

표에 더할 수 있는데 이는 아래의 Cars93 예제에서 보이기로 한다. 다음으로 잔차도표를 이용하면 등분산성(homoscedasticity)도 확인할 수 있다. 사례의 점들이 중앙의 선을 따라서 중심으로부터 고르게 퍼져 있는 상태를 보이면 등분산성이 만족되는 것이다. 역시 사례의 수가 적어서 판단하기가 쉽지 않으나, 필자의 판단으로는 중심선을 따라서 점들이 고르게 퍼져 있는 것으로 생각된다.

우울과 불안 예제의 표본크기는 일반적인 상황이라고 할 수 없을 만큼 작으므로 Cars93 자료의 Horsepower와 Price를 이용하여 Q-Q plot과 Shapiro-Wilk의 검정 및 잔차도표를 실행하는 예를 한 번 더 보인다. 먼저 residuals()와 predict() 함수로 오차 추정치 및 예측값을 저장하고, 오차 추정치의 Q-Q plot을 실행하는 R 명령어가 아래와 같이 제공된다.

```
> res <- residuals(cars.results)
> pre <- predict(cars.results)
> qqnorm(res, bty="l")
> qqline(res)
```

먼저 앞에서 수행했던 회귀분석의 결과가 들어있는 cars.results 리스트를 소환하여 residuals() 함수로 오차 추정치를 계산하고 res로 입력하였고, predict() 함수로 예측값을 계산한 것은 pre로 입력하였다. 다시 qqnorm() 함수와 qqline() 함수를 이용하여 [그림 20.11]과 같이 Q-Q plot을 출력하였다.

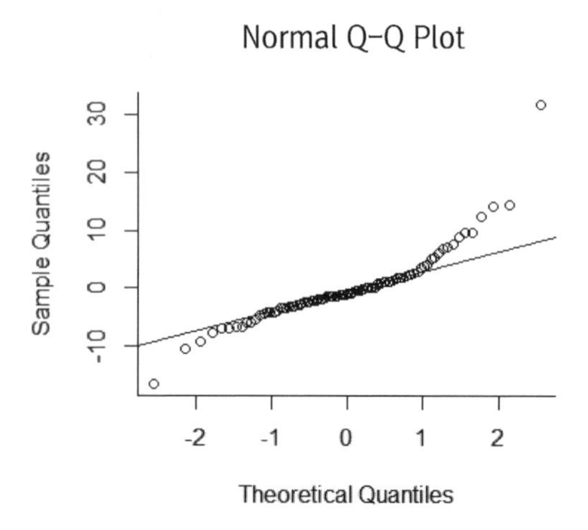

[그림 20.11] 마력과 가격 회귀분석 오차의 Q-Q Plot

자료의 중심 부분은 이론적인 정규분포와 실제 오차의 분포가 매우 잘 들어맞았는데, 중심에서 멀어질수록 Q-Q plot의 점들이 직선에서 상당히 벗어나는 패턴을 보여 주었다. 그림상으로는 회귀분석의 오차가 정규분포를 따른다고 가정하기가 힘들어 보인다. Shapiro-Wilk의 검정을 이용하여 정규성을 확인하면 아래와 같다.

```
> shapiro.test(res)

        Shapiro-Wilk normality test

data:  res
W = 0.859, p-value = 6.113e-08
```

검정통계량은 W로서 0.859이고, 검정을 위한 $p < .001$로서 유의수준 5%에서 영가설을 기각하게 된다. 즉, 정규성 가정을 만족한다고 볼 수 없는 것으로 판단된다. 이와 같은 경우에 로그나 제곱근 등을 이용해 독립변수나 종속변수의 변환(transformation of variables)을 시도할 수도 있고, 선형 회귀분석이 아닌 비선형 회귀분석을 시도할 수도 있다. 이와 같은 내용은 회귀분석의 기본을 소개하고자 하는 이 책의 목적에 맞지 않으므로 다루지 않는다. 다음으로 표준화된 잔차도표를 아래와 같이 실행할 수 있다.

```
plot(pre, scale(res), bty="l")
abline(0, 0)
lines(lowess(pre, scale(res)))
```

첫 번째와 두 번째 줄은 이미 앞에서 설명하였고, 마지막 줄은 lines() 함수와 lowess() 함수를 겹쳐서 잔차도표에 lowess 라인을 더하는 명령어이다. 직선과 lowess 라인이 더해진 잔차도표가 [그림 20.12]에 제공된다.

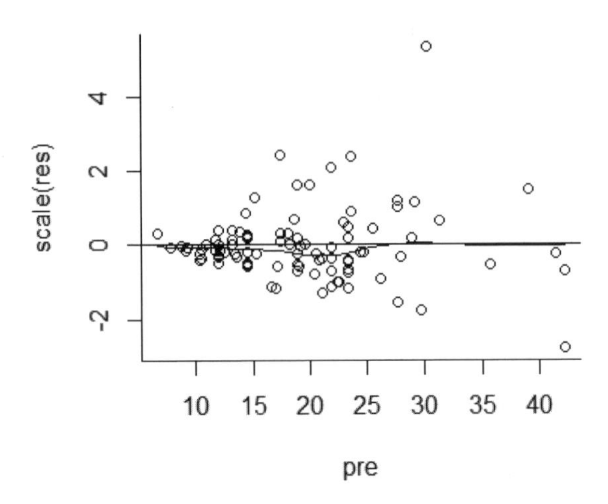

[그림 20.12] Cars93 자료의 표준화된 잔차플롯

먼저 그림의 가장 윗부분에 이상값이 존재함을 알 수 있다. 이상값의 id와 표준화된 잔차의 크기를 확인하기 위해 R에서 scale(res)를 실행하였다.

```
> scale(res)
          [,1]
1  -0.51362838
2   1.04712738
3   0.92438866
...
59  5.34171928
...
```

실행 결과 이상값의 id는 59번이었으며, 데이터 프레임 확인 결과 자동차 종류는 Mercedes-Benz의 300E 기종이었다. 표준화된 잔차값이 5.34로서 ±3을 훌쩍 벗어나므로 이상값으로 판단하기에 충분해 보인다. 이상값이 발견되면 이 사례를 제거하고 분석을 진행하는 것이 표준이다. 두 번째로 자료의 중심을 통과하는 곡선인 lowess 라인을 통하여 선형성을 확인한다. lowess 라인은 선형성을 가정하지 않고 자료의 패턴에 따라 비모수적으로 회귀라인을 그린 것으로서 직선에 가까우면 선형성이 만족되었다고 가정한다. 그림으로부터 lowess 라인이 거의 직선에 가까운 것을 확인할 수 있다. 마지막으로 등분산성을 확인해 보면, 이상값을 제거했을 때 사례들이 중심을 따라 큰 변동성 차이 없이 분포하고 있는 것으로 확인된다. 다시 말해, 예측값(pre)이 작을 때나 클 때나 표준화된 잔차의 분산은 큰 차이가 없는 듯 보인다.

지금까지 잔차도표와 Q-Q plot 및 Shapiro-Wilk의 검정을 이용하여 몇 가지 회귀분석의 주요한 가정을 확인하였다. 다시 말하지만, 이 외에도 상당히 여러 가지 가정이 존재하고 또한 그것들을 확인하는 다양한 방법들이 존재한다. 회귀분석의 많은 가정과 확인 방법 중 위에서 확인한 내용들은 핵심이라고 할 수 있으며 일반적으로 중요하게 취급되므로 간략하게 소개하였다.

20.8. 범주형 독립변수의 사용

지금까지 양적 종속변수와 양적 독립변수 사이의 회귀분석을 보여 주었지만, 사회과학 등의 응용통계 영역에서는 질적변수의 사용도 매우 활발하다. 회귀분석에서 어떻게 질적 독립변수를 사용할 수 있는지, 그리고 결과의 해석은 어떤지 등을 소개한다.

20.8.1. 더미변수를 이용한 회귀분석

질적변수를 회귀분석의 독립변수로서 사용할 때는 더미(dummy)변수로 리코딩(recoding)하여야 한다. 더미변수란 두 개의 범주가 있는 변수로서 한 범주는 0 또 다른 범주는 1로 코딩되어 있는 변수를 가리킨다. 그러므로 지금부터 보여 줄 예제는 두 개의 범주가 있는 질적변수를 독립변수로 사용한 경우이다. 만약 세 개 이상의 범주가 있는 질적변수라면 여러 개의 더미변수를 만들어 내야 하며 그 방법은 다음 장의 다중회귀분석에서 설명한다. 예제를 위하여 사용할 자료는 앞에서 사용했던 Cars93 데이터 프레임에 있는 Price 변수와 Origin 변수이다. Price를 종속변수로 사용하고 Origin을 독립변수로 사용하는 회귀분석을 실시한다.

데이터 프레임의 Origin 변수는 자동차 생산지를 가리키며 “USA”와 “non-USA” 두 개의 문자열 값을 가지고 있는데, 이제 0=USA, 1=non-USA로 리코딩하고자 한다. R을 이용하여 자료를 리코딩하는 방법은 매우 다양하게 존재하는데 여기서는 ifelse() 함수를 다음과 같이 사용하고자 한다.

```
> Price <- Cars93$Price
> Origin <- Cars93$Origin
```

```
> NonUSA <- ifelse(Origin=="non-USA", 1, 0)
> NonUSA
 [1] 1 1 1 1 1 0 0 0 0 0 0 0 0 0 0 0 0 0 0 0 0 0 0 0 0 0 0 0 0 0 0 0 0 0
[35] 0 0 0 0 1 1 1 1 1 1 1 1 1 1 1 1 1 0 0 1 1 1 1 1 1 1 1 0 0 1 1 1 1 1 1 1 0
[69] 0 0 0 0 0 0 0 0 0 1 0 1 1 1 1 1 1 1 1 1 1 1 1 1 1 1
```

ifelse() 함수는 주어진 조건을 만족할 때는 어떤 값을 주고, 그 조건을 만족하지 않을 때는 또 다른 값을 주라는 의미의 함수이다. 첫 번째 아규먼트는 조건을 의미하며, 두 번째 아규먼트는 그 조건을 만족할 때 주어야 할 값, 세 번째 아규먼트는 조건을 만족하지 않았을 때 주어야 할 값이다. 위의 명령문은 Origin 변수가 non-USA라면 1의 값을 주고, 그렇지 않다면 0의 값을 주라는 의미이다. 이렇게 리코딩을 한 변수의 이름은 NonUSA로 하였다. 많은 영역에서 더미변수의 이름을 지정할 때 1로 코딩된 범주의 내용으로 하는 경우가 많다. 예를 들어, 성별을 더미변수로 만들 때 0=Male, 1=Female이라면 변수 이름을 Female로 하는 식이다. 어쨌든 NonUSA 변수는 0=USA, 1=non-USA를 의미하는 더미변수다. 위의 ifelse() 함수는 자료에 결측치가 없다면 문제없이 작동한다. 참고로 만약 Origin 변수에 결측치가 존재한다면 아래와 같이 ifelse() 함수를 이용하는 것이 좋다.

```
> NonUSA <- ifelse(Origin=="non-USA", 1,
+                  ifelse(Origin=="USA", 0, NA))
```

위의 명령문은 ifelse() 함수 안에서 다시 또 ifelse() 함수를 연거푸 사용하는 방법인데, 먼저 Origin이 non-USA라면 1로 코딩하고, 아니라면 다시 ifelse() 함수를 적용한다. 남은 범주들 중에서 Origin이 USA라면 0으로 코딩하고 아니라면 NA(결측치)로 코딩하라는 의미이다. Origin 변수에 결측치가 없기 때문에 이 명령문의 결과는 앞 명령문의 결과와 완전히 일치한다. 일반 연구자들은 사실 이와 같이 더미변수를 리코딩해야 할 일이 많지는 않다. Excel 등에 자료를 입력할 때 성별 등의 이분형 변수는 처음부터 0과 1로 입력해 놓는 것이 기본이기 때문이다. 이제 더미변수가 만들어졌으므로 lm() 함수를 이용하여 회귀분석을 실시한다.

```
> reg.results <- lm(Price~NonUSA)
> summary(reg.results)

Call:
lm(formula = Price ~ NonUSA)

Residuals:
    Min      1Q  Median      3Q     Max 
-12.509  -7.173  -2.109   2.791  41.391 

Coefficients:
            Estimate Std. Error t value Pr(>|t|)    
(Intercept)   18.573      1.395  13.316   <2e-16 ***
NonUSA         1.936      2.005   0.966    0.337    
---
Signif. codes:  0 '***' 0.001 '**' 0.01 '*' 0.05 '.' 0.1 ' ' 1

Residual standard error: 9.663 on 91 degrees of freedom
Multiple R-squared:  0.01014,	Adjusted R-squared:  -0.0007366 
F-statistic: 0.9323 on 1 and 91 DF,  p-value: 0.3368

> anova(reg.results)
Analysis of Variance Table

Response: Price
          Df Sum Sq Mean Sq F value Pr(>F)
NonUSA     1   87.1  87.050  0.9323 0.3368
Residuals 91 8497.0  93.373               
```

위 결과로부터 추정된 회귀식이 아래와 같다는 것을 알 수 있다.

$$\widehat{Price} = 18.573 + 1.936NonUSA$$

절편부터 해석해 보면, NonUSA가 0일 때 기대되는 자동차의 가격은 18,573달러라는 것을 의미한다. NonUSA가 0이라는 것은 USA라는 것을 의미하므로 미국에서 생산된 자동차의 기대가격은 18,573달러라는 것을 알 수 있다. 그리고 기울기가 1.936이라는 것은 NonUSA가 한 단위 증가할 때 기대되는 Price의 변화값이 1,936달러라는 것을 의미한다. NonUSA가 한 단위 증가한다는 것은 단 한 가지 경우밖에 없다. 0에서 1로 증가하는 것이다. 그러므로 해석하면 USA가 non-USA가 될 때 자동차의 가격이 1,936달러 증가한다는 것을 의미한다. 이는 쉽게 말해, 미국에서 생산된 차량과 미국 밖에서 생산된 차량의 평균적인 가격 차이가 1,936달러라는 것을 의미한다. 그리고

1로 코딩된 자동차의 가격이 더 높으므로 미국 밖에서 생산된 차량의 가격이 더 높다는 것을 가리킨다. 미국 밖에서 생산된 차량의 평균가격은 18,573달러에 1,936달러를 더하여 20,509달러이다. 하지만 기울기의 $p = 0.337$로서 통계적으로 유의한 차이라고 할 수는 없다. 참고로 tapply() 함수를 이용하여 각 집단의 차량 가격을 확인하면 아래와 같다.

```
> tapply(Price, NonUSA, mean)
       0        1
18.57292 20.50889
```

위에서 tapply() 함수는 Price 변수의 NonUSA 집단별로 mean() 함수를 적용하라는 것을 의미한다. 두 집단의 평균 추정치가 회귀분석을 이용해서 구한 것과 다르지 않음을 알 수 있다.

20.8.2. 단순회귀분석과 다른 분석의 관계

더미변수를 독립변수로 이용하여 회귀분석을 실시한 결과가 앞 장에서 배웠던 t검정의 결과와 상당히 비슷하다는 생각이 들었다면 제대로 생각한 것이다. 기울기의 의미가 두 집단간 평균의 차이라면, 이 차이를 검정하는 방법이 바로 독립표본 t검정이다. 사실 우리가 앞에서 다루었던 t검정 및 분산분석은 지금 다루고 있는 회귀분석과 수리적으로 동일한 모형이다. 이 모든 모형들을 통합하여 일반선형모형(general linear model, GLM)이라고 한다. 예를 들어, 위의 자료를 이용하여 독립표본 t검정을 실시하면 다음과 같다.

```
> t.test(Price~NonUSA, var.equal=TRUE, paired=FALSE,
+        alternative="two.sided")

        Two Sample t-test

data:  Price by NonUSA
t = -0.96555, df = 91, p-value = 0.3368
alternative hypothesis: true difference in means is not equal to 0
95 percent confidence interval:
 -5.918765  2.046820
sample estimates:
```

```
mean in group 0 mean in group 1
       18.57292        20.50889
```

t검정의 실행 방식에 대한 설명은 이미 앞에서 여러 번 다루었으므로 생략한다. 평균 차이 검정의 $p = 0.337$로서 회귀분석의 기울기 검정 결과와 완전히 동일하고, 각 집단의 평균 또한 회귀분석의 절편 및 기울기 추정치로 구한 값과 일치한다. 즉, 더미변수를 독립변수로 하여 실시한 회귀분석은 더미변수 집단 간의 독립표본 t검정과 통계적으로 동치모형(equivalent models)이라는 것을 알 수 있다. 제14장에서 t검정과 F검정도 동치라고 하였으므로 분산분석을 다음과 같이 실시하여도 역시 동일한 결과를 얻게 될 것이다.

```
> anova.results <- aov(Price~NonUSA)
> summary(anova.results)
            Df Sum Sq Mean Sq F value Pr(>F)
NonUSA       1     87   87.05   0.932  0.337
Residuals   91   8497   93.37
```

분산분석의 결과가 회귀분석에서 실시한 분산분석의 결과와 완전히 일치한다. 우리가 일반적으로 t검정이나 F검정을 다룰 때 '모형'이라는 단어를 사용하지 않고, 회귀분석을 다룰 때만 '모형'이라는 단어를 사용함으로 인해 많은 사람들이 t검정이나 F검정이 모형이 없다고 생각하는 경우가 있다. 하지만 앞에서도 소개했듯이 효과모형(effects model)이 존재하며, 더 크게는 일반선형모형의 일종이다.

제21장 다중회귀분석

단순회귀분석에서는 불안을 예측하는 변수로서 우울, 자동차의 가격을 예측하는 변수로서 마력 등처럼 단 하나의 독립변수가 있는 경우를 살펴보았다. 하지만 관심 있는 변수(종속변수, 준거변수, 반응변수)에 영향을 주는 변수(독립변수, 예측변수, 설명변수)가 오직 하나뿐이라고 가정하는 것은 상당히 비현실적이다. 여러 개의 독립변수를 이용하여 하나의 종속변수를 예측(설명)하는 모형을 다중회귀분석 또는 중다회귀분석(multiple regression)이라고 한다. 이번 장에서는 다중회귀분석의 원리와 응용에 대하여 소개한다. 다중회귀분석은 회귀분석의 큰 부분을 차지하며 매우 방대한 영역이어서 사회과학통계 책의 한 장으로서 설명될 주제가 아니다. 이 책에서는 독자들이 더 발전적인 회귀모형이나 구조방정식 모형 등을 이용하는 데 있어서 필수적으로 알아야 하는 주요 핵심 주제들을 다루고자 한다. 단순회귀분석에서는 회귀분석의 원리와 분석의 흐름을 익히기 위해 모든 계산을 손으로 직접 해 보는 것이 의미가 있었지만, 다중회귀분석에서는 과정이 복잡하고 큰 의미가 없을 수도 있어 손으로 직접 하는 계산은 최소화하였다. 만약 수리적인 원리와 증명 등에 관심이 있다면 자연과학통계 분야의 회귀분석 책들을 참조하는 것이 좋다. 이번 장에서는 프로그램 R을 이용하여 회귀분석의 내용적인 부분과 해석 및 응용적인 문제에 집중하고 다중회귀분석을 직관적으로 이해하는 데 도움을 주기 위해 많은 예제를 이용하고자 한다.

21.1. 변수의 다중적인 관계

회귀분석의 수리적인 모형을 이해하고, 회귀모형을 추정하고, 결과를 이용하여 모집단을 추론하기 전에 먼저 변수 간의 관계에 대하여 살펴보자. 다중회귀분석은 둘 이상의 독립변수를 이용하여 종속변수를 예측하고자 하는 모형이라고 하였는데, 어떤 관계에서 무엇을 추정하고 예측하고자 하는지 몇 개의 그림으로 독자들의 이해를 돕고자 한다. 앞에서 이용했던 Cars93 데이터 프레임의 변수들 중에서 몇 가지 이번 장에서 이용할 변수를 추려 CARS라는 데이터 프레임을 형성하였다. 사용하고자 하는 변수는 [그림 21.1]과 같으며 두 개의 범주가 있는 NonUSA 변수는 회귀분석에서 사용 가능하도록 더미변수화 되어 있고, 세 개의 범주가 있는 DriveTrain 변수는 뒤에서 더미변수화 하는 과정을 보이고 사용할 것이다.

Data Editor

File Edit Help

	Price	Horsepower	MPG.city	RPM	NonUSA	DriveTrain
1	15.9	140	25	6300	1	Front
2	33.9	200	18	5500	1	Front
3	29.1	172	20	5500	1	Front
4	37.7	172	19	5500	1	Front
5	30	208	22	5700	1	Rear
6	15.7	110	22	5200	0	Front
7	20.8	170	19	4800	0	Front
8	23.7	180	16	4000	0	Rear
9	26.3	170	19	4800	0	Front
10	34.7	200	16	4100	0	Front
11	40.1	295	16	6000	0	Front

[그림 21.1] CARS 데이터 프레임

연구자가 관심 있어 하는 변수, 즉 종속변수는 Price라고 가정하고, Horsepower와 MPG.city를 이용하여 Price를 예측하고자 한다. 연구자는 먼저 세 변수의 관계를 살펴보기 위하여 산포도를 확인하고자 하는데, 지금까지 우리가 사용해 온 산포도는 두 변수 간의 관계를 평면상에 보여 주는 산포도였다. 세 변수 간의 산포도를 확인하고자 한다면 여러 개의 산포도를 확인하든지, 3차원 공간에 하나의 산포도를 그릴 수 있다. R에는 3차원 산포도(3-dimensional scatter plot)를 보여 주는 여러 패키지가 있는데, scatterplot3d 패키지(Ligges & Mächler, 2003)를 사용하고자 한다.[80] 패키지 탭을 이용하여 scatterplot3d 패키지를 검색하고 설치한 다음 R로 로딩하고 scatterplot3d() 함수를 이용하여 다음과 같이 명령어를 입력한다.

```
> scatterplot3d(Horsepower, MPG.city, Price, angle=65, pch=16)
```

처음 세 개의 아규먼트는 축을 형성하게 될 세 변수를 의미하며 이것만으로 3D플롯

80) scatterplot3d 패키지 외에 3차원 산포도를 보여 주는 패키지로서 상당히 흥미로운 rgl 패키지(Adler, Murdoch, & others, 2019)가 있다. rgl 패키지의 plot3d() 함수를 이용하면 3차원 공간에서 연구자의 마우스 움직임에 따라 원하는 각도로 360도 회전하는(spinning) 산포도를 출력할 수 있다.

은 완성된다. 첫 번째와 두 번째 아규먼트로 3차원 플롯의 바닥평면을 형성하고, 세 번째 아규먼트로 수직축을 형성한다. angle 아규먼트는 3차원 산포도를 바라보는 시점, 즉 각도를 조절하고, pch 아규먼트는 점의 종류를 결정한다. pch=16은 속이 꽉 차 있는 동그란 점(●)을 제공함을 앞 장에서 설명하였다. 3차원 산포도의 결과가 [그림 21.2]에 제공된다.

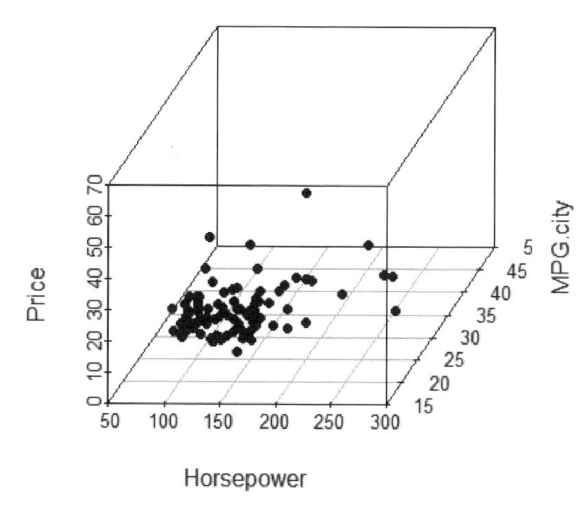

[그림 21.2] Price, Horsepower, MPG.city의 3D플롯

세 변수의 값 (X_i, Y_i, Z_i)의 조합으로 이루어진 총 93개의 점이 3차원 공간에 펼쳐져 있다. 2차원 평면에서는 점들이 면적을 이루면서 퍼져 있었다고 하면, 3차원 공간에서는 점들이 부피를 형성하면서 퍼져 있다고 볼 수 있다. 만약 [그림 21.2]를 정확히 앞에서 또는 정확히 오른쪽에서 바라보게 되면 [그림 21.3]과 같은 점들의 분포를 보게 된다.

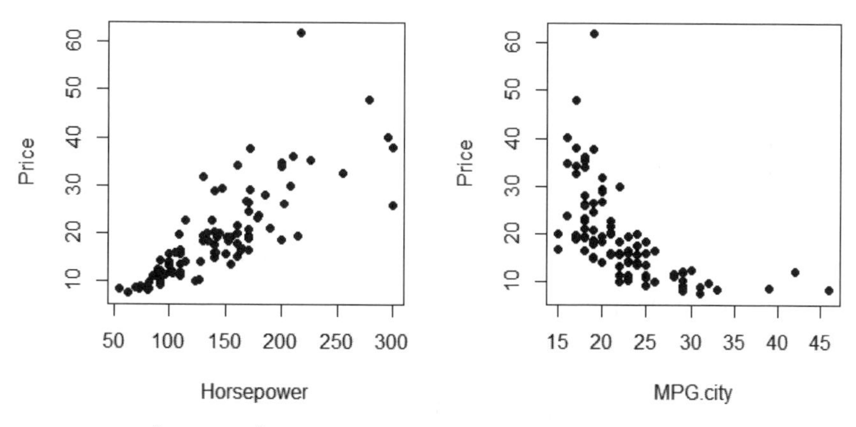

[그림 21.3] Price와 Horsepower 및 MPG.city의 관계

위 그림의 왼쪽은 Price와 Horsepower의 관계를 보여 주고 있고, 오른쪽은 Price와 MPG.city의 관계를 보여 주고 있다. 마치 나머지 독립변수를 무시하고 평면상에 종속변수와 하나의 독립변수 간 관계를 나타낸 것과 동일하다.

이와 같이 다중적인 세 변수의 관계에서 다중회귀모형이 달성하고자 하는 첫 번째 목표는 세 변수의 관계를 가장 잘 드러내는 적합한 회귀식을 찾는 것이다. 회귀선이 아니라 회귀식이라고 한 이유는 다중회귀분석에서 회귀식은 더 이상 회귀선이 아니기 때문이다. 두 변수의 관계를 보여 주는 단순회귀분석에서는 회귀식이 곧 회귀선이지만, 세 변수 이상의 관계를 보여 주는 다중회귀분석에서는 회귀식이 평면(plane) 또는 그 이상의 차원을 형성한다. 예를 들어, 종속변수 Price와 독립변수 Horsepower 및 MPG.city의 회귀관계에서 찾고자 하는 회귀식은 [그림 21.4]처럼 3차원 공간상의 평면(격자 부분)으로 표현된다.

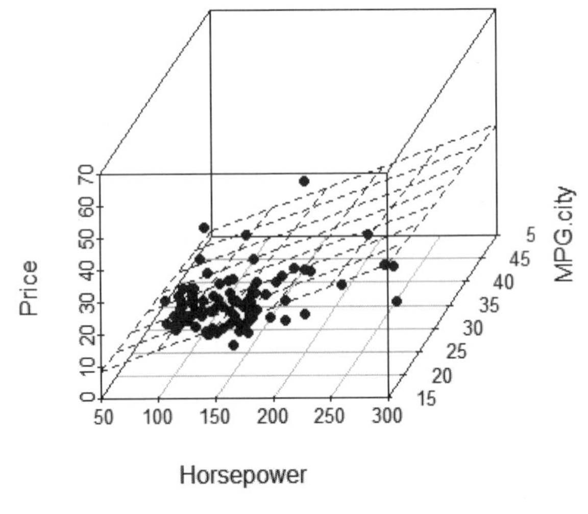

[그림 21.4] 다중회귀분석의 회귀평면

위 그림에서의 평면은 종속변수 Price와 독립변수 Horsepower 및 MPG.city의 관계를 가장 잘 나타내 주는 회귀식을 기하학적으로 표현한 것이다. 이 회귀평면(regression plane)은 부피를 형성하며 퍼져 있는 점들의 중심을 관통하며 지나가는 평면이다. 그러므로 평면의 위쪽으로 대략 50%의 점들이 존재하고, 아래쪽으로 대략 50%의 점들이 존재하게 된다. 이는 면적을 형성하며 퍼져 있는 점들의 중심을 관통하는 선을 구하는 단순회귀분석과 원리적으로 동일하다. 참고로 위의 그림을 R에서 얻고자 하면 역시

scatterplot3d 패키지를 아래와 같이 이용할 수 있다.

```
> s3d <- scatterplot3d(Horsepower, MPG.city, Price, angle=65,
+                      pch=16)
> regress <- lm(Price~Horsepower+MPG.city)
> s3d$plane3d(regress)
```

먼저 3차원 산포도를 s3d 객체(리스트)에 저장하고, 다중회귀분석의 결과도 regress 객체에 저장한다. lm() 함수의 아규먼트는 다중회귀분석을 위한 formula로서 ~ 표시의 왼쪽에 종속변수, 오른쪽에 독립변수들을 +로 연결한다. 마지막에 s3d 리스트의 plane3d 요소를 꺼내어서 회귀분석의 결과 객체인 regress를 아규먼트로 하여 실행하면 [그림 21.4]를 얻을 수 있다.

21.2. 회귀모형

다중회귀분석 모형의 추정과 회귀평면에 대하여 소개하고, 여러 개의 독립변수 간 통제의 개념 및 이와 관련된 편상관과 부분상관에 대해서 논의하며, 표준화 추정치를 이용한 독립변수의 영향력 비교도 간단하게 소개한다.

21.2.1. 모형의 추정

먼저 모집단 수준에서 다중회귀모형을 정의하고, 이후 추정된 회귀식을 설명한다. 종속변수를 Y라고 하고, 독립변수 X가 p개 존재한다고 가정하면 사례 i에 대한 다중회귀모형은 [식 21.1]과 같다.

$$Y_i = \beta_0 + \beta_1 X_{i1} + \beta_2 X_{i2} + \cdots + \beta_p X_{ip} + e_i \qquad \text{[식 21.1]}$$

위에서 Y_i는 i번째 사례의 Y점수, X_{ip}는 i번째 사례의 X_p점수, β_0는 회귀식의 절편(intercept) 모수, β_1, β_2,..., β_p는 회귀식의 기울기(slope) 모수, e_i는 i번째 사례의 오차(error) 또는 잔차(residual)를 의미한다. 오차는 단순회귀분석과 마찬가지로 [식 21.2]와 같은 기본적인 가정을 만족해야 한다.

$$e_i \sim N(0,\sigma^2)$$ [식 21.2]

다중회귀모형의 회귀식은 주어진 X_1, X_2,..., X_p에 대한 Y의 기대값으로서 [식 21.3]과 같이 표현하기도 한다.

$$E(Y|X_1,X_2,...,X_p) = \beta_0 + \beta_1 X_1 + \beta_2 X_2 + \cdots + \beta_p X_p$$ [식 21.3]

위에서 절편 β_0는 모든 X가 0일 때 기대되는 Y의 값을 의미하며, 이 해석은 단순회귀분석과 다르지 않다. 하지만 나머지 기울기에 대한 해석은 조금 다르다. 예를 들어, β_1은 다른 모든 X를 통제한 상태에서 X_1이 한 단위 증가할 때 기대되는 Y의 변화량이다. 마찬가지로 β_2는 다른 모든 X를 통제한 상태에서 X_2가 한 단위 증가할 때 기대되는 Y의 변화량이다. 단순회귀분석과 다르게 왜 통제(control)라는 개념이 다중회귀분석의 해석에서 등장하게 되는지에 대해서는 바로 뒤에서 더 자세히 설명할 것이다. 지금은 일단 [식 21.1]의 회귀모형을 추정하고자 한다. 표본을 이용하여 추정한 회귀식은 [식 21.4]로서 X들의 선형결합(linear combination)을 통해 Y를 예측한다.

$$\hat{Y}_i = \hat{\beta}_0 + \hat{\beta}_1 X_{i1} + \hat{\beta}_2 X_{i2} + \cdots + \hat{\beta}_p X_{ip}$$ [식 21.4]

위에서 $\hat{Y}_i$은 i번째 사례의 예측값(predicted value 또는 fitted value)이고, $\hat{\beta}_0$, $\hat{\beta}_1$, $\hat{\beta}_2$,..., $\hat{\beta}_p$은 모형의 모수인 β_0, β_1, β_2,..., β_p의 추정치이다. 또한 앞과 마찬가지로 추정된 회귀식 역시 i 없이 쓰는 것이 얼마든지 가능하다. 그리고 또 응용통계학을 하는 사회과학 영역에서 회귀모형의 추정치를 로만 알파벳으로 쓰는 경향이 있으므로 추정된 회귀식을 [식 21.5]와 같이 쓰기도 한다.

$$\hat{Y}_i = B_0 + B_1 X_{i1} + B_2 X_{i2} + \cdots + B_p X_{ip}$$ [식 21.5]

[식 21.4]와 [식 21.5]가 [그림 21.4]에서 보였던 추정된 회귀평면의 수리적 식을 가리킨다. 물론 [그림 21.4]에서는 두 개의 독립변수가 있다고 가정하였다. 만약 세 개 이상의 독립변수가 있다면 추정된 수리적인 식을 4차원 이상의 공간에서 보여 주어야 하므로 완전히 불가능한 것은 아니지만 실질적으로 거의 불가능하다. 그러므로 셋 이상의 독립변수 경우는 다만 수리적으로만 존재할 뿐이라고 가정한다.

그렇다면 어떻게 추정된 회귀식을 구할 수 있을까? 다시 말해, 다차원 산포도(multi-dimensional scatter plot)를 뚫고 지나가는 회귀평면(회귀식)들은 수없이 많이 존재하는데, 어떤 조건을 만족하는 회귀평면을 구해야 가장 적합한 회귀평면이라고 할 수 있을까? 회귀평면[81]을 추정하는 여러 방법이 존재하지만 가장 기본이 되는 것은 역시 OLS 추정이다. 즉, 오차의 제곱의 합을 최소화하는 모수 추정치를 구하는 것이다. 모형의 오차는 [그림 21.4]에서 각 점과 회귀평면 사이의 수직거리를 의미하며 [식 21.6]과 같이 정의된다.

$$e_i = Y_i - (\beta_0 + \beta_1 X_{i1} + \beta_2 X_{i2} + \cdots + \beta_p X_{ip}) \quad \text{[식 21.6]}$$

이제 오차의 제곱의 합을 최소화하는 $\hat{\beta}_0$, $\hat{\beta}_1$, $\hat{\beta}_2, \ldots,$ $\hat{\beta}_p$을 구해야 한다. 즉, [식 21.7]을 풀어야 한다.

$$\min_{\{\beta_0, \beta_1, \beta_2, \ldots, \beta_p\}} \sum_{i=1}^{n} e_i^2 \quad \text{[식 21.7]}$$

단순회귀분석과 마찬가지로 위의 식을 풀기 위해서는 여러 번의 편미분을 해야 하는데, 일반적으로는 위의 식을 이용하기보다는 행렬식을 이용하여 추정치를 한 번에 풀어낸다. 행렬식에 대한 더 이상의 설명은 이 책의 목적에 맞지 않으며, 더불어 행렬식을 푼 결과로 나타나는 모수 추정치도 단 한 줄의 식일 뿐이지만 보이지 않으려 한다. 다만 두 개의 독립변수가 있는 비교적 간단한 경우의 기울기 모수 추정치는 편상관(partial correlation)의 개념을 이용하여 뒤에서 간략하게 설명한다.

다중회귀분석의 본격적인 R 예제는 조금 뒤에서 보이기로 하고 일단 [그림 21.4]에 제공된 회귀평면의 추정식을 실제로 구해 보고자 한다. 즉, Price를 종속변수로 하고 Horsepower와 MPG.city를 독립변수로 하여 회귀분석을 실시하면 다음과 같다.

```
> mul.reg <- lm(Price~Horsepower+MPG.city)
> mul.reg$coefficients
(Intercept)  Horsepower    MPG.city
  5.2188310   0.1307857  -0.2020871
```

81) 평면이라고 하면 기본적으로 3차원 공간상에 위치한 2차원 면을 의미하는데, 다중회귀분석에서는 어떤 차원에서든 추정된 회귀식 모두를 회귀평면이라고 한다. 이런 관점에서 회귀평면을 초평면(hyperplane)이라고 하기도 하는데, 초평면이란 3차원 공간상에 생기는 2차원 평면, 4차원 공간상에 생기는 3차원 평면 등을 의미한다.

먼저 lm() 함수를 이용하여 다중회귀분석을 실시하고, 그 결과를 mul.reg 리스트에 저장하였다. 그리고 다음 줄에 리스트의 요소 중에서 계수 부분만 뽑아서 출력하였다. 그러므로 추정된 회귀식은 다음과 같다.

$$\widehat{Price} = 5.219 + 0.131 Horsepower - 0.202 MPG.city$$

마력이 0이고, 시내주행연비가 0일 때 기대되는 자동차 가격인 절편의 해석은 의미가 없다. 마력이 절대 0일리도 없고, 시내주행연비 역시 절대 0일리가 없기 때문이다. 두 개의 기울기 추정치를 해석해 보면, 시내주행연비가 일정한 수준에서 고정되었을 때 마력이 한 단위 증가하면 가격은 131달러 증가하고, 마력이 일정한 수준에서 통제되었을 때 시내주행연비가 한 단위(1마일) 증가하면 가격은 202달러 감소한다. 모형 전체의 통계적 유의성이나 각 기울기의 통계적 유의성은 뒤에서 다룬다.

21.2.2. 통제

다중회귀분석의 X들은 모두가 Y를 예측하기 위해서 선택된 독립변수들이다. 한 가지의 개념(Y)을 설명하므로 자연스럽게 X들 간에도 높은 상관이 있을 것이 틀림없다. 즉, X_1이 한 단위 증가할 때 나머지 X들이 가만히 일정한 값에서 멈춰 있는 것이 아니라 X_1과 같이 움직인다. 이렇게 되면 β_1에 대한 해석이 매우 지저분해질 수 있다. 예를 들어, 만약 독립변수가 네 개라면 β_1의 의미는 X_1이 한 단위 증가하고, X_2는 1.3단위 증가하고, X_3는 0.4단위 감소하고, X_4는 0.9단위 증가할 때 기대되는 Y의 변화량이 되는 식이다. 만약 다중회귀모형에서 β_1을 이렇게 해석해야 한다면 그야말로 모형의 존재 이유가 사라질 것이다.

매우 다행스럽게도 다중회귀분석 모형에서 β_1의 의미는 나머지 모든 X가 일정한 수준에서 변화하지 않으면서 X_1만 한 단위 증가할 때 기대되는 Y의 변화량이다. 그리고 이와 같이 나머지 모든 X가 일정한 상수에서 변화하지 않는 것을 '나머지 모든 X를 통제한다'고 말한다. 나머지 X들을 통제하기 위해 연구자는 그 어떤 특별한 작업도 하지 않으며, 단지 다중회귀분석 모형을 이용하면 자연스럽게 그와 같은 해석이 가능하게 된다. 즉, 연구자가 X_2의 영향을 통제하면서 X_1의 Y에 대한 영향을 확인하고 싶다면 X_1과 X_2를 동시에 독립변수로 모형 안에 넣어서 다중회귀분석 모형을 추정하면 된다. 반대로 만약 연구자가 X_1만을 이용하여 Y를 예측하는 단순회귀모형을 추정하였다면

X_2의 영향을 통제하지 못한 것이 된다.

회귀모형의 통제에 대하여 [식 21.8]의 모형을 이용해서 조금 더 일반론적으로 이해하여 보도록 하자.

$$Y = \beta_0 + \beta_1 X_1 + \beta_2 X_2 + e \qquad \text{[식 21.8]}$$

위의 식에서 β_1은 X_2의 Y에 대한 영향력을 통제한 상태에서 X_1의 Y에 대한 효과를 의미한다. 다시 말해, X_2를 일정한 값(상수)으로 고정한 상태에서(holding X_2 constant) X_1이 Y에 대하여 갖는 효과를 가리킨다. 조금 어렵고 자세하게 말하자면, X_2의 임의의 주어진 값에서 X_1이 Y에 대하여 갖는 효과(즉, $\beta_1|X_2$)[82]를 계산하고, X_2의 다른 주어진 값에서 X_1이 Y에 대하여 갖는 효과(즉, $\beta_1|X_2$)도 계산하고, X_2의 또 다른 주어진 값에서 X_1이 Y에 대하여 갖는 효과(즉, $\beta_1|X_2$)를 계산하고, 이와 같은 작업을 모든 X_2에 대하여 계속하였을 때 구한 β_1 값들의 평균이 바로 X_2의 Y에 대한 영향력을 통제한 상태에서 X_1의 Y에 대한 효과를 의미한다. 즉, 쉽게 말해서 β_1은 X_1이 Y에 대하여 갖는 고유한 영향력이라고 할 수 있다. [표 21.1]에 제공되는 자료를 이용하여 통제에 대하여 직관적인 이해를 할 수 있도록 하고자 한다.

[표 21.1] 통제를 이해하기 위한 자료

Y	X_1	X_2
3.2	1	1
2.7	2	1
3.1	3	1
5.2	5	2
5.4	6	2
4.9	7	2
6.8	9	3
7.1	10	3
7.3	11	3

위의 표에서 Y는 회귀모형의 종속변수, X_1과 X_2는 회귀모형의 독립변수라고 가정

82) 수학 및 통계학에서 | 표시는 주어진(given)이란 의미를 갖는다. b가 주어진 상태에서 a를 의미하기 위해서는 $a|b$(a given b)로 표기한다.

한다. 회귀모형을 추정하기 전에 먼저 세 변수 사이의 상관계수를 구해 보면 [표 21.2]와 같다.

[표 21.2] Y, X_1, X_2 간의 상관계수

	Y	X_1	X_2
Y	1.000		
X_1	0.964	1.000	
X_2	0.991	0.970	1.000

세 변수가 매우 높은 정도로 상관이 존재하는 것을 알 수 있다. 이 상관계수를 보면 X_1과 X_2가 각각 Y를 매우 잘 예측하는 것으로 생각할 수 있다. 실제로 그런지 각 독립변수를 이용하여 종속변수를 예측하는 두 번의 단순회귀분석 결과를 확인한다.

```
> reg1 <- lm(Y~X1)
> summary(reg1)

Coefficients:
            Estimate Std. Error t value Pr(>|t|)
(Intercept)   2.2013     0.3447   6.386 0.000372 ***
X1            0.4794     0.0501   9.569 2.86e-05 ***

> reg2 <- lm(Y~X2)
> summary(reg2)

Coefficients:
            Estimate Std. Error t value Pr(>|t|)
(Intercept)   1.0111     0.2183   4.632  0.00239 **
X2            2.0333     0.1011  20.122 1.87e-07 ***
```

변수의 값을 입력하는 과정은 생략하였고, 결과에서 다른 많은 부분도 생략하였다. 계수 부분만 확인해 보면, X_1과 X_2는 모두 $p < .001$ 수준에서 통계적으로 유의하게 Y를 예측하고 있다. 그렇다면 이제 다중회귀분석 모형을 추정하여 X_2를 통제한 상태에서 X_1의 영향력을 확인하고, 동시에 X_1을 통제한 상태에서 X_2의 영향력을 확인해 보도록 하자.

```
> reg3 <- lm(Y~X1+X2)
> summary(reg3)

Coefficients:
            Estimate Std. Error t value Pr(>|t|)
(Intercept)  1.04444    0.32070   3.257  0.01732 *
X1           0.01667    0.10894   0.153  0.88342
X2           1.96667    0.44916   4.379  0.00468 **
```

결과를 보면, X_2는 $p < .01$ 수준에서 여전히 통계적으로 유의한 독립변수인데 X_1이 더 이상 통계적으로 유의한 독립변수가 아니라는 것($p = .883$)을 확인할 수 있다. 어째서 이와 같은 일이 발생했는지 [그림 21.5]를 통해 이해하여 보자. [그림 21.5]에는 X_2를 통제한 상태에서 X_1과 Y의 관계를 확인할 수 있는 산포도가 제공된다. 그림은 기본적으로 X_1과 Y의 산포도를 보여 주고 있으며, 각 세 개의 X_1값이 X_2의 한 값으로 묶여 있다.

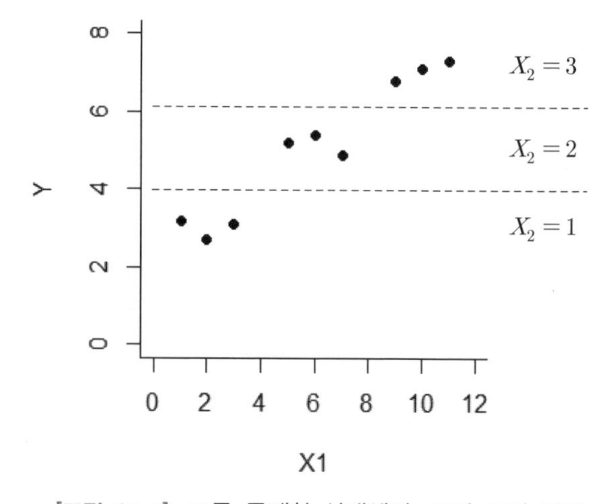

[그림 21.5] X_2를 통제한 상태에서 X_1과 Y의 관계

위의 그림을 보면 $X_2 = 1$일 때 X_1과 Y의 상관은 거의 0에 가까운 것으로 보이며, $X_2 = 2$일 때 X_1과 Y의 상관은 아주 미세하게 부적이라고 볼 수도 있으나 거의 0에 가까우며, $X_2 = 3$일 때 X_1과 Y의 상관은 아주 미세하게 정적이라고 볼 수도 있으나 역시 거의 0에 가깝다. 즉, X_2를 그 어떤 값이든 일정한 값으로 통제하면 X_1과 Y의 강력한 정적 상관($r_{XY} = 0.964$)은 사라진다. 다시 말해, 근본적으로 X_1은 Y와 상관이 없는데도

불구하고 단순회귀분석 또는 상관분석에서는 강력한 상관이 있는 것으로 결과가 나왔던 것이다. 이런 현상이 발생하는 주된 이유는 X_2가 X_1과도 강력한 상관이 있고, Y와도 강력한 상관이 있기 때문이다. 즉, X_2가 양쪽 변수 모두와 높은 상관이 있음으로 인해서 X_1과 Y도 마치 강력한 상관이 있는 것처럼 거짓효과(spurious effect)가 발생했던 것이다. 이런 경우에 대부분은 X_1과 X_2를 동시에 독립변수로 투입한 다중회귀분석을 실시하면 둘 중에 진정으로 Y와 상관이 있는 것을 찾아낼 수 있다.

Wikipedia에 있는 거짓효과의 예를 하나 들어 거짓효과에 대한 이해를 돕고자 한다. 각 도시를 관찰한 결과 아이스크림 판매량과 수영장에서의 익사율이 매우 높은 상관이 있다는 것을 발견하였다. 아이스크림을 먹다가 수영장에서 익사하였다는 가설이나 수영장에서 익사하는 것이 아이스크림 판매량을 늘린다는 가설은 모두 말이 되지 않음을 알 것이다. 진실은 더운 날씨(X_2)가 아이스크림 판매량(X_1)과 수영장 익사율(Y) 모두에 영향을 준 것이다.

21.2.3. 편상관과 부분상관

편상관계수

단순회귀분석의 기울기 추정치 $\hat{\beta}_1$이 X와 Y의 상관계수 r_{XY}에 기반하고 있다는 것은 [식 20.8]을 통하여 확인할 수 있다. 표준화된 기울기 추정치 $\hat{\beta}_1^s$은 상관계수 r_{XY} 자체임도 [식 20.14]에서 설명하였다. 단순회귀분석의 기울기는 제3의 변수를 통제하지 않고 오로지 두 변수의 직접적인 상관계수에 기반하고 있으며, 이와 같은 상관을 영차상관(zero-order correlation)이라고 한다. 그에 반해 다중회귀분석의 기울기는 세 변수 이상의 상관계수에 기반하고 있다. 앞의 통제 부분에서 설명한 것처럼 다중회귀분석의 기울기 추정치 $\hat{\beta}_1$은 다른 모든 X들을 통제한 상태에서 X_1과 Y의 상관계수에 기반하고 있는데, 이와 같은 상관을 편상관(partial correlation)이라고 한다. 또는 이를 고차상관(higher-order correlation)이라고 하는데, 통제하는 변수의 개수에 따라 한 개를 통제하면 일차상관(first-order correlation), 두 개를 통제하면 이차상관(second-order correlation) 등으로 명명하기도 한다.

편상관계수(partial correlation coefficient)를 소개하기 위해 [식 21.8]에 제공된 $Y = \beta_0 + \beta_1 X_1 + \beta_2 X_2 + e$의 상황을 고려해 보자. 먼저 X_2를 통제한 상태에서 Y와 X_1의

편상관계수 $r_{YX_1 \cdot X_2}$는 [식 21.9]와 같이 정의된다.

$$r_{YX_1 \cdot X_2} = \frac{r_{YX_1} - r_{YX_2} r_{X_1X_2}}{\sqrt{1-r_{YX_2}^2}\sqrt{1-r_{X_1X_2}^2}} \qquad \text{[식 21.9]}$$

반대로 X_1를 통제한 상태에서 Y와 X_2의 편상관계수 $r_{YX_2 \cdot X_1}$은 [식 21.10]과 같다.

$$r_{YX_2 \cdot X_1} = \frac{r_{YX_2} - r_{YX_1} r_{X_1X_2}}{\sqrt{1-r_{YX_1}^2}\sqrt{1-r_{X_1X_2}^2}} \qquad \text{[식 21.10]}$$

[표 21.1]의 통제 자료를 이용하여 위의 두 편상관계수를 계산해 보면 아래와 같다. 계산을 위한 영차상관은 소수점 셋째 자리까지 [표 21.2]에 제공되는데 사실 이것으로 충분치 않다. 편상관계수가 상당히 미세한 부분에 의해서도 영향을 받기 때문이다. 이런 이유로 소수 여섯째 자리까지 사용하여 계산한 결과가 아래에 제공된다.

$$r_{YX_1 \cdot X_2} = \frac{0.963834 - 0.991466 \times 0.970143}{\sqrt{1-0.991466^2}\sqrt{1-0.970143^2}} = 0.0623$$

$$r_{YX_2 \cdot X_1} = \frac{0.991466 - 0.963834 \times 0.970143}{\sqrt{1-0.963834^2}\sqrt{1-0.970143^2}} = 0.8727$$

위의 결과를 보면 X_2를 통제한 상태에서 Y와 X_1의 상관계수는 0.062로서 매우 낮은 반면에, X_1을 통제한 상태에서 Y와 X_2의 상관계수는 여전히 0.873으로 상당히 높은 것을 확인할 수 있다. R에서 편상관계수를 계산하기 위해서는 ppcor 패키지(Kim, 2015)를 사용할 수 있다. ppcor 패키지를 검색하여 설치하고 R로 로딩하면 MASS 패키지가 자동으로 동시에 로딩된다. ppcor 패키지가 실행되기 위해서는 MASS 패키지가 필요하기 때문이다. 편상관계수를 계산하기 위해서는 pcor.test() 함수를 이용하여 아래처럼 입력하면 편리하다. 여기서 pcor는 partial correlation을 의미한다.

```
> pcor.test(Y, X1, X2, method="pearson")
    estimate   p.value statistic n gp  Method
1 0.06233787 0.8834189 0.1529935 9  1 pearson

> pcor.test(Y, X2, X1, method="pearson")
   estimate     p.value statistic n gp  Method
1 0.8727184 0.004675517  4.378553 9  1 pearson
```

pcor.test() 함수의 첫 번째와 두 번째 아규먼트는 상관계수를 구하고자 하는 변수이며, 세 번째 아규먼트는 통제하고자 하는 변수이다. 마지막은 어떤 종류의 상관계수를 이용할 것인가를 설정하는 method 아규먼트로서 Pearson 상관계수가 디폴트이다. 결과를 보면 추정치(estimate)가 먼저 나오고, 상관계수의 검정을 위한 p값(p.value), t검정통계량(statistic), 표본크기(n), 통제변수의 개수(gp), 상관계수 계산을 위한 방법(Method)이 제공된다. 편상관계수의 검정은 상당히 드문 일이기는 하지만 X_2, $X_3, \ldots, X_p$를 통제한 상태에서 Y와 X_1의 편상관계수를 검정하고자 하면 가설은 [식 21.11]과 같다.

$$H_0 : \rho_{YX_1 \cdot X_2X_3 \cdots X_p} = 0 \quad \text{vs.} \quad H_1 : \rho_{YX_1 \cdot X_2X_3 \cdots X_p} \neq 0 \qquad \text{[식 21.11]}$$

위의 가설을 검정하기 위해서는 [식 21.12]와 같이 t검정을 실시한다.

$$t = \frac{r_{YX_1 \cdot X_2X_3 \cdots X_p}\sqrt{n-2-(p-1)}}{\sqrt{1-r^2_{YX_1 \cdot X_2X_3 \cdots X_p}}} \sim t_{n-2-(p-1)} \qquad \text{[식 21.12]}$$

위에서 $p-1$은 통제하고자 하는 변수의 개수를 의미하며, t검정을 위한 자유도는 $n-2$에서 통제하고자 하는 변수의 개수를 뺀, $n-2-(p-1)$이 된다. 그러므로 위의 두 검정에서 자유도 $\nu = 9-2-1 = 6$이 된다. 검정 결과, X_2를 통제한 상태에서 Y와 X_1의 상관계수는 0.062이고 통계적으로 유의하지 않다($p = .883$). 또한 X_1을 통제한 상태에서 Y와 X_2의 상관계수는 0.873이고 $p < .01$ 수준에서 통계적으로 유의하다. 그리고 이 결과와 p값은 바로 위에서 실시한 다중회귀분석의 기울기 검정 결과와 일치한다.

편상관계수를 계산하기 위한 수식을 정의하고, 통계적 검정을 수행하는 방법을 설명하였는데, 편상관계수를 개념적으로 도출하는 방법에 대해서도 잠시 설명한다. 예를 들어, X_2를 통제한 상태에서 Y와 X_1의 편상관계수 $r_{YX_1 \cdot X_2}$는 Y와 X_1의 관계에서 X_2의 영향을 모두 제거한 것이라고 볼 수 있다. 그러므로 Y와 X_1의 편상관계수 $r_{YX_1 \cdot X_2}$는 다음의 과정을 통해서도 구할 수 있다. 먼저 X_2를 이용하여 X_1을 예측하는 [식 21.13]의 모형에서 잔차(e_{X_1})를 저장한다.

$$X_1 = \beta_0 + \beta_1 X_2 + e_{X_1} \qquad \text{[식 21.13]}$$

위의 모형에서 잔차 e_{X_1}은 X_1의 일부로서 X_2에 의해서 영향받는 부분을 제외한 나머지를 의미한다. 다음으로 X_2를 이용하여 Y를 예측하는 [식 21.14]의 모형에서 잔차(e_Y)를 저장한다.

$$Y = \beta_0 + \beta_1 X_2 + e_Y \qquad \text{[식 21.14]}$$

위의 모형에서 잔차 e_Y는 Y의 일부로서 X_2에 의해서 영향받는 부분을 제외한 나머지를 의미한다. 그러므로 X_2를 통제한 상태에서 Y와 X_1의 편상관계수 $r_{YX_1 \cdot X_2}$는 [식 21.15]와 같이 정의할 수 있다.

$$r_{YX_1 \cdot X_2} = Cor(e_{X_1}, e_Y) \qquad \text{[식 21.15]}$$

위에서 e_{X_1}은 X_1 중에서 X_2에 의해 영향받는 부분을 뺀 변수이고, e_Y는 Y 중에서 X_2에 의해 영향받는 부분을 뺀 변수이므로, 이 둘의 상관계수는 X_2의 영향을 제거한 상태에서 Y와 X_1의 상관계수가 되는 것이다. 이렇게 어떤 변수에 영향을 끼치는 다른 변수의 영향력을 제거하는 작업을 잔차화(residualization)라고 한다. 이를 R을 이용해서 보이면 아래와 같다.

```
> reg.X1.X2 <- lm(X1~X2)
> reg.Y.X2 <- lm(Y~X2)
> cor(reg.X1.X2$residuals, reg.Y.X2$residuals)
[1] 0.06233787
```

위의 결과에서 첫 번째 줄은 [식 21.13]의 모형을 추정하여 reg.X1.X2 리스트에 저장하는 것이고, 두 번째 줄은 [식 21.14]의 모형을 추정하여 reg.Y.X2 리스트에 저장하는 것이다. 세 번째 줄은 reg.X1.X2 리스트에서 뽑아낸 잔차와 reg.Y.X2 리스트에서 뽑아낸 잔차 간의 상관계수를 계산하는 것이다. 결과는 0.062로서 앞에서 손으로 직접 계산한 값이나 ppcor 패키지의 pcor.test() 함수를 이용하여 구한 값과 일치하는 것을 확인할 수 있다. 마찬가지로 X_1를 통제한 상태에서 Y와 X_2의 편상관계수 $r_{YX_2 \cdot X_1}$도 비슷한 방법으로 구할 수 있다.

편상관계수의 추정과 검정방법 및 의미에 대하여 설명하였고, 이제 편상관계수에 기반한 다중회귀분석의 기울기 추정치를 구해 보도록 한다. 계속하여 종속변수 Y와 독립변수 X_1 및 X_2가 있는 [식 21.8]의 상황을 고려한다. 먼저 X_1의 계수인 β_1의 추정치는 [식 21.16]과 같다.

$$\hat{\beta}_1 = r_{YX_1 \cdot X_2} \frac{s_Y \sqrt{1 - r^2_{YX_2}}}{s_{X_1} \sqrt{1 - r^2_{X_1 X_2}}} \qquad \text{[식 21.16]}$$

위의 식에서 $r_{YX_1 \cdot X_2}$의 자리에 [식 21.9]를 대입하면 조금 더 단순한 식을 얻을 수도 있으나 그와 같은 계산은 생략한다. 다음으로 X_2의 계수인 β_2의 추정치는 [식 21.17]과 같다.

$$\hat{\beta}_2 = r_{YX_2 \cdot X_1} \frac{s_Y \sqrt{1 - r^2_{YX_1}}}{s_{X_2} \sqrt{1 - r^2_{X_1 X_2}}} \qquad \text{[식 21.17]}$$

역시 위의 식에서 $r_{YX_2 \cdot X_1}$의 자리에 [식 21.10]을 대입하면 더 단순한 식으로 쉽게 정리할 수 있으나 큰 의미 없는 작업이므로 생략한다. 위의 두 식을 정리하면, 두 식이 모두 편상관계수에 기반하여 표준편차 및 상관계수가 더해진 수식이라는 것을 알 수 있다. 즉, 다중회귀분석의 기울기 계수 추정치는 편상관계수에 기반하고 있다. [표 21.1]의 통제 자료를 이용하여 각 기울기 추정치를 구해 보면 다음과 같다.

$$\hat{\beta}_1 = 0.062 \frac{1.776\sqrt{1 - 0.991^2}}{3.571\sqrt{1 - 0.970^2}} = 0.017$$

$$\hat{\beta}_2 = 0.873 \frac{1.776\sqrt{1 - 0.964^2}}{0.866\sqrt{1 - 0.970^2}} = 1.958$$

앞에서 lm(Y~X1+X2) 함수를 이용하여 구한 기울기 추정치와 아주 약간의 차이가 있기는 하지만 거의 유사하다는 것을 알 수 있다. 회귀분석에서 절편 추정치가 중요하지는 않지만 구해 보면 [식 21.18]과 같다.

$$\hat{\beta}_0 = \overline{Y} - \hat{\beta}_1 \overline{X}_1 - \hat{\beta}_2 \overline{X}_2 \qquad \text{[식 21.18]}$$

[표 21.1]의 통제 자료를 이용하여 절편 추정치를 구하면 아래와 같다.

$$\hat{\beta}_0 = 5.078 - 0.017 \times 6.000 - 1.958 \times 2.000 = 1.060$$

앞에서 lm(Y~X1+X2) 함수를 이용하여 구한 절편 추정치인 1.044와 조금 다르기는 하지만 계산의 단순오차일 뿐이다.

부분상관계수

편상관계수가 무엇이며 다중회귀분석의 기울기 추정치와 어떤 관계가 있는지 수식과 의미상으로 살펴보았다. 편상관과 비슷한 부분상관(part correlation) 또는 준편상관(semi-partial correlation)의 개념도 회귀분석에서 사용되는데, 부분상관계수 (또는 준편상관계수)는 위계적 회귀분석에서 변수의 유의성을 판단하게 되는 R^2 증가분과 관련이 있다. 편상관계수 $r_{YX_1 \cdot X_2}$를 구하기 위하여 Y에서도 X_2가 설명하는 부분을 제거하고 X_1에서도 X_2가 설명하는 부분을 제거하였는데, 부분상관계수를 계산하기 위해서는 Y 또는 X_1 중 한 변수에서만 X_2가 설명하는 부분을 제거한다. 예를 들어, X_1에서만 X_2가 설명하는 부분을 제거한 이후에 Y와 X_1 사이의 부분상관계수 $r_{Y(X_1 \cdot X_2)}$는 [식 21.19]와 같이 계산된다.

$$r_{Y(X_1 \cdot X_2)} = \frac{r_{YX_1} - r_{YX_2} r_{X_1X_2}}{\sqrt{1 - r^2_{X_1X_2}}} = r_{YX_1 \cdot X_2}\sqrt{1 - r^2_{YX_2}} \qquad \text{[식 21.19]}$$

위의 식으로 보면, 결국 부분상관계수 $r_{Y(X_1 \cdot X_2)}$는 편상관계수인 $r_{YX_1 \cdot X_2}$에 $\sqrt{1 - r^2_{YX_2}}$를 곱해서 구하게 된다. 그리고 언제나 $\sqrt{1 - r^2_{YX_2}} \le 1$이므로 [식 21.20]과 같은 관계가 성립한다.

$$r_{Y(X_1 \cdot X_2)} \le r_{YX_1 \cdot X_2} \qquad \text{[식 21.20]}$$

즉, Y와 X_2의 상관계수 r_{YX_2}가 0이 아닌 이상 편상관계수는 언제나 부분상관계수보다 크다. 앞과 마찬가지로 X_2에서만 X_1이 설명하는 부분을 제거한 이후에 Y와 X_2 사이의 부분상관계수 $r_{Y(X_2 \cdot X_1)}$은 [식 21.21]과 같이 계산된다.

$$r_{Y(X_2 \cdot X_1)} = \frac{r_{YX_2} - r_{YX_1} r_{X_1X_2}}{\sqrt{1 - r^2_{X_1X_2}}} = r_{YX_2 \cdot X_1}\sqrt{1 - r^2_{YX_1}} \qquad \text{[식 21.21]}$$

[표 21.1]의 통제 자료와 [식 21.19] 및 [식 21.21]을 이용하여 부분상관계수를 구하면 아래와 같다.

$$r_{Y(X_1 \cdot X_2)} = r_{YX_1 \cdot X_2}\sqrt{1 - r^2_{YX_2}} = 0.062\sqrt{1 - 0.991^2} = 0.008$$

$$r_{Y(X_2 \cdot X_1)} = r_{YX_2 \cdot X_1}\sqrt{1-r_{YX_1}^2} = 0.873\sqrt{1-0.964^2} = 0.232$$

부분상관계수를 계산하기 위해서는 ppcor 패키지의 spcor.test() 함수를 이용하여 아래처럼 입력하면 된다. 여기서 spcor는 semi-partial correlation을 의미한다.

```
> spcor.test(Y, X1, X2)
     estimate  p.value statistic n gp  Method
1 0.008126769 0.984763 0.0199071 9  1 pearson

> spcor.test(Y, X2, X1)
   estimate   p.value statistic n gp  Method
1 0.2325817 0.5793808 0.5857701 9  1 pearson
```

첫 명령어는 X1에서만 X2가 설명하는 부분을 제거한 이후에 Y와 X1 사이의 부분상관계수를 구하기 위한 것이다. 부분상관계수 추정치가 0.008로서 손으로 직접 계산한 값과 다르지 않다. 다음 명령어는 X2에서만 X1이 설명하는 부분을 제거한 이후에 Y와 X2 사이의 부분상관계수를 구하기 위한 것이다. 부분상관계수 추정치가 0.233으로서 소수 세 번째 자리에서만 아주 약간 오차가 발생할 뿐 근본적으로 손으로 구한 값과 일치한다.

편상관계수와 마찬가지로 부분상관계수 역시 개념적으로 도출이 가능하다. 예를 들어, X_1에서만 X_2가 설명하는 부분을 제거한 이후에 Y와 X_1 사이의 부분상관계수 $r_{Y(X_1 \cdot X_2)}$는 다음의 과정을 통해서 구할 수 있다. 먼저 X_2를 이용하여 X_1을 예측하는 [식 21.13]의 모형에서 잔차(e_{X_1})를 저장해야 한다. 즉, X_1이 X_2에 대하여 잔차화 된다. 부분상관계수를 계산하기 위해서 Y를 잔차화 할 필요는 없으므로 부분상관계수는 [식 21.22]와 같이 계산된다.

$$r_{Y(X_1 \cdot X_2)} = Cor(e_{X_1}, Y) \qquad \text{[식 21.22]}$$

위에서 e_{X_1}은 X_1 중에서 X_2에 의해 영향받는 부분을 뺀 나머지 변수이고, Y는 잔차화 하지 않은 원래의 종속변수 Y이므로, 이 둘의 상관계수는 X_2의 X_1에 대한 영향만을 제거한 상태에서 Y와 X_1의 상관계수가 된다. 이를 R을 이용해서 보이면 아래와 같다.

```
> reg.X1.X2 <- lm(X1~X2)
> cor(reg.X1.X2$residuals, Y)
[1] 0.008126769
```

위의 결과에서 첫 번째 줄은 [식 21.13]의 모형을 추정하여 reg.X1.X2 리스트에 저장하는 명령어이다. 다음 줄은 reg.X1.X2 리스트에서 뽑아낸 잔차와 Y 사이에 상관계수를 계산하는 것이다. 결과는 0.008로서 앞에서 손으로 직접 계산한 값이나 ppcor 패키지의 spcor.test() 함수를 이용하여 구한 값과 일치하는 것을 확인할 수 있다.

21.2.4. 표준화 추정치

단순회귀분석에서 설명했듯이 종속변수 Y와 독립변수 X_1, $X_2,\ldots,$ X_p를 모두 표준화한 상태에서 [식 21.23]처럼 회귀분석을 진행하면 이때 계수들은 모두 표준화 추정치가 된다.

$$z_Y = \beta_0^s + \beta_1^s z_{X_1} + \beta_2^s z_{X_2} + \cdots + \beta_p^s z_{X_p} + e \qquad \text{[식 21.23]}$$

표준화 추정치는 모든 변수들의 상관과 각 변수의 표준편차를 고려하여 구하거나 비표준화 추정치를 수정하여 이끌어 낼 수 있으나 상당히 복잡하고 이 책의 목적에 맞지 않는다. 다만 만약 두 개의 독립변수가 있는 경우라면 [식 21.16]과 [식 21.17]에서 표준편차의 자리에 1을 대입하는 것으로 표준화 추정치를 구할 수 있다.

사회과학통계에서의 핵심은 이 표준화된 계수들을 구하는 것보다 이것들을 이용해서 무엇을 할 수 있는가이다. 이 목적을 위해서는 먼저 비표준화 계수들을 이용해서 할 수 없는 것이 무엇인가를 살펴보아야 한다. 앞에서 Price를 종속변수로 Horsepower와 MPG.city를 독립변수로 하여 회귀분석을 실시한 결과는 아래와 같았다.

$$\widehat{Price} = 5.219 + 0.131 Horsepower - 0.202 MPG.city$$

각 독립변수가 종속변수에 주는 영향의 크기가 회귀계수라고 하면, MPG.city가 Horsepower에 비하여 Price에 더욱 강력한 영향을 주고 있는 듯 보인다. 회귀계수를 비교하였을 때 절대값의 크기가 MPG.city 쪽이 더 크기 때문이다. 그리고 아래는 회귀분석의 계수 검정 결과를 보여 준다.

```
> mul.reg <- lm(Price~Horsepower+MPG.city)
> summary(mul.reg)

Coefficients:
            Estimate Std. Error t value Pr(>|t|)
(Intercept)  5.21883    5.20973   1.002    0.319
Horsepower   0.13079    0.01601   8.171 1.81e-12 ***
MPG.city    -0.20209    0.14916  -1.355    0.179
```

위의 결과에서 보다시피 Horsepower는 $p < .001$ 수준에서 통계적으로 유의하게 Price를 예측하고, MPG.city는 통계적으로 유의한 독립변수가 아님을 알 수 있다. 어째서 더 큰 기울기 추정치를 가지고도 통계적으로는 유의하지 않은 결과가 발생했을까? 이는 회귀분석의 계수 추정치들이 변수의 단위에 의해 영향을 받기 때문이다. 독립변수의 단위가 작아지면(예를 들어, cm → mm) 회귀계수의 크기도 작아지고, 반대로 단위가 커지면 회귀계수의 크기가 커진다. 독립변수가 한 단위 증가할 때 기대되는 종속변수의 변화량이 회귀계수의 정의이기 때문이다. 그러므로 독립변수 간에 효과의 크기를 비교하기 위해서는 독립변수의 단위를 맞춰 주어야 한다. 단위를 맞추는 가장 평범한 방법은 변수를 표준화하는 것이다. 변수를 표준화하여 동일한 회귀분석 모형을 추정한 결과가 아래에 제공된다.

```
> std.reg <- lm(scale(Price)~scale(Horsepower)+scale(MPG.city))
> summary(std.reg)

Coefficients:
                   Estimate Std. Error t value Pr(>|t|)
(Intercept)      -5.270e-17  6.387e-02   0.000    1.000
scale(Horsepower) 7.091e-01  8.678e-02   8.171 1.81e-12 ***
scale(MPG.city)  -1.176e-01  8.678e-02  -1.355    0.179
```

위의 결과로부터 추정된 표준화된 모형은 아래와 같다.

$$z_{Price} = 0.709 z_{Horsepower} - 0.118 z_{MPG.city}$$

표준화된 계수 추정치를 이용하면 두 변수의 영향력을 비교할 수 있게 된다. 예를 들어, Horsepower가 1표준편차만큼 증가하면 Price는 0.709표준편차만큼 증가하고, MPG.city가 1표준편차만큼 증가하면 Price는 0.118표준편차만큼 감소한다. 영향력의 관점에서 Horsepower가 더 크다고 볼 수 있다. 이처럼 표준화된 계수는 각 독립변수의 종속변수에 대한 효과를 비교할 수 있는 효과크기(effect size)의 일종이다. 비표준화 추정치를 이용한 통계적 유의성도 중요하지만, 실질적으로 효과가 있느냐를 확인하고 효과의 크기를 비교할 수 있는 표준화 추정치 역시 다중회귀분석의 중요한 부분이다.

21.3. 모형의 평가와 검정

21.3.1. 모형의 평가

단순회귀분석에서 모형이 얼마나 적합한지에 대한 평가로서 'Y의 변동성 중 X의 변동성에 의해서 설명되는 비율'이라는 의미를 지니는 결정계수 R^2를 소개하였다. 다중회귀분석에서는 여러 개의 X가 있으므로 R^2를 'Y의 변동성 중 X들의 변동성에 의해서 설명되는 비율'이라고 정의할 수 있으며, 조금 더 기술적으로 'Y의 변동성 중 X들의 선형결합에 의해서 설명되는 비율'이라고 할 수도 있다. X들의 선형결합이란 추정된 회귀식을 가리킨다. 다중회귀분석에서의 R^2는 아래처럼 [식 20.18]에서 제공한 단순회귀분석의 R^2와 다르지 않다.

$$R^2 = \frac{SS_R}{SS_T} = 1 - \frac{SS_E}{SS_T}$$

물론 회귀 제곱합(SS_R)과 오차 제곱합(SS_E)을 계산하는 방법이 조금 더 복잡해지겠지만, 근본적인 의미는 변하지 않는다는 것이다. [표 21.1]의 통제 자료를 이용하여 R^2를 계산해 보도록 한다. 예측오차 $Y-\hat{Y}$을 이용하여 오차 제곱합 SS_E를 구하고, 전체편차 $Y-\overline{Y}$를 이용하여 전체 제곱합 SS_T을 구하는 방식을 사용한다. 계산의 과정은 [표 21.3]에 제공된다.

[표 21.3] 통제 자료의 전체 편차와 오차

Y	X_1	X_2	$\hat{Y}=1.044+0.017X_1+1.967X_2$	$Y-\overline{Y}$	$Y-\hat{Y}$
3.2	1	1	3.028	−1.878	0.172
2.7	2	1	3.045	−2.378	−0.345
3.1	3	1	3.062	−1.978	0.038
5.2	5	2	5.063	0.122	0.137
5.4	6	2	5.080	0.322	0.320
4.9	7	2	5.097	−0.178	−0.197
6.8	9	3	7.098	1.722	−0.298
7.1	10	3	7.115	2.022	−0.015
7.3	11	3	7.132	2.222	0.168

$\overline{Y}=5.078$로 하여 $Y-\overline{Y}$를 계산하였고, 추정된 모형 $\hat{Y}$을 이용하여 $Y-\hat{Y}$을 계산하였다. 이를 이용하여 전체 제곱합과 오차 제곱합을 구하면 아래와 같다.

$$SS_T=\sum(Y-\overline{Y})^2=(-1.878)^2+(-2.378)^2+\cdots+(2.222)^2=25.236$$
$$SS_E=\sum(Y-\hat{Y})^2=(0.172)^2+(-0.345)^2+\cdots+(0.168)^2=0.427$$

그러므로 통제 자료를 이용한 회귀모형의 R^2는 다음과 같이 계산된다.

$$R^2=1-\frac{SS_E}{SS_T}=1-\frac{0.427}{25.236}=0.983$$

위에서는 손으로 직접 계산하는 예제를 보여 주기 위해 [표 21.1]의 통제 자료를 이용하여 R^2를 계산하였는데, 실제로 직접 손으로 계산하는 경우는 없다. 프로그램 R을 이용하여 다음과 같이 R^2를 구하게 된다. 사실 R^2를 구하기 위해 특별히 해야 하는 작업은 없으며 회귀분석을 실행하고 결과를 summary() 함수로 출력하면 된다. 아래는 Price를 종속변수로 Horsepower와 MPG.city를 독립변수로 하여 다중회귀분석을 실시한 것으로서 다른 모든 부분을 생략하고 R^2 부분만 출력한 결과다.

```
> mul.reg <- lm(Price~Horsepower+MPG.city)
> summary(mul.reg)

Residual standard error: 5.95 on 90 degrees of freedom
Multiple R-squared:  0.6289,     Adjusted R-squared:  0.6206
F-statistic: 76.25 on 2 and 90 DF,  p-value: < 2.2e-16
```

위의 결과에서 Multiple R-squared 부분이 다중회귀분석의 R^2를 가리킨다. 즉, Price에 존재하는 변동성 중에서 62.9%가 Horsepower와 MPG.city의 선형결합, 즉 회귀식에 의해서 설명된다. 현실 속에서 $R^2=0.629$는 상당히 높은 값이라고 볼 수 있다. 일반적으로 R^2가 10~20%만 넘어도 Y가 충분히 설명되고 있다고 해석하는 학자들도 많이 있다.

다른 표현으로 R^2를 다중상관제곱(squared multiple correlation, SMC)이라고도 한다. 다중상관제곱이란 다중상관의 제곱이란 뜻인데, 그렇다면 다중상관(multiple correlation)은 무엇인가? R^2에 제곱근을 씌운 R을 다중상관이라 한다. 다중상관 R은 [식 21.24]처럼 종속변수 Y와 추정된 회귀식, 즉 X들의 선형결합 간의 상관계수를 의미한다.

$$R = Cor(Y, \hat{\beta}_0 + \hat{\beta}_1 X_1 + \hat{\beta}_2 X_2 + \cdots + \hat{\beta}_p X_p) \quad \text{[식 21.24]}$$

위에서 추정된 회귀식은 $\hat{Y}$을 의미하므로 위의 식은 [식 21.25]와 같이 고쳐 쓸 수도 있다.

$$R = Cor(Y, \hat{Y}) \quad \text{[식 21.25]}$$

아래처럼 R을 이용하여 다중상관을 구할 수 있다.

```
> mul.reg <- lm(Price~Horsepower+MPG.city)
> cor(Price, mul.reg$fitted.values)
[1] 0.7930045
```

먼저 lm() 함수를 이용하여 추정한 회귀모형을 mul.reg 리스트에 저장하고 종속변수 Price와 추정된 회귀식의 예측값인 mul.reg$fitted.values 사이의 상관계수를 구한 결과, $R=0.793$이었다. 이 값을 제곱하면 다중상관제곱 $R^2=0.629$가 된다.

앞의 summary(mul.reg) 결과에서 Adjusted R-squared라는 결과물이 나오는데, 이를 조정된 R^2라고 한다. 조정된 R^2는 특히 다중회귀분석에서 의미를 가진다. R^2의 경우에 한 가지 약점이 있는데, 그 어떤 독립변수라고 하여도 모형에 넣기만 하면 무조건 증가하게 된다는 것이다. 심지어 사람의 몸무게를 예측하기 위하여 눈썹의 개수를 독립변수로 사용하여도 R^2는 증가하는 문제가 있다. CARS 데이터 프레임에서 Price와 RPM 변수는 상관계수가 −0.005로서 거의 완전히 아무런 상관도 없는 관계이다. 이러한 변수라도 모형에 추가적으로 넣기만 하면 아래처럼 R^2가 증가한다.

```
> mul.reg2 <- lm(Price~Horsepower+MPG.city+RPM)
> summary(mul.reg2)

Residual standard error: 5.982 on 89 degrees of freedom
Multiple R-squared:  0.629,     Adjusted R-squared:  0.6165
F-statistic: 50.31 on 3 and 89 DF,  p-value: < 2.2e-16
```

Horsepower와 MPG.city를 독립변수로 사용했을 때 $R^2 = 0.6289$였는데, 거의 완전하게 아무런 상관이 없는 RPM을 추가적으로 집어넣었더니 $R^2 = 0.6290$으로 증가했음을 확인할 수 있다. 다중회귀분석에서 무조건 독립변수의 개수를 늘리는 것은 모형의 간명성(model parsimony) 원칙에도 어긋날 뿐만 아니라, 모형이 이미 존재하는 자료에 대해서만 높은 적합도를 지니고 새로운 사례의 예측력은 오히려 떨어뜨리는 과적합(overfitting)의 문제도 발생시킨다. 이런 이유로 R^2를 계산할 때 독립변수의 개수에 페널티를 주는 변형을 만들었는데 이것이 바로 [식 21.26]의 조정된 $R^2(adj.R^2)$이다.

$$adj.R^2 = 1 - \frac{SS_E}{SS_T}\frac{(n-1)}{(n-p-1)} = 1 - (1-R^2)\frac{(n-1)}{(n-p-1)} \qquad \text{[식 21.26]}$$

위의 식에서 $n-1$은 $n-p-1$보다 크므로 $adj.R^2$는 언제나 R^2보다 작게 된다. 또한 독립변수의 개수 p가 늘어나면 늘어날수록 $n-1$이 $n-p-1$보다 점점 더 커지게 되므로 $adj.R^2$는 줄어들게 된다. 즉, 독립변수의 개수에 대하여 페널티가 생기게 되는 것이다. Horsepower와 MPG.city를 독립변수로 사용했을 때 $adj.R^2 = 0.6206$이었는데, RPM을 추가적으로 넣었더니 $adj.R^2 = 0.6165$로 감소하였음을 확인할 수 있다. Price의 예측에 도움이 안 되는 독립변수를 투입하면 페널티가 작동하여 조정된 R^2를 떨어뜨리게 되는 것이다. 많은 독립변수가 사용되는 학문 영역에서 조정된 R^2가 상당히 중요하게 취급받는 것도 사실이나 실제로 많은 독립변수를 사용하지 않는 사회과학 영역에서는 사용빈도가 그다지 높지 않다.

21.3.2. 모형의 검정

단순회귀분석과 마찬가지로 추정된 회귀모형의 검정을 위해서는 분산분석을 실시하고 F검정을 수행한다. 이 검정은 종속변수 Y가 회귀모형에 의해서 충분히 설명 또는 예측되고 있는지를 검정하는 분산분석이다. 분산분석의 F검정을 위한 영가설은 [식 21.27]과 같다.

$$\begin{gathered} H_0 : All\ regression\ coefficients\ are\ zero \\ vs. \\ H_1 : At\ least\ one\ regression\ coefficient\ is\ not\ zero \end{gathered}$$ [식 21.27]

위의 가설을 보면, 종속변수 Y가 회귀모형에 의해서 충분히 설명되고 있느냐의 정의가 적어도 하나의 유의한 기울기 계수가 있느냐는 것을 의미한다. 다중회귀분석에서는 p개의 회귀계수(기울기)가 존재하므로 위의 가설은 [식 21.28]과 같이 다시 쓸 수 있다.

$$H_0 : \beta_1 = \beta_2 = \cdots = \beta_p = 0 \quad \text{vs.} \quad H_1 : Not\ H_0$$ [식 21.28]

위의 가설을 검정하기 위한 F검정통계량과 표집분포는 [식 21.29]와 같다.

$$F = \frac{MS_R}{MS_E} = \frac{\dfrac{SS_R}{p}}{\dfrac{SS_E}{n-p-1}} \sim F_{p,n-p-1}$$ [식 21.29]

MS_R은 회귀평균제곱이며 회귀 제곱합 SS_R을 자유도 p(독립변수의 개수)로 나눈 값이고, MS_E는 오차평균제곱이며 오차 제곱합 SS_E를 자유도 $n-p-1$로 나눈 값이다. F검정통계량이 따르는 F분포의 자유도는 p와 $n-p-1$이다. Price를 종속변수로 하고 Horsepower와 MPG.city를 독립변수로 하여 다중회귀분석을 실시한 결과 중 F검정 부분을 출력하면 다음과 같다. R^2와 $adj.R^2$가 제공된 부분과 같은 영역이다.

```
> mul.reg <- lm(Price~Horsepower+MPG.city)
> summary(mul.reg)

Residual standard error: 5.95 on 90 degrees of freedom
Multiple R-squared:  0.6289,	Adjusted R-squared:  0.6206
F-statistic: 76.25 on 2 and 90 DF,  p-value: < 2.2e-16
```

위 결과의 가장 마지막 줄을 보면 $F = 76.25$이고 검정을 위한 F표집분포의 두 자유도는 2와 $90(= 93 - 2 - 1)$임을 확인할 수 있으며, [식 21.27] 또는 [식 21.28]의 영가설은 $p < .001$ 수준에서 기각하게 된다. 즉, 회귀모형은 통계적으로 의미가 있으며 적어도 하나의 기울기는 0이 아니라고 결론 내린다. 회귀분석의 분산분석표를 작성하고자 하면 anova() 함수를 이용하여 다음과 같이 실행한다.

```
> anova(mul.reg)
Analysis of Variance Table

Response: Price
           Df Sum Sq Mean Sq  F value Pr(>F)
Horsepower  1 5333.1  5333.1 150.6581 <2e-16 ***
MPG.city    1   65.0    65.0   1.8355 0.1789
Residuals  90 3185.9    35.4
---
Signif. codes:  0 '***' 0.001 '**' 0.01 '*' 0.05 '.' 0.1 ' ' 1
```

그런데 R은 회귀분석 결과 객체를 anova() 함수로 출력할 때 독립변수들을 분리하여 검정하는 분산분석표를 제공한다. [표 20.4]처럼 회귀식(Regression)과 오차(Errors) 두 부분으로 나누어 정리하고 싶다면 Horsepower 부분과 MPG.city 부분을 더해야 한다. 그 결과가 [표 21.4]에 제공된다.

[표 21.4] CARS 회귀분석의 분산분석표

Source of Variation	SS	df	MS	F
Regression	5398.1	2	2699.05	76.25
Errors	3185.9	90	35.399	
Total	8584.0	92		

Regression 부분은 Horsepower와 MPG.city의 제곱합, 자유도를 합하여 계산하고 회귀평균제곱을 직접 구한 것이다. Errors 부분은 R에서 제공된 값을 그대로 가져온 것이고, Total 부분은 Regression과 Errors 부분을 더하여 계산한 것이다. 마지막으로 F검정통계량 76.25는 회귀평균제곱 2699.05를 오차평균제곱 35.399로 나누어 구하였다. 위의 분산분석표를 이용하면 R^2도 다음과 같이 구할 수 있다.

$$R^2 = \frac{5398.1}{8584.0} = 0.629$$

제곱합을 이용하여 직접 구한 R^2의 값이 R에서 제공된 R^2의 값과 일치하는 것을 확인할 수 있다.

21.3.3. 모수의 검정

단순회귀분석에서 두 모수인 β_0와 β_1에 대한 검정을 진행했듯이 다중회귀분석에서는 β_0, β_1, $\beta_2,\ldots,$ β_p에 대한 검정을 진행할 수 있다. [식 21.30]처럼 각 모수가 0인지 아닌지를 검정하게 된다.

$$H_0 : \beta_k = 0 \quad \text{vs.} \quad H_1 : \beta_k \neq 0, \quad k = 0,1,2,\ldots,p$$ [식 21.30]

다중회귀분석에서 위의 가설은 [식 21.31]과 같이 t검정을 이용하여 진행한다.

$$t_{\hat{\beta}_k} = \frac{\hat{\beta}_k}{SE_{\hat{\beta}_k}} \sim t_{n-p-1}$$ [식 21.31]

위의 식에서 $\hat{\beta}_k$의 표준오차 $SE_{\hat{\beta}_k}$은 행렬식을 이용한 계산을 하지 않는 한 꽤 복잡한 방식으로 결정되는데, 예를 들어 $\hat{\beta}_1$의 표준오차는 [식 21.32]와 같다.

$$SE_{\hat{\beta}_1} = \frac{MS_{E(Y \cdot X_1X_2 \cdots X_p)}}{SS_{E(X_1 \cdot X_2 \cdots X_p)}}$$ [식 21.32]

위의 식에서 $MS_{E(Y \cdot X_1X_2 \cdots X_p)}$는 Y를 종속변수로 하고 $X_1 \sim X_p$를 독립변수로 하여 다중회귀분석을 실시할 때 오차평균제곱을 가리키고, $SS_{E(X_1 \cdot X_2 \cdots X_p)}$는 X_1을 종속변수로 하고 $X_2 \sim X_p$를 독립변수로 하여 다중회귀분석을 실시할 때 오차 제곱합을 가리킨다. 만약 $SE_{\hat{\beta}_2}$, $SE_{\hat{\beta}_3}$ 등을 계산하고 싶다면 마찬가지 방법으로 변형하여 시행하면 된다. 궁금해할지도 모를 독자들을 위해 t검정통계량을 계산하고 추정치의 표준오차를 계산하는 방법도 제공했지만, 필자 역시 개별적인 다중회귀분석의 표준오차 계산을 손으로 직접 실행한 적은 없다. 행렬식을 이용하면 훨씬 간단하지만 이것도 아주 오래전에 몇 번의 경험이 있을 뿐이다. 언제나처럼 프로그램 R을 이용하면 쉽게 결과를 얻을 수 있다. Price를 종속변수로 Horsepower와 MPG.city를 독립변수로 하여 다중회귀분석을 실시한 결과 중 모수의 검정 부분을 출력하면 다음과 같다.

```
> mul.reg <- lm(Price~Horsepower+MPG.city)
> summary(mul.reg)

Coefficients:
             Estimate Std. Error t value Pr(>|t|)
(Intercept)  5.21883    5.20973   1.002    0.319
Horsepower   0.13079    0.01601   8.171 1.81e-12 ***
MPG.city    -0.20209    0.14916  -1.355    0.179
---
Signif. codes:  0 '***' 0.001 '**' 0.01 '*' 0.05 '.' 0.1 ' ' 1
```

독립변수 Horsepower의 계수 추정치는 0.131이고 표준오차 추정치는 0.016이며 t검정통계량은 8.171이어서 $p < .001$ 수준에서 통계적으로 유의함을 확인할 수 있다. 즉, $\beta_{Horsepower} \neq 0$임을 알 수 있다. MPG.city의 계수 추정치는 −0.202이고 표준오차 추정치는 0.149이며 t검정통계량은 −1.355여서 통계적으로 유의하지 않음을 확인할 수 있다($p = 0.179$). 즉, 통계적으로 $\beta_{MPG.city} = 0$임을 알 수 있다.

21.4. 범주형 독립변수의 사용

질적변수를 회귀분석의 독립변수로서 사용할 때는 더미변수로 리코딩하여야 한다고 앞에서 밝혔다. 만약 Origin 변수처럼 두 개의 범주가 있는 경우에는 0=USA, 1=non-USA로 리코딩하여 NonUSA 변수를 만들었던 것을 기억할 것이다. 그런데 만약 K개의 범주가 있는 질적변수라면 어떻게 회귀분석에서 이용할 수 있을까? 기본적으로 더미변수화 과정에서는 $K-1$개의 더미변수가 필요하다. 예를 들어, 세 개의 범주(Front, Rear, 4WD)가 있는 DriveTrain 변수를 사용하고자 하면 두 개의 더미변수를 만드는 과정이 필요한 것이다. [표 21.5]에 DriveTrain을 두 개의 더미변수로 만들기 위한 코딩 계획이 제공된다.

[표 21.5] DriveTrain의 더미변수화

DriveTrain Category	Dummy variable	
	Dummy1=Front	Dummy2=Rear
Front	1	0
Rear	0	1
4WD	0	0

가장 왼쪽에 현재 DriveTrain 변수의 세 범주가 나타난다. DriveTrain은 문자열 변수이므로 숫자로 코딩되어 있지 않고 Front, Rear, 4WD로 구동열의 종류가 직접 입력되어 있다. 오른쪽 더미변수 부분은 새롭게 만들어질 두 개의 더미변수 Front와 Rear의 코딩을 나타내고 있다. 지금부터 진행되는 설명은 범주 이름 Front 및 Rear와 새롭게 만들어질 더미변수의 이름 Front 및 Rear가 겹치므로 유의해서 읽어야 한다.

먼저 첫 번째 더미변수 Front는 DriveTrain 변수가 Front 값일 때는 1로 코딩하고 나머지 값일 때는 0으로 코딩한다. 다음으로 두 번째 더미변수 Rear는 DriveTrain 변수가 Rear 값일 때는 1로 코딩하고 나머지 값일 때는 0으로 코딩한다. 이처럼 하나의 더미변수가 각각 하나의 범주를 대표하고, 마지막 범주 4WD는 일종의 참조범주(reference category)가 되는 코딩이 바로 일반적인 더미코딩이다. 더미변수의 이름을 지정할 때 1로 코딩된 범주의 내용으로 하는 경우가 많다고 앞서 밝힌 대로 두 더미변수의 이름이 Front와 Rear가 되었다. 조금 다른 각도로 보면, 원래의 Front 값은 Front=1, Rear=0으로 대표되고, Rear 값은 Front=0, Rear=1로 대표되며, 4WD 값은 Front=0, Rear=0으로 대표된다고 할 수 있다. 이와 같은 더미코딩은 앞에서 소개했던 ifelse() 함수를 다음과 같이 두 번 이용한다.

```
> Front <- ifelse(DriveTrain=="Front", 1, 0)
> Rear <- ifelse(DriveTrain=="Rear", 1, 0)
```

첫 번째 줄은 DriveTrain의 문자열 값이 Front일 때는 1로 코딩하고 아닐 때는 0으로 코딩하여 Front 더미변수를 만드는 명령어이고, 두 번째 줄은 DriveTrain의 문자열 값이 Rear일 때는 1로 코딩하고 아닐 때는 0으로 코딩하여 Rear 더미변수를 만드는 명령어이다. 위의 명령어는 결측치가 없을 때 사용할 수 있는 방식으로서, 만약 결측치가 있다면 앞 장에서 보인 대로 ifelse() 함수 안에 ifelse() 함수를 겹쳐 사용하여 해결할 수 있다. 새롭게 만든 두 개의 변수를 추가하여 CARS 데이터 프레임을 다시 정의하였다.

```
> CARS <- data.frame(Price, Horsepower, MPG.city, RPM, NonUSA,
+                    DriveTrain, Front, Rear)
> edit(CARS)
```

위 명령어의 결과가 [그림 21.6]에 제공되어 있다.

Data Editor

File Edit Help

	Price	Horsepower	MPG.city	RPM	NonUSA	DriveTrain	Front	Rear
83	8.6	70	39	6000	1	Front	1	0
84	9.8	82	32	5200	1	Front	1	0
85	18.4	135	25	5400	1	Front	1	0
86	18.2	130	22	5400	1	Front	1	0
87	22.7	138	18	5000	1	4WD	0	0
88	9.1	81	25	5500	1	Front	1	0
89	19.7	109	17	4500	1	Front	1	0
90	20	134	21	5800	1	Front	1	0
91	23.3	178	18	5800	1	Front	1	0
92	22.7	114	21	5400	1	Rear	0	1
93	26.7	168	20	6200	1	Front	1	0

[그림 21.6] 더미변수가 추가된 CARS 데이터 프레임

위의 그림은 자료의 맨 끝부분을 보여 주고 있는데 앞서 말한 대로 원래의 Front 값은 Front=1, Rear=0으로, Rear 값은 Front=0, Rear=1로, 4WD 값은 Front=0, Rear=0으로 코딩되어 있음을 확인할 수 있다. Price를 종속변수로 하고 새롭게 만들어진 두 개의 더미변수 Front와 Rear를 독립변수로 하여 회귀분석을 실시한 결과가 아래에 제공된다. 이를 통해 더미변수 두 개가 사용되었을 때의 추정치를 해석하고 모수의 통계적 유의성을 확인하는 방법을 설명한다.

```
> dum.reg <- lm(Price~Front+Rear)
> summary(dum.reg)

Call:
lm(formula = Price ~ Front + Rear)
```

```
Residuals:
    Min      1Q  Median      3Q     Max
-14.050  -6.250  -1.236   3.264  32.950

Coefficients:
            Estimate Std. Error t value Pr(>|t|)
(Intercept) 17.63000    2.76119   6.385 7.33e-09 ***
Front       -0.09418    2.96008  -0.032  0.97469
Rear        11.32000    3.51984   3.216  0.00181 **
---
Signif. codes:  0 '***' 0.001 '**' 0.01 '*' 0.05 '.' 0.1 ' ' 1

Residual standard error: 8.732 on 90 degrees of freedom
Multiple R-squared:  0.2006,	Adjusted R-squared:  0.1829
F-statistic: 11.29 on 2 and 90 DF,  p-value: 4.202e-05
```

먼저 추정된 회귀식을 써 보면 아래와 같다.

$$\widehat{Price} = 17.630 - 0.094Front + 11.320Rear$$

통계적 유의성이나 변수 간 영향 관계를 확인하기 이전에 절편과 기울기의 의미가 무엇인지 정확히 파악하는 것이 필요하다. 위 모형에서 절편은 Front 변수와 Rear 변수가 모두 0일 때 Price의 기대값이므로 4WD 범주의 기대되는 가격을 의미하게 된다. 다시 말해, 사륜구동 차들의 평균적인 가격은 17,630달러이다.

다음으로 Front의 기울기 −0.094는 Front가 한 단위 증가할 때 기대되는 Price의 변화량이므로 Front가 아닌 차에 비해 Front인 차의 가격이 94달러 낮다고 생각할 수 있으나 이는 잘못된 해석이다. 다중회귀분석에서 기울기의 해석은 필연적으로 다른 독립변수의 통제를 수반하며, Rear 더미변수를 임의의 상수에 고정한 상태에서 Front 더미변수가 0에서 1로 변화해야만 한다. 그런데 [표 21.5]를 보면 Rear 더미변수가 1일 때 Front 더미변수는 0으로서 변화하지 않으며, Rear 더미변수가 0일 때만 Front 더미변수가 0과 1의 값을 갖는다. 결국 Rear 더미변수가 일정한 상수로 고정된 상태에서 Front 더미변수가 0에서 1로 변화한다는 것은 4WD 범주에서 Front 범주로 변화한다는 의미이다. 그러므로 Front 더미변수의 계수인 −0.094는 4WD와 Front 범주 간의 가격 차이를 의미한다. 즉, 전륜구동 차들이 사륜구동 차들에 비해 94달러 더 싼 가격이라는 것을 의미한다. 사륜구동 차들의 평균적인 가격은 17,630달러였으니 전륜구동 차들의 평균적인 가격은 17,536달러가 된다. 통계적으로 보면 $p = 0.975$이므로 전륜구동 차들과 사륜구동 차들 사이에 유의한 가격 차이는 존재하지 않는다고 결론 내릴 수 있다.

마지막으로 Rear 더미변수의 기울기 11.320 역시 Rear 범주와 4WD 범주와의 가격 차이로 해석한다. 즉, 후륜구동 차들이 사륜구동 차들에 비해 11,320달러 더 높다고 해석하고, 이 차이는 $p < .01$ 수준에서 통계적으로 유의함을 확인할 수 있다. 사륜구동 차들의 평균가격이 17,630이므로 후륜구동 차들의 평균적인 가격은 28,950달러이다. 아마도 대부분의 스포츠카들이 후륜구동이기 때문에 이와 같이 높은 평균가격을 형성한 것으로 보인다.

21.5. 상호작용효과

통계학에서 상호작용효과란 하나의 독립변수(X_1)가 종속변수(Y)와 갖는 관계가 또 다른 독립변수(X_2)의 수준에 따라 다르다는 것을 의미한다. 즉, 두 변수(X_1, Y)의 관계가 다른 변수(X_2)의 값에 따라 달라지는 현상을 가리킨다. 이는 Y에 대하여 X_1과 X_2 사이에 상호작용효과가 존재한다고 표현하기도 한다. 이와 같은 정의는 분산분석과 회귀분석의 상호작용효과에도 그대로 적용된다. 근본적으로 분산분석 모형과 회귀분석 모형이 모두 일반선형모형(general linear model)으로서 수학적으로는 동일한 모형이라고 할 수 있기 때문이다.

21.5.1. 상호작용효과의 검정

사회과학을 비롯한 대다수의 응용연구 분야에서 상호작용효과를 확인해야 하는 다양한 맥락이 있을 수 있다. 예를 들어, 대학교 입학시험점수(X_1)가 평점(Y)에 미치는 영향이 학생들의 출신고교 형태(X_2, 사립 vs. 공립)에 따라 다른지, 숙제에 투자하는 시간(X_1)이 성취도(Y)에 주는 영향이 학생의 동기(motivation) 수준(X_2)에 따라 다른지, 리더의 행동양태(X_1)가 조직의 생산성(Y)에 주는 영향이 문화(X_2, 동양 vs. 서양)에 따라 다른지 등에 대한 질문이 모두 상호작용효과를 검정해야 하는 연구주제라고 할 수 있다. 그런데 이와 같은 연구 질문들을 살펴보면 두 독립변수 X_1과 X_2의 성격이 다른 것을 알 수 있다. 수리적으로는 X_1과 X_2가 모두 독립변수 또는 예측변수이지만 실질적으로 사용된 쓰임을 보면 X_1이 Y에 미치는 효과가 X_2의 수준에 따라 다르다는 가설이 사용된다. 이는 달리 표현하면 X_1이 Y에 미치는 효과의 방향이나 크기를 X_2가 조절(moderation)한다는 의미가 되기도 한다. 이런 이유로 두 예측변수를 구별하여 X_1은 독립변수, X_2는 조절변수(moderator)라고 말하고, 상호작용효과를 조절효과(moderated effect)라고 부르기도 한다.

상호작용효과든 조절효과든 회귀분석 모형에서 효과를 검정하기 위해서는 상호작용항(interaction term)을 만들어서 회귀모형에 투입해야 한다. 상호작용항이란 효과를 확인하고자 하는 두 독립변수의 곱으로 만들어진 새로운 변수이다. 만약 종속변수 Y와 두 개의 독립변수 X_1 및 X_2가 있는 회귀모형이라면 [식 21.33]과 같은 모형을 설정해야 한다.

$$Y = \beta_0 + \beta_1 X_1 + \beta_2 X_2 + \beta_3 X_1 X_2 + e \qquad \text{[식 21.33]}$$

위의 수식에서 X_1X_2는 X_1과 X_2를 실제로 곱하여 새롭게 생성한 변수이고 상호작용항이라고 부르며, β_3의 통계적 유의성이 바로 상호작용효과의 유의성을 가리킨다. β_3가 어째서 상호작용효과를 가리키는지를 이해하기 위해 위 식의 우변을 X_1에 대하여 정리하면 [식 21.34]와 같이 다시 쓸 수 있다.

$$Y = (\beta_0 + \beta_2 X_2) + (\beta_1 + \beta_3 X_2) X_1 + e \qquad \text{[식 21.34]}$$

위의 식을 보면 X_1이 Y에 주는 효과가 $\beta_1 + \beta_3 X_2$임을 알 수 있다. 효과에 변수인 X_2가 들어가 있기 때문에 X_1이 Y에 주는 효과가 상수가 아니라 변수가 된다. 그리고 그 효과는 당연히 X_2의 값에 의해서 영향을 받게 되며, β_3의 크기가 클수록 X_2의 값에 의한 영향이 더욱 커지게 될 것도 자명하다. 반대로 [식 21.33]의 우변을 X_2에 대해서 정리하면 X_2가 Y에 주는 효과가 $\beta_2 + \beta_3 X_1$이 되어, 이 효과는 X_1의 값에 의해서 영향을 받게 된다. 그리고 역시 마찬가지로 β_3의 크기가 클수록 X_1의 값에 의한 영향도 더욱 커지게 된다.

CARS 데이터 프레임에서 마력이 가격에 미치는 영향(즉, 마력과 가격의 관계)이 자동차의 생산지에 따라 다른지를 확인하고자 하는 연구문제가 있다고 가정하자. 즉, Horsepower가 Price에 미치는 영향이 NonUSA의 수준에 따라 다른지를 통계적으로 검정하고 싶은 것이다. 두 독립변수 중에서 하나의 독립변수가 범주형 더미변수일 때 상호작용효과를 이해하기가 가장 용이하므로 이 예제를 선택하였다. 만약 두 연속형 독립변수 간의 상호작용효과에 관심이 있다면 Aiken과 West(1991, p.9)를 참조하기 바란다. 어쨌든 상호작용효과를 검정하기 위해서는 아래 설정한 모형에서 β_3가 통계적으로 유의한지를 확인해야 한다.

$$Price = \beta_0 + \beta_1 Horsepower + \beta_2 NonUSA + \beta_3 Horsepower \times NonUSA + e$$

상호작용효과의 의미를 더욱 정확하게 파악하기 위하여 [그림 21.7]에 집단별 산포도를 출력하고, 각 집단별로 회귀선을 그렸다.

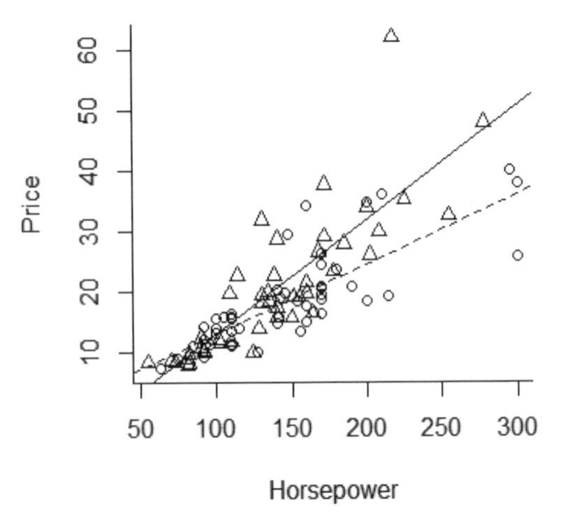

[그림 21.7] 생산지별 마력과 가격의 관계

그림에서 생산지가 USA인 경우(NonUSA=0)는 동그라미(○)로 표현되어 있고, non-USA인 경우(NonUSA=1)는 세모(△)로 표현되어 있다. 또한 생산지가 USA인 경우의 회귀선은 점선으로 그려져 있고, 생산지가 non-USA인 경우의 회귀선은 실선으로 그려져 있다. 근본적으로 회귀선의 기울기는 Horsepower와 Price 사이의 관계를 나타내 주는 선이다. 위에서 상호작용효과란 Horsepower와 Price 사이의 관계가 NonUSA의 수준에 따라 다르다는 것이므로, 상호작용효과는 두 회귀선 기울기의 차이를 의미하게 된다. 즉, 두 집단의 회귀선 기울기 사이에 차이가 존재하면 Price에 대하여 Horsepower와 NonUSA 사이에 상호작용효과가 있다는 것을 의미한다. R을 이용하여 본격적으로 상호작용효과를 검정하기 전에 [그림 21.7]을 그리는 방법을 간략하게 소개한다.

```
> scatterplot(Price~Horsepower|NonUSA, regLine=FALSE, grid=FALSE,
+             bty="l", legend=FALSE, smooth=FALSE, col="black")
> abline(lm(Price[NonUSA==1]~Horsepower[NonUSA==1]), lty=1)
> abline(lm(Price[NonUSA==0]~Horsepower[NonUSA==0]), lty=2)
```

먼저 car 패키지의 scatterplot() 함수를 이용하여 NonUSA 집단별로 Horsepower와 Price 사이의 산포도를 출력하였다. 그 산포도 위에 abline() 함수를 이용하여 회귀선을 그렸는데, 이때 각 변수에 조건을 입력하였다. 예를 들어, Price[NonUSA==1]은 NonUSA가 1인(생산지가 미국이 아닌) 조건을 만족하는 Price 변수를 의미하고, Horsepower[NonUSA==1]은 NonUSA가 1인 조건을 만족하는 Horsepower 변수를 의미한다. 그러므로 위의 세 번째 줄은 생산지가 미국이 아닌 집단의 회귀선을 의미한다. 마찬가지로 네 번째 줄은 생산지가 미국인 집단의 회귀선을 가리킨다. 참고로 abline() 함수의 lty(line type) 아규먼트는 회귀선의 형태를 결정하는 것으로서 1은 실선을 의미하고, 2는 대시선(dashed line)을 의미한다.

이제 R을 이용하여 상호작용효과를 검정하고자 한다. 상호작용효과를 검정하기 이전에 상호작용항이 없는 회귀분석 모형을 먼저 추정하여 결과를 살펴보고, 나중에 상호작용항을 더하여 다시 또 결과를 확인하는 것이 꽤 일반적인 관행이라고 할 수 있다. 그 이유는 차차 설명하겠지만 상호작용항이 들어갔을 때 독립변수들의 효과와 들어가지 않았을 때 독립변수들의 효과의 의미가 다르기 때문이다. 이와 같은 이유로 먼저 Price를 종속변수로, Horsepower와 NonUSA를 독립변수로 하여 아래와 같이 회귀분석을 실시하였다.

```
> regress <- lm(Price~Horsepower+NonUSA)
> summary(regress)

Call:
lm(formula = Price ~ Horsepower + NonUSA)

Residuals:
     Min       1Q   Median       3Q      Max
-15.2669  -3.1442  -0.9812   2.4698  30.0155

Coefficients:
            Estimate Std. Error t value Pr(>|t|)
(Intercept) -3.18963    1.90405  -1.675   0.0974 .
```

```
Horsepower    0.14752    0.01159  12.729   <2e-16 ***
NonUSA        3.06185    1.20807   2.535   0.0130 *
---
Signif. codes:  0 '***' 0.001 '**' 0.01 '*' 0.05 '.' 0.1 ' ' 1

Residual standard error: 5.806 on 90 degrees of freedom
Multiple R-squared:  0.6465,	Adjusted R-squared:  0.6387
F-statistic:  82.3 on 2 and 90 DF,  p-value: < 2.2e-16
```

모형의 추정결과 $R^2 = 0.647$로서 Price에 존재하는 변동성의 64.7%가 두 개의 독립변수에 의해서 설명되고 있다. 모형의 모든 기울기 계수가 0이라는 영가설을 검정하기 위한 F검정통계량은 82.3이고 $p < .001$ 수준에서 통계적으로 유의하다. 즉, 설정한 회귀모형은 의미가 있다. 각 계수를 살펴보면, Horsepower의 계수 추정치는 0.148로서 NonUSA를 일정한 상수에서 통제할 때 $p < .001$ 수준에서 정적으로 유의하게 Price와 관계되어 있고, NonUSA의 계수 추정치는 3.062로서 Horsepower를 일정한 수준에서 통제할 때 $p < .05$ 수준에서 통계적으로 유의하다. 다음은 Price에 대한 Horsepower와 NonUSA 간의 상호작용효과를 검정하기 위한 R 명령어와 그 결과다.

```
> interact <- lm(Price~Horsepower+NonUSA+Horsepower:NonUSA)
> summary(interact)

Call:
lm(formula = Price ~ Horsepower + NonUSA + Horsepower:NonUSA)

Residuals:
     Min       1Q   Median       3Q      Max
-10.3091  -2.9876  -0.8328   1.6423  26.8856

Coefficients:
                   Estimate Std. Error t value Pr(>|t|)
(Intercept)         1.60693    2.31843   0.693  0.49004
Horsepower          0.11501    0.01476   7.791 1.16e-11 ***
NonUSA             -7.41287    3.37248  -2.198  0.03054 *
Horsepower:NonUSA   0.07310    0.02214   3.303  0.00138 **
---
Signif. codes:  0 '***' 0.001 '**' 0.01 '*' 0.05 '.' 0.1 ' ' 1

Residual standard error: 5.511 on 89 degrees of freedom
Multiple R-squared:  0.6851,	Adjusted R-squared:  0.6745
F-statistic: 64.55 on 3 and 89 DF,  p-value: < 2.2e-16
```

이원분산분석에서도 설명했듯이 Horsepower:NonUSA는 두 변수 간의 곱, 즉 상호작용항을 의미한다. lm() 함수의 formula 아규먼트에 종속변수 Price와 독립변수 Horsepower, NonUSA, Horsepower×NonUSA가 설정되어 있다. 모형의 추정결과 $R^2 = 0.685$로서 Price에 존재하는 변동성의 68.5%가 두 개의 독립변수 및 상호작용항에 의해서 설명되고 있다. 모형의 모든 기울기 계수가 0이라는 영가설을 검정하기 위한 F검정통계량은 64.55이고 $p < .001$ 수준에서 통계적으로 유의하다. 즉, 설정한 회귀모형은 의미가 있다. 상호작용효과를 확인하면, 계수 추정치는 0.073으로서 $p < .01$ 수준에서 통계적으로 유의한 상호작용이 존재한다. 즉, Horsepower가 Price와 갖는 관계의 형태가 NonUSA의 수준에 따라 다르다.

상호작용효과의 해석을 위해서는 상호작용도표를 그리는 것이 원칙인데, 이미 [그림 21.7]에서 소개하였다. 그림을 보면, non-USA 차량에서 Horsepower와 Price의 관계가 USA 차량에서보다 더 가파르다. 즉, 관계의 정도가 더 강하다고 말할 수 있다. 그리고 두 회귀선의 기울기 차이가 바로 β_3 계수 추정치인 0.073이다. R 프로그램을 이용하여 각 생산지 집단에서의 회귀선을 구하였는데, 실제로 직접 각 회귀선을 구해야 할 경우도 있다. 추정된 회귀식에서 NonUSA=0을 대입하여 정리하면 미국에서 생산된 차량의 Horsepower와 Price의 회귀선을 찾을 수 있고, NonUSA=1을 대입하여 정리하면 미국 밖에서 생산된 차량의 Horsepower와 Price의 회귀선을 찾을 수 있다. 먼저 추정된 회귀식을 정리해 보면 아래와 같다.

$$\widehat{Price} = 1.607 + 0.115 Horsepower - 7.413 NonUSA + 0.073 Horsepower \times NonUSA$$

NonUSA=0과 NonUSA=1을 위 식에 대입하면 각각 아래와 같다.

$$\begin{aligned}\widehat{Price} &= 1.607 + 0.115 Horsepower - 7.413 \times 0 + 0.073 Horsepower \times 0 \\ &= 1.607 + 0.115 Horsepower\end{aligned}$$

$$\begin{aligned}\widehat{Price} &= 1.607 + 0.115 Horsepower - 7.413 \times 1 + 0.073 Horsepower \times 1 \\ &= -5.806 + 0.188 Horsepower\end{aligned}$$

NonUSA=1을 대입했을 때 회귀선의 기울기가 0.188로서 NonUSA=0을 대입했을 때 회귀선의 기울기인 0.115보다 0.073만큼 더 가파른 것을 볼 수 있다. 지금까지 상호작용효과를 검정하고 해석하였으므로 이제 나머지 독립변수들의 직접효과를 해석하도록 한다. 독립변수들의 직접효과를 보면, 상호작용항이 없을 때와 있을 때 매우 다른 것을 알 수 있다. 심지어 NonUSA의 계수 추정치는 그 부호가 반대로 바뀌어 있다. 왜 이와 같은 현상이 발생했으며 그렇다면 이 결과는 어떻게 해석해야 할까? [식 21.35]를 보면서 $\hat{\beta}_1$과 $\hat{\beta}_2$의 해석에 대해서 고민해 보자.

$$Y = \hat{\beta}_0 + \hat{\beta}_1 X_1 + \hat{\beta}_2 X_2 + \hat{\beta}_3 X_1 X_2 \qquad \text{[식 21.35]}$$

상호작용항이 없을 때는 모든 X_2 값에 대하여 X_1의 Y에 대한 효과를 구해서 평균을 계산한 값이 X_1의 Y에 대한 주효과 $\hat{\beta}_1$이 된다. 하지만 위의 식처럼 X_1X_2 항이 존재하게 되면 이 주효과의 계산에 $\hat{\beta}_3 X_1 X_2$가 끼어들게 되고, 해석은 혼란하게 된다. 이 부분을 깔끔하게 정리하는 방법은 $X_2 = 0$으로 놓는 것이다. 정리하면, 상호작용항이 있는 경우에 $\hat{\beta}_1$의 의미는 $X_2 = 0$이라는 조건을 만족하는 상태에서 X_1의 Y에 대한 효과가 된다. 이런 이유로 상호작용항이 없을 때는 $\hat{\beta}_1$을 주효과(main effect)라고 하지만, 상호작용항이 있을 때는 $\hat{\beta}_1$을 조건부효과(conditional effect)라고 한다.

많은 경우에 상호작용항이 있는 상태에서의 $\hat{\beta}_1$과 $\hat{\beta}_2$에 대한 해석은 연구자의 관심이 아니며 의미가 없는 경우가 많아 해석하지 않는 것이 보통이다. 그럼에도 불구하고 해석을 하고자 하면 못할 것도 없다. 먼저 Horsepower의 계수 추정치는 0.115로서 NonUSA=0일 때, 즉 미국에서 생산된 자동차의 경우에 Horsepower가 Price에 미치는 영향을 말해 준다. $p < .001$ 수준에서 정적으로 유의하게 Price와 관계되어 있음을 볼 수 있다. NonUSA의 계수 추정치는 −7.413으로서 Horsepower=0일 때, 미국 밖에서 만들어진 자동차의 평균 가격이 미국 내에서 만들어진 자동차의 평균 가격보다 7,413달러 더 낮은 것을 의미한다. 그리고 이 차이는 $p < .05$ 수준에서 통계적으로 유의하다. 그런데 두 계수 추정치의 해석 중 Horsepower의 계수 추정치는 어떤 의미를 줄 수도 있겠지만, NonUSA의 계수 추정치는 전혀 의미가 없다. 왜냐하면 Horsepower=0인 경우가 자료에 없으며, 자동차의 마력이 0이라는 조건이 현실 속에서 존재할 수 없기 때문이다. 이때 앞 장에서 소개한 평균중심화를 Horsepower 변수에 대하여 실행하면 좀 더 의미가 있는 해석을 얻을 수 있게 된다.

21.5.2. 다중공선성

공선성(collinearity)은 두 독립변수 간에 매우 높은 상관이 존재할 때 발생하게 되는 문제다. 예를 들어, 변수 X_1과 X_2 간의 상관계수가 0.99라면 모형 안에 실질적으로 두 변수 중 하나만 필요할 뿐, 다른 하나는 필요가 없게 되는 것이다. 다중공선성(multicollinearity)은 여러 독립변수 간 상관이 너무 높아서 발생하게 되는 문제인데, 예를 들어 세 변수 X_1, X_2, X_3 간에 이변량 상관계수를 계산하였더니, $r_{X_1X_2}=0.6$, $r_{X_1X_3}=0.3$, $r_{X_2X_3}=0.5$로 그 어떤 변수 간에도 심각한 공선성은 존재하지 않았다. 하지만 $2X_1+X_2$와 X_3 간의 상관계수가 0.98로서, 변수 X_1, X_2의 선형결합이 X_3와 매우 높은 상관을 보이는 경우 우리는 다중공선성이 있다고 이야기한다. 공선성이 한 변수와 또 다른 변수 사이의 높은 상관을 의미한다면, 다중공선성은 여러 변수와 또 다른 여러 변수들의 선형결합 사이의 높은 상관을 의미한다. 공선성과 다중공선성은 구분해서 표현하기도 하지만, 많은 사람들이 양쪽 용어를 구분 없이 혼용해서 사용하기도 한다.

다중공선성이 존재하게 되면 가장 큰 문제는 추정치의 검정에 필수적이고 중요한 표준오차의 값이 정확하게 추정되지 않는다는 것이다. 일반적으로 표준오차가 과대 추정되거나 아예 추정이 되지 않거나 또는 사례의 값 하나가 바뀌었을 때 매우 다른 값이 추정되기도 한다. 많은 독립변수와 그 변수들의 선형결합들 간에 존재하는 모든 다중공선성을 찾아내기는 상당히 어려운 일이며, R 등의 일반적인 통계 프로그램을 이용하여 하나의 변수와 그 나머지 변수 간에 존재하는 다중공선성 정도는 확인할 수 있다. 그중에 대표적인 방법은 분산팽창지수(variance inflation factor, VIF)를 이용하는 것인데, 이를 이해하기 위해 다음의 예를 살펴보자. 모형에서 사용하고자 하는 독립변수 X_1, X_2, X_3,..., X_{10} 간에 존재하는 다중공선성을 확인하기 위해, 먼저 [식 21.36]과 같이 X_1을 종속변수로 하고 나머지 모든 변수를 독립변수로 하는 회귀모형을 설정한다.

$$X_1=\beta_0+\beta_2X_2+\beta_3X_3+\cdots+\beta_{10}X_{10}+e \qquad \text{[식 21.36]}$$

위의 회귀모형을 추정하면 결정계수 R^2를 구할 수 있다. 만약 이때, R^2가 0.9를 넘는다면, X_1에 존재하는 변동성의 90% 이상을 나머지 아홉 개의 X들로 설명할 수 있음을 의미한다. 그리고 이는 X_1이 나머지 변수들과 다중공선성을 가질 수도 있음을 의미한다. $1-R^2$를 공차(tolerance)로 정의하여 0.1보다 작다면, 다중공선성이 존재한다고 보기도 한다. 공차는 작을수록 다중공선성이 존재할 확률이 증가하는 구조이기 때문에, 이 공차에 역수를 취하여 VIF(=1/tolerance)를 정의하고, VIF가 10이 넘는다면 하나의 독립변수가 나머지 변수들과 다중공선성이 심각하다고 본다. 다중상관제곱 0.9 이상, 공차 0.1 이하, 분산팽창지수 10 이상은 수학적으로 모두 동일한 조건이며 표현

방법만 다를 뿐이다. X_1의 VIF를 구하고 나면, X_2의 VIF도, X_3의 VIF도 모두 차례차례 구할 수 있다. 위와 같은 방식으로 VIF는 독립변수의 개수만큼 계산될 수 있고, 이 VIF가 높은 값을 보일 경우 해당 독립변수가 나머지 독립변수들과 다중공선성이 존재한다고 보는 것이다. Price를 종속변수로, Horsepower와 NonUSA를 독립변수로 하고 상호작용항도 포함하여 회귀분석을 실시했을 때 vif() 함수를 이용하여 아래처럼 각 독립변수의 VIF를 구할 수 있다.

```
> interact <- lm(Price~Horsepower+NonUSA+Horsepower:NonUSA)
> vif(interact)
       Horsepower            NonUSA Horsepower:NonUSA
         1.810743          8.697809          9.133302
```

상호작용항을 포함하여 총 세 개의 독립변수가 있는 것이므로 세 개의 VIF가 계산되어 나오게 된다. Horsepower의 VIF는 1.811로서 문제없는 값이지만 NonUSA와 상호작용항의 VIF는 각각 8.698과 9.133으로서 10은 넘지 않았지만 꽤 높은 값을 보여주고 있다. 독립변수들의 곱으로 만들어지는 상호작용항이 모형에 포함되면 기존의 변수들과 상관이 높아져 VIF도 증가하게 되는 것이 일반적이다.

그렇다면 높은 다중공선성이 존재하였을 때, 어떻게 해야 하는가? 첫 번째로 취할 수 있는 가장 간단한 방법은 높은 VIF를 보이는 변수를 제거하는 것이다. 두 번째 방법은 변수들끼리 선형결합을 하여 하나의 변수로 변환하는 것인데, 이는 주로 이변량 상관계수를 통하여 공선성을 확인하였을 때 쓸 수 있는 방법이다. 예를 들어, 만약 X_1과 X_2가 매우 높은 상관을 보인다면 $X_{11}=X_1+X_2$로 새롭게 정의[83]하여 X_{11}을 분석에 사용한다. 하지만 이와 같은 방법들은 상호작용항이 포함되는 회귀분석에는 적당하지 않다. X_1, X_2, X_1X_2가 모두 중요한 변수들인데 무언가를 제거할 수도 없고, 둘을 합쳐 새로운 변수를 만든다는 것도 적절치 않다. 상호작용항으로 인하여 다중공선성이 발생한 경우에는 변수의 평균중심화를 이용할 수 있다.

83) 이와 같은 정의는 X_1과 X_2의 분산이 비슷할 때 쓸 수 있다.

21.5.3. 평균중심화

단순회귀분석에서 중심화를 소개한 이유는 부적절한 절편의 해석을 바로잡기 위해서였다. 이와 같은 해석의 목적도 중요하지만, 특히 상호작용항의 다중공선성이라는 맥락에서 평균중심화가 많이 이용된다. 독립변수를 평균중심화 하여 상호작용항을 만들어 사용하면 다중공선성의 문제가 일반적으로 사라지게 된다. 동시에 상호작용항 계수의 검정 결과는 전혀 바뀌지 않는다. Price를 종속변수로, Horsepower와 NonUSA를 독립변수로 하고 상호작용항도 포함하여 회귀분석을 실시한다고 가정하자. 먼저 Horsepower를 scale() 함수를 이용하여 평균중심화하고 cHorsepower로 저장한다. 일반적으로 독립변수가 연속변수들 뿐이라면 모두를 평균중심화하지만, 더미변수의 평균중심화는 아무런 의미도 없고 적절하지도 않기 때문에 NonUSA는 평균중심화하지 않는다.

```
> cHorsepower <- scale(Horsepower, center=TRUE, scale=FALSE)
```

scale() 함수는 변수의 척도를 바꾸는 함수로서 center 아규먼트를 TRUE로 설정하면 원변수에서 평균을 빼 주고, scale 아규먼트를 TRUE로 설정하면 표준편차로 나누는 작업도 실행한다. 위에서는 scale=FALSE로 설정되어 있으므로 평균을 빼 주는 작업만 실행하여 그 결과를 cHorsepower로 저장한다. 이제 cHorsepower를 이용하여 동일한 회귀분석을 아래와 같이 수행하고 VIF를 확인한다.

```
> interact.c <- lm(Price~cHorsepower+NonUSA+cHorsepower:NonUSA)
> vif(interact.c)
     cHorsepower              NonUSA cHorsepower:NonUSA
        1.810743            1.005501           1.806850
```

세 독립변수의 VIF가 1.811, 1.006, 1.807로서 상당히 낮은 값을 보여 주는 것을 확인할 수 있다. 평균중심화를 수행함으로써 다중공선성의 문제는 상당히 해결되었는데, 과연 모형의 검정과 모수의 검정 부분은 어떻게 되었는지 아래의 결과를 통해 확인한다.

```
> summary(interact.c)

Coefficients:
```

```
                    Estimate Std. Error t value Pr(>|t|)
(Intercept)         18.14821    0.79731  22.762  < 2e-16 ***
cHorsepower          0.11501    0.01476   7.791 1.16e-11 ***
NonUSA               3.10167    1.14666   2.705  0.00819 **
cHorsepower:NonUSA  0.07310    0.02214   3.303  0.00138 **
---
Signif. codes:  0 '***' 0.001 '**' 0.01 '*' 0.05 '.' 0.1 ' ' 1

Residual standard error: 5.511 on 89 degrees of freedom
Multiple R-squared:  0.6851,     Adjusted R-squared:  0.6745
F-statistic: 64.55 on 3 and 89 DF,  p-value: < 2.2e-16
```

먼저 R^2나 F검정통계량 부분을 보면 평균중심화를 하기 이전과 달라진 것이 아무것도 없음을 볼 수 있다. 이는 매우 당연하다. 변수에서 임의의 상수를 빼거나 더하여도 변수 간의 상관계수는 바뀌지 않고, 상관에 기반한 회귀분석의 결과도 바뀌지 않는다. 또한 상호작용항의 계수 추정치와 p값 역시 전혀 바뀌지 않아서 이전의 결과와 같음을 확인할 수 있다. cHorsepower의 계수 추정치와 검정 결과도 바뀌지 않았다. cHorsepower의 계수추정치는 NonUSA=0일 때 cHorsepower가 Price에 미치는 효과라고 앞에서 설명하였는데, NonUSA 변수가 변하지 않았으므로 cHorsepower와 관련된 추정치와 검정 결과 역시 바뀌지 않는다.

그런데 NonUSA의 계수 추정치와 검정 결과가 바뀌었다. 이는 Horsepower=0인 조건과 cHorsepower=0인 조건이 다름으로 발생하는 차이이다. Horsepower=0은 마력이 0이라는 조건임에 비하여 cHorsepower=0이라는 조건은 마력이 평균적인 수준일 때라는 조건이다. 그러므로 NonUSA의 계수 추정치 3.102는 평균적인 마력을 가진 차들을 고려했을 때 미국에서 생산된 차보다 미국 밖에서 생산된 차들의 평균 가격이 3,102달러 더 높음을 이야기한다. 평균중심화는 다중공선성의 문제도 해결해 주지만 이처럼 계수의 해석도 더 쓸모 있게 만들어 준다.

지금까지 다중회귀분석에서의 상호작용효과를 확인하는 데 있어서 다중공선성이 발생할 때 평균중심화를 통해서 문제를 해결하는 예를 보여 주었다. 이 방법은 실제로 꽤 자주 사용되는 방법으로서 많은 출판된 논문에서 사용해 왔다. 그런데 과연 평균중심화가 다중공선성을 해결해 주고, 더욱 정확한 모형의 모수를 추정할 수 있도록 도와주는 것일까? 이에 대한 최근의 몇몇 연구들은 평균중심화가 다중공선성을 해결하지 못하며,

다만 숨길 뿐이라고 설명한다(Echambadi & Hess, 2007; Gatignon & Vosgerau, 2005). 하지만 평균중심화가 다중공선성 문제를 해결하지 못한다고 하여 문제를 일으키는 것도 아니다. 그러므로 만약 VIF가 매우 높아서 모형이 추정되지 않고 문제를 일으키는 경우라면 평균중심화를 사용할 만하다. 실제로 필자는 상당히 자주 다중공선성으로 인하여 모형의 추정 자체가 실패하는 상황을 경험한다.

21.6. 위계적 회귀분석

회귀분석을 실시하는 방법은 연구자가 어떤 목적을 가지고 있느냐에 따라 달라질 수 있다. 지금까지 설명한 회귀분석은 모든 독립변수를 한꺼번에 모형 안에 투입하는 방법으로서 표준 회귀분석(standard regression analysis) 또는 동시 회귀분석(simultaneous regression analysis)이라고 불리기도 한다. 이와 더불어 사회과학 분야에서 자주 사용되는 회귀분석 방법이 있는데 위계적 회귀분석(hierarchical regression analysis)이라고 한다. 위계적 회귀분석은 임의의 주어진 모형에서 추가적으로 독립변수(들)를 투입했을 때 종속변수에 존재하는 변동성을 얼마나 더 설명할 수 있는지 확인하는 방법이다. 일반적으로 위계적 회귀분석을 실시하게 되면 독립변수들을 더해 나가면서 여러 개의 모형을 순차적으로 추정한다. 이때 이전 모형에서 다음 단계의 모형으로 추가한 독립변수로 인하여 통계적으로 유의한 만큼의 R^2 증가가 있었는지 F검정을 통하여 확인하게 된다. 예를 들어, M_0 모형과 M_1 모형이 [식 21.37]과 같다고 가정하자.

$$M_0 : Y = \beta_0 + \beta_1 X_1 + e$$
$$M_1 : Y = \beta_0 + \beta_1 X_1 + \beta_2 X_2 + e$$
[식 21.37]

두 모형의 차이에 대한 검정, 즉 통계적으로 유의한 만큼의 R^2 증가가 있었는지 검정을 실시할 수가 있는데 영가설은 [식 21.38]과 같이 추가된 독립변수의 효과가 없다는 것을 의미한다.

$$H_0 : \beta_2 = 0 \quad \text{vs.} \quad H_1 : \beta_2 \neq 0$$
[식 21.38]

만약 위의 영가설을 기각하게 되면 β_2가 통계적으로 유의하다는 의미가 되고, M_0 모형에 비해 M_1 모형에서 통계적으로 유의한 만큼의 R^2 증가가 있다고 결론 내린다. 반대로 영가설을 기각하는 데 실패하게 되면 통계적으로 유의한 R^2 증가는 없다고 결론 내린다. 참고로 X_1이 모형에 있는 상태에서 X_2를 추가함으로써 증가한 R^2의 크기는 부분상관 $r_{Y(X_2 \cdot X_1)}$의 제곱과 동일하다. 즉, 앞에서 다룬 부분상관의 제곱은 위계적 회귀분석의 R^2 증가분과 관련이 있다. 만약 둘 중 더 간단한 M_0 모형의 오차 제곱합을 SS_E^0, 오차의 자유도를 df_E^0라고 가정하고, M_1 모형의 오차 제곱합을 SS_E^1, 오차의 자유도를 df_E^1이라고 가정하면 [식 21.39]를 이용하여 F검정을 실시할 수 있다.

$$F = \frac{\dfrac{SS_E^0 - SS_E^1}{df_E^0 - df_E^1}}{\dfrac{SS_E^1}{df_E^1}} \sim F_{df_E^0 - df_E^1, df_E^1} \qquad \text{[식 21.39]}$$

만약 오차 제곱합 SS_E가 없고 대신 두 모형의 R^2가 있다면 [식 21.40]과 같이 통계적으로 유의한 만큼의 R^2 증가가 있었는지 F검정을 실시할 수 있다. 아래 식에서 간단한 M_0 모형의 결정계수는 R_0^2, 복잡한 M_1 모형의 결정계수는 R_1^2라고 가정한다.

$$F = \frac{\dfrac{R_1^2 - R_0^2}{df_E^0 - df_E^1}}{\dfrac{1 - R_1^2}{df_E^1}} \sim F_{df_E^0 - df_E^1, df_E^1} \qquad \text{[식 21.40]}$$

위계적 회귀분석에서는 이전 단계 모형에서 다음 단계 모형으로 진행하면서 통계적으로 유의한 만큼의 R^2 증가가 있었는지를 검정하는 것도 중요한 부분이지만, 어떤 변수들을 어떤 순서로 추가하는지도 매우 중요하다. 일반적으로 사회과학에서는 두 가지 정도의 원칙을 세워 변수의 투입 순서를 결정할 수 있다. 첫 번째로 먼저 연구에서 통제하고자 하는 변수들(예를 들어, 인구통계학적 변수들)을 먼저 투입하고, 확인하고 싶은 효과에 해당하는 관심 있는 독립변수들을 나중에 투입한다. 두 번째로는 시간적 순서에 따라 종속변수에 더 오래전부터 영향을 준 변수들을 먼저 투입하고 나중에 영향을 준 변수들을 뒤에 투입한다. 이 두 가지 원칙은 사실 서로 상통하는 면이 있다. 예를 들어, 성적이 자존감에 미치는 효과를 연구하고자 한다고 가정하자. 연구자는 성별에 따른 자존감의 차이를 먼저 고려한 이후에, 즉 성별을 통제한 상태에서 성적이 자존감에 미치는 영향을 보고자 한다. 그렇다면 첫 단계에서 성별을 독립변수로 투입하고, 두 번째 단계에서 성별과 성적을 독립변수로 투입하는 위계적 회귀분석을 실시할 수 있다. 여기서 성별은 인구통계학적 변수이므로 앞 단계에서 투입한다고 할 수도 있고, 시간적인 순서로 성적보다는 성별이 더욱 앞서기 때문에 앞 단계에서 투입한다고 할 수도 있다.

위계적 회귀분석에서 변수의 투입 순서는 R^2 증가의 통계적 유의성과도 관련이 있다. 예를 들어, X_1을 처음 투입했을 때 유의한 R^2 증가가 있었고, 추가적으로 X_2를 투입할 때도 유의한 R^2 증가가 있었다. 그런데 반대로 X_2를 먼저 투입했을 때는 유의한 R^2 증가가 있었지만, 추가적으로 X_1을 투입할 때는 유의한 R^2 증가가 없을 수도 있다. [그림 21.8]은 각 변수들이 갖는 분산의 크기(또는 변동성의 크기)를 원으로 표현한 것으로서 교집합 부분은 변수들이 서로 공유하는 분산이라고 가정한다.

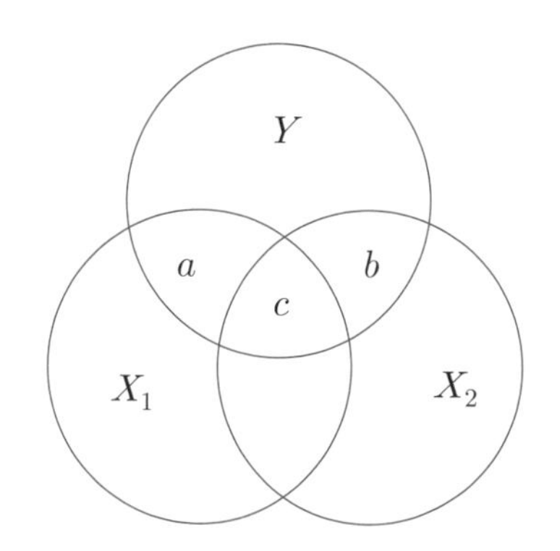

[그림 21.8] 변수 간 공유하는 분산의 크기

회귀분석은 기본적으로 종속변수 Y에 존재하는 변동성을 독립변수들을 이용하여 설명하고자 하는 것이므로 많이 설명할수록 독립변수는 통계적으로 유의하게 된다. 만약 X_1을 먼저 투입하게 되면 X_1이 Y를 설명하는 부분이 $a+c$가 되고, 다음으로 X_2를 투입하게 되면 X_2가 Y를 추가적으로 설명하는 부분은 b가 된다. 하지만 반대로 만약 X_2를 먼저 투입하게 되면 X_2가 Y를 설명하는 부분은 $b+c$가 되고, 다음으로 X_1을 투입하게 되면 X_1이 Y를 추가적으로 설명하는 부분은 a가 된다. 다시 말해, 어떤 순서로 독립변수를 투입하느냐에 따라 각 독립변수가 추가적으로 설명할 수 있는 분산의 크기가 바뀌게 되고 R^2 증가의 통계적 유의성에도 영향을 미치게 된다. 연구자들은 독립변수의 투입 순서에 있어서 연구자가 속한 영역의 이론에 맞추어 사려 깊게 결정해야 한다.

지금부터 CARS 데이터 프레임의 여러 변수들을 통하여 Price를 예측하는 위계적 회귀분석을 실시하는 예를 보이고자 한다. 독립변수로는 Horsepower, MPG.city, RPM,

NonUSA를 고려한다. 연구자가 가장 관심 있어 하는 변수는 Horsepower와 MPG.city이며, RPM과 NonUSA를 통제한 상태에서 추가적으로 두 주요 변수의 Price에 대한 설명의 크기를 확인하고자 한다. 그러므로 첫 번째 단계에서는 RPM과 NonUSA를 투입하고, 두 번째 단계에서는 MPG.city를 투입하고, 마지막 세 번째 단계에서 Horsepower를 투입하여 추가적 유의성을 확인한다. R을 이용하여 위계적 회귀분석을 실시하고자 하면 먼저 네 개의 모형을 다음과 같이 추정해야 한다.

```
> model0 <- lm(Price~1)
> model1 <- lm(Price~RPM+NonUSA)
> model2 <- lm(Price~RPM+NonUSA+MPG.city)
> model3 <- lm(Price~RPM+NonUSA+MPG.city+Horsepower)
```

첫 번째 줄에서 lm() 함수의 formula 아규먼트에 독립변수로서 1이 투입되어 있는데, 이는 독립변수를 하나도 넣지 않고 오직 절편(평균)만 고려하는 모형을 추정하여 model0 리스트에 저장한다는 것을 의미한다. model1~model3는 연구자의 의도에 맞게 회귀분석 모형을 추정하여 저장한 리스트이다. 다음으로는 anova() 함수를 이용하여 두 연속한 모형에서 통계적으로 유의한 R^2 증가가 있었는지 검정할 수 있다. 가장 먼저 model0에 비하여 model1에서 유의한 R^2 증가가 있었는지 검정하는 명령어가 아래에 제공된다.

```
> anova(model0, model1)
Analysis of Variance Table

Model 1: Price ~ 1
Model 2: Price ~ RPM + NonUSA
  Res.Df    RSS Df Sum of Sq      F Pr(>F)
1     92 8584.0
2     90 8461.1  2    122.88 0.6535 0.5227
```

anova() 함수에서 두 회귀분석의 결과 리스트를 아규먼트로 사용하면 두 모형 사이의 F 차이검정을 실시하게 된다. 첫 번째 아규먼트에는 단순한 모형, 두 번째 아규먼트에는 독립변수가 추가된 더 복잡한 모형을 설정한다. 절편만 있는 model0에 비해 RPM과 NonUSA가 투입된 model1에서 유의한 R^2 증가가 있었는지 검정한 결과 $F = 0.654$

이고 통계적으로 유의하지 않았다($p=0.523$). 위계적 회귀분석의 단계에서 통계적으로 유의한 R^2 증가가 없으면 멈춰야 한다는 주장도 있으나 그와 같은 주장은 적절하지 않으며 연구자가 처음 계획한 대로 진행하여 결과를 보고하면 된다. 그리고 위에서 제공된 값들을 이용하면 [식 21.39]를 이용하여 직접 아래와 같이 계산할 수도 있다.

$$F=\frac{\frac{8584.0-8461.1}{92-90}}{\frac{8461.1}{90}}=0.654 \sim F_{2,90}$$

계산된 F검정통계량이 프로그램에 의해 주어진 값과 동일함을 확인할 수 있다. 이제 R의 pf() 함수를 이용하여 p값을 구하면 아래와 같다.

```
> pf(0.654, df1=2, df2=90, lower.tail=FALSE)
[1] 0.5224149
```

p값 역시 주어진 값과 거의 동일한 것을 알 수 있다. 이제 model0에서 model1으로 R^2가 얼마나 증가했는지 확인하고자 한다. model0는 오직 상수를 이용해서 Price를 설명하고자 한 것이므로 당연히 $R^2=0$이다. model1의 R^2만 summary() 함수를 이용하여 아래와 같이 확인한다.

```
> summary(model1)

Residual standard error: 9.696 on 90 degrees of freedom
Multiple R-squared:  0.01432,	Adjusted R-squared:  -0.007589
F-statistic: 0.6535 on 2 and 90 DF,  p-value: 0.5227
```

model0에서 model1으로 가면서 증가된 R^2가 0.014임을 알 수 있다. R 프로그램에서 제공된 R^2를 이용해서 아래와 같이 F검정통계량을 계산하고 모형의 검정을 진행하는 것도 가능하다. F값의 계산에는 [식 21.40]을 이용하였고, 계산의 정확성을 위해 소수 다섯째 자리까지의 값을 모두 사용하였다.

$$F = \frac{\frac{0.01432 - 0}{92 - 90}}{\frac{1 - 0.01432}{90}} = 0.654 \sim F_{2,90}$$

제곱합을 이용한 F검정통계량 결과와 비교해서 다른 점이 없음을 확인할 수 있다. 다음으로 model1에 비하여 model2에서 유의한 R^2 증가가 있었는지 검정하는 명령어가 아래에 제공된다.

```
> anova(model1, model2)
Analysis of Variance Table

Model 1: Price ~ RPM + NonUSA
Model 2: Price ~ RPM + NonUSA + MPG.city
  Res.Df    RSS Df Sum of Sq      F    Pr(>F)
1     90 8461.1
2     89 4828.2  1    3632.9 66.967 1.825e-12 ***
---
Signif. codes:  0 '***' 0.001 '**' 0.01 '*' 0.05 '.' 0.1 ' ' 1
```

RPM과 NonUSA가 투입된 model1에 비해 MPG.city가 추가로 투입된 model2에서 유의한 R^2 증가가 있었는지 검정한 결과 $F = 66.967$이고 $p < .001$ 수준에서 통계적으로 유의함을 확인하였다. 즉, RPM과 NonUSA가 Price에 존재하는 변동성을 설명한 상태에서 MPG.city는 추가적으로 유의하게 Price를 설명하고 있는 것이다. 이제 model1에서 model2로 R^2가 얼마나 증가했는지 확인하고자 한다.

```
> summary(model2)

Residual standard error: 7.365 on 89 degrees of freedom
Multiple R-squared:  0.4375,     Adjusted R-squared:  0.4186
F-statistic: 23.08 on 3 and 89 DF,  p-value: 3.855e-11
```

model2의 $R^2 = 0.438$로서 model1의 $R^2 = 0.014$에 비해 0.424만큼 R^2가 증가하였다. 증가분은 통계학에서 Δ(delta)라고 표시하므로 $\Delta R^2 = 0.424$라고 정리한다. 마지막 단계로 model2와 model3 사이에 유의한 R^2 증가가 있었는지 검정하는 명령어가 아래에 제공된다.

```
> anova(model2, model3)
Analysis of Variance Table

Model 1: Price ~ RPM + NonUSA + MPG.city
Model 2: Price ~ RPM + NonUSA + MPG.city + Horsepower
  Res.Df    RSS Df Sum of Sq      F    Pr(>F)
1     89 4828.2
2     88 2817.4  1    2010.8 62.805 6.593e-12 ***
---
Signif. codes:  0 '***' 0.001 '**' 0.01 '*' 0.05 '.' 0.1 ' ' 1
```

RPM, NonUSA, MPG.city가 투입된 model2에 비해 Horsepower가 추가로 투입된 model3에서 유의한 R^2 증가가 있었는지 검정한 결과 $F = 62.805$이고 $p < .001$ 수준에서 통계적으로 유의함을 확인하였다. 즉, RPM, NonUSA, MPG.city가 Price에 존재하는 변동성을 설명한 상태에서 Horsepower는 추가적으로 유의하게 Price를 설명하고 있다. 이제 model2에서 model3로 R^2가 얼마나 증가했는지 확인하고자 한다.

```
> summary(model3)

Residual standard error: 5.658 on 88 degrees of freedom
Multiple R-squared:  0.6718,	Adjusted R-squared:  0.6569
F-statistic: 45.03 on 4 and 88 DF,  p-value: < 2.2e-16
```

model3의 $R^2 = 0.672$로서 model2의 $R^2 = 0.438$에 비해 0.234만큼 R^2가 증가하였다. 즉, $\Delta R^2 = 0.234$로 표기한다.

변수의 투입 순서에 따라 위계적 회귀분석을 실시하고 모형 비교를 하는 데 있어서 한 가지 주의점을 밝히고자 한다. 상당히 많은 연구자들이 model0~model3를 비교함에 있어서 anova() 함수를 다음과 같이 이용한다.

```
> anova(model0, model1, model2, model3)
Analysis of Variance Table

Model 1: Price ~ 1
Model 2: Price ~ RPM + NonUSA
Model 3: Price ~ RPM + NonUSA + MPG.city
```

```
Model 4: Price ~ RPM + NonUSA + MPG.city + Horsepower
  Res.Df    RSS Df Sum of Sq        F    Pr(>F)
1     92 8584.0
2     90 8461.1  2     122.9   1.9191    0.1528
3     89 4828.2  1    3632.9 113.4718 < 2.2e-16 ***
4     88 2817.4  1    2010.8  62.8050 6.593e-12 ***
---
Signif. codes:  0 '***' 0.001 '**' 0.01 '*' 0.05 '.' 0.1 ' ' 1
```

결과 부분을 보면 각 단계별로 총 세 번의 F 차이검정을 실시하는데, 가장 마지막을 제외하고는 앞에서 보여 준 계산과 다름을 알 수 있다. 그 이유는 anova() 함수에서 셋 이상의 회귀분석 결과를 아규먼트로 설정했을 때 모형의 비교가 항상 마지막 모형(model3)의 오차 제곱합을 이용하기 때문이다. 그러므로 anova() 함수를 이용하여 F 차이검정을 실시할 때는 두 개씩 실행하여야 한다. 마지막으로 위계적 회귀분석의 내용을 정리하면 [표 21.6]과 같다. 위계적 회귀분석을 실시했을 때 그 결과를 표로 제시하는 매우 다양한 방법이 있을 수 있는데, [표 21.6]처럼 최소한 모수 추정치와 통계적 유의성, R^2, ΔR^2 또는 ΔF를 제공하는 것이 요구된다.

[표 21.6] 위계적 회귀분석의 결과

Predictor	Regression 1	Regression 2	Regression 3
RPM	−0.001	0.002	−0.002
NonUSA	2.662	4.052*	4.631**
MPG.city		−1.206***	−0.236
Horsepower			0.132***
R^2	0.014	0.438	0.672
ΔR^2	0.014	0.424	0.234
ΔF	0.654	66.967***	62.805***

$^{*}p<.05$; $^{**}p<.01$; $^{***}p<.001$

첫 번째 단계로 두 개의 통제하고자 하는 변수(통제변수)들만을 투입했을 때는 통계적으로 모형이 유의하지 않았다. 다시 말해, 통제변수들을 투입하지 않은 모형에 비해 투입한 모형에서 통계적으로 유의한 R^2 증가가 없었다. 다음으로 MPG.city를 추가적으로 투입했을 때 $p < .001$ 수준에서 유의한 R^2 증가가 있었으며, NonUSA와 MPG.city가 통계적으로 유의하게 Price를 예측하였다. 마지막으로 Horsepower를 추가하였을

때 또한 $p < .001$ 수준에서 유의한 R^2 증가가 있었으며, NonUSA와 Horsepower가 통계적으로 유의하게 Price를 예측하였다.

이때 두 번째 단계에서 매우 유의한 예측변수였던 MPG.city는 Horsepower를 투입함과 동시에 Price에 대한 예측력을 잃었다. 이러한 현상이 발생했을 때 이론적으로 그 이유를 설명하는 과정이 필요한데, 우리가 자동차 시장에 대한 이론적인 배경을 알지는 못하므로 단지 통계적으로 그 이유를 추리해 볼 수 있을 것 같다. 필자의 판단으로는 아마도 MPG.city와 Horsepower의 상관계수가 -0.673으로서 상당히 강력한 관계가 있는 것에 기인한 것 같다. 실질적으로 MPG.city는 Price를 예측하는 중요 변수가 아닌데 Horsepower와 강력한 상관이 있어서 마치 Price를 예측하는 중요 변수인 것처럼 2단계에서 나타났던 것이다. 3단계의 최종모형을 보면, 자동차의 마력이 높고 해외생산되었을 때 더 높은 가격으로 팔린다고 해석할 수 있을 것으로 보인다. 위의 결과는 여러 면에서 상당히 흥미로워 보인다. 자동차 시장과 판매에 대한 이론을 잘 알고 있다면 위의 흥미로운 결과들을 이론에 맞게 해석할 수 있겠으나 필자의 한계로 인하여 더 이상의 해석은 하지 않는다.

위의 결과를 종합하여 한 가지 더 유의할 부분은 지금까지 실시한 위계적 회귀분석 결과가 순서에 의존적이라는 것이다. 앞에서도 밝혔듯이 어떤 순서로 독립변수들을 투입하느냐에 따라 추가적인 R^2 증가분이 통계적으로 유의할 수도 있고 그렇지 않을 수도 있다. MPG.city를 2단계에서 투입하고 Horsepower를 3단계에 투입하는 위의 예제에서는 둘 모두 추가적으로 유의하게 R^2가 증가하였는데, 만약 Horsepower를 2단계에서 투입하고 MPG.city를 3단계에 투입하게 되면 MPG.city는 추가적으로 유의하게 R^2를 증가시키지 못한다. 그러므로 다시 한번 강조하는데 위계적 회귀분석에서는 변수의 투입 순서가 매우 중요하다. 각 연구자의 학문 영역에서 최대한 이론에 맞게 순서를 결정해야 해석가능하고 무리 없는 결과를 얻게 된다.

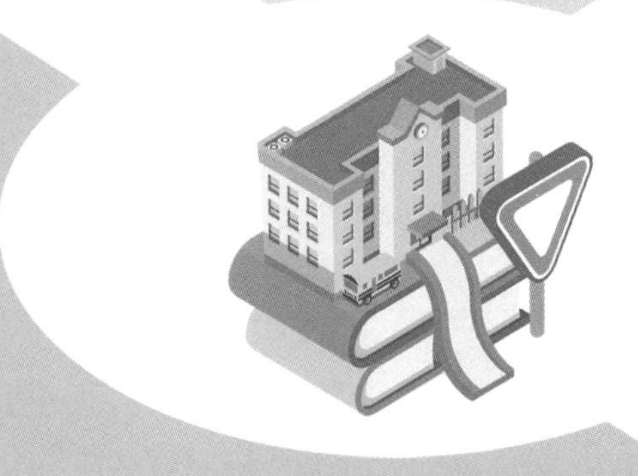

부록

부록 A. 표준정규분포표

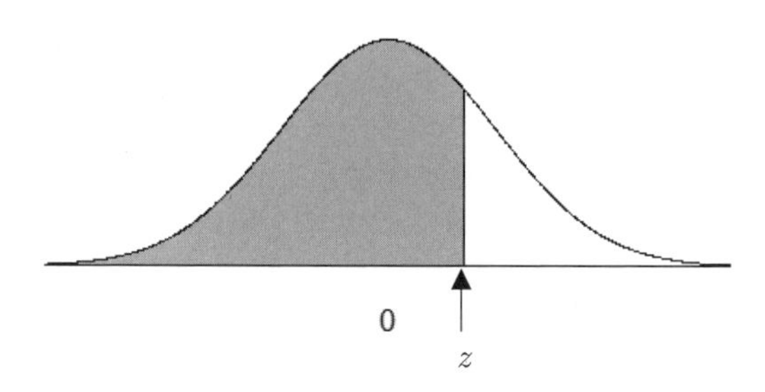

표 안쪽의 값들은 z분포(표준정규분포)상에서 z 지점까지의 누적확률을 나타낸다. z값의 소수 첫 번째 자리는 표의 첫 열에, 소수 두 번째 자리는 표의 첫 행에 제공되며, $0 \le z \le 3.99$의 범위가 포함되어 있다. 예를 들어, $z = 0.61$일 때 누적확률은 0.7291이 된다.

z	0.00	0.01	0.02	0.03	0.04	0.05	0.06	0.07	0.08	0.09
0.0	0.5000	0.5040	0.5080	0.5120	0.5160	0.5199	0.5239	0.5279	0.5319	0.5359
0.1	0.5398	0.5438	0.5478	0.5517	0.5557	0.5596	0.5636	0.5675	0.5714	0.5753
0.2	0.5793	0.5832	0.5871	0.5910	0.5948	0.5987	0.6026	0.6064	0.6103	0.6141
0.3	0.6179	0.6217	0.6255	0.6293	0.6331	0.6368	0.6406	0.6443	0.6480	0.6517
0.4	0.6554	0.6591	0.6628	0.6664	0.6700	0.6736	0.6772	0.6808	0.6844	0.6879
0.5	0.6915	0.6950	0.6985	0.7019	0.7054	0.7088	0.7123	0.7157	0.7190	0.7224
0.6	0.7257	0.7291	0.7324	0.7357	0.7389	0.7422	0.7454	0.7486	0.7517	0.7549
0.7	0.7580	0.7611	0.7642	0.7673	0.7704	0.7734	0.7764	0.7794	0.7823	0.7852
0.8	0.7881	0.7910	0.7939	0.7967	0.7995	0.8023	0.8051	0.8078	0.8106	0.8133
0.9	0.8159	0.8186	0.8212	0.8238	0.8264	0.8289	0.8315	0.8340	0.8365	0.8389
1.0	0.8413	0.8438	0.8461	0.8485	0.8508	0.8531	0.8554	0.8577	0.8599	0.8621
1.1	0.8643	0.8665	0.8686	0.8708	0.8729	0.8749	0.8770	0.8790	0.8810	0.8830
1.2	0.8849	0.8869	0.8888	0.8907	0.8925	0.8944	0.8962	0.8980	0.8997	0.9015
1.3	0.9032	0.9049	0.9066	0.9082	0.9099	0.9115	0.9131	0.9147	0.9162	0.9177
1.4	0.9192	0.9207	0.9222	0.9236	0.9251	0.9265	0.9279	0.9292	0.9306	0.9319
1.5	0.9332	0.9345	0.9357	0.9370	0.9382	0.9394	0.9406	0.9418	0.9429	0.9441
1.6	0.9452	0.9463	0.9474	0.9484	0.9495	0.9505	0.9515	0.9525	0.9535	0.9545
1.7	0.9554	0.9564	0.9573	0.9582	0.9591	0.9599	0.9608	0.9616	0.9625	0.9633
1.8	0.9641	0.9649	0.9656	0.9664	0.9671	0.9678	0.9686	0.9693	0.9699	0.9706
1.9	0.9713	0.9719	0.9726	0.9732	0.9738	0.9744	0.9750	0.9756	0.9761	0.9767
2.0	0.9772	0.9778	0.9783	0.9788	0.9793	0.9798	0.9803	0.9808	0.9812	0.9817
2.1	0.9821	0.9826	0.9830	0.9834	0.9838	0.9842	0.9846	0.9850	0.9854	0.9857
2.2	0.9861	0.9864	0.9868	0.9871	0.9875	0.9878	0.9881	0.9884	0.9887	0.9890
2.3	0.9893	0.9896	0.9898	0.9901	0.9904	0.9906	0.9909	0.9911	0.9913	0.9916
2.4	0.9918	0.9920	0.9922	0.9925	0.9927	0.9929	0.9931	0.9932	0.9934	0.9936
2.5	0.9938	0.9940	0.9941	0.9943	0.9945	0.9946	0.9948	0.9949	0.9951	0.9952
2.6	0.9953	0.9955	0.9956	0.9957	0.9959	0.9960	0.9961	0.9962	0.9963	0.9964
2.7	0.9965	0.9966	0.9967	0.9968	0.9969	0.9970	0.9971	0.9972	0.9973	0.9974
2.8	0.9974	0.9975	0.9976	0.9977	0.9977	0.9978	0.9979	0.9979	0.9980	0.9981
2.9	0.9981	0.9982	0.9982	0.9983	0.9984	0.9984	0.9985	0.9985	0.9986	0.9986
3.0	0.9987	0.9987	0.9987	0.9988	0.9988	0.9989	0.9989	0.9989	0.9990	0.9990
3.1	0.9990	0.9991	0.9991	0.9991	0.9992	0.9992	0.9992	0.9992	0.9993	0.9993
3.2	0.9993	0.9993	0.9994	0.9994	0.9994	0.9994	0.9994	0.9995	0.9995	0.9995
3.3	0.9995	0.9995	0.9995	0.9996	0.9996	0.9996	0.9996	0.9996	0.9996	0.9997
3.4	0.9997	0.9997	0.9997	0.9997	0.9997	0.9997	0.9997	0.9997	0.9997	0.9998
3.5	0.9998	0.9998	0.9998	0.9998	0.9998	0.9998	0.9998	0.9998	0.9998	0.9998
3.6	0.9998	0.9998	0.9999	0.9999	0.9999	0.9999	0.9999	0.9999	0.9999	0.9999
3.7	0.9999	0.9999	0.9999	0.9999	0.9999	0.9999	0.9999	0.9999	0.9999	0.9999
3.8	0.9999	0.9999	0.9999	0.9999	0.9999	0.9999	0.9999	0.9999	0.9999	0.9999
3.9	1.0000	1.0000	1.0000	1.0000	1.0000	1.0000	1.0000	1.0000	1.0000	1.0000

부록 B. t분포표

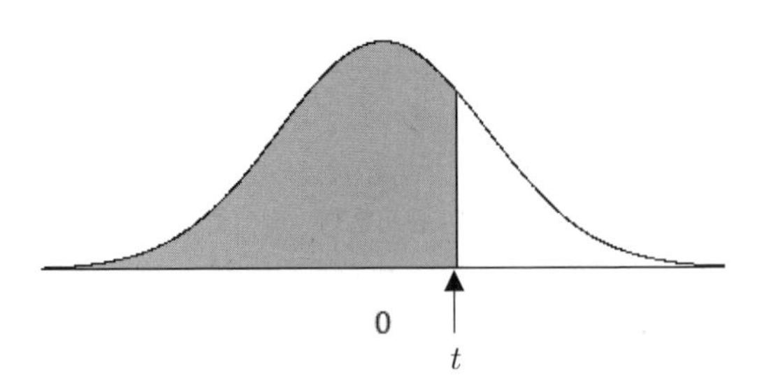

표 안쪽의 값들은 t분포상에서 누적확률에 해당하는 t값을 나타낸다. t분포의 자유도는 표의 첫 열에 제공되며, 왼쪽으로부터의 누적확률은 표의 첫 행에 제공되고, 오른쪽으로부터의 확률은 둘째 행에 제공된다. 예를 들어, 자유도 10인 t분포의 누적확률 97.5%에 해당하는 t값은 2.228이 된다.

df	0.900 0.100	0.950 0.050	0.975 0.025	0.990 0.010	0.995 0.005	0.999 0.001
1	3.078	6.314	12.706	31.821	63.657	318.309
2	1.886	2.920	4.303	6.965	9.925	22.327
3	1.638	2.353	3.182	4.541	5.841	10.215
4	1.533	2.132	2.776	3.747	4.604	7.173
5	1.476	2.015	2.571	3.365	4.032	5.893
6	1.440	1.943	2.447	3.143	3.707	5.208
7	1.415	1.895	2.365	2.998	3.499	4.785
8	1.397	1.860	2.306	2.896	3.355	4.501
9	1.383	1.833	2.262	2.821	3.250	4.297
10	1.372	1.812	2.228	2.764	3.169	4.144
11	1.363	1.796	2.201	2.718	3.106	4.025
12	1.356	1.782	2.179	2.681	3.055	3.930
13	1.350	1.771	2.160	2.650	3.012	3.852
14	1.345	1.761	2.145	2.624	2.977	3.787
15	1.341	1.753	2.131	2.602	2.947	3.733
16	1.337	1.746	2.120	2.583	2.921	3.686
17	1.333	1.740	2.110	2.567	2.898	3.646
18	1.330	1.734	2.101	2.552	2.878	3.610
19	1.328	1.729	2.093	2.539	2.861	3.579
20	1.325	1.725	2.086	2.528	2.845	3.552
21	1.323	1.721	2.080	2.518	2.831	3.527
22	1.321	1.717	2.074	2.508	2.819	3.505
23	1.319	1.714	2.069	2.500	2.807	3.485
24	1.318	1.711	2.064	2.492	2.797	3.467
25	1.316	1.708	2.060	2.485	2.787	3.450
26	1.315	1.706	2.056	2.479	2.779	3.435
27	1.314	1.703	2.052	2.473	2.771	3.421
28	1.313	1.701	2.048	2.467	2.763	3.408
29	1.311	1.699	2.045	2.462	2.756	3.396
30	1.310	1.697	2.042	2.457	2.750	3.385
40	1.303	1.684	2.021	2.423	2.704	3.307
50	1.299	1.676	2.009	2.403	2.678	3.261
60	1.296	1.671	2.000	2.390	2.660	3.232
70	1.294	1.667	1.994	2.381	2.648	3.211
80	1.292	1.664	1.990	2.374	2.639	3.195
90	1.291	1.662	1.987	2.368	2.632	3.183
100	1.290	1.660	1.984	2.364	2.626	3.174
∞	1.282	1.645	1.960	2.326	2.576	3.090

부록 C. *F*분포표, 누적확률 95%

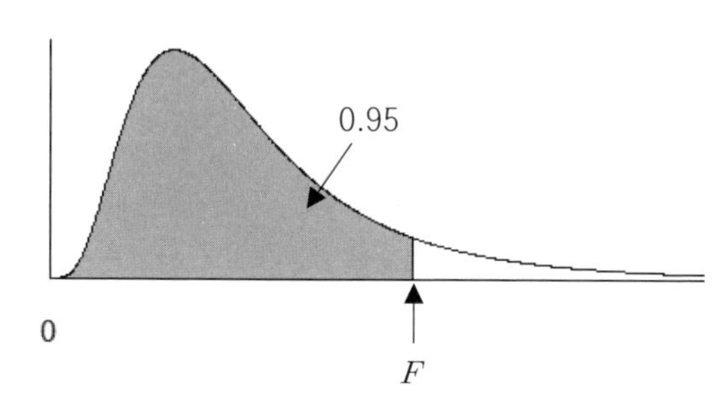

표 안쪽의 값들은 *F*분포상에서 오른쪽 누적확률 5%에 해당하는 *F*값을 나타낸다. *F*분포의 첫 번째 자유도는 첫 행에 제공되며, 두 번째 자유도는 첫 열에 제공된다. 예를 들어, 자유도가 2와 27인 *F*분포의 오른쪽 누적확률 5%에 해당하는 *F*값은 3.354가 된다.

	1	2	3	4	5	6	7	8	9	10
1	161.45	199.50	215.71	224.58	230.16	233.99	236.77	238.88	240.54	241.88
2	18.513	19.000	19.164	19.247	19.296	19.330	19.353	19.371	19.385	19.396
3	10.128	9.552	9.277	9.117	9.013	8.941	8.887	8.845	8.812	8.786
4	7.709	6.944	6.591	6.388	6.256	6.163	6.094	6.041	5.999	5.964
5	6.608	5.786	5.409	5.192	5.050	4.950	4.876	4.818	4.772	4.735
6	5.987	5.143	4.757	4.534	4.387	4.284	4.207	4.147	4.099	4.060
7	5.591	4.737	4.347	4.120	3.972	3.866	3.787	3.726	3.677	3.637
8	5.318	4.459	4.066	3.838	3.687	3.581	3.500	3.438	3.388	3.347
9	5.117	4.256	3.863	3.633	3.482	3.374	3.293	3.230	3.179	3.137
10	4.965	4.103	3.708	3.478	3.326	3.217	3.135	3.072	3.020	2.978
11	4.844	3.982	3.587	3.357	3.204	3.095	3.012	2.948	2.896	2.854
12	4.747	3.885	3.490	3.259	3.106	2.996	2.913	2.849	2.796	2.753
13	4.667	3.806	3.411	3.179	3.025	2.915	2.832	2.767	2.714	2.671
14	4.600	3.739	3.344	3.112	2.958	2.848	2.764	2.699	2.646	2.602
15	4.543	3.682	3.287	3.056	2.901	2.790	2.707	2.641	2.588	2.544
16	4.494	3.634	3.239	3.007	2.852	2.741	2.657	2.591	2.538	2.494
17	4.451	3.592	3.197	2.965	2.810	2.699	2.614	2.548	2.494	2.450
18	4.414	3.555	3.160	2.928	2.773	2.661	2.577	2.510	2.456	2.412
19	4.381	3.522	3.127	2.895	2.740	2.628	2.544	2.477	2.423	2.378
20	4.351	3.493	3.098	2.866	2.711	2.599	2.514	2.447	2.393	2.348
21	4.325	3.467	3.072	2.840	2.685	2.573	2.488	2.420	2.366	2.321
22	4.301	3.443	3.049	2.817	2.661	2.549	2.464	2.397	2.342	2.297
23	4.279	3.422	3.028	2.796	2.640	2.528	2.442	2.375	2.320	2.275
24	4.260	3.403	3.009	2.776	2.621	2.508	2.423	2.355	2.300	2.255
25	4.242	3.385	2.991	2.759	2.603	2.490	2.405	2.337	2.282	2.236
26	4.225	3.369	2.975	2.743	2.587	2.474	2.388	2.321	2.265	2.220
27	4.210	3.354	2.960	2.728	2.572	2.459	2.373	2.305	2.250	2.204
28	4.196	3.340	2.947	2.714	2.558	2.445	2.359	2.291	2.236	2.190
29	4.183	3.328	2.934	2.701	2.545	2.432	2.346	2.278	2.223	2.177
30	4.171	3.316	2.922	2.690	2.534	2.421	2.334	2.266	2.211	2.165
40	4.085	3.232	2.839	2.606	2.449	2.336	2.249	2.180	2.124	2.077
50	4.034	3.183	2.790	2.557	2.400	2.286	2.199	2.130	2.073	2.026
60	4.001	3.150	2.758	2.525	2.368	2.254	2.167	2.097	2.040	1.993
70	3.978	3.128	2.736	2.503	2.346	2.231	2.143	2.074	2.017	1.969
80	3.960	3.111	2.719	2.486	2.329	2.214	2.126	2.056	1.999	1.951
90	3.947	3.098	2.706	2.473	2.316	2.201	2.113	2.043	1.986	1.938
100	3.936	3.087	2.696	2.463	2.305	2.191	2.103	2.032	1.975	1.927
∞	3.841	2.996	2.605	2.372	2.214	2.099	2.010	1.938	1.880	1.831

F분포표, 누적확률 97.5%

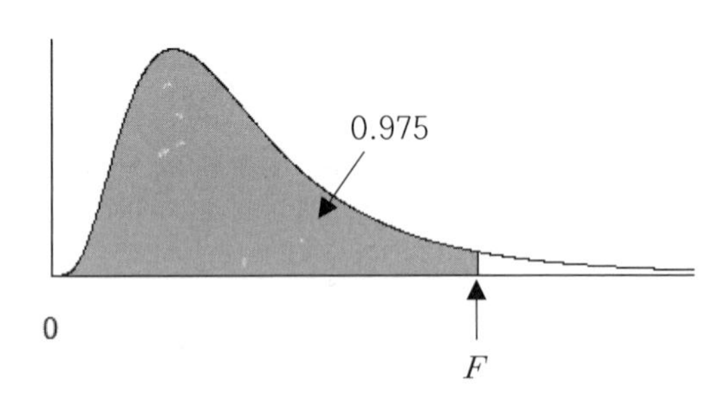

표 안쪽의 값들은 F분포상에서 누적확률 97.5%(오른쪽 누적확률 2.5%)에 해당하는 F값을 나타낸다. F분포의 첫 번째 자유도는 첫 행에 제공되며, 두 번째 자유도는 첫 열에 제공된다. 예를 들어, 자유도가 2와 27인 F분포의 누적확률 97.5%에 해당하는 F값은 4.242가 된다.

	1	2	3	4	5	6	7	8	9	10
1	647.79	799.50	864.16	899.58	921.85	937.11	948.22	956.66	963.28	968.63
2	38.506	39.000	39.165	39.248	39.298	39.331	39.355	39.373	39.387	39.398
3	17.443	16.044	15.439	15.101	14.885	14.735	14.624	14.540	14.473	14.419
4	12.218	10.649	9.979	9.605	9.364	9.197	9.074	8.980	8.905	8.844
5	10.007	8.434	7.764	7.388	7.146	6.978	6.853	6.757	6.681	6.619
6	8.813	7.260	6.599	6.227	5.988	5.820	5.695	5.600	5.523	5.461
7	8.073	6.542	5.890	5.523	5.285	5.119	4.995	4.899	4.823	4.761
8	7.571	6.059	5.416	5.053	4.817	4.652	4.529	4.433	4.357	4.295
9	7.209	5.715	5.078	4.718	4.484	4.320	4.197	4.102	4.026	3.964
10	6.937	5.456	4.826	4.468	4.236	4.072	3.950	3.855	3.779	3.717
11	6.724	5.256	4.630	4.275	4.044	3.881	3.759	3.664	3.588	3.526
12	6.554	5.096	4.474	4.121	3.891	3.728	3.607	3.512	3.436	3.374
13	6.414	4.965	4.347	3.996	3.767	3.604	3.483	3.388	3.312	3.250
14	6.298	4.857	4.242	3.892	3.663	3.501	3.380	3.285	3.209	3.147
15	6.200	4.765	4.153	3.804	3.576	3.415	3.293	3.199	3.123	3.060
16	6.115	4.687	4.077	3.729	3.502	3.341	3.219	3.125	3.049	2.986
17	6.042	4.619	4.011	3.665	3.438	3.277	3.156	3.061	2.985	2.922
18	5.978	4.560	3.954	3.608	3.382	3.221	3.100	3.005	2.929	2.866
19	5.922	4.508	3.903	3.559	3.333	3.172	3.051	2.956	2.880	2.817
20	5.871	4.461	3.859	3.515	3.289	3.128	3.007	2.913	2.837	2.774
21	5.827	4.420	3.819	3.475	3.250	3.090	2.969	2.874	2.798	2.735
22	5.786	4.383	3.783	3.440	3.215	3.055	2.934	2.839	2.763	2.700
23	5.750	4.349	3.750	3.408	3.183	3.023	2.902	2.808	2.731	2.668
24	5.717	4.319	3.721	3.379	3.155	2.995	2.874	2.779	2.703	2.640
25	5.686	4.291	3.694	3.353	3.129	2.969	2.848	2.753	2.677	2.613
26	5.659	4.265	3.670	3.329	3.105	2.945	2.824	2.729	2.653	2.590
27	5.633	4.242	3.647	3.307	3.083	2.923	2.802	2.707	2.631	2.568
28	5.610	4.221	3.626	3.286	3.063	2.903	2.782	2.687	2.611	2.547
29	5.588	4.201	3.607	3.267	3.044	2.884	2.763	2.669	2.592	2.529
30	5.568	4.182	3.589	3.250	3.026	2.867	2.746	2.651	2.575	2.511
40	5.424	4.051	3.463	3.126	2.904	2.744	2.624	2.529	2.452	2.388
50	5.340	3.975	3.390	3.054	2.833	2.674	2.553	2.458	2.381	2.317
60	5.286	3.925	3.343	3.008	2.786	2.627	2.507	2.412	2.334	2.270
70	5.247	3.890	3.309	2.975	2.754	2.595	2.474	2.379	2.302	2.237
80	5.218	3.864	3.284	2.950	2.730	2.571	2.450	2.355	2.277	2.213
90	5.196	3.844	3.265	2.932	2.711	2.552	2.432	2.336	2.259	2.194
100	5.179	3.828	3.250	2.917	2.696	2.537	2.417	2.321	2.244	2.179
∞	5.024	3.689	3.116	2.786	2.567	2.408	2.288	2.192	2.114	2.048

*F*분포표, 누적확률 99%

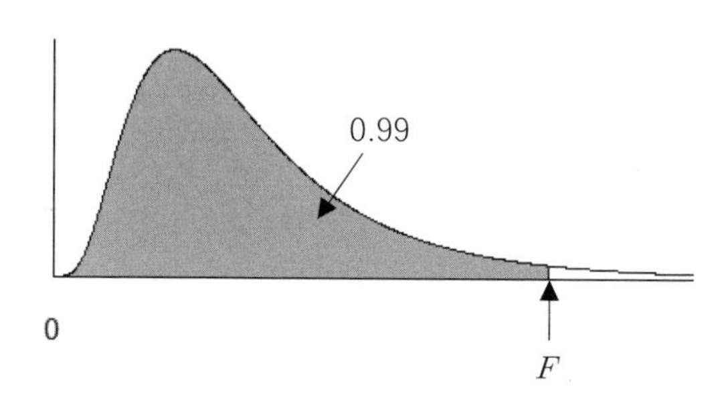

표 안쪽의 값들은 *F*분포상에서 오른쪽 누적확률 1%에 해당하는 *F*값을 나타낸다. *F*분포의 첫 번째 자유도는 첫 행에 제공되며, 두 번째 자유도는 첫 열에 제공된다. 예를 들어, 자유도가 2와 27인 *F*분포의 오른쪽 누적확률 1%에 해당하는 *F*값은 5.488이 된다.

	1	2	3	4	5	6	7	8	9	10
1	4052.2	4999.5	5403.4	5624.6	5763.6	5859.0	5928.4	5981.1	6022.5	6055.9
2	98.503	99.000	99.166	99.249	99.299	99.333	99.356	99.374	99.388	99.399
3	34.116	30.817	29.457	28.710	28.237	27.911	27.672	27.489	27.345	27.229
4	21.198	18.000	16.694	15.977	15.522	15.207	14.976	14.799	14.659	14.546
5	16.258	13.274	12.060	11.392	10.967	10.672	10.456	10.289	10.158	10.051
6	13.745	10.925	9.780	9.148	8.746	8.466	8.260	8.102	7.976	7.874
7	12.246	9.547	8.451	7.847	7.460	7.191	6.993	6.840	6.719	6.620
8	11.259	8.649	7.591	7.006	6.632	6.371	6.178	6.029	5.911	5.814
9	10.561	8.022	6.992	6.422	6.057	5.802	5.613	5.467	5.351	5.257
10	10.044	7.559	6.552	5.994	5.636	5.386	5.200	5.057	4.942	4.849
11	9.646	7.206	6.217	5.668	5.316	5.069	4.886	4.744	4.632	4.539
12	9.330	6.927	5.953	5.412	5.064	4.821	4.640	4.499	4.388	4.296
13	9.074	6.701	5.739	5.205	4.862	4.620	4.441	4.302	4.191	4.100
14	8.862	6.515	5.564	5.035	4.695	4.456	4.278	4.140	4.030	3.939
15	8.683	6.359	5.417	4.893	4.556	4.318	4.142	4.004	3.895	3.805
16	8.531	6.226	5.292	4.773	4.437	4.202	4.026	3.890	3.780	3.691
17	8.400	6.112	5.185	4.669	4.336	4.102	3.927	3.791	3.682	3.593
18	8.285	6.013	5.092	4.579	4.248	4.015	3.841	3.705	3.597	3.508
19	8.185	5.926	5.010	4.500	4.171	3.939	3.765	3.631	3.523	3.434
20	8.096	5.849	4.938	4.431	4.103	3.871	3.699	3.564	3.457	3.368
21	8.017	5.780	4.874	4.369	4.042	3.812	3.640	3.506	3.398	3.310
22	7.945	5.719	4.817	4.313	3.988	3.758	3.587	3.453	3.346	3.258
23	7.881	5.664	4.765	4.264	3.939	3.710	3.539	3.406	3.299	3.211
24	7.823	5.614	4.718	4.218	3.895	3.667	3.496	3.363	3.256	3.168
25	7.770	5.568	4.675	4.177	3.855	3.627	3.457	3.324	3.217	3.129
26	7.721	5.526	4.637	4.140	3.818	3.591	3.421	3.288	3.182	3.094
27	7.677	5.488	4.601	4.106	3.785	3.558	3.388	3.256	3.149	3.062
28	7.636	5.453	4.568	4.074	3.754	3.528	3.358	3.226	3.120	3.032
29	7.598	5.420	4.538	4.045	3.725	3.499	3.330	3.198	3.092	3.005
30	7.562	5.390	4.510	4.018	3.699	3.473	3.304	3.173	3.067	2.979
40	7.314	5.179	4.313	3.828	3.514	3.291	3.124	2.993	2.888	2.801
50	7.171	5.057	4.199	3.720	3.408	3.186	3.020	2.890	2.785	2.698
60	7.077	4.977	4.126	3.649	3.339	3.119	2.953	2.823	2.718	2.632
70	7.011	4.922	4.074	3.600	3.291	3.071	2.906	2.777	2.672	2.585
80	6.963	4.881	4.036	3.563	3.255	3.036	2.871	2.742	2.637	2.551
90	6.925	4.849	4.007	3.535	3.228	3.009	2.845	2.715	2.611	2.524
100	6.895	4.824	3.984	3.513	3.206	2.988	2.823	2.694	2.590	2.503
∞	6.635	4.605	3.782	3.319	3.017	2.802	2.639	2.511	2.407	2.321

부록 D. χ^2분포표

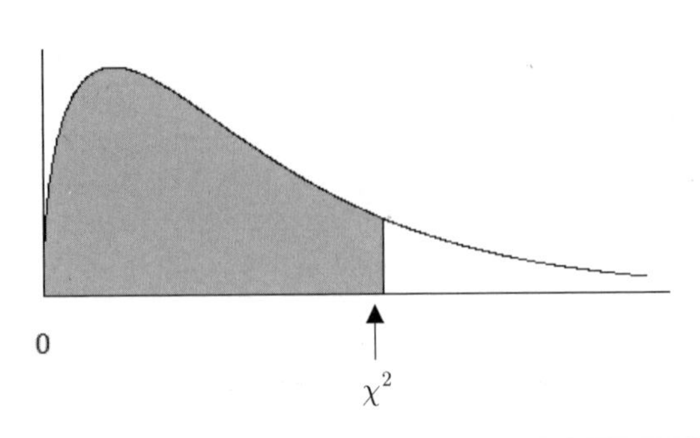

표 안쪽의 값들은 χ^2분포상에서 누적확률에 해당하는 χ^2값을 나타낸다. χ^2분포의 자유도는 표의 첫 열에 제공되며, 왼쪽으로부터의 누적확률은 표의 첫 행에 제공되고, 오른쪽으로부터의 확률은 둘째 행에 제공된다. 예를 들어, 자유도 10인 χ^2분포의 누적확률 95%에 해당하는 χ^2 값은 18.307이 된다.

df	0.900 0.100	0.950 0.050	0.975 0.025	0.990 0.010	0.995 0.005	0.999 0.001
1	2.706	3.841	5.024	6.635	7.879	10.828
2	4.605	5.991	7.378	9.210	10.597	13.816
3	6.251	7.815	9.348	11.345	12.838	16.266
4	7.779	9.488	11.143	13.277	14.860	18.467
5	9.236	11.070	12.833	15.086	16.750	20.515
6	10.645	12.592	14.449	16.812	18.548	22.458
7	12.017	14.067	16.013	18.475	20.278	24.322
8	13.362	15.507	17.535	20.090	21.955	26.124
9	14.684	16.919	19.023	21.666	23.589	27.877
10	15.987	18.307	20.483	23.209	25.188	29.588
11	17.275	19.675	21.920	24.725	26.757	31.264
12	18.549	21.026	23.337	26.217	28.300	32.909
13	19.812	22.362	24.736	27.688	29.819	34.528
14	21.064	23.685	26.119	29.141	31.319	36.123
15	22.307	24.996	27.488	30.578	32.801	37.697
16	23.542	26.296	28.845	32.000	34.267	39.252
17	24.769	27.587	30.191	33.409	35.718	40.790
18	25.989	28.869	31.526	34.805	37.156	42.312
19	27.204	30.144	32.852	36.191	38.582	43.820
20	28.412	31.410	34.170	37.566	39.997	45.315
21	29.615	32.671	35.479	38.932	41.401	46.797
22	30.813	33.924	36.781	40.289	42.796	48.268
23	32.007	35.172	38.076	41.638	44.181	49.728
24	33.196	36.415	39.364	42.980	45.559	51.179
25	34.382	37.652	40.646	44.314	46.928	52.620
26	35.563	38.885	41.923	45.642	48.290	54.052
27	36.741	40.113	43.195	46.963	49.645	55.476
28	37.916	41.337	44.461	48.278	50.993	56.892
29	39.087	42.557	45.722	49.588	52.336	58.301
30	40.256	43.773	46.979	50.892	53.672	59.703
40	51.805	55.758	59.342	63.691	66.766	73.402
50	63.167	67.505	71.420	76.154	79.490	86.661
60	74.397	79.082	83.298	88.379	91.952	99.607
70	85.527	90.531	95.023	100.425	104.215	112.317
80	96.578	101.879	106.629	112.329	116.321	124.839
90	107.565	113.145	118.136	124.116	128.299	137.208
100	118.498	124.342	129.561	135.807	140.169	149.449

부록 E. Fisher의 z변환표

상관계수 r과 이에 상응하는 Fisher의 z변환점수(z_F)가 제공되어 있다. 예를 들어, $r=0.56$에 해당하는 Fisher의 변환점수 $z_F=0.663$이다.

r	z_F	r	z_F	r	z_F
0.01	0.010	0.41	0.436	0.81	1.127
0.02	0.020	0.42	0.448	0.82	1.157
0.03	0.030	0.43	0.460	0.83	1.188
0.04	0.040	0.44	0.472	0.84	1.221
0.05	0.050	0.45	0.485	0.85	1.256
0.06	0.060	0.46	0.497	0.86	1.293
0.07	0.070	0.47	0.510	0.87	1.333
0.08	0.080	0.48	0.523	0.88	1.376
0.09	0.090	0.49	0.536	0.89	1.422
0.10	0.100	0.50	0.549	0.90	1.472
0.11	0.110	0.51	0.563	0.91	1.528
0.12	0.121	0.52	0.577	0.92	1.589
0.13	0.131	0.53	0.590	0.93	1.658
0.14	0.141	0.54	0.604	0.94	1.738
0.15	0.151	0.55	0.618	0.95	1.832
0.16	0.161	0.56	0.633	0.96	1.946
0.17	0.172	0.57	0.648	0.97	2.092
0.18	0.182	0.58	0.663	0.98	2.298
0.19	0.192	0.59	0.678	0.99	2.647
0.20	0.203	0.60	0.693		
0.21	0.213	0.61	0.709		
0.22	0.224	0.62	0.725		
0.23	0.234	0.63	0.741		
0.24	0.245	0.64	0.758		
0.25	0.255	0.65	0.775		
0.26	0.266	0.66	0.793		
0.27	0.277	0.67	0.811		
0.28	0.288	0.68	0.829		
0.29	0.299	0.69	0.848		
0.30	0.310	0.70	0.867		
0.31	0.321	0.71	0.887		
0.32	0.332	0.72	0.908		
0.33	0.343	0.73	0.929		
0.34	0.354	0.74	0.950		
0.35	0.365	0.75	0.973		
0.36	0.377	0.76	0.996		
0.37	0.389	0.77	1.020		
0.38	0.400	0.78	1.045		
0.39	0.412	0.79	1.071		
0.40	0.424	0.80	1.099		

참고문헌

Adler, D., Murdoch, D., & others. (2019). rgl: 3D visualization using OpenGL. R package version 0.100.19. https://CRAN.R-project.org/package=rgl.

Aiken, L. S., & West, S. G. (1991). *Multiple regression: Testing and interpreting interactions.* California, USA: Sage Publications.

Bonett, D. G. (2008). Confidence intervals for standardized linear contrasts of means. *Psychological Methods, 13*(2), 99–109.

Brown, M. B., & Forsythe, A. B. (1974a). Robust tests for the equality of variances. *Journal of the American Statistical Association, 69*, 364–367.

Brown, M. B., & Forsythe, A. B. (1974b). The small sample behavior of some statistics which test the equality of several means. *Technometrics, 16*, 129–132.

Cohen, J. (1988). *Statistical power analysis for the behavioral sciences.* Hillsdale, NJ: Lawrence Erlbaum Associates, Publishers.

Dunn, O. J. (1961). Multiple comparisons among means. *Journal of American Statistical Association, 56*, 54–64.

Echambadi, R., & Hess, J. D. (2007). Mean-centering does not alleviate collinearity problems in moderated multiple regression models. *Marketing Science, 26*, 438–445.

Fisher, R. A. (1935). *The design of experiments.* Edinburgh, UK: Oliver and Boyd.

Fox, J., & Weisberg, S. (2011). *An {R} companion to applied regression (2nd ed.).* Thousand Oaks, CA: Sage.

Galton, F. (1886). Regression towards mediocrity in hereditary stature. *The Journal of the Anthropological Institute of Great Britain and Ireland, 15*, 246–263.

Games, P. A., & Howell, J. F. (1976). Pairwise multiple comparison procedures with unequal n's and/or variances. *Journal of Educational Statistics, 1*, 113–125.

Gatignon, H., & Vosgerau, J. (2005, June). *Estimating moderating effects: The myth of mean centering.* Paper presented at the Marketing Science Conference, Atlanta, GA.

Holm, S. (1979). A simple sequentially rejective multiple test procedure. *Scandinavian Journal of Statistics, 6*(65–70).

Howell, D. C. (2016). *Fundamental statistics for the behavioral sciences (9th ed.).* Mason, OH, USA: Cengage Learning.

Keppel, G. (1991). *Design and analysis: A researcher's handbook (3rd ed.).* Upper Saddle River, NJ: Prentice-Hall Inc.

Kim, S. (2015). ppcor: Partial and semi-partial (part) correlation. R package version 1.1. https://CRAN.R-project.org/package=ppcor.

Kirk, R. E. (1995). *Experimental design: Procedures for the behavioral sciences.* Pacific Grove, CA: Brooks/Cole Publishing Company.

Komsta, L., & Novomestky, F. (2015). moments: Moments, cumulants, skewness, kurtosis and related tests. R package version 0.14. https://CRAN.R-project.org/package=moments.

Kramer, C. Y. (1956). Extension of multiple range tests to group means with unequal number of replications. *Biometrics, 12*, 307-310.

Levene, H. (1960). Robust tests for equality of variances. In I. Olkin & H. Hotelling (Eds.), *Contributions to probability and statistics: Essays in honor of Harold Hotelling* (pp. 278-292). Palo Alto, CA: Stanford University Press.

Ligges, U., & Mächler, M. (2003). Scatterplot3d - an R package for visualizing multivariate data. *Journal of Statistical Software, 8*(11), 1-20.

Lüdecke, D. (2018). sjstats: Statistical functions for regression models (version 0.17.2). https://CRAN.R-project.org/package=sjstats.

Marascuilo, L. A., & Levin, J. R. (1970). Appropriate post hoc comparisons for interaction and nested hypotheses in analysis of variance designs: The elimination of type IV errors. *American Educational Research Journal, 7*(3), 397-421.

Marascuilo, L. A., & Serlin, R. (1988). *Statistical methods for the social and behavioral sciences.* New York, NY: W. H. Freeman and Company.

Millard, S. P. (2013). *EnvStats: An R package for environmental statistics.* New York, NY: Springer.

Peters, G. (2018). userfriendlyscience: Quantitative analysis made accessible. R package version 0.7.2. https://userfriendlyscience.com.

Poncet, P. (2012). modeest: Mode estimation. R package version 2.1. https://CRAN.R-project.org/package=modeest.

Ruxton, G. D. (2006). The unequal variance t-test is an underused alternative to Student's t-test and the Mann-Whitney U test. *Behavior Ecology, 17*, 688-690.

Scheffé, H. (1959). *The analysis of variance.* New York, NY, USA: Wiley.

Seaman, M. A., Levin, J. R., & Serlin, R. C. (1991). New developments in pairwise multiple comparisons: Some powerful and practicable procedures. *Psychological Bulletin, 110*(3), 577-286.

Signorell, A. (2019). DescTools: Tools for descriptive statistics. R package version 0.99.27. https://cran.r-project.org/package=DescTools.

Stevens, S. S. (1946). On the theory of scales of measurement. *Science, 103*, 677–680.

Tomarken, A. J., & Serlin, R. (1986). Comparison of ANOVA alternatives under variance heterogeneity and specific noncentrality structures. *Psychological Bulletin, 99*(1), 90–99.

Tukey, J. (1949). Comparing individual means in the analysis of variance. *Biometrics, 5*(2), 99–114.

Venables, W. N., & Ripley, B. D. (2002). *Modern applied statistics with S (4th ed.).* New York, NY: Springer.

Verzani, J. (2018). UsingR: Data sets, etc. for the text "Using R for introductory statistics (2nd ed.). R package version 2.0–6. https://CRAN.R-project.org/package=UsingR.

Welch, B. L. (1947). The generalization of "Student's" problem when several different population variances are involved. *Biometrika, 34*, 28–35.

Welch, B. L. (1951). On the comparison of several mean values: An alternative approach. *Biometrika, 38*, 330–336.

Wickham, H. (2016). *ggplot2: Elegant graphics for data analysis.* New York, NY: Springer-Verlag.

Wickham, H., & Bryan, J. (2018). readxl: Read excel files. R package version 1.1.0. https://CRAN.R-project.org/package=readxl.

Yates, F. (1934). Contingency table involving small numbers and the chi-square test. *Journal of the Royal Statistical Society, 1*, 217–235.

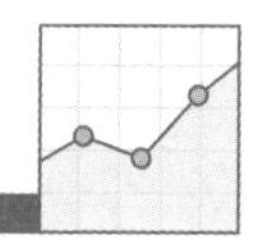

찾아보기

N

O

P

Q

R

S

저자 소개

김수영 (Kim Su-young)

연세대학교 상경대학 응용통계학과를 졸업하고, Wisconsin 대학교 교육심리학과에서 양적 방법론(Quantitative Methods)으로 석사 및 박사 학위를 취득하였으며, 현재 이화여자대학교 심리학과에서 심리측정 및 통계 전공을 담당하고 있다. 『구조방정식 모형의 기본과 확장』(학지사, 2016)을 출판하는 등 구조방정식 분야에 전문성을 지니고 연구활동 및 강의활동을 하고 있다. 특히 성장모형(growth modeling), 혼합모형(mixture modeling), 범주형 변수의 사용, 베이지안 추정(Bayesian estimation) 등의 주제에 관심을 가지고 있으며, *Structural Equation Modeling, Multivariate Behavioral Research* 등의 해외저널과 한국심리학회지(일반)에 연구 결과를 출판하고 있다. 현재 한국심리측정평가학회의 부회장으로서 활발히 학회활동 중이며, 다변량분석, 실험설계, 구조방정식, 다층모형 등 다양한 연구방법론 주제에 대한 강의 역시 진행 중이다.

사회과학통계의 기본

– R 예제와 함께 –

Basics of Statistics for the Social Sciences
with R Examples

2019년 10월 15일 1판 1쇄 발행
2021년 4월 20일 1판 2쇄 발행

지은이 • 김수영
펴낸이 • 김진환
펴낸곳 • (주) 학지사

04031 서울특별시 마포구 양화로 15길 20 마인드월드빌딩
대표전화 • 02)330-5114 팩스 • 02)324-2345
등록번호 • 제313-2006-000265호

홈페이지 • http://www.hakjisa.co.kr
페이스북 • https://www.facebook.com/hakjisa

ISBN 978-89-997-1956-1 93310

정가 35,000원

이 도서의 국립중앙도서관 출판시도서목록(CIP)은 서지정보유통지원 시스템 홈페이지(http://seoji.nl.go.kr)와 국가자료공동목록시스템 (http://www.nl.go.kr/kolisnet)에서 이용하실 수 있습니다.
(CIP 제어번호: CIP2019037903)